DICTIONNAIRE

DES

SCIENCES NATURELLES.

TOME XL.

PHOR – PIM.

DICTIONNAIRE

DES

SCIENCES NATURELLES,

DANS LEQUEL

ON TRAITE MÉTHODIQUEMENT DES DIFFÉRENS ÊTRES DE LA NATURE, CONSIDÉRÉS SOIT EN EUX-MÊMES, D'APRÈS L'ÉTAT ACTUEL DE NOS CONNOISSANCES, SOIT RELATIVEMENT A L'UTILITÉ QU'EN PEUVENT RETIRER LA MÉDECINE, L'AGRICULTURE, LE COMMERCE ET LES ARTS.

SUIVI D'UNE BIOGRAPHIE DES PLUS CÉLÈBRES NATURALISTES.

Ouvrage destiné aux médecins, aux agriculteurs, aux commerçans, aux artistes, aux manufacturiers, et à tous ceux qui ont intérêt à connoître les productions de la nature, leurs caractères génériques et spécifiques, leur lieu natal, leurs propriétés et leurs usages.

PAR

Plusieurs Professeurs du Jardin du Roi, et des principales Écoles de Paris.

TOME QUARANTIÈME.

F. G. LEVRAULT, Éditeur, à STRASBOURG, et rue de la Harpe, N.° 81, à PARIS.

LE NORMANT, rue de Seine, N.° 8, à PARIS.

1826.

Liste des Auteurs par ordre de Matières.

Physique générale.

M. LACROIX, membre de l'Académie des Sciences et professeur au Collége de France. (L.)

Chimie.

M. CHEVREUL, professeur au Collége royal de Charlemagne. (Ch.)

Minéralogie et Géologie.

M. BRONGNIART, membre de l'Académie des Sciences, professeur à la Faculté des Sciences. (B.)

M. BROCHANT DE VILLIERS, membre de l'Académie des Sciences. (B. de V.)

M. DEFRANCE, membre de plusieurs Sociétés savantes. (D. F.)

Botanique.

M. DESFONTAINES, membre de l'Académie des Sciences. (Desf.)

M. DE JUSSIEU, membre de l'Académie des Sciences, prof. au Jardin du Roi. (J.)

M. MIRBEL, membre de l'Académie des Sciences, professeur à la Faculté des Sciences. (B. M.)

M. HENRI CASSINI, membre de la Société philomatique de Paris. (H. Cass.)

M. LEMAN, membre de la Société philomatique de Paris. (Lem.)

M. LOISELEUR DESLONGCHAMPS, Docteur en médecine, membre de plusieurs Sociétés savantes. (L. D.)

M. MASSEY. (Mass.)

M. POIRET, membre de plusieurs Sociétés savantes et littéraires, continuateur de l'Encyclopédie botanique. (Poir.)

M. DE TUSSAC, membre de plusieurs Sociétés savantes, auteur de la Flore des Antilles. (De T.)

Zoologie générale, Anatomie et Physiologie.

M. G. CUVIER, membre et secrétaire perpétuel de l'Académie des Sciences, prof. au Jardin du Roi, etc. (G. C. ou CV. ou C.)

M. FLOURENS. (F.)

Mammifères.

M. GEOFFROY SAINT-HILAIRE, membre de l'Académie des Sciences, prof. au Jardin du Roi. (G.)

Oiseaux.

M. DUMONT DE S.te CROIX, membre de plusieurs Sociétés savantes. (Ch. D.)

Reptiles et Poissons.

M. DE LACÉPÈDE, membre de l'Académie des Sciences, prof. au Jardin du Roi. (L. L.)

M. DUMERIL, membre de l'Académie des Sciences, professeur à l'École de médecine. (C. D.)

M. CLOQUET, Docteur en médecine. (H. C.)

Insectes.

M. DUMERIL, membre de l'Académie des Sciences, professeur à l'École de médecine. (C. D.)

Crustacés.

M. W. E. LEACH, membre de la Société roy. de Londres, Correspond. du Muséum d'histoire naturelle de France. (W. E. L.)

M. A. G DESMAREST, membre titulaire de l'Académie royale de médecine, professeur à l'école royale vétérinaire d'Alfort, etc.

Mollusques, Vers et Zoophytes.

M. DE BLAINVILLE, professeur à la Faculté des Sciences. (De B.)

M. TURPIN, naturaliste, est chargé de l'exécution des dessins et de la direction de la gravure.

MM. DE HUMBOLDT et RAMOND donneront quelques articles sur les objets nouveaux qu'ils ont observés dans leurs voyages, ou sur les sujets dont ils se sont plus particulièrement occupés. M. DE CANDOLLE nous a fait la même promesse.

M. PRÉVOT a donné l'article *Océan*; M VALENCIENNES plusieurs articles d'Ornithologie, et M. DESPORTES l'article *Pigeon domestique*.

M. F. CUVIER est chargé de la direction générale de l'ouvrage, et il coopérera aux articles généraux de zoologie et à l'histoire des mammifères. (F. C.)

DICTIONNAIRE

DES

SCIENCES NATURELLES.

PHO

Phor. (*Entom.*) Aristote emploie ce mot de φὼρ, φωρίος (Hist. des anim., livre 5, chap. 22), pour indiquer une sorte d'abeilles, probablement les mâles, qui se nourrissent du miel et n'en recueillent pas. (C. D.)

PHORACIS ou PHORAXIS. (*Bot.*) Genre que Rafinesque établit dans la famille des algues, pour y placer plusieurs espèces de *Fucus*, Linn. Il le caractérise ainsi : Fronde coriace ou membraneuse, rameuse ou de forme variée ; fructification en forme de petits grains, fixés extérieurement à la tige ou aux rameaux ; d'abord charnus à l'intérieur, puis polyspermes et percés à la maturité. Ce genre diffère d'un autre, que M. Rafinesque nomme *Physotris*, par ses fructifications, qui ne sont point d'abord vésiculeuses ni remplies d'eau, comme dans ce dernier genre.

Le *Phoracis filicina*, Rafinesque, *Caratt.*, p. 99, est une plante verte ou brune, à fronde rameuse, ayant les ramifications éparses, distiques, pennées ou dentelées, aiguës, et les fructifications brunes. Cette plante, qui croît sur les côtes de la Sicile, paroit être le *fucus filicinus* de Wulfen et des auteurs, qui rentre dans le genre *Delesseria* de Lamouroux, et dont Agardh a fait une espèce de son *grateloupia*. Les caractères de ce dernier genre sont, à très-peu de chose près, ceux du *phoracis*. Nous croyons même qu'un jour l'on confondra ces deux genres en un seul. Voyez l'article Palmaria. (Lem.)

PHORANTHE. (*Bot.*) Nom donné par M. Richard au réceptacle des synanthérées. (M.ss.)

PHORBION. (*Bot.*) Suivant C. Bauhin, quelques auteurs ont pensé que cette plante, citée par Galien, étoit la grande sclarée ou orvale. *salvia sclarea.* (J.)

PHORCYNIE, *Phorcynia.* (*Arachnoderm.*) Genre de la famille des méduses, établi par Péron et Lesueur pour quelques espèces qui sont gastriques monostomes, sans pédoncule, ni bras, ni tentacules, et dont le corps forme un disque orbiculaire, convexe et comme tronqué en dessus comme en dessous, à bord épais, obtus et entier; l'estomac garni de plusieurs bandelettes musculaires.

Les trois espèces qui constituent ce genre, ont été observées dans l'Australasie.

La P. CUDONOÏDE; *P. cudonoidea*, Pér., Lesueur. Ombrelle subconique, de couleur hyalino-bleuâtre, avec six protubérances à son rebord supérieur, six dents et six échancrures profondes au rebord; estomac en forme de pyrami de hexaèdre renversée, pourvue de six bandelettes bleues et de six filets. De la terre de Witt.

La P. PÉTASELLE; *P. petasella*, Pér., Lesueur. Ombrelle déprimée, subpétasiforme, hyaline, à rebord entier; bouche petite et circulaire; trois bandelettes à l'estomac. Des îles Furneaux.

La P. ISTIOPHORE; *P. istiophora*, Pér., Lesueur. Ombrelle légèrement, convexe de couleur hyaline, avec un rebord entier, formant comme un large voile tout autour d'elle. Des îles Hunter. (DE B.)

PHORE, *Phora.* (*Entom.*) M. Latreille se sert de ce nom pour désigner un genre d'insectes à deux ailes, qui ont été aussi nommés *trinerva* par Meigen, à cause de trois nervures qui s'observent sur la longueur de leurs ailes. Fabricius les a rangé parmi les tephrites ou mouches à ailes vibratiles. (C. D.)

PHORIMA; *Phorina*, Steud. (*Bot.*) Rafinesque-Schmaltz dit que ce genre de champignons ressemble aux bolets sessiles, déprimés. et qu'il a de plus. en dessous, des fossettes ou cavités, au lieu de pores. Il le place entre ses *dædalea, alveolinus* et *favaria*, qui sont des démembremens du genre *Boletus*, Linn. Il indique les *phorima betulina, coccinea* et *minuta*, qui croissent dans diverses parties des États-Unis, et qui doivent être rapportés, ainsi que les genres cités, aux *dædalea* de Persoon, Fries, etc.; car ils en diffèrent très-peu. Le *favolus* de P. Beauvois paroît comprendre les genres *Phorima*, *Favaria* et *Alveolinus*. (Lem.)

PHORINA, de Steudel. (*Bot.*) Voyez Phorima. (Lem.)

PHORMIUM. (*Bot.*) Genre de plantes monocotylédones, à fleurs incomplètes, de la famille des *asphodélées*, de l'*hexandrie monogynie* de Linnæus, très-rapproché des *lachenalia*, offrant pour caractère essentiel : Une corolle divisée en six pétales, les trois intérieurs plus longs; point de calice; six étamines ascendantes et saillantes; un ovaire supérieur; un style; une capsule oblongue, à trois côtes, à trois loges; les semences nombreuses, comprimées, membraneuses à leurs bords.

L'importance de cette plante a déterminé à en faire un genre particulier, très-peu distingué des *lachenalia*, excepté par son port, auquel elle avoit d'abord été rapportée. Ce genre a été nommé *phormium*, du mot grec φορμος, qui signifie un petit panier.

Phormium textile : *Phormium tenax*, Forst., *Gen.*, tab. 24; Cook, *Itin.* 2, page 96, tab. 96; Mill., *fasc.* 1, *Icon.*; Gærtn., *De fruct.*, tab. 18; Lamck., *Ill. gen.*, tab. 237, fig. 2; Fauj. S.-Fond, *in Ann. mus.*, vol. 19, *icon.*; *Lachenalia ramosa*, Encyl.; Thieb. Bern, *in* Journ. botan., vol. 4, page 200, tab. 17 et 18; vulgairement Lin de la Nouvelle-Zélande. Cette plante s'élève à la hauteur de six ou huit pieds sur une hampe ou une tige droite, très-forte, presque d'un pouce de diamètre, ramifiée en panicule à sa partie supérieure, enveloppée à sa base de feuilles nombreuses, engainées, de consistance sèche et filamenteuse, disposées sur deux rangs opposés, larges, comprimées, aiguës, finement striées, longues de cinq à six pieds, d'un beau vert foncé en dessus, un peu blanchâtres en dessous, bordé d'un liséré rouge. Lorsqu'on y fait une ou plusieurs blessures, il en découle un suc insipide, transparent, d'un jaune clair de paille, assez semblable à la gomme arabique. Les fleurs, placées sur les rameaux de la tige, forment une ample et belle panicule terminale : elles n'ont point de calice. Leur corolle est composée de six pétales, dont les trois intérieurs plus longs, d'un jaune foncé ; les trois extérieurs d'un jaune pâle, légèrement réfléchis. Les étamines au nombre de six, dont trois plus courtes, ont les filamens élargis à leur base ; l'ovaire est supérieur, trigone ; le style long ; le stigmate anguleux. La capsule est trigone, un peu torse, à trois loges polyspermes ; les semences sont nombreuses, charnues, comprimées, membraneuses à leurs bords : on en retire, par la pression, une substance grasse d'une odeur nauséabonde.

Nous devons la connoissance de cette plante intéressante, et des avantages économiques qu'elle présente, au capitaine Cook, qui la découvrit à la Nouvelle-Zélande. Il a vu les habitans de ces contrées s'en servir en place de chanvre et de lin ; leur habillement ordinaire est composé des feuilles de cette plante ; sans beaucoup de préparations, ils en fabriquent leurs cordes, leurs lignes et leurs cordages, qui sont beaucoup plus forts que tous ceux qu'on fait avec du chanvre, et auquel ils ne peuvent pas être comparés. Ils tirent de la même plante, préparée d'une autre manière, de longues fibres minces, luisantes comme de la soie et aussi blanches que la neige ; ils manufacturent ces fibres, qui sont aussi d'une force surprenante. Leurs filets, dont quelques-uns sont très-grands, sont formés de ces feuilles : tout le travail consiste à les couper en bandes de largeur convenable, qu'on noue ensemble. On trouve cette plante également sur les collines et dans les vallées, sur le terrain le plus sec et dans les marais les plus profonds : elle semble partout préférer les endroits marécageux ; car nous avons observé, ajoute Cook, qu'elle y étoit plus grande que partout ailleurs.

Des expériences faites par M. Labillardière, pour déterminer la force et la ténacité des fils du *phormium*, comparativement à ceux de l'agavé ou aloès pitte, du lin, du chanvre, de la soie, ont confirmé le récit du capitaine Cook, et ont produit les résultats suivans : Il a été reconnu que la force des fibres de l'*aloès pitte*, étant égale à sept ; celle du lin ordinaire est représentée par onze trois quarts : celle du chanvre par seize un tiers : celle du phormium par vingt-trois cinq onzièmes, et celle de la soie, par vingt-quatre : mais la quantité dont ces fibres se distendent avant de se rompre, est

dans une autre proportion ; car, étant évaluée à deux et
demi pour les filamens de l'aloès pitte, elle n'est que d'un
et demi pour le lin ordinaire ; d'un pour le chanvre ; d'un
et demi pour le phormium, et de cinq pour la soie. Il est
aisé de pressentir , dit M. Labillardière, tous les avantages
qui peuvent résulter de la culture de ce précieux végétal,
surtout pour la marine.

L'introduction en Europe d'une plante aussi utile , devoit
réveiller le zèle des agriculteurs : elle a d'abord été essayée
par M. Freycinet, père, dans le département de la Drôme.
Il eut la douce satisfaction de la voir fleurir et produire
de nombreux rejetons, qui ont également prospéré, même
en pleine terre. M. Faujas de Saint-Fond, qui en a suivi le
développement avec cet esprit d'observation toujours dirigé
vers l'utilité publique, a donné à ce sujet un très-bon mémoire dans les *Annales du Muséum d'histoire naturelle de Paris*,
dans lequel il expose, avec beaucoup d'exactitude , les soins
qu'exigent la culture de cette plante , le sol et le climat qui
lui conviennent, et l'espoir de la voir bientôt acclimatée dans
nos départemens méridionaux.

La culture de cette plante est extrêmement facile, peu
sujette aux inconvéniens qui font manquer si souvent le lin
et le chanvre; la production en filasse très-abondante. Les
plus mauvaises terres suffisent au phormium ; mais il profite
davantage dans celles qui sont fertiles : on peut donc le mettre dans toutes. Les foibles gelées du climat de Paris ne l'af-
fectent nullement; mais on a lieu de craindre qu'il n'en soit
pas de même des fortes: on sait qu'il peut passer toute l'année
sans couverture dans les parties méridionales de la France.
Il a été depuis quelques années également cultivé sur les côtes
de la Normandie, à Cherbourg, et il y a parfaitement réussi :
il y a produit des graines qui ont été distribuées en différens
endroits, et ont produit de nouveaux individus. Il perd ses
feuilles extérieures chaque année, à mesure qu'il en pousse
de nouvelles au centre ; il en résulte que la récolte des feuilles
doit être faite successivement et dès que les extérieures sont
parvenues à toute leur croissance. On le multiplie par les œilletons qui naissent tous les ans autour du collet des racines.
On peut obtenir au moins cinq à six de ces œilletons par

an, des pieds en pleine terre. C'est au printemps qu'on les
sépare par éclatement; pourvu qu'ils aient trois ou quatre
fibrilles de racines, ils reprennent sans difficulté.

Les naturels de la Nouvelle-Zélande emploient un moyen
très-lent et fort fatigant pour isoler les fibres des feuilles du
phormium : ils raclent ces feuilles des deux côtés avec une
coquille de manière à enlever leur épiderme et une partie
de leur tissu cellulaire; ensuite ils la divisent en lanières,
qu'ils tordent et battent dans l'eau pendant long-temps pour
enlever le reste du tissu cellulaire. Ces procédés seroient
trop coûteux en Europe pour y être mis en usage. M. de
Faujas a cherché à les suppléer par une opération chimique,
qui lui a très-bien réussie.

« Le décreusage de la soie, dit-il, dont le but est de dé-
« barrasser ce tissu précieux d'une substance gommo-rési-
« neuse, qui voile son éclat et ternit sa blancheur, m'a sug-
« géré l'idée très-simple et très-naturelle d'appliquer la même
« opération au phormium. Voici comme je m'y suis pris : on
« recueille à la fin du mois de Septembre, époque où la
« plante est d'une belle venue, vingt-cinq livres pesant des
« plus belles feuilles, qui ne soient point tachées; on en
« forme une botte ou deux, qu'on laisse en tas dans un rez-
« de-chaussée à l'ombre pendant huit à dix jours, sans y tou-
« cher. Ce terme expiré (il peut être prolongé de plusieurs
« jours encore), on prend chaque feuille une à une, on la
« coupe longitudinalement en deux, en la fendant par le
« milieu, soit par le bas ou par le haut, avec la pointe d'un
« couteau, et ensuite, en la déchirant avec la main, elle se
« sépare facilement. On divise de la même manière chaque
« feuille en quatre rubans ou lanières dans toute leur lon-
« gueur, pour les arranger ensuite en petits faisceaux com-
« posés d'une quarantaine de lanières, disposées dans leur
« sens naturel, c'est-à-dire, les pointes du côté des pointes,
« et les bases du côté des bases; on les lie fortement vers le
« haut avec de petites cordes ou ficelles. Cette ligature, qui
« est faite pour les réunir et les fixer, ne doit occuper qu'un
« demi-pouce de largeur au plus. »

« Tous les faisceaux ainsi disposés seront placés avec ordre
« dans une chaudière oblongue, de grandeur proportionnée

« à la quantité de feuilles qu'on veut expérimenter : on rem-
« plit ensuite la chaudière d'une eau dans laquelle on a fait
« dissoudre trois livres de savon coupé en morceaux, pour
« chaque vingt-cinq livres pesant de feuilles réduites en la-
« nières et réunies par paquets, ainsi que nous l'avons dit. Il
« faut fixer ces feuilles, soit par un corps pesant, soit par des
« bois placés en travers dans la chaudière, afin que les plantes
« soient bien submergées, et ne cessent pas d'être mouillées. »
« On peut employer les savons de Marseille, les savons de
« Suisse, ceux de graines, et même les savons verts en partie
« liquides; on met seulement une demi-livre de plus de ce
« dernier. La chaudière doit être tenue en ébullition pendant
« cinq heures; la liqueur étant ensuite refroidie, de manière
« à pouvoir facilement en supporter la chaleur, on prend un
« faisceau avec la main gauche par le haut, c'est-à-dire par
« la partie liée, et l'on serre avec la main droite, en la pro-
« menant de haut en bas, les lanières, pour en exprimer et
« en détacher la partie mucilagineuse, qui s'enlève facile-
« ment alors. On continue de même, et on achève ensuite
« de les nettoyer en les lavant dans une eau courante, avec
« l'attention de ne pas embrouiller les fils et de les conserver
« dans toute leur longueur, autant que la chose est possible.
« La belle filasse qu'on obtient de cette manière, est séchée
« à l'ombre et peut être employée alors à faire d'excellens
« cordages. Ainsi les fibres du phormium, à l'avantage de la
« force, joignent une éclatante blancheur et un coup d'œil
« satiné, qui les rendront d'un emploi bien moins dispen-
« dieux dans la fabrication des toiles, puisque ces toiles n'exi-
« geront pas l'opération du blanchissage, opération si coû-
« teuse, et qui affoiblit encore si considérablement les fibres
« du chanvre ou du lin qui les composent. Peut-être les
« toiles qu'on en fera seront-elles inférieures en finesse à
« celles de chanvre, et encore plus à celles de lin, mais
« elles seront moins coûteuses et plus durables; les plus grands
« avantages sont particulièrement pour la marine. » (Poir.)

PHORULITHE. (*Conchyl.*) Nom spécifique, donné par
Denys de Montfort à la coquille, dont il a formé son genre
PHORUS. (Desm.)

PHORUS. (*Conchyl.*) Nom latin du genre Frippier, établi

par Denys de Montfort avec le *trochus agglutinans*, vulgairement la frippière. (De B.)

PHOS, *Phos.* (*Conchyl.*) Genre de coquilles établi par Denys de Montfort (Conchyl. syst., t. 2, page 495) pour une coquille du genre Murex de Linné et de M. de Lamarck, qui a le tube très-court, au point que quelques auteurs en font un buccin, et qui, en outre, a une sorte de pli oblique à la fin de la columelle et la fente ombilicale ouverte : c'est le *murex senticosus*, Linné ; le Rocher lime de M. de Lamarck. Denys de Montfort le nomme P. CHARDON, *P. senticosus*. Voyez ROCHER. (De B.)

PHOSGÈNE. (*Chim.*) Nom donné à l'acide chloro-oxicarbonique, parce qu'on l'obtient en exposant au soleil un mélange de volumes égaux de chlore et d'oxide de carbone. (Cu.)

PHOSPHATES. (*Chim.*) Combinaisons salines de l'acide phosphorique et des bases salifiables,

Composition.

Elle est assez difficile à établir ; cependant on peut admettre :

1.º D'après les expériences de M. Dulong et de M. Berzelius, que dans les phosphates neutres l'oxigène de l'acide étant 5, celui de la base est 2 ; et que dans les phosphures à proportions constantes préparés par le procédé de M. Dulong, si la base peut former un protoxide capable de saturer les acides, le phosphore est au métal dans la proportion nécessaire pour faire un phosphate de protoxide neutre.

2.º D'après les expériences de M. Berzelius, que le phosphate de chaux contient un peu plus de base que la combinaison neutre devroit en contenir, si on l'établissoit d'après l'analyse des phosphates neutres de baryte, de soude et de protoxide de plomb.

3.º D'après les expériences de M. Berzelius, qu'il existe des sous-phosphates qui contiennent une fois et demie plus de base que les phosphates neutres (je les désignerai par l'expression de sesqui-sous-phosphate) ; qu'il en existe qui en contiennent deux fois plus.

4.º D'après les expériences de Berzelius, qu'il existe des surphosphates qui contiennent une fois et demie plus d'acide que les phosphates neutres (je les désignerai par l'expression de sesqui-phosphates); qu'il en existe d'autres qui en contiennent deux fois plus.

Action du feu.

Excepté le phosphate d'ammoniaque, dont la base est volatile, tous les phosphates neutres sont indécomposables par la chaleur; et s'il est vrai, comme on l'a dit, que quelques surphosphates perdent leur excès d'acide par l'action du feu, on peut dire que, pour que cet effet soit produit, il faut une température très-élevée.

Action de l'eau.

Parmi les phosphates neutres, il n'y a que les phosphates de potasse, de soude et d'ammoniaque qui soient très-solubles : le phosphate de magnésie l'est un peu; la plupart des phosphates insolubles sont dissous par un excès de leur acide.

Action du charbon.

En général les phosphates neutres métalliques tendent à donner un phosphure ou un sous-phosphure quand on les chauffe avec du charbon, et les sur-phosphates métalliques tendent en outre à donner du phosphore, lequel provient pour la plus grande partie de l'acide en excès.

PHOSPHATE D'ALUMINE.

Berzelius.

Acide 67,57
Alumine .... 52,43.

On le prépare en précipitant le sulfate d'alumine par le phosphate d'ammoniaque.

Ce sel est insoluble dans l'eau; il est dissous par l'eau de potasse.

Il se fond en verre transparent.

SOUS-PHOSPHATE D'ALUMINE.

Berzelius.

Acide 51,06 40,59
Alumine 48,94 58,95
Eau .... 20,46.

M. Berzelius a trouvé ce sel dans la wawellite, où il est mélangé avec quelques centièmes de phthorure d'aluminium et d'oxides de fer, de manganèse et de calcium.

Il a exposé au feu rouge, pendant une demi-heure, 200 p. de wawellite, 150 parties de cristal de roche et 600 parties de sous-carbonate de soude. Il a fait digérer la masse pendant vingt-quatre heures avec de l'eau.

L'eau a dissous du phosphate de soude et de la soude retenant un peu de silice.

Le résidu étoit formé d'alumine, d'oxides de fer, de manganèse et de calcium, et de la majeure partie de la silice.

PHOSPHATE D'AMMONIAQUE.

		Berzelius.
Acide	57,70	67,53
Ammoniaque	27,75	32,47
Eau	14,55.	

On le prépare en unissant l'acide phosphorique, étendu d'eau, à l'ammoniaque, également étendue ; on mêle un léger excès d'ammoniaque et on fait évaporer à une très-douce chaleur ; ou bien encore on neutralise le phosphate acide de chaux par l'ammoniaque ou le sous-carbonate d'ammoniaque. Dans ce cas on sépare par la filtration un précipité de phosphate de chaux.

Il cristallise en tables hexagonales ou en prismes à quatre pans, terminés par des pyramides à quatre faces. On a encore indiqué des cristaux de forme octaédrique. [1]

Sa saveur est fraîche, salée et piquante.

Il n'est ni déliquescent, ni efflorescent.

Il exige 4 parties d'eau à $15^d,5$ pour se dissoudre.

Les acides sulfurique, nitrique et hydrochlorique paroissent le réduire en bi-phosphate.

La potasse, la soude en chassent l'ammoniaque ; la chaux, la baryte, la strontiane précipitent l'acide de sa solution aqueuse.

---

[1] Il ne seroit pas impossible que ces formes, ou quelques-unes seulement, appartinssent au sous-phosphate ; car Berzelius dit que le phosphate cristallise difficilement, tandis que le sous-phosphate cristallise aisément.

Au feu, il donne de l'eau et de l'ammoniaque; mais, quoi qu'on en ait dit, il n'est pas possible d'en chasser assez exactement cette dernière, pour qu'on puisse indiquer la calcination du phosphate d'ammoniaque comme un moyen de préparer l'acide phosphorique.

Il n'est pas aussi facile à décomposer par le charbon que l'est l'acide en excès du sur-phosphate de chaux.

Rouelle, Lavoisier et Vauquelin sont les chimistes qui nous ont fait connoître ce sel.

Bi-phosphate d'ammoniaque.

Berzelius.

Acide................... 80,61...... 67,00
Ammoniaque......... 19,39...... 16,11
Eau............................. 16,89.

Ce sel ne cristallise pas ou que très-difficilement, suivant Berzelius.

Sous-phosphate d'ammoniaque.

Berzelius.

Acide..................... 58,09
Ammoniaque............... 41,91.

Suivant ce chimiste, il contient $1\frac{1}{2}$ fois la quantité de base contenue dans le phosphate neutre.

Phosphate d'argent.

Berzelius.

Acide.................... 23,51
Oxide d'argent............ 76,49.

Telle est la composition théorique du phosphate d'argent neutre, mais il paroît qu'on n'a point encore obtenu ce composé; car, d'après M. Berzelius, le phosphate d'argent jaune qui se produit, lorsqu'on mêle des solutions de nitrate d'argent et de phosphate de soude cristallisé, est un sous-phosphate contenant $1\frac{1}{2}$ fois autant de base que le phosphate neutre, c'est-à-dire qu'il est formé de

Acide.....................17,01
Oxide d'argent............82,99.

Conformément à ce résultat, on observe que la liqueur d'où il s'est séparé, est acide, quoiqu'on ait employé des solutions neutres.

Le sous-phosphate d'argent ne contient pas d'eau ; il se fond au feu en une substance semblable au chlorure d'argent fondu.

Lorsqu'on met ce phosphate encore frais avec l'acide phosphorique aqueux, une portion est dissoute. La liqueur est jaune : elle dépose de petits grains jaunes cristallisés par l'évaporation, qui ont paru à M. Berzelius être du sous-phosphate. Quant au liquide acide, il a donné, par l'évaporation spontanée, de *petits cristaux plumiformes blancs*, qui sont devenus jaunes par le contact de l'eau, qui, en leur enlevant de l'acide, les a convertis en sous-phosphate.

PHOSPHATE DE BARYTE.

Berzelius.

Acide............... 31,80
Baryte............... 68,20.

On le prépare en précipitant de l'hydrochlorate de baryte par le phosphate d'ammoniaque. Il ne faut pas employer le nitrate de baryte, parce qu'il se forme alors un sel double de nitrate et de phosphate de baryte.

Il est en poudre blanche insipide. Hassenfratz lui assigne 1,2867 pour densité.

Il se fond en émail.

Il est insoluble dans l'eau.

Il est soluble dans l'eau acidulée d'acide hydrochlorique, d'acide nitrique, d'acide phosphorique.

Il est complétement décomposé par l'acide sulfurique, surtout si on a pris la précaution de le dissoudre préalablement dans l'acide nitrique.

BI-PHOSPHATE DE BARYTE.

Berzelius.

Acide............48,25...... 43,02
Baryte............51,75...... 46,14
Eau............................ 10,84.

On prépare ce sel, suivant M. Berzelius, qui l'a fait connoître, en étendant l'acide phosphorique concret ou sirupeux dans six fois son poids d'eau, saturant ce liquide de phosphate de baryte récemment précipité : filtrant et faisant évaporer lentement la liqueur : on obtient par ce moyen des cristaux de bi-phosphate, qu'on fait égoutter dans un entonnoir et qu'on soumet ensuite à la pression entre du papier Joseph, jusqu'à ce qu'il ne les mouille plus. Si l'on prend les eaux-mères de ces cristaux et qu'on les fasse cristalliser jusqu'à ce qu'elles ne donnent plus de cristaux, il reste de l'acide phosphorique pur.

Ce sel cristallise comme l'hydrochlorate de baryte; il a une légère saveur acide et est inaltérable à l'air.

Il rougit le papier de tournesol.

Chauffé au feu, il se boursoufle en perdant son eau, et laisse une masse blanche poreuse semblable à l'alun calciné.

L'eau bouillante le décompose; l'excès d'acide le dissout avec une portion de phosphate, mais la plus grande partie de la baryte reste indissoute à l'état de phosphate neutre.

SESQUI-PHOSPHATE DE BARYTE.

                                    Berzelius.
Acide................. 38,33
Baryte............... 61,67.

M. Berzelius a obtenu ce sel, qui contient $1\frac{1}{2}$ fois plus d'acide que le phosphate neutre, en précipitant la solution du bi-phosphate par l'alcool et en lavant le précipité avec ce liquide.

Comme le précédent, l'eau bouillante lui enlève son excès d'acide.

Remarque. M. Berzelius, dans son Mémoire sur les phosphates, n'admet que ces trois espèces, et dit qu'il n'a pu obtenir de sous-phosphate de baryte. Cependant, dans sa Théorie des proportions chimiques, il donne les proportions de deux sous-phosphates, dont l'un contient $1\frac{1}{4}$ et l'autre $1\frac{1}{3}$ plus de base que le phosphate neutre.

PHOSPHATE DE BISMUTH.

                                    Berzelius.
Acide..................... 31,13
Oxide de bismuth.......... 68,87.

PHOSPHATE DE CHAUX.

La détermination des proportions suivant lesquelles l'acide phosphorique s'unit à la chaux, présente de grandes difficultés, si ce n'est pas dans les procédés analytiques, c'est dans le mode de préparer des phosphates de chaux d'une composition constante.

Le phosphate de chaux neutre doit être formé, d'après M. Berzelius, de

Acide...... 55,62 100
Chaux...... 44,38 ...... 79,79.

Mais ce savant, ayant voulu préparer ce sel en mettant une solution de phosphate de soude cristallisé dans une solution d'hydrochlorate de chaux neutre, remarqua les faits suivans :

La liqueur séparée du précipité étoit acide.

Le précipité avoit l'aspect cristallin ; au moyen du microscope on voyoit qu'il étoit formé d'une multitude de petits cristaux fibreux, dont les extrémités étoient divisées en trois ou quatre fibres plus fines. M. Berzelius détermina la proportion des principes immédiats de ce composé, de la manière suivante.

(*a*) En le faisant chauffer au rouge dans une cornue, il en sépara de l'eau pure.

(*b*) En dissolvant le résidu dans l'acide hydrochlorique, étendant d'alcool la dissolution jusqu'à ce qu'un précipité commençât à paroître, y versant un mélange d'alcool et d'acide sulfurique aussi long-temps qu'il se formât un précipité, il obtint la chaux à l'état de sulfate, et trouva le sel formé de

Acide .. 41,850 [1] 100
Chaux.. 35,475 84,77
Eau .... 22,675. L'eau contient 2 fois l'oxigène de la chaux.

100,000

D'après cela on voit que le phosphate de chaux contient un peu plus de base qu'il devroit en contenir d'après la théorie.

SOUS-PHOSPHATE DE CHAUX DES OS.

Berzelius.

Acide.... 48,45 100
Chaux ... 51,55 106,4

---

1 Cette analyse se rapproche de celle d'Eckeberg :

Acide........... 39
Chaux 36
Eau .... 25.

La quantité de chaux est 1⅓ plus grande que dans le phosphate neutre.

M. Berzelius a vu que le phosphate de chaux, préparé de la manière suivante, est identique au sous-phosphate des os.

On verse de l'hydrochlorate de chaux dans un excès de phosphate de soude, afin qu'il ne se développe pas d'acidité dans la liqueur; on fait digérer le précipité avec l'excès du phosphate de soude.

Le phosphate de chaux, ainsi préparé, est gélatineux, et conséquemment non cristallisé; après avoir été séché, M. Berzelius a trouvé qu'il est formé de

$$\text{Acide} \ldots 48,45 \ldots 100$$
$$\text{Chaux} \ldots 51,55 \ldots 106,4,$$

et d'une quantité d'eau dont l'oxigène est la moitié de celui de la chaux.

Ce sel, dissous dans l'acide hydrochlorique, et précipité ensuite par l'ammoniaque en excès, présente la même composition qu'avant sa dissolution. Il en est de même quand, au lieu de laver avec de l'eau pure, le sel précipité de nouveau, on le lave avec de l'ammoniaque.

Propriétés.

Ce sel desséché est en poudre blanche, insipide, inodore.

Au feu, il se fond en émail sans s'altérer.

Il est insoluble dans l'eau.

Il est dissous par les acides nitrique, hydrochlorique, et en général par les acides qui forment des sels solubles avec la chaux. L'ammoniaque, versée dans ces dissolutions, en précipite le sous-phosphate; il ne reste dans la liqueur que des atomes de ce même sel, qu'on peut en séparer en faisant évaporer le liquide.

L'acide phosphorique dissout le phosphate de chaux et forme un sursel.

L'acide sulfurique concentré, mis avec son poids de phosphate de chaux, le décompose en totalité. La décomposition est plus facile, si l'on mêle la solution de sous-phosphate dans l'acide hydrochlorique avec une solution alcoolique d'acide sulfurique. (Voyez plus haut.)

Si on emploie de 2 à 3 parties d'acide sulfurique concentré

et 4 p. de phosphate, et si on lessive la masse avec de l'eau, on sépare du sulfate de chaux et on obtient une liqueur qui, évaporée, donne un surphosphate de chaux qui cristallise en paillettes, et qui a été décrit par MM. Fourcroy et Vauquelin.

Le sous-phosphate de chaux, chauffé avec deux fois son poids de charbon à une très-haute température, perd une portion de son acide, laquelle est probablement réduite, par le charbon, en oxide de carbone et en phosphore, suivant l'expérience de M. Th. de Saussure.

La potasse et la soude ne décomposent pas le sous-phosphate de chaux desséché; mais, lorsque celui-ci est gélatineux, ces alcalis dissolvent et de l'acide phosphorique et de la chaux, suivant un rapport qui n'a pas été déterminé.

Le sous-phosphate de chaux dont nous venons de parler, est la partie essentielle des os. Il est probable qu'il se trouve dans les végétaux.

Il sert à la préparation du phosphore.

SOUS-PHOSPHATE DE CHAUX FOSSILE CRISTALLISÉ.

(*Apatite, pierre d'asperge.*)

	Klaproth.	Berzelius.	
Acide....	100	 45,52	 100
Chaux ...	116,15	 54,48	.... 122,1.

L'acide sature donc 1¼ fois plus de base que dans le phosphate neutre.

Quant aux propriétés physiques de ce sel, voyez l'article CHAUX PHOSPHATÉE, tom. VIII, pag. 324.

SUR-PHOSPHATE DE CHAUX.

MM. Fourcroy et Vauquelin ont obtenu, en traitant les os calcinés par les trois quarts de leur poids d'acide sulfurique concentré, ajoutant de l'eau à la masse, puis en la lessivant et faisant évaporer doucement le lavage, un sel acide cristallisé en paillettes nacrées, doué des propriétés suivantes.

Ce sel a une légère saveur acide.

Il s'humecte légèrement par son exposition dans une atmosphère humide.

Il se fond au feu en verre transparent, sur lequel l'eau n'a pas d'action sensible , au moins pendant un contact de plusieurs heures. Selon MM. Fourcroy et Vauquelin , ce résultat est tout simple , parce qu'ils pensent que la chaleur est capable de volatiliser l'èxcès d'acide du sur-phosphate de chaux.

Suivant les mêmes chimistes , il est dissous par l'eau sans éprouver d'altération. Suivant Berthollet , au contraire , il se réduit en phosphate plus acide , soluble , et en phosphate moins acide , insoluble.

Suivant les premiers chimistes, le sous-carbonate d'ammoniaque précipite du sous-phosphate de la solution du sur-phosphate , et non du sous-carbonate de chaux , comme Berthollet l'a prétendu.

Le sur-phosphate de chaux peut être entièrement décomposé par l'acide sulfurique ; et, suivant M. Gay-Lussac , par l'acide oxalique. Pour obtenir ce dernier résultat, il faut mêler au sur-phosphate épaissi de l'acide oxalique , et traiter le mélange par l'alcool , qui dissout l'acide phosphorique et l'acide oxalique en excès : il reste de l'oxalate de chaux.

Le sur-phosphate de chaux , chauffé avec du charbon au rouge blanc dans une cornue de grès , est réduit en sous-phosphate , en phosphore qui se volatilise , en oxigène qui se dégage à l'état d'oxide de carbone.

Le sur-phosphate de chaux a été trouvé dans des calculs urinaires par MM. Fourcroy et Vauquelin.

Remarque.

M. Berzelius a cherché à déterminer la composition du sur-phosphate de chaux ; mais il n'est arrivé à aucun résultat positif : il attribue le peu de succès de ses recherches à ce qu'il n'a point obtenu de sur-phosphate cristallisé. Il est malheureux que cet habile chimiste n'ait pas connu le sur-phosphate décrit par MM. Fourcroy et Vauquelin ; car il l'auroit certainement obtenu , en suivant le procédé des chimistes françois.

M. Berzelius , en précipitant par de l'alcool une dissolution saline de phosphate de chaux dans l'acide phorique éterdu [1] , a obtenu un sur-phosphate qui lui a donné une quantité d'a-

---

[1] Provenant du phosphate d'ammoniaque décomposé par le feu.

cide non pas double de celle du phosphate neutre de chaux,
mais double de celle du sous-phosphate de chaux des os,
c'est-à-dire,

Acide phosphorique.... 100
Chaux................. 53,2.

M. Berzelius a remarqué que l'acide phosphorique sur-
saturé de phosphate de chaux, est représenté par

Acide...... 100
Chaux..... 49.

Il a vu que cette solution, chauffée, se réduit en phosphate
de chaux neutre, qui se précipite, et en un sur-phosphate
soluble, formé de

Acide...... 100
Chaux..... 30.

PHOSPHATE DE COBALT.

Berzelius.
Acide.................. 48,75
Protoxide de cobalt...... 51,25.

On prépare ce sel en versant du phosphate de soude dans
du nitrate ou de l'hydrochlorate de cobalt.

Ce phosphate est rose, parce qu'il contient de l'eau; mais
en la perdant par l'action de la chaleur, il passe au bleu.

C'est sur cette propriété qu'est fondé la fabrication du *bleu
de Thénard*. Nous allons la décrire d'après ce célèbre chimiste.

« On traite, dit M. Thénard, à l'aide de la chaleur, la
« mine de cobalt de Tunaberg grillée, par un excès d'acide
« nitrique foible; on fait évaporer la dissolution presque
« jusqu'à siccité; on fait chauffer le résidu avec de l'eau;
« on filtre la liqueur pour en séparer une certaine quantité
« d'arseniate de fer, qui se dépose : alors on y verse une
« dissolution de sous-phosphate de soude, et l'on obtient
« un précipité violet de sous-phosphate de cobalt. Ce pré-
« cipité étant lavé, rassemblé sur un filtre et encore en
« gelée, on en prend une partie, que l'on mêle, le plus
« exactement possible, avec huit parties d'hydrate d'alu-
« mine ou d'alumine en gelée. On reconnoîtra que le mé-
« lange sera bien fait, lorsqu'il sera également coloré, ou

« qu'on n'y apercevra plus de petits points de phosphate
« isolé : dans cet état, on le fera sécher à l'étuve ou sur
« un fourneau, et lorsqu'il sera assez sec pour être cassant,
« on le calcinera dans un creuset de terre ordinaire. A cet
« effet, on remplira le creuset de matière ; on le recouvrira
« de son couvercle ; on le chauffera peu à peu, jusqu'au-
« dessus du rouge-cerise, et on le tiendra exposé à ce degré
« de chaleur pendant une demi-heure ; on retirera le creu-
« set, et l'on y trouvera une belle couleur bleue, qu'on
« conservera dans un flacon. L'opération réussira constam-
« ment, si on a le soin d'employer un suffisant excès d'am-
« moniaque pour préparer l'alumine, de la laver à plusieurs
« reprises avec des eaux très-limpides, par exemple filtrées
« au charbon.

« Le phosphate de cobalt peut être remplacé, dans la
« préparation de cette couleur, par l'arseniate de cobalt :
« seulement, au lieu d'employer une partie d'arseniate sur
« huit d'alumine, il ne faudra en employer qu'une demi-
« partie. On obtiendra d'ailleurs ce sel de même que le
« phosphate, c'est-à-dire, en versant dans la solution de
« cobalt, préparée comme nous venons de le dire, une
« dissolution d'arseniate de potasse.

« En mêlant intimément et en proportions convenables,
« de l'alumine en gelée ou de l'alun à base d'ammoniaque
« avec une solution de nitrate de cobalt, desséchant et cal-
« cinant le mélange, il se produit encore une couleur bleue,
« analogue à la précédente : ce qui tend à prouver que cette
« couleur n'est qu'un composé d'alumine et d'oxide de co-
« balt. Celle que donne l'alumine, est assez belle ; mais
« celle qui provient de l'alun est pâle. »

PHOSPHATE DE DEUTOXIDE DE CUIVRE.

Berzelius.

Acide 47,57
Deutoxide de cuivre.... 52,63.

On le prépare en mêlant une solution de phosphate de
soude avec du sulfate de cuivre.

Ce sel est d'un bleu tendre quand il est hydraté ; mais
quand on le chauffe il devient brun, en perdant son eau.

Il est insoluble dans l'eau, et soluble dans tous les acides qui dissolvent le deutoxide de cuivre.

La potasse le décompose.

Il se trouve dans la nature.

PHOSPHATE DE PROTXOIDE D'ÉTAIN.

Berzelius.

Acide............... 34,82
Protoxide d'étain.... 65,18.

On le prépare en versant du phosphate de soude dans de l'hydrochlorate de protoxide d'étain. Le phosphate d'étain se précipite.

PHOSPHATE DE DEUTOXIDE D'ÉTAIN.

Berzelius.

Acide........ 48,82
Deutoxide.... 51,18.

On le prépare en versant de l'eau dans de l'hydrochlorate de peroxide d'étain. Ce sel est insoluble.

PHOSPHATE DE PROTOXIDE DE FER.

Berzelius.

Acide....... 50,39
Protoxide.... 49,61.

On obtient ce sel en décomposant le sulfate de protoxide de fer, par le phosphate de soude. Ce sel se précipite en flocons gélatineux d'un blanc sale, quand on a eu le soin d'écarter l'oxigène atmosphérique des liqueurs ; autrement il est d'un blanc grisâtre ; et s'il a le contact de l'air, il devient d'un bleu d'ardoise.

On a généralement décrit comme phosphate de protoxide de fer, le phosphate bleu de la nature, ainsi que le phosphate artificiel devenu bleu par son exposition à l'air. J'avoue que je suis assez porté à croire que le phosphate bleu résulte de l'union de l'acide phosphorique avec le protoxide et le peroxide de fer. Ce qu'il y a de certain, c'est que les sels de fer au minimum, et les sels au maximum, ne donnent pas de précipité bleu, et qu'il faut, pour obtenir celui-ci, exposer à l'air le phosphate préparé avec un sel de fer au minimum, lorsqu'il est encore gélatineux. En outre, il est certain que l'absorption de l'oxigéne par le phosphate blanc ne porte p'as le protoxide au maximum, puisque le phosphate bleu, traité à chaud par la potasse, se réduit en acide phosphorique qui s'unit à l'alcali, et en oxide de fer noir, qui est évidemment du deutoxide de fer, ou plutôt une combinaison de protoxide et de deutoxide.

Le phosphate de fer bleu, calciné, devient rouge en absorbant de l'oxigéne.

Il est soluble dans les acides sulfurique, hydrochlorique, etc.

Il est réduit par le charbon en phosphure de fer.

PHOSPHATE DE PEROXIDE DE FER.

Berzelius.

Acide............ 57,77
Peroxide de fer.... 42,23.

On le prépare en précipitant l'hydrochlorate de peroxide de fer par le phosphate de soude. Le phosphate récemment précipité est d'un blanc légèrement jaunâtre.

Par la calcination il devient rougeâtre en perdant son eau.

Comme le phosphate de fer bleu, il est soluble dans les acides sulfurique, hydrochlorique; il est décomposé par la potasse et réduit par le charbon rouge en phosphure.

MM. Fourcroy et Vauquelin avoient avancé que le sang devoit sa belle couleur à du phosphate de peroxide de fer qui avoit été réduit en sous-phosphate de peroxide par l'alcali du sang.

PHOSPHATE DE GLUCINE.

Berzelius.

Acide 56,84
Glucine.... 43,16.

M. Vauquelin l'a obtenu en précipitant le sulfate ou l'hydrochlorate de glucine par le phosphate d'ammoniaque.

Il est en poudre blanche.

Il se fond au feu en un verre transparent.

Il est soluble dans un excès de son acide, et dans les acides qui forment des sels solubles avec sa base.

Phosphate de magnésie.

Berzelius.

Acide 63,33
Magnésie.... 36,67.

On le prépare en mêlant des solutions de phosphate de soude et de sulfate de magnésie : si les solutions sont suffisamment étendues d'eau, le phosphate qui se dépose est sous forme cristalline.

Il cristallise en prismes hexaèdres dont les côtés sont inégaux. A la longue il imprime à la langue une saveur douceâtre et amère.

Au feu il se fond en un verre transparent.

Il est efflorescent.

Il est légèrement soluble dans l'eau bouillante : par le refroidissement, la liqueur dépose des cristaux, et il ne reste que très-peu de phosphate en dissolution.

Il est très-soluble dans un excès de son acide, et dans l'eau acidulée d'acides hydrochlorique, nitrique, etc.

L'acide sulfurique le dissout. Par l'évaporation, on obtient le sulfate de magnésie en cristaux.

La potasse, la soude, la baryte, la strontiane, la chaux, le décomposent.

L'ammoniaque le décompose en partie ; la portion indécomposée forme un sel double avec le phosphate d'ammoniaque qui s'en produit.

Ce sel fut découvert, en 1775, par Bergman.

Il se trouve dans les os, dans les urines de plusieurs animaux et dans les plantes.

Bi-phosphate de magnésie.

Acide 77,55
Magnésie.... 22,45.

Phosphate ammoniaco-magnésien.

Fourcroy.

Phosphate d'ammoniaque.... 33
Phosphate de magnésie..... 33
Eau .... 33.

Fourcroy a découvert ce sel. Il l'a préparé, soit en précipitant par l'ammoniaque le phosphate de magnésie dissous dans un excès de son acide, soit en mélangeant des solutions de phosphate d'ammoniaque et de sur-phosphate de magnésie.

Il cristallise en prismes tétraèdres très-petits, terminés par des pyramides irrégulières à quatre faces.

Il est insipide.

M. Vauquelin dit qu'au feu il perd son ammoniaque sans que le résidu soit acide. L'acide du phosphate d'ammoniaque se volatilise-t-il? ou bien le phosphate de magnésie, qui est uni au phosphate d'ammoniaque, est-il un bi-sous-phosphate? et dans ce cas la proportion de ce sel seroit-elle convenable pour que l'acide uni à l'ammoniaque égalât l'acide de la magnésie? c'est ce qui n'a pas encore été examiné.

Il est presque insoluble dans l'eau.

Le phosphate ammoniaco-magnésien se dépose de l'urine, qui s'altère spontanément par son exposition à l'air; il se dépose d'un grand nombre de sucs végétaux qui contiennent du phosphate de magnésie et une matière azotée putréfiable. Je peux citer pour exemple le suc de pastel qui a été coagulé par la chaleur.

Le phosphate ammoniaco-magnésien existe dans les concrétions animales.

Phosphate de manganèse.

Berzelius.

Acide 49,47
Protoxide de manganèse . . . . 50,55.

On le prépare en mêlant des solutions de sulfate de manganèse et de phosphate de soude.

Il est blanc.

Il est décomposé par la potasse et la soude bouillantes.

Phosphate de protoxide de mercure.

Berzelius.

Acide 14,50
Protoxide . . . . 85,50.

On l'obtient en mêlant le nitrate de protoxide de mercure avec le phosphate de soude.

Il est blanc grenu.

PHO

Berzelius.

Acide 24,62
Peroxide .... 75,38.

Il se prépare en mêlant des solutions de phosphate de soude et de peroxide de mercure.

Il est d'un jaune léger.

Phosphate de potasse.

Acide 43,06
Potasse ...... 56,94.

Ce sel s'obtient en neutralisant la potasse par l'acide phosphorique.

Il verdit légèrement la couleur de violette.

Il ne cristallise pas. Il est presque insipide.

Au feu, il se fond d'abord dans son eau de cristallisation; ensuite il éprouve la fusion ignée.

Il est déliquescent, et par conséquent très-soluble dans l'eau.

Les eaux de baryte, de strontiane et de chaux, précipitent son acide.

Il est décomposé quand on le chauffe très-fortement, avec le double de son poids de charbon, dans une cornue de porcelaine lutée.

Bi-phosphate de potasse.

Berzelius.

Acide 60,20
Potasse ...... 39,80.

En ajoutant à la potasse deux fois plus d'acide phosphorique qu'il n'en faut pour la neutraliser, on obtient un sel qui cristallise en prismes quadrangulaires terminés par des pyramides à quatre faces.

Le même sel paroît se former quand on traite le phosphate neutre par les acides nitrique, hydrochlorique et même acétique.

Il a une saveur très-aigre. Il rougit fortement le tournesol.

Il se fond au feu en un verre transparent, qui devient opaque en refroidissant.

Il est assez soluble dans l'eau.

Sous-phosphate de potasse.

Lorsqu'on fait chauffer, dans un creuset de platine, deux parties de phosphate de potasse mêlées à une partie de potasse à l'alcool, et qu'on lave la masse fondue avec de l'eau, il reste une poudre blanche, qui est un sous-phosphate de potasse, suivant Darracq.

Ce sel n'a presque pas de saveur. Il se fond au feu en un verre qui devient opaque par le refroidissement.

Il est presque insoluble dans l'eau froide.

L'eau bouillante en dissout une quantité notable : aussi précipite-t-elle l'eau de chaux et le nitrate d'argent.

Il est dissous dans les acides nitrique, hydrochlorique. Ces dissolutions sont épaisses comme de l'empoi concentré.

Elles donnent par les alcalis un précipité qui est soluble dans un excès d'eau.

C'est surtout cette préparation qui avoit fait croire à Guyton et à Desormes, que quand on calcine le chlorate de potasse avec l'acide phosphorique, on changeoit la potasse en chaux; mais la description que Darracq a donnée des propriétés du sous-phosphate de potasse, explique l'erreur de Guyton et de Desormes.

Phosphate de nickel.

Berzelius.

Acide............ 48,71
Oxide de nickel.... 51,29.

On le prépare en mêlant du phosphate de soude avec du sulfate de nickel.

Il est insoluble ; d'une couleur verdâtre.

Phosphate de plomb.

Berzelius.

Acide........ 24,24
Protoxide.... 75,76.

On le prépare en décomposant une solution de chlorure

de plomb par le phosphate de soude. Si l'on employoit le nitrate de plomb, on obtiendroit un sel double de nitrate et de phosphate de plomb.

Le phosphate de plomb est blanc ; on le trouve dans la nature cristallisé en prismes hexaèdres. Exposé à la flamme du charbon, il se fond en un verre transparent qui cristallise en polyèdres par le refroidissement.

Il est insoluble dans l'eau.

Il faut une assez grande quantité de son acide pour le dissoudre.

L'acide sulfurique le décompose complétement.

L'acide hydrochlorique bouillant le dissout. Par le refroidissement il se dépose des cristaux de chlorure de plomb ; mais la décomposition du phosphate n'est pas complète.

L'acide nitrique le dissout. La potasse, la soude, l'ammoniaque, précipitent de cette solution un phosphate qui contient probablement un excès de base.

Quand on chauffe le phosphate de plomb avec du charbon, on obtient un phosphure métallique.

Phosphate et nitrate de plomb.

Ce sel se produit lorsqu'on verse du phosphate d'ammoniaque dans du nitrate de plomb. Il se dépose quelques heures après le mélange en petits grains cristallins.

Ces cristaux sont presque inattaquables par l'eau froide ; mais l'eau bouillante en sépare du nitrate de plomb.

Au feu ils perdent leur acide nitrique et il reste du sousphosphate de plomb, dans lequel la quantité de base est $1\frac{1}{2}$ celle du phosphate neutre, d'où M. Berzelius conclut que dans le sel double deux proportions de protoxide sont unies à l'acide phosphorique, tandis qu'une seule l'est à l'acide nitrique.

Sesqui-sous-phosphate de plomb.

M. Berzelius a obtenu ce sel en faisant digérer le phosphate neutre de plomb dans l'ammoniaque ; lavant le résidu et le faisant rougir : il l'a trouvé formé de $1\frac{1}{2}$ fois autant de base que le phosphate neutre, c'est-à-dire,

Acide.................. 17,58
Protoxide de plomb.... 82,42.

Sesqui sur-phosphate de plomb.

M. Berzelius a obtenu ce sel en versant du bi-phosphate de soude dans une solution bouillante de chlorure de plomb, lavant le précipité à l'eau froide, puis à l'eau bouillante. Le précipité rougissoit le tournesol, et étoit formé de

Acide................ 29,90
Protoxide de plomb.... 70,10,

c'est-à-dire, que ce sel contient 1¼ plus d'acide que le phosphate neutre.

Phosphate de silice.

Lorsqu'on fond l'acide phosphorique avec une proportion suffisante de silice, on obtient un verre qui n'est pas déliquescent comme l'est le verre d'acide phosphorique pur, et qui est une vraie combinaison des deux corps. Mais, si l'on considère l'acidité de la silice, on ne peut comparer ce composé aux sels proprement dits; car la disparition plus ou moins grande de l'acidité de l'acide phosphorique tient uniquement à l'insolubilité de la silice dans l'eau.

Phosphate de soude.

	Thénard.		Berzelius.	
Acide	15	 53,3	....	20,41
Soude	19	 46,7	....	17,88
Eau	06	....	61,71 , dont l'oxigène est double de celui de la base.	

On obtient ce sel en grand, en neutralisant, par le sous-carbonate de soude, l'excès d'acide de sur-phosphate de chaux provenant du traitement des os par l'acide sulfurique, ou en neutralisant l'acide phosphorique par la soude. Si l'on ne met pas un excès d'alcali bien sensible, on obtient des cristaux de phosphate alcalins au sirop de violette et une eau-mère acide au tournesol, ainsi que M. Thénard l'a remarqué il y a long-temps.

Ce sel cristallise en prismes rhomboïdaux; quelquefois en prismes hexaèdres.

Il n'a qu'une légère saveur; il verdit le sirop de violette et rougit l'hématine comme le font les alcalis foibles.

Au feu il se fond dans son eau de cristallisation, puis il se vitrifie. Ce verre cristallise en se refroidissant, et finit par devenir opaque.

Il s'effleurit à l'air avec une grande facilité.

Il demande 4 parties d'eau à 15° et 2 parties d'eau bouillante pour se dissoudre.

Comme le phosphate de potasse, il est en partie décomposé par le charbon rouge de feu.

Les acides sulfurique, nitrique, hydrochlorique, le réduisent en sur-phosphate de soude.

Les alcalis solubles en précipitent l'acide, si ce n'est en totalité, du moins en partie.

Ce sel existe dans l'urine, mais en combinaison avec le phosphate d'ammoniaque.

Il est employé en médecine comme purgatif. Outre l'avantage qu'il a de n'avoir pas de saveur amère, il a celui de purger sans occasioner des nausées. Il peut être substitué au borax dans la soudure : il sert de flux dans les essais au chalumeau.

SUR-PHOSPHATE DE SOUDE.

Le sur-phosphate de soude, qu'on obtient en traitant le phosphate neutre par les acides, a été appelé *sel perlé de Haupt*, parce que c'est Haupt qui l'a découvert. Le nom de *sel perlé* lui a été donné à cause de sa ressemblance avec les perles lorsqu'on l'a fondu. Proust pensa qu'il contenoit un acide particulier, qu'il appela *acide du sel perlé;* mais Klaproth en fit connoitre la vraie nature.

Le sur-phosphate de soude cristallise en petites paillettes semblables à l'acide borique.

Il est vraisemblable qu'en ajoutant à du phosphate de soude de l'acide phosphorique, puis de l'alcool, le précipité qu'on obtient alors est semblable au précédent. M. Berzelius, qui a recueilli ce précipité, n'en a pas fait une analyse assez rigoureuse pour en établir la composition; mais il pense qu'il est très-probable qu'il contient deux fois plus d'acide que le phosphate neutre; qu'il est par conséquent un bi-phosphate.

Phosphate ammoniaco de soude.

Sel microcosmique. = *Sel fusible de l'urine.*

Fourcroy.

Acide 32
Ammoniaque.... 19
Soude 24
Eau .... 25.

Margraff reconnut dans ce sel, qu'on obtint d'abord de l'urine, l'ammoniaque et le phosphore ; Fourcroy ensuite en fit connoître la nature. On peut l'obtenir en mêlant des dissolutions de phosphates de soude et d'ammoniaque.

Ce sel est efflorescent : en perdant de l'eau, il perd une petite quantité d'ammoniaque.

Au feu il se convertit en sur-phosphate de soude.

On dit qu'il ne dégage pas d'ammoniaque quand on le triture avec de la soude.

Phosphate de strontiane.

Berzelius.

Acide........ 40,8
Strontiane.... 59,2.

On le prépare en précipitant une solution d'un sel de strontiane par le phosphate d'ammoniaque.

Il est en poudre blanche.

Il se fond en émail.

Il est soluble dans les acides nitrique et hydrochlorique.

Il est complétement décomposé par l'acide sulfurique.

Il a été découvert par Hope en 1797.

Phosphate de zinc.

Berzelius.

Acide 46.99
Oxide de zinc.... 53,01.

On le prépare en mêlant le phosphate de soude avec le sulfate de zinc.

Ce sel, insoluble dans l'eau, le devient dans un excès de son acide.

PHOSPHATE DE ZIRCONE.

On ignore la proportion des principes immédiats de ce sel : on sait seulement qu'ils forment un composé insoluble ; car l'acide phosphorique précipite les sels solubles de zircone.

PHOSPHATE D'YTTRIA.

On sait que ce sel est insoluble ; car les phosphates de soude, d'ammoniaque, précipitent les solutions salines d'yttria. (Cu.)

PHOSPHATIQUE [Acide]. (*Chim.*) M. Dulong a proposé ce nom pour désigner l'acide qui se produit lorsque le phosphore brûle lentement dans l'air atmosphérique. Sage avoit bien vu qu'il diffère de l'acide phosphorique ; mais ce ne fut qu'en 1777 que Lavoisier démontra que cette différence tient à ce qu'il contient moins d'oxigène que ce dernier : en conséquence on l'appela *acide phosphoreux* dans la nouvelle nomenclature chimique. M. Davy reconnut, en 1800, qu'il contenoit constamment de l'acide phosphorique, et en même temps il fit connoître le véritable acide phosphoreux : il considéra l'acide phosphatique comme un mélange d'acides phosphoreux et phosphorique. M. Dulong, au contraire, en 1816, ayant repris l'examen de cet acide, le regarda comme un composé de ces deux acides ; et c'est d'après cette manière de voir qu'il proposa le nom d'*acide phosphatique*. M. Dulong s'appuya principalement sur ce que cet acide contient une proportion constante d'oxigène et de phosphore, et sur ce qu'il ne donne pas, quand on l'unit aux bases salifiables, des sels particuliers, mais bien des phosphates et des phosphites. Si l'on vouloit suivre le principe de nomenclature qu'on a établi dans ces derniers temps, il faudroit l'appeler acide hypophosphorique.

Composition.

	Thenard.	Dulong.	
Oxigène	110,4	109	112,4, par le calcul.
Phosphore ..	100	100	100

Propriétés.

Toutes les propriétés de cet acide sont celles qui doivent résulter d'un mélange d'acides phosphorique et phosphoreux.

Préparation.

Pour préparer cet acide, il faut introduire dans de petits tubes de verre, effilés à un bout, des batons de phosphore; placer ces tubes dans un entonnoir qui repose sur un flacon, mettre l'appareil dans une assiette couverte d'eau, puis recouvrir le tout d'une cloche de verre portant deux ouvertures, l'une à son sommet et l'autre latérale. Par ce moyen la combustion du phosphore est toujours lente, et à mesure qu'elle a lieu, la vapeur d'eau dissout l'acide produit et l'entraîne dans le flacon. (C**ʜ**.)

PHOSPHITES. (*Chim.*) Combinaisons salines de l'acide phosphoreux avec les bases salifiables.

Composition.

Dans les phosphites neutres à base d'oxides, le phosphore est au métal dans le même rapport que dans les phosphures neutres; et comme il en est de même des phosphates, on conçoit que, si l'acide d'un phosphite passe à l'état d'acide phosphorique, la neutralité de la combinaison restera constante : tel est aussi le résultat des observations de M. Gay-Lussac, qui ont été confirmées par celles de M. Dulong et de M. Berzelius.

Dans les phosphites, l'oxigène de l'acide est à celui de la base :: 3:2.

Il existe, outre les phosphites neutres, des sous-phosphites et des sur-phosphites.

Préparation.

On prépare les phosphites en unissant directement l'acide phosphoreux avec les bases salifiables.

Les oxides métalliques faciles à réduire ne forment pas de phosphites, parce qu'ils sont réduits, non-seulement par l'acide phosphoreux, mais ils le sont encore, au moins pour la plupart, par les phosphites.

Remarque.

Les phosphites n'ont été que peu examinés, et encore ne peut-on compter jusqu'ici que sur les observations de M. Dulong; car avant ce chimiste, qui a étudié quelques espèces de phosphites préparés avec l'acide phosphoreux de Davy, l'on avoit toujours décrit comme des phosphites les matières salines obtenues en unissant avec les bases l'acide que donne le phosphore en brûlant spontanément dans l'air : or, il est bien prouvé maintenant que par ce moyen on ne peut obtenir que des phosphates, ou un mélange de phosphites et de phosphates : c'est pour cette raison que nous ne pouvons citer ici le travail de MM. Fourcroy et Vauquelin.

Phosphite d'ammoniaque.

Il cristallise, mais si confusément, que M. Dulong n'a pu en déterminer la forme.

Il est déliquescent, conséquemment très-soluble dans l'eau ; mais il est insoluble dans l'alcool.

Par la chaleur il laisse dégager de l'ammoniaque ; et, à un certain degré de concentration, de l'hydrogène proto-phosphuré qui s'enflamme à l'air, si la température du sel est suffisamment élevée.

Phosphite de baryte.

Le phosphite neutre est soluble et susceptible de cristalliser, quand la solution est évaporée spontanément ; mais, si l'on chauffe la liqueur lorsqu'elle a atteint de 50 à 60^d, il se dépose de petits cristaux nacrés de sous-phosphite, absolument insolubles dans l'eau, et il reste en dissolution un sur-phosphite plus difficilement cristallisable.

Le phosphite neutre de baryte, mis sur un charbon ardent, produit une flamme jaune : le sous-phosphite en produit une moins intense, et le sur-phosphite une plus intense.

Le sous-phosphite de baryte distillé donne de l'hydrogène proto-phosphuré, un peu de phosphore, et un phosphate coloré en jaune fauve ; et ce qui est remarquable, c'est que ce phosphate ne perd point sa couleur lorsqu'on le calcine avec l'oxigène : cependant elle est due à la matière rouge qu'on a appelée *oxide de phosphore*, et qui est combustible. Pour s'en convaincre, il suffit de traiter ce résidu par de l'acide hydrochlorique ou nitrique, qui dissout le phosphate, à l'exclusion de la matière rouge.

Phosphite de potasse.

Il est déliquescent. M. Dulong n'a pu faire cristalliser sa dissolution.

Il est insoluble dans l'alcool.

Le phosphite de potasse se comporte à la distillation comme le sous-phosphite de baryte. Le résidu de phosphate est rouge : en le traitant par l'eau, la matière rouge n'est pas dissoute ; celle-ci, traitée par les acides, donne lieu à un foible dégagement d'hydrogène phosphoré.

Phosphite de soude.

Il est très-soluble dans l'eau. La solution cristallise en rhomboïdes qui s'approchent beaucoup du cube.

Il est insoluble dans l'alcool.

Il se comporte à la manière du phosphite de potasse.

Phosphite de strontiane.

Il présente des propriétés tout-à-fait analogues à celles du phosphite de baryte. (Ch.)

PHOSPHITES [Hypo-]. (*Chim.*) Combinaisons salines de l'acide hypophosphoreux avec les bases salifiables.

Ces sels n'ont été étudiés que par M. Dulong, qui les a découverts : voici les propriétés qu'il leur a reconnues.

Action de l'eau.

Tous les hypophosphites sont solubles dans l'eau. L'hypophosphite de potasse est beaucoup plus déliquescent que le chlorure de calcium. Les hypophosphites de baryte et de strontiane ne peuvent être obtenus cristallisés régulièrement, à cause de leur extrême solubilité.

Action de l'alcool.

Les hypophosphites de potasse et de soude sont solubles dans l'alcool en toutes proportions.

Action de la chaleur.

Ils donnent à la distillation du gaz hydrogène perphosphuré, du phosphore, et un phosphate mêlé d'oxide rouge de phosphore, qu'on peut en séparer au moyen de tout acide susceptible de dissoudre le phosphate.

Ce résultat explique pourquoi les hypophosphites projetés sur un charbon ardent, produisent une belle flamme jaune.

Action de l'oxigène.

Les hypophosphites neutres absorbent lentement l'oxigène de l'air et deviennent acides. C'est par une suite de cette propriété qu'ils précipitent l'or à l'état métallique de la solution du chlorure d'or ; l'argent, de ses dissolutions, etc. (Ch.)

PHOSPHOLITHE. (*Min.*) Kirwan a donné ce nom à la combinaison de l'argile ou alumine avec l'acide phosphorique, que M. Proust attribue à une pierre vitreuse qu'il désigne sous le nom de grenats de Valence, qui se boursoufle au chalumeau et qui est ensuite très-difficile à fondre (Ann. de ch., t. 1, p. 196).

Il soupçonne, mais sans motifs suffisans, que ces grenats pourroient bien être ceux qui sont mentionnés par de Born sous la désignation de *grenats couleur d'hyacinthe, transparens, dodécaèdres, à plans rhombes, venant d'Espagne.* Cat. de Raab., tom. 1.ᵉʳ, pag. 155. (B.)

PHOSPHORE. (*Chim.*) Corps simple, non métallique, doué des propriétés suivantes :

Le phosphore, parfaitement purifié, est transparent et incolore. Il a un tissu lamelleux ; il peut cristalliser en octaèdres alongés ; il est insipide : dans l'air il répand une odeur d'ail. A quelques degrés au-dessus de 10^d il jouit d'une ductilité très-sensible ; aussi peut-on le couper au couteau : au-dessous de zéro il est cassant.

Il a une pesanteur spécifique de 1,77.

Le phosphore se fond à 43^d ; il ressemble, quand il est fondu, à une huile grasse. M. Thénard a observé des échantillons de phosphore qui lui ont présenté la propriété de devenir noirs quand, après les avoir fondus de 60 à 70^d, on les plongeoit dans l'eau froide. Ces mêmes phosphores, fondus à 45^d et refroidis lentement dans l'air, redevenoient transparens et incolores. M. Thénard avoit cru que ce phénomène étoit général ; mais il a reconnu qu'on ne l'observe que sur les échantillons de phosphore qui ont été distillés trois ou quatre fois et même neuf ou dix fois. Il n'est pas éloigné de penser que ces distillations ont pour objet de séparer l'hydrogène du phosphore, et que le phénomène qu'il a observé est essentiel au phosphore pur.

Le phosphore bout à 271^d, suivant Davy ; à 290^d, suivant Pelletier ; et au-dessous de 200^d, suivant Thénard. Il paroît qu'on peut en volatiliser une petite quantité en le distillant avec de l'eau.

Le phosphore exposé à la lumière devient rouge ; et s'il est cassant, il devient flexible. Ce phénomène se produit dans le vide de Toricelli, dans les gaz hydrogène et azote, l'eau bouillie, etc. M. Vogel pense qu'il se produit un oxide rouge de phosphore ; mais point d'acide phosphoreux.

Le phosphore fondu, exposé à une décharge voltaïque, donne un peu d'hydrogène phosphuré ; mais cet hydrogène, suivant Davy, n'est point essentiel à sa nature.

Le phosphore forme quatre acides avec l'oxigène, et, dit-on, deux oxides.

Sous la pression barométrique de $0,^{m}760$ et à la température ordinaire, le phosphore plongé dans le gaz oxigène n'y brûle pas : si on le chauffe à 58^{d} environ, il brûle en dégageant beaucoup de lumière et de chaleur. Le résultat de la combustion est de l'acide phosphorique. (Pour opérer la combustion du phosphore dans le gaz oxigène, voyez OXIGÈNE.)

Sous la pression barométrique de $0,^{m}1$ à $0,^{m}05$ et à des températures comprises entre 27 et 5^{d}, le phosphore brûle spontanément dans le gaz oxigène humide ; mais ce n'est plus de l'acide phosphorique qui se forme, c'est de l'acide phosphatique ou hypophosphorique. M. Bellani, à qui nous devons cette observation curieuse, observe que la température, à laquelle le phosphore brûle dans l'oxigène est d'autant plus élevée, que la tension de ce gaz est plus forte.

On doit ajouter que si au gaz oxigène on mêle de l'hydrogène, de l'acide carbonique, de l'azote provenant de l'analyse de l'air par le phosphore [1], de manière à diminuer la tension de l'oxigène, celui-ci devient susceptible de brûler le phosphore au-dessous de 27^{d} : c'est ainsi que ce combustible brûle dans l'air et produit de l'acide phosphatique.

A la température ordinaire il se forme assez de vapeur de phosphore dans une atmosphère d'acide carbonique, d'hydrogène, etc., pour que ces gaz deviennent lumineux dans l'obscurité, quand on y mêle de l'oxigène. La vaporisation a

---

[1] Suivant M. Thénard, l'expérience ne réussit pas avec l'azote provenant de l'analyse de l'air faite par un mélange de fer et de soufre

lieu dans l'oxigène sous la pression ordinaire ; mais, pour que la vapeur devienne lumineuse, il faut mêler le gaz avec l'azote.

Le phosphore n'est pas dissous par l'eau. Quand on le conserve dans ce liquide, qui a bouilli pendant long-temps, il se recouvre d'une croûte blanche, il devient rouge dans l'intérieur, et l'eau acquiert une odeur alliacée : elle contient de l'acide phosphoreux et de l'hydrogène phosphuré en dissolution. On n'est pas encore certain que l'eau soit décomposée.

Le phosphore s'unit au chlore en deux proportions à la température ordinaire. Il y a dégagement de chaleur, fusion du phosphore, émission de lumière. Il peut se former un chlorure liquide ou de l'acide chloro-phosphorique.

Le phosphore s'unit à l'iode et au soufre à l'aide de la chaleur en toutes proportions.

Il s'unit également à l'arsenic, quand la température est suffisamment élevée.

Suivant Proust, il s'unit au carbone.

Enfin, la plupart des métaux sont susceptibles de former des phosphures.

Le phosphore enlève l'oxigène à un grand nombre d'acides et d'oxides métalliques. Avec ces derniers il se forme presque toujours un phosphate et un phosphure.

Le phosphore est considéré comme un excitant très-énergique. On l'a administré à la dose d'un grain par jour, en dissolution dans l'alcool, l'éther, et sous la forme de pilules, avec les huiles, la mie de pain.

Si le phosphore peut être considéré comme un excitant général, on doit dire qu'il excite les organes de la génération d'une manière toute spéciale.

État.

Le phosphore ne se trouve pas libre dans la nature. M. Vauquelin dit qu'il est à l'état de combustible dans la matière cérébrale, les nerfs, la laitance des carpes; mais il ne seroit pas impossible qu'il y fût à l'état d'acide phosphorique uni à une matière grasse.

L'acide phosphorique, combiné avec diverses bases, est, si non très-abondant, au moins très-répandu dans la nature. Le phosphate de chaux est la base inorganique des os.

Préparation.

Avant que Gahn eût découvert l'acide phosphorique dans les os, on retiroit le phosphore de l'urine : on la faisoit évaporer et on en distilloit l'extrait à une température très-élevée. Dans cette opération, le phosphate d'ammoniaque de l'urine donnoit du phosphore. Margraff conscilla de mêler l'extrait d'urine avec du chlorure de plomb contenant de l'oxide : par ce moyen, on obtient du phosphore non-seulement du phosphate d'ammoniaque, mais encore du phosphate de soude.

Aujourd'hui on suit communément le procédé que nous allons décrire.

On prend des os calcinés au blanc, on les réduit en poudre dans un mortier de fer et on les tamise. On met la poudre dans des terrines de grès; ensuite on verse sur 100 p. de poudre 75 p. d'acide sulfurique à 66^d, étendues dans 500 p. d'eau. On laisse agir les matières pendant plusieurs jours, en ayant soin de les agiter avec une spatule de verre ou de bois. On met la masse sur un filtre de toile ou dans des tonneaux. On la lave avec de l'eau à plusieurs reprises, et on la soumet ensuite à la presse. Toutes les liqueurs réunies sont évaporées dans une capsule ou dans une chaudière. Lorsque la liqueur est concentrée, on la laisse refroidir; elle dépose du sulfate de chaux [1]; on la décante, on lave le dépôt et on réunit le lavage avec la liqueur, qui tient du sur-phosphate de chaux en dissolution; on fait évaporer le tout à siccité, et on ajoute environ un quart de charbon au résidu : on peut faire cette opération dans un bassine de plomb ou de fonte. On introduit ce mélange dans une cornue de grès éprouvée, qui a été enduite d'un lut composé de terre et de fiente de cheval. On place la cornue dans un fourneau à réverbère construit d'une telle manière, que la flamme du bois qui sert à chauffer la cornue descend dessous, et se relève ensuite pour la chauffer dans toutes ses parties. Il faut que l'air qui doit alimenter la combustion ne pénètre dans le fourneau que par les petits interstices qui existent entre les portes du foyer et du cendrier, et les parois du four-

---

[1] On peut faire évaporer en consistance de sirop, et traiter le résidu par 4 fois son volume d'eau froide. Le sulfate de chaux ne se dissout pas; on le sépare par le filtre.

neau. On adapte à la cornue un récipient de cuivre qui a la forme d'une cornue renversée, dont le bec iroit s'engager avec celui de la cornue de grès ; on remplit d'eau à moitié le récipient : de cette manière l'air n'a point d'accès dans l'intérieur de la cornue. Après avoir luté le récipient à la cornue, et le col de celle-ci au fourneau, on chauffe graduellement. Au rouge cerise il se dégage du gaz oxide de carbone et du gaz hydrogène, qui proviennent de la décomposition de l'eau contenue dans les matières. Quatre heures environ après qu'on a mis le feu sous la cornue, lorsque la température est au rouge blanc, le phosphore commence à se dégager avec du gaz oxide de carbone et de l'hydrogène carboné : le premier provient de l'oxigène de l'acide phosphorique, et le second de l'hydrogène du charbon. Quand il ne se dégage plus de gaz, l'opération est terminée.

Le phosphore obtenu par le procédé précédent n'est pas pur. Pour l'avoir dans cet état, on le met sur une peau de chamois dont on relève les bords, qu'on attache ensuite avec une ficelle : on plonge dans l'eau chaude à 50^d le phosphore ainsi enfermé ; on presse la peau avec la main ou avec des pinces : le phosphore fondu se filtre et se sépare ainsi d'une matière rouge. Si l'on veut l'obtenir le plus pur possible, on le distille dans une cornue de verre. Pour le mouler en bâtons, on le fond dans l'eau chaude à 45^d ; on y plonge l'extrémité d'un tube de verre ; on aspire par l'autre extrémité avec la bouche. Quand le phosphore occupe les deux tiers de la capacité du tube, on soulève ce dernier, on met le doigt sous l'extrémité ouverte, et on le porte dans l'eau froide. Le phosphore se solidifie ; on le fait sortir du tube au moyen d'une tige de fer.

On conserve le phosphore dans de l'eau bouillie, qui est contenue dans des flacons opaques.

Usages.

Le phosphore sert à faire des briquets, à préparer l'acide phosphorique, etc.

Histoire.

Le phosphore fut découvert, par hasard, en 1669, par un alchimiste de Hambourg nommé Brandt. Kunckel, ignorant le procédé de **Brandt**, le retira de l'urine en 1674. Boyle, en 1679, fit la même découverte. Mais ce ne fut qu'en 1735 que la préparation du phosphore cessa d'être un secret, parce que Hellot publia le procédé qu'un étranger avoit vendu au gouvernement françois. Margraff, Lavoisier, Gahn, Schéele et Pelletier, MM. Thénard, Davy, Dulong, Berzelius, examinèrent ensuite les propriétés de ce corps.

Des combinaisons du phosphore avec plusieurs corps.

DE L'OXIDE DE PHOSPHORE.

Les chimistes ont décrit sous ce nom deux corps différens au moins sous le rapport de leurs propriétés physiques.

DE L'OXIDE ROUGE.

Suivant M. Vogel, on l'obtient de la manière suivante :

On étend du phosphore, coupé en petits morceaux, sur une assiette blanche ; on y met le feu ; on lave le résidu rouge de la combustion à l'eau distillée jusqu'à ce que ce liquide ne rougisse plus la teinture de tournesol. On fait sécher le résidu.

On obtient ainsi une matière d'un rouge foncé qui n'est point acide ; qui exige, pour se fondre, une chaleur plus élevée que celle de l'eau bouillante, et qui est moins dense que le phosphore.

Quand on la chauffe dans une capsule de platine, elle brûle avec une flamme jaunâtre, qui s'éteint lorsqu'on retire la capsule du feu.

Par la combustion opérée, soit par l'air, soit par l'acide nitrique, on ne peut en retirer d'acide carbonique.

M. Davy dit qu'en chauffant le phosphore dans l'air non raréfié, on obtient deux acides et un résidu rouge d'oxide.

DE L'OXIDE BLANC.

Il est solide, insipide ; il a l'odeur du phosphore.

Il est moins fusible que le phosphore ; il brûle rapidement quand on le chauffe dans l'eau et le gaz oxigène.

Il est décomposé par le charbon.

On le prépare en mettant du phosphore en petits cylindres dans un flacon presque plein d'eau aérée ; on renouvelle l'air du flacon de temps en temps : il faut laver l'oxide avec de l'eau pour en séparer l'acide phosphoreux.

Suivant Steinacher, on obtient un oxide blanc moins oxidé que celui-ci, en chauffant le phosphore à 100^d dans un tube de verre étroit et alongé; l'oxide se condense en flocons blancs dans la partie supérieure du tube.

On ne sait point encore positivement le rapport qu'il y a entre ces oxides et la matière rouge spontanément inflammable, qu'on obtient quand on a fait brûler vivement du phosphore en excès sous une cloche d'air reposant sur le mercure.

Quant aux oxides de phosphore, voyez PHOSPHOREUX [ACIDE], PHOSPHOREUX (HYPO-) [ACIDE], PHOSPHORIQUE [ACIDE], PHOSPHATIQUE OU HYPOPHOSPHORIQUE [ACIDE].

DU CHLORURE DE PHOSPHORE.

Composition.

	Davy.	Dulong.
Chlore	555	327
Phosphore	100	100.

Suivant M. Davy, l'acide chlorophosphorique contiendroit, pour 100 de phosphore, 666 de chlore; et suivant M. Dulong, 549 : conséquemment le phosphore se combineroit à des quantités de chlore qui seroient entre elles :: 1 : 2, suivant M. Davy ; et comme 3 : 5, suivant M. Dulong. C'est ce rapport que nous adopterons.

Propriétés.

Il est liquide, incolore comme l'eau.

Il a une pesanteur spécifique de 1,45.

Il ne rougit pas le papier de tournesol parfaitement desséché.

Il est volatil; une chaleur rouge ne le décompose pas.

Lorsqu'on le fait passer dans un tube de porcelaine rouge de feu avec du gaz oxigène, le phosphore est brûlé et le chlore séparé.

Il est entièrement soluble dans l'eau; mais il éprouve une décomposition. L'oxigène d'une portion d'eau s'unit au phosphore, et l'hydrogène au chlore. Il en résulte de l'acide phosphoreux pur et de l'acide hydrochlorique.

Le chlorure de phosphore ne s'enflamme point à l'air; il y répand des fumées blanches, dues à ce que sa vapeur produit de l'acide phosphorique et de l'acide hydrochlorique par le contact de l'humidité. Le gaz ammoniaque en sépare du phosphore et forme du chloro-phosphate ?

Le chlorure de phosphore peut dissoudre du phosphore.

Dans cet état, exposé à l'air sur un papier Joseph, il y en a une portion qui se volatilise, et celle qui reste sur le papier produit assez de chaleur, en se décomposant par l'humidité, pour enflammer le phosphore qui étoit en simple dissolution dans la liqueur.

Le chlorure de phosphore, exposé à un courant de chlore, l'absorbe, devient solide, et passe ainsi à l'état d'acide chloro-phosphorique.

Préparation.

1.er *Procédé.* On prépare le chlorure de phosphore en mettant 25 grammes de phosphore bien sec au fond d'un tube fermé à une de ses extrémités; on ajoute 150 grammes de sublimé corrosif. On place le tube dans un fourneau de manière à ce que la partie qui contient le phosphore ne soit pas chauffée. On adapte à l'extrémité ouverte du tube un petit tube courbé qui va plonger au fond d'une éprouvette bien sèche, et fermée avec un bouchon auquel on a pratiqué une légère ouverture. On chauffe le sublimé à 200^{d} environ, puis on fait passer dessus le phosphore réduit en vapeur : celui-ci enlève le chlore au mercure et la nouvelle combinaison se condense dans l'éprouvette.

2.e *Procédé.* On met du phosphore desséché dans une cornue; ce vaisseau communique par une tubulure à un appareil propre à préparer du chlore sec, et par son bec à un petit récipient, dont la tubulure est garnie d'un tube qui plonge dans une couche légère de mercure. On fait arriver du chlore dans la cornue jusqu'à ce que tout le phosphore, après s'être complétement liquéfié, commence à déposer de l'acide chloro-phosphorique. A cette époque on supprime l'appareil d'où le chlore se dégage. On bouche la tubulure de la cornue; on volatilise doucement le chlorure de phosphore dans le récipient.

3.e *Procédé.* M. Davy fait le chlorure de phosphore en mêlant 7 p. d'acide chlorophosphorique avec 1 p. de phosphore.

Histoire.

MM. Gay-Lussac et Thénard l'obtinrent, en 1808, en faisant passer du phosphore sur du mercure doux; mais celui qu'ils ont décrit contenoit du phosphore en dissolution. C'est M. Davy qui l'a préparé le premier à l'état de pureté avec le sublimé corrosif.

Iode et phosphore.

L'iode se combine au phosphore en un grand nombre de proportions. L'union a lieu à froid avec dégagement de chaleur; mais sans lumière. Si les corps ne sont pas desséchés, on obtient de l'acide phosphoreux, du gaz hydriodique et même de l'hydrogène proto-phosphuré. On peut opérer la combinaison des corps dans un petit tube de verre fermé à un bout.

1 *p. de phosphore et* 8 *p. d'iode* donnent une combinaison d'un rouge orangé, brun, fusible à 100^d, volatile. Lorsqu'on la met dans l'eau, il y a dégagement de gaz hydrogène phosphuré, formation d'acides phosphoreux et hydriodique, et un dépôt de phosphore : l'eau reste incolore.

1 *p. de phosphore et* 16 *p. d'iode*. Matière d'un gris noir, fusible à 29^d. Lorsqu'on la met dans l'eau, il ne se dégage pas de gaz hydrogène phosphuré; il se produit des acides phosphoreux et hydriodique : l'eau ne se colore pas.

1 *p. de phosphore et* 24 *p. d'iode*. Matière fusible en partie à 46^d; l'eau la dissout et se colore en brun. Elle contient des acides phosphorique et phosphoreux, de l'iode et de l'acide hydriodique.

1 *p. de phosphore et* 4 *p. d'iode*. Il en résulte deux matières différentes : l'une est analogue à la combinaison de 1 partie de phosphore et de 8 p. d'iode; l'autre, qui est rouge, paroît dépourvue d'iode et analogue à ce qu'on appelle l'oxide rouge de phosphore.

Phosphore et arsenic.

Pelletier dit avoir opéré la combinaison de ces deux corps soit en les distillant à parties égales, soit en les chauffant dans la même proportion au milieu de l'eau. Le composé est noir et brillant. Pelletier dit qu'il faut le conserver sous l'eau.

Soufre et phosphore.

Le soufre paroît s'unir au phosphore en toutes proportions, mais il est vraisemblable que, si l'on pouvoit obtenir des cristaux de ces composés, on n'auroit qu'un certain nombre de combinaisons déterminées; car il est vraisemblable que les différens composés qu'on obtient en unissant 1 p. de phosphore avec toutes sortes de proportions de soufre, sont des combinaisons déterminées, dissoutes dans un excès d'un des élémens.

Pour faire ces composés, on prend un tube de huit à dix centimètres de longueur et d'un à deux centimètres de diamètre, qui est fermé à un bout et ouvert à l'autre ; on y introduit 2 ou 3 grammes de phosphore, on les fait fondre, puis on y jette peu à peu le soufre qu'on veut y combiner: on n'ajoute de nouvelles portions de soufre que quand celles qu'on y a mises précédemment sont entrées en combinaison. L'action des deux corps est assez vive pour que la combinaison se fasse spontanément, lorsqu'on met dans une petite cloche 2 gr. de phosphore et 1 de soufre.

Lorsque le soufre s'unit au phosphore qui est fondu, il se produit une détonation, qui seroit très-forte, si l'on mettoit d'une seule fois tout le soufre qu'on veut y combiner. Cette détonation est due au grand dégagement de chaleur qui se fait et à la production d'une certaine quantité d'hydrogène sulfuré. La chaleur réduit en vapeur une partie de la combinaison. La production de l'hydrogène sulfuré étant accompagnée de celle de l'acide phosphoreux, il paroit s'en suivre qu'elle est due à un peu d'eau contenue dans le phosphore, et aussi à l'hydrogène qui peut exister dans le soufre. En opérant la combinaison du phosphore et du soufre sous l'eau, on obtient dans ce liquide l'hydrogène sulfuré et l'acide phosphoreux.

Le soufre, uni au phosphore dans la proportion de 1 à 2, donne un composé fusible à 15^d, qui est jaune, très-combustible, susceptible de se volatiliser. Il paroit que les premières portions qui se volatilisent contiennent plus de phosphore que les dernières.

Le soufre, uni au phosphore dans la proportion de 2 à 1, donne un composé fluide à environ 5o^d, qui est jaune quand il est fondu, et qui donne à la distillation un premier produit beaucoup plus phosphoré que le second.

Combinaison du phosphore avec le carbone.

Le phosphure de carbone est solide, pulvérulent, d'un jaune orangé vif.

Il n'a ni odeur ni saveur.

A une chaleur rouge le phosphore s'en sépare, et il reste du charbon.

Chauffé avec le contact de l'air, il brûle et laisse du charbon.

Ce composé a été découvert par M. Proust dans la matière rouge qui reste dans la peau de chamois après la filtration du phosphore brut. Mais comme le carbure est mêlé à un excès de phosphore, il faut mettre la matière rouge dans une cornue, et l'y chauffer au-dessous du rouge, afin de dégager le phosphore en excès.

On avoit pensé que la matière rouge qui colore le phosphore qu'on a exposé dans plusieurs gaz à la lumière, et que le résidu rouge que laisse le phosphore après sa combustion rapide dans l'air atmosphérique, étoient du phosphure de carbone contenu dans le phosphore employé ; mais M. Vogel, ayant rassemblé une assez grande quantité de résidus rouges de la combustion du phosphore, s'est assuré qu'ils ne contenoient pas sensiblement de carbone ; car, chauffés avec de l'acide nitrique, ils ne produisoient point de gaz acide carbonique. Il les a en conséquence regardé comme un oxide, ainsi qu'on l'avoit fait avant lui. Suivant le même chimiste, le phosphore distillé deux fois ne contient plus de carbone ; cependant il fournit toujours de la matière rouge par la combustion.

Depuis M. Vogel, M. J. P. Boudet a examiné la matière à laquelle M. Proust a donné le nom de carbure, et il lui a paru que ce n'étoit que de l'oxide rouge de phosphore.

Quant aux combinaisons binaires du phosphore qui ne sont pas acides, on en trouvera l'histoire aux articles des corps qui sont unis au phosphore. (Ch.)

PHOSPHORE D'ANGLETERRE. (*Chim.*) C'est le corps simple que nous avons décrit sous le nom de Phosphore. (Ch.)

PHOSPHORE DE BAUDOUIN. (*Chim.*) Les anciens appeloient phosphore de Baudouin ou de Balduinus, le nitrate de chaux qui avoit été exposé à la chaleur ; c'étoit du nitrate de chaux anhydre, qui étoit souvent mêlé d'un peu de chaux. (Ch.)

PHOSPHORE DE BOLOGNE. (*Chim.*) C'est le sulfate de baryte qu'on a pulvérisé, réduit en pâte avec de la gomme adraganthe, moulé en gâteaux de l'épaisseur d'une lame de couteau au plus, calciné au milieu du charbon, dans un fourneau à réverbère, laissé refroidir et enfin exposé pendant quelques minutes au soleil. Après cette préparation, la matière portée dans un lieu obscur répand une vive lumière.

Il est clair que le phosphore de Bologne est un *sulfure*. (Cʜ.)

PHOSPHORE DE BOLOGNE. (*Min.*) C'est cette baryte sulfatée dans laquelle on a remarqué, il y a déjà assez long-temps et d'une manière très-distincte, la phosphorescence par insolation. Voyez Bᴀʀʏᴛᴇ sᴜʟғᴀᴛéᴇ ʀᴀᴅɪéᴇ, tom. IV, pag. 94, et *Phosphorescence de minéraux* à l'article Mɪɴéʀᴀᴜx, tom. XXXI, pag. 223. (B.)

PHOSPHORE DE HOMBERG. (*Chim.*) C'étoit de l'hydrochlorate de chaux calciné, ou plutôt, du chlorure de calcium, retenant de la chaux. (Cʜ.)

PHOSPHORE DE KUNCKEL. (*Chim.*) C'est le corps simple que nous avons décrit sous le nom de Pʜᴏsᴘʜᴏʀᴇ. (Cʜ.)

PHOSPHORE D'URINE. (*Chim.*) C'est le corps simple que nous avons décrit sous le nom de Pʜᴏsᴘʜᴏʀᴇ. (Cʜ.)

PHOSPHORES PIERREUX. (*Chim.*) On donnoit autrefois ce nom à des substances inorganiques, en général de nature saline, qui étoient susceptibles de briller dans l'obscurité, après qu'on les avoit exposées au feu suivant un procédé convenable. Ces substances, étant regardées par les anciens comme des pierres, furent appelées *phosphores pierreux;* tel est le *phosphore de Bologne.* On regardoit encore comme phosphores pierreux, le nitrate de chaux et l'hydrochlorate de chaux calcinés : le premier étoit connu sous la dénomination de *phosphore de Baudouin*, et le second sous celle de *phosphore de Homberg.* (Cʜ.)

PHOSPHORESCENCE DE LA MER. (*Zoolog.*) On a donné ce nom à la propriété qu'offrent les eaux de la mer de devenir lumineuses. Les causes auxquelles on a attribué ce phénomène, ont long-temps partagé le jugement des savans, et même aujourd'hui on n'est point fixé d'une manière positive sur ce sujet. Les anciens navigateurs, frappés de la vive lumière dont brilloit l'Océan entre les tropiques, en firent une peinture pompeuse et peut-être exagérée. Ce ne fut qu'après qu'on eût étudié avec plus de soin la phosphorescence, qu'on la rangea au nombre des faits physiques les plus singuliers et les plus remarquables.

Peu de sujets dans les sciences ont autant occupé les naturalistes et les physiciens que la phosphorescence, nommée aussi, mais à tort, *météore des mers.* Les titres seuls des Mémoires publiés sur ce sujet, formeroient une liste volumineuse, et il seroit assez fastidieux de reproduire la plupart des hypothèses qu'ils renferment.

La première idée qu'on trouve émise sur la phosphorescence est celle qui la considère comme une modification des divers phénomènes électriques, et c'étoit l'opinion de Robert Boyle, de Nollet et de Leroy. Bajon (*Hist. Cay.*) l'attribuoit au frottement des courans opposés entre eux ou heurtés par la proue du navire, d'où naissoit une sorte d'électricité. Enfin, d'autres pensoient qu'elle étoit due à l'inflammation du gaz hydrogène ou à des feux phosphoriques.

Rejetant ces opinions, quelques auteurs modernes ont adopté la manière de voir des missionnaires Bourzes et Canton, qui, avant 1769, l'attribuèrent à la putréfaction des poissons et autres animaux morts dans la mer. Ce fut aussi celle de Commerson, qui consigna dans ses manuscrits cette théorie : « La phosphorescence est due à une cause générale, « celle de la décomposition des substances animales, et sur- « tout des cétacés, des phoques, riches en matières hui- « leuses. » M. Bory de Saint-Vincent (*Anim. microscop.*, 1826) y ajoute ses propres observations, et dit formellement : « Nous « n'avons trouvé que par hazard des microscopiques dans « les eaux scintillantes, et ils n'y scintilloient pas : il nous « est démontré que les animalcules marins *ne sont pour rien* « dans le phénomène qu'on leur attribue généralement. » Cette opinion est défendue par MM. Oken, Lehelvig. M. Kéraudren (*Ann. marit.*, 1817), d'après Forster, l'attribue à trois causes, à des mollusques et crustacés, à l'électricité et à la formation du phosphore. Dans ce dernier cas, on s'étaie de la propriété dont jouissent certaines substances animales de briller avec plus ou moins de vivacité, suivant le degré de leur putréfaction.

A ces opinions nous ferons succéder les observations de divers naturalistes et voyageurs : il en résultera que, dans les neuf dixièmes des cas, la phosphorescence est due à des animaux marins, appartenant à des classes différentes, suivant les lieux, et le plus communément à des crustacés microscopiques.

Rigaud, dès 1768, avoit vu la phosphorescence produite

par ce qu'il nommoit des polypes sphéroïdes diaphanes ; mais, dès 1749, Vianelli la considéroit comme le résultat d'une néréide. Newland, en 1772, pensoit qu'elle étoit produite par des animalcules provenant du frai de poisson, et Ternstein, Dagelet, ne sont point éloignés de cette manière de voir. Un grand nombre d'observateurs signalèrent bientôt cette propriété phosphorescente à un haut degré, dans les méduses (Spallanzani, Forskal, Macartney, Banks); dans la *nereis noctiluca* (Viviani); dans des polypiers flexibles (Shaw); dans la noctiluque miliaire (Suriray, de Blainville, Desmarest); dans des animaux de forme ronde (Dicquemare); dans le *beroë fulgens* (Mitchill); dans des animaux d'une ténuité extrême (Quoy et Gaim., Artaud) : enfin, nul être organisé peut-être ne présente la phosphorescence la plus éclatante et la plus magique que le pyrosome (Péron et Lesueur, de Humboldt), qui semble convertir l'espace qu'il occupe dans la mer, en coulées incandescentes de métal fondu.

Plusieurs écrivains attribuent la phosphorescence à des crustacés marins d'une grande ténuité, et c'est ce que nous espérons démontrer ailleurs. Forster l'avoit en effet observé sur des crustacés, de même que Banks, et ensuite de Langsdorff. Anderson décrivit, sous le nom d'*oniscus fulgens*, un crustacé phosphorifère; Pallas le *cancer pulex* ; Riville croyoit qu'elle étoit due à l'huile d'un monocle, etc.

D'après nos propres observations, et obéissant à notre conviction, nous ne regardons nullement la phosphorescence comme susceptible d'être produite par une action purement physique ou chimique. Nous dirons qu'elle est due à des animaux marins, appartenant le plus souvent à des crustacés de genres très-différens : qu'elle est propre à toutes les latitudes, dans toutes les saisons; mais qu'elle est plus habituelle et plus remarquable sous la zone torride : que le foyer de cette lumière, émise par irritation ou à l'époque de la procréation, inconnu pour le plus grand nombre, réside dans des glandes placées en nombre variable sur les côtés du thorax de certains crustacés, à la manière des foyers lucifuges de quelques insectes ; qu'enfin, on doit la regarder, jusqu'à ce que des recherches complètes et suivies viennent fixer l'opinion, comme une modification des lois de la vie, différente de la simple lumière scintillante, qui résulte de la décomposition des substances animales. (R. P. LESSON.)

PHOSPHORESCENCE DES MINÉRAUX. (*Min.*) Nous avons traité de cette propriété dans les minéraux avec le développement suffisant à l'article MINÉRALOGIE , §. 7, tom. XXI, pag. 218. (B.)

PHOSPHOREUX [ACIDE]. (*Chim.*)

Composition.

	Thomson.	Davy.	Berz.	Dulong.
Oxigène...	66,67...	76,5...	76,92...	74,88
Phosphore .	100......	100.....	100......	100.

Préparation.

On verse le chlorure de phosphore dans l'eau ; il s'y dissout. Le phosphore absorbe l'oxigène d'une portion d'eau, et le chlore l'hydrogène de cette même portion ; il en résulte de l'acide phosphoreux et de l'acide hydrochlorique : en faisant évaporer le liquide doucement, on chasse l'acide hydrochlorique, et on obtient un sirop qui se prend en masse cristalline par le refroidissement. C'est l'acide phosphoreux hydraté.

On prouve l'existence de l'eau dans cet acide en le chauffant dans un tube contenant du gaz ammoniac ; celui-ci est absorbé, et la combinaison, n'ayant pas la même affinité pour l'eau que l'acide, l'abandonne.

Propriétés.

L'acide phosphoreux est toujours combiné à l'eau ou à une base salifiable. Dans le premier cas il est sous la forme sirupeuse quand il est un peu échauffé, ou sous la forme de petits cristaux prismatiques alongés quand il est refroidi.

L'acide phosphoreux hydraté, dissous dans l'eau, exposé à l'air, en absorbe peu à peu l'oxigène et se convertit en acide phosphorique.

Lorsqu'on l'expose à la chaleur dans une petite cornue dont le bec s'engage sous une cloche pleine de mercure, on obtient le gaz hydrogène phosphoré, dans lequel, suivant M. Davy, l'hydrogène est condensé de la moitié de son volume ; il reste dans la cornue de l'acide phosphorique solide.

L'oxigène de l'eau s'est porté sur l'acide phosphoreux, et l'hydrogène du même liquide a enlevé une portion de phosphore à l'acide, de sorte que celui-ci s'oxigène dans cette opération en perdant de son radical et en recevant de l'oxigène.

Si on chauffe l'acide phosphoreux avec le contact de l'air, le gaz hydrogène phosphuré s'enflamme dans l'air; il se dépose un peu de matière, qu'on regarde comme un oxide rouge de phosphore (qui provient du gaz hydrogène phosphuré), et il se forme de l'acide phosphorique.

L'acide phosphoreux est décomposé à une température élevée par le charbon.

Il est converti en acide phosphorique par l'acide nitrique, l'eau de chlore, plusieurs oxides métalliques, tels que ceux de mercure, d'argent.

Usage.

Il n'est pas employé dans les arts.

Histoire.

L'acide phosphoreux, décrit par Sage, par Pelletier, etc., étoit un mélange ou une combinaison d'acides phosphoreux et phosphorique. Voyez PHOSPHATIQUE (ACIDE). C'est M. Davy qui a fait connoître l'acide phosphoreux hydraté pur. (CH.)

PHOSPHOREUX (HYPO-) [ACIDE]. (*Chim.*) Nous devons la découverte de cet acide à M. Dulong.

Composition.

Oxigène............ 37,44
Phosphore......... 100.

Préparation.

On met du phosphure de baryte dans l'eau; il se dégage d'abord de l'hydrogène perphosphuré, ensuite de l'hydrogène protophosphuré. Quand le dégagement se ralentit, on élève la température du liquide; enfin, quand il ne se dégage plus rien, on verse le tout sur un filtre. Il reste sur le papier du phosphate de baryte, mêlé d'une très-petite quantité

de phosphure avec excès de base, et l'on obtient une solution d'hypophosphite de baryte. Pour en précipiter la base,
il faut opérer de la manière suivante. On partage la liqueur
en deux quantités inégales ; dans la plus forte, on verse de
l'acide sulfurique en léger excès, pour que le sulfate de baryte, qui se forme, puisse être séparé facilement par la filtration : puis on précipite l'excès d'acide sulfurique par la
portion d'hypophosphite qu'on a mise de côté.

L'acide hypophosphoreux, ainsi préparé, est étendu d'eau,
si on le distille de manière à l'amener doucement à la densité de 1,84 environ, on n'en dégage que de l'eau pure.

Propriétés.

M. Dulong n'a pu l'obtenir cristallisé ; il est sous la forme
d'un sirop.

Il a une saveur très-acide.

Il est très-soluble dans l'eau.

L'iode s'y dissout ; l'eau est décomposée : son oxigène se
porte sur l'acide phosphoreux et son hydrogène forme de
l'acide hydriodique.

Il décolore le sulfate rouge de manganèse, en s'emparant
de l'excès d'oxigène de l'oxide.

L'eau de chlore le convertit en acide phosphorique.

Exposé à l'air, il n'en absorbe pas l'oxigène. (CH.)

PHOSPHORIQUE [ACIDE]. (*Chim.*)

Composition.

	Lav. Davy. Rose.	Berth.	Berzelius.	Dulong. Berzelius.
Oxigène..	154 53,5	53,8	54,42 119,39	124,8 128,17.
Phosphore	100 46,5	46,2	45,58 100	100 100.

Préparation.

1. On peut faire l'acide phosphorique sec en brûlant du
phosphore dans du gaz oxigène ou de l'air sec. Pour cela on
met du phosphore dans une petite capsule d'os de mouton
ou coupelle ; on place celle-ci sur le mercure : on la recouvre
d'une cloche de verre pleine d'air (pour dessécher le gaz, on
y laisse séjourner quelques morceaux de chlorure de calcium).
On élève le mercure sous le récipient ; on fait rougir un fer

recourbé, puis on plonge le crochet dans la coupelle où se trouve le phosphore. Celui-ci prend feu et donne naissance à une fumée blanche d'acide phosphorique qui se condense en flocons sur les parois de la cloche.

Cet acide est exempt d'humidité, mais il contient toujours un peu de silice et de potasse ou de soude, par la raison qu'il se trouve avoir le contact du verre à une température très-élevée. Lorsqu'on verse de l'eau dessus, il fait entendre un petit bruit, et une portion reste sous la forme d'une gelée opaque.

2. Le meilleur procédé qu'on puisse suivre, est celui de Lavoisier. Il consiste à mettre dans une cornue tubulée à l'émeril, qui communique avec un ballon, 8 parties d'acide nitrique à 32°, de faire chauffer, puis de projeter dans la cornue une partie de phosphore qu'on a divisée en plusieurs portions. On en ajoute de nouvelles, aussitôt que celles qu'on y a mises sont brûlées. Après que tout le phosphore est dissous, on distille pour chasser la plus grande partie de l'excès d'acide nitrique, puis on met la liqueur concentrée dans un vaisseau de platine, où on la fait évaporer jusqu'à ce qu'elle soit en fonte vitreuse.

Dans cette opération le phosphore s'empare de l'oxigène de l'acide nitrique, c'est ce qui est prouvé par le dégagement des gaz azote, nitreux et acide nitreux, qui a lieu tant qu'il reste du phosphore à l'état combustible.

3. Un procédé économique pour faire l'acide phosphorique, c'est de traiter par l'acide nitrique l'acide phosphatique préparé par le procédé de Pelletier. Il est plus économique que le précédent, parce qu'il faut employer beaucoup moins d'acide nitrique.

Propriétés de l'acide hydraté.

L'acide phosphorique sec est vitreux ou sous la forme de flocons blancs. Il n'a pas d'odeur; il a une saveur très-aigre, mais qui n'est pas caustique.

Sa pesanteur spécifique est plus grande que celle de l'eau.

Exposé au feu dans un creuset de platine, il se fond et présente un liquide vitreux transparent. On peut le couler dans une capsule de platine.

M. Davy prétend que l'acide phosphorique anhydre est aussi fixe que l'est l'acide borique. M. Vauquelin prétend au contraire qu'il est volatil. Quand on fond cet acide dans des creusets de terre, il s'unit à la matière du creuset.

Il se décompose par la pile en oxigène, qui se dégage au pole positif, et en phosphore qui se dépose sur la surface électrisée négativement: comme il est non conducteur quand il est isolé, il faut l'humecter légèrement à sa surface.

L'acide phosphorique n'éprouve pas d'altération de la part de l'air sec, mais il attire puissamment l'eau de celui qui est humide.

L'acide phosphorique est très-soluble dans l'eau; il forme un liquide oléagineux qui a une saveur très-aigre: et qui est susceptible de cristalliser. Quand on met de l'acide phosphorique bien sec dans un verre d'eau, il se brise en faisant entendre de petites détonations, dues vraisemblablement à la séparation subite de ses particules.

Il est probable que le bore et l'hydrogène décomposent l'acide phosphorique vitreux à une température rouge.

Le charbon le décompose, et c'est sur ce procédé qu'est fondé l'extraction du phosphore des os. On peut s'en convaincre, au reste, en mettant 1 partie d'acide phosphorique vitreux et 3 p. de charbon calciné dans une cornue de grès à laquelle on adapte un récipient à moitié rempli d'eau. Si l'on veut recueillir les gaz, on adapte un tube au récipient. A une chaleur rouge-blanche l'acide est décomposé, le phosphore se sublime et l'on obtient du gaz oxide de carbone, un peu d'acide carbonique et du gaz hydrogène carburé; mais il faut observer que dans cette opération il y a beaucoup d'acide qui échappe à la décomposition par la volatilité, c'est pourquoi, lorsqu'on veut se procurer le phosphore, il est bien préférable de décomposer l'excès de l'acide du sur-phosphate de chaux au lieu d'agir sur l'acide pur.

Si le carbone enlève l'oxigène à l'acide phosphorique, le phosphore peut à son tour enlever l'oxigène au carbone, qui est à l'état d'acide carbonique et engagé avec une base alcaline, de laquelle la chaleur ne peut l'en dégager, ou si elle l'en sépare, il faut qu'elle ait un certain degré d'intensité. Cela est dû à ce que le phosphore, l'oxigène et la base sa-

lifiable du carbonate peuvent former une combinaison beaucoup plus fixe à une température très-élevée, que le carbone, l'oxigène et la même base. Pour faire l'expérience,
on met du phosphore bien sec dans un tube de verre vert
luté; on a soin de fondre le phosphore dans le tube, afin
d'en dégager l'humidité. On y passe ensuite un papier Joseph,
puis on remplit presque la totalité du tube de sous-carbonate de soude ou de chaux bien desséché. On chauffe le
tube de manière à ne faire rougir que le carbonate, ensuite
on approche des charbons de l'extrémité qui contient le
phosphore, celui se vaporise et décompose l'acide carbonique; il se produit du phosphate de soude ou de chaux. On
peut séparer le phosphate de soude du charbon au moyen
de l'eau bouillante, et le phosphate de chaux au moyen de
l'acide nitrique ou hydrochlorique.

État.

L'acide phosphorique ne se rencontre dans la nature qu'à
l'état salin. (Ch.)

PHOSPHORITE. (*Min.*) C'est le nom univoque que Kirwan
a donné à la chaux phosphatée, et que nous avons adopté
dans le tableau minéralogique inséré dans le tome XXXI,
article Minéralogie, pag. 277. Voyez ce tableau et Chaux
phosphatée, tom. VIII, pag. 322. (B.)

PHOSPHURES. (*Chim.*) Combinaisons du phosphore avec
les corps simples ou les oxides qui sont electro-positifs, relativement au phosphore.

Composition.

D'après M. Dulong, il existe des phosphures métalliques à
proportions fixes, qu'on peut obtenir, lorsque les métaux qui
les forment ne se fondent pas au-dessous de 500 à 600^d, en
faisant passer le phosphore en vapeur sur ces métaux chauffés
au rouge dans un tube de verre.

Ces phosphures correspondent aux protoxides, qui ont la
propriété de neutraliser les acides, et leur composition est
telle que, si le phosphore passe à l'état d'acide phosphorique,
et le métal à celui de protoxide basique, l'oxigène absorbé

par le premier est à l'oxigène absorbé par le second, comme
5 : 2.

Nous traitons des phosphures à l'article du corps qui est
susceptible de constituer un composé de ce genre en s'unissant au phosphore, excepté cependant pour le phosphure de
carbone, qui est décrit au mot PHOSPHORE. Quant aux combinaisons du phosphore,

1.° Avec le chlore, il en est traité aux mots CHLORO-
PHOSPHORIQUE (ACIDE), PHOSPHORE (voyez CHLORURE DE PHOS-
PHORE);

2.° Avec l'iode, au mot PHOSPHORE;

3.° Avec le soufre, au mot PHOSPHORE.

Les phosphures métalliques sont solides; ceux qui sont formés de métaux peu fusibles, sont plus fusibles que ces métaux;
tandis que les phosphures formés de métaux fusibles sont moins
fusibles que les métaux qui les constituent.

En général, ils ont l'éclat métallique et la propriété de
cristalliser.

Ils sont cassans.

Une température élevée les décompose, sinon complète-
ment, du moins en partie.

Excepté les phosphures des métaux de la 2.ᵉ section, ils
sont peu altérables à l'air aux températures ordinaires, et
ils sont insolubles dans l'eau.

L'acide nitrique les convertit en phosphates.

Le meilleur procédé pour phosphurer les métaux qui ne
se fondent pas à 500ᵈ, est le procédé de M. Dulong, dont
nous avons déjà parlé. Il faut que la température à laquelle
on expose le métal, soit suffisante pour le faire rougir; mais
non pour le fondre : il faut en outre que le métal soit en
fils ou très-divisé.

Le meilleur procédé pour phosphurer les métaux qui tiennent peu à l'oxigène, comme l'or, etc., consiste à faire
passer un courant d'hydrogène phosphuré dans leur dissolution.

On peut encore se procurer des phosphures qui tiennent
beaucoup de phosphore, en faisant rougir les phosphates au
milieu du charbon; mais le charbon et la chaleur expulsent
presque toujours une portion de phosphore. (CH.)

PHOTIZITE. (*Min.*) C'est un manganése lithoïde , brunàtre, rougeàtre , rosàtre , passant même au jaunàtre ou au
blanc, compacte, ayant l'apparence d'un jaspe , un peu plus
dur que le felspath ; d'une pesanteur spécifique de 2,8 à 3;
difficilement fusible et seulement sur les angles : à peine
translucide dans les parties minces.

Le jaune rosàtre est composé , d'après l'analyse de Brandes ,
de manganèse oxidé 46,13 , de silice 39, d'acide carbonique
11 , et d'eau 3. Il se trouve à Schebenholz, dans les environs d'Elbingerode , au Harz, avec l'allagite verdàtre , autre
manganèse silicaté et carbonaté sans eau , suivant M. Du-
ménil, qui , d'ailleurs , n'en indique pas non plus dans le
photizite. Toutes ces espèces demandent à être étudiées plus
exactement et à être déterminées avec plus de précision.
Voyez Manganèse lithoïde. (B.)

PHOTOPHYGES ou LUCIFUGES, *Coleoptera lucifuga*. (*Ent.*)
Nous avons ainsi nommé une famille d'insectes coléoptères
hétéromérés, qui ont les élytres très-durs, soudés et sans ailes.

Leur nom emprunté du grec, indique l'une des principales
particularités de leurs mœurs, qui est de chercher les lieux
peu éclairés, et de marcher, pour subvenir à leur nourriture,
dans le silence et l'obscurité des nuits. Le mot φυγας, signifie
fuyard, et φῶτὸς, *de la lumière*. La plupart de ces insectes
habitent cependant les pays chauds; on les trouve dans les
lieux arides : ils ne peuvent pas voler, parce que leurs élytres ,durs, soudés le long de la suture, ne sont propres qu'à
protéger leur abdomen; ils sont privés d'ailes membraneuses.

Nous avons fait représenter une espèce de chacun des huit
genres qui composent cette famille, dans l'atlas qui fait partie
de ce Dictionnaire, sur la planche 14. Ce sont : les Blaps,
les Pimélies, les Eurychores, les Akides, les Scaures, les
Sépidies, les Érodies, les Zophoses et les Tagénies, qui sont
faciles à distinguer entre eux, ainsi que nous le verrons par le
tableau synoptique qui termine cet article, en considérant
la forme générale de leur corps, celle de leurs pattes ou
même de leurs jambes.

Il est d'ailleurs aisé de distinguer cette famille de toutes
celles qui sont comprises dans le même sous-ordre (voyez
Hétéromérés), en remarquant que dans les épispatiques seule-

ment. comme les cantharides, les élytres sont mous et flexibles; que dans les ornéphiles et les sténoptères, comme les cistèles et les mordelles, les élytres sont durs et les antennes en fil, tandis que ces derniers organes sont en chapelet ou grenus, le plus souvent en masse, et les élytres non soudés entre eux dans les lygophiles, comme les ténébrions, et dans les mycétobies. comme les diapères.

Voici le tableau des genres compris dans cette famille, tel que nous l'avons rédigé pour la Zoologie analytique, n.° 135.

15.ᵉ *Famille.* Lucifuges ou Photophyges.

Coléoptères hétéromérés, à élytres durs, soudés, sans ailes.

```
A pattes antérieures,
 ┌ renflées aux ┌ jambes; corps ovalaire, plat en dessus.  7. ÉRODIE.
 │              └ cuisses; corps alongé, ventre bombé..     5. SCAURE.
 │                              ┌ déprimé... ┌ concave....  3. EURYCHORE.
 │              ┌ anguleux; dos │            └ plan......   4. AKIDE.
 │              │               └ convexe............       6. SÉPIDIE.
 │ simples, à   │               ┌ prolongés en pointe.......... 1. BLAPS.
 └ corps.       │ lisses;       │ non pro-┌ en carène..........  8. ZOPHOSE.
                └ élytres       │ longés; │ noncarén.;┌ épineuses 2. PIMÉLIE.
                  poitrine.     └ jambes...└ simples.. 9. TAGÉNIE.
```

(C. D.)

PHOXICHILE, *Phoxichilus*. (*Entom.*) M. Latreille décrit sous ce nom de genre quelques *pycnogonons* ou poux de baleines, qui ont les pattes fort longues et deux mandibules sans palpes. (C. D.)

PHOXINUS. (*Ichthyol.*) Voyez Véron et Able dans le Supplément du tome I.ᵉʳ de ce Dictionnaire. (H. C.)

PHRAGMIDIUM. (*Bot.*) Genre de la famille des champignons, de l'ordre des *mucédines* et de la série des *entophytes* dans la méthode de Link. Il a été établi par Link et adopté par Fries sous celui d'*aregma*. Il n'est qu'un démembrement du *puccinia*. Il comprend essentiellement les espèces qui croissent sur l'épiderme des plantes et non dessous. Il est caractérisé par ses sporidies pédicellées, divisées intérieurement par trois cloisons ou plus, et par ses pédicelles renflés à leur base. Ce genre comprend trois espèces, qui sont des *uredo* de Strauss et des *ascophora* de Tode.

1.° Le *Phragmidium bulbosum*, Schm. et Kunze, qui est le

Puccinia bulbosa, Rœhl; le *Puccinia rubi*, Hedw.; l'*Aregma bulbosa*, Fries; l'*Uredo bulbosa*, Strauss; l'*Ascophora disciflora*, Tode.

2.° Le *Phragmidium mucronatum*, Link, ou *Puccinia rosæ*, Decand.

3.° Le *Phragmidium obtusum*, Schm. et Kunze, ou *Potentillæ*, Persoon. Voyez PUCCINIA. (LEM.)

PHRAGMITES. (*Bot.*) Ce nom grec, donné par Dioscoride au roseau ordinaire, *arundo*, lui a été conservé comme spécifique. (J.)

PHRAGMOTRICHUM. (*Bot.*) Genre de la famille des champignons établi par Kunze, qu'il caractérise ainsi : Sporidies rhomboïdales, cloisonnées, opaques, séparées par des étranglemens ou isthmes cylindriques, transparens, réunis en fibres droites, agrégés, partant d'une base gélatineuse, mais finissant par se détacher et se disperser. Ce genre appartient à l'ordre des *urédinées*. Le *ph. Chailletii*, Kunze, *Mycol.*, 2, pag. 84, pl. 2, fig. 4, est la seule espèce de ce genre ; elle a été découverte par M. Chaillet sur les cônes du sapin aux environs de Neufchatel en Suisse. (LEM.)

PHRENOTRIX. (*Ornith.*) M. Horsfield, dans son *Arrangement systématique des oiseaux de l'île de Java*, dont l'extrait se trouve pages 378 et suiv. du tome 1.ᵉʳ du Bulletin des sciences naturelles, Avril 1824, a créé sous ce nom, dans sa famille des *corvidæ*, un genre caractérisé· par la forme du bec, qui est élevé, régulier, et a la base bordée de plumes veloutées. Ce genre diffère des autres de la même famille, en ce que les côtés du bec sont plans, depuis le bord de la mandibule jusqu'à la carène. L'espèce indiquée par l'auteur porte le nom de *temia*. (CH. D.)

PHROCALIDA. (*Bot.*) Voyez MAURONIA. (J.)

PHRONYME ; *Phronyma*, Latr. (*Crust.*) Genre de CRUSTACÉS de l'ordre des Amphipodes, que nous avons décrit à l'article MALACOSTRACÉS, tome XXXVIII, page 346. (DESM.)

PHROSINE, *Phrosina*. (*Crust.*) Autre genre de Crustacés, voisin du précédent, et décrit dans le même article, page 348. (DESM.)

PHRYGANE. (*Entom.*) Voyez FRIGANE. (C. D.)

PHRYGANELLA. (*Bot.*) Fronde filiforme, très-rameuse,

dernières ramifications sétacées, le plus souvent imbriquées, des tubercules terminaux contenus dans la substance de la fronde, ovales. rameux ; fructification terminale formant un tout rameux. Ce genre de plantes marines, établi par Stackhouse. comprend les *fucus crinoides, abrotanifolius, nodicaulis, discors, barbatus* et *concatenatus* des auteurs, qui rentrent dans le genre *Cystoseira* de M. Agardh, et dans le genre *Fucus* de Lamouroux. Voyez Fucus. (Lem.)

PHRYGIA. (*Bot.*) Division du genre *Centaurea* de Linnæus, dont quelques auteurs ont fait un genre. Il contient les espèces de *Centaurea*, dont les écailles calicinales sont ciliées. (Lem.)

PHRYMA. (*Bot.*) Ce genre de Forskal, qu'il ne faut point confondre avec le *phryma* de Linnæus, avoit été réuni par Vahl à la verveine sous le nom de *verbena Forskalii;* mais plus récemment il a été reconnu qu'il appartient au genre *Priva* dans la même famille. (J.)

PHRYMA. (*Bot.*) Genre de plantes dicotylédonées, à fleurs complètes, irrégulières, de la famille des *labiées*, de la *didynamie gymnospermie* de Linnæus, offrant pour caractère essentiel : Un calice persistant, cylindrique, à deux lèvres, la supérieure plus longue, trifide, l'inférieure a deux dents; une corolle labiée; la lèvre supérieure fort courte : une seule semence au fond du calice.

Phryma en épi : *Phryma leptostachia*, Linn., *Amœn.*, 3, p. 19; Lamck., *Ill. gen.*, tab. 516; Pluken., *Amalth.*, tab. 380, fig. 5. Espèce remarquable par le caractère de ses tiges articulées à de longues distances, renflées aux articulations, puis redressées au-dessus, où elles se plient et se redressent comme un genou : elles sont hautes d'un pied et plus, presque tétragones; les rameaux opposés, peu nombreux, garnis de feuilles opposées, pétiolées, ovales, un peu rudes au toucher, obtuses à leur sommet, à grosses dentelures inégales : les supérieures sessiles, un peu lancéolées, aiguës; les inférieures portées sur des pétioles très-courts. Les fleurs sont sessiles. solitaires, opposées, horizontales, écartées les unes des autres, un peu inclinées après la floraison, formant par leur ensemble un épi lâche, terminal. Chaque fleur est accompagnée à sa base de trois bractées très-étroites, subulées;

l'inférieure de la longueur du calice ; les deux latérales droites et plus courtes. Le calice est cylindrique, strié, relevé en bosse un peu au-dessus de sa base, dur, roide, tubulé, partagé en deux lèvres à son orifice ; la supérieure purpurine, étroite, à trois dents ; l'inférieure bifide et plus courte : la corolle blanche ; le tube de la longueur du calice ; la lèvre supérieure très-courte, purpurine en dehors, droite, presque ovale, échancrée au sommet ; l'inférieure plus grande, très-ouverte, à trois divisions, celle du milieu plus alongée ; les quatre étamines sont didynames, rapprochées deux à deux ; les deux supérieures plus courtes ; les anthères arrondies, conniventes ; l'ovaire est supérieur, oblong ; le style de la longueur des étamines ; le stigmate obtus. Le fruit consiste en une seule semence oblongue, sillonnée d'un côté, renfermée dans le fond du calice. Cette plante croît dans l'Amérique septentrionale.

Le *Phryma dehiscens* de Linnæus a été converti en un genre par Necker, sous le nom de *Denisæa*, fondé sur le calice fendu dans sa longueur à un de ses côtés, à l'époque de la maturité ; et sur la corolle, plus régulière, approchant de celle de la verveine, tubulée, divisée à son orifice en cinq lobes arrondis, presque égaux. La tige est presque ligneuse à sa base ; les rameaux sont droits, peu nombreux ; les feuilles pétiolées, opposées, cunéiformes à leur base, arrondies à leur partie supérieure, presque aussi larges que longues, un peu épaisses, munies d'environ neuf dents ; les fleurs disposées en grappes terminales, accompagnées de très-petites bractées subulées. Cette plante croît au cap de Bonne-Espérance. (Poir.)

PHRYNE, *Phrynus*. (*Entom.*) Nom d'un genre d'insectes aptères, de la famille des acères ou aranéides, établi par Olivier pour y ranger quelques espèces d'araignées étrangères, caractérisées par la longueur excessive et la ténuité de leurs pattes antérieures ; en outre par leur corps aplati et par leurs palpes simulant des pattes et terminés en griffe, comme on peut le voir sur la figure 2, de la planche 56, de l'atlas de ce Dictionnaire.

Le nom de phryne, emprunté du grec φρύνος, signifioit probablement un crapaud vivant dans les lieux secs.

Les espèces de ce genre n'ont été observées qu'en Amérique et aux Séchelles dans les Indes orientales. Elles ressemblent un peu aux scorpions, mais elles sont privées de la queue et n'ont pas les lames en forme de branchies sous l'abdomen qu'on a appelées des peignes. On ignore leurs mœurs, mais il est très-probable que ces insectes sont carnassiers.

Celui que nous avons fait figurer, avoit déjà été décrit par Pallas, et figuré dans le neuvième fascicule de ses Glanures zoologiques. C'est le

Phryné réniforme, *Phrynus reniformis* (*Phalangium* Linn.), que nous avons fait peindre d'après nature. (C. D.)

PHRYNION. (*Bot.*) Un des noms grecs anciens, cités par Ruellius, Matthiole et Daléchamps, du *poterium* de Dioscoride, qui est l'*astragalus tragacantha*, duquel découle la gomme adraganthe. Daléchamps le cite encore sous le nom de *nevras*. Il parle aussi d'un autre *poterium*, de Lobel, dont il donne la figure; c'est à celui-ci que Linnæus a conservé le nom générique de *poterium* avec le nom spécifique de *spinosum*. (J.)

PHRYNIUM. (*Bot.*) Genre de plantes monocotylédones, à fleurs incomplètes, de la famille des *amomées*, de la *monandrie monogynie* de Linnæus, offrant pour caractère essentiel : Des fleurs réunies en tête; point de calice; une corolle à trois divisions extérieures très-profondes; trois intérieures égales, soudées sur un tube filiforme; limbe à quatre lobes; une seule étamine; un style; un ovaire inférieur; un stigmate creux; une capsule à trois loges; une noix dans chaque loge.

Cette plante, d'abord imparfaitement connue, avoit été placée par Linné parmi les *pontederia*. Loureiro en avoit fait un genre particulier, sous le nom de *Phyllodes*, auquel Willdenow a substitué le nom de *Phrynium*.

Phrynium en tête : *Phrynium capitatum*, Willd., *Spec.*, 1, page 17; *Pontederia ovata*, Linn., *Spec.*; Swartz, *Obs. bot.*, 113; *Phyllodes placentaria*, Lour., *Flor. Cochin.*, page 16; *Naru-Kila*, Rhéed., *Hort. malab.*, 11, page 67, tab. 34. Cette plante s'élève à la hauteur de cinq pieds; elle n'a point de tige proprement dite. De ses racines s'élèvent des pétioles cylindriques, très-droits, longs de quatre pieds, soutenant une feuille longue d'un pied, plane, ovale, alongée, glabre, aiguë, très-entière, coriace, à stries obliques. Du milieu de ces feuilles sortent des fleurs blanches, assez grandes, sessiles, réunies en tête, ou en une cime hémisphérique, pourvues d'un involucre à deux folioles, et de spathes partielles, aiguës, imbriquées; les trois divisions extérieures de la corolle sont droites, subulées, égales; les trois intérieures aiguës, réfléchies, presque égales. Un tube droit, alongé, canaliculé, se divise en quatre lobes droits, obtus, inégaux; il n'existe qu'un seul filament soudé sur le tube, terminé par une anthère alongée, irrégulière. L'ovaire est inférieur, ovale, à trois côtés, surmonté d'un style court, épais, terminé par un stigmate concave, incliné vers l'anthère. Le fruit est une capsule trigone, obtuse, à trois loges; chaque loge renferme une noix lisse, ovale. Cette plante croît aux lieux ombragés dans la Chine et la Cochinchine. (Poir.)

PHTANITE. (*Min.*) Haüy a senti la nécessité de déterminer et de décrire, d'une manière particulière, les masses minérales, tant homogènes qu'hétérogènes qui se présentent si fréquemment et sous une si grande étendue à la surface de la terre, et qui ne sont pas assez pures, lors même qu'elles paroissent homogènes, pour cristalliser ou pour être rapportées avec sûreté à des espèces minérales réellement déterminées. Il a ensuite senti la nécessité de donner à ces masses des noms univoques, tirés d'une langue éminemment propre aux sciences, et qui, par sa haute antiquité, n'appartient, pour ainsi dire, en propre à aucun peuple. Il a appliqué ces principes au minéral en masse que nous avons placé parmi les jaspes sous le nom de Jaspe schisteux, en cherchant à rendre par cette dénomination le nom de *Kieselschiefer*, sous lequel il est décrit dans les ouvrages de minéralogie allemands.

La place que nous avions donnée à cette pierre parmi les jaspes, étoit la seule qui nous parut lui convenir à l'époque où nous le fîmes; car c'est une pierre éminemment siliceuse, mais elle est parfaitement opaque, et ne pouvoit donc être placée parmi les silex, qui pour nous sont toujours translucides.

C'est une pierre qui paroît renfermer de l'argile, du fer et du charbon; elle ressemble donc au jaspe par les deux premiers corps ; enfin, elle a souvent une structure schistoïde en grand et même en petit. Plusieurs jaspes font aussi voir cette structure ; en sorte que cette pierre ne nous paroissoit différer des jaspes que par la couleur et le corps qui la lui donnoit.

Mais ces ressemblances minéralogiques n'étant pas assez complètes pour établir une véritable identité d'espèces, et les positions géologiques du jaspe et du phtanite étant souvent très-différentes, nous pensons qu'il est convenable d'en faire, avec Haüy, une espèce particulière de roche homogène ; et, en adoptant le nom de phtanite, qu'il lui a donné, sans vouloir chercher à prouver la bonté de sa signification, nous le substituerons à celui de Jaspe schisteux (voyez ce mot).

Il n'y a point d'analyse de phtanite à laquelle on puisse se fier : celle de Wiegleb, qu'on a rapportée à l'article du Jaspe schisteux, paroît tout-à-fait étrangère à ce que tous les minéralogistes (Haüy, d'Aubuisson, Léonhard, de Bonnard, etc.) présument de la composition de cette pierre, sans cependant qu'aucun, à notre connoissance, l'ait encore prouvé. (B.)

PHTEIRES. (*Entom.*) On trouve ce nom dans Aristote, pour désigner un grand nombre d'animaux parasites, tels que les poux, les tiques, les ixodes, les ricins, les pycnogonons et un grand nombre d'autres entomostracés, désignés vulgairement sous le nom de poux de poissons. C'est du mot φθείρες que sont venus les noms de *phthiriase*, ou maladie pédiculaire, φθιρίασίς, et de *phthirophages*, mangeurs de poux, comme le sont les singes et les Hottentots. (C. D.)

PHTHIRIDE, *Phthiridium*. (*Entom.*) Herman fils a donné ce nom à l'hippobosque de la chauve-souris, dont M. Latreille a formé le genre Nyctéribie. (Desm.)

PHTHIRIE, *Phthiria*. (*Entom.*) Ce genre d'insectes diptères, formé par M. Meigen, renferme les *volucella pygmæa* et *minuta* de Fabricius. Il ne diffère des bombyles, de la famille des sclérostomes, qu'en ce que les deux premiers articles des antennes sont courts et égaux, et que le dernier est en fuseau.

Ces petits insectes, dont le corps est simplement pubescent et non velu, se trouvent dans les lieux secs sur les fleurs. (Desm.)

PHTHIRION. (*Bot.*) Daléchamps indique et figure sous ce nom une plante qu'il croit être une crête-de-coq, *rhinanthus*; mais qui, à cause de son port et de ses feuilles pennées, appartient plus certainement au genre *Pedicularis*, dont il lui donne même le nom comme synonyme, parce qu'elle engendre, dit-il, des poux aux moutons et aux chevaux qui paissent dans les prés où elle abonde. Il ajoute que les Allemands la nomment *braunrodel*. (J.)

PHTHIROCTONON. (*Bot.*) Nom grec de la staphysaigre, *delphinium staphysagria*, suivant C. Bauhin. (J.)

PHTHIROPHAGES. (*Zool.*) Ce nom est donné aux animaux qui mangent des poux. Plusieurs peuplades d'hommes sont phthirophages. (Desm.)

PHTHORE ou PHTORE. (*Chim.*) M. Ampère a donné ce nom à un corps simple comburant qu'il suppose former l'acide fluorique, lorsqu'il est uni à l'hydrogène.

Le phthore n'a point encore été obtenu à l'état de pureté. Il a des affinités si énergiques, qu'il est difficile de le chasser de ses combinaisons; et, en second lieu, il agit sur un si grand nombre de corps, qu'il n'a pas été possible jusqu'ici de se procurer des vaisseaux sur la matière desquels il n'exerçât pas d'action corrosive : c'est même de cette action qu'est dérivé son nom [1]. Les caractères du phthore ne sont donc tirés que de ses combinaisons, et tout l'art du chimiste est jusqu'à présent réduit à faire passer ce corps d'une combinaison dans une autre.

Les combinaisons caractéristiques du phthore sont : l'Acide hydrophtorique (voyez ce mot), l'acide phtoroborique (voyez Phtoroborique [Acide]), et l'acide phtorosilicique (voyez Phtorosilicique [Acide]. Il s'unit et forme en outre, avec la plupart des métaux, des composés appelés *phtorures*. (Ch.)

PHTORA. (*Bot.*) Lobel et d'autres citoient sous ce nom le *ranunculus thora*. (J.)

PHTOROBORIQUE [Acide]. (*Chim.*)

Synonymie et composition.

Dans l'hypothèse des hydracides, appliquée par M. Ampère aux composés fluoriques, l'acide phtoroborique est un com-

---

[1] Phthore est tiré du grec φθείρω, *corrompre.*

posé de phtore et de bore ; dans l'hypothèse des oxacides, cet acide est un composé d'acide fluorique et d'acide borique. Il est désigné par le nom d'*acide fluoborique*.

Préparation.

Premier procédé. MM. Gay-Lussac et Thénard l'ont préparé, les premiers, en chauffant dans un tube de fer, qui communiquoit à une cloche pleine de mercure au moyen d'un tube de verre, un mélange de 3o grammes d'acide borique vitrifié et de 6o grammes de phtorure de calcium. A une température élevée, une partie d'acide cède son oxigène au calcium; il en résulte de la chaux, qui s'unit à l'acide borique indécomposé, tandis que le phtore s'unit au bore et forme le gaz qu'on recueille sur le mercure.

Deuxième procédé. M. J. Davy a simplifié ce procédé de la manière suivante. Il met dans une fiole à médecine un mélange de 1 partie d'acide borique vitrifié et de 2 parties de phtorure de calcium, réduites en poudre impalpable; il verse par-dessus 12 parties d'acide sulfurique à 1,85; il adapte un tube recourbé à la fiole et l'engage sous le mercure. A l'aide de la chaleur le calcium s'oxigène aux dépens de l'acide borique; le bore s'unit au phtore, et la chaux à l'acide sulfurique. Il faut chauffer assez doucement pour ne pas faire bouillir l'acide sulfurique. Si l'on employoit une quantité d'acide inférieure à 12 parties, l'eau qui seroit mise en liberté dissoudroit tout le gaz phtoro-borique : si l'on mettoit plus de 12 parties d'acide sulfurique, celui-ci le dissoudroit. C'est sur la fin de cette opération que se dégage un composé visqueux d'acide sulfurique et d'acide phtoro-borique.

Quand on veut obtenir de l'acide phtoro-borique dissous dans l'eau, on adapte un tube de sûreté à la fiole qui contient le mélange ci-dessus, et on fait plonger le tube dans une éprouvette contenant de l'eau.

Propriétés.

Il est gazeux, incolore. Il a une odeur piquante comme celle de l'acide hydrochlorique; on ne sauroit le respirer sans être suffoqué : il éteint les corps en ignition et rougit très-fortement le tournesol.

Sa pesanteur spécifique est de 2,371.

Il est sans action sur le verre ; mais il en exerce une très-vive sur les matières organiques : il les charbonne en déterminant une formation d'eau aux dépens de leur oxigène et de leur hydrogène. On peut le toucher sans être brûlé.

Il ne peut être liquéfié par le froid.

Il n'est pas décomposé par la chaleur et la lumière.

Le gaz oxigène sec et les corps combustibles simples et composés non métalliques n'ont aucune action sur ce gaz.

L'acide phtoro-borique a une action extrêmement forte sur l'eau ; car, quand on débouche sous l'eau un flacon d'un litre qui en est rempli, le liquide s'élance avec une telle force dans le flacon, qu'il peut le mettre en pièces. D'après M. J. Davy, 1 mesure d'eau peut en dissoudre 700 de gaz phtoro-borique ou environ deux fois son poids. La glace même l'absorbe avec rapidité. Il se dégage beaucoup de calorique pendant la liquéfaction du gaz, et l'eau augmente beaucoup de volume. Quand l'eau est aussi saturée d'acide que possible, elle est caustique et fumante ; elle a une pesanteur spécifique de 1,77. Elle charbonne les matières organiques. Quand on la chauffe, elle perd le cinquième de son gaz, et le résidu est encore caustique et fumant. Il peut s'élever à la distillation et se condenser ensuite sans éprouver de changement. Il n'entre en ébullition qu'à une température supérieure à 100. Il a beaucoup d'analogie avec l'acide sulfurique.

La grande affinité de l'acide phtoro-borique le rend très-propre pour reconnoitre si un gaz est parfaitement desséché. En effet, si on mélange un gaz humide avec le gaz phtoroborique, il se produit sur-le-champ une fumée blanche, due à la condensation du gaz acide par l'humidité, ainsi que MM. Gay-Lussac et Thénard l'ont observé.

Quand on met de l'air ou du gaz oxigène, du gaz hydrogène, du gaz oxide de carbone, du gaz acide carbonique, du gaz hydrogène carburé, du gaz hydrogène phosphuré, du gaz hydrogène sulfuré, du gaz acide sulfureux, du gaz azote, du gaz oxidule d'azote, du gaz nitreux, de la vapeur acide nitreuse, du chlore, du gaz hydrochlorique, desséchés au moyen d'un contact de plusieurs heures avec l'un ou l'autre des corps suivans, les acides sulfurique, nitrique, concentrés, phosphorique vitreux, arsenique desséché, potasse et soude, baryte et strontiane sèches, chaux vive, chlorure de calcium, sulfate de chaux calciné, etc.; quand on met, dis-je, ces gaz desséchés avec le gaz phtoro-borique, il n'y a pas de fumée blanche; mais celle-ci paroît dès qu'on introduit dans le mélange un cinquantième de leur volume de gaz humide.

Un froid de 20 — o dessèche les gaz comme les corps ci-dessus nommés.

Suivant MM. Gay-Lussac et Thénard, les fluides élastiques très-solubles dans l'eau, tels que le gaz ammoniac, la vapeur acide nitreuse, le gaz hydrochlorique, ne contiennent pas d'eau hygrométrique; suivant M. Davy, ces gaz peuvent contenir un peu de vapeur d'eau, non pas à l'état de pureté, mais à l'état d'acide hydraté.

Si les gaz phtoro-borique et phtoro-silicique contiennent de l'eau, ce liquide ne peut y exister que dans l'état d'acide hydraté.

Une mesure d'acide sulfurique peut en absorber 5o de gaz phtoro-borique; ce composé est fumant et plus épais que l'acide sulfurique. On peut obtenir une combinaison des deux acides qui paroît contenir moins d'eau que celle-ci, dans l'opération où l'on prépare l'acide phtoro-borique. Cette dernière combinaison donne un précipité blanc, quand on la mêle avec l'eau : il est si visqueux qu'il coule lentement; il est beaucoup plus volatil que l'acide sulfurique pur.

Une mesure de gaz phtoro-borique peut absorber 1 mesure de gaz ammoniac et donner naissance à un sel concret blanc opaque; une mesure de gaz phtoro-borique peut absorber 2 mesures et même 3 mesures de gaz ammoniac, et produire alors deux composés salins qui sont liquides à la température ordinaire : lorsqu'ils sont exposés à l'air ou dans toute autre atmosphère, ils perdent 1 ou 2 mesures de gaz et se convertissent en sel concret. (**J. Davy.**)

État.

Il n'a jamais été trouvé dans la nature.

Histoire.

Découvert par MM. Gay-Lussac et Thénard, étudié par M. Davy. (Ch.)

PHTORO-SILICATES. (*Chim.*)

Combinaisons de l'acide phtoro-silicique avec les bases salifiables.

On ne connoît guère que le phtoro-silicate d'ammoniaque (voyez Phtoro-silicique [Acide]), par la raison que jusqu'ici on a étudié l'action que cet acide, dissous dans l'eau, exerce sur les bases salifiables plutôt qu'on n'a cherché à déterminer l'action qu'il exerce directement sur elles. Or, dans le premier cas, l'acide, en se dissolvant dans l'eau, se dénature, au moins en partie ; l'eau est décomposée : il se produit de la silice, dont une partie se précipite, et de l'acide hydro-phtorique, qui reste en dissolution. (Ch.)

PHTORO-SILICIQUE [Acide]. (*Chim.*)

Synonymie et composition.

Dans l'hypothèse des hydracides, appliquée par M. Ampére aux composés fluoriques, l'acide phtoro-silicique est un composé de phtore et de silicium ; dans l'hypothèse des oxacides, cet acide est un composé d'acide fluorique et de silice, et il est désigné par le nom d'acide *fluorique silicé.*

Préparation.

On met dans une fiole à médecine ou une cornue 3 parties de phtorure de calcium et 1 partie de sable, exactement pulvérisées et mélangées. On verse par-dessus assez d'acide sulfurique concentré pour faire une bouillie épaisse ; on fait chauffer et on recueille le gaz sur le mercure. Il est pur, quand il est absorbé en totalité par l'eau. Dans cette opération le silicium du sable cède son oxigène au calcium ; la chaux produite s'unit à l'acide sulfurique et le silicium au phtore.

Propriétés.

Il est incolore, gazeux.

Il a une odeur analogue à celle de l'acide hydrochlorique et une saveur très-acide sans être caustique.

Il a une pesanteur spécifique de 3,574.

Il est très-acide à la teinture de tournesol.

Il éteint les bougies.

La chaleur, la lumière et l'électricité ne paroissent pas le décomposer.

Le gaz oxigène n'a pas d'action sur lui.

Les corps combustibles simples et composés non métalliques n'en ont pas davantage.

Quand il est en contact avec l'eau, il s'y dissout et laisse déposer en même temps de la silice. Suivant MM. Gay-Lussac et Thénard, cette silice retient de l'acide; suivant M. J. Davy, elle est parfaitement pure quand elle a été lavée et chauffée au rouge; 1 mesure d'eau absorbe 365 mesures de gaz phtoro-silicique, suivant J. Davy. Le liquide retient beaucoup de silice en dissolution.

M. Davy pense que l'acide phtoro-silicique décompose l'eau, qu'il se produit de la silice et de l'acide hydrophtorique; la quantité de cet acide n'étant pas suffisante pour dissoudre toute la silice, une partie de cette substance doit nécessairement se déposer.

Le gaz phtoro-silicique répand d'épaisses fumées blanches dans l'atmosphère en s'emparant de l'eau hygrométrique. L'hydrogène s'unit au phtore et l'oxigène au silicium, et en même temps l'acide hydrophtorique absorbe de l'eau, qui le condense.

L'acide phtoro-silicique n'a pas d'action sur le verre.

L'acide hydrochlorique gazeux qu'on fait arriver dans de l'eau à laquelle on a fait absorber du gaz phtoro-silicique et dont on n'a pas séparé la silice précipitée, détermine une formation d'eau et de gaz phtoro-silicique; il se produit en même temps une solution d'acide hydrochlorique pur.

L'acide sulfurique paroît avoir la même action que l'acide hydrochlorique; ces effets sont dus à l'affinité de ces acides pour l'eau.

La solution aqueuse d'acide phtoro-silicique, qui a été filtrée, est décomposée par l'acide hydrochlorique et par l'acide sulfurique; mais il est vraisemblable qu'il reste dans la liqueur une portion d'acide hydrophtorique qui ne se volatilise pas, faute de silice.

L'acide borique décompose cette solution ; l'oxigène de l'acide borique s'unit à l'hydrogène de l'acide hydrophtorique, et le bore se combine avec le phtore : il se précipite de la silice. Si l'on admet que l'acide phtoro-borique, dissous dans l'eau, est une combinaison d'acide hydrophtorique et d'acide borique, on expliquera cette expérience en disant que l'acide boracique, ayant plus d'affinité que la silice pour l'acide hydrophtorique, en prend la place.

Lorsqu'on chauffe l'acide phtoro-silicique dissous dans l'eau dans une cornue qui communique à une cloche pleine de mercure, on obtient du gaz phtoro-silicique, et il doit rester de l'acide hydrophtorique, qui décompose le verre avec rapidité et passe à l'état d'acide phtoro-silicique.

Le gaz phtoro-silicique condense deux fois son volume de gaz ammoniac sec. Il se produit un sel qu'on peut volatiliser sans décomposition ; mais, dès qu'on le met en contact avec l'eau, il se produit de l'acide hydrophtorique qui sature l'ammoniaque, et de la silice, dont une partie se précipite. Le précipité est égal à celui qui auroit eu lieu par l'action de l'eau sur le gaz phtoro-silicique pur.

L'acide phtoro-silicique, dissous dans l'eau, peut être privé de toute sa silice au moyen de l'ammoniaque ou de la soude ; mais avec la potasse on obtient une silice retenant de l'acide et de l'alcali. MM. Gay-Lussac et Thénard ont dit que l'ammoniaque ne précipitoit pas toute la silice ; mais ils ont été contredit en cela par M. J. Davy. Les chimistes françois auront opéré dans des vaisseaux siliceux.

Lorsqu'on met du verre en contact avec l'acide hydrophtorique concentré, il se développe de la chaleur, et de l'acide phtoro-silicique se dégage avec effervescence : dans ce cas, une portion de l'acide est décomposée ; son hydrogène s'unit à l'oxigène de la silice du verre et le phtore s'unit au silicium.

État.

Il n'existe pas dans la nature.

Histoire.

Il a été découvert par Schéele, et examiné par MM. Gay-Lussac, Thénard, J. Davy et Berzelius. (Ch.)

PHU. (*Bot.*) **Nom sous lequel Dioscoride désignoit une va-**
lériane, nommée pour cette raison *valeriana phu* par Linnæus.
On le retrouve encore donné à la valériane officinale, à la
mâche, *valerianella*, et même au *polemonium*, nommé pour
cette raison valériane grecque. *phu græcum* de Dodoëns. (J.)

PHUCAGROSTIS. (*Bot.*) Ce genre de plantes marines, établi par M. Cavolini, a été réuni au *zostera* par M. De Candolle
dans la Flore françoise. (J.)

PHUCOS. (*Bot.*) Voyez Phycos. (Lem.)

PHULMAN. (*Mamm.*) Le Lagomys pika reçoit ce nom des
Ostiaques. (Desm.)

PHUSICARPOS. (*Bot.*) Poir., Encycl., Suppl.; Poiretia,
Smith. Voyez Hovea. (Poir.)

PHYCERUS. (*Bot.*) Genre créé par Rafinesque-Schmaltz
(Tableau de l'univers), dont les caractères nous sont inconnus, et qu'il met près des éponges, dont il paroit être
un démembrement; l'un et l'autre, joints au *spouthamnium*,
forment un groupe particulier, les spongidiées, que Rafinesque-Schmaltz place dans le règne végétal et dans la famille
des algues; mais ce rapprochement n'est pas heureux. (Lem.)

PHYCIS. (*Entom.*) Nom de genre indiqué par Fabricius,
pour réunir certaines espèces de teignes dont les palpes sont
garnis de faisceaux de poils ou d'écailles à leur second article,
tandis que le troisième, relevé et coudé, est presque nu. Telle
est la *tinea guttella*.

Le nom de phycis étoit employé par Aristote pour désigner un poisson qui se trouve au milieu des algues ou varecs.
(C. D.)

PHYCIS, *Phycis*. (*Ichthyol.*) Artédi et MM. Schneider et
Br. De la Roche, et, après eux, M. le professeur Cuvier, de
Paris, ont donné ce nom à un genre de poissons holobranches, de l'ordre des jugulaires et de la famille des auchénoptères, reconnoissable aux caractères suivans :

*Catopes sous la gorge et à un seul ou deux rayons; corps
alongé, comprimé; yeux et trous des branchies latéraux; deux
nageoires anales; deux nageoires dorsales; un barbillon sous le
menton, le plus ordinairement.*

Ce genre, dont le nom, fort ancien, étoit appliqué chez
les Grecs à un poisson mal déterminé dans l'état actuel de

la science, diffère évidemment des Morues, des Merlans, des Merluches, des Lottes, des Mustèles, des Brosmes, qui ont six rayons aux catopes, des Chrysostomes et des Kurtes, qui ont le corps ovale, des Vives, qui n'ont qu'une nageoire anale, des Calliomores, dont le corps est déprimé vers la queue, des Callionymes, qui ont les branchies ouvertes sur la nuque, des Uranoscopes et des Batrachoïdes, qui ont les yeux verticaux. (Voyez ces différens noms de genres et Auchénoptères.)

Nos mers possèdent quelques espèces de phycis ; parmi elles nous citerons :

La Tanche de mer : *Phycis mediterraneus*, Laroche ; *Phycis tinca*, Schneider ; *Blennius phycis*, Linnæus ; *Asellus callarias*, Salviani ; *Tinca marina*, Willughby. Nageoires dorsales également élevées ; l'antérieure ronde ; catopes à un seul rayon fourchu et à peu près de la longueur de la tête, qui n'est nullement épineuse ; dents disposées sur plusieurs rangées en une arcade étroite ; teinte générale d'un brun noirâtre ; un appendice auprès de chaque narine ; nageoires pectorales rouges ; anus entouré d'un cercle noir.

Ce poisson, dont la taille se balance entre dix-huit et vingt-quatre pouces, vit près des côtes de roches dans la Méditerranée. Il a la chair ferme et délicate : il est commun à Iviça, où on le désigne sous le nom de *mollera* et où on le pêche au large avec les palangres. Il ne faut pas le confondre avec le *phycis tinca* de l'Océan, décrit par Bloch, ni avec le *gadus bifurcus* de Pennant. De la Roche en a donné une bonne figure dans les Annales du Muséum.

Le Merlus barbu : *Phycis blennioides*, Schneider ; *Gadus albidus*, Gmel. ; *Blennius gadoides*, Risso ; *Gadus fuscatus*, Pennant. Un filament sous le menton ; point d'appendice sur la tête ; deux rayons aux catopes, qui sont plus longs que la tête de deux fois.

Ce poisson a été découvert par Brunnich dans la Méditerranée. Son corps, mou et étroit, n'a guère plus de sept pouces de longueur, et offre une teinte générale blanchâtre ; sa tête est rouge ; des nuances noirâtres règnent sur le haut de la première nageoire dorsale et sur celle de la queue.

Le Phycis de Gmelin : *Phycis Gmelini* ; N. ; *Batrachoïdes Gme-*

lini, Risso. Corps ensiforme, d'un gris rougeâtre, couvert en dessus de petites écailles peu adhérentes : tête grosse, comprimée, effilée, de couleur lilas ; opercules et ventre décorés des teintes brillantes de l'or et de l'argent polis ; mandibule plus longue que la mâchoire, qui est garnie d'un long filament : bouche ample ; dents rougeâtres à la base ; yeux grands, dorés, à iris argenté et à pupille noire ; nageoires grises, liserées de noir.

Ce poisson ne parvient guère qu'à la taille de six pouces. Sa chair, quoique molle, a une fort bonne saveur. On le pêche dans les rochers de Villefranche, sur la côte des Alpes maritimes, où il a été découvert par l'infatigable M. Risso, qui en a fait d'abord un batrachoïde.

C'est encore aux Phycis qu'il faut rapporter le *gadus americanus* de M. Schneider ou *blennius chubs* des naturalistes de Berlin (VII, 143), et, peut-être, après un plus mûr examen, on le confondra avec le *merlus barbu* dans le genre dont nous écrivons l'histoire. (H. C.)

PHYCODENDRUM. (*Bot.*) Nom donné à une plante marine, le *laminaria digitata*, Lamk., ou *fucus digitatus*, Linn., par Olafsen, dans son Voyage en Islande. Il signifie *fucus en arbre*, en grec. (LEM.)

PHYCOMYCES. (*Bot.*) Genre de plantes cryptogames établi par M. Kunze, et qu'il caractérise ainsi : Flocons filamenteux, couchés, continus, simples et flasques ; sporidies oblongues, rassemblées aux extrémités autour d'une vésicule en forme de poire.

La seule espèce de ce genre est le *Phycomyces nitens* de Kunze, Mycol., 2, p. 115, pl. 2, fig. 9. Selon cet auteur, c'est la même plante que l'*ulva nitens* d'Agardh (*Sp. alg.*, 1, p. 425), qui croît en Suéde sur les murailles et dans les canaux en bois qui font aller les moulins à huile. Pour lui, les filamens de cette plante sont des frondes tubuleuses, très-transparentes, simples, filiformes, d'un vert olivâtre, rassemblées en une membrane comprimée, extrêmement mince et flasque, qui, étant desséchée, est tellement légère que le moindre souffle l'enlève. M. Agardh n'ayant pas observé la fructification de sa plante et doutant qu'elle puisse être considérée comme une espèce d'*ulva*, il résulte de ses

observations et de celles de Kunze, que le *phycomyces* est
un genre qui tient le milieu entre les algues et les champignons filamenteux, tels que les byssoïdées et quelques
mucédinées. (Lem.)

PHYCOS et PHUCOS. (*Bot.*) Les Grecs, selon Théophraste, Dioscoride, etc., donnoient ce nom à des plantes
marines, qui croissoient attachées aux rochers, aux pierres,
aux coquillages, et même sur d'autres débris quelconques,
n'ayant pas de racines, mais fixées le plus souvent par une
rondelle ou patelle nue. Les Latins, en changeant ces noms
en ceux de *fucus, ficus* et *alga marina*, leur ont laissé la
même acception. Ce nom s'appliquoit d'une manière générale aux plantes, et même à quelques zoophytes marins;
car, d'après ce qu'en disoient Théophraste, Dioscoride,
Pline, etc., on en reconnoissoit de leur temps beaucoup
d'espèces qui, par leur forme ou quelque autre ressemblance, étoient comparées à des herbes, à des buissons, à
de la mousse, d'autres à des feuilles de chêne, à des branches de sapin, à des palmiers, au thym, au laurier, etc.;
c'est même à cette grande diversité que ces plantes devoient
leurs noms collectifs de *Phucos* ou *Phucus*, synonymes de
notre mot *trompeur*. Quelques espèces de *phucos* servoient
à fabriquer une couleur rouge, dont les coquettes se servoient pour s'embellir et tromper ainsi les ravages du
temps, d'où l'on explique mieux, selon quelques auteurs,
l'étymologie de *phucos*, qu'ils rendent synonymes de *fraude*
ou *tromperie;* notre mot *fard* même en dériveroit. Les anciens tiroient de plusieurs *fucus* une teinture rouge, assez
solide, et particulièrement de celui qu'ils comparoient au
chêne et qui se trouvoit dans les eaux profondes, qui avoit un
coude de longueur, et qu'ils disoient porter des glands : espèce qui est la même que notre *fucus vesiculosus*. L'*abies marina*, une autre espèce, qui portoit des fruits, semblables
à des grains de raisin, en donnoient encore. C'étoit particulièrement la laine qu'on teignoit avec la couleur obtenue
par les *fucus*. On pourroit s'étendre davantage sur les *phucos*
ou *fucus* des anciens, mais ce que nous en disons, suffit pour
y reconnoître nos *varecs* ou *fucus*, ou mieux nos algues marines.

On faisoit usage des *fucus* comme réfrigérant, et pour en composer des cataplasmes, propres à calmer les inflammations, occasionées par la goutte.

Nous terminerons, en faisant remarquer que quelques auteurs pensent, que le *phycos*, décrit par Dioscoride, pourroit être une plante phanérogame de la famille des synanthérées, un *conyza*; mais en lisant la description de Dioscoride, on ne peut être de cette opinion.

On trouve dans le *Lexicon polyglotton* de Mentzel, que les anciens donnoient aussi ce nom à une espèce de *conyza*, dont on tiroit une sorte de teinture. (LEM.)

PHYLA. (*Bot.*) Genre de Loureiro, espèce de verveine ou de *zapania*, qui paroit devoir se rapporter au *verbena nodiflora* de Linné. Voyez aux mots VERVEINE et ZAPANIA. (POIR.)

PHYLACON. (*Bot.*) Nom égyptien de la clématite, cité par Mentzel. La même est mentionnée par Ruellius sous celui de *philacrion*. (J.)

PHYLICA. (*Bot.*) Ce nom, donné primitivement à l'alaterne, *alaternus* de Pline et de Tournefort, *rhamnus alaternus* de Linnæus, a été transporté par ce dernier à un autre genre de la même famille, nommé auparavant *alaternoides* par Commelin. On trouve encore des *phyllirea* dans Daléchamps sous le nom de *phylica*. Voyez PHYLIQUE. (J.)

PHYLIDRUM. (*Bot.*) Voyez PHILIDRE. (POIR.)

PHYLIQUE, *Phylica*. (*Bot.*) Genre de plantes dicotylédones, à fleurs complètes, polypétalées, de la famille des *rhamnées*, de la *pentandrie monogynie* de Linnæus, dont le caractère essentiel est d'avoir : Un calice persistant, turbiné, à cinq découpures; cinq pétales fort petits, presque en forme d'écailles; cinq étamines insérées sous les pétales; les anthères simples; un ovaire supérieur; un style; un stigmate; une capsule presque en baie, à trois coques bivalves; les semences solitaires dans chaque coque.

Ce genre est composé de petits arbrisseaux très-rameux, presque en buisson, garnis de feuilles nombreuses, éparses, linéaires, fort étroites, presque imbriquées, souvent pubescentes et blanchâtres en dessous; dans quelques espèces ces feuilles sont ovales, assez larges, moins nombreuses; les fleurs réunies pour la plupart en une tête terminale, ovale ou globuleuse, environnée de bractées presque en forme d'involucre ; chaque fleur est de plus environnée de petites bractées plus courtes que le calice. Ces petits arbrisseaux sont d'ailleurs assez élégans et ont le port des bruyères, ce qui les fait rechercher ; mais leur culture est un peu difficile et exige des soins particuliers : ils craignent également le trop grand chaud et le trop grand froid, ainsi que l'excès de la sécheresse et de l'humidité. On ne les multiplie guère que par marcottes et par boutures, dans une terre franche, mêlée à moitié de terre de bruyère.

Phylique a feuilles de bruyère : *Phylica ericoides*, Linn., *Spec.*; Lamk., *Ill. gen.*, tab. 127, fig. 1 ; Commel., *Hort.*, 2, page 1, tab. 1 ; Gaertner, *De fruct.*, tab. 36. Arbrisseau du cap de Bonne-Espérance, dont les tiges sont hautes d'un à deux pieds, pubescentes dans leur jeunesse, divisées en rameaux nombreux, qui en produisent d'autres presque fasciculés, garnis de feuilles éparses, presque sessiles, étroites, linéaires, presque verticillées, roulées à leurs bords, de couleur cendrée et pubescentes en dessous, glabres et d'un vert foncé en dessus, obtuses, assez semblables à celles des bruyères. Les fleurs sont un peu odorantes, réunies, à l'extrémité des rameaux, en petites têtes terminales, enveloppées d'un duvet cotonneux d'une grande blancheur. Les folioles de l'involucre sont ovales, un peu subulées ; le calice blanc et cotonneux ; les pétales fort petits. Cette plante est aujourd'hui très-multipliée, non qu'elle séduise par l'éclat de ses fleurs, mais par l'avantage qu'elle a de se conserver avec ses feuilles tout l'hiver, et de produire un grand nombre de têtes de fleurs d'une blancheur éclatante ; ce qui en fait un arbrisseau d'appartement assez élégant.

Phylique axillaire : *Phylica axillaris*, Poir., Encycl.; Lamk., *Ill. gen.*, n.° 2615. Cette espèce est remarquable par ses fleurs axillaires et solitaires. Ses tiges sont ligneuses, pubescentes ; les rameaux lâches, étalés ; les feuilles presque planes, sessiles, linéaires, lancéolées, un peu ouvertes, blanches et pubescentes en dessous, luisantes, glabres et raboteuses en dessus, d'un vert sombre, obtuses, un peu roulées à leurs bords. Les fleurs naissent dans l'aisselle des feuilles, à l'extrémité des rameaux; elles forment, par leur rapprochement, des épis courts et lâches, portés sur des pédoncules courts, tomenteux, un peu jaunâtres, ainsi que le calice, à l'extérieur, d'un jaune de rouille à l'intérieur, ainsi que les pétales. Cette plante croît au cap de Bonne-Espérance. On la cultive au Jardin du Roi.

PHYLIQUE A FEUILLES DE ROMARIN: *Phylica rosmarinifolia*, Voir., Encycl.; Lamk., *Ill. gen.*, n.° 2614. Cette plante est très-rapprochée de la précédente, quant à son port; elle en diffère par ses fleurs en tête. Ses tiges sont droites, pubescentes; ses rameaux courts, presque fasciculés: les feuilles presque imbriquées, planes, un peu roulées à leurs bords, linéaires, obtuses, tomenteuses et blanchâtres en dessous, un peu pileuses et d'un vert noirâtre en dessus, dressées le long des rameaux. Les fleurs sont réunies en une tête terminale, un peu globuleuse, blanche et tomenteuse; les bractées roussâtres, couvertes d'un duvet très-abondant. Cette plante croît au cap de Bonne-Espérance.

PHYLIQUE BICOLORE: *Phylica bicolor*, Linn., *Mant.*, 208. Ses tiges sont ligneuses: les rameaux effilés, de couleur roussâtre, couverts dans leur jeunesse d'un duvet blanchâtre. Les feuilles sont éparses, linéaires, lancéolées, assez semblables à celles de l'if, étalées, roulées à leurs bords, un peu pubescentes, blanches et tomenteuses en dessous. Les fleurs sont réunies en une tête terminale; les folioles de l'involucre plus courtes que le calice, en forme d'écailles, lancéolées, rouges sur le dos, chargées de poils en dehors; également pileux. Cette plante croît dans les plaines sablonneuses, au cap de Bonne-Espérance.

PHYLIQUE PLUMEUSE: *Phylica plumosa*, Linn., *Spec.*; Lamk., *Ill. gen.*, tab. 127, fig. 4; Séb., *Thes.*, 1, tab. 23, fig. 4, 5; Burm., *Afric.*, tab. 44, fig. 3; Pluken., *Mant.*, tab. 341, fig. 3. Espèce très-remarquable par des touffes de longues feuilles étroites, plumeuses, chargées de poils abondans, soyeux, d'un blanc roussâtre, qui terminent les rameaux et enveloppent les fleurs, qu'elles dérobent à la vue. Ses tiges s'élèvent à la hauteur de deux ou trois pieds; elles sont de couleur sombre, un peu purpurines, droites, velues; les rameaux alternes, irréguliers; les feuilles éparses, un peu épaisses, coriaces, lancéolées, subulées, tomenteuses et blanchâtres en dessous, roulées à leurs bords, glabres, luisantes et un peu rudes en dessus ; les supérieures plus étroites, couvertes de longs poils grisâtres ; celles qui terminent les rameaux ont un duvet plumeux, très-épais. qui les recouvrent en totalité, qui masquent les fleurs, disposées en un épi court ou en une tête terminale. Cette plante croit au cap de Bonne-Espérance ; on la cultive au Jardin du Roi. Elle fleurit pendant tout l'hiver.

PHYLIQUE PUBESCENTE : *Phylica pubescens*, Lamk., *Ill. gen.*, tab. 127, fig. 2 ; Ait., *Hort. Kew.* ; *Phylica capitata*, Willd., *Spec.*, 2, page 1109. Arbrisseau qui a de très-grands rapports avec l'espèce précédente ; mais ses feuilles sont beaucoup plus étroites, très-aiguës, éparses, un peu cotonneuses en dessous, glabres en dessus ; les supérieures velues ; les terminales chargées d'un grand nombre de poils grisâtres ou d'un blanc jaunâtre. Les fleurs sont axillaires et forment un épi un peu alongé. Le fruit est une capsule un peu globuleuse, noire, très-lisse, couronnée par le calice, qui persiste avec son tube alongé, cylindrique, long d'environ deux lignes, pubescent, et à cinq dents ; les semences sont dures, luisantes, ovales, aiguës. Cette plante croit au cap de Bonne-Espérance.

PHYLIQUE A FEUILLES EN CŒUR : *Phylica cordata*, Linn., *Spec.* ; Burm., *Afric.*, tab. 44 ; Commel., *Rar.*, 62, tab. 12. Cette espèce a des rameaux pubescens, blanchâtres, très-nombreux, un peu écartés, divisés à leur sommet en d'autres beaucoup plus petits. fort courts, rapprochés ; les feuilles éparses, pétiolées, larges, ovales, en cœur. un peu arrondies, médiocrement roulées à leurs bords, tomenteuses en dessous, ridées et ponctuées à leur face supérieure. Les fleurs sont terminales, réunies en petites têtes très-velues ; les calices pubescens en dehors, jaunâtres en dedans ; ainsi que les pétales fort petits. Cette plante est cultivée au Jardin du Roi. Elle est originaire du cap de Bonne - Espérance.

PHYLIQUE A FEUILLES DE MYRTE : *Phylica myrtifolia*, Poir., *Encycl.* ; *Phylica paniculata*, Willd., *Spec.* Cette espèce s'élève à la hauteur de trois pieds sur des tiges ligneuses, grisàtres, divisées en rameaux très-serrés, en forme de buisson, blanchâtres, pubescens, garnis de feuilles éparses, alternes, pétiolées, assez semblables à celles du myrte, luisantes, ovales, aiguës, pubescentes et d'un blanc de neige en dessous, longues de trois à quatre lignes, larges de deux; les pétioles courts, pubescens. Les fleurs sont presque terminales, solitaires, axillaires, dépourvues de bractées; leur calice est velu, un peu turbiné, à cinq divisions courtes, ovales, aiguës; l'ovaire un peu pubescent; les capsules sont ovales, obtuses, presque glabres, un peu en baie, couronnées par le calice. Cette plante croît au cap de Bonne-Espérance. On la cultive au Jardin du Roi.

PHYLIQUE A FEUILLES DE THYM; *Phylica thymifolia*, Vent., *Hort. Malm.*, 1, tab. 57. Arbrisseau d'un port élégant, toujours vert, dont les tiges sont glabres, rameuses à leur partie supérieure, d'un brun rougeâtre; les rameaux un peu pubescens dans leur jeunesse; les feuilles alternes, pétiolées, rapprochées, très-ouvertes, petites, lancéolées, aiguës, roulées à leurs bords, glabres, luisantes en dessus, blanches et tomenteuses en dessous; les pétioles articulés, très-courts, pubescens. Les fleurs sont sessiles, blanchâtres, réunies en une petite tête terminale, globuleuse, accompagnée de bractées ovales, aiguës; leur calice est tubulé, pubescent; la corolle fort petite; les anthères ont deux lobes; l'ovaire est entouré d'un disque charnu; le style très-court, surmonté de trois stigmates obtus. Cette plante croît dans les îles de la mer du Sud. (POIR.)

PHYLIRA. (*Bot.*) Nom du tilleul chez les anciens Grecs. (LEM.)

PHYLLACERA. (*Bot.*) Arbrisseau de la Chine, remarquable par la riche parure de ses feuilles, et qui appartient au *crolon variegatum* de Linnæus. (POIR.)

PHYLLACHNE. (*Bot.*) Voyez FORSTERA. (POIR.)

PHYLLACTERIA. (*Bot.*) Division du genre THELEPHORA. Voyez ce mot. (LEM.)

PHYLLACTIS. (*Bot.*) Genre de plantes dicotylédones, à fleurs completes, monopétalées, de la famille des *valérianées*, de la *triandrie monogynie* de Linnæus, offrant pour caractère essentiel: Un involucre commun d'une seule pièce, à deux

lobes aigus; chaque fleur munie d'un involucre partiel; un
rebord très-petit constitue le calice; la corolle est monopétale,
divisée à son limbe en trois lobes; trois étamines; un ovaire
inférieur; un style; une semence non aigrettée.

Ce genre est un démembrement de celui des valérianes
de Linné, établi sur le port de quelques espèces presque sans
tige, à feuilles toutes radicales, étroites. alongées, disposées assez régulièrement en rayons autour d'un amas de
fleurs resserrées. semblables aux fleurons d'une plante à fleurs
composées, réunies dans un calice commun. Cet amas est
formé de beaucoup de pédoncules très-courts, portant chacun plusieurs fleurs rassemblées en une ombelle. munie d'un
involucre général d'une seule pièce et d'un partiel pour
chaque fleur.

PHYLLACTIS SPATULÉE : *Phyllactis spathulata*, Pers., *Synops.*, 1,
page 39; *Valeriana spathulata*, Ruiz et Pav., *Flor. Per.*, 1,
tab. 68, fig. 6. Cette plante est ramassée en gazon. Ses racines sont épaisses, divisées en plusieurs fibres grêles, d'où
s'élèvent quelques tiges basses, un peu comprimées, à deux
angles; les feuilles radicales, nombreuses, serrées; les caulinaires éparses, spatulées, presque linéaires, obtuses, un
peu ciliées et pubescentes. Les fleurs sont disposées en petites
ombelles sessiles, terminales, entourées à leur base de bractées en forme d'involucre; la corolle est blanche; son tube
grêle, alongé; le limbe à trois lobes; trois étamines; les semences, couronnées par les bords du calice, ne sont point ai-
grettées.

PHYLLACTIS A FEUILLES ROIDES : *Phyllactis rigida*, Pers., *loc.
cit.*; *Valeriana rigida*, *Flor. Per.*, *loc. cit.*, tab. 65, fig. C.
Cette espèce a des racines épaisses, fusiformes; elles produisent des feuilles nombreuses, toutes radicales, étalées
en rosette, linéaires, lancéolées, entières, longues d'environ un pouce et demi, roides, glabres, coriaces, ponctuées à leurs deux faces, terminées par une pointe presque
épineuse; les hampes sont très-courtes, comprimées, portant
des paquets de fleurs sessiles, réunies en une large tête
plane, arrondie, entourée d'un involucre d'une seule pièce,
en gaine, à deux lobes aigus; les involucres partiels sont de
même forme, très-petits: le calice est terminé par un rebord

étroit; la corolle blanche; le tube grêle, alongé; le limbe à trois lobes étalés; trois étamines; le stigmate est bifide; les semences sont nues. Cette espèce croît sur les hautes montagnes du Pérou : elle fleurit dans les mois d'Octobre et de Novembre.

PHYLLACTIS A FEUILLES ÉTROITES : *Phyllactis tenuifolia*, Pers., loc. cit.; *Valeriana tenuifolia*, Flor. Per., loc. cit., tab. 65, fig. D. Cette espèce a le port de la précédente. Ses racines sont épaisses, fusiformes; ses feuilles nombreuses, sessiles, imbriquées, ouvertes en étoile, glabres, étroites, linéaires, subulées, très-entières, roides, aiguës à leur sommet, ciliées à leur partie inférieure. Les fleurs sont blanches, infundibuliformes; le tube est grêle; le limbe trifide; trois étamines; le stigmate a deux divisions étalées; les semences sont nues. Ces fleurs sont disposées comme dans la plante précédente. Cette plante croît sur les hautes montagnes du Pérou. (POIR.)

PHYLLADE. (*Min.*) Les principes que j'ai cru devoir suivre pour la spécification des roches mélangées , et la nomenclature qui a dû nécessairement l'accompagner, m'ont forcé quelquefois , pour être conséquent, d'établir des espèces qui ne montrent que peu de différence avec les minéraux ou roches homogènes qui en sont la base. De là on en a conclu, et avec des raisons assez spécieuses, l'inutilité de ces espèces.

Les phyllades étoient dans ce cas; c'étoient, d'après mon ancienne définition, de véritables schistes argileux, mêlés de différens minéraux. La nature du mélange étoit restée vague, et le caractère des phyllades , comme roches mélangées, consistoit à être un schiste argileux hétérogène, bien différent en cela des autres roches, telles que le granite, le gneiss, le micaschiste, le porphyre, etc., dont les composés étoient spécifiés et nettement circonscrits. On pensoit donc qu'il eût été plus simple de dire, comme on peut encore le faire dans quelques cas, schiste maclifère , schiste micacé, schiste satiné, etc.

Mais alors j'étois ramené de proche en proche au point d'où je cherchois à m'éloigner, à la confusion que je voulois éviter, celle de donner les mêmes noms à des minéraux homogènes en masse qui renferment çà et là, accidentellement, quelques corps étrangers, et à des masses minérales mélangées également dans toute leur masse, composant des montagnes et même des pays entiers, et présentant toujours le même mode de mélange, soit qu'on le considère suivant la nature, soit qu'on l'envisage dans ses différences de structure.

L'obligation d'être conséquent aux principes posés m'avoit donc engagé, peut-être encore plus qu'une réelle différence entre les schistes et les phyllades, à établir cette dernière espèce; car je conviens qu'il y a bien peu de schistes argileux parfaitement homogènes, et qu'il y a beaucoup de phyllades dont l'hétérogénéité est fort peu sensible : mais, enfin, ces deux sortes de roches existent réellement et se présentent plus souvent qu'on ne croit, dans des circonstances assez différentes, pour qu'il ne soit pas possible de les laisser confondues.

Ces objections, très-fondées, m'ont été faites principalement par M. Omalius d'Halloy. J'ai cherché, d'après ces justes observations, à corriger dans mon travail ce qu'il y avoit de défectueux, et à déterminer les phyllades par une définition précise des minéraux qui les composent essentiellement.

En essayant d'opérer cette correction, j'ai éprouvé la satisfaction de voir que l'espèce avoit été mieux établie qu'on ne l'avoit présumé; car je n'ai point été forcé de la couper ni de la diviser, comme je le craignois : la définition seule étoit fautive ; il a suffi de la changer, ou plutôt de la préciser davantage, pour faire de l'espèce phyllade une roche hétérogène aussi bien caractérisée que le micaschiste, le gneiss, etc. Très-peu de variétés ont été exclues par cette définition ainsi amendée : c'est ce que l'on va voir dans l'exposition des caractères et des variétés de cette roche.

M. d'Aubuisson est l'auteur de ce nom; mais, suivant les principes de l'école allemande, il n'a pas voulu distinguer, comme j'ai cru nécessaire de le faire, la considération, détermination, classification et dénomination des roches sous le rapport minéralogique, de la considération des roches, sous le rapport géognostique ou de gisement. Il a donc donné plus d'extension que je ne le fais au nom de phyllade, en l'appliquant aux schistes argileux homogènes et aux roches composées dont cette roche homogène est la base. Nous n'appli-quons le nom de phyllade qu'à ces dernières.

Le Phyllade est une roche formée principalement par voie de sédiment, *essentiellement composée* de schiste argileux, comme base, et de mica.

Sa *structure* est nécessairement fissile et souvent feuilletée.

Le mica y est toujours en petites paillettes, tantôt disséminées, tantôt presque continues.

Les *parties accessoires* sont : le quarz en grains, le felspath en petits cristaux, la macle, la staurotide. Elles y sont disséminées assez également.

Les *parties accidentelles* y sont généralement peu nombreuses ; on y observe :

La wavellite en enduit ou concrétions dans les cavités et fissures.

Les grenats, très-rarement. (Schnéeberg et Rathswald, Léonh.)

L'amphibole ?

La tourmaline en petits cristaux. (A Skrkawsky-skaly, dans la chaîne du Sud, vers l'Iser, en Bohème.)

Le disthène.

Le talc, remplaçant des débris de végétaux.

Le felspath en assez gros cristaux. (Laifour, dans les Ardennes.)

Le fer pyriteux, assez communément.

Le graphite, très-souvent.

Le cuivre pyriteux, d'une manière presque invisible.

La blende. (A Andreasberg.)

La *structure* du phyllade est, comme on l'a établi en exposant ses caractères essentiels, fissile et même feuilletée. Les feuillets qui le composent sont souvent droits, quelquefois ondulés, comme plissés ou gaufrés. Les divers minéraux qui sont disséminés dans cette roche, sont situés, tantôt entre les feuillets ou fissures de stratification, qui les contournent et s'y appliquent exactement, comme dans le felspath accidentel, la staurotide, etc. ; tantôt ils semblent les interrompre, les couper même : ils sont ce que nous appelons *traversans*, et c'est le cas de quelques petits cristaux de felspath, de quarz, et surtout des pyrites et de la macle.

Les phyllades sont formés en grande partie, et quelquefois même entièrement, par voie sédimenteuse, tels sont la plupart des phyllades pailletés; mais dans d'autres, tels que les phyllades satinés, les maclifères, etc., l'action chimique ou de cristallisation est évidente. On voit qu'une partie dissoute a cristallisé dans une masse sédimenteuse, et que par conséquent les deux modes de formation sont simultanés.

Ces roches ont assez de *cohésion*, surtout dans le sens perpendiculaire à la stratification. Leur *cassure*, dans ce sens, est inégale, esquilleuse, tandis qu'on opère dans l'autre sens une sorte de clivage qui découvre des surfaces planes ou ondulées, mais toujours unies. Cependant cette séparation par faces planes a aussi lieu dans l'autre sens; mais, comme la direction est oblique à la surface des feuillets, elle donne des fragmens assez exactement rhomboïdaux.

Les phyllades sont *tendres*, tous se laissent rayer par le fer et même par le cuivre : ce dernier caractère les distingueroit suffisamment du schiste coticule, des cornéennes, etc., si leur caractère de roche composée ne suffisoit pas.

Ils ne peuvent recevoir aucune espèce de poli.

Tous les phyllades sont opaques, et dans toutes leurs parties, même les plus minces. Leurs *couleurs* sont assez variées ; la couleur la plus générale est le noir bleuâtre, le gris foncé, brunâtre, verdâtre ou bleuâtre : il y en a aussi de bruns, de rougeâtres, de rosâtres, de jaunâtres. Toutes ces couleurs sont sales, répandues assez uniformément, ou disposées tantôt parallèlement à la stratification, tantôt en taches confluentes.

Les parties accessoires, étant quelquefois d'une couleur différente du fond, donnent à quelques variétés de ces roches un aspect moucheté.

Action chimique. La pâte des phyllades est presque toujours fusible en un verre noir, quelquefois aussi en un verre grisâtre, ce qui arrive ordinairement quand la pâte est décolorable par le feu. Quelques phyllades rougissent en totalité ou en partie par l'action d'un feu modéré. Dans quelques cas la pâte fait effervescence avec les acides, mais cette effervescence est foible, de peu de durée, et ne désagrège pas le morceau ; néanmoins les phyllades effervescens se rapprochent tellement des macignos par ce caractère, qu'on n'a plus pour les en distinguer que l'aspect plus terne, la structure plus fissile. Ils ne font jamais pâte avec l'eau.

Les phyllades éprouvent, par l'action de l'air et des météores atmosphériques, divers genres d'*altération*. La plupart se désagrègent, les uns seulement dans le sens de leurs feuillets : il en résulte une multitude de lamelles minces et régulières; les autres principalement dans deux sens : il en résulte une multitude de parties alongées prismatoïdes comme des esquilles de bois (la plupart des phyllades calcaires des îles basses du golfe de Christiania) ; d'autres enfin à peu près également dans tous les sens, et il en résulte une multitude de débris grossièrement rhomboïdaux. Ils sont généralement très-fragmenteux, et leurs fissures sont couvertes d'un enduit ocracé. Enfin les pyrites qui sont disséminés donnent lieu à un autre mode d'altération, qui n'est pas une simple désagrégation, mais une véritable altération chimique.

Le phyllade *passe* souvent : au micaschiste lorsqu'il perd son schiste, que le mica devient dominant et qu'il prend de petits lits de quarz; au phtanite ; au schiste argileux ; au schiste coticule : au psammite schistoïde ; au macigno, et il n'y a de différence entre cette dernière roche et quelques phyllades, que l'absence du calcaire, minéral caractéristique du macigno.

On peut reconnoître dans cette roche les variétés suivantes, comme étant assez bien caractérisées par les parties accessoires au mica.

1. Phyllade satiné.

Le mica y est en paillettes si petites, si multipliées, si intimément liées les unes avec les autres, qu'il forme un enduit d'un éclat soyeux sur les fissures de stratification, et lui donne un éclat analogue à celui du satin. Au premier aspect ces roches semblent être homogènes, et on peut même dans certains cas les considérer comme telles[1]. Quelquefois les feuillets sont droits et plans ; mais souvent aussi ils sont comme

---

1 C'est sous ce point de vue que je l'ai considéré dans ma Minéralogie, tom. 1, pag. 554, en le décrivant sous le nom de schiste luisant.

plissés en petits plis ondoyans : ils ont la structure qu'on nomme gaufrée dans l'art des tissus. Ses couleurs dominantes sont le gris verdàtre, le rougeàtre, le rosàtre et le violàtre.

Le phyllade satiné passe donc au schiste luisant ; il passe aussi au micaschiste, et il en est d'autant plus difficile à distinguer, qu'il renferme quelquefois assez de talc pour acquérir quelques-uns des caractères de cette dernière roche.

Exemples. La plupart des schistes argileux primitifs de la Saxe (*Urthonschiefer*) appartiennent à cette variété ; par conséquent ceux de Schnéeberg, de Hermersdorf.

On prendra encore des exemples de ces phyllades : dans les hautes Pyrénées, au col de Tourmalet, dans la vallée de l'Arboust ; mais il est en même temps maclifère. — A Saint-Lazare, dans le canton de Terrasson, département de la Dordogne ; il est verdàtre. — A La-Chaise-le-Vicomte, département de la Vendée ; il est violàtre et verdàtre. — Entre Saint-Bel et Lyon, en lits extrêmement sinueux ; le fond en est verdàtre et les feuillets sont enduits de terre ocreuse. — A Vay, aux environs de Nantes ; il est d'un beau rose pourpré. — Plusieurs des roches auxquelles on donne le nom de *killas*, dans le pays de Cornouailles, sont des phyllades, ou satinés, ou pailletés.

2. Phyllade pailleté.

Le mica y est disséminé en paillettes distinctes et très-séparées les unes des autres. Sa structure est feuilletée, droite ; sa couleur, noiràtre, brunàtre ou jaunàtre. Le schiste, qui en fait la base, est tantòt dense et assez luisant, tantòt à texture làche avec un aspect terne. Il ressemble au psammite schistoïde ; mais il en diffère par l'absence du quarz en sable. Il ressemble aussi au macigno ; mais comme il ne contient pas de calcaire, il ne fait aucune effervescence avec les acides.

Exemples. La plupart des roches nommées schiste des houillières (*schieferthon*) et schiste de la Grauwake (*Grauwakenschiefer*) : Goslar, au Harz. — Planitz, en Saxe. — Meffersdorf, en Lusace. — Lacombe Gilliarde-en-Oisans, département de l'Isère. — Beaucoup de ces roches sont employées à aiguiser les faux, d'où on les nomme *pierres à faux* : celles de Viel-Salm, dans le pays de Liége, et de Houffalise, dans le pays de Luxembourg. Ce phyllade passe quelquefois au psammite schistoïde à grains fins [1]. — Les ardoises de Glaris, en Suisse, qui renferment des ichthyolithes ; et l'ardoise du port de Cherbourg, qui leur ressemble en tout. — Les environs d'Angers : il est brun, bleuâtre et fissile comme l'ardoise ; mais il offre des taches grisâtres, rondes et confluentes. — Du cap Cepet, près Toulon : il est brun-rougeâtre. On en voit d'absolument semblable près de Clausthal, au Harz.

Cette variété fait assez généralement partie des roches des terrains de transition et des terrains houillers. Elle renferme entre ses feuillets les débris organiques végétaux qui appartiennent à ces formations, tant en Europe (outre tous ceux des houillières, on doit citer les phyllades pailletés, noirs et durs, dont les parties végétales sont remplacées par du talc, du Mont-Perdu dans les Pyrénées, du col de Balme en Savoie) que dans l'Amérique septentrionale (Wilkesbare en Pensylvanie ; Sunderland en Connecticut, etc.).

5. PHYLLADE CARBURÉ.

Il est noir, tachant, décolorable par l'action du feu ; les paillettes de mica y sont rares et quelquefois très-peu distinctes. Sa structure fissile est tantôt à feuillets droits, mais plus souvent à feuillets ondulés et gaufrés ; enfin, plusieurs de ses sous-variétés renferment du calcaire d'une manière invisible, qui ne se manifeste que par l'action des acides, et non par des grains lamellaires, comme dans le macigno.

C'est par ce mode de structure, le peu d'abondance du calcaire, et surtout par la présence du charbon, que le phyllade carburé calcarifère se distingue du macigno.

Les exemples en sont nombreux.

Bagnère de Luchon, dans les Pyrénées : ses feuillets sont plissés. — Hermersdorf et Hartenstein, en Saxe : avec des empreintes de végétaux. — Hofnungstolle près Lautenthal, au Harz. — Gerbstedt près d'Eisleben, en Thuringe. C'est la roche connue sous le nom de schiste marneux bitumineux, et qui renferme du cuivre pyriteux et des débris nombreux et remarquables de poissons. Ces deux derniers sont calcarifères. On trouve cette même roche, avec les mêmes cir-

---

1 Omalius d'Halloy, Journ. des min., tom. 24, n.° 143, p. 363.

constances, mais un peu plus micacée, à Westfield près
Middeletown, dans le Connecticut.

4. PHYLLADE QUARZEUX.

Des grains de quarz disséminés, ou de petits lits de cette
pierre interposés dans le phyllade, qui est ordinairement rougeâtre ou jaunâtre dans le premier cas, brunâtre ou noirâtre
dans le second ; dur, solide, à feuillets à peine séparables.

Il passe au micaschiste et au phtanite.

Exemples. Les bords de la Mayenne, près d'Angers. — Plusieurs parties de la Bretagne. — Hohelstein et Braunsdorf, en
Saxe. — Mittengrunde , en Bohème.

5. PHYLLADE PÉTROSILICEUX.

Il a, comme tous les phyllades, une structure stratiforme,
mais il est très-dur et les feuillets sont presque inséparables ;
la cassure transversale est écailleuse à petites écailles. Le
mica y est tantôt disséminé en petites paillettes, et tantôt
étendu comme un enduit luisant. Ce phyllade est noir, grisâtre ou jaunâtre. Il fond en un émail gris et même blanc.

Exemples. Schnéeberg, en Saxe : il est noir luisant et jaunâtre luisant. — Le Ramelsberg, au Harz : il est gris, bleuâtre,
pailleté et terne.

6. PHYLLADE PORPHYROÏDE.

Des cristaux de felspath, plus ou moins volumineux, disséminés dans un phyllade ordinairement satiné. Ils en traversent
ordinairement les feuillets : ils sont souvent accompagnés de
grains de quarz, en sorte qu'on pourroit dire que c'est un
porphyre à base de schiste.

Exemples. Environs d'Angers ; les cristaux de felspath y
sont petits et blanchâtres. — Deville et Laifour , dans les
Ardennes [1] ; d'un gris foncé bleuâtre , les cristaux de felspath y sont gros et enduits de phyllade satiné ; ils sont associés
avec des grains de quarz hyalin , et sont évidemment de formation de cristallisation contemporaine à la roche. — Mou-
lin-Bardou, non loin de Limoges. — Des bords de la Mayenne,
près d'Angers : la pâte est grise blanchâtre satinée ; les cristaux
de felspath sont petits et blancs. — Le col de la petite

---

[1] Ardoise porphyroïde. Omalius d'Halloy, Journ. des min., tom. 29,
p. 55.

Fourche, au Saint-Gothard, côté de l'Italie : fond de phyllade satiné gris-verdâtre, taches brunes rectangulaires, formées par des petits paraléllipipèdes de mica ; taches blanches, rondes, de felspath grenu. — Herzogswald et Tharandt, en Saxe. — Les îles écossaises d'Isla et de Jura.

7. Phyllade maclifère.

Des cristaux de macle traversant un phyllade ordinairement terne, d'une couleur noire tirant sur le bleuâtre, etc.

C'est une roche très-répandue dans les terrains primordiaux schistoïdes qui ne renferment aucun débri organique.

La manière dont les macles y sont placées, leur abondance, leur liaison intime avec la base schisteuse, indiquent une formation par voie de dissolution et de cristallisation.

Exemples. Alençon, dans un phyllade tendre, brunâtre, pailleté. — Antrain, rive gauche du Coesnan, arrondissement de Fougères, département d'Isle-et-Vilaine, et Martilly, dans le Calvados : ils sont bruns et rougeâtres ; la macle y forme des taches rectangulaires noirâtres. — S. Michel-en-Grève, Côtes-du-Nord : noir, grisâtre, et des Salles de Rohan, à l'est de Pontivi, dans le Morbihan. — Les hautes Pyrénées, col de Tourmalet, surtout à la descente de ce col, vers Grippe, où il se montre dur, noir et pyriteux, et dans la montagne de Comelie : très-petits cristaux de macle dans un phyllade noir-terne. — Près Bagnère de Luchon, à l'entrée de la vallée de l'Arboust. — Burkhartswald et Schnéeberg, en Saxe. — Gefreiss, près Bareuth, en Franconie : les macles y sont petites et très-déliées. — Les *killas* de Camelford et de Saint-Austel, sont aussi des phyllades satinés maclifères. — Skiddau, près Keswig, en Cumberland : il est très-différent des précédens. — Aux environs de Dublin. — Entre Greifenhagen et Braunsrode, au Harz.

8. Phyllade staurotique.

Des cristaux abondans de staurotide disséminés dans un phyllade, tantôt pailleté, tantôt et plus souvent satiné : en général très-abondant en mica.

Ses couleurs sont le noir pur et le brun jaunâtre métalloïde.

Les cristaux y sont disposés comme dans le phyllade maclifère ; et quand ces cristaux ne sont pas bien prononcés, ce qui arrive souvent, il devient très-difficile de distinguer ces deux variétés de phyllade, malgré les grandes différences des espèces minérales qu'elles renferment et qui les caractérisent. Ce qui est encore et plus difficile, et ce qui reste par conséquent plus incertain, c'est de distinguer ce phyllade du micaschiste.

Exemples. Baud et Coray, dans le département du Finistère. — Entre Keilh et Huntly, en Écosse. — En Pensylvanie, à 12 milles de Philadelphie, et dans plusieurs autres lieux des États-Unis d'Amérique.

9. PHYLLADE PYRITEUX.

Du fer pyriteux cristallisé, disséminé d'une manière visible et à peu près égale dans le phyllade.

La couleur du phyllade pyriteux est ordinairement verdâtre, d'un gris bleuâtre, rougeâtre et même jaunâtre. Les pyrites se montrent non-seulement interposées dans les fissures de stratification, mais elles sont aussi traversantes.

Exemples. Les environs de Cherbourg : le phyllade est verdâtre et satiné. — A Bagnère de Luchon, dans la montagne même d'où sourdent les eaux chaudes. — A Deville-sur-Meuse, près Mézières : il est en même temps pailleté. — Schnéeberg, en Saxe. — Andreasberg, au Harz. — Dans la montagne de Gomlaer, en Voigtland.

Les phyllades pailletés peu abondans en mica, dans lesquels la base de schiste argileux domine, fournissent des ardoises au moins égales en qualité à celles que donne le schiste tégulaire ; cependant on peut remarquer que, si elles peuvent s'exploiter en tables d'une grande étendue, elles ne sont pas susceptibles d'être divisées en feuillets aussi minces, et par conséquent aussi légers que la roche homogène nommée schiste tégulaire, qu'on exploite auprès d'Angers et sur la Meuse, près de Rimogne et de Rocroy.

Les plus grandes tables d'ardoises de phyllade pailleté viennent du Plattenberg, dans le canton de Glaris et des environs de Gênes, principalement à l'orient de cette ville, où elles sont connues sous le nom de *lavegna*. On en fait de grands réservoirs pour contenir l'huile.

Le phyllade pailleté terne sert quelquefois de pierre à

faux; mais toutes les pierres à faux ne proviennent cependant pas de cette roche.

La structure fissile des phyllades, et surtout la facilité avec laquelle ils se désagrègent, ne permettent que rarement de les employer comme pierre de construction. (B.)

PHYLLAMPHORA. (*Bot.*) Voyez Nepenthes. (Poir.)

PHYLLANTHE, *Phyllanthus*. (*Bot.*) Genre de plantes dicotylédones, à fleurs incomplètes, monoïques, de la famille des *euphorbiacées*, de la *monoécie triandrie* de Linnæus, offrant pour caractère essentiel : Des fleurs monoïques; un calice à cinq ou six divisions profondes; point de corolle; dans les fleurs mâles, trois étamines, les filamens connivens et glanduleux à leur base; dans les fleurs femelles, un ovaire, entouré à sa base, de plusieurs glandes; trois styles rapprochés à leur base, bifides; six stigmates; une capsule à trois coques bivalves; deux semences dans chaque coque.

Ce genre, très-nombreux en espèces, renferme des arbres, des arbrisseaux, ou des herbes à feuilles alternes, souvent fort petites et disposées sur les rameaux de manière à représenter des feuilles ailées. Les fleurs sont axillaires, presque solitaires, plus souvent fasciculées, accompagnées de bractées.

* *Espèces ligneuses, à grandes feuilles.*

Phyllanthe a grandes feuilles; *Phyllanthus grandifolia*, Linn., *Hort. Cliff.* Cette plante est une des plus grandes espèces de ce genre. Sa tige arborescente se divise en branches étalées, chargées de rameaux striés, rougeâtres, comprimés, presque anguleux, garnis de feuilles grandes, alternes, fermes, ovales, obtuses, entières, à nervures jaunâtres; les pétioles sont très-courts, ayant à leur base deux petites stipules courtes, obtuses. Les fleurs sont axillaires, presque terminales, réunies plusieurs ensemble et supportées par des pédoncules filiformes, inégaux, plus longs que les pétioles; quelques fleurs sessiles; le calice est fort petit, à cinq divisions obtuses. Cette plante croit dans plusieurs contrées de l'Amérique.

Phyllanthe du Brésil: *Phyllanthus brasiliensis*, Poir., Enc.; *Phyllanthus conami*, Willd., *Spec.*; Sw., *Flor. Amer.*; *Conami brasiliensis*, Aubl., Guian., tab. 354; vulgairement Bois

A ENIVRER. Arbrisseau dont les tiges s'élèvent à la hauteur de six ou huit pieds, couvertes d'une écorce rude et verdâtre ; les branches se divisent en rameaux grêles, effilés, garnis de feuilles alternes, pétiolées, glabres, entières, d'un vert pâle, ovales, un peu arrondies, presque en cœur ; les pétioles courts ; les stipules opposées, fort petites. Les fleurs sont axillaires, pédonculées, fort petites, inclinées ; munies de bractées arrondies ; leur calice est à six divisions verdâtres, aiguës, conniventes à leur base ; l'ovaire environné à sa base de six petites écailles ou glandes courtes, obtuses ; la capsule à trois loges, à six valves, formant à l'extérieur six côtes distinctes et marquées d'autant de sillons.

Cet arbre croît dans le Brésil, auprès de Para, où il est nommé *conami-para* ou *amazone* par les Créoles. Le nom de *conami* est employé pour désigner toutes les plantes dont on se sert pour enivrer les poissons ; ce qui se fait en pilant les rameaux chargés de feuilles, que l'on jette de suite dans le courant d'une rivière. Lorsque cet arbre est en fleur, il exhale une odeur pénétrante et désagréable. On le cultive, ainsi que le précédent, au Jardin du Roi.

PHYLLANTHE A GRAPPES PENDANTES : *Phyllanthus nutans*, Sw., *Flor. Ind. occid.*, 1203 ; Jacq., *Hort. Schœnb.*, 2, tab. 193 ; Sloan., *Jam. Hist.*, 1, tab. 158, fig. 3. Cet arbrisseau a des tiges glabres, cylindriques, chargées de rameaux alternes, garnis de grandes feuilles ovales, alternes, médiocrement pétiolées, blanchâtres en dessous, lisses et vertes en dessus, à nervures purpurines. Les fleurs sont disposées en grappes presque terminales, feuillées, pauciflores, pendantes ; chaque fleur est portée sur un pédoncule simple, alongé, de moitié plus court que les feuilles ; le calice est de couleur purpurine, partagé en cinq folioles ovales, obtuses, réunies à leur base. Cette plante croît à la Jamaïque.

PHYLLANTHE A FEUILLES DE NERPRUN ; *Phyllanthus rhamnoides*, Retz., *Obs. bot.*, *fasc.* 5, page 30. Dans cette espèce la tige est glabre, un peu ligneuse ; les rameaux sont grêles, alternes, un peu effilés ; les feuilles très-entières, d'une médiocre grandeur, un peu pétiolées, ovales, obtuses à leurs deux extrémités, glabres à leurs deux faces ; les stipules courtes, acuminées, caduques. Les fleurs sont axillaires, situées le

long des jeunes rameaux; les inférieures mâles au nombre
de deux ou trois; les supérieures solitaires et femelles, portées sur des pédoncules beaucoup plus longs; les calices des
fleurs mâles sont tronqués, évasés; ceux des femelles à plusieurs divisions courtes. Le fruit est une capsule de la forme
et de la grosseur des baies de genévrier. Cette plante croît
dans les Indes orientales.

PHYLLANTHE RÉTICULÉE; *Phyllanthus reticulata*, Poir., Enc.,
n.° 9. Cet arbrisseau, d'un aspect assez élégant, se rapproche
du précédent; mais ses feuilles sont plus petites, remarquables par le réseau délicat qu'elles présentent à leur face
inférieure et par ses jeunes rameaux pubescens. Ceux-ci
sont nombreux, épars et confus, un peu anguleux; les feuilles
alternes, médiocrement pétiolées, un peu coriaces, ovales,
moins larges à leur base qu'à leur sommet, glabres, très-entières, vertes en dessus, d'une couleur glauque, un peu
grisâtres en dessous, agréablement veinées, quelquefois munies au sommet d'une petite pointe; les stipules petites, aiguës. Les fleurs sont nombreuses, axillaires, disposées par petits
paquets; les pédoncules inégaux, plus longs que le calice;
le calice est d'un blanc sale, à six folioles ovales, courtes,
obtuses, persistantes; la capsule est de la grosseur d'un pois,
globuleuse et noirâtre. Cette plante croît dans les Indes
orientales.

PHYLLANTHE PENCHÉE; *Phyllanthus cernua*, Poir., Encycl.,
n.° 10. Cette espèce se distingue par ses fleurs toutes solitaires, par ses feuilles presque rondes; sa tige est ligneuse,
brune ou roussâtre, cylindrique; les rameaux sont souples,
glabres, effilés; les feuilles alternes, pétiolées, d'une grandeur
médiocre, ovales, un peu arrondies, très-obtuses, glabres,
d'un vert sombre en dessus, plus pâles en dessous, membraneuses; les pétioles très-courts: les stipules petites, en forme
d'écailles. Les fleurs sont solitaires, alternes, axillaires; les
pédoncules simples, épais. de la longueur des pétioles, recourbées pendant la floraison, puis redressés; les capsules
sont glabres, arrondies, noirâtres, à six côtes peu marquées.
Cette plante croît dans les Indes orientales.

PHYLLANTHE EMBLIC : *Phyllanthus emblica*, Linn., *Spec.*; *My-
robolanus emblica*, Rumph., *Amb.*, 7, tab. 1 ; *Blackw.*, tab.

400 ; *Nelli-cemarum*, Rhéed., *Malab.*, 1, tab. 31, vulgairement Mirobolans emblics. Gærtner a fait, sous le nom d'*emblica*, un genre particulier de cette espèce, à cause de sa coque renfermée dans une baie, et les loges occupées par deux semences. On lui donne aussi le nom d'*anvali*. Cette plante est connue depuis long-temps par ses fruits. Ce n'est que depuis peu qu'on a découvert que ces fruits appartenoient à un arbrisseau qui s'élève à la hauteur de douze ou quinze pieds, divisé en branches et en rameaux alternes, un peu rougeàtres, légèrement pubescens, garnis de feuilles disposées en aile, très-rapprochées, alternes, presque linéaires, glabres, elliptiques, longues d'environ trois lignes, presque sessiles, munies de deux stipules opposées, très-petites, ovales, aiguës. Les fleurs sont axillaires, latérales, fort petites, d'un blanc roussàtre ; les pédoncules très-courts ; leur calice est partagé en cinq folioles très-courtes, arrondies, réunies à leur base ; les filamens sont connivens ; les anthères fort petites, rapprochées. Les fruits sont arrondis, en forme de baie, de la grosseur d'une noix de gale, à six valves relevées en côte extérieurement, renfermant, dans leur intérieur, une pulpe charnue ; les semences sont blanchâtres et anguleuses.

Cette plante croit dans les Indes, aux environs du Malabar. Les Indiens se servent de ses fruits pour tanner le cuir, le verdir, et pour faire de l'encre ; ils en mangent aussi de confits dans de la saumure pour exciter l'appétit. Ces fruits purgent doucement. Leur décoction est utile pour raffermir les dents ébranlées. L'eau, dans laquelle on les a fait macérer, rougit le papier bleu. Ils étoient autrefois employés seuls, autant que le sont aujourd'hui le senné et le tamarin réunis. On ne nous apporte communément que les fragmens de la pulpe desséchés. Ils sont noiràtres, d'une saveur aigrelette, un peu austère. Les autres espèces de mirobolans, tels que mirobolans *chébules*, *citrins*, *bellerics*, etc., appartiennent à d'autres plantes, quoique le nom qu'elles portent semble indiquer qu'ils sont des fruits du même genre ; mais on doit se rappeler que les anciens n'avoient pour la dénomination des plantes, que des principes vagues, appuyés sur la ressemblance extérieure de quelques parties des végétaux. (Voyez Mirobolans.)

** *Espèces à tige presque herbacée; les feuilles très-petites, disposées en aile.*

PHYLLANTHE NIRURI : *Phyllanthus niruri*, Linn., *Spec.*; Burm., *Zeyl.*, tab. 9, fig. 2; *Herba mæroris alba*, Rumph., *Amboin.*, 6, tab. 17, fig. 1; *Kirganelli*, Rhéed., *Malab.*, 10, tab. 15. Cette plante a des racines blanchâtres, un peu longues, filiformes; ses tiges sont droites, hautes d'environ un pied, chargées de rameaux droits, alternes, glabres, presque anguleux; les feuilles sont distantes, alternes, petites, simples, très-glabres, en ovale ou en cœur renversé, rétrécies à leur base, obtuses et quelquefois échancrées au sommet; les pétioles très-courts; deux petites bractées aiguës, colorées. Les fleurs sont axillaires, un peu inclinées, les mâles mélangées avec les femelles, à peine pédonculées; leur calice est composé de cinq folioles ovales, obtuses, presque spatulées, de couleur pâle; les filamens sont rapprochés en colonne; les anthères contiguës, à deux lobes; la base des filamens est garnie de cinq glandes; les trois styles sont bifides. Cette plante croît dans les Indes orientales, ainsi qu'en Amérique, aux lieux marécageux. Les feuilles de cette plante, infusées, sont un très-puissant diurétique, au rapport de Commerson, confirmé par Loureiro.

PHYLLANTHE URINAIRE : *Phyllanthus urinaria*, Linn., *Spec.*; Lamk., *Ill. gen.*, tab. 756, fig. 2; *Herba mæroris rubra*, Rumph., *Amb.*, 6, tab. 17, fig. 2. Cette espèce diffère de la précédente par ses feuilles plus petites, nombreuses, plus rapprochées, courtes, elliptiques, obtuses à leurs deux extrémités; les tiges sont un peu rougeâtres, tombantes, légèrement pubescentes. Les fleurs sont très-nombreuses, fort petites, axillaires presque dans toute la longueur des rameaux, pendantes, solitaires; les pédoncules très-courts; le calice est partagé jusqu'à sa base en cinq découpures fort petites, arrondies, d'un blanc sale; les filamens des étamines sont connivens dans toute leur longueur; la capsule est petite, orbiculaire. Cette plante croît dans les Indes orientales et à l'île de Bourbon. Elle passe pour diurétique, favorable dans les retentions d'urine. On l'emploie aussi dans les maladies vénériennes.

PHYLLANTHE DE CAROLINE : *Phyllanthus caroliniana*, Walth. ,
Flor. Carol., 228 ; Mich., *Amer.* ; *Phyllanthus obovata*, Willd.,
Spec. Plante herbacée, qui s'élève à la hauteur de six à huit
pouces, sur une tige droite, cylindrique, très-glabre. courbée à sa base ; les rameaux sont grêles, très-lisses, garnis de
feuilles minces, alternes, un peu pétiolées, vertes, un peu
glauques, surtout à leur face inférieure, ovales, arrondies
à leurs deux extrémités, obtuses au sommet, munies à leur
base de deux stipules ovales, aiguës, mucronées, fort petites. Les fleurs sont un peu rougeàtres, pendantes, pédonculées, placées deux à deux, mâles et femelles, dans l'aisselle des feuilles, rangées le long des rameaux. Cette plante
croît dans la Caroline. (POIR.)

PHYLLANTHUS. (*Bot.*) Ce genre de Necker, différent de
celui de Linnæus, est le même que l'*epiphyllum* de Hermann,
que Linnæus avoit réuni au *cactus*. (J.)

PHYLLAUREA. (*Bot.*) Ce genre, établi par Loureiro,
s'éloigne peu des *Crotons*. M. Adrien de Jussieu l'a conservé
sous le nom de *Codiæum*, employé par Rumph pour l'espèce
que Loureiro a nommée *phyllaurea codiæum*. M. Adrien de
Jussieu y ajoute le *croton variegatum* de Linné, Juss., Eu-
phorb., page 33. Voyez CROTON. (POIR.)

PHYLLEPIDIUM. (*Bot.*) Genre de plantes dicotylédones,
à fleurs incomplètes, de la famille des *amaranthacées*, de la
pentandrie digynie de Linnæus, offrant pour caractère essentiel : Un calice double, persistant ; l'extérieur à cinq divisions lancéolées, aiguës ; l'intérieur plus long, à cinq divisions oblongues, obtuses, échancrées ; point de corolle ; cinq
étamines ; un ovaire supérieur ; deux styles ; une capsule
indéhiscente, monosperme.

Ce genre a été établi par M. Rafinesque-Schmaltz, dans
le *Journal de botanique* de Desvaux, vol. 1, page 218, pour
une seule plante de l'Amérique, qu'il nomme *phyllepidium
scariosum*, dont la tige est herbacée, rameuse, garnie de
feuilles alternes, écailleuses, à demi-amplexicaules, acuminées à leur sommet. Les fleurs sont disposées en un épi
terminal. Cette plante a été découverte dans les États-Unis
d'Amérique, au milieu des bois, à quelque distance de Bal-
timore. (POIR.)

PHYLLERIUM. (*Bot.*) C'est ainsi que Fries a cru devoir nommer un genre qu'il a créé sur une partie de l'*erineum* de Link, qui lui-même diffère à peine du genre *Erineum* de Persoon, auquel se réunissent les trois genres *Taphria, Rubigo* et *Phyllerium* de Fries. Celui-ci donne le nom d'*erineum* au *rubigo* de Link, modifié par lui, opérant ainsi des transpositions de noms qui ne peuvent qu'ajouter encore à la confusion qui règne déjà dans la nomenclature cryptogamique.

Le *Phyllerium*, caractérisé par ses filamens longs, simples, flexueux et repliés, sans cloisons, atténués aux extrémités, n'est pour M. Kunze, et la plupart des botanistes, non un genre distinct, mais une division du grand genre *Erineum*, de M. Persoon, dont M. Kunze a donné une monographie dans la deuxième partie de sa Mycologie, pag. 133. Dans ce travail, qui présente l'*erineum* divisé en trois sections (*taphria, grumaria* et *phyllerium*), la section *phyllerium* comprend vingt-cinq espèces, remarquables par leur grandeur, leur superficie tomenteuse, et leurs filamens floconneux très-longs; parmi elles se trouvent l'*erineum vitis* et *purpureum*, qui sont décrits à l'article ERINEUM, où nous n'avons pu rendre compte du travail de Kunze, qui a paru beaucoup plus tard. De là nous prenons occasion pour signaler la monographie de Kunze, qui porte à quarante-cinq le nombre des espèces de ce genre; mais il faut encore y joindre quelques espèces décrites depuis, et entre autres le *E. pulvinatum*, Nées, *in Nov. Act. nat., cur.*, 9, p. 240, tab. 5, fig. 10, qui croit aux environs de Saint-Jacques, près des bords du torrent de Birsa, au Brésil. (LEM.)

PHYLLIDE, *Phyllis*. (*Bot.*) Genre de plantes dicotylédones, à fleurs complètes, monopétalées, de la famille des *rubiacées*, de la *pentandrie monogynie* de Linnæus, offrant pour caractère essentiel : Un calice fort petit, à deux divisions; une corolle à cinq divisions très-profondes; cinq étamines; un style très-court; deux stigmates; un ovaire inférieur; deux semences oblongues, conniventes.

PHYLLIDE NOBLA : *Phyllis nobla*, Linn., *Spec.*; Lamk., *Ill. gen.*, tab. 186; Dill., *Eltham.*, 405, tab. 299, fig. 386. Arbrisseau dont la tige est noueuse, souple, verdâtre, haute de deux ou trois pieds, rameuse vers son sommet; les feuilles sont verticillées, ordinairement trois à chaque verticille, presque sessiles, lancéolées, longues d'environ quatre pouces, étroites, entières, rétrécies à leurs deux extrémités, d'un beau vert, luisantes en dessus, très-glabres, munis à leur base de stipules dentées, caduques. Les fleurs sont petites, de couleur herbacée, d'un brun foncé après la floraison, disposées en corymbes opposées, axillaires, formant par leur ensemble une panicule lâche; deux petites stipules sont à la base de chaque ramification; la corolle est petite, à cinq découpures très-profondes, fortement réfléchies, couvrant l'ovaire en totalité, lequel se convertit en un fruit court, obtus, anguleux, divisé, comme dans les ombelles, en deux semences planes en dedans, convexes et anguleuses en dehors. Cette plante croit dans les îles Canaries. On la cultive dans plusieurs jardins de l'Europe. Elle conserve, pendant toute l'année, ses feuilles, dont le lustre et la verdure produisent, pendant l'hiver, un effet assez agréable. Ses fleurs paroissent au printemps; elle exige une exposition favorable, qui la mette à l'abri des froids et des gelées. (Poir.)

PHYLLIDIE, *Phyllidia.* (*Malacoz.*) M. G. Cuvier, Annal. du Mus., t. 5, a établi sous ce nom un genre de Mollusques qui constitue presqu'à lui seul son ordre des inférobranches, adopté par M. de Blainville. Il peut être caractérisé ainsi : Corps ovale, oblong, assez bombé; tête cachée, comme le pied, par les bords du manteau; quatre tentacules, deux supérieurs rétractiles dans une cavité qui est à leur base, deux inférieurs buccaux; bouche sans dent supérieure; une masse linguale denticulée; lames branchiales tout autour du rebord du manteau, si ce n'est en avant; anus à la partie postérieure et médiane du dos; orifice des organes de la génération dans un tubercule commun au quart antérieur du côté droit. D'après cette caractéristique, il est évident que c'est un genre assez voisin des doris et des péronies, dont il ne diffère essentiellement que par la position assez singulière des branchies. Je n'ai jamais eu l'occasion d'observer moi-même l'organisation des phyllidies; mais, d'après ce qu'en dit M. Cuvier dans le Mémoire cité, elle n'offre rien de bien remarquable. Le corps est ovale, bombé en dessus, couvert d'un manteau plus ou moins tuberculeux, qui déborde

de toutes parts la tête, peu ou point distincte, et le pied
qui est assez étroit ; les tentacules supérieurs ont cela
de semblable, à ce qui existe dans les doris, qu'ils peuvent être retirés dans une cavité située à leur base ; les
yeux n'ont pas été observés ; la bouche est formée par un
petit orifice arrondi, et pourvue à droite et à gauche d'un
petit tentacule conique ; la masse buccale est ovale ; ses
muscles rétracteurs vont s'attacher à l'enveloppe musculaire
vers le tiers antérieur de la longueur du corps : il n'y a pas
de dents ; mais la langue, dont la forme n'a pas été observée, est garnie de denticules ; l'œsophage est fort long et
très-grêle ; les glandes salivaires sont petites et tout près de la
bouche ; l'estomac est simple et membraneux ; le foie est assez
considérable ; le canal intestinal est court et se porte directement à l'anus : celui-ci est à la partie supérieure et postérieure du dos, dans la ligne médiane ; il est percé dans un
tubercule assez gros ; l'appareil branchial est formé par un
cordon de petites lames triangulaires, fort alongées, adhérentes par leur côté supérieur à la partie inférieure du bord
saillant du manteau, et ne cesse qu'en avant pour le passage
de la tête. C'est par des artères situées latéralement que
le sang est porté aux branchies. De chaque côté naît une
grosse veine branchiale, qui aboutit au cœur. Celui-ci est
placé dans son péricarde au milieu du dos : il est alongé.
L'oreillette est placée en arrière. Il naît du ventricule une
seule aorte, qui se porte en avant. L'appareil générateur n'a
pu être observé complétement ; mais cependant l'a été assez
pour qu'on pût voir qu'il n'offre rien de contraire à ce qui
existe dans les genres voisins. Le cerveau a paru former une
petite masse globuleuse, placée comme à l'ordinaire, fournissant des rameaux aux tentacules, à la bouche et au gan-
glion sous-œsophagien, d'où partent les filets des viscères.

Les mœurs des phyllidies ne sont pas connues ; mais, sans
doute, diffèrent fort peu de celles des doris et des tritonies.
Les espèces, en petit nombre, qui constituent ce genre, sont
toutes des mers de l'Inde.

M. Cuvier en définit trois espèces.

La P. A TROIS LIGNES : *P. trilineata*, G. Cuv., *loc. cit.*, pl.
18, fig. 1 — 4 ; *P. varicosa*, de Lamk., Anim. sans vert., t. 6,

:.re part., page 314, n.° 1. Corps ovale-oblong; dos de couleur noire, avec trois rangs longitudinaux de verrues rapprochées, de couleur jaunâtre, commençant en arrière des tentacules supérieurs et finissant à l'anus. Mers de l'Inde.

La P. PUSTULEUSE; *P. pustulosa*, G. Cuvier, *loc. cit.*, fig. 8. Corps subovale; dos noir, couvert par des pustules larges, inégales, irrégulièrement éparses, de couleur d'un jaune pâle. Des mers de l'Inde.

La P. OCELLÉE; *P. ocellata*, G. Cuv., *loc. cit.*, fig. 7. Corps subovale; dos cendré, parsemé de petits tubercules jaunâtres entre cinq grosses pustules pédicellées, jaunes, avec un cercle noir, ce qui les rend ocellées. Les petits tubercules du milieu réunis par une ligne saillante, longitudinale. Rapportée de la mer des Indes par MM. Péron et Lesueur, comme les précédentes.

La P. A CINQ LIGNES; *P. quinquelineata*, de Blainv., Cinq. mém. sur les mollusq., Bull. par la Soc. phil., ann. 1816. Corps ovale-alongé, assez déprimé, arrondi aux deux extrémités; cinq séries de tubercules comprimés, une médiane et deux latérales; les pustules de celle-ci assez rapprochées pour former une sorte de crête dentelée. Couleur blanche, sans doute par l'action de la liqueur conservatrice.

Je n'ai observé qu'un individu de cette espèce dans la collection du Muséum britannique.

M. Quoy et Gaimard ont rapporté de Timor une phyllidie, qu'ils figurent pl. 87, n.os 7 à 10 de l'*Atlas du voyage de l'Uranie*. Ils la regardent comme étant une variété de la P. A TROIS LIGNES, dans laquelle les tubercules de la ligne du milieu sont les seuls qui se touchent presque, tandis que ceux des deux rangées latérales sont bien séparés.

M. G. Cuvier, Règne anim., tome 2, page 395, en annonce plusieurs espèces nouvelles. (DE B.)

PHYLLIDOCÉ, *Phyllidoce* (Chétop.), du Nouveau Dictionnaire d'histoire naturelle. Voyez PHYLLODOCÉ. (DESM.)

PHYLLIE, *Phyllium*. (Entom.) Genre d'insectes orthoptères de la famille des anomides ou difformes, voisin des mantes, établi par Illiger et caractérisé par les pattes antérieures qui ne forment pas le crochet, mais dont les hanches sont courtes, les cuisses et les jambes dilatées, membraneuses;

l'abdomen et les élytres excessivement élargis, et les antennes de forme variable suivant les sexes.

Nous avons fait figurer une espèce de ce genre dans l'atlas joint à ce Dictionnaire, planche 25, fig. 2. Le mot de phyllie est emprunté du grec φυλλίον, *feuille*, du nom de l'espèce même que nous avons fait représenter, et qu'on appelle, à cause de la disposition et de l'apparence de ses élytres, la feuille ambulante.

On ne connoit pas les mœurs de ces insectes : il est probable. qu'ils sont carnassiers comme les mantes. Les deux espèces qu'on rapporte à ce genre, n'ont été observées qu'aux Indes orientales. Les voyageurs qui reviennent des Séchelles, en rapportent, parce que les naturels les recueillent pour les vendre aux amateurs étrangers. (C. D.)

PHYLLINE, *Phylline*. (*Entomoz.*) Genre établi par M. Oken (Man. de zool., 1.re part., page 570) pour un petit nombre de sangsues, dont le corps est aplati, court, ovale, et dont le disque postérieur, très-grand, est pourvu de crochets. Les espèces qu'il y rapporte sont l'*Hirudo hippoglossi*, l'*H. grossa* de Muller, ainsi que les *H. diodontis* et *sturionis*, que je ne connois pas. Ce genre a été nommé Entobdelle par moi. Voyez Sangsue et Vers. (De B.)

PHYLLIREA. (*Bot.*) Voyez Filaria. (Lem.)

PHYLLIREASTRUM. (*Bot.*) Vaillant, dans les Mémoires de l'Académie des sciences, avoit fait sous ce nom un genre, auquel Linnæus a substitué celui de *myginda*, qui a été adopté. (J.)

PHYLLIROE, *Phylliroë*. (*Malacoz.*) MM. Péron et Lesueur, dans leur Mémoire sur l'ordre des ptéropodes (Ann. du Mus., tome 15, page 65) ont établi sous ce nom un genre avec un animal mollusque qu'ils ont recueilli dans la mer de Nice. Voici les caractères que j'ai assigné à ce genre, d'après un examen attentif du seul individu connu jusqu'ici. Corps libre, nu, très-comprimé ou beaucoup plus haut qu'épais, terminé en arrière par une sorte de nageoire verticale ; céphalothorax fort petit et pourvu d'une paire d'appendices natatoires, triangulaires, comprimés et simulant des espèces de longs tentacules ou de branchies ; bouche subterminale en forme de fer à cheval, avec une trompe courte et rétrac-

tile; anus au côté droit du corps; orifice des organes de la
génération unique, du même côté et plus antérieur que l'anus;
organes de la respiration inconnus. Pour bien entendre cette
caractéristique et concevoir pourquoi elle diffère assez de
celle de Péron, ainsi que de celle de M. de Lamarck, nous
allons donner une description un peu complète du phylliroë.
Son corps peut être divisé en deux parties, comme celui de
l'hyale, et même des bulles et bullées, une abdominale beaucoup plus grande et une antérieure, qui représente à la fois
la tête et le thorax ; ce qui m'a fait la désigner sous le nom
de céphalothorax. La partie abdominale, à peu près quadri-
latère, est remarquable par sa grande compression, en
sorte que le dos est mince et presque tranchant, que le
ventre et que les côtés sont très-élevés; il n'y a aucune trace
de pied ou de disque musculaire, pas plus que de nageoire
inférieure, comme dans la carinaire; mais le corps se termine
par une sorte de nageoire verticale, un peu élargie en arrière
et rétrécie en avant; ce qui la fait assez bien ressembler à la
pinnule caudale des poissons. Les parois de cet abdomen sont
si minces et si gélatineuses, qu'on peut aisément apercevoir
à travers tous les viscères de la digestion et de la génération,
presque comme s'ils étoient hors de la cavité. On y voit cependant quelques faisceaux de fibres longitudinales, qui se
portent essentiellement sur les côtés de la queue. Le céphalothorax, bien plus petit que l'abdomen et plus épais que
lui, forme comme une sorte de tête carrée. De chaque côté
s'attache un appendice triangulaire, aplati, plus épais en avant
qu'en arrière, et que l'action de la liqueur conservatrice a fait
contracter de manière à ressembler un peu à des espèces de
cornes. Péron y a vu des tentacules: il y aura même vu encore des espèces de nageoires branchiales, comme dans les
hyales; car on peut y apercevoir aussi des stries ou plis per-
pendiculaires à la longueur: mais réellement ce sont des appendices natatoires sans branchies, absolument comme dans
les hyales et les clios. La masse buccale fait une saillie assez
distincte par un petit étranglement à l'extrémité tout-à-fait
antérieure du corps. Je n'y ai pas aperçu de tentacules proprement dits. Pour terminer l'examen de ce qui existe à
l'extérieur du corps du phylliroë, il ne reste plus qu'à noter

la terminaison du canal intestinal, ainsi que celle de l'appareil
générateur à droite dans un tubercule commun, comme cela
a été exposé dans la caractéristique. L'anatomie de ce singulier
mollusque peut être presque faite à travers sa peau. On voit
que la bouche, en forme de fer à cheval, conduit dans une
masse buccale évidente, quoique petite et pouvant probablement sortir et rentrer un peu à la manière d'une trompe. Il en
part un œsophage bien distinct, assez long, étroit. droit, qui
bientôt se renfle en un estomac ovale, simple, complétement
dans sa direction. Un peu en arrière du pylore ou du commencement de l'intestin, on voit très-aisément la réunion des
canaux hépatiques qui proviennent du foie, divisé en quatre
lobes alongés et divergens, deux en dessus, un en avant et
un en arrière, et deux en dessous, un en arrière et un en
avant. Ce sont ces lobes que Péron, et par suite M. de Lamarck, ont regardés comme des branchies internes. Le canal intestinal proprement dit est court et se recourbe presque auprès de son origine pour aller à l'anus. Je n'ai pu voir
d'une manière distincte, ni le cœur, ni des branchies proprement dites, à moins que de croire que les appendices
antérieurs en tiennent lieu : ce que je ne pense pas. MM. Péron
et Lesueur figurent le cœur d'une manière évidente vers le
milieu du corps, donnant un gros vaisseau en arrière ; ce
qui peut être. Quant à sa connexion avec un des lobes du
foie, il est certain que ce n'est qu'une apparence. L'appareil de la génération est au contraire très-visible et disposé
comme dans tous les malacozoaires subcéphalés monoïques,
ou portant les deux sexes sur le même individu. La partie
femelle se compose d'un ovaire ou masse arrondie, située en
arrière; d'un oviducte. d'abord plus étroit, puis plus renfle
et droit, qui se continue jusqu'au tubercule extérieur. Le
testicule est au contraire assez éloigné et antérieur; mais
je n'ai pu suivre sa communication avec la partie femelle,
ni connoître la forme de l'organe excitateur, qui paroît cependant être assez considerable. Je ne serois pas éloigné de
penser que son orifice seroit très-distant de celui de l'oviducte et au céphalothorax, comme dans l'hyale. On voit à
peu près tout cela dans la figure donnée par Péron, mais
dans des connexions évidemment erronnées, ce qui lui a

fait supposer des branchies internes. Elle est du reste fort bonne.

On ne connoît, comme nous l'avons dit plus haut, qu'une espèce dans ce genre. Les zoologistes cités la nomment le PH. BUCÉPHALE, *P. bucephalum*. C'est un animal d'un pouce et demi à deux pouces de long sur un pouce de large; de couleur jaunâtre. Il a été recueilli dans la Méditerranée sur les côtes de Nice. (DE B.)

PHYLLIS. (*Bot.*) Les Grecs donnoient ce nom à plusieurs plantes. D'abord à un arbre qu'on croit être l'amandier, auquel, dit-on, *Phyllis*, fille de Lycurgue, roi de Thrace, se pendit; 2.° à une fougère, qu'on croit être le *pteris aquilina*, grande espèce qui croît dans nos bois, et qui se fait remarquer par l'étendue de son feuillage; 3.° au *phyllitis*, décrit ci-après; enfin 4.° à la mercuriale. Les botanistes du 15.ᵉ siècle l'ont donné à une espèce de potamogeton, et aux variétés de la Scolopendre. Voyez PHYLLITIS. (LEM.)

PHYLLITIS. (*Bot.*) Mœnch forme sous ce nom un genre dans la famille des fougères, pour y placer les *asplenium adiantum nigrum*, *trichomanes*, Linn.; *germanicum*, Weiss, et *ruta-muraria*, Linn., que Roth avoit réunis à son genre *Scolopendrium*. Dans le *phyllitis* la fructification, située comme dans l'*asplenium*, à la surface inférieure de la fronde, y forme plusieurs lignes, qui, par la maturité, finissent par couvrir entièrement cette surface. Ce caractère ne s'observe pas dans l'*asplenium*, Mœnch, lequel ne comprend que l'*asplenium scolopendrium*, vrai *phyllitis* des anciens, d'où l'on voit qu'il n'est pas d'accord avec la plupart des botanistes, qui font au contraire un genre distinct de l'*asplenium scolopendrium;* le *phyllitis*, Mœnch, est donc l'*asplenium* des modernes.

Necker a cru devoir aussi former avant Mœnch un genre *Phyllitis*, fondé aux dépens des *acrostichum*. Il n'a pas été adopté, de même qu'un autre genre du même auteur, *Phyllitrichum*, fondé sur des espèces de mousses du genre *Bryum*, tel que Linnæus l'avoit établi, et dont les feuilles imitent par leur disposition la forme de la fronde de certaines fougères.

Chez les anciens Grecs le *phyllitis* étoit une plante sans tige ni fleurs, et uniquement formée de feuilles semblables à celles de l'oseille, mais plus grandes, plus oblongues, plus vertes, au nombre de six à sept, droites, lisses à la surface supérieure et présentant en dessous de petits corps minces, semblables à des vermisseaux qui y seroient attachés. Elle croissoit à l'ombre dans les jardins et les vergers. On en faisoit usage en décoction dans la dyssenterie, contre les morsures des serpens, etc. On peut reconnoître très-bien par ces lignes extraites de Dioscoride, notre scolopendre, *asplenium scolopendrium*, Linn., ou *scolopendrium officinarum*, Willd., ou *scolopendrium phyllitis*, Roth. Il ne s'est élevé aucun doute sérieux sur ce rapprochement depuis Gaza, qui convertit le nom de *phyllitis* en *lingua cervina*. Depuis lors cette fougère a été décrite par tous les botanistes anciens, jusqu'à Linnæus, sous les noms de *phyllitis, lingua cervina* et *scolopendrium*. Cependant le nom de *phyllitis* ne lui est pas resté exclusivement. Indépendamment du *phyllitis laciniata*, Dod., qui est une variété de la scolopendre à feuilles laciniées au bout, on trouve encore le *phyllitis lacustris*, Cord., qui est le *polygonum amphibium*. Insensiblement l'on a désigné quelque autre plante par ce nom, et particulièrement des fougères. Petiver n'a pas indiqué autrement ces plantes dans son *Pterigraphia americana*, où il a fait connoître des espèces des genres *Danæa, Acrostichum, Tænitis, Polypodium, Aspidium, Asplenium, Pteris* et *Vittaria*. Morison, Rai, Sloane, Plumier, en ont fait également usage. (Lem.)

PHYLLITRICHUM (*Bot.*), de Necker, genre qui comprend des mousses du genre *Bryum*, Linn. Il n'a pas été adopté. Voyez Phyllitis. (Lem.)

PHYLLOCARPOS. (*Bot.*) On trouve sous ce nom, dans l'Encyclopédie méthodique, le genre *Cenomyce* d'Acharius. Cet auteur avoit nommé *phyllocarpa*, dans sa Lichénographie universelle, la première section du genre *Cenomyce*, qui comprenoit des lichens à expansion foliacée, lobée, imbriquée, et à apothéciums presque sessiles; tels que les *C. rubiformis, strepsilis* et *epiphylla*, qu'il avoit placés antérieurement dans le genre *Bœmyces*. Depuis, Acharius a supprimé cette divison, et même il a porté le *C. rubiformis* dans son genre *Lecidea*. (Lem.)

PHYLLOCARPUS. (*Bot.*) Voyez Phyllocarpos. (Lem.)

PHYLLOCHARIS. (*Bot.*) Genre de la famille des lichens,

établi récemment par M. Fée, ainsi que les genres *Nematora*, *Racoplaca*, *Craspedon*, *Melanophthalmum* et *Aulaxina*. Tous ces genres forment la seconde section, celle des *squammariées épiphylles*, de la huitième tribu, les *squammariées* du troisième ordre, les vrais lichens, dans la distribution des genres de cette famille, d'après l'auteur que nous venons de citer. Voici les caractères qu'il assigne aux genres nommés plus haut et les espèces qu'il y rapporte, d'après son très-utile et fort intéressant *Essai sur les cryptogames des écorces exotiques officinales*[1], ouvrage accompagné de figures d'une exactitude rare, et dont le texte ne laisse rien à désirer aux botanistes par son exactitude, sa clarté et les remarques neuves dont il est rempli. Nous avons le regret de n'avoir pu en faire mention à l'article Lichen, sa publication plus tardive nous en a seule empêché.

Nematora. Thallus byssoïde, à expansions divergentes, noduleuses, avec les extrémités renflées et obtuses. Apothéciums en forme de tubercules, situés à l'extrémité des rameaux, en partie enfoncés, très-noirs, homogènes à l'intérieur.

Le *Nematora argentea*, Fée, Ess. int., p. 99, pl. 2, fig. 4. Il forme sur les feuilles de divers arbres de Saint-Domingue de petites rosettes minces de deux à quatre lignes, d'un blanc argentin; vus à une forte loupe, les rameaux sont entrelacés et anastomosés de manière à représenter un réseau irrégulier, à ramifications filiformes très-élégantes, ce qu'exprime *nematora*, tiré du grec.

Le *Nematora viridissima*, Fée, *loc. cit.*, fig. 8, forme sur les feuilles des arbres du royaume d'Oware de très-petites étoiles d'un beau vert, d'une ligne environ, éparses, rarement confluentes; chaque étoile offre des rayons ou rameaux simples, élargis arrondis, lobés, renflés; les apothéciums sont infiniment petits, enfoncés, épars près des bords des expansions.

Racoplaca. Thallus membraneux, réticulaire, très-lisse.

---

[1] Cet ouvrage, entièrement terminé, forme un volume petit in-folio, orné de 36 planches; il se trouve chez Firmin Didot père et fils, rue Jacob, n.° 24, à Paris.

découpé en lanières fort étroites et anastomosées ; apothéciums épars, noirs, luisans, homogènes.

Le *Racoplaca subtilissima*, Fée, *loc. cit.*, tab. 2, fig. 5, forme
sur les feuilles du cacaoyer et des ananas de petites taches
de quatre à six lignes de large, olivâtres, membraneuses,
minces, oblongues et arrondies ; les apothéciums sont situés
sur l'expansion ; celle-ci semble une croûte déchirée en
lambeaux : c'est ce qu'exprime en grec son nom générique
de *racoplaca*.

PHYLLOCHARIS. Thallus crustacé, uniforme, orbiculaire, à
ramifications épaisses, arrondies, divergentes, soudées entre
elles ; apothéciums tuberculeux, épars, noirs, perforés, à
bords obtus, et intérieur homogène. Les trois espèces qui
composent ce genre sont remarquables par leur élégance ;
c'est pourquoi on a nommé celui-ci *phyllocharis*, qui signifie
feuilles élégantes.

Le *Phyllocharis complanata*, Fée, *loc. cit.*, fig. 3, est crustacé, orbiculaire, de deux lignes de diamètre, plan, d'un
jaune vert, avec le centre plus foncé et se détruisant le
premier ; les apothéciums sont situés vers le centre. Cette
espèce croît à Saint-Domingue sur les feuilles du *drypis
glauca*.

Le *Phyllocharis elegans*, Fée, *loc. cit.*, fig. 7, est d'un
blanc vert, crustacé, orbiculaire, à contour irrégulier et
lobé ; les apothéciums sont très-petits. Cette espèce forme des
taches d'une ligne, rarement deux, sur les feuilles des arbres
à l'Isle-de-France, où elle a été découverte par M. du Petit-
Thouars.

CRASPEDON. Thallus épais, élevé, dans le centre arrondi,
sublobé, frangé sur les bords, offrant sur toute sa surface
des enfoncemens punctiformes, épars ; apothéciums tuberculeux, épars, d'un noir foncé, luisant, homogène à l'intérieur.

Le *Craspedon concretum*, Fée, *loc. cit.*, pag. 100, pl. 2,
fig. 1, est d'un blanc verdâtre avec les apothéciums noirs ;
il forme sur les feuilles de divers poivriers des Antilles de
petites crustules de trois lignes de diamètre, qui, vues à la
loupe, imitent des franges, d'où le nom grec de *craspedon*,
donné à ce genre. Cette espèce a été découverte par M.
Poiteau.

M. Fée fait observer que, soit qu'elle détruise en végétant le parenchyme de la feuille, soit que cet *habitus* lui soit particulier, on la trouve assez constamment placée autour des trous qui existent accidentellement sur les feuilles; elle est rarement orbiculaire, et lorsque cela a lieu, le centre du lichen est détruit.

MELANOPHTHALMUM. Thallus orbiculaire, crustacé, un peu lobé; apothéciums tuberculeux, noirs, rassemblés dans le centre au nombre de quatre à six et distinct.

Le *Melanophthalmum Antillarum*, Fée, *loc. cit.*, fig. 2, forme sur les feuilles des divers arbres des Antilles de petites crustules d'une ligne de diamètre, épars ou rarement contiguës, d'un vert jaunâtre et dont le centre porte des apothéciums noirs, de telle sorte que ce lichen imite un œil, d'où son nom générique grec. Cette espèce, dans sa vieillesse, ne ressemble plus qu'à une croûte rugueuse de couleur noire.

AULAXINA. Thallus orbiculaire, membraneux, marqué de stries ou sillons concentriques; apothéciums tuberculeux, triangulaires, avec un enfoncement dans le milieu, ayant les angles aigus.

L'*Aulaxina opegraphina*, Fée, *loc. cit.*, fig. 6, est membraneuse, orbiculaire, striée, d'un vert jaunâtre, ayant au centre un, rarement deux à trois apothéciums triangulaires, d'un noir foncé sur le bord, grisâtre dans le milieu avec le centre noir. Cette espèce croît sur les feuilles de divers arbres à Cayenne et dans les Antilles; elle forme des crustules d'une ligne au plus de diamètre et éparses. Ce genre doit son nom, tiré du grec, aux stries qui entourent les apothéciums. Ces apothéciums rappellent les lirelles des *opegrapha*.

Tous les lichens que nous venons de décrire, vivent sur les feuilles et ont cependant le port des lichens, qui, chez nous, ne se rencontrent que sur les pierres ou sur les écorces des arbres. (LEM.)

PHYLLOCHNOIS. (*Bot.*) Nom que Reneaulme donnoit à une bugle, *ajuga pyramidalis*. (J.)

PHYLLODE, *Phyllode*. (*Conchyl.*) M. Schumacher a établi sous ce nom, dans son Nouveau Système de conchyliologie, un genre avec le *tellina foliacea*, vulgairement la langue d'or, probablement à cause de la grande compression, et surtout parce que les dents latérales de la charnière sont extrèmement rapprochées des cardinales. Voyez TELLINE. (DE B.)

PHYLLODES. (*Bot.*) Ce genre de Loureiro est maintenant le *phrynium* de Willdenow, dans la famille des amomées. (J.)

PHYLLODIUM. (*Bot.*) Genre établi par M. Desvaux, Journ. bot., 5, page 125, pour quelques espèces de SAINFOIN. Voyez ce mot. (POIR.)

PHYLLODOCÉ, *Phyllodoce*. (*Chétop.*) Subdivision générique, établie par M. Savigny et adoptée par M. de Lamarck pour une espèce de néréide proboscidée sans dents, avec deux paires de tentacules céphaliques supérieurs et quatre paires de latéraux; les branchies nulles; deux paires d'yeux; les appendices mucronés, avec les cirrhes tentaculaires supérieurs, foliacés, et le corps très-long. Le type de ce genre est la N. *lamelligera*, Linn., Gmel. Voyez NÉRÉIDE, tome XXXIV, p. 444, où cette espèce est décrite. (DE B.)

PHYLLODOCÉ, *Phyllodoce*. (*Chétop.*) M. Ranzani (Mém. d'hist. nat., *Decad.*, 1, page 1) établit sous cette dénomination un autre genre de la même classe avec un animal jusqu'alors inconnu. Les caractères qu'on peut lui assigner sont les suivans : Trompe considérable, exsertile, pourvue de mâchoires cornées, se mouvant verticalement l'une sur l'autre, et de deux tentacules médians, l'un en dessus, l'autre en dessous; corps large, déprimé; deux yeux pédonculés sur le premier anneau; trois paires de cirrhes tentaculaires, dont deux de chaque côté courtes, et une interne beaucoup plus longue; anneaux du corps assez peu nombreux, pourvus chacun d'une paire d'appendices biramés; la rame supérieure formée d'un cirrhe tentaculaire inférieur, d'un double pinceau de soies et d'un cirrhe tentaculaire supérieur, presque toujours lamelleux et probablement branchial; la rame inférieure beaucoup plus petite et à peu près composée de même; le cirrhe tentaculaire court et conique. L'animal qui sert de type à ce genre et que M. Ranzani nomme la P. MAXILLÉE, *P. maxillosa*, loc. cit., pl. 1, fig. 2 — 9, ressemble assez bien à une aphrodite. Son corps ovale, déprimé, a trois pouces et quelques lignes de long sur un pouce de large dans la partie la plus renflée. La partie à laquelle M. Ranzani a donné le nom de tête et qui paroît être une sorte de trompe, susceptible de rentrer et de sortir, est ovale, un peu comprimée, d'un pouce deux ou trois lignes de longueur; sa surface est lisse; à son extrémité elle présente une bouche très-fendue, oblique, avec des espèces de lèvres tuberculeuses dans toute leur longueur et un cirrhe tentaculaire médian, en haut comme en bas; mais, ce qu'elle offre de plus remarquable, c'est que de chaque côté et à chaque mâchoire un grand nombre de soies dures et cornées, de longueur de plus en plus grande, depuis la postérieure jusqu'à l'antérieure, se réunissent à la base, se serrent assez complétement pour constituer de véritables mâchoires, comme denticulées sur leur bord et terminées par un long crochet, agissant les deux de la lèvre inférieure sur les deux de la lèvre supérieure. Comme il y a un intervalle nu entre le bord denticulé et le crochet terminal, il semble qu'il y ait des dents molaires et des dents canines. Dans l'intérieur de la bouche il y a un palais à superficie inégale. Le premier anneau du corps est le plus petit et s'avance au-dessus de la base de la trompe. Dans son milieu et à son bord antérieur sont des yeux comme pédiculés ou cylindriques, longs d'une ligne environ, et portés sur une base commune. De chaque côté est une paire d'appendices tentaculaires courts, soutenus chacun par une petite proéminence. Au-dessous de ces yeux et de leur base, un peu en dehors, sortent deux autres tentacules filamenteux assez longs. Le reste du corps est composé de quarante-six anneaux, séparés par des sillons transverses peu profonds; la face ventrale présente, dans son milieu, une série de tubercules, décroissant de grosseur du premier au dernier. Les appendices, en général fort petits, sont composés chacun de deux rames, une ventrale et l'autre dorsale, séparées par un assez grand intervalle. La rame ventrale, en forme d'un mamelon comprimé, porte à son extrémité deux faisceaux de soies inégaux et deux cirrhes tentaculaires, l'un en dessus, l'autre en dessous; la rame dorsale est formée à peu près de même, si ce n'est que deux faisceaux de soies ont leur pédoncule mamelonné bien plus distant, et que le cirrhe tentaculaire supérieur est élargi en une sorte de lame branchiale. Les différences des appendices sur chaque anneau paroissent assez peu considérables. Ceux de l'extrémité postérieure sont inconnus; car il me paroit fort probable que l'individu observé par le zoologiste bolonois, n'étoit pas tout-à-fait complet; mais qu'il lui manquoit un certain nombre d'anneaux postérieurs. On ignore du reste la patrie de cet animal. Cependant il est assez vraisemblable qu'il provient des mers d'Italie. Il est conservé dans la Collection de l'académie de Bologne. (DE B.)

PHYLLODOCE. (*Bot.*) Sous ce nom M. Salisbury a séparé des bruyères l'*erica cærulea*, dont la capsule s'ouvre, selon lui, comme dans les rhodoracées. Dans cette supposition ce genre devroit être reporté au *menziezia*, avec l'*erica daboecii*. Voyez MENZIEZIA. (J.)

PHYLLODORA. (*Bot.*) Genre établi par Salisbury, tab. 56, pour l'*andromeda cærulea*, Linn., qui est l'*erica taxifolia*, Willd. (POIR.)

PHYLLOMA. (*Bot.*) Genre de la famille des algues, établi par Link, dans les *Horæ physicæ berolinenses*, pour placer une grande partie des espèces du genre *Ulva*, Linn. Il le caractérise ainsi : Thallus membraneux, large, entier; fructification externe nulle; une matière verte distribuée dans des aréoles très - petites. Link ayant supprimé le nom d'*ulva* comme générique, on peut considérer qu'il a conservé néanmoins le genre, en le modifiant un peu et en changeant seulement le nom. (LEM.)

PHYLLON, PHYLLUM. (*Bot.*) Nom grec de la mercuriale, adopté par la plupart des auteurs anciens. On le trouve encore cité par Daléchamps pour le *draba alpina*, et par Césalpin pour un *cotyledon*. (J.)

PHYLLONA (*Bot.*), de Wiggers (*Prim. Flor. Hols.*), cité par Agardh, est le même genre que le *Phylloma* de Link. Wiggers y rapporte les *ulva latissima* et *linza*. (LEM.)

PHYLLONOMA. (*Bot.*) Genre de plantes dicotylédones, à fleurs complètes, polypétalées, de la famille des *rhamnées*, Juss., *célastrinées*, Kunth, de la *pentandrie digynie* de Linnæus, offrant pour caractère essentiel : Un calice persistant, adhérent à l'ovaire, à cinq dents; cinq pétales insérés sur les bords d'un disque, ainsi que les cinq étamines, alternes avec les pétales; les anthères à deux loges; un ovaire inférieur, entouré d'un disque orbiculaire; point de style; deux stigmates recourbés. Le fruit est une baie globuleuse, de la grosseur d'un pois, couronné par les dents du calice avec les pétales et les étamines, à demi divisé en deux loges; deux ou trois semences tuberculées dans chaque loge.

PHYLLONOMA A FEUILLES DE HOUX : *Phyllonoma ruscifolia*, Rœm. et Schutt., Syst. vég., 6, page 210; *Dulongia acuminata*, Kunth *in* Humb. et Bonpl., *Nov. gen.*, vol. 7, p. 78, tab. 623. Arbre ou arbrisseau dont les rameaux sont alternes, d'un brun foncé, glabres, sans épines, un peu anguleux; les feuilles alternes, pétiolées, oblongues, lancéolées, longuement acuminées, rétrécies à leur base, un peu dentées en scie vers leur sommet, veinées, réticulées, glabres, membraneuses, luisantes en dessus, longues d'environ deux pouces, larges de cinq à six lignes; les pétioles courts; point de stipules; des grappes partent de la nervure mitoyenne des feuilles à la face supérieure; elles sont courtes, sessiles, bifides, quelquefois chaque division dichotome, divergente. Les fleurs sont fort petites, pédicellées; leur calice se termine par cinq dents égales, ovales, arrondies, un peu aiguës; la corolle est composée de cinq pétales ovales, aigus, élargis à leur base, étalés, un peu épais, persistans; cinq étamines alternes avec les pétales, et trois fois plus courtes, persistantes; les filamens glabres, subulés; les anthères globuleuses, à deux loges; l'ovaire inférieur, ovale, presque turbiné, glabre, uniloculaire, entouré d'un disque orbiculaire, et porte deux stigmates sessiles, aigus, étalés, recourbés. Le fruit est une baie globuleuse, à une seule loge, de la grosseur d'un grain de poivre, occupé par deux placentas latéraux, saillans, formant comme deux demi-loges; dans chaque loge deux ou trois semences elliptiques, presque en rein, tuberculées. Cette plante croît dans les environs de Popayan. (POIR.)

PHYLLOPES, *Phyllopoda*. (*Crust.*) Ordre d'entomostracés, fondé par M. Latreille, et qui renferme principalement le genre APUS. Nous en avons fait connoître les caractères dans notre article MALACOSTRACÉS. Voy. t. XXVIII, p. 393. (DESM.)

PHYLLOPHARES, TRIPEDILON. (*Bot.*) Noms grecs anciens du marrube, cités par Ruellius. (J.)

PHYLLOPODES. (*Crust.*) Voyez PHYLLOPES. (DESM.)

PHYLLORCHIS. (*Bot.*) Ce genre de la famille des orchidées, établi par M. du Petit-Thouars, rentre dans le genre *Dendrobium*, Swartz. (LEM.)

PHYLLOSOME; *Phyllosoma*, Leach. (*Crust.*) Genre de crustacés malacostracés stomapodes, que nous avons décrit dans l'article MALACOSTRACÉS, tom. XXVIII, pag. 344. (DESM.)

PHYLLOSTAPHYLON. (*Bot.*) Un des noms grecs anciens du câprier, suivant Ruellius et Mentzel. (J.)

PHYLLOSTEMA. (*Bot.*) Necker nommoit ainsi le genre *Aruba* d'Aublet, réuni maintenant au *simaba* du même. (J.)

PHYLLOSTICTA. (*Bot.*) Sous-genre établi par M. Persoon dans le genre SPHÆRIA (voyez ce mot), de la famille des hypoxylées. (LEM.)

PHYLLOSTOME, *Phyllostoma*. (*Mamm.*) Genre de mammifères carnassiers, de la famille des cheiroptères ou chauvesouris, particulier à l'Amérique méridionale, et caractérisé principalement par l'existence de deux crêtes membraneuses, nasales, l'une en forme de fer à cheval, sur le haut de la lèvre supérieure, et l'autre, située au-dessus de la première, en forme de feuille ou de fer de lance.

Ce genre, fondé par M. Geoffroy, a été, en dernier lieu, partagé en deux autres par le même naturaliste, d'après la considération des différences de formes qu'on observe dans la langue de plusieurs des animaux qui y sont compris, et d'après celles que présente également leur système dentaire.

Le genre PHYLLOSTOME ne comprend plus que les chauvesouris, douées des caractères suivans : Il y a trente-deux ou trente-quatre dents en totalité; savoir, quatre incisives à chaque mâchoire, souvent serrées entre les canines, les latérales étant très-petites et les intermédiaires plus larges et taillées en biseau[1]; deux canines en haut et en bas, très-

---

1 Ce nombre des incisives n'est pas constant, on en trouve souvent deux de moins ou point du tout, à l'une ou à l'autre mâchoire, ce qui nous paroit dû à ce qu'elles ont été chassées par le développement souvent excessif de la base des canines.

grosses à leur base et se touchant presque l'une l'autre par
leurs collets; quatre ou cinq molaires à couronne hérissée de
tubercules aigus, à droite et à gauche, aux deux mâchoires;
la tête est longue, uniformément conique, à gueule très-
fendue, des lèvres de laquelle sortent les canines; le nez
a la forme décrite ci-dessus; les oreilles sont grandes, nues,
non réunies à leur base, et leur oreillon, qui est interne,
naît du bord du trou auriculaire et est denté sur son bord;
les yeux sont très-petits et latéraux; la langue, de forme
simple, est hérissée de papilles cornées, dont la pointe est
dirigée en arrière; les ailes ont beaucoup d'envergure, et le
doigt du milieu a une phalange de plus que les autres; la
queue est variable dans sa longueur et manque même dans
quelques espèces; la membrane est plus ou moins dévelop-
pée; le poil est, en général, court et lustré; la taille est
moyenne.

Les habitudes de ces animaux sont peu connues : néanmoins on sait que ce sont les plus sanguinaires de tous les
cheiroptères; qu'ils ne se contentent pas de vivre d'insectes,
et qu'ils attaquent les gros animaux endormis, pour en
sucer le sang, qu'ils font sortir de la peau en l'incisant avec
les papilles cornées dont leur langue est munie.

Parmi les espèces pourvues d'une queue, toujours plus
courte que la membrane interfémorale, on distingue :

Le Phyllostome crénelé (*Phyllostoma crenulatum*, Geoffr. ;
Desm., Mamm., *Sp.* 168), dont l'envergure est d'un pied et
la longueur totale du corps et de la tête de trois pouces deux
lignes; à corps assez trapu; à museau court; à oreilles
ovales et à feuille verticale du nez en forme d'un long
triangle, dont les côtés sont dentelés et dont la base est
jointe à la feuille en fer à cheval : le bout de la queue est
libre. La patrie et les habitudes de cette espèce sont inconnues.

Le Phyllostome a feuille alongée (*Phyllostoma elongatum*,
Geoffr. ; Desm., Mamm., *Sp.* 169), a quatre pouces trois lignes
de longueur totale, et son envergure est d'un pied trois pouces.
Il a la feuille verticale de son nez très-longue et très-aiguë,
sinueuse à sa base et de bien peu débordée par la feuille en
fer à cheval; les oreilles ovales, striées et étroites vers le

bout; le museau gros et court; le bout de la queue libre
en dessus de la membrane interfémorale. Sa patrie et ses
habitudes sont inconnues.

Le Phyllostome fer de lance : *Phyllostoma hastatum*, Geoffr.;
Desm., Mamm., *Sp.* 170; Chauve-souris fer de lance, Buff..
tome 13, pl. 33. Long de cinq pouces trois lignes et avec
un pied six pouces d'envergure. Ce phyllostome est caractérisé par sa feuille nasale, verticale, qui est entière, sans
échancrure à l'extrémité et sans bourrelet, avec le milieu
légèrement renflé et la base fort étroite, et débordée par
la feuille de la lèvre, qui est en forme de large fer à cheval;
ses oreilles sont longues et étroites vers le haut; sa lèvre inférieure est pourvue de verrues; sa queue, très-courte, est
renfermée toute entière dans la membrane interfémorale,
qui se prolonge en pointe beaucoup au-delà de son extrémité.
son poil est court, marron en dessus et brun en dessous.
Cette espèce vit à la Guiane.

D'autres phyllostomes sont dépourvus de queue; ce sont :
Le Phyllostome lunette : *Phyllostoma perspicillatum*,
Geoffr.; Desm., Mamm., *Sp.* 171; *Vespertilio americanus vulgaris*, Séba, *Thes.*, tome 1, pl. 55; *Vespertilio perspicillatus*.
Linn.; Gmel.; le Grand fer de lance, Buff., Hist. nat..
Suppl., tome 7, pl. 74. Il a environ quatre pouces de longueur et une envergure d'un pied cinq pouces. Son museau est court et large; sa feuille verticale est courte, formée d'un large bourrelet et de membranes sur les côtés, qui
n'accompagnent pas celui-ci jusqu'à sa pointe, qui est
échancrée, et sa base est arrondie en ovale; ses oreilles sont
légèrement échancrées à leur bord extérieur; ses oreillons
sont finement dentelés; ses lèvres sont garnies de verrues;
sa membrane interfémorale forme un angle rentrant dans son
milieu, et les osselets qui la soutiennent, sont très-petits;
son pelage est d'un brun noirâtre sur le dos, d'un brun
clair sous le ventre, et l'on remarque une ligne blanche de
chaque côté de la tête, partant du nez et allant à l'oreille.

M. Geoffroy regarde la chauve-souris brune et rayée de
d'Azara comme une variété de cette espèce, quoique sa
taille soit plus grande, que sa feuille soit plus longue et que
les couleurs de son pelage soient plus roussâtres.

Le phyllostome lunette se trouve à la Guiane, et la variété décrite par d'Azara, au Paraguay.

Le Phyllostome rayé : *Phyllostoma lineatum*, Geoffr. ; Desm., Mamm., *Sp.* 172; la Chauve-souris brune et rayée, d'Azara. Il a un pied un pouce d'envergure ; le museau obtus ; la feuille verticale de son nez pointue et entière ; le pelage brun et seulement plus clair en dessous qu'en dessus, avec une raie blanche sur la ligne moyenne du dos, une autre allant de chaque narine à l'oreille du même côté, et une troisième partant de l'angle de la bouche jusqu'à la base de l'oreille et parallèle à la précédente ; l'oreillon pointu.

Selon d'Azara, il y a seulement deux incisives à la mâchoire supérieure, et cette sorte de dent manque tout-à-fait à l'inférieure. Il y a cinq molaires de chaque côté en haut et sept en bas, ce qui porte le nombre total des dents à trente-deux. Cette espèce est du Paraguay. Ses mœurs sont inconnues.

Le Phyllostome a feuille arrondie : *Phyllostoma rotundatum*, Geoffr.; Desm., Mamm., *Sp.* 173 ; la Chauve-souris brune, d'Azara. Son envergure est d'un pied quatre pouces environ. Son museau est plutôt aigu que plat ; sa feuille verticale entière et arrondie à son extrémité ; son pelage d'un brun rougeâtre. Cette chauve-souris est très-commune au Paraguay.

Le Phyllostome fleur-de-lis : *Phyllostoma lilium*, Geoffr.; Desm., Mamm., *Sp.* 174. Son envergure est d'un pied et sa longueur totale de deux pouces trois lignes ; les oreilles ont six lignes de longueur et sa feuille trois lignes. Cette feuille est aussi haute que large, et étroite à sa base. Les mâchoires sont alongées ; les oreilles droites ; les yeux assez grands et placés à égale distance de l'oreille et du museau, qui est obtus et peu fendu. Le pelage est d'un brun roussâtre en dessus et d'un brun blanchâtre en dessous.

D'Azara dit qu'il y a deux incisives à chaque mâchoire dans cette espèce. Une chauve-souris, rapportée du Brésil par M. Auguste de Saint-Hilaire, et qui nous paroît s'en rapprocher beaucoup, a néanmoins quatre incisives inférieures et seulement deux supérieures ; mais cette irrégularité dans le nombre de ces dents peut provenir de la cause que nous avons indiquée plus haut (voyez la note de la page 112).

Cette espèce est du Paraguay.

Le PHYLLOSTOME VAMPIRE : *Phyllostoma spectrum*, Geoffr. ; Desm. , Mamm. , *Sp.* 175 ; *Andica guacu*, Pison ? *Canis volans maxima aurita*, Séba, *Thes.*, tome 1, pl. 56 ; le VAMPIRE, Buff. , *Vespertilio spectrum*, Linn. ; Gmel. Cette espèce, dont M. Leach a proposé de former un genre particulier, a cinq molaires à chaque côté de la mâchoire supérieure et six à ceux de l'inférieure. Son corps a près de six pouces de longueur totale, sur quoi la tête prend un pouce dix lignes ; ses oreilles ont treize lignes ; les dents incisives sont évidemment serrées entre les canines ; son museau est long ; sa feuille verticale nasale, moins large que haute, se prolonge sur le fer à cheval sans être découpée à sa base ; son bourrelet du milieu est peu épais, et les lobes latéraux, arrondis, vont mourir en pointe vers son extrémité, qui n'a pas d'échancrure ; la membrane des ailes s'étend jusqu'à la base du doigt extérieur du pied de derrière ; le milieu du bord postérieur de la membrane interfémorale se prolonge en angle saillant ; son pelage est doux, de couleur marron en dessus et d'un jaune roussâtre en dessous.

On rapporte de cet animal, qui habite la Nouvelle-Espagne, qu'il s'approche des hommes endormis ou des animaux pendant la nuit, et qu'en en léchant la peau il leur fait des plaies, dont il suce le sang. On ajoute même qu'il peut causer ainsi la mort, ce qui paroît peu probable.

Un cheiroptère de ce genre, ou peut-être du genre Glossophage, et rapporté du Brésil par M. Auguste Saint-Hilaire, a neuf pouces d'envergure ; la feuille nasale très-courte, deux incisives supérieures assez larges, quatre incisives inférieures bien rangées et serrées entre les canines ; point de membrane interfémorale et le pelage d'un gris fauve.

Un autre, rapporté du même pays par le même naturaliste, a la taille de notre vespertilion sérotine d'Europe ; la membrane interfémorale, au plus longue de six lignes, forme un angle rentrant ; les oreilles sont grandes et latérales ; les dents semblables à celles du premier par leur nombre et leurs dimensions relatives ; son pelage est d'un gris fauve. Nous n'avons pu voir sa feuille, qui doit être fort petite.

Le genre GLOSSOPHAGE, *Glossophaga*, Geoffroy, démembré de celui des Phyllostomes par M. Geoffroy, en diffère par un moindre nombre de molaires, puisqu'on n'en compte que trois à chaque côté de la mâchoire. Il y a d'ailleurs quatre incisives supérieures et quatre incisives inférieures, bien rangées, et les molaires sont à tubercules aigus à leur couronne, comme celles des phyllostomes. La tête est longue et assez uniformément conique ; la langue offre un caractère tout particulier, en ce qu'elle est très-longue, roulée, étroite, extensible, avec ses bords saillans ou en bourrelet, faisant la fonction d'un organe de succion ; le nez supporte une petite crête en forme de fer de lance ; la queue est tantôt nulle, tantôt plus ou moins longue ; la membrane interfémorale est très-petite ou presque nulle ; les membranes des ailes sont médiocrement développées ; la taille est plus petite que celle des phyllostomes. La patrie des animaux compris dans ce genre, est l'Amérique méridionale.

On attribue aux glossophages des habitudes semblables à celles des phyllostomes, et l'on pense que la conformation de leur langue doit leur donner encore plus de facilité pour sucer le sang des animaux.

Le GLOSSOPHAGE DE PALLAS (*Glossophaga soricina*, Geoffr.; Desm., Mamm., *Sp.* 176), est l'espèce la plus anciennement connue. Pallas l'a décrite sous le nom de *Vespertilio soricinus*, et Buffon l'a mentionnée sous celui de MUSARAIGNE VOLANTE : c'est la *Feuille* de Vicq-d'Azyr. Sa longueur totale est de deux pouces une ligne ; sa tête a onze lignes et son envergure huit pouces trois lignes ; son museau est très-long et presque cylindrique ; sa langue fort longue et canaliculée vers l'extrémité, avec les bords du sillon garnis de papilles, divisées en deux branches ou de soies se renversant de côté ; les yeux sont assez grands ; les canines distinctes ; les oreilles petites et oblongues ; sa feuille est petite, en forme de cœur, un peu moins large que haute, et se termine par une pointe aiguë ; sa membrane interfémorale est coupée en angle rentrant. Il n'a point de queue ; son poil est doux et laineux, d'un cendré brun en dessus et d'un brun très-clair en dessous ; ses membranes sont brunes. Il habite Cayenne et Surinam.

Le Glossophage a queue enveloppée (*Glossophaga amplexi-caudata*, Geoffr. ; Desm., Mamm., *Sp.* 177), a la membrane interfémorale large ; une queue courte et terminée par une nodosité ; son pelage est d'un brun noirâtre, plus clair en dessous qu'en dessus. Cette espèce a été découverte par feu M. Delalande aux environs de Rio-Janeiro.

Le Glossophage caudalaire (*Glossophaga caudifer*, Geoffr. ; Desm., Mamm., *Sp.* n.° 178), a la membrane interfémorale très-courte ; une queue qui la déborde, et le pelage d'un brun noirâtre. Il se trouve avec le précédent et a été comme lui découvert par M. Delalande, ainsi que le suivant.

Le Glossophage sans queue : *Glossophaga ecaudata*, Geoffr. ; Desm., Mamm., *Sp.* 179. Celui-ci, de couleur brune obscure, manque de queue, comme le glossophage de Pallas ; mais il en diffère par sa membrane interfémorale, beaucoup plus courte que celle de cet animal.

Nous croyons devoir joindre à cet article l'extrait d'un travail de M. Leach, publié dans les Transactions de la Société linéenne, tome 13, 1.re partie, et dans lequel se trouve la proposition de plusieurs genres nouveaux et l'indication d'un certain nombre de cheiroptères non encore décrits, qui se rapporteroient entièrement au genre des Phyllostomes, tel que M. Geoffroy l'avoit établi d'abord, c'est-à-dire, en y comprenant les glossophages.

Le premier genre est nommé Artibée, *Artibeus*; il a pour caractères : quatre incisives à chaque mâchoire, dont les supérieures bifides et les inférieures tronquées ; deux canines en haut et en bas, dont les supérieures ont un rebord interne à leur base ; quatre molaires supérieures et cinq inférieures de chaque côté ; les feuilles nasales au nombre de deux, l'une horizontale et l'autre verticale ; la queue nulle ; une seule phalange à l'index ou second doigt, quatre au médius et trois aux quatrième et cinquième doigts ; oreilles écartées, médiocrement grandes ; des oreillons.

L'Artibée de la Jamaïque (*Artibeus jamaicensis*, Leach) est brun en dessus et gris de souris en dessous ; ses membranes et ses oreilles sont brunâtres.

Un second genre est appelé MONOPHYLLE, *Monophyllus*, parce qu'il ne présente qu'une seule feuille droite sur le nez. Il a quatre incisives supérieures inégales, dont les deux du milieu plus longues que les latérales et bifides, et point d'inférieures; deux canines à chaque mâchoire; cinq molaires supérieures et six inférieures de chaque côté; la queue courte; les doigts pourvus de phalanges, en même nombre que les artibées, et les oreilles écartées et garnies d'oreillons, comme celles de ces mêmes cheiroptères.

Le MONOPHYLLE DE REDMANN, *Monophyllus Redmanni*, Leach, se trouve à la Jamaïque. Il est brun en dessus et gris en dessous; ses oreilles sont arrondies; sa feuille, qui est aiguë, est couverte de petits poils blanchâtres; ses membranes sont brunes.

Un troisième genre a reçu le nom de MORMOPS, *Mormops*. Il a quatre incisives supérieures inégales, dont les intermédiaires sont largement échancrées; quatre incisives inférieures inégales, trifides; deux canines à chaque mâchoire, dont les supérieures sont doubles en longueur des inférieures, presque comprimées et canaliculées en devant; cinq molaires en haut et six en bas de chaque côté; une seule feuille nasale droite et réunie aux oreilles, qui sont très-vastes, compliquées et pourvues d'un oreillon; l'index à deux phalanges; le médius à quatre; le quatrième et le cinquième doigt en ont trois.

Le MORMOPS DE BLAINVILLE (*Mormops Blainvillii*, Leach, *Trans.*, *loc. cit.*, pl. 7), est remarquable par l'élévation extrême de son front, l'excavation de son chanfrein, la forme lobée et crénelée de sa lèvre supérieure, la division de l'inférieure en trois lobes membraneux, l'existence sur la langue de papilles, dont les antérieures sont bifides et les postérieures multifides, le plissement de sa feuille nasale, la division du bord supérieur de ses oreilles en deux lobes. Il est aussi de la Jamaïque.

Le genre NYCTOPHILE, *Nyctophilus*, du même naturaliste, ayant été décrit d'après lui, à sa lettre, nous nous bornerons à y renvoyer. (Voyez NYCTOPHILE, tome XXXV, page 244.)

Enfin, le dernier genre dont nous ferons mention, est nommé MADATÉE, *Madatœus*, par M. Leach. Il présente quatre incisives à chaque mâchoire ; les deux intermédiaires supérieures ayant plus de longueur que les latérales et bifides ; les inférieures étant égales, simples et aiguës ; quatre molaires supérieures et cinq inférieures de chaque côté ; deux feuilles nasales, une verticale et l'autre horizontale et lunulée ; la queue nulle ; la lèvre pourvue de papilles molles, comprimées et frangées au bout ; la langue antérieurement divisée en deux filamens comprimés ; le doigt index de l'aile à deux phalanges ; le médius à quatre ; les quatrième et cinquième doigts en ayant trois seulement ; les oreilles distantes et pourvues d'un oreillon.

Le Madatée de Levis (*Madatæus Levisii*, Leach, de la Jamaïque) a sa feuille nasale verticale, à bords brusquement atténués et formant la pointe vers le haut ; les oreilles médiocres, arrondies et légèrement pointues ; le pelage noirâtre ; la membrane interfémorale échancrée ; l'envergure de ses ailes de dix-sept pouces anglois.

Tous ces genres auront sans doute besoin d'être examinés de nouveau, et il sera utile de faire entrer dans les caractères des anciens phyllostomes et des glossophages, la considération du nombre des phalanges. Ces observations nouvelles mèneront vraisemblablement à mieux distinguer ces animaux et peut-être aussi à faire disparoître quelque double emploi, qui aura pu s'introduire dans leur nomenclature. Toutefois est-il remarquable qu'avant le travail de M. Leach nous ne possédions aucun renseignement sur les cheiroptères des îles du golfe du Mexique, et que les premières recherches qu'on a faites dans une seule d'entre elles, la Jamaïque, aient procuré la connoissance d'un aussi grand nombre, sinon de genres nouveaux, au moins d'espèces jusqu'alors inconnues. (Desm.)

PHYLLURE, *Phyllurus*. (*Erpét.*) M. Cuvier a donné ce nom à un genre de reptiles sauriens, de la famille des eumérodes, très-voisins des geckos, et reconnoissables aux caractères de ces derniers, à la différence près seulement que leurs doigts ne sont point aplatis.

On ne connoît encore qu'une espèce dans ce genre ; c'est le :

Phyllure de la Nouvelle-Hollande : *Phyllurus vulgaris*, N. ; *Stellio phyllurus*, Schneider ; *Lacerta platura*, White.

Corps gris, marbré de brun en dessus et hérissé de petits tubercules pointus; queue lisse, déprimée, en forme de cœur; taille de cinq à six pouces.

On a trouvé ce hideux reptile dans la Nouvelle-Hollande, près de Botany-Bay et dans toute la Nouvelle-Galles méridionale. (H. C.)

PHYMARIA. (*Bot.*) Nom proposé par M. Rafinesque-Schmaltz pour désigner la famille des Lichens. (Lem.)

PHYMATE, *Phymata.* (*Entom.*) M. Latreille avoit désigné sous ce nom un genre d'insectes hémiptères, de la famille des frontirostres ou des punaises, mais dont les pattes antérieures se terminent par un crochet mobile, comme dans les mantes, et chez lesquels les antennes entrent ou sont reçues sous le corselet dans une rainure qui s'y trouve pratiquée; telle est le *syrtis crassipes* de Fabricius, qui est la punaise à pattes de crabe de Geoffroy. (C. D.)

PHYSA. (*Bot.*) Genre de plantes dicotylédones, à fleurs incomplètes, de la famille des *caryophyllées*, de la *décandrie trigynie* de Linnæus, établi par M. Du Petit-Thouars, *Nov. gener. Madagasc.*, 22, n.° 67, pour une plante de Madagascar, dont le caractère essentiel consiste dans un calice à cinq folioles concaves, colorées en dedans; point de corolle; dix filamens; les alternes plus courts; les anthères à deux lobes séparés; un ovaire simple; trois stigmates; une capsule à trois sillons; un réceptacle central; trois loges; trois valves séparées par autant de cloisons conniventes avec le réceptable; les semences nombreuses, fort petites, presque en rein. Les tiges sont couchées, articulées; les feuilles verticillées ou quaternées, inégales; les pédoncules uniflores. (Poir.)

PHYSALE, PHYSALION, PHYSALIS ou même PHYSALIDIDIS. (*Malacoz.*) Genres d'animaux extrêmement bizarres, aperçus depuis long-temps par les marins, qui les nomment *galères, frégates* ou même *vaisseaux de guerre*, à cause de la manière élégante dont ils semblent voguer à la surface de la mer; *physales, physalies* ou *vessies de mer*, à cause de leur ressemblance avec une vessie, ou même *orties de mer*, parce qu'il paroit qu'ils produisent sur la peau, qu'ils touchent, le même effet que les orties, absolument comme les méduses. Browne, dans son Histoire naturelle de la Jamaïque, est le premier qui ait cru devoir en former un genre distinct, sous le nom d'*arethusa*. Osbeck, dans son Voyage à la Chine, les désigna depuis sous la dénomination de *physalis*, qui a été adoptée par M. de Lamarck et tous les zoologistes subséquens, quoique Linné et Gmelin aient réuni ces animaux avec les biphores ou salpas parmi leurs holothuries. Cette place, assignée par Linné aux physales dans la série animale, a sans doute été la raison pour laquelle les zoologistes les plus récens n'ont pas balancé à les ranger parmi les zoophytes ou actinozoaires, quoiqu'elles soient si différentes des genres dont on les a rapprochées, qu'il est absolument impossible d'y trouver rien qui rappelle une disposition radiaire. Aussi ai-je dans ces derniers temps été porté à conclure de cette considération de la forme des physales, que ce n'étoient réellement pas des animaux de ce type, comme on va le voir par la description de l'espèce la plus commune, dont j'ai vu plusieurs individus bien conservés, rapportés par MM. Quoy et Gaimard. Le corps d'une physale est ordinairement ovale, plus ou moins alongé, plus obtus à une extrémité qu'à l'autre, qui même se prolonge en une sorte de trompe, relevée un peu à sa terminaison. A cette extrémité on voit souvent aisément, mais quelquefois plus difficilement, deux tubercules ou mamelons, dont l'un est plus terminal que l'autre. Ils sont percés d'une ouverture étoilée ou plissée d'une manière très-serrée, en sorte qu'il est assez difficile d'y introduire de l'air et d'insuffler ainsi le corps de l'animal. Sur un des côtés du corps et obliquement dirigée de l'extrémité biforée à l'autre, est une crête membraneuse, assez épaisse, comme denticulée ou mieux festonnée à son bord supérieur, et de chaque côté de laquelle on voit des espèces de cannelures, évidemment formées par des vaisseaux intérieurs. Cette crête, que nous allons voir n'être qu'une véritable branchie, est susceptible d'un grand nombre de variations dans son étendue et son développement, en hauteur surtout, principalement dans les individus conservés dans l'esprit de vin. On en trouve même quelquefois où elle est presqu'entièrement rentrée et ne paroît que par un bourrelet plus brun, resté à la surface du corps de l'animal.

A son extrémité la plus épaisse, ou à l'opposite des deux orifices, est un faisceau d'organes fistuleux, cylindroïdes, quelquefois fusiformes, terminés dans un certain état de développement par un petit bourrelet percé d'un orifice, et ces organes sont en nombre variable, sans disposition évidemment
paire et encore moins radiaire. Je n'ai réellement jamais trouvé
deux individus semblables sous ce rapport, pas plus que dans
la composition d'un autre faisceau d'organes analogues, et en
général bien plus compliqués dans leur forme et dans leur
nombre, qui occupent une plus ou moins grande partie du
côté inférieur de la physale. C'est cette masse que la plupart des personnes qui ont observé des physales, ont regardée comme composée d'organes analogues aux tentacules
ou aux cirrhes des méduses. On peut y distinguer réellement
trois ou quatre espèces d'appendices cœcaux, tous également
vésiculeux. Dans l'individu que je décris, comme le plus
complet de ceux que j'ai vus, il y avoit d'abord, et assez
rapproché du groupe précédent, un faisceau d'appendices
de même forme que ceux de celui-ci. On pouvoit y distinguer quelque chose de pair, c'est-à-dire, un partage en deux
divisions, l'une à droite et l'autre à gauche d'un seul appendice médian, beaucoup plus gros, ayant lui-même à sa base
un faisceau de cœcums plus courts, portés par un seul
pédoncule. La disposition paire étoit beaucoup plus sensible
encore pour l'autre partie du faisceau inférieur. En effet,
outre un très-grand nombre d'appendices cœcaux ordinaires,
il y avoit à droite et à gauche de la ligne médiane un appendice beaucoup plus gros, bien plus alongé, en forme de
trompe, quoique de même structure que les autres et du
côté externe de la base duquel sortoit un filament d'une
longueur extrêmement considérable, finement plissé en travers et qui sembloit ne pouvoir atteindre toute l'extension
dont il étoit susceptible, à cause d'une membrane étroite
qui en retenoit les plis dans toute sa longueur, comme le
mésentère fait à l'intestin grêle des mammifères.

Cette description extérieure de la physale est toute différente de celle qu'en ont donnée les naturalistes qui pensent
l'avoir mieux observée ; ce qui tient surtout à ce qu'ils n'ont
pas examiné tous la même espèce, et à ce qu'ils ne l'ont

pas fait d'une manière suffisante. Ainsi M. Bosc, quoiqu'il ait vu des physalides vivantes, ne fait aucune mention des deux orifices étoilés; aussi pense-t-il que la bouche de ces animaux est placée inférieurement un peu à droite et accompagnée d'un grand nombre de tentacules de cinq formes différentes : 1.° un beaucoup plus grand que les autres, placé sur le bord même de la bouche et qui peut acquérir jusqu'à onze pouces de long; 2.° deux autres de même forme et structure, mais beaucoup moins longs; 3.° beaucoup de plus petits, fusiformes, formant une grosse masse globuleuse, située à droite des précédens; 4.° enfin, vingt-quatre autres, fusiformes, très-épais, s'alongeant peu, terminés par un suçoir large et jaunâtre, et que M. Bosc regarde comme les vrais bras de l'animal. Quant aux tentacules de la cinquième sorte, probablement que ce sont ceux qui existent à une extrémité de l'animal et qu'il décrit comme des tubercules plus ou moins longs; car il n'en fait pas de description, et la figure qu'il donne ne pourroit guère y suppléer.

M. Tilésius, dans son Voyage autour du monde avec le capitaine russe Krusenstern, a combattu d'une manière victorieuse cette supposition de M. Bosc, d'une bouche inférieure, entourée de tentacules, et quoiqu'il ait fort bien décrit et figuré les deux ouvertures étoilées, il croit que tous les tentacules ou suçoirs servent réellement de bouches, ou qu'il y a autant de bouches ou de suçoirs. Du reste, sa description de la disposition des tentacules dans l'espèce qu'il a le mieux observée, est toute différente de ce que M. Bosc a dit. En voici la traduction : Toutes les physales consistent en une longue vessie gonflée d'air, flottante sur l'eau, ayant au-dessus une espèce de peigne qui tient lieu de voile, et en dessous de longs tentacules, qui constituent à la fois la bouche et le gouvernail. Quoique leur examen soit assez difficile, d'abord à cause qu'ils brûlent plus fortement que des orties quand on les touche, et surtout à cause de leur grand nombre et de la manière dont ils s'entortillent, j'ai pu en distinguer de trois espèces, du moins sur plusieurs individus. Ceux de la première sorte sont plus épais à leur racine, en forme d'intestins, d'un bleu foncé, parsemé de points bruns : ils sont suspendus en dessous presqu'au milieu du ventre de l'animal et s'étendent en formant une sorte d'entortillement spiral, à une grande profondeur dans la mer. Ils sont transparens à leur racine et dans le reste de leur étendue parsemés de cercles réguliers, nombreux, de couleur rouge, ou de cellules renflées, interrompues ou articulées, presque comme dans les conferves. Ils ont en outre la faculté de se rétracter fortement jusqu'à leur racine et de se rassembler en un seul faisceau. Les tentacules de la seconde espèce sont également plus épais à leur racine ; mais ils y sont aussi plus serrés : aussi n'ai-je jamais pu parvenir à les compter. Ils sont aussi fort longs et pourvus d'une espèce de bande frangée de couleur rouge, qui de la racine se perd en une espèce de tronc. L'espèce de physalide observée par Lamartinière, Bory et Péron, a un tentacule de cette sorte qui n'est du reste terminé par aucun suçoir, et qui paroît seulement servir comme de piége, afin que les animaux qui servent de nourriture aux physalides, puissent s'y embarrasser. Au contraire, les tentacules de la première sorte sont terminés par un suçoir et sont susceptibles d'une extension considérable. La troisième sorte est constituée par des tentacules courts, cylindroïdes, attachés dix ou douze à la fois à une tige commune. Ils forment la plus grande partie de la masse tentaculaire, et leur usage paroît être d'attirer et de prendre tout ce qui a pu échapper aux suçoirs uniques des longs tentacules : il paroît qu'ils ne sont pas pourvus de fibres longitudinales comme les deux premières sortes ; mais, au contraire, on observe beaucoup de fibres circulaires dans leur structure, en sorte qu'ils peuvent s'alonger et se raccourcir seulement fort peu, tandis qu'ils peuvent très-bien s'étendre et se tordre de tous côtés ; l'orifice ou suçoir qui les termine, est fort grand et de couleur jaune. La viscosité qui enveloppe les tentacules de la physalide, et surtout ceux de couleur rouge, est excessivement brûlante et corrosive, sans qu'on puisse apercevoir même, à la loupe, aucun crochet ou aiguillon qui puisse produire cet effet.

La structure anatomique des physalides n'a encore été examinée que d'une manière très-incomplète ; aussi la plupart des naturalistes pensent que ce n'est qu'une vessie fibro-musculaire gonflée d'air. Voici ce qu'en dit M. Tilésius, le na-

turaliste qui s'en est le plus occupé, et sur des individus frais
et même vivans. La membrane qui forme la vessie et la
crête, est transparente, lorsqu'elle est dilatée par l'air qu'elle
renferme. Elle consiste en un tissu de fibres longitudinales
et circulaires, qui tiennent peut-être la place de vaisseaux.
En effet, premièrement tout le tissu de la peau et de ses
fibres est spongieux, outre qu'on ne trouve aucune trace de
vaisseaux qui pourroient servir à faciliter l'absorption ; se-
condement, la vessie et sa crête perdent tout-à-fait l'aspect
d'une membrane transparente, aussitôt qu'on les a ouvertes,
de manière à laisser échapper l'air qui les tenoit distendues,
et semblent alors n'être qu'un tissu poreux, opaque, sale,
grisâtre, spongieux, qui bientôt se change en une mucosité
de mauvaise odeur ; troisièmement les fibres longitudinales,
pendant la vie de l'animal, sont de couleur bleue et les circulaires de couleur rouge ; celle-ci étant plus sensible aux
endroits où ces fibres sont plus fortes, comme à la racine
du faisceau tentaculaire et où elles se rassemblent en faisceau comme sur la crête. En admettant que des fluides cir-
culeroient dans quelques-unes de ces fibres, dont se compose
le tissu spongieux et double de la vessie, on pourroit s'expliquer pourquoi, lorsque celle-ci est morte, et encore
gonflée d'air, celles-là sont extrêmement hygrométriques,
comme j'ai eu plusieurs fois l'occasion de l'observer. Il faut
encore remarquer que ces animaux jouissent de la faculté de
pouvoir, sans aucune irritation extérieure, colorer en un
instant toute leur peau en bleu : ce qui est peut être dû,
ajoute M. Tilésius, à une sorte de contraction volontaire
intérieure, par exemple à un enroulement de la vessie ou
à la rentrée de la crête, comme le pense M. Bosc. Toujours
est-il que les mouvemens sont tellement évidens, qu'on ne
peut méconnoître l'action des fibres dans l'extension, le rac-
courcissement et le tortillement, du moins sur la crête.
Quoique M. Tilésius ait eu une idée qui nous paroît erronée
sur le mode de nutrition des physales, il n'en a pas moins
fort bien décrit et figuré les deux orifices du corps de la
vessie. Il a remarqué en outre qu'ils étoient au milieu d'espèces de papilles ou de verrues entourées de rayons concentriques et de fibres circulaires rouges aussi concentriques ; en

ajoutant même que ce sont sans doute des muscles dilata-
teurs et constricteurs. Quant aux tentacules, le même auteur dit qu'ils sont creux et composés de fibres circulaires
et longitudinales; il les regarde comme de véritables suçoirs,
et il dit même qu'il a trouvé dans leur intérieur de petits
poissons à demi digérés; ce qui l'a porté à penser que ces
animaux ont autant de bouches que de suçoirs.

Je n'ai disséqué que des physales conservées depuis un
assez long temps dans l'esprit de vin, et voici ce que j'ai
vu de leur structure : Le corps de la physale et sa crête
branchiale m'ont paru être formés par une même enveloppe,
évidemment fibro-musculaire. On y distingue aisément deux
couches de fibres; les unes longitudinales et les autres circulaires; celles-ci sont cependant beaucoup plus nombreuses
et plus serrées. A la base de la crête elles se réunissent en faisceaux verticaux, distincts, qui se portent plus ou moins
obliquement jusqu'à son sommet. A l'endroit où se trouvent
les orifices, on voit aussi d'autres faisceaux distincts, qui
constituent autour de ceux-ci une sorte d'étoile. Je n'y ai
pas remarqué les fibres annulaires dont parle M. Tilésius.
Les tentacules m'ont paru également composés de deux ordres de fibres musculaires, plus épaisses à leur base et à leur
sommet que dans d'autres parties de leur étendue. Quand on
a fendu cette enveloppe extérieure ou musculo-cutanée, on
en trouve une seconde, évidemment beaucoup plus mince
et qui n'adhère à l'autre qu'autour des deux orifices. Elle
se continue visiblement dans la crête branchiale, et c'est
dans cette membrane que se trouve contenu l'air qui
convertit le corps de la physale en une sorte de vessie. A
la partie supérieure de cette poche intérieure on remarque
plusieurs taches un peu irrégulières, ayant quelque épaisseur, et que je suis tenté de regarder comme constituant une
sorte de foie. Au même endroit, c'est-à-dire, au dos de l'a-
nimal, j'ai aussi remarqué une autre tache ou corps fort
mince, ovale, que l'on pourroit concevoir en connexion
avec des lignes brunes s'élevant verticalement dans la crête,
et alors ce seroit le cœur recevant des veines branchiales.
Les tentacules m'ont aussi paru formés d'un tissu contractile,
dans lequel on peut même quelquefois distinguer des fibres

surtout transversales ; mais je n'oserois pas assurer que ces fibres ne fussent pas de simples rides, déterminées par la rétraction de l'organe. En effet, quand ces tentacules sont complétement distendus, leurs parois sont excessivement minces, et ils présentent une cavité étendue d'une extrémité à l'autre et s'ouvrant largement par des orifices ovalaires, groupés comme eux dans la cavité formée par l'enveloppe extérieure. J'ai souvent trouvé ces tentacules ou espèces de cœcums remplis en plus ou moins grande quantité, de matière pultacée jaunâtre, mais dans un état tel qu'il m'a été impossible de reconnoître ce que c'étoit.

D'après le peu que je viens de dire de l'organisation des physales, il me semble qu'elle concorde fort bien avec la forme extérieure pour constituer un animal voisin des ascidies et des biphores, puisqu'on y remarque deux orifices extérieurs, qui ne sont pas plus la bouche et l'anus que dans ces derniers; une enveloppe ou sac extérieur n'adhérant à l'intérieur qu'à l'endroit des deux orifices, comme dans ceux-ci; une disposition radiaire des muscles à ces orifices; une sorte de branchie anomale et oblique, comme chez eux, mais qui diffère de la leur en ce que le plus souvnet elle est extérieure; la disposition du foie et peut-être du cœur est encore assez semblable : quant aux tentacules des physales, qui ne se retrouvent pas dans les tuniciers, peut-être faut-il y voir des espèces d'ovaires, ou bien seroit-ce réellement un nouveau point de rapprochement avec les animaux radiaires.

La physiologie des physales a également besoin d'être observée. Leur mode de locomotion a réellement quelque chose de celui des biphores, en ce qu'elles paroissent toujours être flottantes dans les eaux et même, dit-on, constamment à leur surface. La structure musculaire de leur enveloppe extérieure ne permet cependant pas de croire qu'elles soient toujours à un même état de distension, et alors elles doivent plus ou moins s'enfoncer. Mais d'où vient le fluide aériforme qui remplit leurs corps? Si c'est de l'air atmosphérique, ce qui est probable ; alors n'est-il pas puisé à la surface de l'eau au contact de l'atmosphère ? Leur mode de nutrition se fait-il, comme le veut M. Tilésius, par un grand nombre de bouches ou de suçoirs? c'est réellement ce qui n'est pas probable, puisque les tentacules s'ouvrent largement dans la cavité qui sépare l'enveloppe extérieure de l'intérieure. S'il étoit vrai que les tentacules fussent pour ainsi dire autant d'estomacs, comme le croit l'auteur que nous venons de citer, et que les animaux pussent y pénétrer et y être convertis en une sorte de chyme; comment ensuite ce chyme, converti en chyle, on ne sait où, iroit-il dans toutes les parties de l'animal? Nous croyons donc plus probable que le mode de nutrition des physales se fait comme dans les biphores, chez lesquels, il est vrai, il n'est pas encore bien connu. Quant à celui de la génération aucun auteur ne nous a donné de renseignemens à ce sujet.

Les physales jouissent de deux propriétés assez singulières et dont la cause est à peu près inconnue. Elles sont d'abord plus ou moins phosphorescentes, et ensuite elles produisent sur la main qui les touche, une sensation douloureuse, que l'on a comparée à celle que produit le contact des orties, absolument comme certaines méduses, qui ont été, à cause de cela, appelées orties de mer. M. Tilésius est encore le naturaliste qui a fait le plus d'observations à ce sujet. Il s'est d'abord assuré que la sensation de brûlure qu'on ressent quand on a touché plus ou moins fortement les tentacules d'une physalide vivante, et qui est plus intense que celle produite par les orties, est due, non pas à une matière muqueuse qui les recouvre, comme il l'avoit cru d'abord, mais à de petits poils, de couleur rose que la mucosité introduit dans les pores de la peau. En effet, un jour qu'il s'étoit fortement brûlé en maniant beaucoup les tentacules d'une physalide, après avoir essayé inutilement de calmer la douleur au moyen de vinaigre étendu, d'eau salpétrée, de sel, d'acide sulfurique ou d'ammoniaque, il ne put réussir à peu près complétement qu'en employant de fréquentes lotions sur les parties douloureuses avec de l'eau de savon, toutefois après avoir préalablement enlevé les petits poils à l'aide d'une pince. Il faut cependant croire que la mucosité elle-même a aussi une action brûlante; car le même observateur a éprouvé qu'un vase de porcelaine dans lequel une physalide avoit été conservée, n'ayant pas été suffisamment nettoyé, il se brûla les lèvres, le nez et les joues, en se servant de ce vase pour se laver.

Les physales vivent dans les eaux de la mer à d'assez grandes distances des rivages, si ce n'est sans doute quand elles y sont poussées par des courans ou par le vent. Les observateurs ne les ayant vues qu'à la surface, on a admis généralement qu'elles y sont toujours, la vessie en partie hors de l'eau, ainsi que la branchie, et les tentacules flottans plus ou moins profondément dans la mer. M. Tilésius ajoute que ces animaux, quand ils sont bien vivans, sondent avec leurs tentacules tous les corps qui peuvent se trouver avec eux sous l'eau, et que les suçoirs s'appliquent sur le bois, la pierre et même sur le verre et la porcelaine, et qu'ils y déposent de la mucosité qui leur transmet la propriété brûlante des tentacules eux-mêmes. L'habitude qu'ont les physales de se trouver ainsi flottantes à la surface de l'eau, entraînées sans doute par les courans, les a fait comparer à des vaisseaux, dans lesquels la crête branchiale a été regardée comme la voile, et les tentacules comme les rames. On admet ensuite que ces animaux se servent des tentacules qui garnissent la partie inférieure du corps, pour saisir et même sucer ou avaler leur proie. Du moins dans l'opinion de M. Tilésius, qui dit positivement qu'ayant développé quelques-uns des gros tentacules, entortillés les uns avec les autres à l'aide de petites pinces, il remarqua que des places de trois ou quatre pouces, dilatées inégalement, devoient cette dilatation à la présence de corps étrangers, parmi lesquels il reconnut entre autres une petite athérine toute entière, enveloppée de mucosités, d'autres petits poissons presque complétement digérés et quelques pièces du cartilage d'une vélelle. Ainsi ces tentacules, ou au moins quelques-uns d'entre eux, ne seroient pas seulement des suçoirs, mais formeroient de véritables estomacs; ce qui paroit contradictoire avec tout ce qu'on connoit dans les autres animaux. M. Tilésius admet en outre que, près la racine de ces tentacules, à l'endroit où ils sont attachés à la vessie, il y a d'autres organes dans l'intérieur des tentacules rouges qui servent de suçoirs, et qui, après avoir extrait de la proie les sucs nourriciers, les portent à toutes les parties du corps:

ce qui l'engage à regarder ces organes comme analogues aux villosités intestinales de Lieberkühn.

On rencontre des physales dans les mers de tous les pays chauds et même dans la Méditerranée. Malheureusement ce sont des animaux assez difficiles à étudier et, par conséquent, à caractériser, parce que hors de l'eau ils perdent presque complétement leur forme. M. Tilésius est encore le seul naturaliste qui se soit occupé de cette distinction, d'abord dans le Voyage autour du monde par le capitaine Krusenstern, et ensuite dans un volume à part, intitulé : *Naturhistorische Früchte der ersten kaiserlich-russischen, unter dem Kommando des Herrn von Krusenstern, etc. Sanct-Petersburg,* 1813.

Nous allons d'abord donner la caractéristique de ce genre, d'après nos nouvelles observations, après quoi nous donnerons celle des espèces que M. Tilésius établit.

G. PHYSALE. Corps ovale, plus ou moins alongé, symétrique ou pair, vésiculeux, pourvu de deux orifices plus ou moins rapprochés, stelliformes; d'une crête branchiale, oblique à sa partie supérieure, et d'un ou de plusieurs faisceaux d'appendices en forme de cœcums, très-contractiles à sa partie inférieure.

La P. ARÉTHUSE; *P. arethusa,* Browne, *Jam.* Corps très-grand, terminé à une extrémité par un rostre assez alongé de couleur rose, et obtus à l'autre; tentacules ou appendices de couleur bleue, en un seul faisceau vers l'extrémité obtuse; crête longitudinale veinée de rose et de bleu. Les ouvertures stelliformes, distantes; l'une sur le rostre, l'autre au-dessus de la racine du faisceau tentaculaire.

De l'océan Équatorial, d'un tropique à l'autre.

Cette espèce, l'une des plus grandes, est connue au Brésil, où elle est nommée *moocicu.* Les Portugais l'appellent *caravella.*

La physale dont parle Molina dans son Histoire du Chili, page 172 de la traduction françoise, appartient-elle à cette espèce? Elle a, dit-il, la forme et la grosseur d'une vessie de bœuf.

La P. GLAUQUE: *P. glauca,* Til. Corps de même forme que la précédente, dont elle n'est peut-être qu'une variété,

mais plus petit, de la grosseur d'un œuf de pigeon ; de couleur plus ou moins glauque ; le rostre roux ; les tentacules
glauques.

Des mêmes lieux.

La P. PÉLAGIQUE ; *P. pelagica*, Bosc, Vers, tome 2, page
159, pl. 19, fig. 1, 2. Corps oblong, subrostré à une extrémité, ventru et subbifurqué à l'autre, qui est pourvue
de tentacules de différentes formes et longueur, non véné-
neux ; crête crépue, crénelée, avec des veines roses.

Cette espèce, dont le corps est de la grosseur d'une
amande, est commune en haute mer, entre l'Europe et
l'Amérique.

La P. DE LAMARTINIÈRE, Til. ; Lamartin., Voyage de La
Pérouse, tome 4, pl. 20, fig. 13, 14 ; *Medusa utriculus*,
Linn. ; Gmel., p. 3155, n.° 20. Corps atténué aux deux extrémités, pourvu à l'une d'un rostre très-long, terminé par une
papille et bordé de suçoirs, en dessous de tentacules papillifères simples et rameux, avec un cirrhe très-long, solitaire
et cilié ; enfin, en dessus d'une crête assez basse et quelquefois indiquée seulement par une ligne sillonnée en travers.

C'est cette espèce qui a été observée par Péron et par
M. Bory de Saint-Vincent. Lamartinière, qui l'a vue le premier, dit que cet animal pouvoit se fixer aux parois d'un
vase au moyen des suçoirs qui bordent le rostre à sa partie
inférieure.

La P. CORNUE ; *P. cornuta*, Til., *loc. cit.*, t. 1, fig. 14 — 16.

Rostre nul ou très-court, à peine papillaire, de couleur
jaune ; corps claviforme, pourvu d'un appendice latéral en
forme de corne ; d'une crête déprimée, crénelée, plus
élevée en avant qu'en arrière, et d'un très-long cirrhe solitaire, avec plusieurs tentacules glanduleux ou papillifères
à la racine.

C'est la plus petite des espèces de physales, puisqu'elle
n'est guère plus grande qu'une grosse fève. Elle a été observée dans la mer entre la Chine et Sainte-Hélène.

La P. DE GAIMARD, *P. Gaimardi*. Corps ovale, obtus en arrière, un peu atténué en avant : les deux orifices très-rapprochés à cette extrémité ; un faisceau de tentacules assez
courts à l'extrémité postérieure ; l'inférieur très-considérable

et formé, outre un grand nombre de tentacules semblables, d'un beaucoup plus gros proboscidiforme, et d'un très-long filament cirrheux, bridé par une sorte de mésentère.

Cette physale, dont j'ai étudié la structure, diffère-t-elle des précédentes ? C'est ce que je ne veux pas assurer. Elle offre cependant un caractère remarquable dans le rapprochement de ses deux ouvertures.

Je dois encore ajouter que dans les physales qui m'ont été remises par MM. Quoy et Gaimard, et qui ont été recueillies dans leur circumnavigation, j'en ai cru distinguer deux espèces. L'une offre tous les caractères de la physale de Lamartinière et de M. Tilésius : son enveloppe est plus épaisse, plus solide; elle a des suçoirs tout le long du bord inférieur de son extrémité rostrée, et le faisceau tentaculaire, moins considérable que dans les autres espèces, entoure un long filament fort grêle, filiforme dans une grande partie de son étendue, garni dans toute sa longueur de petits suçoirs cupuliformes.

L'autre espèce, que je crois pouvoir distinguer, est ovale et à peu près également atténuée vers ses extrémités, à chacune desquelles se trouve un orifice; mais en quoi elle diffère principalement de toutes les autres, c'est que le groupe inférieur des tentacules est partagé en deux faisceaux, qui accompagnent chacun un gros suçoir proboscidiforme, collé, dans une grande partie de son étendue, à la base d'un long tentacule cirrheux et intestiniforme, extrêmement prolongé, comme celui de la physale pélagique. Il en résulte donc une paire de ces singuliers organes, l'un à droite et l'autre à gauche.

J'ai vu deux individus de cette espèce, qui me paroît devoir être différente de celles de M. Tilésius.

Enfin je dois aussi avertir que dans de très - petits individus, que je suppose jeunes, les tentacules sont beaucoup moins nombreux, et surtout qu'il ne paroît pas y avoir encore d'appendices intestiniformes. (DE B.)

PHYSALE. (*Mamm.*) Nom tiré du grec, et qui signifie souffleur, donné par M. de Lacépède à un genre de CACHALOTS. Voyez ce mot. (F. C.)

PHYSALIDE. (*Malacoz.*) L'une des dénominations françoises

du genre *Physale*, employée par M. Bosc, par exemple. (De. B.)

PHYSALIDE. (*Bot.*) Nom francisé du *physalis*, plus connu sous le nom ancien de Coqueret. Voyez ce mot. (J.)

PHYSALIE. (*Malacoz.*) C'est le nom que M. de Lamarck donne aux physales. (De B.)

PHYSALION, *Physalis*. (*Malacoz.*) Quelques auteurs françois traduisent ainsi le nom de *Physalis* ou Physale. (De B.)

PHYSALIS. (*Bot.*) Voyez Coqueret. (L. D.)

PHYSALITHE. (*Min.*) M. Léonhard, dans sa Minéralogie, cite ce nom comme synonyme de la pyrophysalite de Berzelius, qui est une topase fusible avec bouillonnement, venant de Finbo et de Brodbo, près Fahlun, en Suède. Voyez Topase. (B.)

PHYSALOÏDES. (*Bot*) Sous ce nom Mœnch a séparé du genre *Physalis* des espèces dont le calice est simplement denté et la corolle un peu campaniforme : ces caractères ont paru insuffisans pour en former un genre distinct. (J.)

PHYSALUS. (*Mamm.*) Nom latin spécifique de la baleine gibbar. Voyez Physale et surtout Cachalot. (F. C.)

PHYSAPE, *Physapus*. (*Entom.*) Degéer a donné ce nom au genre d'insectes hémiptères nommé Thrips par la plupart des entomologistes. (Desm.)

PHYSAPODES ou VÉSITARSES. (*Entom.*) Noms d'une famille d'insectes hémiptères, qui ne renferme que le seul genre anomal des thrips, et qui a tiré son nom de la singulière conformation des tarses, lesquels sont garnis de petites vessies, qui font, à ce qu'il paroit, l'usage de petites ventouses, à l'aide desquelles l'insecte adhère sur les surfaces les plus polies : les mots φυσα signifiant une *poche*, une *vessie*, et πὸς, ποδὸς, *pied*. Leur caractère est ainsi exprimé : Élytres plans, étroits, croisés, couchés sur le dos dans l'état de repos; pattes courtes; tarses terminés par des vésicules. Tels sont les *thrips*, que nous avons fait figurer dans l'atlas de ce Dictionnaire, planche 36, fig. 1 *bis*. (C. D.)

PHYSARUM. (*Bot.*) Genre de la famille des champignons, créé par Persoon, qui le place dans l'ordre des champignons dermatocarpes (*gasteromyci*, Link; *lycoperdacées*), avec les *trichia*, les *lycoperdon*, etc. Son caractère générique a été

rectifié par Link et établi ainsi : Péridium globuleux ou oblong, ou évasé, simple ou double ; columelle ou axe central
nul ; filamens nuls ou fixés vers la base interne ; sporidies
ou séminules agglomérées. Les péridiums sont situés sur une
membrane apparente, surtout dans la jeunesse.

Le genre *Physarum* a été formé pour placer quelques espèces des genres *Trichia* (CAPILLINE), *Sphærocarpus* et *Reticularia* de Bulliard ; *Didymium* de Schrader, qui n'avoient
pas les caractères des genres dans lesquels on les avoit placé.
Persoon en portoit le nombre à seize espèces. Link, en révi-
sant le travail de Persoon et en en faisant un propre sur le
physarum, a renvoyé quelques-unes des espèces de cet auteur
et des siennes, qu'il avoit fait connoître antécédemment, aux
genres *Leocarpus* et *Cionium*, et, par contre, ramène au
physarum le *diderma difforme*, Pers. Malgré ces changemens,
le *physarum* offre cinquante espèces environ, toutes indi-
gènes, et dont on doit la connoissance à Persoon, Link,
Albertini et Schweinitz, Ditmar, Schumacher et Ehrenberg.
Ces plantes sont très-petites, semblables, pour la grandeur,
aux *Trichia*, *Diderma*, *Leocarpus*, etc., genres voisins. On
les rencontre sur les troncs et les branches des arbres, sur
le bois pourri, sur les mousses, etc. Leur péridium est sessile
ou stipité, lisse ou comme farineux et écailleux ; il est communément cendré : dans quelques espèces il est vert, orangé,
blanchâtre, purpurin, etc. Nous ne ferons connoître que
quelques espèces, et, selon notre usage, celles seulement
propres à donner une idée exacte du genre et de ses coupes.

§. 1.er *Péridium sessile et lisse.*

1. PHYSARUM CHAINETTE ; *Ph. contextum*, Pers., *Synops.* Espèce
d'un jaune citron, formée de péridiums contigus, le plus
souvent comprimé et flexueux, rugueux, s'ouvrant au sommet en deux parties. On la trouve, en automne, sur la
mousse, les feuilles mortes et les branches tombées, qu'elle
entoure en manière de ceinture ou de chaîne.

§. 2. *Péridiums sessiles et écailleux.*

2. PH. BIVALVE : *Ph. bivalve*, Pers., *Obs. mycol.*, 1, pag. 6,

tab. 1 , fig. 2 ; *Reticularia sinuosa*. Bull., Champ., tab. 446 , fig. 3. Espèce cendrée ou blanchâtre, formée par des péridiums irréguliers, souvent semblables à des lignes alongées et flexueuses. On la trouve, quoique rarement, sur les feuilles et les branches mortes. Elle se compose de deux lames coriaces, unies par un réseau filamenteux, qui contient une poussière noirâtre.

§. 3. *Péridium grenu ou écailleux et de couleur grise.*

3. Ph. PENCHÉ : *Ph. nutans*, Pers., *Syn.; Sphærocarpus albus*, Bull., Champ., tab. 407, fig. 3, et tab. 470, fig. 1 ; Péridium d'abord blanc, puis cendré ou jaunâtre, sphérique ou lenticulaire, glabre, penché, à surface grenue ; stipe d'un gris blanchâtre ou blanc, quelquefois cylindrique, quelquefois renflé à la base. Cette espèce croît sur les feuilles mortes et sur les troncs d'arbres, après les grandes pluies et quelquefois sur les mousses.

§. 4. *Péridium grenu ou écailleux et d'autre couleur que le gris.*

4. Ph. VERT : *Ph. viride*, Pers.; *Sphærocarpus viridis*, Bull., Champ., pl. 481 , fig. 1. Espèce à péridium vert, sphérique ou un peu déprimé ; stipe grêle, cylindrique, brun ou d'un rouge de brique ; membrane de la base grisâtre et très-apparente. Cette espèce se trouve sur les troncs d'arbres morts, et le plus souvent sur la terre.

§. 5. *Péridium stipité et lisse.*

5. Ph. VERNISSÉ : *Ph. vernicosum*, Pers., *Obs. myc.*, 1 , pl. 3 , fig. 7 — 9 ; *Lycoperdon fragile*, Dicks., *Pl. crypt.*, 1 , pl. 3 , fig. 5. Espèce à stipes réunis plusieurs ensemble, blanchâtres, courts ; péridiums ovales, brillans et translucides, bruns ou d'un jaune fuligineux, quelquefois roussâtre ; membrane, qui sert de base, blanchâtre. Cette espèce, remarquable par son aspect brillant, croît en automne dans les bois, sur les feuilles, les branchages tombés et particulière-

ment sur la mousse. Il y en a une variété à péridium presque rond et à stipe d'un blanc jaunâtre. Voyez Trichia et Sphærocarpus. (Lem.)

PHYSCHIUM. (*Bot.*) En examinant avec attention ce genre de Loureiro, nous avons reconnu que sa plante étoit un Vallisneria dont il n'avoit pas bien saisi les caractères. Voyez ce mot. (J.)

PHYSCIA. (*Bot.*) Genre de la famille des lichens, caractérisé par ses expansions membraneuses et foliacées, libres, glabres ou ciliées sur les bords, divisées en lanières droites, ou disposées en touffes ou bouquets et quelquefois en plaques, portant sur leurs bords des scutelles sessiles ou pédiculés, et des points ou tubercules farineux.

Les *physcia* sont de belles espèces de lichens, remarquables par leur grandeur, leurs couleurs quelquefois vives, leurs scutelles de couleur différente de celles des expansions. Elles forment sur les écorces des arbres, les rochers et rarement sur la terre, des touffes et des plaques nombreuses, qui les revêtent de mille couleurs. On en connoît un assez grand nombre d'espèces, environ quarante à peu près, presque toutes d'Europe, et dont plus de la moitié se trouve en France.

Une grande partie de ce genre formoit dans le *Prodromus* d'Acharius une tribu particulière. M. De Candolle y a joint le *platisma* du même auteur; mais Acharius, en reprenant son premier travail sur les lichens, a remplacé le *physcia* de M. De Candolle par ses genres *Borrera*, *Cetraria*, *Ramalina*, *Evernia* et *Dufourea*; de plus, quelques espèces ont été rejetées dans les genres *Alectoria*, *Rocella* et *Parmelia*.

§. 1.ᵉʳ *Expansions divisées en lanières alongées, courbées par dessous en canal longitudinal.* (Borrera, Achar.)

1. Ph. grenue : *Ph. furfuracea*, Decand.; *Lichen furfuraceus*, Linn.; *Engl. Bot.*, pl. 984; *Lichenoides furfuraceum*, Hoffm., *Lich.*, pl. 9, fig. 2; *Borrera furfuracea*, Ach., *Syn.*; Dill., *Musc.*, tab. 21, fig. 52. Expansion membraneuse, d'un gris cendré en dessus, avec la surface couverte d'une pous-

sière formée de très-petits grains noirâtres, globuleux, quelquefois rameux, d'un violet noir, réticulé et glabre en dessous; découpures ou lanières rameuses, linéaires; scutelles rares, grandes, concaves, d'un rouge brun, situées sur les lobes les plus larges. Cette grande et belle espèce se rencontre dans les forêts montagneuses, sur les rochers et les troncs des arbres, particulièrement dans les Alpes et les Pyrénées. Il y en a plusieurs variétés. On pourroit en faire usage pour teindre la laine en couleur vert-olive.

Les *Ph. tenella* et *ciliaris*, communes dans nos environs de Paris, sont décrites à l'article Borrera comme exemples de ce genre, ainsi que le *Ph. chrysophthalma*.

§. 2. *Expansions divisées en lanières planes et alongées.* (Evernia et Ramalina, Ach.)

2. Ph. du prunellier : *Ph. prunastri*, Dec.; *Lichen prunastri*, Linn.; *Engl. Bot.*, pl. 859 et 1353 (*L. stictoceros*); Dill., *Musc.*, tab. 21, fig. 54, 55, *A*; Vaill., Bot., pl. 20, fig. 11. Expansion molle et membraneuse, cendrée-blanchâtre, quelquefois verdâtre, ridée, bosselée, d'un blanc de lait en dessous, inégalement bifurquée, très-rameuse, à découpures redressées, linéaires, atténuées et planes; scutelles fort rares, brunes, marginales; tubercules farineux, marginaux, très-fréquens. Cette plante, excessivement commune, est cependant infiniment rare avec les scutelles, et si l'on vouloit une preuve que ces organes ne sont point nécessaires à la multiplication, elle la fourniroit complétement. On en connoît plusieurs variétés. (Voyez Evernia.)

Cette espèce, qui par son abondance intercepte la transpiration de quelques arbres fruitiers, procure à la teinture une couleur rouge ou de vigogne claire et dorée. Dambournay fait observer qu'en faisant macérer ce lichen dans de l'urine, on pourroit en tirer quelque chose de mieux. Forskal et Niebuhr rapportent que les Arabes l'emploient pour faire du pain et de la bière.

3. Ph. farineuse : *Ph. farinacea*, Dec.; *Ramalina farinacea*, Ach.; *Lichen farinaceus*, Linn.; Ach., in *Nov. act. Acad. Stockh.*, vol. 18. pl. ... fig. ... *Engl. Bot.*, pl. 889. Expan-

sion cartilagineuse, gris-cendrée, glauque, à découpures comprimées ou semi-cylindriques, glabres, un peu bosselées, bi-
furquées ou rameuses; scutelles éparses, un peu pédiculées
et d'un jaune pâle, couvertes de bouquets ou de tubercules
farineux. Cette espèce offre plusieurs variétés, toutes remarquables par la quantité des tubercules farineux qui les recouvrent; elles se rencontrent fréquemment et en abondance
sur les arbres et plus rarement sur les vieux murs.

4. PH. DES FRÊNES : *Ph. fraxinea*, Decand.; *Lichen fraxi-
neus*, Linn.; *Flor. Dan.*, pl. 1187; *Platisma fraxinea*,
Hoffm.; *Lich.*, pl. 18, fig. 1, 2; Dill., *Musc.*, pl. 22, fig.
29; *Ramalina fraxinea*, Ach., *Synops.*, 296. Expansion plane,
linéaire, très-découpée et laciniée, d'un blanc grisâtre ou
verdâtre, glabre, rugueuse, bosselée et comme réticulée des
deux côtés; dernières découpures lancéolées, atténuées; scutelles marginales, sessiles, d'un rouge de chair fort pâle,
d'abord concave et lisse, puis ridée, plane ou convexe.
Cette espèce est très-commune sur les arbres, et particulièrement sur les vieux chênes, les frênes, les hêtres, les peupliers.

Le *Physcia fastigiata*, Decand.; *Lichen fastigiatus*, Pers.,
ou *calicaris*, Lamk., est très-voisin du *Ph. fraxinea*. Il en
diffère par les scutelles sessiles, terminales, munies d'un
petit appendice ou éperon. Cette division offre plusieurs
autres espèces, intéressantes par leur grandeur et leur fré-
quence.

§. 3. *Expansions divisées en lanières alongées, courbées en canal longitudinal en dessous.* (CETRARIÆ,
Sp., Ach.)

5. PH. D'ISLANDE : *Ph. islandica*, Decand.; *Lichen islandicus*,
Linn.; *Flor. Dan.*, pl. 153, fig. 879; *Engl. Bot.*, pl. 1330;
Lichenoïdes islandicum, Hoffm., *Lich.*, pl. 9, fig. 1; Dill.,
Musc., pl. 28, fig. 111, 112. Expansion membraneuse d'un
brun châtain, olivâtre ou verdâtre, d'un rouge brunâtre à
sa base, plus pâle en dessous, droite, rameuse, lobée, à
découpures redressées, presque linéaires, multifides, canaliculées, dentées, ciliées; les découpures fructifères plus élar-

gies; scutelles planes, sessiles, appliquées, de même couleur ou plus foncée que l'expansion, ayant le bord élevé, entier, cilié. On rencontre cette plante à terre dans les bois montueux, les prairies montueuses, quelquefois dans les champs arides et les bruyères. Elle forme des touffes et couvre souvent un grand espace de terrain, surtout dans le Nord de l'Europe. On en trouve en Suède deux variétés : l'une a le bord des scutelles élevé et denté ; l'autre a le disque des scutelles noir, plissé et rugueux.

Cette espèce, très-connue sous le nom de *lichen d'Islande*, est une des plus célèbres de la famille par ses usages. En Islande, où elle abonde, on la réduit en une farine ou gruau, que l'on met dans la soupe et dans le pain. Elle est employée avec succès en pharmacie pour composer des pâtes et des sirops pectoraux ; bouillie avec du lait, on l'administre souvent dans les maladies de poitrine. La décoction de cette plante amère, un peu astringente, coupée avec le lait, après avoir rejeté la première eau, fournit une nourriture légère, saine, très-recommandée dans la toux, l'hémoptopsie, la pulmonie, etc. Le pain de lichen, quoique mauvais, est nourrissant et antiseptique. Les vaches maigres et les cochons s'engraissent très-bien en mangeant cette plante nutritive. Nous avons fait connoître son analyse par Berzelius, à l'article Lichen, tom. XXVI, p. 266, et l'on peut y voir que l'abondance de fécule que contient cette plante, est la cause de sa propriété d'être nutritive.

On a cherché à utiliser cette plante dans la teinture ; mais son emploi n'a pas eu de suite. Elle donne une couleur jaune.

Plusieurs autres lichens de ce genre pourroient remplacer le *physcia islandica*, et peut-être avec plus d'avantage, par exemple, le Ph. du frêne, décrit plus haut. Villars fait observer qu'il est si chargé de mucilage, qu'une once de la plante lui a donné six gros d'une gelée gris-blanchâtre, dense, solide, d'un goût fade, douceâtre, mêlé d'amertume.

§. 4. *Expansions divisées en lobes arrondis ou dé-chiquetés irrégulièrement.* (CETRARIÆ, *Sp.*, Ach.)

6. Le PH. DU GENÉVRIER : *Ph. juniperina*, Dec.; *Lichen juni-perinus*, Linn.; Hoffm., *Enum. Lich.*, pl. 7, fig. 2 (*squammaria*). Expansion d'un jaune vif, surtout en dessous, membraneuse, glabre, un peu bosselée, à découpures nombreuses, planes, redressées, comme déchiquetées, crénelées et crépues; scu-telles situées vers l'extrémité des découpures, élevées, d'un roux brun, avec une bordure jaune, crénelée. Cette espèce, très-élégante, se trouve sur les troncs et les rameaux des ar-brisseaux, et principalement sur le genévrier.

Le *lichen pinastri*, Scop. ou *physcia pinastri*, Decand., est, selon Acharius, une variété du *Ph. juniperina*, qui se dis-tingue par sa couleur jaune jonquille, quelquefois un peu verdâtre, et par son expansion chargée en ses bords d'une grande quantité de tubercules pulvérulens, d'un jaune ex-trêmement vif. Elle n'a jamais présenté de scutelles. On la trouve particulièrement dans les montagnes, sur les troncs des pins, des sapins et des mélèzes, mais près de terre.

7. PH. GLAUQUE : *Ph. glauca*, Decand.; *Lichen glaucus*, Linn.; *Flor. Dan.*, tab. 598; Hoffm., *Enum. lich.*, pl. 20, fig. 1; *Cetraria glauca*, Ach.; Dill., *Musc.*, pl. 25, fig. 96; Vaill., Bot. Par., pl. 21, fig. 12. Expansion membraneuse, lisse des deux côtés, luisante, d'un blanc grisâtre, glauque en dessus, d'un noir brun en dessous, étendue, sinuée et lobée, à découpures incisées, déchiquetées, ascendans, entremêlées et comme cris-pées; scutelles éparses, élevées, fauves ou rouge-bruns. Cette espèce forme sur les rochers de grandes plaques. Ses scu-telles ont un rebord grenu et grisâtre, produit par l'expan-sion elle-même. On la trouve aussi fort communément sur les arbres; mais elle s'y présente plus petite et toujours sans scutelles.

Le *Physcia fallax*, Decand., est une variété du *Ph. glauca*, suivant Acharius. Il est figuré dans Dillen., *Musc.*, pl. 22, fig. 58. Voyez aussi Micheli, *Gen.*, pl. 37, et Hoffm., *Ph. lich.*, pl. 46, fig. 1 — 3. (LEM.)

PHYSE, *Physa*. (Malacoz.) Genre de malacozoaires sub-céphalés, de l'ordre des pulmobranches, famille des limnées, établi par Draparnaud, dans son Prodrome de l'histoire des mollusques terrestres et fluviatiles de France, mais qu'Adanson (Sénég., p. 5) avoit parfaitement établi, bien auparavant, sous le nom de BULIN. Nous le caractérisons ainsi : Animal presque en tout semblable aux limnées; tentacules subconiques ou sétacés, élargis à la base; manteau digité ou simple sur ses bords, pouvant se recourber en dessus et recouvrir plus ou moins la coquille; coquille souvent sénestre, ovale, oblongue ou globuleuse, parfaitement lisse; ouverture ovale, entière, rétrécie postérieurement; le bord externe tranchant, avancé au-dessous du plan du bord columellaire et s'élargissant pour se joindre à la partie antérieure de celui-ci. L'animal des physes est réellement intermédiaire à celui des limnées et à celui des planorbes, c'est-à-dire, qu'il est ovale et enroulé, comme les limnées; mais que ses tentacules sont à peu près situés comme dans les planorbes. Quant à la coquille, elle a quelque chose de celle des bulles par sa minceur, sa fragilité et même un peu par sa forme; mais sa spire est constamment saillante. Elle est d'ailleurs presque toujours sénestre. La petitesse des physes de nos pays n'a pas permis d'en scruter l'organisation: mais nul doute qu'elle ne diffère que très-peu de celle des limnées. Ce sont des animaux d'eau douce, respirant l'air en nature et nageant avec la plus grande facilité, le pied en haut, le dos et la coquille en bas, tout-à-fait à la manière des limnées. Ils se nourrissent également de substances végétales et ils pondent aussi un assez petit nombre d'œufs, réunis en une petite masse glaireuse.

On connoît un assez petit nombre d'espèces de ce genre; mais comme il avoit été assez négligé jusque dans ces derniers temps, il est probable que le nombre s'en augmentera bientôt. On en connoît déjà dans la Nouvelle-Hollande et dans l'Amérique septentrionale, et même en Afrique, dont M. de Lamarck ne parle pas.

A. *Espèces subturriculées, sans pli à la columelle.*

La P. DES MOUSSES : *P. hypnorum.* Drap., Moll., pl. 3, fig. 12, 13 : *Bulla turrita,* Linn.: Gmel., page 3428, n.° 20. Petite coquille alongée, conique, sénestre, subturriculée.

à spire aiguë, de couleur fauve ou jaunâtre, avec un peu de blanc à la columelle.

De toutes les parties de la France, où elle vit sur les mousses, les herbes des vallées et dans les rivières elles-mêmes.

La P. ÉTROITE; *P. angustata*, Lesson. Petite coquille de quatre à cinq lignes de long sur deux et demie de large, mince, striée, étroite, alongée, subturriculée: tours de spire renflés et très-distincts: le dernier égalant les quatre autres pris ensemble; ouverture assez courte, ovale et presque semblable aux deux extrémités; couleur d'un blanc verdâtre. De l'expédition du capitaine Duperrey. Elle ressemble beaucoup à une limnée alongée, qui seroit sénestre.

B. *Espèces ovales ou ventrues, avec une torsion de la columelle.*

La P. MARRON : *P. castanea*, de Lamarck, Anim. sans vert., tom. 6, part. 2, pag. 156, n.° 1 ; Enc. méth., pl. 459, fig. 1, *a*, *b*. Coquille de neuf à dix lignes de long, jaunâtre, ovale-oblongue, ventrue, très-mince, pellucide, à spire assez courte, à sommet carié; couleur châtaine.

De la Garonne. Diffère-t-elle réellement de la Ph. aiguë de Draparnaud ?

La P. AIGUË; *P. acuta*, Drap., *loc. cit.*, page 55, pl. 3, fig. 10, 11. Coquille assez grande pour le genre (huit à dix lignes), sénestre, ovale, ventrue, striée, un peu solide; à spire aiguë, très-courte, de cinq tours, dont le dernier beaucoup plus grand que tous les autres: columelle fortement tordue; le bord externe submarginé en dedans. Couleur un peu cendrée.

De la Garonne et des rivières qui s'y jettent.

La P. SUBOPAQUE : *P. subopaqua*, de Lamarck, *loc. cit.*, n.° 4. Coquille très-petite (quatre lignes et demie), sénestre, ovale, semi-pellucide, à quatre tours de spire; celle-ci un peu saillante. Couleur fauve pâle.

Des eaux stagnantes des environs de Montpellier.

La P. DES FONTAINES : *P. fontinalis*, *Bulla fontinalis*, Linn.: Gmel., page 3427, n.° 18; Drap., Moll., pl. 3, fig. 8, 9. Coquille petite (six lignes), sénestre, ovale, ventrue, diaphane, de quatre tours de spire; celle-ci très-courte et obtuse. Couleur de corne pâle. Le manteau de l'animal est pourvu de languettes linéaires, qui se recourbent sur la coquille quand il rampe.

Dans les eaux des sources et des ruisseaux de toute la France.

La P. DES SOURCES; *P. scaturiginum*, **Drap.**, *loc. cit.*, pl. 3, fig. 12, 13. Très-petite coquille ovale, très-lisse, diaphane, assez alongée; à spire courte, légèrement obtuse au sommet. Couleur blanchâtre, avec une teinte jaune.

Des sources froides des montagnes.

La P. D'ADANSON : *P. Adansonii*; le BULIN, Adans., Sénég., page 5, pl. 1. Très-petite coquille (une ligne et demie de long), ovoïde, luisante, mince, transparente, sénestre; à suture presque canaliculée; à sommet pointu. Couleur fauve, quelquefois pointillée de noir vers l'ouverture.

Très-commune dans les marais et les étangs de Podor au Sénégal.

Adanson décrit très-bien l'animal de cette coquille, ainsi que ses mœurs et ses habitudes. Il en fait le rapprochement exact avec l'espèce commune dans nos pays; il le place près du planorbe, qu'il nomme coret; cependant Draparnaud ne le cite pas, et le genre, établi par celui-ci, a prévalu. C'est en parlant de ce petit animal qu'Adanson a fait l'observation curieuse que tous les ans, dans la saison pluvieuse, les individus sont tellement abondans, qu'on en peut prendre d'un coup de main plusieurs milliers, quoique le terrain inondé où ils se trouvent, eût été, pendant les six mois précédens, desséché et brûlé par le soleil le plus cuisant. Ce qui confirme l'expérience de M. Leechs sur la faculté qu'ont les œufs de mollusques, de résister à une dessiccation considérable.

La P. DE LA NOUVELLE-HOLLANDE; *P. Novæ-Hollandiæ*, Pl. du Dict., ELLIPSOSTOMES. Coquille grande (un pouce au moins de long), ovale, lisse, à spire très-courte, obtuse, de quatre tours, dont le dernier est huit fois aussi grand que tous les autres pris ensemble; columelle nue, tordue. Couleur brune assez foncée; la columelle d'un beau blanc.

Des rivières de la Nouvelle-Hollande.

La P. DE SAY : *P. Say; Limnæa heterostropha*, Say, *Enc. amer.*, *Conchology*, pl. 1, fig. 6. Coquille sénestre, ovale, un peu alongée, à spire très-courte, pointue : ouverture ovale, alongée, avec un pli subombiliqué à la columelle et un épaississement en dedans du bord externe. Couleur jaune pâle, quelquefois noirâtre; lèvre externe teinte d'un rouge foncé.

Dans la Delaware et d'autres rivières des États - Unis. (DE B.)

PHYSE. (*Foss.*) Les coquilles de ce genre se rencontrent à l'état fossile dans les terrains lacustres postérieurs à la craie. La plus grande espèce que l'on connoisse, et qui a près de deux pouces et demi de longueur, se trouve dans les marnes calcaires blanches de la montagne d'Épernon près Épernay. Dans la Description des coquilles fossiles des environs de Paris, M. Deshayes lui a donné le nom de physe columellaire, *Physa columellaris*, et il en a donné la figure pl. 10, n.ᵒˢ 11 et 12 de cet ouvrage. Elle est élancée, turriculée; très-fragile, lisse et tournée à gauche; l'ouverture est ovale, aiguë postérieurement; la lèvre est très-mince, peu recouvrante; la columelle est lisse, tordue dans son milieu, où elle s'aplatit en s'élargissant, pour se confondre avec le bord columellaire, qui est bordé. Il est rare de trouver cette coquille entière.

M. de Férussac a été le premier à indiquer ce genre à l'état fossile : une espèce qu'on trouve dans les terrains d'eau douce de Lauzerte, est l'analogue du *physa hypnorum* de Draparnaud, *bulla hypnorum*, Linné.

M. de Férussac a trouvé dans le bassin d'Épernay une autre espèce, à laquelle il a donné le nom de *physa antiqua*. (D. F.)

PHYSENA. (*Bot.*) Petit - Thouars, *Nov. gen. Madag.*, page 6, n.º 20. Genre de plantes dicotylédones, à fleurs incomplètes, dont la famille naturelle n'est point encore connue, de la *polyandrie digynie* de Linnæus, offrant pour caractère essentiel : Un calice fort petit, à cinq ou six divisions; point de corolle; dix à douze étamines et plus, beaucoup plus longues que le calice; les filamens foibles, très-fins; les anthères oblongues, acuminées; un ovaire supérieur fort petit, à quatre ovules, surmonté de deux styles linéaires; un péricarpe testacé, fragile, enflé, membraneux, acuminé, à une seule loge, ne renfermant qu'une seule semence épaisse, attachée au fond du péricarpe, qui, après la chute de ce dernier, devient libre. Son tégument est coriace, tomenteux, charnu, traversé par une bande glabre, longitudinale; la radicule est latérale, protubérante; les cotylédons sont charnus, réunis en une masse solide. Ces fruits portent le nom de *varontha*.

Ce genre a été établi par M. Du Petit-Thouars pour un arbrisseau de l'île de Madagascar, dont les feuilles sont alternes, médiocrement pétiolées, ovales, aiguës, ondulées à leurs bords. (Poir.)

PHYSÈTE. (*Ornith.*) Voyez Macagua. (Ch. **D.**)

PHYSETÈRE. (*Mamm.*) Les anciens Grecs donnoient ce nom, qui signifie souffleur, à une espèce de cétacé. Ensuite il est devenu générique pour les cachalots, et enfin, M. de Lacépède l'a restreint à une des divisions de ces animaux. Voyez Cachalot. (F. C.)

PHYSICARPOS. (*Bot.*) Ce genre de M. Sprengel est le même que le *hovea* de M. R. Brown, voisin de la crotalaire. (J.)

PHYSIDIUM. (*Bot.*) Ce genre de Schrader est le même que l'*angelomia* de la Flore équinoxiale, qui fait partie de la famille des scrophularinées ou personées. (J.)

PHYSIDRUM. (*Bot.*) Corps solitaire, membraneux, en forme de vessie élastique, imperforée, pleine d'une liqueur aqueuse, dans laquelle nagent les séminules. Lorsque la plante est arrivée au degré nécessaire de développement, elle crève pour laisser écouler le liquide intérieur. Ces végétaux, qui se rapprochent des *ulva*, *valonia* et *rivularia*, croissent dans la Méditerranée, sur les côtes de la Sicile, fixés aux pierres et sur les zoophytes. Rafinesque, à qui on doit ce genre, en décrit quatre espèces.

Le Ph. pisiforme. Il est sessile, pisiforme, sphérique et d'un vert opaque;

Le *Ph. hyalinum* est sessile, ovale, transparent et brillant;

Le *Ph. rubens* est rougeâtre, sphérique, opaque et pédiculé;

Le *Ph. aggregatum* est ovale ou sphérique; vert, presque diaphane.

Rafinesque-Schmaltz forme de ce genre, auquel il associe ses autres genres *Phyxalium*, *Myriosidrum*, *Vermillara* et *Physotris*, son groupe des physidrées, qu'il dit tenir le milieu entre les rivulinées ou rivulaires, et les corallinées, qui comprennent le genre *Corallina*, Linn., de la classe des zoophytes. (Lem.)

PHYSIGLOCHIS. (*Bot.*) Les espéces de laiche, *carex*, à fleurs dioïques, avoient été séparées sous ce nom générique par Necker. (J.)

PHYSIOLOGIE. (*Anat. et Phys.*) Voyez Science de l'organisation et de la vie. (F.)

PHYSIOLOGIE VÉGÉTALE. (*Bot.*) Science qui a pour objet la connoissance de la structure et des fonctions des organes dans les végétaux. Voyez l'article Botanique, t. V, p. 177 et suivantes. (Mass.)

PHYSIQUE. Suivant son étymologie grecque, ce mot désigne la *science de la nature*, science que les auteurs latins nommoient *philosophie naturelle* (voyez Sénèque, lettre 89.ᵉ), et dont l'objet étoit d'abord l'explication de tous les phénomènes que présente l'universalité des corps, ainsi qu'on le voit dans ce passage de Cicéron : « Ils (Aristote et ses disci- « ples) se sont tellement appliqués à la recherche de la na- « ture, qu'à parler poétiquement, il n'y a rien ni dans le « ciel, ni dans la mer, ni dans la terre, qu'ils aient passé « sous silence. » (*De finibus, lib. V, cap. 7.*)

La dénomination de philosophie naturelle s'est principalement conservée en Angleterre, sans doute à cause que le mot *physique* y désigne le plus souvent la médecine ; et, quant à l'étendue de l'acception, elle est à peu près la même que chez les anciens, du moins suivant la définition qu'en a donnée Maclaurin, géométre célèbre. « Décrire, dit-il, les « phénomènes de la nature, exposer leurs causes, indiquer « les relations et les dépendances de ces causes, et recher- « cher la constitution de l'univers ; tel est le but de la phi- « losophie naturelle. » (*An account of sir Isaac Newton's philosophical discoveries, p. 3.*)

Mais pour y parvenir, jusqu'à Descartes inclusivement, les philosophes, partant de principes qu'ils posaient à leur gré, et dont ils ne tiroient presque jamais que des conséquences vagues, qu'ils n'avoient pas la patience ni même les moyens de vérifier par les faits, s'égarèrent de système en système, et ne mirent guères au jour que des erreurs. Ils ont eu, comme Descartes, le « dessein d'expliquer les effets « par leurs causes et non les causes par leurs effets » (*Les principes de la philosophie*, 3.ᵉ partie, §. 4), ce qui est précisément le contraire de la marche qui a conduit Newton à la découverte des lois du mouvement des corps célestes. On lit dans la préface de la première édition des *Principes mathématiques de la philosophie naturelle*, que « toute la diffi- « culté de la philosophie paroît consister à trouver les forces « qu'emploie la nature, par les phénomènes du mouvement » que nous connoissons, et à démontrer ensuite par là les « autres phénomènes. » Aussi à la fin de cet immortel ouvrage a-t-il pu dire : « Je n'imagine point d'hypothèses ; tout ce qui « ne se déduit point des phénomènes est une hypothèse, et les « hypothèses.... ne doivent pas être reçues dans la philoso- « phie expérimentale. » J'ajouterai, la seule qui mérite d'être cultivée, parce qu'elle comprend aussi tout ce qu'il y a de vrai et d'utile dans la philosophie dite *rationnelle*, comme dans les sciences physiques ; car, dans toutes nos connoissances, il faut commencer par les faits, et y revenir souvent pour assurer ses pas et constater ses progrès.

La grande étendue, qu'ont acquise les diverses branches de l'étude de la nature, a fait restreindre la *physique* à la connoissance des propriétés les plus générales des corps, celles qui se manifestent par elles-mêmes, sans qu'il soit besoin de diviser les corps, afin de mettre leurs molécules en contact. C'est du moins par cette considération qu'on sépare le mieux la physique de la chimie, avec laquelle elle a de tels rapports, qu'on a quelquefois appelé la première *physique générale*, et la seconde *physique particulière*, en comprenant encore dans celle-ci la physiologie, qui est la physique particulière de corps organisés. (Voyez PHYSIOLOGIE.[1])

Considérant ensuite que la plupart des phénomènes dé-

---

[1] Ce mot, qui signifie *discours sur la nature*, a été quelquefois appliqué à la philosophie naturelle, et l'on a donné le nom de *physiologistes* aux premiers qui s'en sont occupés.

pendent de l'étendue, de la durée, et offrent des circonstances susceptibles de mesure, qui donnent lieu à d'heu-
reuses et fréquentes applications de la science des grandeurs,
on a fait de cet ensemble la *physique mathématique*, ou plus
spécialement encore la *physique mécanique*.

Le programme, inséré dans l'*Introduction* (tome I.*er*),
indique de quelle manière on a cru devoir exposer dans cet
ouvrage les résultats fondamentaux de la physique; on y voit,
mais dans l'ordre alphabétique, la liste des principaux articles, où les phénomènes sont décrits. Je crois devoir encore
insérer ici cette liste, pour l'étendre et la disposer dans un
ordre méthodique, savoir :

MATIÈRE, POROSITÉ, RESSORT, MOUVEMENT, FLUIDE, PESANTEUR,
AIR, FEU, LUMIÈRE, TEMPÉRATURE, ÉLECTRICITÉ, MAGNÉTISME,
MÉTÉORES, SYSTÈME DU MONDE, TUBES CAPILLAIRES. (L. C.)

PHYSOCARPUM. (*Bot.*) M. De Candolle donne ce nom à
l'une des trois sections établies par lui dans le genre *Thalictrum*, laquelle est caractérisée par les graines ou fruits non
anguleux, mais renflés en vessie : les espèces de cette section
sont exotiques, originaires du Pérou.

Necker a aussi fait du *lychnis dioica* un genre, sous le nom
de *Physocarpon*, qui n'a pas été admis. (J.)

PHYSODES. (*Entom. et Crust.*) Nom que nous avions donné,
d'après Fabricius, à un genre d'insectes aptères, de la famille
des polygnathes ou quadricornes, correspondant au groupe
désigné par M. Latreille sous le nom d'asellotes. Ce sont des
cloportes aquatiques dont le corps est peu convexe, alongé,
et les quatre antennes visibles et sur une même ligne; les
palpes saillans sur le dernier article du corps, beaucoup plus
grand que les autres. On les a depuis rangés parmi les crustacés isopodes, et dans les genres Cymodocée, Cilicée, Nélo-
cire et Anilocre : au reste, puisque l'occasion s'en présente,
nous ferons remarquer la bizarrerie des noms employés par
M. Leach, qui semble s'être fait un plaisir de prendre absolument les mêmes lettres qui composent les noms de genres,
pour établir les dénominations de *Nelocira*, *Nerocila*, *Olen-
cira*, *Anilocre*, *Cirolane*, *Rocinela*, *Canolire*, *Conilera*, qui ne
présentent qu'un jeu de lettres sans aucun sens. M. Desmarest, dans l'article MALACOSTRACÉS de ce Dictionnaire, tome

XXVIII, page 379, a adopté le nom de genre *Aselle* de Fabricius pour indiquer l'espèce de physode, nom sous lequel se trouve inscrit l'insecte figuré dans l'atlas des insectes; planche 58, n.° 2. (C. D.)

PHYSOON, *Physoon.* (*Actinoz. ?*) Genre proposé par M. Rafinesque et caractérisé ainsi : Corps renflé, couvert de tentacules prenans ; bouche pourvue de cinq petits tubercules intérieurs; anus terminal ; ce qui paroît devoir le faire rapprocher des holothuries. Il y place deux espèces, toutes deux des mers de Sicile; l'une qu'il nomme

P. ÉCHINÉ, *P. echinatus,* et l'autre P. FUSIFORME, *P. fusiformis.* (DE B.)

PHYSOSPERMUM. (*Bot.*) Cusson vouloit, sous ce nom générique, séparer du *ligusticum austriacum* de Linnæus le *ligusticum alterum* de Lobel, qu'il distinguoit par un interstice existant entre les deux tuniques recouvrant la graine. (J.)

PHYSOTRIS. (*Bot.*) Tige ramifiée, portant de petites vésicules, qui renferment des séminules, nageant dans un liquide. Rafinesque-Schmaltz rapporte à ce genre, qu'il dit très-voisin de ses genres *Physidrum* et *Myrsidrum,* diverses espèces de fucus; mais il n'en indique que deux :

1.° Le *Ph. agglomeratus,* plante marine de la côte de Sicile, d'un rouge obscur, à tige irrégulièrement rameuse, flexueuse, comprimée, d'un pied de longueur, à rameaux alternes et à vessies groupées, sessiles et opaques.

2.° Le *Ph. capitatus.* Il a la tige rameuse, presque dichotome, filiforme; les vessies solitaires, terminales, globuleuses, inégales. Cette espèce croît sur les côtes de Sicile.

Les *fucus elongatus* et *longissimus* paroissent être les types de ce genre. (LEM.)

PHYSSOPHORE, *Physsophora.* (*Malacoz. ?*) Genre établi par Forskal. dans sa faune arabique, page 119, pour un animal fort singulier, très-rapproché des physales, mais malheureusement trop incomplétement connu pour qu'on puisse le définir d'une manière un peu rigoureuse. Voici la caractéristique de Forskal : Corps libre, gélatineux, suspendu à une vessie aérienne ; à membres gélatineux, sessiles sur les côtés et à plusieurs tentacules inférieurs; et voici la description qu'il donne de l'espèce qu'il a observée et qu'il a

nommée la P. HYDROSTATIQUE, *P. hydrostatica*, *Faun. arab.*,
p. 119, *Icon.*, t. 55, fig. e 1 et e 2, cop. dans l'Enc. méth., pl. 89,
fig. 7 — 9. Corps de l'épaisseur d'un pouce, sur une longueur
d'un pouce et demi, ovale, comprimé, terminé supérieure-
ment par une vésicule ovale, oblongue, de la grosseur d'une
plume de pigeon, droite, saillante et toujours pleine d'air; de
chaque côté sont des vessies hyalines, trilobées l'une sur l'autre :
il y en a trois d'un côté et cinq obliques de l'autre; mais, probablement, par quelque disposition irrégulière. L'extrémité
inférieure est tronquée et terminée par une bouche orbiculaire, à limbe rétractile et dilatable. L'intestin médian, plus
étroit qu'une plume de pigeon, s'étend de la vésicule terminale à un estomac globuleux; il est filiforme, hyalin vers
sa pointe, rouge dans le reste de son étendue et plus épais
à sa base. L'estomac proprement dit, situé à la partie
inférieure, entre les vessies trilobées, est globuleux, excavé,
rouge à son orifice orbiculaire; il est accompagné par des
papilles blanches, contournées, quand elles ne sont pas bien
étendues, et par des vésicules globuleuses du diamètre de l'intestin; cinq d'un côté et quatre de l'autre. Les tentacules les
plus grands sont en dessous, sur les côtés de l'estomac, et de
couleur rouge, au nombre de trois d'un côté, dont deux plus
grands, de la longueur d'un pouce, et l'autre plus court,
de la grosseur d'une plume de pigeon, épaissis dans leur milieu; ils se terminent par un renflement blanc : de l'autre
côté il y en a deux plus petits; l'un ouvert au sommet, le second plus étroit que l'intestin, subulé et d'un demi-pouce
de long.

Forskal ajoute qu'il en a vu un autre individu avec des
tentacules plus grands et presque égaux.

Le mode de locomotion de cet animal est, dit le même
observateur, fort singulier. Le physsophore est toujours à la
surface de l'eau, au moyen de sa vessie supérieure pleine
d'air; celles qui sont trilobées, sont toujours dans une sorte
de mouvement de tremblement, en rentrant et sortant les
bords de la bouche : il étend et tord les tentacules de l'estomac et dirige ses cornes vers tous les points.

Forskal décrit encore une autre espèce de physsophore,
la P. ROSACÉE, *P. rosacea*, Enc. méth., pl. 89, fig. 10, 11,

assez semblable à une fleur : la vessie aérienne est ovale, obtuse et roussàtre; elle est entourée d'espèces de feuilles sessiles, obtuses, planes, un peu courbcés, sur plusieurs séries, d'un demi-pouce de long, et pourvue en dessous de quelques tentacules filiformes, brunàtres, extrêmement extensibles, souvent plus longs que les folioles.

Quant à sa P. FILIFORME, *P. filiformis*, Enc. méth., pl. 89, fig. 12, elle me paroît appartenir au genre STÉPHANOMIE. (Voyez ce mot et surtout celui de PHYSALE, où nous avons montré les rapprochemens qu'il y a entre ces genres, et à quelle partie de la série animale ils appartiennent.)

MM. Péron et Lesueur ont ajouté à ce genre une nouvelle espèce, qu'ils nomment P. MUZONEMA, *P. muzonema*, figurée dans l'atlas du Voyage aux Terres australes, pl. 29, fig. 4. Elle est oblongue, portant des lobes distiques sur les côtés, et sa base, plus ample, est multifide et tentaculée.

De l'océan Atlantique. (DE B.)

PHYTADELGES ou PLANTISUGES. (*Entom.*) Nous avons désigné sous ces noms, empruntés l'un du grec et l'autre du latin, une famille d'insectes hémiptères à ailes membraneuses, à peu près d'égale consistance, non croisées, n'ayant au plus que deux articles aux tarses.

Leur nom dérive des mots φυτόν, *plante*, et d'αδελγῶ, *je suce*, ou des mots *plantarum suga* ou suce-plante.

Ces insectes sont compris dans cinq petits genres trèsfaciles à distinguer les uns des autres. Leur bec ou suçoir, qu'on nomme *rostrum* en latin, paroît prendre son origine à la base de la tète en dessous, au-devant du corselet, ou sous le col, comme dans les cigales. La plupart des espèces sont trèslentes et restent souvent fixées sur les végétaux, au lieu même où elles ont été déposées par leur mère, soit tout-à-fait motiles, soit sous la forme d'œufs. Il en est beaucoup qui n'ont pas d'ailes, au moins dans le sexe femelle, et dont les pattes, trèscourtes, ne peuvent tout au plus servir qu'à les retenir sur les feuilles ou sur les écorces, tels sont les gallinsectes, les cochenilles femelles, les chermès, les psylles. D'autres, comme les pucerons, les aleyrodes, peuvent, à l'aide de leurs ailes, se transporter d'une plante à une autre. Le mode de génération de ces insectes est des plus curieux à connoitre. (V. PUCERON.)

Nous divisons les insectes qui appartiennent à cette famille, par la différence de leurs ailes, qui sont tantôt nues, tantôt couvertes d'une sorte de poussière, ensuite par la conformation de la tête ou la disposition de l'extrémité libre de leur abdomen.

Nous avons fait représenter les insectes qui composent cette famille des phytadelges, sur la planche 39 de l'atlas qui fait partie de ce Dictionnaire.

Voici le tableau synoptique qui peut servir à la détermination des genres par leurs caractères essentiels.

PHYTADELGES OU PLANTISUGES.

Hémiptères à ailes semblables, non croisées, souvent étendues, transparentes ; bec paroissant naître du cou ; tarses à deux articles.

A ailes : couvertes d'écailles farineuses comme les lépidoptères. 1. ALEYRODE. — nues ou nulles ; antennes : grosses, comme faisant partie du front. 4. CHERMÈS. — filiformes, anus à deux : mamelons .... 3. PUCERON. — soies ; front : fourchu. . 5. PSYLLE. — entier ... 2. COCHENILLE.

Voyez les noms de chacun de ces genres. (C. D.)

PHYTELEPHAS. (*Bot.*) Ce genre de la Flore du Pérou, nommé *elephantusia* par Willdenow, a déjà été décrit dans ce Dictionnaire sous ce dernier nom. (J.)

PHYTELEPHCIS. (*Bot.*) Voyez ELEPHANTUSIA. (POIR.)

PHYTELIS, *Phytelis*. (*Corallin.* ?) M. Rafinesque a désigné sous ce nom un genre de corps marins que l'on trouve assez communément en forme d'expansions crustacées, irrégulières, à la surface des thalassiophytes, et qui paroît ne pas différer, comme le fait justement observer M. Desmarest, du genre MÉLOBÉSIE de M. Lamouroux (voyez ce mot). Malheureusement il est assez difficile de se faire une idée suffisante de ces corps, à la surface desquels se remarquent des petits tubercules poreux et irrégulièrement épais, que M. Rafinesque, dans la définition de son genre, nomme des fructifications, probablement parce qu'il le range parmi les plantes marines. M. Lamouroux, au contraire, en fait des corallines : manière de voir qui n'est pas beaucoup plus admissible que l'autre. Quoi qu'il en soit, M. Rafinesque caractérise six espèces de phytelis ; parmi lesquelles il se pourroit qu'il y eût des œufs de mollusques : 1.º la P. RADICÉE, *P. radicata* : tubercules disposés presque régulièrement en lignes divergentes; 2.º la P. SILLONNÉE, *P. sulcata* : petits sillons et petits tubercules, épars irrégulièrement; 5.º la P. NOIRE, *P. nigra* : tubercules presque égaux, ronds, convexes, charnus, sur une expansion noire; 4.º la P. MACROCARPE, *P. macrocarpa* : blanchâtre, à tubercules gros et alongés; 5.º la P. GRANULEUSE, *P. granulosa* : tubercules fort rapprochés; 6.º la P. TUBERCULEUSE, *P. tuberculosa* : tubercules écartés, convexes et bombés. (DE B.)

PHYTEUMA. (*Bot.*) La plante ainsi nommée par Dioscoride est, selon Columna, une scabieuse, *scabiosa columbaria.* Gesner et Lobel citent sous le nom de *phyteuma monspeliensium* le *reseda phyteuma* de Linnæus; l'*antirrhinum orontium* est un *phyteuma* selon Belli, cité par Clusius et C. Bauhin. Le même nom est donné par Matthiole et d'autres au *campanula perfoliata;* enfin, ce que ce dernier nommoit *rapunculus,* ainsi que Tournefort, étoit le *phyteuma* de Césalpin, et c'est à cette plante et à ses congénères que Linnæus a conservé ce nom. Voyez RAIPONCE. (J.)

PHYTEUMOPSIS. (*Bot.*) Ce nom, inscrit par Michaux au bas d'une planche représentant une plante composée, avoit été changé par lui dans le texte de l'ouvrage en celui de *persoonia,* que l'on a abandonné pour lui substituer celui de *marshallia,* donné par M. Pursh à des plantes congénères. On retrouve encore le nom *phyteumopsis* reproduit pour les mêmes plantes dans le Supplément de l'Encyclopédie méthodique. (J.)

PHYTEUOÏDES. (*Bot.*) Plukenet, dans son Almageste, pl. 215, fig. 1, donne ce nom au *scoparia dulcis,* Linn. (LEM.)

PHYTIBRANCHES. (*Crust.*) M. Latreille a donné ce nom à une division de l'ordre des crustacés isopodes, qui correspond à notre première section de cet ordre, et qui comprend les genres Typhis, Ancée, Pranize, Euphée et Jone. Voyez l'article MALACOSTRACÉS, tome XXVIII, page 566 et suivantes. (DESM.)

PHYTOBASILA. (*Bot.*) Un des noms anciens du *leontopodium* de Dioscoride, suivant Ruellius. (J.)

PHYTOCOMA. (*Bot.*) Nom donné par Donati à un genre de la famille des algues, qu'il établit pour placer l'*abies ma-*

rina ou *gongolara* d'Imperato, c'est-à-dire le *fucus ericoides*, Linn. Ce genre de Donati diffère de celui qu'il a nommé *Virsoides*, par la sphéricité de ses fruits. Ces deux genres rentrent dans la première section des *fucus*, selon la méthode de Lamouroux, et dans le genre *Cystoseira*, d'Agardh. (Lem.)

PHYTOCONIS. (*Bot.*) *Poussière végétale*, en grec. Genre proposé autrefois par Bory de Saint-Vincent pour placer quelques espèces pulvérulentes du genre *Byssus* de Linnæus, et qui depuis en ont été également séparées pour être placées, soit dans les lichens, particulièrement dans le genre *Lepraria*, soit dans les algues articulés, ou même dans le genre *Oscillatoria*. Le Phytoconis est le même que le *Coccodea* de Palisot-Beauvois, décrit dans ce Dictionnaire aux mots Coccodée et Lepraria. (Lem.)

PHYTOLAQUE ; *Phytholacca*, Linn. (*Bot.*) Genre de plantes dicotylédones apétales, de la famille des *atriplicées*, Juss., et de la *décandrie décagynie* du Système sexuel, qui a pour principaux caractères : Un calice coloré, persistant, à cinq divisions concaves; point de corolle; huit à dix et même jusqu'à vingt étamines, à filamens subulés. portant des anthères arrondies; un ovaire orbiculaire, déprimé, surmonté de huit à dix styles; une baie arrondie, comprimée, marquée de huit à dix sillons longitudinaux, et divisée en autant de loges contenant chacune une seule graine réniforme.

Les phytolaques sont des arbustes ou des plantes herbacées, à feuilles entières, et à fleurs petites, disposées en grappes ordinairement opposées aux feuilles. On en connoit huit espèces, toutes exotiques à l'Europe, mais dont une s'est naturalisée dans plusieurs de ses parties méridionales, au point d'y croître aussi abondamment que si elle étoit indigène; c'est la suivante :

Phytholaque a dix étamines, vulgairement Raisin d'Amérique, Morelle en grappe, Herbe de la laque, Méchoacan du Canada; *Phytolacca decandra*, Linn., *Spec.* 631. Sa racine est épaisse, charnue, vivace, divisée en plusieurs grosses fibres; elle produit une ou plusieurs tiges cylindriques, presque ligneuses, hautes de cinq à six pieds, souvent de couleur purpurine, divisées dans leur partie supérieure en rameaux nombreux, dichotomes. Ses feuilles sont briévement pétiolées, alternes, glabres, ovales-lancéolées, longues de quatre à cinq pouces et plus. Ses fleurs sont d'un rouge pâle, disposées en grappes solitaires, simples, longues d'environ six pouces et opposées aux feuilles ; elles ont dix étamines. Les fruits sont des baies d'un noir bleuâtre et à dix ou douze loges. Cette plante est originaire de l'Amérique septentrionale ; introduite en Europe, il y a deux cents et quelques années, elle croît aujourd'hui, comme si elle y étoit naturelle, en Espagne, en Portugal, en Italie et même dans plusieurs parties du Midi de la France.

En Amérique, selon Parkinson, on emploie, comme purgatif ordinaire, le suc de la racine de cette plante. Deux cuillerées produisent beaucoup d'effet. Le suc des baies est également purgatif. En Angleterre et en Italie on a fait usage du suc de la racine en application sur le cancer ouvert. Ailleurs on a vanté cette racine contre l'hydrophobie. En Amérique on mange au printemps les feuilles encore tendres et les jeunes rejetons cuits à la manière des épinards ; plus tard ces parties deviennent âcres en vieillissant, exhalent même une odeur un peu vireuse et ne valent plus rien. Le suc des baies donne une belle couleur pourpre, mais qui est très-peu solide et qu'on n'a pu, à cause de cela, employer utilement pour les étoffes. En Portugal, il fut un temps où les vignerons faisoient usage de ce suc pour donner une couleur plus foncée aux vins ; mais cela leur donnoit un goût désagréable et nuisoit à leur qualité. Le roi de ce pays, sur les plaintes qui lui furent faites et pour empêcher cette altération nuisible au commerce, ordonna de détruire les tiges de cette plante avant la maturité des baies. Dans quelques cantons du Midi de la France on emploie plus utilement ces mêmes fruits en les faisant servir à la nourriture de la volaille. Les grappes de fleurs et de fruit de ce phytolaque, qui se succèdent les unes aux autres pendant tout l'été, le port général de la plante, font un bel effet dans les grands jardins. Les tiges coupées avant la floraison, ensuite séchées et brûlées, fournissent une grande quantité de potasse.

PHYTOLAQUE A HUIT ÉTAMINES ; *Phytolacca octandra*, Linn., *Spec.*. 631. Sa tige est haute de deux à trois pieds, divisée, dans sa partie supérieure en quelques rameaux garnis de feuilles ovales-lancéolées , d'un vert clair , traversées dans leur milieu par une côte jaunâtre, et portées sur des pétioles d'un pouce de longueur. Ses fleurs sont jaunâtres ou blanchâtres, disposées en un épi droit, long de cinq à six pouces et opposé aux feuilles : elles n'ont que huit étamines. Les baies sont d'un noir rougeâtre. Cette espèce est originaire du Mexique ; on la cultive en France et en Europe dans les jardins de botanique.

Phytolaque dioïque ; *Phytolacca dioica*, Linn., *Spec.* 652. Sa tige est ligneuse, arborescente, haute de vingt pieds ou environ. Ses feuilles sont ovales, très-glabres et portées sur de longs pétioles. Les fleurs sont disposées en grappes ou en épis dans les aisselles des feuilles supérieures ; les femelles et les mâles portées sur des pieds différens ; les dernières sont à quinze ou vingt étamines. Cette espèce est originaire de l'Amérique méridionale. On la cultive en caisse dans les jardins de botanique, afin de la rentrer dans la serre pendant l'hiver, parce qu'elle craint beaucoup le froid. (L. D.)

PHYTOLITHES et PHYTOTYPOLITHES. (*Foss.*) On a généralement appliqué ces noms aux empreintes de végétaux , et surtout de feuilles qu'on trouve dans les lits des pierres fissiles. Voyez l'article Végétaux fossiles. (Desm.)

PHYTOLOGIE. (*Bot.*) Ce nom de composition grecque, dont la traduction françoise est *discours* ou *traité sur les plantes*, est synonyme de Botanique. (Desm.)

PHYTON. (*Bot.*) Un des noms grecs anciens de la cynoglosse, suivant Ruellius. (J.)

PHYTOPHAGES ou HERBIVORES, *Insecta phytophaga seu herbivora.* (*Entom.*) Famille d'insectes coléoptères à quatre articles à tous les tarses, dont les antennes sont en fil et à articulations plus ou moins grenues, non portées sur un bec, et dont le corps arrondi est le plus souvent très-convexe.

Cette famille très-naturelle comprend toutes les espèces de coléoptères tétramérés que Linnæus avoit rangées dans son genre *Chrysomela*. Elle se distingue facilement, à l'aide des caractères que nous venons d'indiquer, de tous les autres insectes de la même famille, ainsi qu'on pourra s'en faire une

idée exacte, en jetant un coup d'œil sur le tableau synoptique présenté à l'article TÉTRAMÉRÉS.

Voici d'ailleurs les notes caractéristiques à l'aide desquelles
on parvient aisément à ce résultat. Les rhinocères, comme
les charansons et genres analogues, ont tous les antennes supportées par un prolongement de la tête et du front, qui si-
mule une sorte de bec. Les cylindroïdes, comme les clairons,
les bostriches, etc., et les omaloïdes, tels que les mycétophages,
les trogosites, etc., ont tous les antennes en masse ou renflées
à l'extrémité libre ; tandis que ces antennes sont en soie,
c'est-à-dire, qu'elles se terminent par une partie plus grêle à
l'extrémité libre dans les xylophages, tels que les capricornes,
les leptures, etc. Il ne reste donc que les deux genres ano-
maux, Spondyle et Cucuje, qui ont les antennes en fil; mais
leurs articulations sont aplaties dans le premier, et le corps
lui-même est très-déprimé dans les seconds, de sorte que la
convexité du corps, la rondeur des articles aux antennes,
caractérise spécialement les phytophages.

Ce nom est formé de deux mots grecs, dont l'un, φυτὸν,
signifie *plante*, et l'autre, φαγος, correspond à *mangeur* : ce
que nous avons cherché à exprimer par le mot latin francisé
herbivores, ou qui se nourrit de feuilles de plantes.

Cette famille des phytophages est une des plus naturelles ;
ces coléoptères ont en effet les mêmes mœurs et la plus
grande analogie dans leur structure, leurs fonctions et leurs
métamorphoses. C'est surtout dans la forme des antennes
qu'il y a une ressemblance parfaite ; car la figure générale
du corps présente dans les dimensions respectives d'assez
grandes différences, pour qu'elles aient permis de les partager en genres fort naturels.

Tous les phytophages proviennent de larves, qu'on trouve
le plus souvent réunies en société sur les feuilles de plantes,
qu'elles dévorent. Leur corps trapu, succulent, mou, convexe, offre une tête écailleuse, une extrémité postérieure
tronquée, arrondie, ramassée, et la totalité de la circonférence présente des rides transversales. Quelques-unes laissent
exsuder de leur surface ou de pores particuliers, distincts,
une humeur colorée ou odorante, qu'elles peuvent repomper
ou absorber à volonté. Leurs pattes sont alongées, cepen-

dant elles marchent assez lentement; la plupart emploient des manœuvres curieuses pour se soustraire à la vue des oiseaux, qui en sont fort friands, ou pour les dégoûter à l'aide de quelques liqueurs qu'elles exhalent. (Voyez Chrysomèle, Criocère, Casside.)

Sous l'état parfait, les insectes de cette famille ont généralement le dessus du corps convexe, bombé, arrondi latéralement; parmi les particularités qui les distinguent, on remarque surtout la disposition de l'avant-dernier article de leurs tarses, qui offre une sorte d'échancrure dans laquelle est reçue la pièce qui porte les ongles, comme entre deux lobes qui sont veloutés en dessous : c'est à l'aide de ces parties élargies des tarses que ces coléoptères adhèrent ou s'accrochent avec beaucoup de force aux surfaces des tiges et des feuilles même les plus lisses.

Les nymphes diffèrent selon les genres : la plupart se métamorphosent ou prennent cette forme dans la terre, telles sont celles des criocères et de la plupart des chrysomèles; d'autres subissent leur transformation dans une sorte de coque ou de fourreau qu'elles se filent; quelques-unes sont fixées sur les tiges ou sur les feuilles, et s'y transforment ainsi à l'air libre, telles sont les nymphes des Cassides.

Dans ces derniers temps, M. Latreille a divisé cette famille en deux autres, les *Eupodes* et les *Cycliques*. Les premiers sont de forme alongée ; ils ont le corselet arrondi, étroit et cylindrique, et souvent les cuisses postérieures très-développées, ce qui leur a fait donner leur nom. M. Latreille y rapporte les criocères et quelques autres genres voisins, ainsi que les donacies. Les cycliques ont le corselet de la largeur de la base des élytres, tels sont les cassides, les chrysomèles, les gribouris, les galéruques, les altises.

Nous avons fait représenter une espèce de chacun des quatorze genres qui composent cette famille des coléoptères phytophages, sur les planches 19 et 20 de l'atlas qui fait suite à ce Dictionnaire. Les unes ont les antennes à peu près de même grosseur dans toute leur étendue, comme les *Lupères*, les *Altises*, les *Galéruques*; d'autres ont le corselet très-convexe, comme bossu, couvrant la tête, comme les *Clythres* et les *Gribouris* ou *Cryptocéphales*. Le corselet n'est pas rebordé dans

les *Hispes*, les *Criocères*, les *Donacies* et les *Alurnes*. Les antennes ont un léger renflement arrondi à leur extrémité libre
dans les *Chrysomèles*, les *Hélodes* et les *Cassides* : ce renflement,
qui est encore plus marqué, est en même temps aplati dans
les *Érotyles*.

Voici au reste le tableau synoptique à l'aide duquel il est
facile d'arriver très-aisément à la connoissance des genres fort
naturels que renferme cette famille.

COLÉOPTÈRES PHYTOPHAGES OU HERBIVORES.

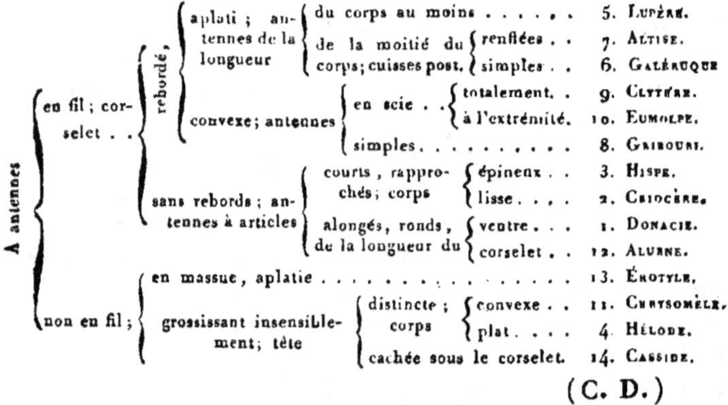

(C. D.)

PHYTOTOME. (*Ornith.*) Cet oiseau, de l'ordre des passereaux, a été trouvé au Chili, par l'abbé Molina, qui l'a décrit dans son Histoire naturelle de cette contrée, sous
le nom générique de *phytotoma*, c'est-à-dire coupeur de
plantes, et a donné à l'espèce le nom de *rara*, tiré de sa
voix rauque, qui prononce avec quelque intervalle les syllabes *ra ra*.

Il résulte des caractères établis par cet auteur, que le
phytotome a le bec droit, conique, robuste, pointu, dont
les mandibules sont finement dentelées; la langue très-courte
et obtuse; quatre doigts aux pieds, dont trois en devant et
un plus petit par derrière.

Déjà Bruce avoit trouvé en Abyssinie un oiseau appelé
dans ce pays, *Guifso balito dimmo-won jerek*, et Buffon,
l'ayant vu représenté sur les figures de ce voyageur, l'a-
voit décrit sous le nom de *guifso balito*, parmi les gros-

becs, en observant qu'il n'avoit que trois doigts, dont deux devant et un derrière, et que son bec étoit dentelé sur les bords.

Gmelin, dans sa treizième édition du *Systema naturæ* de Linné, a compris cet oiseau comme quarante-neuvième espèce du genre *Loxia*, sous la dénomination de *loxia tridactyla*, et il a établi un genre particulier à pieds tétradactyles pour l'espèce de Molina, ce que Latham a aussi fait d'après lui. Mais Daudin, Traité d'ornithologie, tom. 2, p. 364, a réuni le rara et le guifso balito comme appartenant définitivement au même genre, malgré la différence dans le nombre des doigts, et il a ajouté aux signes caractéristiques ci-dessus indiqués d'après Molina, des narines petites, arrondies, placées à la base du bec, et des pieds à tarses maigres, annelés, ayant *trois* ou *deux* doigts devant et un derrière.

M. Vieillot, suivant cet exemple, et admettant l'alternative de quatre ou trois doigts, a divisé le genre Phytotome en deux sections; et M. Temminck, p. LXXII de l'analyse de son Système d'ornithologie, a aussi adopté l'alternative de quatre ou trois doigts, mais en prévenant que, n'ayant pu examiner aucun des deux oiseaux individuellement, il ne garantissoit pas ces caractères.

Outre les différences qu'on vient de signaler relativement aux phytotomes du Chili et d'Abyssinie, il paroît en exister d'autres dans leurs habitudes et leur manière de vivre. Le premier, dit Molina, se nourrit de jeunes plantes, dont il coupe les tiges près des racines, se bornant quelquefois à les arracher ainsi sans y toucher. Les Chiliens lui font pour cela une guerre continuelle, et ils mettent sa tête à prix. C'est sur les plus hauts arbres et dans des endroits peu fréquentés qu'il fait son nid.

Quant au guifso balito, il habite, comme le premier, les lieux solitaires, où il ne se fait guères entendre, dit Buffon, que par les coups de bec réitérés, dont il perce les noyaux pour en tirer l'amande. Il sembleroit, d'après cela, que la circonstance commune de la dentelure du bec est le principal motif qui a déterminé les auteurs à associer des oiseaux dont la nourriture et l'organisation extérieure auroient si peu d'analogie.

Quoi qu'il en soit, voici la description des deux espèces, qui, comme on le sent bien, auroient besoin d'être mieux connues, pour leur assigner la place qui leur appartient réellement.

Le Phytotome du Chili (*Phytotoma rara*, Mol., Gmel., Lath., Daud., Vieill.) est de la grosseur d'une caille, et a le bec long d'un demi-pouce; son plumage est d'un brun obscur sur les parties supérieures, et un peu plus clair sur les inférieures; les pennes alaires et caudales sont parsemées de points noirs; la queue, de longueur moyenne, est arrondie; il fait sur la cime des arbres dont le feuillage est le plus touffu, un nid dans lequel la femelle pond des œufs blancs, tachetés de rouge.

Le Phytotome d'Abyssinie; *Phytotoma tridactyla*, Daud., Vieill.; *Loxia tridactyla*, Gmel., Lath.; *Guifso balito*, Buff., dont la figure se trouve sur la planche 28 de Daudin, tom. 2. Il est de la taille du gros-bec ordinaire, et sa longueur est d'environ six pouces; la tête et le devant du cou sont d'un beau rouge, qui se prolonge, suivant Buffon, en une bande assez étroite sous le corps jusqu'aux couvertures inférieures de la queue. Les parties supérieures sont noires, avec une teinte verdâtre; la queue est un peu fourchue, et les ailes, dans l'état de repos, n'en atteignent que la moitié; le bec et les pieds sont bruns.

M. Vieillot a présenté, comme troisième espèce (2.ᵉ de sa première section), le Phytotome du Pabaguay, *Phytotoma rutila*, décrit d'après le *Denté* de M. d'Azara, n.° 91; mais il est bon de faire observer que l'auteur espagnol n'avoit pu se procurer qu'un individu privé de dix pennes caudales. La longueur étoit de sept pouces; les deux mandibules étoient garnies intérieurement de dents si fines qu'on ne les découvroit qu'en ouvrant le bec, et la langue se terminoit en pointe aiguë. Le front, la gorge, le devant du cou et le bas-ventre étoient d'un roux vif, et il y avoit une longue tache de la même couleur sur les côtés de la poitrine; le reste des parties inférieures étoit blanchâtre; la tête et le dessus du corps étoient d'un brun lavé de vert; les ailes étoient noirâtres avec des taches blanches sur leurs couvertures, et les pennes qui restoient au milieu de la queue étoient également ment noirâtres.

Daudin fait aussi mention, d'après le naturaliste Maugé, de l'expédition du capitaine Baudin, que le chirurgien du vaisseau avoit acheté, à un habitant de Porto-Rico, un oiseau gris, de la grosseur d'une grive, qui avoit les bords des mandibules crénelés, et dont la queue étoit un peu longue. Cet oiseau, qui étoit très-privé, se plaisoit à pincer ceux qui jouoient avec lui, et se nourrissoit de bananes et de fruits succulens ; son cri aigre ressembloit au bruit d'une lime. Il paroît que c'étoit une espèce de *rara*, et l'on n'en parle ici, que pour faire remarquer sa nourriture frugivore. (Ch. D.)

PHYXALLIUM. (*Bot.*) Genre créé par Rafinesque, qu'il place entre ses genres *Myriosidrum* et *Physidrum*, près des *Rivularia*, dans la famille des algues. Nous n'en connoissons point les caractères. (Lem.)

PHYXIMILON. (*Bot.*) Suivant C. Bauhin ce nom étoit donné par Æschyle au bananier. (J.)

PI. (*Bot.*) Ce nom est donné en Languedoc aux Pins. Pigne est celui du fruit de ses arbres. (Lem.)

PIA, PIAC. (*Ornith.*) La pie commune a reçu ces noms patois dans quelques provinces de France. (Desm.)

PIA. (*Bot.*) Ce nom est donné dans l'île d'Othaïti à la variété cultivée du *tacca pinnatifida*, dont la racine tubéreuse crue a beaucoup d'amertume et d'acrimonie, que la culture diminue un peu. On la râpe dans l'eau, comme la pomme de terre, pour en retirer une fécule blanche, que l'on a commencé à adoucir en la changeant plusieurs fois d'eau ; on la laisse ensuite sécher au soleil. Après en avoir rejeté les premières infusions, on fait avec cette fécule une espèce de pain très-nourrissant. Forster, qui nous donne ces détails, ajoute qu'on applique aussi cette racine en cataplasme sur les plaies profondes. Il dit encore que la variété sauvage est nommée *e-ve*. (J.)

PIABA. (*Bot.*) Nom caraïbe de l'*eupatorium odoraton*, cité par Surian dans le Catalogue de l'herbier de Vaillant. (J.)

PIABA. (*Ichthyol.*) Marcgrave a parlé sous ce nom d'un petit poisson des rivières du Brésil, et qui paroît devoir être rapporté au genre Piabuque. Voyez ce mot. (H. C.)

PIABUCU. (*Ichthyol.*) Nom par lequel Marcgrave a désigné le Piabuque. Voyez ce mot. (H. C.)

PIABUQUE, *Piabucus*. (*Ichthyol.*) D'après le mot exotique *piabucu*, M. Cuvier a créé, sous cette dénomination, dans la famille des dermoptères, un genre de poissons holobranches, reconnoissable aux caractères suivans :

Catopes abdominaux ; branchies complètes ; rayons pectoraux réunis ; opercules lisses ; deux nageoires dorsales ; la seconde adipeuse ; ventre caréné et tranchant ; dents tranchantes et dentelées ; nageoire anale très-longue ; corps comprimé, haut verticalement ; tête petite ; bouche peu fendue. (Voyez Dermoptères.)

On ne connoît encore dans ce genre que des poissons des rivières de l'Amérique méridionale, qui montrent beaucoup d'appétit pour la chair et pour le sang.

Le Piabuque commun : *Piabucus vulgaris*, N. ; *Salmo argentinus*, Linnæus ; *Characinus piabucu*, Lacépède. Nageoire caudale fourchue ; mâchoires garnies de dents à trois pointes ; tête des plus petites ; mâchoire inférieure saillante ; un seul orifice à chaque narine ; ligne latérale courbée ; dos vert ; nageoires grises ; une raie longitudinale argentée de chaque côté du corps.

Ce poisson n'atteint guère qu'à la taille de onze à douze pouces. Sa chair est blanche et délicate. On le pêche avec des hameçons, armés d'un ver-de-terre ou d'un mélange de sang et de farine.

Le Piabuque double-mouche : *Piabucus bimaculatus*, N. ; *Salmo bimaculatus*, Linnæus ; *Characinus bimaculatus*, Lacép. Nageoire caudale fourchue ; deux taches noires de chaque côté, l'une auprès de la tête et l'autre auprès de la nageoire de la queue ; gueule très-étroite ; mâchoires égales ; deux orifices à chaque narine ; dos arrondi, verdâtre ; côtés d'un bleu argentin ; nageoire dorsale jaune, de même que les pectorales et les catopes ; les autres nageoires brunes.

On prend ce poisson, dont la chair est blanche, grasse et délicate, dans les rivières de Surinam et d'Amboine ; mais nous n'osons affirmer l'identité parfaite des individus pêchés dans ces deux localités, si éloignées l'une de l'autre.

Il paroît évident que l'on a confondu à tort cette espèce avec le *coregonus amboinensis* d'Artédi.

Le Piabuque bossu : *Piabucus gibbosus*, N. ; *Salmo gibbosus*, Linnæus; *Characinus gibbosus*, Lacépède. Nageoire caudale fourchue ; nuque très-élevée en bosse ; un aiguillon incliné vers la queue et placé auprès de la base de chacune des nageoires pectorales ; teinte générale d'un roux argenté ; une tache noire sur chaque côté.

Des côtes de Surinam.

Le Piabuque a queue noire : *Piabucus melanurus*, N. ; *Characinus melanurus*, Bloch, 38, fig. 2. Nageoire caudale fourchue ; mâchoires égales; un seul orifice à chaque narine : une tache noire et irrégulière sur chaque côté de la nageoire de la queue ; corps et queue argentés ; dos gris; nageoires jaunâtres; dents très-petites ; un seul orifice à chaque narine.

Même patrie que le précédent. (H. C.)

PIADERA, LADIERNA. (*Bot.*) Noms portugais des *phyllirea* à feuilles étroites, suivant Clusius. (J.)

PIAILLEUR. (*Ornith.*) L'oiseau auquel, suivant Barrère, les François de la Guiane donnent ce nom et celui de cormoran des Amazones, est le vautour aura, *vultur brasiliensis*, Briss. (Ch. D.)

PIAMICH, YASMICH. (*Bot.*) Noms péruviens du *clarisia biflora* de la Flore du Pérou; genre voisin du *gnetum*, avec lequel il est placé à la suite des urticées, en attendant que l'on établisse une famille dont ils feront partie. Une autre espèce, *clarisia racemosa*, est nommée *tulpay*. Ce sont des arbres dont on extrait par incision un suc blanc, qui s'épaissit promptement à l'air en une résine élastique, propre à prendre différentes formes et à former divers instrumens. (J.)

PIANGIN. (*Ornith.*) Un des noms piémontois de la sittelle ou torchepot, *sitta europæa*, Linn. (Ch. D.)

PIANIA-TRAVA. (*Bot.*) C'est une plante que les Russes emploient pour guérir les rhumatismes et les ulcères. Selon Pallas, c'est son *rhododendrum chrysanthum*. (Lem.)

PIANNET. (*Ornith.*) Ce nom est donné, en anglois, à la pie commune, *corvus pica*, Linn., et au petit pic varié, *picus minor*, Linn. (Ch. D.)

PIAPAU. (*Bot.*) Un des noms vulgaires de la *renoncule bulbeuse* ou *bassinet*. (Lem.)

PIAPIAC. (*Ornith.*) Nom imposé par Levaillant, t. 2, p. 14, de son Ornithologie d'Afrique, à une pie, dont M. Vieillot a fait sa *pica nigra*, et Latham son *corvus senegalensis*. (Ch. D.)

PIARANTHUS. (*Bot.*) R. Brown a distingué ce genre de celui des *stapelia*, à cause de sa corolle campanulée, de sa colonne fructifère saillante, et par sa couronne staminifère double. Ces caractères sont très-foibles, aussi ce genre n'est-il pas généralement adopté. Les *stapelia punctata* et *pulla* de Masson y sont rapportés. (Lem.)

PIARDS. (*Mamm.*) Les Nègres, dont la peau est tachetée de blanc, ou conséquemment les Nègres Albinos pies ont reçu ce nom. (Desm.)

PIAT. (*Ornith.*) Suivant Salerne et Mauduyt, ce nom est donné aux petits de la pie, *corvus pica*, Linn. (Ch. D.)

PIAUHAU. (*Ornith.*) M. Vieillot a créé pour cet oiseau de la famille des cotingas, *muscicapa rubricollis* de Gmelin et de Latham, un genre particulier, qu'il a nommé en latin *Querula*, et qu'il a ainsi caractérisé : Bec très-déprimé et garni à sa base de plumes et de soies dirigées en avant, triangulaire et convexe en dessus et en dessous ; mandibule supérieure échancrée et crochue vers le bout, l'inférieure à pointe très-grêle, retroussée et très-aiguë ; narines ouvertes, un peu arrondies, couvertes par les plumes du *capistrum* ; bouche ample, garnie de poils sur les angles.

L'espèce ci-dessus désignée et une autre sont décrites dans ce Dictionnaire, tome XI, pag. 18 et suiv., au mot Cotinga. (Ch. D.)

PIAYE. (*Ornith.*) La description et l'histoire de cet oiseau se trouvent à l'article Coucou, p. 132 du tome XI de ce Dictionnaire. (Ch. D.)

PIAZZAJOLA. (*Bot.*) A Florence on donne ce nom à une espèce d'agaric, qu'on y mange et qu'on porte à cet effet dans les marchés pendant le mois de Septembre. Cet agaric est petit et d'une consistance ferme ; il forme des touffes qui se font remarquer par la couleur blanche du stipe et la couleur obscure de la surface supérieure du chapeau. Les feuillets sont gris. Dans d'autres parties de la Toscane cette plante est connue sous le nom de *foderino*. Paulet la désigne par Touffe bise et grise. (Lem.)

PIBE - LERKE. (*Ornith.*) Ce nom danois est cité par Muller, *Zool. Danic. Prodr.*, page 29, comme synonyme de l'*alauda trivialis.* (Сн. **D.**)

PIBOULE. (*Bot.*) Nom vulgaire d'une variété du peuplier noir. (L. **D.**)

PIBOULADOS. (*Bot.*) Nom languedocien de quelques champignons agarics, qui croissent aux pieds des vieux peupliers et d'autres arbres, et qui sont bons à manger. Voyez Pivoulade. (Lem.)

PIBOULO. (*Bot.*) Nom provençal du peuplier noir, cité par Garidel : c'est le *pibou* des Languedociens, selon Gouan. (**J.**)

PIC. (*Ornith.*) Les naturalistes réunissent sous ce nom un grand nombre d'oiseaux qui constituent un genre très-naturel de la famille des Grimpeurs (*Scansores*). On peut ainsi le caractériser : *Bec droit, pointu, de forme pyramidale; narines à la base recouvertes par des soies roides, dirigées en avant; quatre doigts aux pieds, deux en avant, deux en arrière ; queue composée de pennes usées à leur pointe, et à tige très-roide.*

Les pics ont la tête solide, lourde; le bec en coin, le plus souvent pentaèdre; l'arête du milieu du bec supérieur est très-vive; la pointe est toujours dans l'axe de la tête, ce qui la rend une *tête martelière*, comme l'a très-bien dit Levaillant. Ils ont la queue composée de douze pennes, quelquefois de dix seulement, à tiges fortes, élastiques, et toujours usées à leur extrémité, qui est pointue.

Leur langue est longue, susceptible de s'alonger beaucoup, à cause de la longueur excessive des cornes de l'hyoïde, qui se recourbent sur le crâne, et avancent sur le front, bien au-delà des yeux. Cette langue est dure, et armée de papilles cornées solides, dont la pointe acérée est recourbée vers le fond du gosier; ce qui en fait une arme propre à saisir les insectes, et surtout les larves molles que ces oiseaux vont chercher sous l'écorce ou dans le bois tendre et pourri des vieux arbres.

Les pieds sont courts et munis de quatre doigts, dont les ongles, forts et crochus, les aident à se cramponner le long des arbres, sur lesquels ils montent le plus souvent en spirale; ils peuvent encore courir contre leur propre poids le long des branches horizontales. Le cri des pics est aigre et pinchard;

leur vol est lourd et par bonds; on les reconnoîtra aussi aux coups redoublés dont ils frappent les arbres pour épouvanter les insectes, qui se cachent sous l'écorce, ou même pour les prendre, si le bois est assez mou pour céder à leurs coups. Les pics ne sont jamais gras; leur chair est dure, coriace, noire, et par conséquent peu estimée; leur plumage est très-varié, et on trouve dessus toutes les couleurs, le bleu excepté : généralement la femelle diffère très-peu du mâle, le plus souvent celui-ci se reconnoît à une tache rouge oblongue qui descend de la base de la mandibule inférieure vers le cou, en passant au-dessous de l'oreille : c'est ce que les ornithologistes nomment la moustache.

Les pics sont toujours occupés à creuser les arbres : c'est dans les trous qu'ils se retirent pendant la nuit, et aussi pendant la saison de la ponte; la femelle y dépose ses œufs sans y faire de nid; le père et la mère y rassemblent leurs petits, jusqu'à ce qu'ils s'accouplent eux-mêmes. Pendant le jour ils se tiennent isolés, et leur vie paroît active et pénible. Les espèces de ce genre sont très-nombreuses, Buffon en connoissoit déjà trente-neuf; mais, depuis, ce nombre s'est beaucoup augmenté. Elles sont répandues sur le globe sous toutes les latitudes : les deux tiers se trouvent sous les tropiques, et c'est dans les forêts humides de l'Amérique que l'on en voit le plus grand nombre. On a fait depuis long-temps l'observation qu'on n'en a point encore rencontré dans la Nouvelle-Hollande.

Quoique les pics constituent un genre bien naturel, et que tous les individus soient, pour ainsi dire, modelés l'un sur l'autre, il y a quelques espèces, cependant, dont les mœurs varient tellement, que nous en connoissons qui ne grimpent pas, comme leur organisation sembleroit le faire croire; mais qui, au contraire, vivent à terre ou dans les rochers.

L'Europe en nourrit six espèces, qui font le type de trois petits groupes, autour desquels on peut réunir les espèces étrangères. Nous décrirons d'abord les pics, dits *pics-verts*. Le peuple réunit sous ce nom deux oiseaux que l'on peut aisément distinguer à la tête; l'un a tout le dessus de la tête rouge, tandis que le second n'a que le front rouge, et l'occiput gris. Nous nommerons le premier

Le Pic vert a tête rouge, Buff., 879; *Picus viridis*, Linn. Il a le dos vert-olive, le ventre plus pâle, les pennes de l'aile et de la queue rayées de vert pâle et de noir; le croupion est jaunâtre; les plumes du sommet de la tête sont alongées en pointe, elles ont la base grise et l'extrémité rouge; le tour de l'œil est noir, ainsi qu'une bande qui va de la mandibule inférieure au-dessous de l'œil. Le mâle a une tache rouge-vif alongée sur cette bande noire; le bec et les pieds sont bruns. Dans la jeune femelle le rouge du sommet de la tête ne descend pas jusqu'au front; le ventre est plus pâle.

Pendant le premier âge le corps est grivelé de traits noirs, qui s'effacent peu à peu en prenant la forme de points noirs; le bec est aussi plus court.

Le pic se nourrit d'insectes, surtout de fourmis, qu'il saisit le long des arbres, en étendant et appuyant sa langue sur le chemin que ces insectes y suivent; si le froid les tient enfermés, il descend à terre, se jette dans la fourmilière, la détruit et se repaît des insectes et de leurs larves.

Le pic n'est que de passage en France : il disparoît de nos contrées pendant l'automne et l'hiver; son cri est rauque et peut se rendre par les syllabes *tiacacan, tiacacan*. Pendant la saison des amours, sa voix change et devient une espèce de rire bruyant et continu, que l'oiseau répète un très-grand nombre de fois de suite, *tiô, tiô, tiô*; quelquefois aussi il semble prononcer les syllabes *plieu, pli-eu*, ce qui l'a fait nommer *pleupleu* dans quelques provinces de la France, particulièrement en Normandie. Il pond trois œufs d'un blanc lustré dans les trous des arbres, au moins à sept ou huit pieds de terre.

La seconde espèce, que nous nommons

Le Pic vert a tête grise, Edw., 68 (*Picus canus*, Gmel.), a le dos et le ventre verts comme le précédent; le cou et la tête grises; une plaque rouge sur le devant du front du mâle seulement.

Les plumes de la queue ne sont pas rayées; mais elles sont noirâtres et bordées de jaune-olive.

Le bec est un peu plus foible que celui du précédent.

Nous connoissons une variété blanche. La femelle est tout-à-fait dépourvue de rouge sur le front; elle pond quatre à six œufs blancs. Cette espèce, rare en France, est abondante en Norwége et en Russie; on la trouve aussi dans le Nord de l'Asie et de l'Amérique.

Auprès de ces deux espèces européennes nous en grouperons un assez grand nombre d'étrangères, qui nous offrent un plumage plus ou moins varié, presque toujours sur un fond vert; tels sont :

Le Pic vert et noir, Buff., 719 (*Picus melanochloros,* Gmel.), qui vient du Brésil. Il est un peu plus petit que le commun; son bec est plus court; son dos est vert, rayé de noir en travers, et le ventre est ponctué de même couleur; le dessus de la tête est noir; l'occiput est rouge, ainsi que la moustache; le tour de l'œil est blanc; les pennes des ailes sont rayées de noir et d'olive; les plumes moyennes de la queue sont noires, et les deux latérales sont rayées de jaune et de noir. D'Azara a rencontré ce pic au Paraguay, où il vit seul ou par paires dans les bosquets clairs.

Le Pic des champs (*Picus campestris*) est de la taille du pic commun. Il a le dos rayé de noir et de blanc-olivâtre; le ventre rayé de noir et de traits transversaux blanchâtres, un peu mêlés d'olive; le dessus de la tête et la gorge noir foncé; une bande large, jaune-dorée, brillante, allant de l'œil sur l'oreille, se réunissant à celle de l'autre côté sur l'occiput et le derrière du cou, et descendant ensuite de chaque côté, pour former sur la poitrine un large plastron jaune. La queue est d'un noir très-foncé; la seule plume externe a ses petites barbes rayées de jaune.

D'Azara, qui a vu cette espèce au Brésil, nous apprend qu'il l'a nommée charpentier des champs, à cause de son habitude de vivre à terre et d'y chercher les vers et autres insectes en enfonçant son bec dans le gazon. Elle niche dans des trous de murailles et y dépose, sans aucun apprêt, deux ou quatre œufs d'un blanc pur et luisant.

Le Pic a gorge jaune (*Picus polyzonus*) est une espèce nouvelle du Brésil, un peu plus petite que la précédente. C'est M. Auguste de Saint-Hilaire qui l'y a découverte. Son dos est vert-olive foncé; le ventre est rayé d'olive et de jaunâtre; le dessus de la tête est moins foncé que le dos; un trait jaune part du bec supérieur, passe sous l'œil et descend sur le cou;

la gorge est jaune , plus pâle ; elle est séparée du trait jaune par une large bande olive foncée ; la queue est noirâtre **en dessus** et jaune - olivâtre en dessous.

Je ne connois rien des habitudes de cet oiseau.

Le Pic LABOUREUR, Vaill., Afr., 254 et 256 (*Picus olivaceus*), nous vient du Cap par M. de Lalande. Le dos est verdâtre, le ventre rose, la tête grise et la gorge blanchâtre ; les ailes sont vertes, tachetées de blanc - jaunâtre ; la queue est olive, et prend une teinte rouge à l'extrémité ; elle est rayée en travers d'olive clair : il est plus petit que le pic commun. Cette espèce africaine a les mêmes habitudes que notre *picus campestris*.

Levaillant, qui a observé ce pic au cap de Bonne - Espérance, principalement dans les contrées montagneuses, dit qu'il ne grimpe jamais aux arbres. Il fouille la terre pour y découvrir les insectes, et c'est pour cela que Levaillant lui a donné le nom de laboureur. Il gratte la terre aussi avec ses pieds. Sa ponte est de cinq à huit œufs roussâtres, que couvent les deux sexes. Ils se retirent dans des crevasses de rochers, où ils déposent leurs œufs.

Le Pic TIGRÉ, Vaill., Afr. , 250 (*Picus nubicus*), est de la taille de notre moyen épeiche. Il vient du Cap : son dos est vert ; son ventre est blanchâtre, tacheté de gros points noirs ; le dessus de la tête et les moustaches sont rouges ; la queue est jaunâtre, rayée de blanchâtre en travers.

La femelle pond quatre œufs tachetés de brun sur un fond blanc - bleuâtre.

Le Pic PONCTUÉ (*Picus punctatus*). Nous trouvons au Sénégal un pic un peu plus grand que le tigré, et qui n'a encore été décrit par aucun ornithologiste. Il a le dos vert, grivelé de blanchâtre sur les ailes ; le cou et la poitrine gris, grivelés de petits points noirs, qui s'étendent sur les flancs ; l'abdomen d'un jaune-olive ; le dessus de la tête et la moustache rouges ; la queue jaune, rayée de brun.

Le Pic DE CAYENNE (*Picus cayennensis*) est de la même taille, mais son bec est plus court. Il a le dos vert, rayé de noir ; le ventre olive, un peu roussâtre et tacheté de points noirs ; le front noir ; l'occiput ronge ; les joues blanches ; le dessous de la gorge noir, grivelé de blanc. La femelle ne diffère du mâle que par l'absence de la moustache rouge.

Le Pic a gorge jaune, Lath. (*Picus icterocephalus*), nous vient du Brésil. Beaucoup plus petit que le précédent, il a le dos olive ; le ventre verdâtre, rayé de blanc ; le dessus de la tête et la gorge d'un beau rouge ; les joues et les côtés du cou d'un beau jaune doré.

Buffon n'a représenté que le jeune mâle, qui a le ventre marqué de larges taches blanches triangulaires, au lieu de raies transversales, et dont le dessus de la tête et les moustaches seules sont rouges ; le dessous de la gorge étant jaune, comme les joues : la femelle a la tête toute jaune.

Le Pic vert doré (*Picus aurulentus*) est de la taille du précédent, auquel il ressemble beaucoup. Le dos est olive foncé ; le ventre olive, finement rayé de blanchâtre ; le front jaune-olive ; l'occiput rouge ; la gorge jaune ; l'oreille brune ; la moustache rouge : un trait jaune va du bec à l'œil.

Je n'ai pas vu la femelle de cette espèce, qui habite le Brésil. Ce pic est très-commun aux environs de Rio-Janeiro.

Le Pic de Porto-Rico (*Picus portoricensis*) est une espèce non décrite des Antilles, qui a le dessus noir brillant, à reflets bleus ; la gorge, la poitrine, le ventre rouges ; les flancs gris ; le front blanc.

Le rouge augmente avec l'âge sur le ventre, qui est tout gris dans la jeunesse ; la queue est noire et un peu grise en dessous ; le bec et les pieds sont noirs.

Le Pic hirondinacé, Buff., pl. enlum. 694 (*Picus hirundinaceus*, Gm.), a le dos, la tête, la gorge et la poitrine noirs, à reflets bleus, comme l'hirondelle ; le ventre rouge ; les flancs rayés de brun et de blanc. Au milieu du dessus de la tête il y a une petite plaque rouge.

Ce pic vient de la Guiane.

Le Pic a chevron d'or (*Picus occipitalis*) vient aussi du même pays. Sous l'occiput il y a un chevron jaune-d'or. Il est de même taille ; a le dos, la tête, la gorge et la poitrine du même noir-bleuâtre ; seulement ce noir descend plus bas sur le ventre. Il y a moins de rouge. Cette espèce n'a pas encore été décrite.

Le Pic couronné (*Picus coronatus*, Illig.) est de la taille du précédent ; mais il a le bec plus long ; le dos est noir brillant ; le ventre est rouge vif ; les côtés en arrière sont bruns, rayés de roux ; le front et le dessous de la gorge sont d'un beau jaune doré ; l'occiput est rouge ; le jaune de la gorge passe au gris - roux sur la poitrine : le mâle n'a pas de moustaches ; la femelle a l'occiput noir et moins de rouge sous le ventre.

Nous conservons à cette espèce le nom de *coronatus*, qui lui a été donné par M. Illiger, et nous n'adopterons pas celui de pic à ventre rouge, que M. Vieillot a cru devoir lui donner (Gal. d'ornith., pl. 27), parce que ce nom est déjà employé par d'Azara pour une espèce différente.

Le Pic a front gris (*Picus rubiginosus*, Swainson, *Illust. zool.*, pl. 14) a le dos vert- olive ; le ventre noirâtre, rayé de blanchâtre ; le front gris de fer foncé, l'œil entouré d'un cercle blanc : le mâle a une moustache rouge.

Il est plus petit que le pic rayé, et son bec est plus court que celui de cet oiseau. Cette espèce habite à la Trinité.

Le Pic rayé, Buff., pl. enlum. 281 (*Picus striatus*), nous vient également des Antilles. Il a le dos noir rayé de vert-olive ; le front gris, ainsi que le sourcil ; le dessus de la tête noir et l'occiput rouge ; le ventre est roux. Je n'ai vu que la femelle.

Le Pic olive, Vaill., Afr., pl. 248 et 249 (*Picus capensis*, Gm.) est vert olive sur le dos et sur la poitrine ; sa tête est grise, excepté sur le dessus, qui est rouge ; le dessus de son croupion est de la même couleur : quand il est jeune, il y a moins de rouge ; il n'y a pas de moustaches : la femelle n'a pas de rouge sur la tête ; elle pond quatre œufs blancs, que le mâle couve avec elle.

Le Pic a front tacheté (*Picus maculosus*) est un petit pic du Sénégal, qui a le dos vert, le ventre rayé de noirâtre et de blanc olivâtre ; le dessus de la tête noir, tacheté de nombreux points couleur de rouille.

Le Pic du Sénégal (*Picus senegalensis*, Gmel.) est un très-petit pic a dos vert-olive un peu jaunâtre ; et à ventre rayé de blanc et d'olive : le mâle a le dessus de la tête rouge, et la femelle l'a gris.

Le Pic a ventre rubanné (*Picus dimidiatus*) nous vient de Java. Il est un peu plus petit que le commun : le dos est vert-olive ; la poitrine jaune-olive ; le ventre à flammes longues et étroites, noires, bordées de jaune-olive pâle ; le dessus de la tête rouge ; les moustaches sont noires ; la queue noire dessus, est olivâtre en dessous.

Le Pic du Bengale (*Picus bengalensis*, Gmel.) est de la taille du pic vert ; le dos est jaune d'or ; le ventre blanc, à grandes flammes noires ; la gorge noire, grivelée de blanc ; le dessus de la tête huppé et rouge ; un trait noir descend de l'œil sur le derrière du cou ; les ailes sont noires, tachetées de blanc ; la queue est noire. Il est remarquable par la brièveté de son pouce.

Le Pic de Goa (*Picus goensis*, Gmel.) est une autre espèce, très-voisine de la précédente, et à peu près de la même taille, dont le dos est vert-olive ; le ventre blanc, à flammes noires ; plus larges la gorge noire, grivelée de blanc ; les ailes noires, à épaulettes rouges ; la queue noire. Il a le pouce encore plus rudimentaire que le précédent, et il conduit aux picoïdes.

Les espèces de pics qui suivent maintenant, jusqu'au grand Pic noir d'Europe, ont le plumage assez varié ; mais elles n'offrent plus de nuances vertes comme les précédentes : ces pics étrangers viennent presque tous de l'Amérique, et surtout des contrées chaudes de ce continent.

Le Pic jaunet, Buff., 509 (*Picus exalbidus*, Gmel.), est originaire de Cayenne et du Brésil ; il est d'un jaune verdâtre sur le dos, sur le ventre, sur la tête et sur le cou. Les ailes sont de couleur marron, ainsi que la queue ; les petites couvertures des ailes sont blanchâtres ; la tête est huppée ; le mâle a une moustache rouge ; le bec est jaunâtre et court ; les pieds sont noirâtres : sa taille est plus petite que celle du pic commun.

Le Pic mordoré, Buff., 524 (*Picus cinnamomeus*, Gmel.), est plus grand que le précédent : il a le bec plus long et de couleur de corne. Tout le corps est de couleur marron ; le dessus de la tête est huppé et de couleur jaune-paille, ainsi que les flancs ; les ailes et la queue sont noirs : le mâle a une moustache rouge.

Il habite aussi dans l'Amérique méridionale.

Nous en avons une variété qui a le dessus de la tête de la même couleur que le reste du corps.

Le Pic a cravate noire (*Picus multicolor* , Gmel.) vient de Cayenne : il a le dos et les ailes marron ; la poitrine noirâtre ; le ventre roux-jaunâtre ; la queue rousse, rayée de noir en travers, et noire à sa pointe ; le dessus de la tête est roux : le mâle a des moustaches rouges ; la femelle n'en a point, et a le front gris. Il est plus petit que le précédent et il a le bec plus foible.

Le Pic a huppe paillée (*Picus flavescens*, Gmel.) a le corps noir tacheté en dessus et sur les ailes de jaune-paille. La tête est huppée et jaune-paille : le mâle a les moustaches rouges ; la femelle les a noires, grivelées de blanc : il est de la taille du jaunet, mais le bec est plus long.

Cette espèce est très-commune aux environs de Rio-Janeiro ; d'Azara l'a aussi rencontrée dans les grands bois du Paraguay.

Le Pic dominicain, d'Azara, 254 (*Picus dominicanus*) se trouve au Brésil et au Paraguay : il a le dos et les ailes d'un noir foncé ; la tête, le cou, la poitrine et le ventre blancs ; la queue noire, blanchâtre en dessous ; les pennes externes ou les barbes intérieures rayées de noirâtre.

D'Azara nous apprend que ce pic vit en famille, qu'il est fort criard, et qu'il fait entendre de fort loin sa voix rauque et désagréable.

Il n'y a pas de différence entre le mâle et la femelle ; ces pics n'entrent jamais dans les grands bois, mais ils se tiennent dans les lieux plantés de palmiers, et dans les endroits où il y a peu d'arbres. Ils ne vont cependant pas à terre ; mais ils se tiennent sur les toits : ils se nourrissent de larves de guêpes, d'oranges douces, de raisins et d'autres fruits.

Le Pic des Philippines (*Picus Philippinarum*) a le dos et les ailes d'un brun rougeâtre ; du rouge aux épaulettes ; la poitrine rousse et chaque plume bordée de brun foncé ; le ventre roussâtre : le mâle a la tête rouge, et la femelle l'a noirâtre, ponctuée de blanc ; le roux du cou et de la poitrine du mâle est blanc sale dans la femelle. Je ne sais rien des mœurs de ce pic.

Le Pic a baguettes dorées, Buff., pl. enlum. 693, et Wils.,

Orn. am., pl. 111, fig. 1 (*Picus auratus*, Gmel.), est de la taille de notre pic vert. Il a le dos gris-brun, rayé de brun en travers; le ventre gris-vineux, ponctué de noir; le sommet de la tête gris; l'occiput rouge; le cou et la gorge d'un roux vineux clair; un plastron noir sur la poitrine; les tiges des pennes alaires d'un beau jaune d'or, ainsi que celles de la queue : de chaque côté du bec il a, dans le mâle, deux larges moustaches noires, qui manquent à la femelle, dont les couleurs sont plus pâles : celle-ci pond six œufs blancs. Cet oiseau voyage aussi comme notre pic vert; il reste en Pensylvanie pendant tout l'hiver. Il arrive à la baie d'Hudson en Août, et la quitte en Septembre; les naturels le nomment *outhée quan-nor-ou*, à cause de la couleur dorée de ses ailes. En Pensylvanie il porte différens noms, *hittock*, *yucker*, *pint*, etc.

Le ᴘᴇᴛɪᴛ Pɪᴄ ᴀᴜx ᴀɪʟᴇs ᴅᴏʀᴇᴇs, Vaill., Afr., 253, 12 (*Picus cafer*, Lath.), originaire du Cap; il est de la taille de notre petit épeiche. Le dos est verdâtre, rayé de noir; le ventre est plus clair, mais coloré de même; les ailes et la queue sont rayées de vert et de vert noirâtre; les tiges des pennes sont d'un beau jaune d'or; le front est gris; la gorge et les joues sont grivelées de noir sur un fond blanc-grisâtre; le mâle a le dessus de la tête rouge et l'occiput noir : la femelle a du brun au lieu de rouge, qui se fond avec le noir de l'occiput.

C'est un des oiseaux les plus communs aux environs du Cap, là où l'on trouve encore des grands bois. La femelle pond de cinq à sept œufs blancs.

Le Pɪᴄ ᴀ ᴅᴏᴜʙʟᴇs ᴍᴏᴜsᴛᴀᴄʜᴇs, Vaill., 251 et 252 (*Picus biarmicus*), est à peine plus grand que notre épeiche : il se reconnoît à ses deux larges moustaches noires, qui partent du bec et dont l'une se dirige au-dessous de l'œil vers l'oreille, tandis que l'autre descend sur le cou. Le dessus de la tête est piqueté de roussâtre, et l'occiput est rouge vermillon; le dessus du corps est verdâtre, à reflets gris ou bruns, et vermiculé de traits jaunâtres; le dessous du cou et les joues sont blanches; la poitrine et l'abdomen d'un blanc-grisâtre, flambé de brun-olive; les ailes et les plumes de la queue sont olives, et ont leurs tiges d'un jaune d'or. La femelle n'a pas de rouge sur la tête; elle pond quatre œufs blancs, que le mâle couve avec elle.

Ce pic est très-abondant dans tout le pays des Cafres; il vit habituellement sur les mimosas, qu'il frappe à coups redoublés.

Le Pic a collier (*Picus torquatus*, Wils., *Orn. am.*, t. 111, pl. 20, fig. 20) est une belle espèce, que l'on doit aux voyages de Lewis et Clarck. Ce pic, long de onze pouces, a la tête et le dos d'un vert foncé; le cou et la poitrine gris; l'abdomen rose; le devant du front d'un beau rouge.

Le Pic noir, Buff., pl. enlum. 596 (*Picus martius*, Linn.), est la plus grande des espèces d'Europe : sa taille égale celle d'une petite corneille; il est en entier d'un noir profond. L'arête supérieure de son bec est noire, ainsi que sa pointe; le reste est blanchâtre. Le mâle a tout le dessus de la tête rouge, tandis que la femelle n'a que l'occiput de cette couleur : elle pond trois œufs blancs.

Ce pic habite dans le Nord de l'Europe jusqu'en Sibérie; il s'avance dans les forêts de l'Allemagne et de la France; mais on ne le trouve jamais en Hollande.

Le Pic a bec d'ivoire, Buff., 690 (Wils., *Orn. am.*, t. 4, pl. 29, fig. 1; *Picus principalis*, Gmel.), est plus grand que le précédent; il est noir et sa tête est huppée; le dessous de son oreille est noir; un trait blanc qui descend sur les côtés du cou, s'élargit sur les couvertures des ailes; la moitié postérieure des secondes rémiges est blanche et dessine sur chaque aile un large miroir blanc. Le bec est très-robuste et d'un beau blanc; les pieds sont bruns.

Le mâle, que Buffon a représenté pl. enl. 690, a l'occiput et le derrière du cou d'un beau rouge. La femelle a le bec moindre, et toute la tête noire, glacée de vert.

Cet oiseau est sédentaire dans les contrées qu'il habite. Wilson ne croit pas qu'il aille plus au sud que dans la Virginie; on le trouve jusque dans le New-Jersey. La femelle pond quatre à cinq œufs blancs; les petits éclosent à la mi-Juin.

Le Pic a huppe rouge, Buff., 708 (Wils., *Orn. am.*, t. 4, pl. 29, fig. 2; *Picus pileatus*, Gmel.), est un peu plus petit que le précédent. Il est répandu dans toute l'Amérique septentrionale, depuis l'intérieur du Canada jusque dans le Mexique. Il est tout noir, avec un petit miroir blanc sur le haut des premières pennes de l'aile; l'oreille est d'un gris foncé; un trait blanc est au-dessus d'elle; un autre, de même couleur, part de la narine, passe sous l'œil et sous l'oreille, descend sur le cou en s'élargissant, et va se terminer sur les flancs. Le mâle a le dessus de la tête tout rouge; tandis que dans la femelle le front est gris et l'occiput rouge. Celle-ci pond six œufs d'un blanc de neige.

Le Pic a moustaches blanches (*Picus leucopogon*) est une nouvelle espèce, qui nous vient du Brésil par M. Auguste de Saint-Hilaire.

Ce pic est noir, avec le dos blanc; le dessus de la tête est également noir; l'occiput et les oreilles sont rouges, ainsi que la gorge; un trait blanc, bordé en dessus et en dessous d'un autre trait noir, descend de la commissure du bec et se termine un peu au-delà de l'œil; le bec est blanc; les pieds sont bruns.

Le Pic guttural (*Picus gutturalis*) est un grand pic de Sumatra, découvert par M. A. Duvaucel. Le corps est gris cendré uniforme; la gorge d'un blanc roussâtre; le bec couleur de corne; les pieds sont noirâtres : sa taille égale celle du pic noir.

Le Pic ouentou, Buff., 707 (*Picus lineatus*, Gmel.), a le dos, la gorge, la poitrine et le front noirs; le ventre roux, rayé de noir; l'occiput huppé et rouge; les joues blanches; (ce blanc descend en trait sur les côtés du cou et borde ensuite les scapulaires); le bec de couleur de corne.

L'espèce nominale que l'on a faite sous la dénomination de *picus melanoleucus*, nous paroit être la femelle, qui ne diffère du mâle que par son occiput blanc. Cet oiseau vient de la Guiane.

Le Pic a face rouge (*Picus erythrops*) en est une espèce fort voisine, originaire du Brésil. Le dos, la poitrine, la gorge et le ventre sont colorés de la même manière. Elle diffère par ses oreilles, par le dessus de la tête, rouge sur le front dans le mâle (la femelle a le front noirâtre), et par la direction du trait blanc, qui, au lieu de s'étendre sur le dos, descend sur les côtés de la poitrine.

Le Pic a ventre blanc (*Picus leucogaster*, Reinw.). Ce pic, que M. Reinwardt a découvert à Java, se trouve aussi à Mindanao, d'où M. Regnault de la Susse l'a rapporté et donné au cabinet du Roi. Le dos, la tête, le cou et la poitrine sont noirs; l'occiput est rouge, la poitrine est linéolée de roussâtre; le ventre est blanc; le bec et les pieds sont noirâtres.

Le Pic a oreilles bicolores (*Picus robustus*, Illig.) a le dos blanc; les ailes noires; le ventre rayé de roux et de noir; la tête et le cou rouges; les oreilles grises, avec un trait blanc dessous. Les femelles ont les narines et les moustaches blanches, et le dos noir. Taille des précédens.

Du Brésil et du Pérou.

Pic en deuil (*Picus funebris*). Espèce un peu plus petite que les précédentes. Son plumage est d'un noir cendré; le dessous de la gorge est très-finement ponctué de blanc.

Il nous vient des Philippines.

Le Pic grand épeiche, Buff., pl. enlum. 196 (*Picus major*, Linn.), a le dos noir; la gorge, la poitrine, le ventre et le sommet de la tête noirs; le front et les joues blancs; un trait noir, qui part du bec inférieur, descend sous la joue, s'élargit un peu sous l'oreille et descend en croissant sur les côtés de la poitrine; les scapulaires blancs; les ailes et la queue noires, variées de blanc; les plumes moyennes de celle-ci toutes noires; le dessous du croupion rouge : le mâle ne diffère de la femelle que par un croissant rouge au bas de l'occiput.

Dans le jeune âge le mâle a le dessus de la tête rouge.

La ponte est de quatre à six œufs blancs.

Il est commun dans les bois, les parcs et même dans les buissons.

Le Pic a dos blanc (*Picus leuconotos*, Bechst.) a été long-temps confondu avec le précédent. Il est un peu plus grand et il en diffère par les caractères suivans : Le haut du dos est noir, ainsi que les scapulaires; mais les ailes, le bas du dos et le croupion sont noirs, rayés de blanc; le front est blanc; l'occiput noir; les oreilles et le derrière du cou sont de couleur blanche, ainsi que la gorge; un trait noir part du bec inférieur, s'élargit sous l'oreille, s'étend sur la poitrine, et devient de larges flammes noires sur le fond blanc de la poitrine et blanc-rosé de l'abdomen; le croupion est rosé. Il est abondant en Silésie, en Courlande, en

Livonie, d'où il émigre rarement dans les provinces du Nord de l'Allemagne. Il se tient dans les hautes futaies et assez souvent autour des maisons rustiques. Il pond de quatre à six œufs blancs.

Le Pic MOYEN ÉPEICHE, Buff., pl. enlum. 611. ou le Pic MAR, Temm. (*Picus medius*, Linn.), d'Europe, est un peu plus petit que l'épeiche. Il a le dos et les ailes colorés comme dans l'épeiche; le sommet de la tête d'un beau rouge: la gorge et la poitrine blanches; le rouge du croupion s'étend sur l'abdomen et sur les flancs; ceux-ci sont flambés de noir. La femelle diffère très-peu du mâle: elle a un peu moins de rouge sur le dessus de la tête.

Ce pic habite les jardins, les parcs. Il est plus commun dans le Midi de l'Europe que dans le Nord. Il pond trois ou quatre œufs blancs.

Le Pic PETIT ÉPEICHE, Buff., pl. enl., 595 (le Pic ÉPEI-CHETTE, Temm.; *Picus minor*, Linn.); de la taille de notre moineau. Il a le bec court; le dos noir sur le haut, rayé en-suite de noir et de blanc; le sommet de la tête rouge; l'oc-ciput noir; l'abdomen blanc sale, flambé de noir; point de rouge au croupion. La femelle diffère par l'absence du rouge sur la tête.

Il vit dans les grandes forêts de pins et de sapins. Pendant l'hiver il se retire quelquefois dans les vergers. Il est plus commun dans le Nord que dans le Midi de l'Europe.

La ponte est de quatre à cinq œufs blancs, teintés de ver-dâtre: c'est la seule espèce de pic qui offre quelque va-riété de couleur dans ses œufs.

Le Pic CHEVELU, Wils., *Ornith. am.*, tome 1, pl. 9, n.° 3 (*Picus villosus*, Gmel.), nous vient des États-Unis. Il est de la taille du moyen épeiche; mais ses couleurs sont semblables à celle du *picus major*. Buffon l'a représenté, pl. enlum. 754, sous le nom de pic du Canada. Mais il va au Sud jusque dans la Géorgie. La femelle pond cinq œufs blancs. Son cri peut se rendre par la syllabe *chuck*, répétée plusieurs fois de suite.

Le Pic MINULE, Wils., *Ornith. am.*, tome 1, pl. 9, n.° 4 (*Picus pubescens*, Gmel.), est un autre petit pic, de la taille du *picus minor*, qui habite aussi les États-Unis. Son cri peut être rendu par la syllabe *chinck*, répétée fréquemment. Ce petit pic s'associe aux mésanges et aux troglodytes pendant l'hiver. Il diffère du petit épeiche, parce qu'il a le dessus de la tête tout noir et le ventre tout blanc. La ponte est de six ou huit œufs blancs. Les petits éclosent en Juin.

Le Pic CAROLIN, Buff., 692, et Wils., *Ornith. am.*, tome 1, pl. 7, fig. 2 (*Picus carolinus*, Gmel.), a le dos, les ailes et la queue noirâtres, grivelés de blanc ; le dessus de la tête d'un beau rouge ; le dessus du corps gris, teinté de rouge, surtout sous l'abdomen. Le mâle ne prend ces couleurs qu'à trois ans. Les jeunes ont la tête et le cou d'un cendré-brunâtre. La femelle diffère du mâle, parce qu'elle n'a pas de rouge sur la tête, que le front est cendré, et que la partie noire est moins intense. Ce pic est très-abondant dans tous les États-Unis, depuis le Haut-Canada jusqu'à la Louisiane. Il est farouche et préfère les grands bois ; son cri peut être exprimé par *chow*, suivant Wilson.

Le Pic A CAMAIL ROUGE, Buff., pl. enlum. 17 ; Wils., *Ornith. am.*, tome 1, pl. 9, fig. 1 (*Picus erythrocephalus*, Gmel.), a la tête et le cou rouges ; le dos noir, glacé de bleu ; un large miroir blanc sur l'aile ; le ventre tout blanc, séparé du rouge de la poitrine par un croissant noirâtre.

Les jeunes ont la tête grise, grivelée de noirâtre sur le devant.

Il est plus grand que notre épeiche. Il habite depuis le Haut-Canada jusqu'au golfe du Mexique et sur la côte sud-ouest de l'Amérique. Il construit son nid à la fin de Mai. La femelle y dépose six œufs blancs. Il se plaît dans le voisinage des grandes villes, et, en général, il est peu farouche. Il se nourrit de larves d'insectes et de cerises sauvages. (VALENC.)

PIC-BŒUF. (*Ornith.*) Voyez PIQUE-BŒUF. (Ch. **D.**)

PIC-BOIS. (*Ornith.*) Lepage du Pratz, dans son Histoire de la Louisiane, tome 2, page 136, écrit ainsi le nom des pics de cette contrée, dont il désigne deux espèces. (Ch. **D.**)

PIC-GRIMPEREAU. (*Ornith.*) Voyez PICUCULE. (Ch. **D.**)

PIC-MAÇON. (*Ornith.*) Un des noms vulgaires de la sittelle ou torchepot, *sitta europœa*, Linn. (Ch. **D.**)

PIC-MARC. (*Ornith.*) Ce nom, qu'on écrit aussi *pic-mars*, *pic-mart*, désigne tantôt le pic vert ou le pic noir, et tantôt le pic épeiche. (Ch. D.)

PIC-D'MOUNTAGNA. (*Ornith.*) Nom du pic noir, *picus martius*, Linn., dans le Piémont. (Ch. D.)

PIC-MURADOUR. (*Ornith.*) On donne ce nom au grimpereau de muraille dans le Piémont, où la sittelle, *sitta europæa*, Linn., est appelée *Pic-piouns*. (Ch. D.)

PIC DE MURAILLE. (*Ornith.*) C'est le grimpereau de muraille, dont M. Cuvier a fait le type de son genre Échelette. (Desm.)

PIC-MURAU. (*Ornith.*) Voyez Pic-muradour. (Desm.)

PIC-PIOUNS. (*Ornith.*) L'un des noms piémontois de la sittelle. (Desm.)

PIC-TRIL. (*Ornith.*) Ce nom, suivant Guillemeau, dans son Essai sur l'histoire naturelle des oiseaux du département des Deux-Sèvres, est donné, près d'Argenton-Château et de Thouars, à la pie-grieche grise, *lanius excubitor*, Linn., qui, en d'autres endroits du même département, est appelée *pic-griché*. (Ch. D.)

PIC A TROIS DOIGTS (*Ornith.*): *Picus tridactylus*, Lath.; *Picus hirsutus*, Vieill., ou Pic tridactyle. Voyez Picoïde. (Desm.)

PICA. (*Ornith.*) Ce nom latin et italien de la pie est appliqué avec diverses épithètes à plusieurs oiseaux différens. Le cassenoix, *corvus caryocatactes*, Linn., est appelé par certains auteurs *pica abietum guttata*; le tyran titiri, *lanius tyrannus*, Linn., est nommé par Frisch, *pica americana cristata*; les Catalans appellent, suivant Barrère, le grimpereau de muraille, *pica aranyas*; l'aracari bleu est désigné dans Aldrovande sous la dénomination de *pica brasilica secunda*; le guépier rouge et bleu est le *pica brasiliensis amœnissimis coloribus*, de Séba; le geai d'Europe, *corvus glandarius*, Linn., est le *pica glandaria* de plusieurs ornithologistes; le macareux, *alca arctica*, Linn., est le *pica marina* d'Aldrovande; l'huîtrier, *hæmatopus ostralegus*, Linn., est le *pica marina* de Charleton, comme le guillemot, *colymbus troile*, Linn., est le *pica marina* de Gesner; le *pica mexicana* de Séba, est l'épeiche du Mexique; le *pica minima* de Frisch, est la pie-grièche rousse, *lanius rufus*, Gmel.; le *pica nigra jamaicensis*, de Klein, est l'ani des Savanes, *crotophaga ani*, Linn.; le martin-pêcheur à longs brins, *alcedo dea*, Linn., est le *pica ternatana*, de Klein. (Ch. D.)

PICA. (*Mamm.*) On a quelquefois écrit à tort ce mot pour celui de Pika, qui désigne un mammifère rongeur du genre Lagomys. (Desm.)

PICA-POULE. (*Bot.*) Nom languedocien du micocoulier, *celtis australis*, cité par Gouan. (J.)

PICA-ROCHE ou PIC D'LA MORT. (*Ornith.*) En Piémont ces noms sont donnés au grimpereau de muraille, oiseau du genre Échelette. Voyez ce mot. (Desm.)

PICACUROBA. (*Ornith.*) Marcgrave, page 204, indique sous ce nom une tourterelle du Brésil d'un cendré roussâtre, que Buffon, tome 2, in 4.", page 557, rapporte à la *tourterelle de la Caroline*, de Catesby, autrement nommée *tourte*. (Ch. D.)

PICAHUAY. (*Bot.*) Nom péruvien de l'*embothrium emarginatum* de la Flore du Pérou. (J.)

PICALOTL. (*Ornith.*) Fernandez, chap. 225, décrit cet oiseau comme long de dix-huit pouces, ayant les parties supérieures bleues, les inférieures blanches ; le bec épais, long, noir, et la tête surmontée d'une huppe de cette dernière couleur; il ne chante pas, et ne fait entendre que des cris; il vit, ajoute l'auteur, de semences de graminées et de vermisseaux ; on l'élève en domesticité et il est bon à manger. (Ch. D.)

PICAN. (*Bot.*) Voyez Polan. (J.)

PIÇAN. (*Bot.*) Voyez Pissang. (J.)

PICAREL. (*Ichthyol.*) Voyez Smare. (H. C.)

PICARY. (*Mamm.*) Manière fautive d'écrire le nom du Pécari. (Desm.)

PICASSON. (*Ornith.*) Nom vulgaire du grimpereau commun, *certhia familiaris*, Linn. (Ch. D.)

PICATA. (*Ornith.*) Un des noms espagnols de la pie commune, qui est aussi appelée, dans la même langue, *picaza* et *pega*. (Ch. D.)

PICATEOA. (*Ornith.*) Nom provençal des Pics. (Desm.)

PICAVERET. (*Ornith.*) Ce nom, qu'on écrit aussi *picavret*, est donné par Belon au cabaret, variété dans le genre Linotte. (Ch. D.)

PICAZURO. (*Ornith.*) D'Azara qui dit, que les Guaranis (habitans du Paraguay) appellent *pigazu* tout pigeon de grande espèce, décrit sous le n.º 517 le *picazuro*, que M. Temminck nomme aussi colombe picazuro, pag. 111, in 8.", de son Histoire des pigeons. (Ch. D.)

PICCAFIGA. (*Ornith.*) Suivant Gesner et Aldrovande, ce nom est donné par les Italiens des environs du lac Majeur, au bec-figue ou beque-fique, c'est-à-dire à la farlouse ou fauvette désignée sous cette dénomination ; car M. Cuvier prétend que c'est un oiseau imaginaire. (Ch. D.)

PICCHIA FERRO. (*Ornith.*) C'est, en sicilien, le guépier commun, *merops apiaster*, Linn. (Ch. D.)

PICCHIO. (*Ornith.*) Pic, en italien. (Ch. D.)

PICCHION. (*Ornith.*) Voyez Échelette. (Ch. D.)

PICCIA. (*Bot.*) Necker a voulu substituer ce nom générique à celui de *symphonia*, donné par Linnæus fils à un genre qui, postérieurement, a été réuni au *moronobea* dans la famille des guttifères. (J.)

PICCIONE. (*Ornith.*) Jeune pigeon en italien. (Ch. D.)

PICEA. (*Bot.*) On désigne sous ce nom une section du genre Sapin, *Abies*, dont les diverses espèces, plus résineuses que balsamiques, ont le feuillage non aplati, mais circulaire, et les cônes renversés. On les nomme aussi *epicia*, et il paroît que le *pitys* de Théophraste doit être assimilé aux mêmes espèces. *Picea* est aussi le nom d'une espèce du genre Sapin. Voyez ce mot. (J.)

PICHAROUKI. (*Erpét.*) Nom égyptien du crocodile, d'après le *Dictionnaire égyptien* de Kircher. Voyez Crocodile. (H. C.)

PICHAR PEERING. (*Bot.*) Marsden cite à Sumatra sous ce nom un arbrisseau à grandes fleurs blanches, qu'il dit être dans le catalogue de Batavia sous le nom de *clerodendrum*. (J.)

PICHAY. (*Mamm.*) Nom de tous les animaux à poils crépus au Paraguay, suivant d'Azara. (F. C.)

PICHE. (*Ornith.*) On lit dans les Mémoires philosophiques de D. Ulloa, trad. françoise, tome premier, pag. 189, que parmi les oiseaux du haut Pérou se trouvent les piches, dont le chant est agréable. (Ch. D.)

PICHI. (*Bot.*) Nom donné dans le Chili au *fabiana* de la Flore du Pérou. Cette plante passe dans le pays pour un remède efficace contre la maladie dite *pizguin*, qui attaque les chèvres et les moutons. (J.)

PICHO. (*Ichthyol.*) Le Cyprin picot est ainsi appelé dans quelques cantons. (Desm.)

PICHOT. (*Ornith.*) Ce nom vulgaire est donné au pinson commun, *fringilla cœlebs*, Linn., et celui de *pichot de mer*, au pinson d'Ardennes, *fringilla montifringilla*, Linn. (Ch. D.)

PICHOT MONDAIN. (*Ornith.*) Le pinson d'Ardennes est ainsi nommé aux environs d'Orléans. (Desm.)

PICHOTA VERMEIL. (*Ichthyol.*) A Barcelonne, on donne ce nom à *la flamme de mer*. Voyez Cérole. (H. C.)

PICHOU. (*Mamm.*) Lepage du Pratz, dans son Histoire de la Louisiane, rapporte que « le pichou est une espèce de « chat pitois, aussi haut que le tigre, mais moins gros, dont « la peau est assez belle, et qui est un grand destructeur de « volailles, mais que, par bonheur, il n'est pas commun à « la Louisiane. » Buffon pensoit que cet animal étoit le marguay, ce qui étoit une erreur : le marguay n'est guère plus grand que le chat domestique; cependant il est impossible d'en déterminer l'espèce d'après les paroles du voyageur. (F. C.)

PICHOULINE. (*Bot.*) Nom languedocien, selon Gouan, d'une variété d'olive, *olea europæa oblonga*, plus petite que les autres. Une autre variété moyenne, *olea europæa viridula*, est nommée *pigale*. (J.)

PICHOUN-PIC. (*Ornith.*) Nom provençal du petit épeiche, *picus minor*, Linn. (Ch. D.)

PICHUIQUITA, SOCCONCHE. (*Bot.*) A Huanuco on nomme ainsi le *gardoquia incana* de la Flore du Pérou. Cette plante y est employée dans certains assaisonnemens, à cause de sa saveur agréable. (J.)

PICHURIM ou PÉCHURIM. (*Bot.*) C'est sous ce nom que l'on connoît dans les matières médicales une graine apportée de l'Amérique méridionale. Sa forme est celle d'une grosse olive : sa couleur est brune, tirant sur le noir : son odeur et sa saveur tiennent du sassafras et de la muscade. Elle est composée de deux grands lobes, aplatis d'un côté et convexes de l'autre, lesquels se détachent aisément. Linnæus, le premier, a cru qu'elle pouvoit être fournie par une espèce de laurier ; mais cette opinion n'est appuyée d'aucune preuve certaine, si ce n'est qu'elle doit appartenir à une famille ou à un genre dont la graine est dénuée de périsperme ; mais elle pourroit aussi, pour la même raison, provenir d'une plante guttifère, si l'on observe que sa cassure présente une substance dure et presque ligneuse. Suivant Murray, elle nous arrive du Brésil par le Portugal, puisqu'on la nomme pichurim du Maragnon. Elle fut d'abord vantée vers le milieu du dix-huitième siècle à Stockholm, par un capitaine, qui l'apporta du Portugal, et l'annonça comme un spécifique contre la diarrhée. Cette propriété fut confirmée par plusieurs guérisons, et peu à peu cette graine a été introduite dans plusieurs pharmacopées de l'Europe.

Meyer fait mention d'une écorce de *pichurim*, qu'il dit produite par le même végétal ; laquelle a la couleur de la cannelle ; l'épaisseur d'une ligne ; l'odeur supérieure à celle de la muscade et du girofle, tirant un peu sur celle de l'ambre ; la saveur piquante, âcre et astringente. Elle est apportée de Panama, ce qui peut donner des doutes sur son identité d'origine avec la graine. Murray dit qu'elle a été employée à Lisbonne comme astringente, stomachique et fébrifuge ; mais elle n'est point usitée en France.

M. Kunth, parmi ses plantes équinoxiales, cite un arbre de la famille des laurinées, sous le nom d'*ocotea pichurim*, qui croît dans la province de Vénézuela en Amérique, où on le nomme *laurel*; mais il est incertain si son fruit est le même que le pichurim décrit précédemment. (J.)

PICICITLI. (*Ornith.*) Fernandez, chap. 200, p. 53, décrit un petit oiseau dont tout le plumage est cendré, à l'exception de la tête et du cou, qui sont noirs, avec une assez grande tache blanche entourant les yeux et dont la pointe retombe sur la poitrine. On le voit au Mexique, après la saison des pluies, et quoiqu'il ne chante point, comme on ignore quelle est la contrée où il se reproduit, on essaie de l'élever en cage; mais il n'y vit pas long-temps. C'est un fort bon manger.

Séba a appliqué le même nom, tome 1, pag. 95, et pl. 59, à un petit oiseau de couleur pourpre, qui porte une huppe jaune, et des naturalistes en ont fait un manakin, quoique son bec fût annoncé comme pointu; mais le nom seul, qui est mexicain et non brésilien, suffisoit, comme l'a dit Buffon, pour prouver une erreur dans l'origine supposée par Séba. (Ch. **D.**)

PICIELT. (*Bot.*) Voyez Pétum. (**J.**)

PICINNA. (*Bot.*) Nom malabare, cité par Rhéede, du *luffa fœtida* de Cavanilles, genre de cucurbitacées, qui est le *gonsaly* des Brames, le *pateles* des Portugais de l'Inde. On donne aussi, à l'Isle-de-France, le nom de *pateles* au *richosanthes anguina*, autre cucurbitacée. (**J.**)

PICITE. (*Min.*) C'est le nom que M. Fischer, dans son *Systema oryctognosiæ* (imprimé à Moscou en 1811), donne au *Pechstein* fusible des minéralogistes allemands, à celui que nous avons nommé Rétinite. Voyez ce mot. (**B.**)

PICKART. (*Ornith.*) Un des noms allemands du héron butor, *ardea stellaris*, Linn. (Ch. **D.**)

PICLO. (*Ichthyol.*) Voyez Pigo. (H. C.)

PICMAR. (*Ornith.*) Voyez Picumar. (Ch. **D.**)

PICNOCOMON. (*Bot.*) Ce nom ancien a été donné à des plantes très-différentes. On le trouve d'abord appliqué par Daléchamps à une carduacée, que Linnæus nommoit *cnicus acarna*, dont Adanson faisoit son genre *Picnocomon* et qui paroît devoir être réuni au *cirsium*. Le *pycnocomon* de Columna est le *scabiosa succisa*. On peut encore rapporter ici le *pycnocomos* de Brunfels, qui est l'*ægopodium podagraria*; celui d'Anguillara, que C. Bauhin soupçonne être le *reseda alba*; enfin, la plante que Cortusus cite comme étant le *picnocomon* de Dioscoride, est assimilée par C. Bauhin à la pomme de terre, *solanum tuberosum*, qui cependant, suivant les relations les plus accréditées, n'était pas connue avant la découverte de l'Amérique, dont on la croit originaire. (J.)

PICNOME, *Picnomon*. (*Bot.*) Ce genre de plantes, qui appartient à l'ordre des Synanthérées et à notre tribu naturelle des Carduinées, présente les caractères suivans:

Calathide incouronnée, équaliflore, multiflore, obringentiflore, androgyniflore. Péricline égal ou même un peu supérieur aux fleurs, ovoïde, presque conique ; formé de squames régulièrement imbriquées, appliquées, longues, étroites, coriaces, plurinervées, surmontées d'un appendice étalé, arqué en dehors, long, épais, roide, linéaire-subulé, armé de sept épines très-longues, dont une terminale et six latérales. Clinanthe épais, charnu, planiuscule, garni de fimbrilles très-nombreuses, très-longues, inégales, libres, linéaires-subulées, laminées, membraneuses. Ovaires comprimés bilatéralement, obovales-oblongs, glabres, lisses; aréole basilaire large, point oblique; aréole apicilaire surmontée d'un plateau subhémisphérique, qui porte le nectaire et la corolle, et qui est entouré d'un anneau pappifère et caduc; aigrette longue, égale à la corolle, grisâtre en son milieu, composée de squamellules très-nombreuses, plurisériées, inégales, filiformes, barbées, à barbes longues et capillaires. Corolles à limbe étroit, à peine distinct du tube, obringent. Étamines à filets garnis de longs poils; à anthères pourvues d'appendices apicilaires entregreffés, longs, linéaires, aigus au sommet. Style à deux stigmatophores entregreffés, libres et divergens au sommet.

Les squames extérieures du péricline sont linéaires-subulées, presque inappendiculées, les intérieures linéaires-oblongues et surmontées de l'appendice décrit ci-dessus. C'est précisément tout le contraire de ce que disent les botanistes : *squamis calycinis lanceolatis, inferioribus spina pinnata terminalis.*

Nous ne connoissons qu'une seule espèce de ce genre.

PICNOME ACARNE : *Picnomon Acarna*, H. Cass.; *Cnicus Acarna*, Linn., *Sp. pl.*, édit. 5, pag. 1158. C'est une plante herbacée, haute d'environ un pied, à tige dressée, portant des rameaux très-longs, étalés; la tige et les rameaux sont garnis tout autour d'ailes longitudinales, bordées d'épines, et formées par les décurrences des feuilles; celles-ci sont alternes, étalées, sessiles, décurrentes, longues d'environ quatre pouces, larges d'environ six lignes, oblongues-lancéolées, blanchâtres ou grisâtres, et plus ou moins pubescentes ou tomenteuses sur les deux faces, par la présence de longs poils laineux, couchés, plus ou moins rapprochés ; ces feuilles sont bordées de petites épines en forme de cils, et pourvues en outre de lobes distans, courts, bifides, dont les deux divisions sont terminées chacune par une longue épine jaune, et de manière que l'une est élevée au-dessus de la feuille et l'autre abaissée au-dessous ; les calathides, hautes d'un pouce et composées d'environ trente-quatre fleurs purpurines, sont solitaires au sommet de la tige et des rameaux, et chacune d'elles est entourée d'un assemblage de feuilles courtes, inégales, verticillées, formant une sorte d'involucre ; leur péricline est tomenteux ou laineux.

Nous avons fait cette description spécifique, et celle des caractères génériques, sur un individu vivant, cultivé au Jardin du Roi, où il fleurissoit en Septembre.

Le *Picnomon Acarna* est une plante annuelle, bisannuelle, ou vivace, suivant divers botanistes ; elle habite les champs de l'Espagne, et se trouve aussi sur les terrains pierreux et stériles de nos départemens méridionaux, où elle fleurit en Juillet. Tournefort, dans son *Corollarium* (pag. 33), indique une variété à fleurs blanches ; Linné, d'après C. Bauhin, en indique une autre à tige basse.

Cette plante, nommée d'abord *Picnomon* par Daléchamps, puis *Chamæleon* par Clusius, ensuite *Acarna* par C. Bauhin, fut attribuée par Tournefort à son genre *Cnicus*, caractérisé par le péricline entouré de bractées, et composé d'espèces presque toutes hétérogènes. Vaillant, bien meilleur observateur, reconnut, le premier, que l'espèce dont il s'agit devoit seule constituer un genre particulier, qu'il nomma *Acarna*, et qu'il caractérisa ainsi : Fleur ordinairement en houppe ; ovaires lisses, couronnés de plumes, nichés entre les poils du placenta ; calice à pureau des écailles becqué d'un piquant endenté. Ce caractère générique, exprimé en style barbare, n'en est pas moins fort exact, et il auroit dû préserver le genre *Acarna* de l'injuste oubli dans lequel il est tombé. Linné, négligeant les excellentes observations de Vaillant, confondit l'*Acarna*, d'abord avec les *Carduus*, puis avec ses *Cnicus*. Le genre *Cnicus* de Linné, très-différent, surtout par sa composition, du genre *Cnicus* de Tournefort, est caractérisé par le péricline entouré de bractées, formé de squames munies d'épines rameuses, et par l'aigrette plumeuse. Ce caractère générique, dans lequel l'auteur paroit avoir combiné celui du *Cnicus* de Tournefort, et celui de l'*Acarna* de Vaillant, convient très-bien à l'*Acarna*, mais fort mal à tous les autres *Cnicus* de Linné, notamment à son *Cnicus oleraceus*, qui est le type du genre, et dont le péricline est muni d'épines simples (voyez notre article ONOTROPHE, tom. XXXVI, pag. 145). Adanson nous paroit avoir voulu rétablir le genre *Acarna* de Vaillant, sous le nom de *Picnomon*; car il indique le *Chamæleon* de L'Écluse comme type de ce genre; mais il le caractérise assez mal par les feuilles épineuses, entières et ailées, les calathides corymbées, le péricline formé de squames imbriquées, bordées d'épines, le clinanthe garni d'écailles entières, l'aigrette longue, plumeuse, les corolles hermaphrodites et à cinq dents. MM. de Lamarck et de Jussieu ont rapporté l'*Acarna* au genre *Carthamus*. Aujourd'hui les botanistes l'attribuent à leur genre *Cirsium* ou *Cnicus*, qui, selon eux, doit comprendre tous les chardons à aigrette plumeuse.

Nous pensons, comme Vaillant, que l'*Acarna* constitue un genre particulier, que nous plaçons auprès des *Lophiolepis* et *Eriolepis*, dont il diffère principalement par la structure de l'appendice des squames du péricline. En effet, dans l'*Acarna*, cet appendice est armé, sur chaque côté, de trois épines très-longues et roides; tandis que, dans les *Lophiolepis*, il est bordé sur les deux côtés d'un grand nombre de petites épines molles, et que dans les *Eriolepis* il n'est point du tout bordé d'épines. (Voyez notre article LOPHIOLÈPE, tom. XXVII, pag. 180, et les articles NOTOBASE et ONOTROPHE, où nous avons indiqué le caractère essentiellement distinctif du genre *Eriolepis*.) L'*Acarna* s'éloigne aussi des *Eriolepis* et *Lophiolepis* par son port, que Linné comparoit à celui de la Carline ou du Carthame, mais qu'il est plus exact de comparer à celui de nos *Lamyra*.

Le nom d'*Acarna*, primitivement imposé par Vaillant au genre dont il s'agit, aurait dû être conservé par nous, si Willdenow ne l'avoit pas appliqué à un genre de Carlinées, aujourd'hui généralement adopté sous ce nom. Quant au nom de *Cnicus*, il doit certainement être consacré à un genre de

Centauriées, ainsi nommé par Vaillant, Gærtner, M. De Candolle. (*Voyez notre article* Cnicus, tom. IX, pag. 457, dans lequel il faut lire, ligne 21, égales au lieu de également.) Il nous a donc paru convenable, en proposant (tom. XXV, pag. 225) le rétablissement du genre *Acarna* de Vaillant, de le présenter sous l'ancien nom crétois de *Picnomon*, adopté par Adanson, d'après Daléchamps et Lobel, et qui a, sur les noms d'*Acarna* et de *Chamæleon*, le précieux avantage de n'avoir pas été, comme ceux-ci, appliqué par divers botanistes à plusieurs plantes hétérogènes. (H. Cass.)

PICO. (*Ornith.*) Nom italien du pic et de la sittelle. (Ch. D.)

PICO - TRIGUENO. (*Ornith.*) Sonnini donne ce nom comme se rapportant à une espèce de Grosbec. (Desm.)

PICOÏDE, *Picoïdes*. (*Ornith.*) Ce sont des oiseaux absolument conformés comme les pics. M. de Lacépède a cru devoir les séparer des pics, que l'on caractérise par leurs quatre doigts, parce que les picoïdes n'en ont que trois, un derrière et deux devant. M. Temminck n'a pas adopté ce genre, parce qu'il y a des pics de l'Inde qui conduisent à nos picoïdes, ainsi que nous l'avons indiqué à l'article Pic (voyez ce mot), attendu que le doigt externe et postérieur est presque rudimentaire; mais pour se conformer aux caractères que nous assignons au genre Pic, nous croyons plus convenable d'en séparer l'espèce qui n'a que trois doigts; nous la nommerons

Picoïde varié : *Picoides variegatus*, *Picus tridactylus*, Gmel.; Edw., 114. Elle a le dos noir grivelé de blanc; le ventre blanc flambé de noir; la tête noirâtre, avec une couronne d'un beau jaune sur l'occiput; une moustache noire, assez large, bordée de blanc sur les deux côtés, descendant de l'angle du bec sur la poitrine. La femelle diffère du mâle, parce qu'elle n'a pas de jaune sur la tête; elle niche en Suisse et dans les forêts du Nord de l'Europe, et pond quatre ou cinq œufs d'un blanc pur. On le trouve aussi dans l'Amérique septentrionale, et dans le Nord de l'Asie. (Valenc.)

PICOLAT. (*Ornith.*) On appelle ainsi, dans le Périgord, le pic vert, *picus viridis*, Linn., lequel, dans d'autres départemens, est nommé *picosseau*. (Ch. D.)

PICOLOTI, SANGANGOUPI. (*Bot.*) Noms, cités dans un Herbier de Pondichéry, de la plante que nous avons nommée *ovieda ovalifolia* dans les Annales du Muséum, vol. 7, p. 76. (J.)

PICOPOULO. (*Bot.*) En Languedoc on donne ce nom à une sorte de raisin blanc à petits grains et au fruit du micocoulier. (L. **D.**)

PICOSSEAU. (*Ornith.*) Voyez PICOLAT. (CH. **D.**)

PICOTAZ. (*Bot.*) Nom provençal de l'aconit napel. (L. **D.**)

PICOTÉ. (*Conchyl.*) Nom spécifique d'une espèce du genre Cône. (DESM.)

PICOTELLE. (*Ornith.*) Un des noms vulgaires de la sittelle, appelée en catalan *picotella*. (CH. **D.**)

PICOTIA. (*Bot.*) Ce nom est cité par MM. Rœmer et Schultes, comme synonyme de l'*omphalodes*, qui lui-même a été réuni depuis long-temps au *cynoglossum* par Linnæus. (J.)

PICOTIN. (*Bot.*) Dans quelques cantons on donne ce nom au gouet commun. (L. **D.**)

PICOTITE. (*Min.*) C'est un minéral inconnu ; car, pour nous, un minéral n'est connu et ne mérite un nom particulier que quand on connoît sa composition, ou au moins sa forme cristalline, ou enfin quelques propriétés physiques tellement éminentes, qu'on puisse être sûr qu'elles ne peuvent se trouver que dans une espèce nouvelle pour la science.

Or, comme on va le voir par la description que M. de Charpentier en a faite, aucun de ces caractères déterminans n'a pu se reconnoître dans le minéral auquel il a donné le nom de Picot de la Peyrouse.

Il est d'un noir parfait, d'un éclat vitreux très-vif : il est facile à casser. Sa cassure est conchoïde ; cependant dans quelques échantillons on aperçoit une tendance à la cassure lamelleuse. Il est opaque, dur, rayant fortement le verre. Il donne une poussière d'un gris verdâtre, maigre au toucher.

Il n'a présenté aucune forme cristalline. On n'a pu évaluer sa pesanteur spécifique. Il n'agit point sur l'aiguille aimantée, même après avoir été chauffé et, n'acquiert aucune électricité par la chaleur. Il est indissoluble dans l'acide nitrique et infusible au chalumeau. (Tous ces caractères négatifs ne peuvent jamais avoir la valeur des caractères positifs. On sait qu'il y a des tourmalines infusibles, et dans lesquelles il est très-difficile de développer l'électricité.)

Il est disséminé en parties rarement *d'un volume bien sensible* dans le pyroxène en roche des Pyrénées de l'Arriége : pyroxène auquel on avoit donné autrefois le nom de lherzolite, croyant aussi que c'étoit une espèce nouvelle, parce qu'on n'avoit pas encore su la reconnoître.

Quelle urgence y a-t-il donc de décrire et de nommer tout ce que l'on trouve ? Pourquoi n'a-t-on pas la patience d'attendre qu'on puisse savoir ce que c'est, pour le faire alors réellement connoître ? car un nom donné ne fait pas connoître la chose ; et, en minéralogie, une description des caractères extérieurs de l'échantillon que l'on tient, quelque minutieuse qu'elle soit, ne fait pas davantage connoître le corps auquel elle s'applique.

Ce n'est pas à M. de Charpentier que nous adressons ces observations, mais à l'ancienne École allemande, dont il a suivi les principes, si bons en géognosie , et si trompeurs en minéralogie. (B.)

PICOUTAZ. (*Bot.*) Dans le Midi de la France on donne ce nom à l'aconit à grandes fleurs. (L. D.)

PICOZO. (*Ornith.*) Nom italien du pic vert, *picus viridis*, Linn., qui est aussi appelé, dans la même langue, *pico verde*. (Cн. D.)

PICRAMNIA. (*Bot.*) Genre de plantes dicotylédones , à fleurs incomplètes, dioïques, de la famille des *térébintacées*, de la *dioécie pentandrie* de Linnæus, offrant pour caractère essentiel : Des fleurs dioïques ; un calice à trois ou cinq divisions ; autant de pétales et d'étamines ; dans les fleurs femelles, un ovaire supérieur ; deux stigmates presque sessiles ; une baie à deux loges ; deux semences dans chaque loge.

Picramnia antidesme : *Picramnia antidesma*, Swartz, *Flor. ind. occid.*, 218 ; *Berberis fruticosa*, Sloan., *Jam.*, 170 , *Hist.*, 2, tab. 209, fig. 2. Arbrisseau dont la tige droite, foible, chargée de rameaux grêles, étalés, cendrés, rabattus, un peu ramifiés, garnis de feuilles ailées, longues d'un pied et plus ; les folioles pédicellées , glabres , alternes , elliptiques , obtuses , entières. Les fleurs sont dioïques, disposées en grappes terminales, filiformes, longues d'un à deux pieds, lâches, pendantes, chargées de fleurs d'un vert blanchâtre, pédicellées, réunies en paquets alternes ; le calice à trois divisions droites, lancéolées ; trois pétales lancéolés, étalés, un peu plus longs que le calice ; trois filamens plus longs que la corolle ; les anthères ovales , à deux loges ; dans les fleurs femelles un ovaire oblong, un peu comprimé ; deux stigmates courts , presque sessiles , recourbés. Le fruit est une baie alongée, de la grosseur d'une groseille, d'abord d'un rouge vif, puis noire, à deux loges ; deux semences ovales, oblongues dans chaque loge. Cette plante croît sur les montagnes à la Jamaïque ; elle est très-amère. Elle passe, chez les Nègres, pour anti-vénérienne ; ils la prennent aussi en infusion pour appaiser la colique.

Picramnia a cinq étamines ; *Picramnia pentandra*, Swartz, *loc. cit.* Cet arbrisseau ressemble beaucoup à l'espèce précédente, mais ses folioles sont plus larges ; les grappes beaucoup plus courtes, inclinées et ordinairement un peu ramifiées. Les fleurs sont plus petites ; le calice à cinq divisions ; les étamines, au nombre de six, plus longues que la corolle ; les anthères arrondies ; l'ovaire un peu globuleux ; deux stigmates sessiles en tête. Cette plante croît dans l'Amérique méridionale et au mont Serrat. (Poir.)

PICREUS. (*Bot.*) Ce genre, établi par Beauvois dans sa Flore d'Oware, t. 86, ne paroît congénère du souchet, *cyperus*, que par le stigmate double, qui se retrouve dans d'autres souchets. (J.)

PICRIA. (*Bot.*) Genre de plantes dicotylédones, à fleurs complètes, monopétalées, irrégulières, de la famille des *personnées*, de la *didynamie angiospermie* de Linnæus, offrant pour caractère essentiel : Un calice à quatre découpures profondes, inégales ; une corolle en masque : le tube resserré dans son milieu ; quatre étamines didynames ; un ovaire supérieur ; un style ; deux stigmates ; une baie à deux loges polyspermes.

Picrie fiel de terre ; *Picria fel terræ*, Lour., *Flor. cochin.*, 1, page 478. Plante herbacée, dont les racines produisent plusieurs tiges droites, tétragones, rameuses, longues d'un pied ; les feuilles sont opposées, rudes, ovales, glabres, dentées en scie ; les fleurs axillaires, pédonculées, réunies en paquets d'un blanc rougeàtre ; le calice a quatre folioles caduques, desquelles deux sont planes, ovales, plus longues que la corolle ; deux autres alternes, linéaires, plus courtes ; la corolle est tubulée, en masque ; le tube resserré dans son milieu ; la lèvre supérieure spatulée, échancrée au sommet ; l'inférieure plus ample, à trois lobes égaux, arrondis ; des quatre filamens didynames, les deux plus longs sont engainés par de petits tubes papilleux et leurs anthères séparées, inclinées, à une seule loge ; les deux filamens plus courts, courbés en dedans ; leurs anthères conniventes, à deux loges ; l'ovaire est ovale, à un style de la longueur de la corolle, et deux stigmates droits, lancéolés ; la baie ovale, à deux loges, renferme plusieurs semences arrondies. Cette plante est cultivée dans les jardins, à la Chine et à la Cochinchine, à cause de sa grande amertume, qui la fait employer dans les fièvres intermittentes, comme apéritive, sudorifique, emmenagogue et diurétique. (Poir.)

PICRIDIE, *Picridium*. (*Bot.*) Genre de plantes dicotylédones, à fleurs composées, de la famille des *chichoracées*, de la *syngénésie polygamie égale* de Linnæus, offrant pour caractère essentiel : Des fleurs toutes hermaphrodites, semiflosculeuses, renfermées dans un involucre ou un calice commun imbriqué, ventru à sa base, composés de folioles membraneuses sur les bords ; cinq étamines syngénèses ; le réceptacle nu ; les semences tétragones, un peu courbées, marquées de tubercules disposées en séries transversales ; une aigrette sessile, à poils simples.

En rapprochant des *picris* ce genre établi par M. Desfontaines, on reconnoît qu'il en diffère par le caractère de ses semences quadrangulaires, par les tubercules en séries transversales, dont elles sont hérissées et par le défaut de calice extérieur distinct. Ce dernier caractère les avoit fait ranger d'abord par Linné parmi les *scorzonères* ; mais le caractère des semences les en écartent. Willdenow les rapporte aux *sonchus*. Le genre *Reichardia* de Mœnch et de Roth est le même que celui-ci.

Picridie vulgaire : *Picridium vulgare*, De*f.*, *Flor. Atlan.*, 2, page 221 ; *Sonchus picroides*, *All. flor. ped.*, tab. 16, fig. 1 ; Lobel, *Icon.*, 256 , fig. 2 ; *Scorzonera picroides*, Linn.; Poir. , Voyag. en Barb. , 2 , page 226. Cette espèce a des tiges hautes d'un à deux pieds, un peu fistuleuses. Les rameaux sont étalés ; les feuilles glabres, distantes ; les inférieures lancéolées, rétrécies à leur base en pétiole ; les unes entières, d'autres rongées ou laciniées avec quelques petites dents aiguës ; celles des tiges très-simples, embrassantes, élargies à leur base, un peu denticulées vers leur sommet ; les pédoncules sont rameux, fistuleux, renflés à leur sommet, garnis d'écailles éparses, en cœur, membraneuses à leurs bords. Les fleurs sont jaunes, assez grandes ; leur calice est ventru, à écailles inégales : les extérieures très-courtes ; les semences, surtout les extérieures, un peu courbées en arc, tétragones ; les intérieures droites, presque ovales ; leur aigrette est sessile, simple et velue. Cette plante croît dans les contrées méridionales de la France. Je l'ai trouvée en Barbarie ; Tournefort dans l'île de Mycone. Il dit que les habitans en font des salades tout-à-fait ragoûtantes, quand on frotte le plat avec de l'ail. (*Voyage du Levant*, vol. 1 , page 354, in-8.°)

Picridie de Tanger : *Picridium tingitanum* , Desf., *loc. cit.; Scorzonera tingitana*, Linn. , *Spec.* Cette plante a des feuilles assez semblables à celles du pavot sommifère, un peu charnues, rongées sur leurs bords. Les fleurs sont grandes, d'un beau jaune, et méritent d'être introduites dans nos parterres comme plantes d'ornement ; les tiges sont droites, glabres, cannelées ; les feuilles embrassantes, d'un vert glauque, garnies à leurs bords de petites dents spinuliformes ; les pédoncules très-longs, uniflores, renflés au sommet, parsemés de quelques petites folioles linéaires ; le calice est épais, très-ventru, à écailles larges, ovoïdes, aiguës, membraneuses à leurs bords ; les demi-fleurons sont velus et de couleur purpurine à l'entrée du tube ; le tube des étamines est pubescent ; les semences sont tétragones, obtuses, tuberculées ; à aigrette d'un blanc brillant et soyeux. J'ai recueilli cette plante sur les côtes de Barbarie, particulièrement vers les côtes maritimes, dans les fentes des rochers. On la cultive au Jardin du Roi.

Picridie blanchatre : *Picridium albidum*, Decand.. Fl. fr., 4, page 16; *Crepis albida*, Vill., *Dauph.*, 3, page 139, tab. 33; Jacq., *Icon. rar.*, 1, tab. 164; Allion, *Ped.*, n.° 800, tab. 32, fig. 3. Cette espèce n'est pas inférieure en beauté à la précédente, avec laquelle elle a beaucoup de rapports. Sa racine est épaisse et profonde; sa tige presque simple, longue de douze à quinze pouces, un peu pubescente; ses feuilles sont assez grandes, velues, oblongues et blanchâtres, souvent pinnatifides ou dentées, rarement entières; les caulinaires embrassantes ou sessiles; les pédoncules très-longs, uniflores. Les fleurs sont grandes, d'un jaune pâle, d'un bel aspect; les folioles du calice ovales, oblongues, presque glabres, membraneuses sur leurs bords; les semences oblongues, amincies au sommet; l'aigrette très-blanche, à poils simples. Cette plante croit aux lieux pierreux des hautes montagnes, dans les Pyrénées et les Alpes.

Picridie d'Espagne : *Picridium hispanicum*, Poir., Enc. suppl.; *Sonchus hispanicus*, Willd., *Spec.*; Jacq., *Hort. Schœnbr.*, 2, tab. 143. Cette plante ressemble beaucoup au *picridium tingitanum*; elle s'en distingue par sa couleur plus glauque, par les points blancs et nombreux, dont les feuilles sont parsemées; elles sont de plus embrassantes, alongées, sinuées ou pinnatifides, dentées à leur contour, glabres à la vue, mais considérées à la loupe, couvertes d'un duvet très-fin, formé par de petits points blancs; les dentelures terminées par une pointe épineuse; les pédoncules écailleux, renflés à leur sommet; les calices glabres, raboteux. Cette plante croit en Espagne, aux environs de Malaga.

Picridie a feuilles en lanières ; *Picridium ligulatum*, Vent., *Malm.*, 2, tab. 68. Cette espèce a des tiges droites, hautes de deux pieds et plus; les feuilles sont alternes, sessiles, embrassantes, alongées, en forme de lanière, obtuses, légèrement sinuées, glabres, d'un vert glauque, un peu épaisses, longues de six pouces, bordées de dents aiguës; les pédoncules sont longs, terminaux, souvent solitaires, creux et renflés à leur sommet, parsemés de quelques petites écailles. Les fleurs, de la grandeur de celles du pissenlit et d'un beau jaune, ont le calice renflé à sa base; ses folioles glabres, imbriquées, aiguës, membraneuses à leurs bords; les semences tétragones, tuberculées sur leurs angles, d'un brun foncé; l'aigrette simple, sessile, pubescente, très-blanche; le réceptacle nu, convexe, alvéolaire. Cette plante croît aux environs de Mogador, où elle a été découverte par Broussonnet.

PICRIDIE D'ORIENT; *Picridium orientale*, Poir.; *Scorzonera orientalis*, Linn., *Spec.* Cette plante, qui a le port et une partie des caractères du genre *Picridium*, doit y être réuni. Sa tige est basse, presque simple, cylindrique, terminée par une seule fleur; les feuilles sont glabres, alternes, sinuées, profondément dentées, assez semblables à celles du *leontodon*; leurs découpures finement denticulées. Les fleurs sont solitaires; elles ont leur calice composé d'écailles imbriquées; les inférieures entourées d'une large membrane scarieuse; la corolle jaune, assez grande. Cette plante croît dans le Levant. (POIR.)

PICRIS. (*Bot.*) Genre de plantes dicotylédones, à fleurs composées, de la famille des *chicoracées*, de la *syngénésie polygamie* de Linnæus, offrant pour caractère essentiel : Des fleurs toutes hermaphrodites, à demi-fleurons; un involucre ou calice commun, composé d'une rangée de folioles entourée à sa base d'un second rang de folioles beaucoup plus courtes. Les fleurs demi-flosculeuses; cinq étamines syngénèses; le réceptacle ponctué; les semences striées transversalement, surmontées d'une aigrette plumeuse, sessile ou presque sessile.

On a séparé du genre *Picris* de Linné toutes les espèces dont les semences sont alongées, rétrécies en une sorte de pédicelle, qui supporte une aigrette plumeuse. Les semences les plus extérieures de la circonférence sont difformes, velues, adhérentes à la base des folioles, à aigrette plus courte et comme avortée; les corolles pourvues de longs poils coniques à l'entrée du tube. Ce genre porte le nom d'HELMINTIA. (Voyez ce mot.)

PICRIS ÉPERVIÈRE : *Picris hieracioides*, Linn., *Spec.*; Lamk., *Ill. gen.*, tab. 648, fig. 2. Cette plante s'élève à la hauteur d'un ou deux pieds sur une tige dure, divisée en rameaux très-divergens et roides, hérissée, ainsi que toutes les parties de cette plante, de poils très-rudes, crochus, bifurqués à leur sommet; les feuilles radicales sont alongées, un peu sinuées, lancéolées, rétrécies en pétiole à leur base, longues de six à huit pouces; celles de la tige plus étroites, sessiles, aiguës, denticulées, rudes au toucher, d'un vert blanchâtre. Les fleurs sont jaunes, d'une grandeur médiocre, la plupart solitaires et pédonculées à l'extrémité des rameaux à ramifications divergentes, presque nues. Cette plante croît dans les champs, les bois, aux lieux arides; elle fleurit dans l'automne.

PICRIS RUDE; *Picris strigosa*, Marsch., *Flor. taur. Cauc.*, 2, page 250. Cette espèce ressemble, par ses semences et ses aigrettes, à la précédente; mais ses fleurs sont une fois plus petites et la corolle d'un jaune plus pâle. Les tiges sont droites, hautes d'un pied, étalées, très-rameuses dès leur base, hérissées de poils rudes, blanchâtres; les feuilles sont alternes, lancéolées, dentées à leur contour. Les fleurs éparses le long des tiges et des rameaux, toutes pédonculées, ont le calice extérieur lâche; les semences sont petites, ridées et tuberculées, de couleur brune. Cette plante croît sur les collines orientales du Caucase.

PICRIS SPRENGÈRE : *Picris sprengeriana*, Poir., Encycl.; *Hieracium sprengerianum*, Linn., *Spec.*; J. Bauh., *Hist.*, 2, page 126, fig. 1, *bona*; Moris., *Hist.*, 3, §, 7, tab. 5, fig. 15; *Crepis sprengeriana*, Willd. Cette plante a été successivement rapportée à plusieurs genres, aux *Hieracium* par Linné, aux *Crepis* par Willdenow; mais son port, l'aspérité de ses tiges, ainsi que celle de ses feuilles et leur forme, et surtout son calice caliculé et ses semences marquées de stries transversales, à la vérité fort menues, visibles à la loupe, doivent la ranger parmi les *picris*. Ses tiges sont hautes d'environ deux pieds, divisées en rameaux nombreux; les feuilles sont embrassantes, lancéolées, terminées par une lanière linéaire, obtuse; rudes, velues, presque laciniées ou découpées à leurs bords en dents courtes, droites, inégales, obtuses; les pédoncules sont terminaux, la plupart uniflores, presque fasciculés; la corolle est d'un jaune foncé, de grandeur médiocre. Cette plante croît dans l'Espagne.

Le PICRIS PAUCIFLORA de De Candolle, Flor. fr. et *Icon.*

gall., tab. 20, est bien certainement une plante différente de celle-ci par la forme des feuilles sinuées à leurs bords, point acuminées, par les fleurs supportées par de longs pédoncules rares, axillaires. Cette plante croît dans les contrées méridionales de la France.

PICRIS GLOBULEUX : *Picris globulifera*, *Hort. par.*, Poir., Enc. suppl.; *Crepis dioscoridis*, Decand.. *Icon. gall.*, tab. 18; Linn., *Spec.?* Espèce remarquable par la forme des calices à l'époque de la maturité des fruits, et que Vahl considéroit comme le véritable *Crepis Dioscoridis* de Linné : opinion adoptée par M. De Candolle. Ses tiges sont glabres, cylindriques, très-rameuses; les rameaux nus, très-étalés; les feuilles inférieures amplexicaules, larges, presque ovales, assez grandes, glabres, munies de quelques dents inégales, quelquefois prolongées en lanières linéaires; celles de la base des rameaux fort étroites; les pédoncules longs, glabres, fistuleux. Les corolles jaunes; quelques petites bractées éparses, subulées, qui forment aussi le calicule. Les folioles intérieures du calice sont un peu pubescentes; elles se durcissent et prennent une forme globuleuse après la floraison; les semences sont d'un brun marron, striées, un peu rétrécies au sommet; l'aigrette velue, très-blanche, plus longue que le calice. Cette plante croît en France et dans le Piémont. On la cultive au Jardin du Roi.

PICRIS DES DÉCOMBRES : *Picris ruderalis*, Willd., *Spec.*, 3, page 1558; *Picris hispida*, Ait., *Hort. Kew.* Cette plante a des racines épaisses, rongées; des tiges droites, hispides, hautes d'environ six pouces; les feuilles radicales étroites, lancéolées, hispides, ciliées et dentées à leurs bords, longues d'environ un pouce; les feuilles éparses, graduellement plus petites; les pédoncules alternes, distans, placés le long des tiges, très-hérissées, munis d'une foliole à leur base. Les fleurs sont petites, de la grandeur de celles du *crepis tectorum*; le calice caliculé; ses folioles hispides; les extérieures étalées; les semences elliptiques, marquées d'un grand nombre de stries transversales; l'aigrette sessile et plumeuse. Cette plante croît sur les rochers, dans la Bohème, aux environs de Prague.

PICRIS DES PYRÉNÉES : *Picris pyrenaica*, Linn., *Spec.*; *Picris tuberosa*, Lapeyr., *Fl. pyren.*, 467. Cette espèce ne doit être confondue, ni avec le *picris pauciflora*, Willd., ni avec le *sprengeliana*, Encyc. Elle est remarquable par ses racines en forme de navet, d'où sortent deux ou trois grosses fibres longues et charnues. Ses tiges sont vivaces, droites, fermes, divisées en longs rameaux ascendans, ordinairement uniflores, garnis de feuilles embrassantes, dilatées à leur insertion, ovales, lancéolées, aiguës, hérissées et dentées. Les fleurs sont grandes, d'un jaune orangé; les semences noirâtres, arquées, élégamment striées. Lapeyrouse en cite une variété à feuilles plus grandes et plus larges, presque pinnatifides. Cette plante croît au mont Louis, dans les Pyrénées. (Poir.)

PICRIS. (*Bot.*) On trouve dans Daléchamps ce nom appliqué primitivement au *leontodon autumnale*. Linnæus l'a employé pour désigner un autre genre voisin. (J.)

PICRITE. (*Min.*) Blumenbach a donné ce nom univoque à la chaux carbonatée magnésifère, à laquelle on a étendu le nom de dolomie, qui ne s'appliquoit d'abord qu'à la variété saccaroïde. Voyez Calcaire lent à l'article de la Chaux carbonatée, tom. VIII, p. 308. (B.)

PICRIUM. (*Bot.*) Schreber désigne sous ce nom le *coutoubea* d'Aublet, genre de la Guiane, qui appartient à la famille des gentianées. (J.)

PICROLITHE. (*Min.*) C'est-à-dire pierre amère, parce que c'est un minéral talqueux, ou renfermant de la magnésie, base du suifate de magnésie, nommée *sel cathartique amer.* M. Hausmann, qui a donné ce nom, l'a appliqué plus particulièrement à une variété de talc intermédiaire entre le talc écailleux et la serpentine. Il est dense, à texture fibreuse, à cassure esquilleuse, verdàtre, passant au jaunàtre.

M. Almroth, qui a analysé celui du Taberg, y a reconnu les principes suivans :

<pre>
          Magnésie. 38,80
          Fer oxidulé 8.28
          Silice. 40,04
          Acide carbonique. 4,70
          Eau. . . . . 9,08.
</pre>

Il forme des petits filons dans les amas de fer oxidulé subordonnés à la serpentine et au gneiss du Taberg, en

Smoland , et de Nordmark , près de Philippstadt en Ver-meland , en Suède. On le cite aussi à Reichenstein , en Silésie. (Léonhard , Oryctognosie , pag. 545.) (B.)

PICROMEL. (*Chim.*) Nom que M. Thénard a donné à une matière qu'il regarde comme un des principes immédiats de la bile. Le nom de picromel est dérivé de πικρός, amer, et de μελὶ, miel. Il signifie donc *miel amer*, et c'est en effet à cette matière que M. Thénard rapporte la cause de la saveur de la bile , qui est à la fois amère et douceâtre. Au mot Bile du Supplément du tom. IV de ce Dictionnaire, p. 98, on trouvera la description des propriétés du picromel, d'après M. Thénard.

Nous allons ajouter ici à l'histoire de la bile quelques faits que nous avons découverts dans ces dernières années.

A. La matière qu'on a appelée *résine* dans les biles de bœuf, d'homme, d'ours, et qu'on a considérée comme un principe immédiat, est formée : 1.° de cholestérine ; 2.° d'acide oléique ; 3.° d'acide margarique ; 4.°, 5.°, 6.° et 7.° d'une très-petite quantité d'une matière grasse non acide et de trois principes colorans, dont l'un est bleu, l'autre rose et le troisième jaune : peut-être celui-ci provient-il de l'altération des deux autres.

B. La matière qu'on a appelée *résine* dans la bile du porc, est formée des principes précédens, et en outre *d'une substance très-remarquable*, que je ne désignerai par un nom particulier qu'à l'époque où je l'aurai mieux étudiée que je n'ai pu le faire jusqu'aujourd'hui, 11 Novembre 1825. Voici les propriétés qu'elle m'a présentées.

Elle est acide au papier de tournesol ; sa saveur est très-amère, sans être nauséabonde ; pour la goûter, il faut la tenir quelque temps dans la bouche, parce qu'elle est peu soluble dans la salive.

Elle est peu soluble dans l'eau, très-soluble dans l'alcool et dans l'éther.

Elle s'unit aux bases salifiables en faisant de véritables sels ; sa combinaison avec la baryte est surtout remarquable, en ce qu'elle est très-soluble dans l'alcool.

Elle s'unit avec la potasse et forme un sel amer.

Elle brûle à la manière des corps qu'on a appelés résineux.

Elle donne à la distillation un produit alcalin.

C. J'ai obtenu de la bile de bœuf un picromel dont la saveur n'a presque pas d'amertume, et qui rappelle celle de la réglisse; d'un autre côté, la substance nouvelle de la bile de porc, en s'unissant à ce picromel, forme un composé très-amer. D'après cela, n'est-il pas probable que le picromel, tel qu'on l'a obtenu, est un composé de deux principes immédiats, dont l'un a une saveur douce particulière, et l'autre, doué de l'acidité, en a une amère ? (Cн.)

PICRO-PHARMACOLITHE. (*Min.*) C'est une variété de pharmacolithe ou de chaux arsenisatée qui, d'après l'analyse de M. Stromeyer, renferme de la magnésie.

Elle se trouve à Riegelsdorf en Hesse, et contient,

Chaux 24,65
Magnésie. 5,22
Acide arsenique 46,97
Eau. 23,98
Cobalt oxidé. . . . . 1,00.

Voyez Pharmacolithe. (B.)

PICROTOXINE. (*Chim.*) M. Boullay a donné ce nom au principe auquel la coque du Levant, *menispermum cocculus*, doit son amertume et sa propriété d'empoisonner les animaux. Picrotoxine signifie *poison amer;* son étymologie est πικρὸς et τοξὸν.

Composition.

Elle est formée d'oxigène, de carbone et d'hydrogène, dans des proportions qui n'ont point été déterminées.

a) *Cas où la picrotoxine n'est pas altérée.*

Elle est incolore, cristallisée en prismes quadrangulaires, microscopiques, brillans, demi-transparens.

100 parties d'eau bouillante dissolvent 4 parties de picrotoxine; par le refroidissement il s'en précipite environ 3 p., qui cristallisent régulièrement si la précipitation est lente.

100 p. d'alcool, d'une densité de 0,810, dissolvent à chaud $33\frac{1}{3}$ p. de picrotoxine. Cette solution, en se refroidissant, se prend en aiguilles, qui retiennent entre elles la portion de la matière qui a conservé sa liquidité. La solution alcoo-

lique de picrotoxine est précipitée par un peu d'eau ; un excès de ce liquide redissout le précipité.

100 p. d'éther hydratique, d'une densité de 0,700, dissolvent 4 p. de picrotoxine. L'éther aqueux en dissout davantage.

L'oléine ne paroit pas dissoudre la picrotoxine.

L'huile volatile de térébenthine chaude n'en dissout que très-peu.

La potasse, la soude, l'ammoniaque, la dissolvent bien.

L'iode, trituré avec la picrotoxine, la fait passer au brun.

Cette substance ne paroit pas éprouver d'altération de la part du chlore dissous dans l'eau.

b) *Cas où la picrotoxine est altérée.*

L'acide sulfurique concentré et froid dissout la picrotoxine, et se colore en jaune. A chaud, il se produit du charbon.

L'acide nitrique bouillant la décompose.

La picrotoxine. jetée sur un charbon ardent, se boursoufle sans s'enflammer, et répand une odeur résineuse.

La picrotoxine distillée donne une eau acide, une huile empyreumatique jaune acide, du gaz carbonique et hydrogène percarburé, du charbon.

M. Boullay a considéré, dans un second travail, la picrotoxine comme un alcali organique d'après les considérations suivantes :

1.° La solution aqueuse de picrotoxine ramène au bleu le papier de tournesol rougi par un acide.

2.° La picrotoxine s'unit ou plutôt se dissout dans plusieurs acides, particulièrement dans les acides acétique et oxalique. Mais les observations que M. Boullay rapporte à ce sujet, sont aussi insuffisantes pour démontrer son opinion, que la propriété qu'a la picrotoxine de se dissoudre dans les eaux de potasse, de soude et d'ammoniaque, le sont pour démontrer qu'elle est un acide.

Action de la picrotoxine sur l'économie animale.

La picrotoxine est inodore; elle a une saveur d'une amertume insupportable, dit M. Boullay.

10 grains de picrotoxine incorporés dans de la mie de pain, ont occasioné à un jeune chien de moyenne force, vingt-cinq minutes après l'ingestion, des convulsions, un tournoiement, qui a duré un quart d'heure. L'animal est tombé sur le côté, et est mort cinq minutes après.

L'orifice de l'œsophage étoit enflammé; la membrane de l'estomac étoit rouge, sans aucun signe de ramollissement.

M. Boullay ajoute que, ayant ingéré dans l'estomac d'un autre chien, semblable au premier, 10 grains d'acétate de morphine cristallisé et sec, l'animal a éprouvé du mal-aise, des tremblemens; mais, trois heures après l'ingestion du poison, il paroissoit être dans son état ordinaire.

Préparation.

On traite par l'eau bouillante les semences mondées du *menispermum cocculus;* on filtre la liqueur; on la fait évaporer en consistance d'un sirop épais; on triture l'extrait avec $\frac{1}{10}$ de son poids de baryte ou de magnésie; après vingt-quatre heures on épuise la masse de ce qu'elle contient de soluble dans l'alcool absolu bouillant; celui-ci, filtré, est évaporé à sec; le résidu est repris par l'alcool, qui dissout la picrotoxine : si la solution est colorée, on la traitera par le charbon animal, puis on la concentrera, et par le refroidissement la picrotoxine cristallisera.

Suivant M. Boullay, les semences de *menispermum cocculus* sont composées de

1.° Environ 0,5o d'une matière grasse, formée de stéarine et d'oléine.

2.° D'une matière albumineuse coagulable par l'action de la chaleur.

3.° D'une partie colorante jaune.

4.° De 0,02 environ de picrotoxine.

5.° De 0,o5 de matière fibreuse.

6.° D'un acide végétal que M. Boullay appelle *menispermique.* Les caractères que l'auteur attribue à ce corps, sont tout-à-fait insuffisans pour le faire admettre comme une *espèce* de principe immédiat.

7.° De sulfate de potasse, de chlorure de potassium, de phosphate de chaux, de silice et de fer. (CH.)

PICTARNE. (*Ornith.*) Les Écossois, selon Sibbald, appellent ainsi la grande hirondelle de mer , *sterna hirundo* , Linn.
(Cʜ. D.)

PICTETIA. (*Bot.*) Genre de plantes dicotylédones , à fleurs
complètes, papilionacées, de la famille des *légumineuses*, de
la *diadelphie décandrie* de Linnæus, offrant pour caractère
essentiel : Un calice campanulé, à cinq divisions ; les deux
supérieures plus courtes ; les trois inférieures acuminées,
un peu épineuses; une corolle papilionacée; l'étendard plié ,
un peu arrondi ; la carène obtuse, un peu plus courte que
les ailes ; dix étamines diadelphes, presque de même longueur ; un ovaire supérieur; le style glabre, filiforme : le
fruit est une gousse pédicellée, comprimée, souvent divisée
par articulations monospermes, quelques-unes stériles ; les
semences planes, ovales, un peu tronquées à leur base ; les
cotylédons plans, verdâtres ; la radicule inclinée sur leur
jointure.

Ce genre , établi par M. De Candolle, pour quelques espèces
de *robinia* et d'*æschinomene*, renferme des arbrisseaux originaires de l'Amérique, glabres, luisans, pourvus de stipules,
la plupart épineuses. Les feuilles sont ailées avec une impaire ; les folioles traversées par une nervure qui se termine
en une pointe épineuse. Les fleurs sont jaunes, axillaires,
solitaires ou disposées en grappes lâches, articulées à l'extrémité des pédicelles. munies de très-petites bractées. Voici
quelques espèces qu'on doit rapporter à ce genre.

Pɪᴄᴛᴇᴛɪᴀ ᴇ́ᴄᴀɪʟʟᴇᴜx : *Pictetia squammata* , Decand. , *Legum.* ,
Ann. des sc. nat. , vol. 4, pag. 94 : *Robinia squammata*, Vahl,
Symb., 3 , tab. 69; Poir. , Encycl. , n.º 6. Cet arbrisseau a des
tiges glabres ; les rameaux cylindriques, grisâtres ou de couleur purpurine, divisés en d'autres plus courts, alternes,
presque tétragones , longs d'un pouce, couverts d'écailles
imbriquées, ovales , acuminées ; les feuilles sont alternes,
distantes , pétiolées, ailées avec une impaire , composées
d'environ dix-neuf folioles alternes, un peu pédicellées,
longues de six lignes; les supérieures plus petites, toutes
ovales ou presque rondes, glabres, luisantes, veinées, obtuses,
terminées par une pointe mucronée, épineuse; les pétioles
munis à leur base de deux épines roides, droites, persis-

tantes. Les fleurs sont disposées en petites grappes courtes, solitaires, axillaires; les pédoncules filiformes et pubescens, plus courts que les feuilles, chargés de quatre ou cinq fleurs distantes; les pédicelles géniculés au sommet, munis à leur base d'une petite bractée linéaire; le calice est glabre, à cinq découpures lancéolées; les gousses sont étroites, linéaires, comprimées, droites, aiguës, un peu articulées, contenant deux ou cinq semences. Cette plante croît dans l'Amérique, à l'île de Saint-Thomas.

Pictetia aristé : *Pictetia aristata*, Decand., *loc. cit.; Æschi-nomene aristata*, Jacq., *Hort. Schœnbr.*, 2, tab. 237; Nélitte, Poir., Encycl., Suppl., n.° 17. Arbrisseau dont les tiges sont droites, élevées, divisées en rameaux épineux, garnis de feuilles alternes, ailées avec une impaire, composées de folioles nombreuses, alternes, presque rondes, échancrées, petites, terminées par une pointe alongée. Les stipules sont subulées, persistantes, en forme d'épines; les pédoncules axillaires, chargés de trois fleurs; les corolles jaunes; les gousses rudes, tuberculées, partagées en articulations alon-gées. Cette plante croît dans l'île de Sainte-Croix et dans celle de Saint-Domingue.

A ces espèces M. De Candolle ajoute les suivantes, décou-vertes à Saint-Domingue par le docteur Bertéro : 1.° *Picte-tia obcordata*, dont les feuilles sont composées de dix à douze paires de folioles presque opposées, en cœur renversé avec la principale nervure prolongée au sommet en une épine courte, recourbée; 2.° *Pictetia ternata*, les feuilles sont très-légèrement pétiolées, composées de trois folioles rappro-chées, oblongues, en coin à leur base, terminées par une pointe droite, courte, épineuse; les stipules droites, en forme d'épine; les fleurs solitaires, axillaires, pédonculées; les gousses linéaires, oblongues, aiguës, rétrécies par un étranglement à leurs articulations. (Poir.)

PICTITE. (*Min.*) De la Métherie a donné ce nom au titane silicéo-calcaire comme un hommage à Pictet.

C'est un nouvel exemple de l'inconvénient qui résulte pour la science de la précipitation qu'ont mise quelques savans à nommer des minéraux qu'ils ne connoissoient pas, croyant les faire connoître en les décrivant. L'honneur que de la

Métherie a cru faire à Pictet, ne lui restera pas, et empêchera probablement qu'on ne lui dédie une véritable espèce; car la prétendue pictite est le titanite des minéralogistes allemands, la chaux silico-titaniatée des minéralogistes-chimistes et le SPHÈNE d'Haüy. Voyez ce dernier mot. (B.)

PICUCULE. (*Ornith.*) Buffon a décrit, à la suite des pics, deux oiseaux qui lui ont paru faire la nuance entre le genre des Pics et celui des Grimpereaux, et il les a fait peindre, n.ᵒˢ 621 et 605, avec les noms de *picucule* et de *talapiot*, sous lesquels ils lui avoient été envoyés de Cayenne. La principale différence qu'on a observée d'abord entre ces oiseaux et les pics, a été qu'au lieu d'avoir, comme ceux-ci, les doigts distribués deux en avant et deux en arrière, ils en avoient trois en avant et un en arrière, comme les grimpereaux; et que cependant les pennes caudales étoient roides et pointues, ainsi que chez les pics.

Gmelin et Latham ont ensuite placé le premier de ces oiseaux d'Amérique dans le genre Mainate, sous les dénominations de *gracula cayennensis* et *gracula scandens*, et le second dans le genre Loriot sous le nom d'*oriolus picus*; mais Hermann, dans ses Observations zoologiques, a créé pour eux le genre *Dendrocolaptes*, quoiqu'il dût sentir la difficulté de réunir deux oiseaux dont l'un avoit le bec courbé, comme les grimpereaux, et l'autre droit, comme les pics. Cette réunion a cependant été adoptée par Illiger, par M. Temminck et par M. Vieillot, qui a seulement changé le nom de *dendrocolaptes* en celui de *dendrocopus*.

Dès l'année 1806, Levaillant avoit publié l'Histoire naturelle des Promérops, dont la troisième division renferme la monographie des *Grimpars*, et trois ans après Sonnini a fait paroître sa traduction de l'Ornithologie du Paraguay, dans laquelle d'Azara avoit donné la description de plusieurs pics-grimpereaux.

Un assez grand nombre d'espèces se trouvoit ainsi connu; mais leur description particulière avoit fait remarquer tant de diversité dans la conformation du bec, qu'il auroit été bien difficile d'établir des signes caractéristiques, sans former des sections propres à en faire disparoître les alternatives. MM. Vieillot et Temminck ont l'un et l'autre préféré, pour le nom françois du genre, le mot *picucule* au mot *grim-par*, imaginé par Levaillant, et les caractères par eux assignés au genre peuvent être analysés en ces termes : Bec déprimé et trigone à la base, comprimé ou grêle à la pointe, sans échancrure, droit ou plus ou moins courbé, presque sans fosses nasales; narines latérales, ovoïdes ou rondes, situées à la base du bec; langue courte, cartilagineuse, étroite, aiguë, et incapable d'être poussée hors du bec; trois doigts devant, un derrière; les deux externes réunis à leur base et d'égale longueur, l'interne moins long et le postérieur plus court; les ongles très-arqués et sillonnés; les ailes médiocres et la queue conique, à baguettes fortes, terminées par des piquans.

M. Vieillot n'a divisé le groupe qu'en deux parties d'après la courbure ou la rectitude du bec, ce qui sépare les picucules des talapiots.

M. Temminck a formé quatre sections, mais il en a seulement indiqué les caractères par la citation de l'une des espèces comprises dans chacune d'elles; et, comme ces espèces sont 1.° le *gracula scandens*, 2.° l'*oriolus picus*, 3.° le *dendrocolaptes procurvus* (probablement le grimpar nasican), 4.° le *dendrocolaptes xenops*, ou grimpar sittelle, Lev., pl. 31, fig. 1, on a lieu de penser qu'il les exprimeroit à peu près ainsi : Bec courbé à l'extrémité seulement; bec droit; bec très-courbé; bec retroussé comme celui de la sittelle.

M. Vieillot étant le seul qui ait distribué les espèces connues dans ses deux sections, on suivra la même marche, en faisant toutefois observer que, même pour les couleurs, il existe tant de rapports entre ces espèces, qu'il est très-difficile de les distinguer.

Les caractères physiques et moraux des picucules sont d'avoir les os de la tête épais, durs, lourds, et le bec projeté de manière que toute sa force répond au centre de la tête, comme il en est généralement de tous les oiseaux qui piochent ou font effort de cette partie pour se procurer leur subsistance. Leurs mandibules sont évidées dans l'intérieur, pour faire place à la langue, qui, chez toutes les espèces. est cornée, plate, triangulaire, plus ou moins frangée sur les bords. La queue sert d'appui à l'oiseau, qui s'en aide pour grimper au moyen de son élasticité et de la roideur de ses pennes, toutes terminées par une pointe cornée. Chez ces oiseaux les muscles du cou sont très-forts; les plumes sont rudes, sèches; le corps est nerveux; la chair maigre, dure et de mauvais goût; la peau épaisse et coriace. Ils habitent les grands bois et fréquentent de préférence les arbres morts, sur lesquels ils trouvent un plus grand nombre des insectes et des larves dont ils se nourrissent; mais, n'ayant pas la langue harponnante des pics, ils ne peuvent que ramasser, à mesure qu'ils montent, ceux qui pullulent à la surface du tronc et des branches, sous l'écorce ou sous la mousse qu'ils détachent. Ces oiseaux, toujours en mouvement et très-dé-fians, se retirent dans des trous d'arbres, sans y faire de nids; ils pondent quatre ou six œufs sur la poussière du bois vermoulu. Lorsque leurs petits ont pris l'essor, ils rentrent tous les soirs avec le père et la mère dans le même trou qui leur a servi de berceau. Pendant le jour chacun vaque à ses besoins.

1.re Section.

Bec plus ou moins arqué.

Picucule proprement dit : *Dendrocolaptes scandens,* Dum. ; *Dendrocopus scandens,* Vieill. ; *Gracula cayennensis,* Gmel. ; *Gracula scandens,* Lath. ; pl. enl. de Buff., n.° 621; de Lev., n.° 26. Cette espèce, originairement décrite sous le nom de picucule de Cayenne, a neuf à dix pouces de longueur; le mâle, dans son état parfait, a le front, le dessus de la tête, et le cou jusqu'à la poitrine, couverts de plumes rayées longitudinalement de roux clair, sur un fond brun roussâtre; on voit sur tout le dessous du corps des hachures transversales, d'un brun roussâtre, sur un fond plus clair; le haut du dos, les scapulaires, les couvertures des ailes, les plumes uropygiales sont d'un brun roussâtre; les pennes alaires et caudales sont d'un roux-canelle; le bec, légèrement arqué et terminé par un petit croc, est d'un brun noir, jaunissant vers la pointe; les pieds et les ongles sont d'un brun jaunâtre. Chez les jeunes la tête a des raies transversales et non longitudinales.

Grand Picucule : *Dendrocolaptes major,* Dum.; *Dendrocopus major*, Vieill.; pl. 25 de Levaillant, sous le nom de *grand Grimpar*. Cet oiseau, long de douze pouces et demi, et qui se trouve au Brésil, a été décrit, par d'Azara, sous le n.° 241. Levaillant, qui en a vu sept individus, a observé que plusieurs étoient moins forts de taille et se rapprochoient ainsi de la première espèce, dont, en effet, Sonnini ne regardoit celle-ci que comme une variété; mais néanmoins le bec est bien différent; et, tandis que la mandibule supérieure du picucule proprement dit se termine en crochet, la courbure se continue sur toute la longueur chez l'autre, qui est étroit à sa base supérieure et long de vingt-quatre lignes.

PICUCULE NASICAN; *Dendrocopus longirostris*, Vieill.; pl. 24 de Levaillant, sous le nom de *grimpar nasican* (c'est probablement le *dendrocolaptes procurvus* de M. Temminck). Il se distingue des autres espèces par son bec très-long, arrondi sur les faces et dont la mandibule supérieure est terminée par un petit croc. Le dessus de sa tête est d'un brun clair; le derrière du cou porte, sur un fond d'un brun roussâtre, deux bandes d'un blanc sale, qui, de chaque côté, remontent jusqu'aux yeux; la gorge et les joues sont blanches; les plumes du devant du cou et de la poitrine, blanches et brunes, forment une sorte de marqueterie; les parties inférieures sont d'un roux pâle; le bec est jaunâtre et les pieds sont bruns. Cette espèce, qui se trouve au Brésil et à Cayenne, et dont les individus sont plus forts dans la première contrée, grimpe aux arbres de la lisière des grands bois et contre les arbrisseaux élevés et peu branchus.

PICUCULE ENFUMÉ : *Dendrocolaptes fuliginosus*, Dum.; *Dendrocopus fuliginosus*, Vieill.; pl. 28 de Levaillant. A l'exception de deux traits d'un roux clair, qui se font remarquer sur les deux côtés de la tête, le plumage de cet oiseau, qu'on trouve à Cayenne, et qui est de la taille du talapiot, est entièrement de couleur de suie; son bec est noir et ses pieds sont plombés.

PICUCULE BRUN : *Dendrocopus fuscus*, Vieill.; *Dendrocolaptes fuscus*, Dum. Cette espèce, qui a été rapportée du Brésil, par M. Delalande fils, et que M. Levaillant a figurée sous le nom de *grimpar maillé*, pl. 29, n.° 2, a six pouces et demi de longueur totale; le dessus de sa tête est d'un brun roussâtre,

marqué de petites taches jaunàtres; le derrière du cou et le
dos sont d'un roux - brun légèrement olivacé; le croupion et
la queue sont d'un roux vif; la gorge est blanche et les parties inférieures sont couvertes de plumes blanches au milieu
et bordées de noir; les pieds sont bruns et le bec est jaunàtre.

Picucule flambé: *Dendrocopus pardalotus*, Vieill. Cet oiseau
de Cayenne, figuré par Levaillant, pl. 50, sous le nom de
grimpar flambé, est d'un brun terne sur la tête et le cou,
où l'on voit aussi des taches d'un roux jaunàtre en forme de
larmes; des plumes de la même couleur et qui ressemblent
à des écailles, couvrent la gorge et le devant du cou; le
haut du dos et tout le dessous du corps sont d'un brun terreux; les pieds sont bruns, et le bec, de couleur noire, est
le plus droit que présentent les espèces de cette famille,
après celui du talapiot.

D'Azara a décrit plusieurs autres espèces de picucules du
Paraguay, dont M. Vieillot a fait aussi mention; mais, comme
il n'en existe ni dépouilles, ni figures, on se contentera de les
indiquer ici. Ce sont : le Picucule roux et brun, n.º 245 de
d'Azara, *Dendrocopus pyrrhophius*, Vieill.; le Picucule a tête
grise, n.º 244, *Dendrocopus griseicapillus*, Vieill.; le Picucule
a bec étroit, n.º 242, *Dendrocopus angustirostris*, Vieill., dont
le pic-grimpereau à bec court de d'Azara, n.º 243, paroit à Sonnini ne pas différer. M. Vieillot donne aussi une description
de deux picucules du Brésil, sous les noms de Picucule a
gorge blanche et Picucule maculé, *Dendrocopus albicollis* et
D. maculatus.

2.ᵉ Section.

Bec droit.

Picucule talapiot: *Oriolus picus*, Gmel. et Lath.; *Dendrocolaptes rectirostris*, Dum.; *Dendrocopus rectirostris*, Vieill.;
pl. 605 de Buffon, et 27 des Promérops de Levaillant. Cet
oiseau de Cayenne, qui est long de sept pouces, a le bec
droit, trigone et terminé en pointe mousse. Le dessus de sa
tête et le derrière du cou sont d'un brun roux: les plumes
des côtés, du devant du cou et de la poitrine présentent des
écailles blanches, bordées de brun roussàtre; les parties in-

férieures sont d'un roux clair, et les supérieures d'un roux
vif; le bec est jaune et les pieds sont de couleur de plomb.
La femelle est un peu plus petite que le mâle.

M. Vieillot a décrit dans cette section deux autres espéces,
savoir : 1.° le Talapiot roux, *Dendrocopus rufus*, qui se trouve
au Brésil et dont la longueur est de six pouces et demi. Les
parties supérieures du corps, les ailes, la queue, la gorge,
sont d'une couleur rousse, plus vive sur les sourcils, les
joues, la gorge et les ailes, et rembrunie sur le manteau;
le dessus de la tête est d'un gris sombre; le bec est noir
et les pieds sont bruns; 2.° un oiseau décrit par M. d'Azara
sous le n.° 247, et sous la dénomination de Pic - grimpereau
doré. L'auteur espagnol, en plaçant cet oiseau à la suite
de ses pics-grimpereaux, ne se dissimule pas qu'il s'écarte
des caractères communs aux autres espéces, en ce que le
doigt du milieu est libre dans toute sa longueur; mais il s'en
rapproche par la forme du bec et par les piquans des pennes
caudales. Au surplus, cet oiseau, long de six pouces, a le
dessus de la tête et du corps mordoré et presque tout le reste
du plumage d'une foible couleur d'or; l'iris brun; le bec,
noirâtre en dessus, blanchâtre en dessous, et les tarses d'un
vert jaunâtre,

Enfin, comme on l'a déjà exposé, M. Temminck forme,
dans son genre Picucule, une section particulière du Grimpar
sittelle de Levaillant, pl. 31, fig. 1, sous le nom de *Dendrocolaptes xenops*. Cette petite espèce se distingue des autres par
son bec court, pointu et rebroussé en l'air, et surtout par la
forme de sa queue très-étagée, et dont toutes les pennes,
terminées par une griffe, sont contournées en spirale vers
le bout. C'est la Sittine a queue en spirale, *Neops spirurus*,
de M. Vieillot, dont tout le plumage est d'un roux brun et
olivâtre, et dont le bec et les pieds sont gris. (Ch. **D.**)

PICUI. (*Ornith.*) C'est au Paraguay le nom générique des
tourterelles, que d'Azara applique d'une manière plus particulière à l'espèce par lui décrite sous le n.° 324. (Ch. **D.**)

PICUIPINIMA. (*Ornith.*) La petite tourterelle du Brésil,
décrite sous ce nom dans Pison, pag. 86, et dans Marcgrave,
pag. 204, est le *turtur parvus americanus* de Brisson, tom. 1,

pag. 113, rapporté par lui au cocotzin d'Hernandez et de Nieremberg; *columba passerina*, Linn. et Temm. (Ch. D.)

PICUIPITA. (*Ornith.*) Les Guaranis appellent ainsi une tourterelle rougeâtre, qui a été décrite par d'Azara sous le n.° 323. (Ch. D.)

PICUMAR. (*Ornith.*) Un des noms vulgaires du pic vert, *picus viridis*, Linn., qui s'écrit aussi *pimard* ou *pieumart*. (Ch. D.)

PICUPIOLO. (*Ornith.*) Nom italien du martin-pêcheur ou alcyon commun, *alcedo ispida*, Linn. (Ch. D.)

PICUS. (*Ornith.*) Nom générique des pics en latin. (Ch. D.)

PIDIP. (*Ornith.*) C'est le nom générique des perruches à la Nouvelle-Calédonie. (Ch. D.)

PIDSCHIAN. (*Ichthyol.*) Nom spécifique d'un Corrégone, décrit dans ce Dictionnaire. (H. C.)

PIE. (*Conchyl.*) Nom marchand d'une espèce de sabot, *T. pica*, parce qu'à la suite d'un certain degré d'usure de sa surface on lui donne une couleur noire et blanche. (De B.)

PIE, *Pica*. (*Ornith.*) Le babil continuel de notre pie a rendu cet oiseau célèbre; sa pétulance et son incommodité, soit dans l'état de liberté, soit dans l'état privé, l'ont fait connoître de tout le monde. On peut grouper autour de lui plusieurs espèces étrangères, qui se distinguent des corbeaux, par leur queue longue et étagée, par la brièveté de leurs ailes, et par la forme du bec dont la mandibule supérieure est la seule qui soit arquée. Les geais diffèrent des pies par leur bec à mandibules égales, courbées également et subitement à leur extrémité; leur queue est courte, égale, et les plumes de leur tête, qu'ils relèvent facilement en huppe dans la colère, leur donnent une physionomie très-différente.

La Pie ordinaire (Buff., pl. enlum. 148, *Corvus pica*), a le dos noir, à reflets verdâtres et cuivrés; la tête et la poitrine d'un noir velouté; le ventre blanc; le bec et les pieds noirs; les plumes de l'aile ont leur barbules internes blanches; les scapulaires sont de même d'un blanc pur. Les parties noires varient en brun dans quelques individus: nous avons des pies toutes blanches.

La femelle diffère du mâle par des reflets un peu moins brillans; elle est très-ardente pour lui; elle a aussi un très-

grand amour pour ses petits qu'elle soigne avec beaucoup de
sollicitude, et qu'elle défend par son courage contre les corbeaux et les corneilles, et par la ruse contre les faucons,
les buses, et autres oiseaux de proie beaucoup plus forts
qu'elle; elle construit son nid au plus haut des arbres, avec
de petites branches d'arbres cimentées avec de la boue; le
mâle l'aide dans cette fatigue, et on dit même, qu'il partage
avec elle les soins de l'incubation. Le fond du nid est garni
d'un matelas épais de duvet mou et chaud, sur lequel elle
dépose de cinq à sept œufs bleus-verdâtres, tachetés irrégulièrement de noir. Les petits de la pie se nomment *piats;* ils
naissent aveugles et très-informes.

La pie est un oiseau vorace, omnivore, qui fait de grands
dégâts dans les vergers; elle mange les œufs et même les
petits des autres oiseaux, et on s'est autrefois servi de son
ardeur pour la dresser, comme les corbeaux, pour la chasse.
Elle apprend à parler avec facilité; le nom de Margot est
celui qu'elle paroît prononcer le plus facilement, ce qui le
lui a fait donner dans quelques provinces de la France. Les
chasseurs parlent aussi avec beaucoup d'assurance de sa mer-
veilleuse aptitude pour les connoissances arithmétiques qui
vont jusqu'au nombre cinq.

La pie ne mue qu'une fois par an; les plumes du corps
tombent peu à peu, mais la tête se dépouille tout à la fois.

La pie est très-commune dans les climats tempérés et froids
de l'Europe; cependant elle ne s'avance pas très au Nord,
on ne la trouve plus en Laponie, et elle ne s'élève pas très-
haut sur les montagnes; elle est aussi très-commune dans
les États-Unis; nous avons reçu au cabinet du Roi des
individus venus de Philadelphie, qui sont entièrement semblables à ceux d'Europe.

La Pie du Sénégal (Buff., 538, et mieux, Levaill., Afr., 54,
sous le nom de Piacpiac; *Corvus senegalensis,* Gmel.) est toute
noire, lustrée à reflets un peu cuivrés; les barbes externes de
l'aile et de la queue sont roussâtres. Le mâle a le bec noir,
la femelle l'a blanchâtre à sa base et noir à sa pointe; elle
a aussi la queue plus courte.

Cette pie a la queue très-pointue, et ses ailes sont moins
courtes que celles de notre pie d'Europe; aussi cette espèce

africaine vole beaucoup mieux. Levaillant l'a vue dans le pays des grands Namaquois. Cet oiseau se perche sur le haut des plus grands arbres, et vit par bandes, composées d'une vingtaine d'individus; on le trouve au Sénégal et dans le Sennaar, d'où M. Cailliaud l'a rapporté.

La Pie a culotte de peau (Levaill., Afr., 55; *Corvus octopennatus*, Daud.) est une espèce très-voisine de la précédente, que Levaillant a vue dans le cabinet de M. Ray de Breukelerward, à Amsterdam : il a cru que cet oiseau venoit des îles de la mer du Sud. Ses formes sont semblables à celles du piacpiac; tout le corps est d'un noir luisant, à reflets bleuâtres, excepté l'abdomen, qui est d'un roux clair, comme celui que l'on voit sur notre huppe commune (*upupa epops*, Linn.); quelques plumes de l'aile sont bordées de roussâtre.

La Pie rousse (Levaill., Afr. 99; *Corvus rufus*, Daud.) vient du Bengale et de Java.

La tête et la poitrine sont d'un noir cendré; le dos et l'abdomen jaunâtres; les ailes noires avec les épaulettes blanches; la queue est noire avec une bandelette blanche près de l'extrémité de chaque penne : les deux mitoyennes sont aussi presque blanches. Le bec est noir, plus court, plus haut, plus arqué que celui de notre pie commune. Les pieds sont bruns; le corps est plus grêle que celui de la pie, et la taille de l'oiseau est beaucoup plus petite.

La Pie de la Nouvelle-Calédonie (Labill., Voy., pl. 19; *Corvus caledonicus*, Lath.) est un oiseau rare, que M. Labillardière a fait connoître en France.

Elle a la tête et le dos, les ailes, le ventre et la queue d'un noir profond; la couleur triste de ce plumage tranche avec le blanc pur du cou et de la poitrine. Le bec est noir, et blanchâtre à sa pointe. Sa taille est plus petite que celle de notre pie.

La Pie bleu-de-ciel (Temm. et Laug., pl. col., 168; *Corvus azureus*) est une des plus belles espèces de ce genre. Ce magnifique oiseau, un peu plus fort que notre pie, a la tête et la poitrine noires; le reste du corps est d'un beau bleu-deciel, excepté le dessous de la queue qui est noir. Le bec est de la forme de celui de notre pie, et noir : les pieds sont de

couleur de corne; dans la jeunesse, il est gris noirâtre. On
trouve cette espèce au Brésil et au Paraguay.

D'Azara qui a vu cette pie au Paraguay, l'a décrite, t. 3,
p. 155, sous le nom que nous lui avons conservé; nous croyons
qu'il a fait connoître le jeune sous le nom de pie bleue, pag.
154 : les Guaranis nomment ce jeune âge, *acahé hu*, c'est-à-
dire, acahé noir. Le cri de cette pie est représenté par les
syllabes *cheu cheu cheu*. Elle se tient auprès des habitations
et mange la viande qui y est accrochée. La femelle pond des
œufs blancs teintes de bleuâtre et marbrés de taches brunes
rougeâtres. D'Azara n'en dit pas le nombre.

La Pie bleue a tête noire (Levaill., Afr., 58 ; *Corvus mela-
nocephalus*, Daud.) est une belle espèce que Levaillant nous
a fait connoître. Elle a la tête noire, le dos bleu, le ventre
gris-cendré; les ailes et la queue bleues avec une tache
blanche à l'extrémité de plusieurs pennes.

Levaillant dit que ce bel oiseau vient de la Chine.

La Pie bleue (Levaill., Afr., 57 ; *Corvus cyaneus*, Gmel.; *Corvus erythrorhynchos*, Daud., et peut-être *Corvus africanus*,
Lath.) a la tête et la poitrine d'un noir bleuâtre ; les ailes
et le dos d'un bleu de ciel ; le ventre blanc, teinté de
bleu ; la queue très-longue, d'un beau bleu, avec l'extrémité
de chaque penne blanche ; le bec et les pieds rouges. Ce bel
oiseau a le corps plus grêle que la pie ; il vient du Bengale.
Buffon en a donné une figure inexacte à la planche 622.
Il lui manque les deux longues plumes de la queue. Daudin
en a publié une très-bonne pour les formes, dans son Traité
d'ornithologie, pl. XV. La meilleure de toutes est celle de
Levaillant, que nous avons citée.

La Pie coeffe blanche (Buff., pl. enl. 373 ; *Corvus cayanus*,
Gmel.) a été rangée parmi les geais par Buffon ; mais la
queue étagée, et l'ensemble même des couleurs, doivent
rapprocher cet oiseau des pies. Il a le front, la gorge et le
haut de la poitrine noires ; les moustaches blanches, ainsi que
le derrière du cou et le ventre; le dessus du dos bleu cendré ; les ailes bleues, ainsi que la queue, qui est terminée
de blanc.

Taille de notre pie pour le corps, mais la queue plus
courte.

La Pie houppette (Temm. et Laug., pl. col. 193; *Corvus cristatellus*) nous vient du Brésil. Cette belle pie a la tête et la poitrine d'un brun noirâtre, et le ventre blanc. Les plumes qui sont à la base du bec supérieur, sont plus longues que les autres, et s'élèvent sur la tête en une sorte de petite aigrette flottante; les ailes sont bleues; la queue bleue à sa naissance, est ensuite toute blanche, elle est plus courte et moins étagée que dans les autres espèces; le bec est corné, plus haut, plus court, plus arqué que celui de notre pie. Le prince de Neuwied a trouvé cette espèce dans ses voyages, et il l'avoit nommée *Corvus cyanoleucus*.

La Pie acahé (d'Az.; Temm. et Laug., pl. col., 58; *Corvus pileatus*, Illig.). Ce nom d'*acahé* est générique au Paraguay pour les diverses espèces de pies. D'Azara l'a donné à celle-ci, particulièrement parce qu'elle y est la plus commune. Un caractère remarquable de cet oiseau, c'est d'avoir les plumes de la tête serrées comme dans les oiseaux de paradis; et comme elles sont longues, elles forment une sorte de casque. Le dessus de la tête, la gorge et la poitrine sont noirs. L'occiput est blanchâtre; cette couleur passe au bleu tendre et cendré sur le cou, et devient bleu d'azur sur le dos, les ailes et la partie antérieure de la queue, qui est terminée par une large bande blanche; au-dessus et au-dessous de l'œil, il y a une tache d'un beau bleu d'azur.

D'Azara décrit, p. 152, les habitudes de cet oiseau : elles sont semblables à celles de notre pie. Le mâle et la femelle sont très-tendres l'un pour l'autre. Leurs œufs sont blancs, teintés de bleu terreux et tachetés de brun.

La Pie geng (Temm. et Laug., pl. col. 169; *Corvus cyanogogon*, prince Max.) vit aussi au Brésil; elle est plus petite que notre pie et ressemble au premier aspect à l'espèce précédente, mais elle est facile à distinguer quand on examine les plumes du sommet de la tête; elles sont longues, effilées, mobiles et susceptibles de se relever en huppe à la manière de nos geais, avec lesquels cette espèce a beaucoup de rapports. Les couleurs diffèrent d'ailleurs peu de celles de l'acahé; le dessus de la tête, la gorge et la poitrine sont noirs.

L'occiput est blanchâtre, teinté de bleu, et passe insensi-

blement au bleu d'azur qui colore le dos ; les ailes sont
bleuâtres ; la queue est noirâtre, et terminée par une bande
blanche ; le sourcil et la moustache sont d'un bleu foncé.
Dans la planche coloriée de MM. Temminck et Laugier, la
couleur du dos et des ailes nous paroît trop brune ; et celle
du ventre est beaucoup trop blanche : nous avons eu un
bel individu vivant, dont le ventre étoit jaune-pâle et lustré.

La PIE OLIVE (*Corvus olivaceus*, Lath.), dont nous ne pouvons citer de figure, est la plus petite espèce du genre. Elle
habite à la Nouvelle-Hollande. Son dos est vert-olive assez
foncé ; la couleur de la tête, de la gorge, de la poitrine et
des côtés de l'abdomen, est noire ; celle des moustaches
ainsi que celle du milieu du ventre, est blanche ; la queue,
noirâtre en dessous, a l'extrémité de chaque plume blanche.
Cet oiseau, dont nous ignorons les mœurs, est de la taille
d'un merle. (VALENC.)

PIE AGASSE et PIE AJASSE. (*Ornith.*) Ces noms vulgaires ont été donnés aux oiseaux du genre des PIE-GRIÈCHES.
(DESM.)

PIE DES ANTILLES, de Dutertre. (*Ornith.*) C'est le ROL-
LIER DES ANTILLES. (DESM.)

PIE AUCROUELLE. (*Ornith.*) L'un des noms vulgaires
de la pie-grièche écorcheur. (DESM.)

PIE DES BOULEAUX. (*Ornith.*) Le rollier d'Europe a
quelquefois été désigné sous ce nom. (DESM.)

PIE DU BRÉSIL. (*Ornith.*) Le CASSIQUE JAUNE dans Belon,
et le TOUCAN A GORGE BLANCHE de Brisson, ont également reçu
ce nom. (DESM.)

PIE CORNUE D'ÉTHIOPIE. (*Ornith.*) C'est le calao du
Malabar. (DESM.)

PIE A COURTE QUEUE DES INDES ORIENTALES.
(*Ornith.*) Cette désignation a été quelquefois appliquée aux
brèves. (DESM.)

PIE-CRINI. (*Ornith.*) On appelle ainsi à Nantes la pie-
grièche grise ou commune, *lanius excubitor*, Linn. (CH. D.)

PIE-CROI. (*Ornith.*) Nom angevin des pie-grièches.
(DESM.)

PIE CRUELLE. (*Ornith.*) Aux environs d'Orléans on
nomme ainsi la PIE-GRIÈCHE GRISE. (DESM.)

PIE DE SAINT-DOMINGUE. (*Ornith.*) Nom du tacco dans les Antilles françoises, selon le père Feuillée. (Desm.)

PIE ESCRAYÈRE. (*Ornith.*) La pie-grièche écorcheur a reçu ce nom dans plusieurs lieux. (Desm.)

PIE GRIVELÉE. (*Ornith.*) Le casse-noix ordinaire, *corvus caryocatactes*, Linn., est ainsi nommé par quelques auteurs. (Ch. D.)

PIE DES INDES. (*Ornith.*) La brève de Ceilan a quelquefois reçu ce nom. (Desm.)

PIE DES INDES A QUEUE FOURCHUE. (*Ornith.*) C'est le Drongo-Fingah. (Desm.)

PIE DE LA JAMAÏQUE. (*Ornith.*) L'un des noms du quisquale versicolor. (Desm.)

PIE MATAGESSE. (*Ornith.*) Nom vulgaire de la pie-grièche rousse. (Desm.)

PIE DE MER. (*Ornith.*) Ce nom, vulgairement donné à l'huîtrier, *hæmatopus ostralegus*, Linn., a été mal à propos appliqué, ainsi que celui de pie des bouleaux, au rollier commun, *coracias garrula*, Linn. (Ch. D.)

PIE DE MER A GROS BEC. (*Ornith.*) Ce nom désigne, dans Albin, le macareux, *alca arctica*, Linn. (Ch. D.)

PIE DE MER DES ISLES MALOUINES. (*Ornith.*) Ce nom paroît être donné à une espèce de pluvier, dans le Voyage de Bougainville. (Ch. D.)

PIE DU MEXIQUE (Grande). (*Ornith.*) L'un des noms appliqués au grand quisquale. (Desm.)

PIE DE MONTAGNE. (*Ornith.*) Le couroucou damoiseau, *trogon roseigaster*, Vieill., porte ce nom dans certains cantons de Saint-Domingue. (Ch. D.)

PIE DE MONTAGNE. (*Ornith.*) La pie-grièche grise a reçu ce nom. (Desm.)

PIE DE L'ISLE PAPOÉ. (*Ornith.*) C'est la Vardiole. (Desm.)

PIE DE PARADIS. (*Ornith.*) Le platyrhynque blanc huppé a été nommé ainsi. (Desm.)

PIE A PENDELOQUES, de Daudin. (*Ornith.*) Voyez l'article Philédon. (Desm.)

PIE PIE-GRIECHE. (*Ornith.*) Oiseau, dont M. Vieillot a formé le type de son genre Pillurion. (Desm.)

PIE DES SAPINS. (*Ornith.*) Un des noms vulgaires du casse-noix ordinaire, *corvus caryocatactes*, Linn. (Ch. D.)

PIE DES SAVANES. (*Ornith.*) L'oiseau auquel ce nom a été donné, est le *tocco*, de la famille des coucous, *cuculus vetula*, Linn., et *cuculus pluvialis*, Gmel., dont M. Vieillot a formé le genre *Saurothera.* (Ch. D.)

PIE-GRIÈCHE, *Lanius.* (*Ornith.*) Ce genre d'oiseaux, tel que les ornithologistes le caractérisent maintenant, se compose d'un grand nombre d'espèces, dont *le bec est médiocre, fort; à aréte supérieure, droite, arrondie; à pointe fortement arquée et crochue, et précédée d'une échancrure profonde. Les pieds ont trois doigts devant et un derrière; les ailes sont de moyenne longueur.* On peut les diviser en trois sections, ainsi que l'a fait Levaillant : les unes ont les ailes longues et le bec plus fort; elles volent bien et sont très-portées à la chasse : les autres ont les ailes plus courtes, arrondies; leur bec est plus foible, leurs mœurs plus douces ; on les voit moins sortir des buissons, où elles se tiennent cachées pendant la plus grande partie du jour: celles de la troisième section ont le corps ramassé, trapu, et la queue très-courte; leur bec est foible. Le genre des Pie-grièches, tel que Linnæus l'avoit formé, se composoit d'espèces très-disparates, et qui ont été reportées dans les genres qui leur convenoient, ou qui ont servi de type à plusieurs genres nouveaux.

Ainsi M. Cuvier a d'abord séparé les Cassicans, qui ont le port et la taille des corbeaux, mais qui sont dentirostres; les Vanga de Buffon, ou *Tamnophilus* de M. Temminck, le cèdent à peine aux cassicans par leur taille, et se reconnoissent à leur bec comprimé. Ils sont propres à l'Amérique méridionale, ainsi que les Bécardes à bec arrondi; ces deux genres remplacent dans cette partie du nouveau monde les véritables pie-grièches, que l'on n'y rencontre que très-rarement : les Choucaris (*Graucalus*), les Béthyles (*Bethylus*), les Drongos (*Edolius*), les Échenilleurs (*Ceblephyris*), sont aussi des démembremens des pie-grièches; mais ce genre, tel qu'il reste encore composé, réunit un grand nombre d'espèces, dont les unes conduisent aux merles, et les autres aux becs-fins, d'une manière insensible, principalement par les espèces de la troisième section. Leurs mœurs et leur nourriture insectivore montrent aussi leurs rapports naturels avec les divers genres que nous venons de citer.

Leur courage et leur activité à la chasse les rapprochent des oiseaux de proie ; car plusieurs exercent aussi leurs rapines sur les petits oiseaux.

Nous avons en Europe cinq espèces de pie-grièches.

La Pie-grièche grise, Buff., pl. enl. 445 (*Lanius excubitor*, Linn.). a la tête, la nuque et le dos d'un beau cendré clair ; une bande noire, qui va de l'angle du bec à l'oreille, en passant sous l'œil ; le dessous du corps d'un blanc pur ; les ailes et la queue noires et variées de blanc. La femelle a le ventre plus gris ; les jeunes ont le ventre rayé de gris foncé. Cet oiseau offre aussi des variétés toutes blanches. Il habite dans presque toute l'Europe : sédentaire dans quelques contrées, il est de passage dans d'autres ; il vit dans les bois et buissons ; se nourrit de petits mulots, de souris, de grenouilles, de lézards et d'insectes : il niche sur les arbres dans l'enfourchure des branches près le tronc ; son nid est proprement fait, et la femelle y dépose cinq à six œufs blancs, marqués de brun au bout le plus gros. Les mâles prennent beaucoup de soin pour élever leur famille, et montrent un grand courage dans la défense de leurs petits : une pie-grièche attaque un corbeau avec tant de vigueur, que souvent elle le force à s'éloigner du nid.

La Pie-grièche méridionale (*Lanius meridionalis*, Temm.) est une espèce qui n'a été distinguée que dans ces derniers temps. M. Temminck, qui l'a décrite dans son Manuel, t. 1, pag. 143, la caractérise ainsi : Tête, nuque et manteau d'un cendré très-foncé ; gorge d'un blanc vineux ; toutes les autres parties grises, avec une légère teinte vineuse ; elle diffère du reste très-peu de notre pie-grièche grise ; sa taille est toujours plus forte. On ne sait rien des habitudes de cet oiseau, qui est propre à la Provence, à l'Italie, à la Dalmatie, à l'Espagne et même à l'Égypte.

Les États-Unis d'Amérique ont une pie-grièche très-voisine de celle-ci, que Wilson a représentée, tome 3, pl. 22, fig. 5. Ses couleurs sont absolument les mêmes que celles que nous observons sur notre pie-grièche grise ; mais nous croyons remarquer que la queue de l'espèce d'Amérique est plus longue que celle de notre pie-grièche : Wilson l'a nommé le *lanius carolinensis*.

La Pie-grièche d'Italie, Buff., pl. enl., 32, fig. 1, ou la Pie-grièche a poitrine rose, Temm. (*Lanius minor*, Gmel.; *Lanius italicus*, Shaw), a le dos gris, le front et les joues noirs; la poitrine rose; la gorge et le ventre blancs; les ailes et la queue noires, mêlées de blanc : la femelle a le rose plus terne; les jeunes n'ont pas de bandeau noir sur le front, et n'ont pas de rose sur la poitrine. Cette espèce, plus petite que la précédente, habite l'Italie, l'Espagne, l'Archipel : elle est rare en France, plus en Hollande, quelquefois cependant elle se répand en Allemagne et va même jusqu'en Russie.

La Pie-grièche rousse, Buff., pl. enl. 9, et Levaill., Afr., 63 (*Lanius rufus*, Briss.), a le front, le tour des yeux et les oreilles noirs; le derrière de la tête d'un roux très-vif; les scapulaires, le miroir de l'aile et le dessous du corps d'un blanc pur; la queue noire, avec une tache blanche sur le bord interne de chaque penne vers l'extrémité. La femelle a le roux de la tête linéolé de gris; les jeunes sont rayés de gris sous le ventre et de brun-roux sur le dos; les ailes et la queue sont d'un brun noirâtre.

Cette espèce, très-commune en Europe, l'est aussi en Afrique, depuis l'Égypte jusqu'au cap de Bonne-Espérance; elle niche dans les buissons et pond six œufs verdâtres, tachetés de points cendrés, inégaux et nombreux.

La Pie-grièche écorcheur, Buff., pl. enl. 31, 1 et 2, et Lev., Afr., 64, a le dessus de la tête, le haut du dos et le croupion cendrés; du noir autour de l'œil et sur le devant des oreilles; le dos et les couvertures de l'aile de couleur marron; la poitrine et les flancs rosés; la gorge et l'abdomen d'un blanc pur; les ailes noires, bordées de blanc : la femelle a les mêmes couleurs, mais elles sont plus ternes; la poitrine est toute blanche. Buffon a donné cette femelle comme celle de l'espèce précédente. Les jeunes ont le croupion roux, rayé de petites lignes brunes. Cet oiseau se nourrit d'insectes et de petits lézards; il niche dans les buissons, et y pond cinq ou six œufs obtus, roses, tachetés de rougeâtre. On trouve cette espèce répandue dans toute l'Europe, dans toute l'Afrique, et, suivant M. Temminck, dans l'Amérique méridionale.

La Pie-grièche fiscal, Buff., pl. enl. 477, et mieux Lev., Afr., 61 ; *Lanius collaris*, Gmel. Cet oiseau, de la grosseur de notre pie-grièche grise, a la tête, le derrière du cou et le manteau d'un brun noirâtre ; les ailes noires, avec un miroir blanc sur le milieu des grandes pennes, qui sont bordées de blanc; la queue, plus longue et plus large que celle de la pie-grièche grise (*lanius excubitor*), avec ses deux pennes moyennes noires, les latérales prenant plus de blanc à mesure qu'elles sont plus extrêmes, et les deux pennes latérales étant tout-à-fait blanches. Cette espèce est fort commune dans les bois et dans les jardins du cap de Bonne-Espérance ; elle est occupée tout le jour à chasser les insectes, et elle en prend un si grand nombre qu'elle ne sauroit les dévorer, aussitôt qu'elle s'en saisit; mais elle les conserve, en les piquant à une pointe d'un arbre épineux, ou en les fixant dans la fourche de deux petites branches d'un buisson. Cette chasse continuelle est ce qui lui a fait donner le nom de *fiscal*, par les colons hollandois du cap de Bonne-Espérance.

La Pie-grièche brubru, Levaill., Afr., 71 (*Lanius capensis*, Gmel.), est une petite pie-grièche du Cap, dans laquelle le sommet de la tête et du cou sont noirs: le dos est de la même couleur, mais avec de grandes taches blanches ; un trait blanc part de la base du bec et remonte sur le sourcil, s'élargit sur le cou, et y forme une grande tache blanche; le dessous du corps est blanc : les ailes sont noires, avec une bande transversale blanche, formée par l'extrémité blanche des plumes des moyennes couvertures ; la queue, arrondie, est noire et bordée de blanc. Les jeunes ont le blanc sali de roux, même sous les parties inférieures.

Le nom de *brubru* est une imitation du cri de cette pie-grièche, qui fait son nid sur les mimosas : elle dépose cinq œufs blancs, tachetés de roussâtre.

La Pie-grièche Tchagra, Levaill., 71 (*Lanius senegalensis*, Shaw), est de la taille de notre pie-grièche grise : le dessus de son corps est noir bruni, à reflets olivâtres : le derrière du cou et le dos sont tannés. la gorge est blanchâtre : le ventre est gris : une bande blanche, bordée de noir, traverse l'œil; les ailes et la queue sont ferrugineuses. Le jeune a les parties grises plus claires que l'adulte ; le blanc est aussi plus roussâtre, et le sommet de la tête n'est pas encore noir.

Cette espèce fréquente les endroits les plus touffus et les plus couverts ; son cri est exprimé par les syllabes fréquemment répétés *tcha-tcha tcha-gra*.

Originaire du cap de Bonne-Espérance, elle fait son nid dans les broussailles, et y pond cinq œufs tachetés de brun.

La PIE-GRIÈCHE MORDORÉE, Buff., pl. enl. 809 (*Tanagra atricapilla*, Gmel.), a la tête et les ailes noires ; le dos roux noirâtre ; la queue noirâtre ; la poitrine d'un beau roux mordoré, et le ventre jaunâtre. Cet oiseau vit à Cayenne : la plupart des ornithologistes l'avoient rangé, à l'exemple de Buffon, parmi les tangaras ; mais la forte dent de son bec crochu, doit le rapprocher des pie-grièches ; sa taille est celle de notre pie-grièche d'Italie.

La PIE-GRIÈCHE NOIRE ET BLANCHE (*Lanius melanoleucos*) vient du cap de Bonne-Espérance : elle a le dos noir, assez foncé ; toutes les parties inférieures blanches ; les ailes variées de noir et de blanc ; la queue noire, bordée d'un fin trait blanc. Nous ne savons rien des mœurs de cette espèce, dont la taille approche celle de notre pie-grièche d'Italie.

La PIE-GRIÈCHE A CRAVATE BLANCHE, Levaill., Afr. (*Motacilla dubia*, Shaw), est une jolie espèce, à bec foible, que Shaw a rangée parmi ses *motacilla* ; mais cet oiseau n'a pas le bec déprimé et pointu des fauvettes et des autres insectivores. C'est une des pie-grièches qui fait le passage aux merles par les fourmiliers : elle a la tête et le plastron noirs ; le dos verdâtre ; le ventre jaune brillant. Le dessous de la gorge, d'un beau blanc, lui a valu le nom que Levaillant lui a donné ; la poitrine est noire. Cette espèce vit au cap de Bonne-Espérance : sa taille égale celle d'une alouette.

La PIE-GRIÈCHE OLIVA, Levaill., Afr., 75, 1 (*Lanius olivaceus*, Lath.). Le mâle a toute la partie antérieure du corps d'un vert olive, tirant sur le jaune ; la queue jaunâtre, avec les deux pennes du milieu olives ; l'aile noirâtre, mais, quand elle est pliée, paroissant verte, comme le manteau, parce que le bord externe de chaque plume est vert-olive. Le front est jaune ; un trait noir passe sur l'œil et s'élargit sur les côtés du cou ; un trait jaune borde la partie antérieure de cette tache.

Levaillant a représenté le jeune au n.º 2 de la même planche; le front est roux, au lieu d'être jaune; la poitrine est d'un jaune sale, mêlé de roux; le vert des parties supérieures est plus terne.

Ce n'est qu'à la troisième mue que l'oiseau perd la livrée de la jeunesse, pour se revêtir du plumage, dont les couleurs ne varieront plus pendant sa vie.

La femelle est représentée à la planche 76 des Oiseaux d'Afrique de Levaillant; elle diffère très-peu du mâle. Cette espèce, de la taille de la précédente, fait son nid dans les buissons et y dépose cinq œufs.

La PIE-GRIÈCHE SOUCI ROUX, Levaill., Afr., 76, 2 (*Tanagra guyannensis*, Gmel.), est une petite pie-grièche de Cayenne; Levaillant, l'ayant observée dans des cabinets, l'a figurée dans son Histoire des oiseaux d'Afrique, et on sait que les oiseaux, qu'il a décrit sous ce titre, ne sont pas tous de cette partie du monde. L'espèce qui nous occupe est propre à toutes les parties chaudes de l'Amérique : les Antilles, le Brésil, la nourrissent aussi bien que la Guiane. Gmelin l'avoit placée parmi les tangaras; mais la force de son bec dentelé et crochu la rapporte aux pie-grièches à corps trapu, court et ramassé, à queue courte, passant déjà vers les fourmiliers. Le dessus du corps de cet oiseau est verdâtre; le ventre est jaune; les joues sont grises; un trait roux passe sur le sourcil et s'avance sur le front.

Buffon l'a décrit sous le nom de verde roux; mais il en faisoit un tangara.

La PIE-GRIÈCHE OLIVE (*Lanius chloris*) est une grande pie-grièche de Galam, que nous croyons appartenir à la division que M. Temminck a considérée comme devant former un genre distinct, qu'il nomme *Crinon*, caractérisé par un bec long, droit, courbé subitement en une pointe acérée. Cette espèce a la tête, les joues, le dos, d'un beau vert-olive; le ventre d'un gris cendré uniforme; les ailes et la queue vertes. Elle est de la taille du Mauvis.

La PIE-GRIÈCHE ROUSSET, Levaill., 77, 2 (*Lanius rubiginosus*, Lath.), est encore une petite pie-grièche de Cayenne, dont Levaillant nous a laissé une bonne figure. Le sommet de la tête est d'un roux ardent : les joues et la gorge sont d'un noir peu

foncé, varié de blanc et de roussâtre, ce qui forme une tache
tigrée sur le haut du cou, où se dessine une sorte de collier. Le reste des parties supérieures est d'un roux plus clair
que la tête; la poitrine est grisâtre; le dessous du croupion
est roussâtre, et la queue d'un roux très-vif; la couleur
du bec est celle de la corne.

La Pie-grièche bridée, Temm., Laug., pl. col., 256, 1
(*Lanius virgatus*, Temm.), a le dos gris et le dessous du corps
d'un beau blanc pur. Un trait noir part du front, traverse l'œil
et s'élargit un peu sur l'oreille, où il s'arrête. Cette espèce,
dont nous ignorons les habitudes, vient de Manille.

La Pie-grièche a bandeau (*Lanius vittatus*) est plus petite
que notre pie-grièche écorcheur. Elle a le sommet de la
tête d'un gris assez clair; le derrière du cou plus foncé; le
dos marron; le croupion blanc; les ailes noires, avec les
scapulaires blanches; les couvertures moyennes bordées
de blanc; la gorge blanche; la poitrine rousse; un bandeau noir qui passe sur le front, traverse les yeux et s'étend
sur l'oreille; la queue longue, étagée, avec ses deux pennes
moyennes noires, et les autres noires, terminées de blanc.
M. Leschenault, qui a vu cet oiseau vivant, à Pondichéry,
nous apprend qu'il vit en société dans les endroits plantés
de broussailles; il aime à se percher sur l'extrémité des
branches sèches; les naturels le nomment *val-kourouvi*.

La Pie-grièche masquée, Temm., Laug., pl. col., 256, 2
(*Lanius personatus*, Temm.). M. Temminck a décrit et figuré
cette espèce nouvelle de l'Inde, dans son beau Recueil de
planches coloriées. Elle avoisine la précédente par la distribution de ses couleurs et par sa taille. Le sommet de la tête,
le haut du dos et les ailes sont noirs; les scapulaires sont
blanches, ainsi que le miroir de l'aile; le front est aussi
blanc, ainsi que toutes les parties inférieures; les flancs sont
roussâtres; le sourcil est blanc; un trait noir descend de
l'angle postérieur de l'œil, sur l'oreille, et se perd dans le
noir de la partie postérieure du cou; la queue est longue,
étagée, avec les deux pennes moyennes noires, et les autres
terminées par de grandes taches blanches.

Cette espèce vit à Java.

La Pie-grièche oreillard, *Pale-sitou*, Lesch., 555 (*Lanius melanotis*). Nous devons encore la connoissance de cette espéce à M. Leschenault, qui l'a observée à Pondichéry, où on la nomme en malabar *pale-sitou* : son corps est plus trapu que celui du *val-kourouvi* (*lanius vittatus*). Le dessus du corps est roux ; cette couleur s'éclaircit sur le croupion ; un trait va de l'angle du bec à l'oreille, en passant sur l'œil ; le ventre est blanc, sali de roussàtre, et traversé par des traits ondulés et grisàtres. Cet oiseau vit dans les mêmes lieux que la pie-grièche à bandeau ; mais il est solitaire.

La Pie - grièche boubou, Levaill., Afr., 68, 1, 2 (*Lanius boulboul*, Lath.), est de la taille de notre pie-grièche d'Italie, mais elle a le corps plus trapu. Le mâle a le dos, la queue et les ailes noirs ; sur le milieu de celles-ci il y a un trait blanc oblique, formé par la pointe blanche de chacune des couvertures moyennes ; le dessous du corps est blanc ; vers le croupion il devient sali de roux.

La femelle a le dos gris et plus de roux sur les parties inférieures.

Ce nom de *Boubou*, que lui a donné Levaillant, est une imitation de son cri.

Cette espéce est très-commune dans toute la Cafrerie ; elle se tient dans les broussailles, où elle cache son nid, dont l'accès est très-difficile à cause des épines dont elle l'entoure. La femelle pond quatre œufs.

La Pie-grièche Gonoleck, Buff., pl. enl. 56, et Levaill., Afr., 69 (*Lanius barbarus*, Gmel.). La taille de cette pie-grièche est plus svelte et plus alongée que celle du boubou ; ses couleurs sont très-vives : le dessus de la tête et le derrière du cou est d'un beau jaune mordoré ; tout le dessus du corps, les ailes et la queue sont noirs, à reflets bleus-glacés, le dessous du plus beau rouge carmin ; un trait noir part de la narine, traverse l'œil et descend le long des côtés du cou, de manière à séparer le rouge de la partie antérieure du jaune de la partie postérieure. Cette bande noire se fond dans la couleur du dos.

Ce nom de *Gonoleck* a été donné, par Adanson, à cette espéce, que ce naturaliste a découvert au Sénégal ; Levaillant l'a trouvée au cap de Bonne-Espérance, dans le pays des grands Namaquois. Elle paroît assez rare.

La Pie-grièche bacbakiri, Buff., pl. enl. 272, et Levaill., Afr., 67 (*Lanius bacbakiri*, Shaw ; *Turdus zeylonus*, Gmel.), a le bec plus foible que celui de nos pie-grièches ordinaires, et se rapproche un peu des merles par son port ; aussi, Gmelin l'avoit classée dans son genre *Turdus*, et, trompé par la fausse indication d'Edwards, qui la dit de Ceilan, il l'avoit nommée *turdus zeylonus* ; et il lui donnoit comme synonyme la figure de Buffon, qui indique cependant la véritable patrie de cet oiseau.

Le mâle a le dessus de la tête gris ; le dos, les ailes et la queue d'un vert-olive ; la gorge et l'abdomen d'un jaune-clair, tirant sur le vert ; un trait noir descend du bec, passe sous l'œil et vient s'élargir en un grand plastron noir luisant sur le devant de la poitrine : la femelle n'a pas de plastron et ses couleurs sont beaucoup plus variées de vert ; les jeunes ont la gorge grise.

C'est un des oiseaux les plus communs aux environs du cap de Bonne-Espérance et dans tout l'intérieur de cette colonie. Au cap on le nomme *Bacbakiri*, c'est l'onomatopée de son cri ; dans différens cantons il prend différens noms, tel que *jentje-bibi* ; on lui donne aussi le nom d'*Eylandvogel*.

Cette pie-grièche est peu farouche ; elle vit par paires, et niche dans les buissons ; la femelle pond quatre œufs, que le mâle couve avec elle.

La Pie-grièche perrin, Levaill., Afr., 286 (*Lanius gutturalis*, Daud.), est une belle espèce de la côte d'Angole, qui tient le milieu entre le gonoleck et le bacbakiri : son dos est vert ; sa gorge et l'abdomen brillent d'un beau rouge ; la poitrine est couverte d'un plastron noir ; les ailes sont vertes ; la queue est noirâtre ; le dessous du croupion est rouge.

La liste des espèces de pie-grièches est très-nombreuse dans les auteurs ; mais nous n'avons voulu parler ici que de celles que nous regardons comme de véritables pie-grièches, par la force de leur bec. Les autres ont un bec assez caractérisé pour former des genres distincts, et ne pas rester arbitrairement dans celui-ci. (Valenc.)

PIED. (*Ornith.*) Les extrémités postérieures du corps des oiseaux que souvent on appelle indistinctement jambes ou pieds, sont composées de la cuisse ou fémur; du tibia, sur le bord externe duquel est un rudiment du péroné; du tarse, des doigts et des ongles. Mais on a déjà vu au mot JAMBE à quel membre ce nom doit s'appliquer exclusivement, et celui de *pieds* n'embrasse proprement que le tarse et les parties qui le suivent.

La peau des pieds, qui est toujours d'une grande sécheresse, est divisée par petites écailles de formes très-variables, qui sont étroites et transversales aux oiseaux à pieds annelés; rondes, carrées, hexagones, octogones ou polygones chez les oiseaux à pieds réticulés. Comme les oiseaux marchent souvent sur des pierres et dans des lieux rocailleux ou couverts d'épines, il étoit nécessaire que leurs pieds ne fussent pas exposés aux blessures : aussi la peau qui les couvre peut-elle être comparée à un fort parchemin.

Les oiseaux diffèrent des autres animaux en ce qu'ils n'ont jamais que deux pieds.

Il a déjà été parlé des *doigts* et des *ongles* dans des articles séparés; il en sera de même du *tarse*, et l'on ne s'occupera ici que des pieds considérés dans les dénominations générales qu'ils ont reçues de la part des auteurs qui ont traité des principes de l'ornithologie, comme Scopoli, Forster, Merrem, Daudin, Illiger, etc.

Les pieds, relativement à leurs proportions, sont dits très-longs, *longissimi*, lorsqu'ils égalent en longueur la moitié du corps, ainsi que dans l'échasse; longs, *longi*, quand cette longueur est du tiers de celle du corps, comme dans le flammant; médiocres, *mediocres*, quand elle est du quart, comme dans la fauvette; courts, *breves*, lorsqu'elle est d'environ le cinquième, comme chez les cotingas; très-courts, *brevissimi*, quand elle n'excède pas le douzième de la longueur de l'oiseau, ainsi que chez le martinet.

Sous le rapport des tégumens qui les recouvrent, les pieds sont dits membraneux, *membranacei*, quand cette peau est douce et fine, comme chez les becs-fins; coriaces, *coriacei*, quand la peau est épaisse, comme chez les pigeons; cornés, *cornei*, lorsqu'elle est dure, ainsi que chez les rapaces; écailleux, *squamati*, lorsqu'ils présentent des sortes d'écailles; glabres ou nus, quand la peau n'offre qu'un épiderme lisse;

laineux ou semi-laineux, lorsqu'ils sont en totalité ou à demi-couverts de plumes ou de poils; éperonnés, quand ils sont garnis d'un ou de plusieurs éperons.

Les pieds sont nommés *sédilipèdes* ou percheurs, lorsque les doigts sont libres et au nombre de trois en devant et un en arrière, comme chez les rapaces et les passereaux; *préhen-sipèdes* ou à doigts preneurs, quand il y a quatre doigts devant et point derrière, comme chez les martinets; *gressori-pèdes* ou marcheurs, lorsque les doigts sont aplatis et au nombre de quatre, dont un derrière et trois en devant, réunis en partie, comme aux calaos, aux guêpiers; *scansori-pèdes* ou grimpeurs, quand les doigts sont distribués deux devant et deux derrière, comme aux pics, aux perroquets, quoique beaucoup d'autres oiseaux grimpent aussi bien, sans que leurs doigts soient ainsi disposés; *cursoripèdes* ou *coureurs*, lorsque les trois doigts sont fendus et dirigés en devant, comme chez le coureur proprement dit, les pluviers, etc.; *vadipèdes* ou *échassiers* (*vadantes*, *grallæ*), quand ils sont propres à faciliter les moyens de traverser les eaux à gué.

Parmi les oiseaux dont les doigts sont garnis de membranes se trouvent les *semi-palmipèdes*, tels que les gallinacés, etc.; les *flabellipèdes* ou à doigts en éventail, comme les pélicans, les anhingas, etc.; les *palmipèdes* ou à doigts entièrement palmés, comme les canards; les *lobipèdes* ou à doigts lobés, comme les grèbes, les plongeons, etc.; les *pinnatipèdes* ou à doigts pinnés, c'est-à-dire bordés d'une membrane découpée, comme les foulques, les phalaropes, etc.

On trouve dans Forster et dans Illiger un assez grand nombre d'autres termes dont quelques-uns sont peu usités, tels que *compedes* ou *aversi*, pour désigner ceux qui sont engagés vers l'anus, de manière que le corps de l'oiseau debout est totalement droit (les grèbes, les manchots); *pectinati*, pour désigner des peignes cartilagineux existant de chaque côté des doigts; *stegani*, pour exprimer des doigts engagés tous quatre jusqu'aux ongles dans la même membrane; *colligati*, exprimant des pieds demi-nus, dont deux doigts sont séparés ou dont les trois antérieurs sont joints à leur base par une membrane courte qui s'avance à peine au-delà de la première phalange, comme dans les huitriers; *semi-colligati*, dont le

doigt intermédiaire est joint à l'extérieur par une membrane
totalement séparée de l'interne (les chionis, les glaréoles,
les courlis); *bicoliigati*, dont les doigts antérieurs sont réunis
à la base par une membrane (les cigognes, les ibis, les om-
brettes); *adhamantes*, dont les quatre doigts sont dirigés en
avant ou un en arrière, mais versatile (les colious, les martinets); *epollicati*, a deux ou trois doigts, sans pouce; *brac-
cati*, à jambes dont les plumes sont alongées et pendantes,
etc. Voyez Doigt, Jambe, Tarse. (Ch. D.)

PIED. (*Anat. et Phys.*) Voyez Squelette et Relation [Mou-
vemens de]. (F.)

PIED-D'AIGLE. (*Bot.*) C'est l'égopode podagraire. (L. D.)

PIED D'ALEXANDRE. (*Bot.*) C'est une espèce de pyrètre.
(Lem.)

PIED-D'ALOUETTE. (*Bot.*) On donne vulgairement ce nom
aux dauphinelles. (L. D.)

PIED-D'ANE. (*Conchyl.*) Traduction littérale du nom spécifique du *spondylus gœderopus*. (De B.)

PIED-D'ANE. (*Foss.*) On a autrefois donné ce nom aux
spondyles, que l'on trouve fossiles à Castelen dans le canton
de Berne. (D. F.)

PIED-BILL-DOBCHICK. (*Ornith.*) L'oiseau ainsi nommé
dans Catesby, est le castagneux à bec cerclé, *podiceps carolinensis*, Lath. (Ch. D.)

PIED BIRD OF PARADISE. (*Ornith.*) L'oiseau qu'Edwards désigne par cette dénomination, est le schet voulou-
lou ou platyrhynque schet, *museicapa mutata*, Lath., et *pla-
tyrhynchos mutatus*, Vieill. (Ch. D.)

PIED-DE-BŒUF. ('*Bot.*) Un des noms vulgaires du gouet
commun. (L. D.)

PIED-DE-BŒUF. (*Bot.*) C'est le *boletus bovinus*, Linn. (Lem.)

PIED-DE-BŒUF. (*Ornith.*) On appelle quelquefois ainsi
à Cayenne la bécassine des Savanes, *scolopax cayennensis*,
Linn., qui est plus grosse que la nôtre. (Ch. D.)

PIED-DE-BOUC. (*Bot.*) Plusieurs plantes portent vulgairement ce nom : l'angélique sauvage, le mélampyre des champs,
l'égopode podagraire, la spirée ormière, et le boucage saxifrage. (L. D.)

PIED-CHAFFINCH. (*Ornith.*) Albin nomme ainsi l'ortolan de neige à collier ou pinson-pie, tome 2, page 34. (Ch. D.)

PIED-DE-CHAT. (*Bot.*) Nom vulgaire du gnaphale dioïque. (L. D.)

PIED-DE-CHEVAL. (*Bot.*) C'est le *cacalia alpina*, Linn., dont la forme de la feuille imite celle de l'empreinte du pas d'un cheval. (Lem.)

PIED - DE - CHÈVRE. (*Bot.*) Paulet désigne ainsi un agaric que l'Écluse a figuré et nommé *pes caprinus*. Il y ramène l'*amanita*, n.° 2578, de Haller, qui est l'*agaricus prunulus*, Scop., Pers., et l'*agaricus mousseron* de Bulliard, excellente espèce. Dans le champignon de l'Écluse, le chapeau n'est pas bien circulaire ; il est sujet à se fendre ou à se déchirer sur le bord, de manière à représenter grossièrement un pied de chèvre. (Lem.)

PIED-DE-CHÈVRE. (*Bot.*) C'est le nom vulgaire de l'angélique sauvage, du boucage saxifrage et d'une espèce de liseron. (L. D.)

PIED - DE - CHÈVRE DES INDES. (*Bot.*) On donne ce nom au *convolvulus pes capræ*, très-belle espèce de liseron. Ses feuilles sont à deux lobes, et imitent la forme du pied de la chèvre. (Lem.)

PIED-DE-CHEVREAU. (*Bot.*) Nom que l'on donne dans quelques ouvrages à la chanterelle ou à quelques autres espèces de champignons analogues (voyez Girolles). Ce même nom est donné aussi à l'espèce qu'on nomme *coulemelle* en Bourgogne, et *écluseau* dans le Poitou : c'est l'*agaricus procerus*, Pers. Voyez Fonge. (Lem.)

PIED-DE-COLOMBE. (*Bot.*) Nom vulgaire du géranier robertin. (L. D.)

PIED-DE-COQ. (*Bot.*) C'est le panis crête de coq, la renoncule rampante, et la cretelle d'Égypte. (L. D.)

PIED-DE-COQ. (*Bot.*) Nom vulgaire du *clavaria coralloides* Voyez Clavaires. (Lem.)

PIED-DE-CORBEAU. (*Bot.*) Nom vulgaire de la renoncule à feuille d'aconit, et aussi du plantin corne de cerf. (L. D.)

PIED-DE-CORBIN. (*Bot.*) Un des noms vulgaires de la renoncule âcre. (L. D.)

PIED-DE-CORNEILLE. (*Bot.*) Nom vulgaire du plantin

corne de cerf et du *cochlearia coronopus*, Linn. (L. D.)

PIED COURT, PIED COT. (*Bot.*) Dans quelques cantons on donne ces noms à la renoncule rampante. (L. D.)

PIED D'ÉLÉPHANT. (*Bot.*) C'est l'*elephantopus scaper*, plante exotique de la famille des synanthérées. (Lem.)

PIED-DE-GELINE. (*Bot.*) C'est la fumeterre officinale. (L. D.)

PIED-DE-GRIFFON. (*Bot.*) Nom vulgaire de l'ellébore fétide. (L. D.)

PIED GRIS. (*Ornith.*) L'alouette de mer ordinaire, *tringa cinclus*, Linn.. est ainsi nommée dans le département de l'Ain. (Ch. D.)

PIED-DE-LIEVRE. (*Bot.*) Nom vulgaire du trèfle des champs. (L. D.)

PIED-DE-LION. (*Bot.*) C'est le nom de l'alchémille commune, du *filago leontopodium*, Linn., et du *trifolium arvense*, Linn. (L. D.)

PIED-DE-LIT. (*Bot.*) Nom vulgaire du clinopode commun et de l'origan. (L. D.)

PIED-DE-LOUP. (*Bot.*) C'est le marrube aquatique ou lycope d'Europe. (L. D.)

PIED-DE-MILAN. (*Bot.*) C'est une espèce de pigamon, *thalictrum flavum*. (Lem.)

PIED NOIR. (*Ornith.*) Nom vulgaire du traquet, *motacilla rubicola*, Linn. (Ch. D.)

PIED-D'OIE. (*Bot.*) On donne vulgairement ce nom aux chénopodes. (L. D.)

PIED-D'OISEAU. (*Bot.*) C'est une espèce de champignon du genre des Clavaires, le *clavaria laciniata*, Schæffer, *Bav.*, tab. 29. (Lem.)

PIED-D'OISEAU. (*Bot.*) C'est l'ornithope délicat. (L. D.)

PIED D'OISEAU DE NARBONNE. (*Bot.*) C'est l'astragale sésame. (Lem.)

PIED-DE-PÉLICAN. (*Conchyl.*) Nom vulgaire du *strombus pes pelecani*, ptérocère pied de pélican de M. de Lamarck. (De B.)

PIED-DE-PIGEON. (*Bot.*) Nom vulgaire d'une espèce de géranier. (L. D.)

PIED-DE-POT. (*Ornith.*) Un des noms vulgaires de la

fauvette d'hiver ou passe-buse, *motacilla modularis*, Linn.
(Ch. D.)

PIED-POU. (*Bot*) Nom vulgaire de la renoncule rampante dans plusieurs cantons. (L. D.)

PIED-DE-POULE. (*Bot.*) Nom vulgaire de la renoncule rampante, du lamier blanc et du *panicum dactylon*, Linn. On désigne aussi sous le même nom un *andropogon* et un *cynosurus*. (L. D.)

PIED-DE-POULE. (*Bot.*) Le *paulinia asiatica* est ainsi nommée à l'île Bourbon. (Lem.)

PIED ROUGE. (*Ornith.*) C'est, à la Louisiane, suivant Lepage du Pratz, le nom de l'huîtrier ou pie de mer, *hœmatopus ostralegus*, Linn. (Ch. D.)

PIED-DE-SAUTERELLE. (*Bot.*) Nom vulgaire de la campanule raiponce. (L. D.)

PIED-DE-TIGRE. (*Bot.*) C'est l'*ipomœa pes tigris*, Linn. (J.)

PIED-DE-VEAU. (*Bot.*) Nom vulgaire du genre *Arum* ou Gouet. (L. D.)

PIED VERT. (*Ornith.*) Dénomination vulgaire du bécasseau, *tringa ochropus*, Linn. (Ch. D.)

PIEDS-BOTS et PIEDBOTS. (*Bot.*) Paulet donne ce nom à un petit groupe qu'il établit dans les agarics et qui comprend trois espéces, distinguées par leur stipe élevé et peu droit, cylindrique, plein, mais inégalement arrondi du bas et un peu tourné à peu près en manière de pied-bot, et par le chapeau relevé inégalement en bosse. Ces champignons ne sont point malfaisans; ce sont : 1.° le Roux de Vincennes ravier; 2.° le Chapeau (petit) de Senard, qui ne cause aucun accident aux animaux qui en ont mangé, mais qui les rend tristes; 3.° le Champignon prune de Monsieur. Voyez ces mots. (Lem.)

PIÉGES. (*Ornith.*) On a déjà parlé au mot Filets de plusieurs moyens employés pour prendre les oiseaux. Pour trouver plus de détails sur ces objets, on pourra consulter l'*Aviceptologie françoise*, où il y a beaucoup de piéges décrits et figurés. (Ch. D.)

PIEGZA. (*Ornith.*) Nom polonois de la fauvette babillarde, *motacilla curruca*, Linn., que les Illyriens appellent *picnige*. (Ch. D.)

PIEMYCUS. (*Bot.*) M. Rafinesque, dans une note imprimée dans le Journal de botanique, vol. 3, Mai 1813, page 235, dit qu'il rapporte à ce genre le *lycoperdon complanatum*, Desf., et dans son Précis somiologique, 1814, page 63, à l'article Omalycus, il ajoute le *Lycoperdon complanatum*, appartient au même genre; je le nommerai *Omalycus erosus*. Dans son Analyse de la nature, l'*Omalycus* paroît après le *Geastrum* et le *Piemycus* (ou *Piesmycus*, comme on le trouve aussi imprimé, sans doute par erreur typographique). Enfin M. Rafinesque, revenant sur son travail, place le *lycoperdon complanatum* dans son genre *Mycastrum*, dont il forme un sous-genre *Piemycus*, distingué par sa forme comprimée; ainsi il l'auroit retiré de l'*omalycus*, où il l'avoit logé primitivement. (LEM.)

PIENKAWA. (*Ornith.*) Nom illyrien, suivant Gesner, du pinson commun, *fringilla cælebs*, Linn. (CH. D.)

PIÉNU. (*Ornith.*) Nom que porte en Pologne, suivant Salerne, l'alouette cujelier, *alauda arborea* et *nemorosa*, Linn. (CH. D.)

PIEPER. (*Ornith.*) Nom générique des pipits en allemand. (CH. D.)

PIERCEA. (*Bot.*) Miller nommoit ainsi le *rivina humilis*. (J.)

PIÉRIDE; *Pieris*, Schr., Latr., Lamk. (*Entom.*) Genre de lépidoptères diurnes, de la famille des Ropalocéres, créé par M. Schrank, et généralement adopté par les entomologistes. Il comprend une grande partie des danaïdes blanches, *danai candidi*, Linn. (nos papillons blancs du chou de la rave, et des autres crucifères).

Les espèces principales de notre pays étant décrites dans l'article PAPILLON, tome XXXVII, du n.° 16 au n.° 27, et les caractères du genre Piéride, y étant exposés, page 377, nous nous bornerons à renvoyer à cet article. (DESM.)

PIERRE. (*Ornith.*) Voyez PAUXI. (CH. D.)

PIERRE ABSORBANTE. (*Min.*) Surnom de la ponce et des pierres à détacher. (BRARD.)

PIERRE D'ABYSSINIE. (*Min.*) C'est un des noms de l'amiante dans les anciens auteurs. (BRARD.)

PIERRE ACIDE. (*Min.*) On a donné ce nom aux laves

alterées, qui donnent de l'alun par simple lessivation, et aux autres roches qui exigent un grillage avant de s'effleurir. (Brard.)

PIERRE D'ÆLAND ou MARBRE DE L'ISLE D'ÆLAND, dans la mer Baltique. (*Min.*) Il est rouge et coquiller, suivant Patrin. (Brard.)

PIERRE ÆROPHANE. (*Min.*) Quelques sous-variétés de silex, qui ne sont translucides qu'à travers le jour, c'est-à-dire, quand on les place entre l'œil et la lumière, ont reçu jadis cette dénomination. Patrin pensoit, qu'on l'avoit particulièrement donnée à une variété d'hydrophane. (Brard.)

PIERRE D'AIGLE. (*Min.*) Un ancien préjugé, que la femelle de l'aigle emportoit sur son aire des géodes creuses de fer oxidé hydraté pour faciliter sa ponte, avoit accrédité cette singulière dénomination, qui étoit passée du langage populaire dans les livres de minéralogie ; on s'attachoit à un conte ridicule, et l'on méconnoissoit le point de vue réellement intéressant, sous lequel on peut considérer ces petites géodes ferrugineuses, recélant souvent un noyau mobile qui se fait entendre, quand on les agite près de l'oreille, et qui sont l'un des meilleurs minérais de fer. Voyez Fer hydraté géodique. (Brard.)

PIERRE EN AIGUILLES ou NADELSTEIN, Wern. (*Min.*) C'est particulièrement au titane oxidé rutile que l'on avoit donné le nom de pierre en aiguilles ; mais Werner étendit ce même nom de *nadelstein* à la mésotype aciculaire. Voyez Titane et Mésotype. (Brard.)

PIERRE D'AIMANT. (*Min.*) Variété du fer oxidulé. (Brard.)

PIERRE D'ALCHÉRON. (*Zool.*) On a donné ce nom à des calculs biliaires du bœuf. (Desm.)

PIERRE ALECTORIENNE ou PIERRE DE COQ. (*Zool.*) Autres calculs, que l'on dit exister quelquefois dans les intestins du coq, et auxquels on attribue, comme à tous les bézoards, des propriétés merveilleuses. (Desm.)

PIERRE D'ALLIANCE. (*Min.*) M. Léman assure qu'un certain granite, ou plutôt siénite, des environs de Katherinebourg en Sibérie, qui est composé de quarz gris, de felspath blanc et d'amphibole vert, traversé par des bandes d'une autre variété de quarz, a reçu le nom de pierre d'alliance ; ou le taille en socles, en plaques, etc. (Brard.)

PIERRE D'ALTORF. (*Min.*) Marbre d'un noir brunâtre qui est pénétré en tous sens par des ammonites spathiques ou pyriteuses, et que l'on extrait aux environs d'Altorf en Franconie. (Brard.)

PIERRE ALUMINEUSE. (*Min.*) Pierre, dont on peut extraire de l'alun. Voyez en particulier Alunite de la Tolfa à l'article Pierre d'alun. (Brard.)

PIERRE D'ALUN , ALUNITE , *Alaunstein.* (*Min.*) La roche particulière que l'on exploite à la Tolfa , et dont on extrait l'alun rose, si connu dans le commerce sous le nom d'alun de Rome, paroît mériter une place dans la méthode, non-seulement comme espèce arbitraire en raison de son importance et de son analogie avec celle qui abonde en Hongrie, mais aussi comme substance cristallisable et pourvue par conséquent des deux conditions essentielles à la formation de l'espèce minérale ; identité de composition et de forme cristalline. Nous devons à M. Cordier l'avantage de pouvoir aujourd'hui classer ce minéral important parmi les espèces, et c'est d'après son propre travail que nous allons en énoncer les caractères.

L'alunite cristallise en rhomboïdes très-voisins du cube ; sa forme primitive est un rhomboïde dont les angles sont de 89 et 91°, et qui est divisible dans le sens d'un plan perpendiculaire à l'axe.

Sa pesanteur spécifique est 2,75 : au chalumeau l'alunite décrépite et exige l'usage de la lame de platine, pour que l'on puisse observer que les premiers coups de feu lui font dégager une odeur très-sensible d'acide sulfureux à ce point de simple grillage. Cette substance happe à la langue et fait éprouver un goût d'alun bien caractérisé ; mais, si l'on pousse le feu sans interruption , l'alunite perd complétement son acide, se fritte et devient parfaitement insipide.

Les cristaux d'alunite que l'on a pu se procurer jusqu'à ce jour, et qui proviennent de la Tolfa et de Hongrie, sont excessivement petits ; ils atteignent à peine trois millimètres de grosseur, et sont engagés dans les fissures de l'alunite en masse. Les angles et les arêtes de ces cristaux presque microscopiques sont assez nets; mais leurs faces sont parfois striées suivant leur petite diagonale, ou gauchies et tourmentées à la manière de celles du spath perlé.

Les grains et les cristaux sont diaphanes et incolores, excepté quand leur surface naturellement miroitante est recouverte d'une pellicule ferrugineuse. Malgré la petitesse des cristaux d'alunite, M. Biot est parvenu à y reconnoître la double réfraction.

L'alunite est médiocrement dure; elle est maigre au toucher, aigre et facile à casser. Sa cassure éclatante est lamelleuse dans le sens où les rhomboïdes sont susceptibles de se cliver, et inégale dans l'autre sens, malgré que l'on remarque des indices de joints naturels parallèles aux faces.

La propriété de donner un goût d'alun sur la langue, après avoir été légèrement grillée, et de répandre alors une odeur sulfureuse, composeroit le signalement de cette espèce.

Analyse de l'alunite cristalline par M. Cordier.

Acide sulfurique..... 35,26
Alumine............. 39,53
Potasse............. 10,38
Eau et perte........ 14,83

                    ———————

                    100,00

On ne connoît encore que deux variétés d'alunite cristallisée; savoir:

L'*Alunite primitive*, un rhomboïde légèrement aigu; et

L'*Alunite basée*, un rhomboïde primitif, dont les deux sommets sont remplacés par une facette triangulaire équilatérale.

On distingue parmi les variétés d'alunite en masse:

L'*Alunite grenue*, composée de gros grains cristallins;

L'*Alunite compacte*, et

L'*Alunite terreuse* et souvent *friable*.

Ses couleurs varient du blanc pur au lilas, au rougeâtre, au jaunâtre, au violâtre, et le plus souvent aussi ces différentes teintes se mêlent de taches ou de veines irrégulières ou parallèles. Il paroît que l'alunite en masse est mêlée à une grande quantité de silice, ainsi que le prouvent les analyses de MM. Vauquelin et Klaproth, en sorte qu'il conviendroit peut-être d'en former une sous-espèce sous le nom d'alunite silicifère.

Voici l'analyse de ces alunites en masse de la Tolfa et de Hongrie, faites l'une et l'autre par Klaproth.

	Alunite de la Tolfa.	Alunite de Hongrie.
Acide sulfurique	16,5	12, ≈
Alumine	19,≈	17, ≈
Potasse	4,≈	1, ≈
Silice	56,5	62,25
Eau	3,≈	5, ≈
Perte	1,≈	1,75
	100,0	99,00

Cette énorme quantité de silice, bien qu'elle ne soit que mélangée, suffiroit, ce me semble, pour motiver cette sous-division, qui d'ailleurs est déjà réclamée par M. Cordier.

Gisement et *localités*. L'alunite se forme journellement dans les solfatares qui sont encore en pleine activité, et par suite de l'action permanente des vapeurs acides et aqueuses qui attaquent les roches à travers lesquelles le temps et les bouleversemens du sol leur ont frayé un passage : c'est ainsi qu'elle se forme à la solfatare de Pouzzole, si parfaitement décrite par M. Breislak; dans celle qui termine le pic de Ténériffe, et probablement dans tous les lieux où les circonstances essentielles ou favorables à la formation de cette substance se trouvent rassemblées. Nous sommes donc justement autorisés à considérer les alunites qui se trouvent dans les volcans éteints, comme ayant été formés par les mêmes moyens et les mêmes jeux d'affinité que ceux qu'il nous est permis d'observer encore.

De cette origine fortuite on doit conclure ce qui est en effet, que les gites des alunites ne présentent pas la même ordonnance et la même régularité que l'on remarque dans les terrains qui ont été formés par couches successives et parallèles.

A la Tolfa l'alunite forme des espèces de filons plus ou moins abondans, mal encaissés, sans direction constante, et, s'inclinant souvent en sens opposés ; ils courent ainsi, en se ramifiant, tout à travers des roches felspathiques plus ou moins altérées, généralement blanchâtres et d'un aspect argi-

leux, avec lesquelles l'alunite se confond au premier aspect :
toutefois celle que les ouvriers préfèrent, comme étant la
plus riche en alun, est compacte, lourde et rosée. L'alunite
abonde en Hongrie et fait l'objet d'une branche d'industrie
des plus importantes : on la connoît dans un grand nombre de
localités diverses ; mais partout il paroît évident qu'elle a
été formée aux dépens des roches qui appartiennent aux volcans de tous les âges.

Usages. L'alunite est le meilleur minérai d'alun ; il suffit
de la griller, de la lessiver, et d'évaporer la liqueur, pour
en obtenir de l'alun de première qualité, et cela sans que l'on
soit obligé d'y ajouter d'alkali, puisqu'elle contient de la
potasse. Je renvoie, pour de plus amples détails, aux beaux
mémoires de MM. Breislak, Descotils, Cordier et Beudant.

On ne doit pas confondre l'alunite avec les schistes alumineux des houllières embrasées, qui appartiennent à un tout
autre ordre de substances. (Brard.)

PIERRE DES AMAZONES. (*Min.*) C'est un jade d'un
vert sombre que les anciens naturels de l'Amérique tailloient
de différentes formes, et particulièrement sous la figure de
coins coniques, aplatis et tranchans à leur base ; c'est une
pierre qui a quelques rapports avec la pierre de *Iu* des Chinois. Suivant La Condamine, c'est surtout chez les *Topayos,*
que l'on trouve encore ces pierres particulières, auxquelles
on attribuoit autrefois plusieurs propriétés merveilleuses.
(Voyez Jade.) On a également donné le nom de Pierre des
Amazones au Felspath vert. Voyez ce mot. (Brard.)

PIERRE DES AMPHIBIES. (*Zool.*) Les phoques avalent
très-souvent d'assez grosses pierres ou des galets, qui restent
dans leur estomac, et que l'on a considéré à tort comme étant
des calculs ou bézoards. (Desm.)

PIERRE ANGLOISE ou ÉCLATS DE JERSEY. (*Min.*) C'est
une pierre calcaire grise micacée, une espèce de cipolin qui
a la texture schisteuse, qui se divise en éclats, et que l'on
emploie dans les arts pour aiguiser les taillans, et surtout les
outils des corroyeurs. (Brard.)

PIERRE DES ANIMAUX. (*Zool.*) Toutes les concrétions
trouvées dans les viscères des animaux, et qui ont de la
solidité, mais dont la composition chimique varie, selon les

animaux, et les parties de leur organisation, où on les rencontre, ont reçu ce nom. Elles sont plus connues encore sous les dénominations de calculs ou de bézoards. (DESM.)

PIERRE DE L'APOCALYPSE. (*Min.*) Quelques auteurs anciens et du moyen âge ont désigné l'opale sous cette dénomination ridicule. (BRARD.)

PIERRE APYRE ou PIERRE RÉFRACTAIRE. (*Min.*) C'est-à-dire, qui peut résister sans se fondre à l'action d'un feu vif et prolongé. (Voyez PIERRES REFRACTAIRES.) Quelques sous-variétés, appartenant à des espèces fusibles, résistent à l'action du chalumeau, et prennent l'épithète d'apyre ; c'est ainsi que nous avons du felspath, de la tourmaline apyre, etc. (BRARD.)

PIERRE ARBORISÉE. (*Min.*) Ce nom convient à toutes les pierres qui renferment ou qui présentent seulement à leur surface des dessins plus ou moins parfaits, qui imitent assez bien des buissons, des tiges branchues, des rameaux détachés, des mousses, etc. Ces arborisations sont dues à des cristallisations, ou à des infiltrations ferrugineuses ou manganésifères : telles sont surtout celles que l'on remarque sur les marnes, sur certaines pierres calcaires, et particulièrement dans les agathes. Les arborisations jaunes et brillantes des ardoises sont dues à du fer sulfuré ou pyrite. Voyez ARBORISATIONS et DENDRITES. (BRARD.)

PIERRE ARGILEUSE. (*Min.*) Ce nom convient assez bien à toutes les substances qui sont susceptibles de se désagréger dans l'humidité et de répandre une odeur terreuse, quand on vient à les humecter ou à souffler dessus : telles que les *marnes*, l'*ardoise pourrie* ou de rebut, les différentes sortes d'argiles, etc. (BRARD.)

PIERRE D'ARITHMÉTIQUE. (*Min.*) Quelques pierres, quelques roches surtout, semblent couvertes de chiffres, jetés au hasard, et l'on a cru devoir leur donner ce surnom. (BRARD.)

PIERRE D'ARMÉNIE. (*Min.*) C'est le cuivre carbonaté bleu terreux. Voyez l'article consacré à cette variété. (BRARD.)

PIERRE D'ARQUEBUSE ou D'ARQUEBUSADE. (*Min.*) C'est le fer sulfuré, dont les anciens se servoient pour garnir

leurs mousquets et leurs arquebuses. Voyez Fer sulfuré.
(Brard.)

PIERRE ARSENICALE. (*Min.*) Toutes les pierres qui contiennent cette substance (l'oxide, le sulfure ou le métal nommé arsenic), sont des pierres arsenicales. Voyez Fer sulfuré arsenical. (Brard.)

PIERRE D'ASPERGE. (*Min.*) C'est le surnom du *spargelstein* des Allemands, qui est une variété de notre chaux phosphatée. (Brard.)

PIERRE ASSIENNE. (*Min.*) On donnoit autrefois ce nom à la pierre d'alun de la Tolfa. Voyez Pierre d'alun. (Brard.)

PIERRE ATMOSPHÉRIQUE. (*Min.*) Voyez Météorite. (Brard.)

PIERRE ATRAMENTAIRE. (*Min.*) Certains schistes pyriteux noirs, tombant en décomposition, et qui colorent l'eau en noir, ont reçu ce nom chez les anciens auteurs. Le crayon noir, la pierre des charpentiers, ou pierre salée étoient probablement des pierres atramentaires. (Brard.)

PIERRE AVENTURINE ou AVENTURINÉE. (*Min.*) Plusieurs substances minérales présentent, lorsqu'elles sont taillées et polies, des reflets qui ressemblent à une multitude de petites paillettes blanches ou jaunes - dorées ou argentées qui brillent toutes à la fois, et qui font souvent un fort bel effet. Ces minéraux, qui sont assez estimés dans le commerce, doivent les accidens de lumière, dont nous parlons, soit à des gerçures internes et multipliées, soit à des paillettes de mica, etc. Voyez Felspath, Quarz aventuriné, etc. (Brard.)

PIERRE D'AZUR. (*Min.*) Voyez Lazulite. (Brard.)

PIERRE A BAGUETTES ou A BARRES. (*Min.*) C'est la substance à laquelle on a donné les noms de scapolite, de rapidolite, de paranthine, et qui n'est actuellement qu'une variété du Wernerite. Voyez ce dernier mot. (Brard.)

PIERRE DE BAINS. (*Min.*) Ce sont les sédimens ou les concrétions qui se déposent au fond des canaux ou des bassins, qui reçoivent les eaux thermales. Voyez Chaux carbonatée concrétionnée. (Brard.)

PIERRE DE BARAM. (*Min.*) L'une des nombreuses dénominations de la pierre ou de la serpentine ollaire. (Brard.)

PIERRE DE BASALTE. (*Min.*) Voyez les articles Basalte, Laves. (Brard.)

PIERRE A BATIR. (*Min.*) Toutes les pierres que l'on trouve dans la nature en assez grandes masses, et qui sont assez solides pour résister au choc et à l'action de la pluie, sont susceptibles d'être employées dans la bâtisse commune; mais nous donnons plus particulièrement le nom de pierre d'appareil à celles qui sont propres à l'architecture. Voyez Pierre d'appareil. (Brard.)

PIERRE DE BEAUCAIRE. (*Min.*) C'est une très-belle roche calcaire, dont on fait usage pour les parties les plus délicates des bâtimens du Gard et des autres départemens circonvoisins; elle se prête au travail de la sculpture et reçoit une espèce de poli. (Brard.)

PIERRE BERGERONETTE. (*Min.*) M. Beurard, ancien agent du gouvernement françois sur les mines de mercure du Palatinat, rapporte que ce nom est donné à une sorte de terre vert-pré, analogue à la chlorite, et que l'on dit se trouver quelquefois dans l'estomac du petit oiseau, nommé bergerette ou bergeronette. Ceci demande un nouvel examen. (Brard.)

PIERRE DES BESTIAUX. (*Zool.*) Ce nom équivaut à celui de Pierre des animaux, qu'on donne aux diverses concrétions ou calculs, qui prennent naissance dans les viscères des quadrupèdes domestiques. (Desm.)

PIERRE BILIAIRE. (*Chim.*) On a donné ce nom aux concrétions qui se trouvent dans la bile. Voyez Calculs biliaires du bœuf et Calculs biliaires humains. (Ch.)

PIERRE DE BŒUF. (*Zool.*) Calculs ou concrétions formés dans les viscères des bœufs. (Desm.)

PIERRE DE BOLOGNE. (*Min.*) Nom donné, pendant assez long-temps, à de petites masses rondes de baryte sulfatée composée d'aiguilles serrées, partant d'un même centre, qui, après avoir été calcinées, deviennent phosphorescentes dans l'obscurité. On en composoit aussi de petites tablettes qui portoient le nom de Phosphore de Bologne. Voyez Baryte sulfatée radiée. (Brard.)

PIERRE DE BOMBACO. (*Zool.*) Les bézoards ou calculs

intestinaux des chevaux sont ainsi appelés par les Portugais. (D*ESM.*)

PIERRE A BOUTON. (*Min.*) C'est notre *lignite jayet*, dont on fait, comme on le sait, des parures et des boutons de deuil. Les numismales, qui sont des fossiles discoïdes, ont également reçu cette dénomination, parce qu'on les comparoit à des moules de boutons. (B*RARD*.)

PIERRE BRANCHUE. (*Min.*) Les concrétions calcaires et surtout l'arragonite, dite *flosferri*, portent ce nom dans l'ancienne minéralogie. (B*RARD*.)

PIERRE A BRIQUET. (*Min.*) Le silex commun, qui se trouve ordinairement dans la craie, débité en pièces plates et tranchantes sur les bords, sert particulièrement à battre le briquet, et porte le nom vulgaire de *pierre à briquet*. Voyez S*ILEX* *PYROMAQUE*. (B*RARD*.)

PIERRE BRULÉE. (*Min.*) On donne assez généralement le nom de pierres brûlées aux laves qui présentent des caractères évidens de fusion, soit en Auvergne. soit en Vivarais. C'est de cette manière que les paysans de ces contrées les désignent aux voyageurs. (B*RARD*.)

PIERRE A BRUNIR. (*Min.*) C'est l'hématite dure à poussière rouge, que l'on tire de l'Arriége ou d'Espagne sous le nom de *ferret*, et qui sert à brunir les métaux. Voyez F*ER* *OXIDÉ ROUGE CONCRÉTIONNÉ*. (B*RARD*.)

PIERRE CALAMINAIRE ou CALAMINE. (*Min.*) C'est notre zinc oxidé, dont on se sert pour changer le cuivre rouge en laiton. Voyez Z*INC* *OXIDÉ*. (B*RARD*.)

PIERRE CALCAIRE ou CALCAIRE. (*Min.*) Toutes les variétés de chaux carbonatée, qui se trouvent en grandes masses, se désignent ordinairement par les mots *calcaire* ou *pierre calcaire*. Cette expression a quelque chose d'abréviatif qui convient à la rapidité du discours, et d'ailleurs, comme il y a peu de ces pierres qui ne soient rigoureusement composées que de chaux et d'acide carbonique, le mot calcaire est préférable par cela même qu'il est moins précis, et l'on dit calcaire alpin, grossier, du Jura, etc. Voyez C*HAUX* *CARBONATÉE*. (B*RARD*.)

PIERRE CAMÉLÉON. (*Min.*) Notre silex hydrophane qui passe dans l'eau de l'état opaque à un état sensible de transparence, portoit le surnom de caméléon dans l'ancienne minéralogie. Voyez QUARZ HYDROPHANE. (BRARD.)

PIERRE DE CANDAR. (*Min.*) C'est le fer sulfuré ou pyrite, suivant M. Léman. (BRARD.)

PIERRE DE CANELLE ou KANELSTEIN DES ALLEMANDS. (*Min.*) C'est notre *essonite;* mais elle est décrite dans ce Dictionnaire au mot KANELSTEIN. Voyez ce mot. (BRARD.)

PIERRE DE CAPRAROLA. (*Min.*) C'est une lave parsemée d'une infinité de cristaux d'amphigène, qui se trouve non-seulement à Caprarola près de Rome, mais aussi à Tivoli, à Aquapendente et ailleurs. (BRARD.)

PIERRE CARABINE. (*Min.*) La pyrite de fer, qui est notre fer sulfuré, fut employé à la place des mèches, et avant l'usage des pierres à fusil; c'est ce qui lui fit donner le nom de pierre de carabine. (BRARD.)

PIERRE DE CARLSBAD. (*Min.*) C'est la chaux carbonatée incrustante, diversement colorée, qui se dépose dans les eaux thermales de Carlsbad en Bohème. (BRARD.)

PIERRE DE CASTOR. (*Zool.*) Ce nom a été donné à des calculs intestinaux du castor. (DESM.)

PIERRE A CAUTÈRE. (*Chim.*) C'est la potasse du commerce, dont on a séparé l'acide carbonique au moyen de la chaux, et qui a été ensuite séparée, par l'évaporation, de l'eau, qui la tenoit en dissolution. Voyez POTASSIUM. (CH.)

PIERRE CAVERNEUSE. (*Min.*) Cette dénomination vague convenoit à toutes les géodes, et tout aussi bien aux agathes qu'aux fers ætites. (BRARD.)

PIERRE DE CAYENNE. (*Min.*) De petits galets de quarz hyalin, ordinairement d'une grande pureté et d'une eau parfaite, ont porté jadis le nom de pierre de Cayenne; on les a nommés aussi cailloux du Rhin, diamans d'Alençon ou du Médoc, et en effet, on trouve de ces galets de quarz parmi le gravier des environs de Bordeaux, que l'on nomme *grave.* (BRARD.)

PIERRE DE CAYENNE. (*Ornith.*) Le Hocco-PAUXI est ainsi désigné par plusieurs ornithologistes, bien qu'il ne se trouve pas à Cayenne. (DESM.)

PIERRE CÉLESTE. (*Min.*) Le lazulite, le cuivre carbonaté bleu terreux, la chaux anhydro-sulfatée dite célestine, et la strontiane sulfatée bleue, ont mérité et reçu tour à tour cette dénomination. (Brard.)

PIERRE DE CÉMENTATION. (*Min.*) C'est notre Chaux carbonatée incrustante. Voyez cet article. (Brard.)

PIERRE DES CENDRES ou TIRE-CENDRE. (*Min.*) La propriété de la tourmaline, d'attirer la cendre comme corps léger, quand elle avoit été échauffée près d'un charbon ardent, lui avoit fait donner ce surnom. Voyez Tourmaline. (Brard.)

PIERRE A CHAMPIGNON. (*Bot.*) Voyez, à l'article Polyporus, le *Polyp. tuberaster.* (Lem.)

PIERRE CHANGEANTE. (*Min.*) L'hydrophane et les pierres chatoyantes ont reçu tour à tour cette dénomination. (Brard.)

PIERRE DE CHAPON. (*Zool.*) Ce nom a été donné à une concrétion brunâtre et de la grosseur d'une fève, que l'on dit se trouver dans l'estomac du coq et du chapon. (Desm.)

PIERRE DE CHARPENTIER. (*Min.*) C'est un schiste noir et tendre, dont les charpentiers et les appareilleurs font usage pour tracer leur trait ou l'épure de leurs ouvrages. (Brard.)

PIERRE CHATOYANTE. (*Min.*) Le chatoiement est un accident de lumière, qui tient presque toujours à une structure fibreuse ou à une disposition particulière des molécules cristallines, et ce phénomène consiste dans des reflets satinés, soyeux ou nacrés, qui se manifestent surtout, quand les pierres, qui en sont douées, sont taillées en cabochon ou en gouttes de suif. La variété du quarz, nommé œil-de-chat, et le felspath, dit pierre-de-lune, sont avec la cymophane les pierres chatoyantes par excellence. (Brard.)

PIERRE DE CHAUDRON. (*Min.*) C'est la pierre ollaire, dont on fait des vases de cuisine, sur le tour, soit dans les Grisons, le Vallais et ailleurs. (Brard.)

PIERRE A CHAUX. (*Min.*) Toutes les variétés de chaux carbonatée sont susceptibles de donner de la chaux par la calcination ; mais cette chaux diffère par ses qualités en raison de la pierre qui l'a produite ; de là cette distinction de chaux grasse ou commune, de chaux maigre et de chaux hydraulique, qui se distingue de toutes les autres par sa propriété de durcir sous l'eau. Les marbres statuaires et autres, les pierres calcaires d'appareil, la craie, l'albâtre proprement dit, la plupart des marnes, les coquilles et les madrépores vivans ou fossiles, donnent de la chaux par la calcination. Voyez Chaux carbonatée. (Brard.)

PIERRE DE CHÉLIDOINE ou D'HIRONDELLE. (*Min.*) On dit que le silex calcédoine a reçu ce nom dans les anciens auteurs. (Brard.)

PIERRE DE CHEVAL. (*Zool.*) Nom donné aux calculs ou concrétions qu'on trouve quelquefois dans les viscères abdominaux des chevaux. (Desm.)

PIERRE DE CHOUIN. (*Min.*) La pierre à bâtir de Lyon qui est un calcaire blanc ou noir avec coquilles fossiles, porte le nom de *pierre de chouin* ou simplement chouin. Il y a même du chouin antique, dont on retrouve des pièces travaillées parmi les ruines romaines de Lyon et des environs. (Brard.)

PIERRE DE CHYPRE. (*Min.*) L'un des nombreux synonymes de l'asbeste. (Brard.)

PIERRE DE CIRCONCISION. (*Min.*) Notre jade, la pierre de *Iu* des Chinois, a reçu ce nom chez les minéralogistes anciens. (Brard.)

PIERRE DE CLOCHE. (*Min.*) On a donné ce nom à certaines pierres volcaniques qui rendent un son particulier et assez remarquable, quand on vient à les frapper avec un marteau. (Brard.)

PIERRE CLOISONNÉE. (*Min.*) Pierres particulières argileuses endurcies, qui semblent avoir pris du retrait, et qui ont reçu dans leurs fissures une substance étrangère, qui y forme des cloisons. Le *Ludus Helmontii* de l'ancienne minéralogie est un exemple de ces sortes de pierres. (Brard.)

PIERRE DE COBRA ou DE SERPENT. (*Min.*) Les Portugais ayant pris les ammonites fossiles du cap de Bonne-Espérance pour des serpens enroulés pétrifiés, leur donnèrent ce nom. (Brard.)

PIERRE DE COCHON. (*Min.*) Nom trivial de notre Chaux carbonatée fétide. Voyez ce mot. (Brard.)

PIERRE DE COCHON. (*Zool.*) Nom donné aux calculs intestinaux des porcs. (Desm.)

PIERRE DE COLOPHANE. (*Min.*) On a donné ce nom à

une variété de grenat et aux silex résinites ou *Pechstein*, en raison de la ressemblance de ces substances avec la colophane. Voyez COLOPHONITE. (BRARD.)

PIERRE DE COLUBRINE. (*Min.*) L'une des nombreuses variétés des serpentines ou pierres ollaires. (BRARD.)

PIERRE DE COME. (*Min.*) C'est la pierre ollaire, dont on fait des marmites à Chiavenna, et que l'on vient vendre à Côme. (BRARD.)

PIERRE CONTRE LA PEUR. (*Min.*) Le jade néphrit taillé en forme de petits cœurs ou de petits poissons, servoit à former des amulettes de ce nom, qu'on suspendoit au cou des enfans pour les préserver de la peur. (DESM.)

PIERRE DE COQ. (*Zool.*) Concrétion calculeuse ou bézoard, que l'on dit se trouver quelquefois dans l'estomac du coq ou du chapon. (DESM.)

PIERRE DE COQUILLE. (*Conchyl.*) Dans les recueils, où l'on a eu pour but de signaler toutes les concrétions accidentelles que l'on trouve dans le corps des animaux, on a désigné ainsi les PERLES. Voyez ce mot. (DE B.)

PIERRE DE CORNE. (*Min.*) Ce nom, comme plusieurs autres, a joui du singulier privilége de rassembler une foule de roches de nature opposée; c'étoit en quelque sorte la case des roches douteuses. Il suffisoit qu'elles fussent noirâtres, pour qu'on les qualifiât de roches de corne. Voyez cependant plus particulièrement notre article CORNÉENNE. (B.)

PIERRE DE COULEUR. (*Min.*) Les joailliers, les bijoutiers et les lapidaires réunissent sous cette dénomination générale toutes les pierres fines colorées, comme l'éméraude, le grenat, les saphirs, etc. (BRARD.)

PIERRE DE CRABES. (*Foss.*) Les pétrifications de crustacés et de certaines coquilles qui, telles que les nautiles, présentent quelque analogie avec une queue d'écrevisse, ont reçu ce nom des anciens oryctographes. (DESM.)

PIERRE DE CRAPAUD. (*Min.*) Les mineurs du Derbyshire, et par suite tous les minéralogistes anglois ont nommé *Toadstone*, pierre de crapaud, une cornéenne compacte amygdalaire, qui recéle ou qui interrompt quelquefois les filons nombreux de plomb sulfuré qui abondent dans cette contrée.

(Voyez Cornéenne.) Certaines dents de poissons fossiles, que l'on trouve en Sicile et ailleurs, ont également reçu le nom de pierre de crapaud. (Brard.)

PIERRE DE CROIX ou CROISETTE. (*Min.*) Voyez Staurotide. (Brard.)

PIERRE CRUCIFORME. (*Min.*) Voyez Harmotome. (Brard.)

PIERRE EN DÉLIT. (*Min.*) On dit qu'une pierre est en délit lorsqu'on l'a placée dans un mur sur le sens opposé à celui où elle gisoit dans la carrière ; on doit l'éviter, parce que placées ainsi, les pierres calcaires d'appareil sont beaucoup moins solides, que quand elles le sont suivant leur lit de carrière. Voyez à l'article Pierres d'appareil. (Brard.)

PIERRE A DÉTACHER. (*Min.*) Les argiles smectiques, qui ont la propriété d'absorber les corps gras, sont employées non-seulement dans les foulons pour la préparation des draps ; mais en petit, l'on s'en sert pour enlever les taches d'huile ou de graisse. On les taille en petits pains carrés, qui portent le nom de savon de soldat ou de pierre à détacher ; telle est entre autres celle qui se trouve à Montmartre près Paris. Voyez Argile. (Brard.)

PIERRE DIVINE. (*Min.*) L'une des nombreuses dénominations du *jade.* (Brard.)

PIERRE DE DOMINE. (*Min.*) M. Patrin prétend que la terre bolaire de l'île d'Amboine a été nommée ainsi par quelques naturalistes hollandois. (Brard.)

PIERRE DOUBLANTE. (*Min.*) C'est la chaux carbonatée primitive, qui jouit de la double réfraction à un très-haut degré. Voyez Chaux carbonatée. (Brard.)

PIERRE DOUCE, DEMI-DOUCE ET RUDE. (*Min.*) Les ouvriers, qui usent ou qui polissent les métaux, ont donné ces noms aux différentes sortes de grès et de schistes qu'ils emploient à cet usage. La plupart nous sont apportées de Nuremberg. (Brard.)

PIERRE DE DRAGÉES ou DRAGÉES DE TIVOLI. (*Min.*) Petites incrustations calcaires blanches, d'un volume et d'une figure assez uniformes, qui se déposent dans les eaux thermales de Tivoli. Voyez Chaux carbonatée globuliforme testacée. (Brard.)

PIERRE DE DRAGON. (*Min.*) Les charlatans qui courent les marchés et les campagnes, vendent quelquefois de petits cailloux lenticulaires fort innocens, sous le nom de pierre de dragon. (Brard.)

PIERRE A ÉCORCE. (*Min.*) Wallerius, dit Saussure, avoit fort bien remarqué que dans quelques espèces de pierres de corne, cornéennes, le fer qui entre dans leur composition, s'altère à leur surface, en change la couleur et même le tissu. Cette altération se présente sous un tout autre aspect dans certains silex, où elle prend une apparence plombée. Je l'ai remarquée entre autres sur les silex de la montagne Sainte-Catherine, à Rouen. (Brard.)

PIERRE D'ÉCREVISSE. (*Crust.*) On a donné ce nom à deux plaques ovalaires et bombées, de substance calcaire, qui existent dans les parois de l'estomac de l'écrevisse, et sans doute de la plupart des crustacés décapodes, quelque temps avant leur mue, et qui diminuent à mesure que le nouveau têt se durcit; ce qui a fait présumer que ces pierres sont le dépôt de la matière calcaire, nécessaire à sa consolidation.

Ces pierres étoient autrefois d'un grand usage en médecine comme remède absorbant; on ne les emploie plus, et elles sont remplacées par le carbonate de magnésie. (Desm.)

PIERRE A ÉCRITOIRE. (*Min.*) Suivant l'Encyclopédie japonoise, on donneroit ce nom à une pierre naturellement creuse, dans laquelle les lettrés du pays délayeroient leur encre et tremperoient leur pinceau pour écrire; c'est probablement une pétrification. (Brard.)

PIERRE ÉCUMANTE. (*Min.*) M. Léman pense que la pierre écumante, ou *Gœstein* des Suédois, n'est qu'une mésotype compacte altérée, analogue à la crocalite. Elle est extrêmement fusible et se boursoufle au chalumeau en un verre blanc écumeux. M. Léman s'est particulièrement occupé de ces substances et doit faire autorité dans cette circonstance. (Brard.)

PIERRE ÉCUMANTE. (*Min.*) L'extrême facilité, avec laquelle certaines obsidiennes se fondent au chalumeau, leur a encore valu le nom de *Gœstein.* Voyez Obsidiennes. (Brard.)

PIERRE ÉLASTIQUE, FLEXIBLE ou PLIANTE. (*Min.*)

On peut distinguer deux sortes de pierres flexibles : celles qui le sont avec élasticité, comme le mica, et celles qui sont simplement flexibles, sans qu'elles puissent reprendre d'elles-mêmes leur première forme ou situation, tels sont les grès micacés du Brésil, les marbres blancs chauffés et les marbres blancs poufs, réduits en tablettes minces. Ce phénomène tient à un arrangement particulier des molécules, ou à la présence du mica. (BRARD.)

PIERRE ÉLECTRIQUE. (*Min.*) On dit que le succin, qui se nommoit *electrum* chez les anciens, a donné naissance au mot *électricité;* c'est donc la pierre électrique par excellence. Cependant la *tourmaline*, qui a donné les premiers signes d'attraction et de répulsions successives, peut lui disputer cette prérogative. (BRARD.)

PIERRE ÉLÉMENTAIRE. (*Min.*) C'est un des surnoms de l'opale noble. (BRARD.)

PIERRE D'ÉMÉRIL. (*Min.*) C'est l'émeril en roche, et tel qu'il se trouve dans la nature avant qu'il ait été pulvérisé, lavé et approprié aux arts. Voyez CORINDON ÉMÉRIL. (BRARD.)

PIERRE A EMPREINTE. (*Min.*) Cette dénomination vague convient tout aussi bien aux calcaires fissiles qui renferment les empreintes de plantes, de poissons et d'insectes, d'Œningen, de Pappenheim et de Vestenanova, qu'aux ardoises de Glaris et aux schistes impressionnés des houillers. (BRARD.)

PIERRE EN ÉPI. (*Min.*) Plusieurs substances offrent une disposition analogue à celle de la barbe des épis de blé: tels sont entre autres le MICA DES PYRÉNÉES, le GYPSE SÉLÉNITE des environs de Paris, plusieurs variétés de la CHAUX CARBONATÉE, etc. Le cuivre sulfuré spiciforme mériteroit plus que tout autre minéral le nom de pierre en épi. Voyez ces différens articles. (BRARD.)

PIERRE D'ÉPONGE. (*Min.*) La pierre d'éponge des anciens naturalistes n'appartient point à la minéralogie, c'étoit tout simplement ces fragmens de madrépores ou lithophytes, qui se trouvent souvent dans l'intérieur des éponges communes, mais auxquels on n'avoit pas manqué d'attribuer beaucoup de propriétés imaginaires. (BRARD.)

PIERRE D'ÉTAIN SPATHIQUE. (*Min.*) Linné avoit ainsi nommé notre schéelin calcaire. (Brard.)

PIERRE D'ÉTHIOPIE. (*Min.*) On rapporte ce nom aux prétendus basaltes noirs et verts d'Égypte, qui sont deux variétés de *diabase*. Le noir passe insensiblement au siénite rouge d'Égypte. (Brard.)

PIERRE ÉTOILÉE. (*Min.*) Les articulations d'encrinites fossiles, détachées et isolées, ont la forme de petites pastilles plates, à cinq et six rayons; on leur attribuoit autrefois une origine et des propriétés merveilleuses sous le nom de *pierres étoilées*. Des madrépores pétrifiés, dont on peut faire des plaques, des boîtes et autres bijoux, ont également ment reçu ce nom, à cause de la forme de leurs cellules. (Brard.)

PIERRE ÉTOILÉE. (*Min.*) On donne encore ce nom au corindon saphir astérie, bleu ou rouge, qui présente un reflet chatoyant, nacré à six rayons. (Brard.)

PIERRE D'ÉVÊQUE. (*Min.*) C'est le quarz améthyste dont les évêques sont dans l'usage de porter une bague; la couleur violette de cette pierre est analogue à celle de l'habit de ces prélats, et c'est probablement ce qui lui a valu la préférence. (Brard.)

PIERRE A FARD. (*Min.*) Voyez Talc, parce que cette pierre douce est la base du fard des dames. (Brard.)

PIERRE A FAUX. (*Min.*) On fabrique ordinairement les pierres à faux avec le grès psammite qui fait partie des terrains houillers, telles sont celles de la Belgique. On en fait de toutes pièces avec un grès pulvérulent que l'on réduit en pâte, que l'on moule et que l'on cuit comme de la poterie. Voyez Grès psammite. (Brard.)

PIERRE FÉTIDE. (*Min.*) Voyez Chaux carbonatée et Quarz fétide. Cette odeur devient sensible par le choc. (Brard.)

PIERRE A FEU. (*Min.*) On donne ce nom aux silex, pierre à fusil et à briquet, et dans les usines, on le donne aux grès ou autres pierres qui résistent à l'action du feu des fourneaux. (Brard.)

PIERRE DE FIEL. (*Zool.*) Ce nom est donné particulièrement aux calculs ou aux concrétions, qui se forment dans la vésicule du fiel ou dans le canal cholédoque des animaux, et qui renferment toujours plusieurs des principes constituans de la bile. Leur couleur est ordinairement d'un brun verdâtre, et leur toucher est savonneux. (DESM.)

PIERRE FIGURÉE. (*Min.*) Ce nom est vulgairement donné aux pierres qui présentent fortuitement dans leurs formes quelque ressemblance avec des corps organisés quelconques, végétaux et animaux. Elles diffèrent des vraies pétrifications en ce qu'elles n'offrent, dans leur structure, aucune trace de l'organisation du corps, qu'elles semblent représenter plus ou moins grossièrement. (DESM.)

PIERRE A FILTRER. (*Min.*) Les roches, dont le tissu est assez lâche pour laisser passer l'eau, mais dont les pores ne sont point assez larges pour que les molécules des corps étrangers puissent passer avec elle, sont des pierres filtrantes, parce que l'eau trouble, que l'on met dans le creux d'une de ces pierres, en sort claire et limpide. Tel est le liais de Paris, le grès d'Espagne et de Bohème, etc. (BRARD.)

PIERRE DU FIRMAMENT. (*Min.*) Dénomination ridicule, donnée à une variété d'opale. (BRARD.)

PIERRE FLEXIBLE. (*Min.*) Voyez PIERRE ÉLASTIQUE et l'article MINÉRALOGIE, t. XXXI, de ce Dictionnaire, p. 235 et suivans. (BRARD.)

PIERRE DE FLORENCE. (*Min.*) Voyez PIERRES DE FLORENCE. (BRARD)

PIERRE DE FOIE. (*Min.*) Certains calcaires répandent, quand on les frappe, une odeur d'œufs couvés, d'hydrosulfure, que l'on nommoit jadis *foie de soufre*. C'est à cela que ces calcaires et certains quarz ont dû le nom de pierre de foie, et non à leur couleur. L'odeur du quarz fétide se rapproche davantage de celle d'une matière cornée, que de l'hydrogène sulfuré. (BRARD.)

PIERRE DE FOUDRE ou DE TONNERRE. (*Min.*) Les bélemnites et les pyrites de fer ont reçu ces noms; mais on les a donnés depuis, avec plus de vraisemblance, aux pierres atmosphériques qui tombent sur la terre à la suite d'une violente explosion, mais qui n'ont cependant rien de commun avec la foudre. Voyez MÉTÉORITE. (BRARD.)

PIERRE DE FRAI. (*Foss.*) Certaines oolithes et plusieurs

amas de très-petites coquilles cloisonnées, globuleuses, nommées borélies par Denys de Montfort, ont reçu ce nom,
parce qu'on les considéroit comme des amas d'œufs de poissons pétrifiés. (Desm.)

PIERRE FROMENTAIRE ou FRUMENTAIRE. (*Min.*) Nom
donné à des fossiles qui ressemblent assez à des grains de blé
ou aux roches qui les contiennent en abondance : tel que
le marbre isabelle du Roussillon, si communément employé
à Toulouse, et qui paroît entièrement composé de camérines. dont la section verticale ressemble à des grains de
blé ou de riz. (Brard.)

PIERRE FULMINAIRE. (*Foss.*) Voyez Pierre fulminante.
(Desm.)

PIERRE FULMINANTE ou DE FOUDRE. (*Foss.*) Les
anciens oryctographes donnoient ce nom aux bélemnites.
(Desm.)

PIERRE A FUSIL. (*Min.*) Voyez Silex pyromaque blond.
On fait cependant aussi des pierres à fusil avec le silex noir,
soit en Angleterre, soit en Belgique, et même en France.
(Brard.)

PIERRE DE GALLINACE. (*Min.*) Nom que l'on donnoit à l'obsidienne du Pérou. Voyez Obsidienne. (Brard.)

PIERRE - GARIN. (*Ornith.*) Cette grande hirondelle
de mer est le sterne pierre-garin, *sterna hirundo*, Linn.
(Ch. D.)

PIERRE GÉODIQUE. (*Min.*) Voyez Géodes et Fer oxidé
hydraté géodique. (Brard.)

PIERRE DE GLACE. (*Min.*) C'est une des nombreuses
synonymies de la Chaux sulfatée cristallisée. Voyez cet article. (Brard.)

PIERRE DE GOA. (*Zool.*) Au temps, où l'on supposoit
beaucoup de vertus médicales aux bézoards ou calculs intestinaux des animaux, on en fabriquoit de factices, qui sont
connus sous le nom de pierres de Goa. (Desm.)

PIERRE GRAPHIQUE ou GRANIT GRAPHIQUE. (*Min.*)
Roche à base de felspath blanc ou rose, lardée de cristaux
de quarz gris, régulièrement disposés, et offrant dans leur
section horizontale des espèces de caractères ou d'écriture.
Voyez Pegmatite. (Brard.)

PIERRE GRASSE. (*Min.*) *Fettstein* de Werner. Voyez Éléolithe. (Brard.)

PIERRE DE HACHE. (*Min.*) Voyez à l'article Jade. (Brard.)

PIERRE HÉBRAÏQUE. (*Min.*) C'est un des noms de notre Granite pegmatite, que l'on avoit aussi nommé Pierre graphique ou écrite. Voyez ces mots. (Brard.)

PIERRE HÉLIOTROPE. (*Min.*) Voyez Héliotrope. C'est un quarz agathe. (Brard.)

PIERRE HÉMATITE. (*Min.*) Il y en a, dont la poussière est d'un rouge sombre ; c'est une variété de notre fer oxidé rouge, et d'autres, dont la poussière est d'un jaune plus ou moins foncé, passant au brun, mais sans mélange de rouge, et celle-ci est une variété de fer oxidé hydraté. Voyez Fer hydraté et Fer oxidé rouge. (Brard.)

PIERRE HÉPATIQUE. (*Min.*) On a donné ce nom à plusieurs substances métalliques, dont la couleur rouge brune s'approchoit plus ou moins de la teinte du foie, tels entre autres que le fer hématite, etc. (Brard.)

PIERRE HERBORISÉE. (*Min.*) Voyez Dendrites, Pierres arborisées, Pierres figurées, etc. (Brard.)

PIERRE HERCULIENNE. (*Min.*) C'étoit un des noms donnés au fer oxidulé alimentaire. (Brard.)

PIERRE D'HIRONDELLE. (*Zool.*) Ce nom a été donné à de petites pierres qu'on trouve dans l'estomac des hirondelles et auxquelles on attribuoit autant de vertus imaginaires qu'aux autres concrétions des animaux ou bézoards.

Le même nom et ceux de pierre de chélidoine et de pierre de Sassenage ont été appliqués à de petites agathes lenticulaires, qu'on trouve dans différens lieux de la Suisse et aussi dans les grottes de Sassenage, près Grenoble. (Desm.)

PIERRE A L'HUILE ou PIERRES DU LEVANT. (*Min.*) On connoît dans les arts et dans le commerce, sous le nom de pierres à l'huile, une sorte de calcaire excessivement compacte qui ne fait qu'une effervescence lente et tardive dans les acides, et qui a peine à se laisser rayer par un burin d'acier ; sa couleur est le jaune pâle ou le blanc sale. Elle vient, dit-on, des environs de Smyrne ; on la vend a Paris, à trois francs la livre, et sert au moyen de l'huile d'olive à aiguiser la coutellerie fine. (Brard.)

PIERRE HUMAINE. (*Zool.*) Les différens calculs ou concrétions des viscères de l'homme ont quelquefois reçu ce nom. (Desm.)

PIERRE HYDROPHANE (*Min.*); c'est-à-dire, qui devient transparente ou du moins translucide dans l'eau : c'est notre quarz silex hydrophane. Voyez Hydrophane et Silex hydrophane. (Brard.)

PIERRE HYGROMÉTRIQUE. (*Min.*) Je propose de nommer ainsi les pierres d'appareil, qui ont la propriété de se couvrir d'humidité à l'approche du changement de temps et de se sécher ensuite. Nous ne savons à quoi attribuer cette propriété, et c'est pour appeler l'attention des observateurs sur ce phénomène, que je me détermine à le consigner ici; peut-être cet effet tient-il à la présence d'un sel, comme nous l'avons vu en parlant des pierres solaires. (Brard.)

PIERRE IDIOMORPHE. (*Foss.*) Ce nom a été donné à des pierres figurées accidentellement, ou à des pétrifications. (Desm.)

PIERRE IMPRESSIONNÉE. (*Min.*) Ce nom convient particulièrement aux schistes argileux, couverts d'impressions de fougères, et qui se trouvent dans les terrains houillers; mais on conçoit qu'il appartient aussi aux pierres calcaires, qui conservent l'empreinte en creux ou en relief des coquilles ou autres corps organisés; cette dénomination est donc vague et mauvaise. (Brard.)

PIERRE DES INCAS. (*Min.*) Ayant trouvé des plaques de pyrites polies dans les tombeaux des princes péruviens, on pensa, qu'ils s'en étoient servis comme de miroirs, ce qui n'est cependant pas prouvé; mais cette idée prévalut, et les pyrites reçurent encore cette nouvelle dénomination, qu'elles partagèrent aussi avec la pierre de gallinace, qui est une variété d'*obsidienne*. (Brard.)

PIERRE INFERNALE. (*Chim.*) C'est le nitrate d'argent, fondu et coulé en cylindre dans une lingotière. Voyez, au mot Nitrates, *Nitrate d'argent.* (Ch.)

PIERRE D'IRIS. (*Min.*) L'iris des lapidaires et des joailliers n'est ordinairement qu'un quarz fendillé naturellement

40.   17

ou par l'art, et qui doit à cet accident la faculté de réfléchir les couleurs de l'iris. Voyez QUARZ IRISÉ. (BRARD.)

PIERRE D'ITALIE. (*Min.*) C'est une variété de schiste argileux très-fin, dont les dessinateurs se servent avec succès pour les dessins fins et délicats. (BRARD.)

PIERRE A JÉSUS. (*Min.*) Comme le mica et la chaux sulfatée se divisent facilement en lames transparentes, les religieuses s'en servent, en place de verre, pour conserver les images sacrées qu'elles exécutent dans le silence du cloître; de là le nom de *pierre à Jésus.* (BRARD.)

PIERRE JUDAÏQUE. (*Min.*) Surnom de certaines pointes d'oursins fossiles, trouvées dans l'Orient, et rapportées de Palestine par les Croisés. (BRARD.)

PIERRE DE LABRADOR. (*Min.*) Le felspath opalin, découvert sur les côtes du Labrador, porte encore ce nom dans le commerce, quoique l'on en ait trouvé depuis dans plusieurs autres contrées. Voyez FELSPATH OPALIN. (BRARD.)

PIERRE DE LAIT: *Milch-Stein,* Wern. (*Min.*) Lait de lune ou agaric minéral de l'ancienne minéralogie. Les substances qui ont reçu cette singulière dénomination, ne sont pour l'ordinaire que de la CHAUX CARBONATÉE ou de la CHAUX SULFATÉE SPONGIEUSE, déposées par les eaux dans les fissures des roches calcaires. Voyez l'Histoire de ces deux espèces. (BRARD.)

PIERRE A LANCETTE. (*Min.*) On donne ce nom, dans le commerce, à des variétés de schiste argilo-siliceux olivâtre, dont le grain est fin et serré; elles ont les plus grands rapports avec les pierres à rasoirs. On nous apporte ces pierres de Nuremberg. (BRARD.)

PIERRE DE LARD. (*Min.*) Le toucher, l'aspect et même la couleur de certaines variétés de stéatites de la Chine leur ont valu ce nom. Voyez SERPENTINES. STÉATITES et PAGODITE. (BRARD.)

PIERRE LÉGÈRE. (*Min.*) C'est notre *silex nectique,* dont le tissu lâche lui permet de nager momentanément à la surface de l'eau. Voyez SILEX NECTIQUE. (BRARD.)

PIERRE LENTICULAIRE. (*Min.*) On a donné ce nom à plusieurs corps organisés fossiles de forme lenticulaire, mais

qui appartiennent à différens genres. Voyez en particulier
Camérine, Nummulite et Cyclolite. (Brard.)

PIERRE DU LEVANT. (*Min.*) La pierre du Levant du
commerce est une roche calcaire extrêmement compacte.
qui est lente à faire effervescence, dont la cassure est excessivement compacte, et qui passe du jaune pâle au verdâtre.
quand on l'imprègne d'huile d'olive. Les artistes en font usage
pour afuter les taillans fins de leurs meilleurs instrumens; on
assure qu'elle se trouve à Smyrne, et qu'on l'apporte en lest
à Marseille. On la vend à trois francs la livre à Paris. (Brard.)

PIERRE DE LIAIS. (*Min.*) Les Parisiens nomment ainsi
l'une des plus belles espèces de leurs pierres à bâtir; ils en
distinguent même trois variétés : le liais dur, le liais ferault
et le liais tendre ou rose ; en sorte que le mot liais ne se
rapporte pas toujours au même banc de pierre, mais c'est une
sorte d'expression générale qu'ils appliquent aux pierres d'appareil, qui ont le grain fin, serré et dépourvu de cavités.
L'ancien liais de Paris, s'exploitoit dans les carrières des
environs du Luxembourg et de l'Observatoire: on s'en sert
pour les fontaines domestiques et pour les pierres tumulaires.
Voyez Chaux carbonatée grossière. (Brard.)

PIERRE DE LIMACE. (*Conch.*) C'est une coquille interne
qui se trouve sous le manteau de la plupart des limaces, et
que l'on avoit prise pour une simple concrétion. J'en ai fait
le genre *Limacelle*, dans mon Histoire des coquilles terrestres
et fluviatiles des environs de Paris, et j'en ai figuré quatre
espèces. (Brard.)

PIERRE DE LIMACE. (*Conchyl.*) Nom quelquefois employé anciennement pour désigner le rudiment de coquille
des limaces. (De B.)

PIERRE DE LIME. (*Min.*) Comme l'émeril raie et polit
le fer, on lui a donné ce nom qui conviendroit à presque
tous les grès. (Brard.)

PIERRE DE LIS. (*Min.*) C'est le nom donné à une espèce
d'encrinite fossile. (Brard.)

PIERRE LITHOGRAPHIQUE. (*Min.*) Jusqu'ici, la seule
pierre qui soit susceptible de se prêter à la pratique de l'art
lithographique, est un calcaire excessivement compacte,
terne dans sa cassure et légèrement argileux, dont le type

existe à Pappenheim, mais dont on a trouvé l'analogue sur plusieurs points de la France. Voyez CHAUX CARBONATÉE COMPACTE. (BRARD.)

PIERRE LUMACHELLE ou MARBRE LUMACHELLE. (*Min.*) Calcaires pénétrés d'une quantité notable de coquilles fossiles qui conservent quelquefois leurs couleurs et tout l'éclat de leur orient : telle est la lumachelle de Carinthie. (BRARD.)

PIERRE LUMINEUSE. (*Min.*) Plusieurs variétés de baryte sulfatée, étant calcinées et portées dans les ténèbres, y répandent une lueur phosphorique : telle est entre autres celle qui se trouve, en masses arrondies, aux environs de Bologne, en Italie. (BRARD.)

PIERRE DE LUNE. (*Min.*) Le beau reflet nacré et argentin du felspath nacré du Saint-Gothard et de Ceilan, lui a valu le nom de pierre de lune qu'il porte dans le commerce. Voyez FELSPATH NACRÉ. (BRARD.)

PIERRE DE LA LUNE. (*Min.*) Voyez MÉTÉORITE. (BRARD.)

PIERRE DE LYDIE. (*Min.*) C'est une cornéenne noire, qui sert de *pierre de touche.* Voyez PIERRE DE TOUCHE. (BRARD.)

PIERRE DE LYNX. (*Min.*) L'un des noms de la bélemnite fossile. (BRARD.)

PIERRE DE LYNX. (*Bot.*) Voyez PIERRE A CHAMPIGNON. (LEM.)

PIERRE DES MAGICIENS. (*Actinoz.*) Le tubipore musique de la mer Rouge a reçu ce nom. (DESM.)

PIERRE A MAGOT. (*Min.*) Voyez PAGODITE. (BRARD.)

PIERRE DE MALAC ou DE MALACCA. (*Zool.*) Un bézoard qu'on apportoit des Indes étoit ainsi appelé. (DESM.)

PIERRE DE MANGANÈSE. (*Min.*) Voyez MANGANÈSE OXIDÉ. (BRARD.)

PIERRE DE MANSFELD. (*Min.*) C'est le minérai exploité dans le comté de Mansfeld en Saxe, et qui est composé d'un schiste bitumineux, cuprifère avec empreintes de poisson. (BRARD.)

PIERRE DE MATRICE. (*Foss.*) Ce nom et celui de pierre hystérique étoient donnés à des moules intérieurs de térébratules fossiles, auxquels on attribuoit des propriétés médicales imaginaires. (DESM.)

PIERRE DE MEMPHIS. (*Min.*) On ne sait point au juste à quelle substance les anciens avoient attaché cette dénomination, on croit cependant que ce pouvoit bien être à l'agathe onyx des environs de Memphis. (Brard.)

PIERRE MÉTÉORIQUE ou PIERRE TOMBÉE DU CIEL. (*Min.*) Voyez Météorite. (Brard.)

PIERRE MEULIÈRE ou MOLAIRE. (*Min.*) Toutes les substances minérales en masse, dont on peut faire des meules de moulins, mériteroient de porter ce nom; mais les meilleures se font avec un silex particulier qui présente des cavités favorables à l'art de moudre les grains, et c'est principalement à lui qu'on l'a consacré. Voyez Silex molaire. (Brard.)

PIERRE DE MIEL: *Honigstein*, Wern. (*Min.*) Voyez Mellite. (Brard.)

PIERRE DE MIERY. (*Min.*) Nom de la pierre d'appareil que l'on emploie dans plusieurs villes du Jura, et qui est un calcaire renfermant des gryphites. (Brard.)

PIERRE DE MOCCO ou DE MOCHE. (*Min.*) Voyez Pierre de Moka. (Desm.)

PIERRE DE MOKA. (*Min.*) C'est notre agathe arborisée, que l'on tire de l'Inde, et dont le commerce se faisoit dans la ville de Moka en Arabie. Voyez Silex agathe. (Brard.)

PIERRE MOLAIRE. (*Bot.*) Voyez Pierre meulière. (Lem.)

PIERRE DE MORAVIE. (*Min.*) Roche granitoïde, qui renferme des grenats et qui, étant polie, présente des zones rubanées et parallèles assez remarquables. On l'extrait à Namiest en Moravie, suivant de Born. (Brard.)

PIERRE A MOUCHE. (*Min.*) L'arsenic natif, pulvérisé et délayé dans l'eau sucrée, attire les mouches et les fait périr aussitôt qu'elles en ont goûté. Deux grains d'arsenic oxidé, délayés dans un peu d'eau sucrée que l'on avoit soin de renouveler, quand elle étoit évaporée, ont tué plus de six mille mouches. C'est au reste une sottise de chercher à se débarrasser des mouches en les empoisonnant, leur nombre est trop prodigieux pour que ce moyen soit efficace. (Brard.)

PIERRE MURIATIQUE. (*Min.*) Six centièmes de soude, trouvés dans le jade tenace des bords du lac de Genève.

ont engagé Hæpfner, à lui donner le nom de pierre muriatique; cela ne valoit pas la peine de changer un nom insignifiant contre un nom qui peut induire en erreur, et qui nous force à faire un article de plus. (Brard.)

PIERRE NAUTIQUE. (*Min.*) On assure que les premières boussoles étoient composées d'un morceau d'aimant (fer oxidulé polaire), enfermé dans une boite à index qui surnageoit sur l'eau; ce qui explique assez bien cette dénomination de *pierre nautique.* (Brard.)

PIERRE NAXIENNE ou DE NAXOS. (*Min.*) Ces noms conviennent également à l'émeril que l'on exploite depuis long-temps à l'île de Naxos, et à une pierre à rasoir fort estimée qui vient, dit-on, aussi du même point de l'Archipel. (Brard.)

PIERRE NÉPHRÉTIQUE. (*Min.*) La faculté de soulager les coliques néphrétiques, attribuée fort mal à propos à la serpentine et surtout au jade, ont valu ce nom à ces deux substances. Voyez Jade. (Brard.)

PIERRE NOIRE. (*Min.*) C'est le schiste alumineux noir, dont on se servoit jadis pour dessiner et qui ne sert plus aujourd'hui qu'aux charpentiers et aux tailleurs de pierre pour tracer leur ouvrage. (Brard.)

PIERRE NOVACULAIRE. (*Min.*) Surnom des pierres à aiguiser schisteuses. (Brard.)

PIERRE NUMISMALE. (*Min.*) Voyez Camérine et Nummulite. (Brard.)

PIERRE NUMMULAIRE. (*Min.*) L'un des noms de la camérine fossile. Voyez Camérine et Nummulite. (Brard.)

PIERRE OBSIDIENNE. (*Min.*) Voyez Obsidienne. (Brard.)

PIERRE OCULAIRE ou ŒILLÉE. (*Min.*) Voyez Agathe onyx a couches concentriques. (Brard.)

PIERRE ODONTOÏDE. (*Min.*) Ce nom convient à toutes les dents pétrifiées de poissons ou de mammifères, mais il appartient surtout aux dents de *requin* pétrifiées. (Brard.)

PIERRE ODORANTE. (*Min.*) Ce nom convient encore à toutes les substances minérales qui répandent une odeur quelconque, soit naturellement, soit quand on vient à les chauffer, à les gratter ou à les casser. Nous connoissons des minéraux à odeur de bitume, de soufre, d'hydro-sulfure, à odeur de violette, de truffe, de pomme, de corne brûlée, etc. (Brard.)

PIERRE DES OISEAUX. (*Zool.*) Des calculs trouvés dans les viscères des oiseaux, ont été ainsi nommés. Voyez Pierre alectorienne, Pierre de coq, Pierre de chapon et Pierre d'hirondelle. (Desm.)

PIERRE D'OLIVE. (*Min.*) C'est à une pointe d'oursin fossile, qui se termine en forme d'olive, que l'on a donné ce nom, ainsi que celui de *pierre judaïque*. (Brard.)

PIERRE OLLAIRE. (*Min.*) Nom donné aux serpentines et aux stéatites, dont on fait des vases domestiques en Vallais et ailleurs. (Brard.)

PIERRE DES ORCADES. (*Min.*) Il paroît que c'est un fossile ou une concrétion calcaire qui abonde aux Orcades et dans le pays de Galles, suivant Patrin. (Brard.)

PIERRE ORIENTALE. (*Min.*) Comme nous avons reçu et que nous recevons encore nos plus belles pierres précieuses de l'Inde et de l'Orient, il s'ensuit que l'on est à peu près convenu d'ajouter l'épithète d'orientale aux gemmes les plus dures et les plus précieuses; ainsi, l'on dit topaze seulement, pour désigner la topaze du Brésil ou de Saxe, mais on dit *topaze orientale*, pour désigner le saphir jaune. On dit qu'une agathe a de l'orient, quand elle offre une pâte fine et sans défaut, etc.; au reste, cette expression vicieuse commence à disparoître même chez les joailliers et les lapidaires. (Brard.)

PIERRE DES OS ROMPUS, ou OSSIFRAGE, ou OSTÉOCOLLE. (*Min.*) Une concrétion calcaire formée autour d'une racine ou d'un rameau, ayant la forme cylindrique et tubulaire, fut considérée, au temps des amulettes, comme susceptible de consolider les os fracturés; de là cette dénomination ridicule de *pierre des os rompus*. Voyez Chaux carbonatée, concrétionnée ou incrustante. (Brard.)

PIERRE D'OUTREMER. (*Min.*) C'est notre lapis, dont on extrait en effet la couleur dite outremer. Voyez Lapis. (Brard.)

PIERRE OVAIRE. (*Min.*) Calcaire oolitique que l'on croyoit entièrement composé d'œufs de poissons. (Brard.)

PIERRE OXIPÈTRE. Voyez Pierre acide. (Brard.)

PIERRE DE PAILLE. (*Min.*) On donne ce nom en Allemagne à plusieurs minéraux composés d'aiguilles, entrelacés en tous sens, et qui imitent quelquefois un assemblage de brins de paille, croisée et jetée au hazard; c'est une mauvaise expression qui ne peut tout au plus s'employer que dans sa description, et lorsqu'elle est éclairée par une périphrase. (BRARD.)

PIERRE DE PANTHÈRE ou JASPE PANTHÈRE. (*Min.*) Quelques jaspes tachetés, imitant plus ou moins bien la robe mouchetée de la panthère, ont reçu ce nom; je l'ai entendu employer pour le palmier agathisé de Hongrie, dont on a fait des bijoux et des objets d'ornement. (BRARD.)

PIERRE DE PAON. (*Conchyl.*) Nom donné par les joaillers au cartilage de la moule perlière, qui est susceptible de poli, et reflette les couleurs de l'arc-en-ciel. Ils en font des bijoux. (DESM.)

PIERRE DE PAPPENHEIM. (*Min.*) C'est le calcaire compacte qui sert de type aux pierres lithographiques. (BRARD.)

PIERRE DE PARANGON. (*Min.*) C'est encore un des noms de la pierre de touche. (BRARD.)

PIERRE PEINTE. (*Min.*) Nom qui convient à toutes les pierres qui offrent des dendrites ou arborisations, etc. (BRARD.)

PIERRE DE PÉRIGORD ou PIERRE DE PÉRIGUEUX. (*Min.*) Voyez MANGANÈSE OXIDÉ NOIR TERREUX. (BRARD.)

PIERRE PESANTE. (*Min.*) Pour les François, c'est la *baryte sulfatée*, mais pour les Suédois, c'est une substance métallique, le *schéelin calcaire*. (BRARD.)

PIERRE DE PHÉNICIE. (*Min.*) Encore un nom de la *pierre de touche*. (BRARD.)

PIERRE PHILOSOPHALE. (*Chim.*) Les alchimistes donnoient ce nom à une préparation qui, suivant eux, avoit la propriété de changer en or ou en argent des matières communes de diverses natures. (CH.)

PIERRE PHOSPHORIQUE. (*Min.*) Voyez PIERRE LUMINEUSE et BARYTE SULFATÉE, CHAUX PHOSPHATÉE, CHAUX FLUATÉE, et toute substance phosphorescente dans l'obscurité et à l'aide de différens moyens. (BRARD.)

PIERRE PHRYGIENNE. (*Min.*) Il paroît que les anciens tiroient leur alun de l'Asie mineure, et particuliérement d'une pierre que l'on trouvoit en Phrygie; c'est la pierre dont il s'agit ici. (Brard.)

PIERRE A PICOT. (*Min.*) Voyez Variolithe. (Brard.)

PIERRE DES PIERRES. (*Min.*) L'agathe onyx, réunissant en apparence plusieurs pierres, différentes par leurs couleurs, on lui avoit donné cette dénomination chez les anciens minéralogistes. (Brard.)

PIERRE PLANTE. (*Actin.*) Traduction du mot lithophyte, employé généralement pour désigner les polypiers calcaires. (Desm.)

PIERRE A PLATRE. (*Min.*) La pierre à plâtre par excellence est la chaux sulfatée grossière, combinée à une petite dose de chaux carbonatée : telle est celle des environs de Paris, qui produit du plâtre parfait; mais partout ailleurs on fait du plâtre avec toutes les autres variétés de Chaux sulfatée. Voyez cet article. (Brard.)

PIERRE A PLATRE CIMENT. (*Min.*) C'est une pierre à chaux très-hydraulique de Boulogne sur mer. (Brard.)

PIERRE DE POIS ou PISOLITHE. (*Min.*) C'est notre Chaux carbonatée concrétionnée globuliforme et notre Fer hydraté globuliforme. Voyez ces deux articles. (Brard.)

PIERRE DE POISSONS. (*Zool.*) Ce nom a été donné à quelques concrétions pierreuses, qui se forment adventivement dans la tête de plusieurs poissons, et qui étoient autrefois employées, ainsi que les autres calculs et bézoards, comme remèdes dans certaines maladies. (Desm.)

PIERRE DE POIX, PICIFORME, RÉSINIFORME ou PECHSTEIN. (*Min.*) Ce sont le plus ordinairement des silex qui, dans leur cassure et leur aspect, rappellent assez bien la cassure et le facies particulier de l'intérieur des masses de résine (voyez Silex résinite). Le pechstein de Werner étoit fusible, et n'appartenoit point par conséquent à notre silex résinite, c'étoit plutôt une roche felspathique. (Brard.)

PIERRE A POLIR. (*Min.*) Nous connoissons un grand nombre de substances minérales, qui s'emploient journellement dans l'art de polir les métaux, les pierres, le bois, la corne, l'écaille, l'ivoire, etc.; mais on nomme plus particulièrement pierre à polir plusieurs espèces de schiste que l'on prépare dans les environs de Nuremberg, de Sonnenberg et de Cobourg en Saxe, et qui servent à dresser, à doucir et à polir les gros bijoux d'or et d'argent. (BRARD.)

PIERRE PONCE. (*Min.*) Matière volcanique très-voisine des verres, et qui se fait remarquer par sa grande légèreté qui lui permet de flotter sur l'eau fort long-temps. Elle est employée dans les arts mécaniques, dans la chapellerie, etc. Voyez PUMITE et PONCE. (BRARD.)

PIERRE DE PORC. (*Min.*) C'est notre chaux carbonatée fétide qui dégage, quand on la frappe, une odeur d'hydro-sulfure très-sensible. (Voyez CHAUX CARBONATÉE FÉTIDE.)

Nous avons aussi un quarz fétide, mais l'odeur qu'il répand par le choc, est celle d'une matière animale qui brûle. (BRARD.)

PIERRE DE PORC. (*Zool.*) Calculs intestinaux ou bé-zoards, qui se forment dans les viscères du cochon. (DESM.)

PIERRE DE PORC-ÉPIC. (*Zool.*) Un porc-épic des Indes a souvent dans son estomac des pierres ou concrétions cal-caires, auxquelles on a attribué des propriétés merveilleuses et donné un prix très-élevé. (DESM.)

PIERRE A PORCELAINE. (*Min.*) Le felspath décomposé ou kaolin fait la base de la pâte des porcelaines proprement dites, et le felspath non décomposé en fait la couverte. Voyez donc l'article FELSPATH. (BRARD.)

PIERRE POREUSE. (*Min.*) Dénomination vague qui con-vient aux minéraux les plus disparates, à la ponce et au silex molaire, au grès à filtrer et au tuf, etc. (BRARD.)

PIERRE DE PORTLAND. (*Min.*) Pierre calcaire d'appa-reil très-employée à Londres, où elle est apportée de l'île de Portland dans la Manche. (BRARD.)

PIERRE DE PORTUGAL. (*Min.*) Nom donné au fer sul-furé marcassite, qui est susceptible d'être taillé, poli et monté en bijoux. Voyez FER SULFURÉ. (BRARD.)

PIERRE A POTS. (*Min.*) Voyez PIERRE OLLAIRE, SERPEN-TINE, STÉATITE. (BRARD.)

PIERRE POURRIE. (*Min.*) Les artisans qui polissent les métaux, donnent ce nom à un schiste friable jaunâtre ou brun, qui vient, dit-on, d'Angleterre, et qui donne un fort beau poli à l'or, à l'argent et même à l'acier. On trouve une pierre analogue à Menil-Montant près Paris, qui sert de gangue au silex ménilite, c'est le *polierschiefer* des Allemands. (Brard.)

PIERRE DE LA PROVIDENCE. (*Min.*) On a donné ce nom à certaines pierres calcaires qui renferment une multitude de camérines ou nummulites. (Brard.)

PIERRE PUANTE. (*Min.*) Voyez Pierre de porc ou Chaux carbonatée fétide, Quarz fétide. (Brard.)

PIERRE A QUEUE DE PAON. (*Zool.*) Voyez Pierre de paon. (Desm.)

PIERRE A RASOIR. (*Min.*) La pierre, qui porte ce nom, s'appeloit *cos* dans l'ancienne minéralogie; elle est d'un jaune chamois, d'un grain imperceptible à l'œil; elle fait partie des schistes argilo-siliceux, *schiste coticule*, qui sont composés de lits superposés, noirâtres, roussâtres ou violets. La partie jaune est la seule qui soit propre à affuter la coutellerie fine et surtout les rasoirs : cette pierre s'emploie à l'huile d'olive. On nous l'apporte de Namur; mais la carrière est à Salm-Château près Liége. Voyez Schiste coticule. (Brard.)

PIERRE A RATS. (*Min.*) La baryte carbonatée naturelle est un poison pour les rats, et l'on en fait usage en Angleterre. Voyez Baryte carbonatée. (Brard.)

PIERRE A RAVET. (*Min.*) Pierre à chaux de Saint-Domingue , remarquable par le grand nombre des cellules qu'elle présente, et qui servent de réfuge aux blattes ou ravets, insectes lucifuges. (Brard.)

PIERRE RAYÉE. ((*Min.*) Voyez Pierre de Moravie. (Brard.)

PIERRE DES REINS. (*Zool.*) Nom donné aux calculs qui se forment dans les reins des animaux. (Desm.)

PIERRE DES REMOULEURS. (*Min.*) Toutes les pierres dont on fait des meules pour les remouleurs, sont de grès plus ou moins fins, et plus ou moins durs; les plus estimés sont ceux de Marcilly et de Celle près Langres, de Passavant près Vauvilliers, etc. Il se fait un très-grand commerce de ces meules, et l'on ouvre tous les jours de nouvelles carrières. (Brard.)

PIERRE RÉTICULAIRE. (*Min.*) Pierre qui présente l'aspect d'un tissu croisé, tel que le Titane réticulaire, par exemple. Voyez ce mot. (Brard.)

PIERRE DE RIZ ou plutôt PATE DE RIZ. (*Min.*) Substance dont on fait des vases à la Chine, que l'on a pris pendant long-temps pour une pierre naturelle, et qui n'est qu'un émail où l'oxide de plomb entre pour près de moitié. (BRARD.)

PIERRE DE ROCHE. (*Min.*) Nom de l'une des variétés des pierres d'appareil de Paris, qui est d'une belle qualité, mais qui a peu d'épaisseur. (BRARD.)

PIERRE DES ROMPUS. (*Min.*) Voyez PIERRE DES OS ROMPUS, ou OSTÉOCOLLE. (BRARD.)

PIERRE RUDE ou PIERRE A L'EAU RUDE. (*Min.*) Elle est schisteuse, mais sèche au toucher et d'un gris verdâtre. Elle vient de Nuremberg et du banc de Craka près Paimpol en Bretagne. On l'emploie avantageusement pour polir l'argent et le cuivre. (BRARD.)

PIERRE DES RUINES. (*Min.*) Voyez PIERRE DE FLORENCE et CHAUX CARBONATÉE COMPACTE. (BRARD.)

PIERRE DE SABLE. (*Min.*) Ce sont les grès qui, effectivement, ont dû être à l'état de sable, avant d'avoir été consolidés. Voyez GRÈS. (BRARD.)

PIERRE A SABLON. (*Min.*) Grès pouf, qui s'écrase facilement et produit le sablon dont on se sert pour décaper le cuivre et pour ébaucher le poli de quelques substances. (BRARD.)

PIERRE SACRÉE. (*Min.*) On assure que les anciens donnoient ce nom à un porphyre vert à taches blanches? (BRARD.)

PIERRE DE SAINT-ÉTIENNE. (*Min.*) On a donné le nom de ce martyr à une cornaline blonde qui présente des taches rouges, que l'on a comparées à des gouttes de sang. (BRARD.)

PIERRE SAINTE-MARGUERITE. (*Conchyl.*) C'est le nom vulgaire d'une espèce de natice, aussi nommée nombril marin. (DESM.)

PIERRE SALÉE. (*Min.*) C'est le schiste noir graphique qui sert aux charpentiers, et dont la surface se couvre d'efflorescences salines (sulfate de fer). (BRARD.)

PIERRE DE SAMOS. (*Min.*) L'un des synonymes du fer oxidé hématite, dont on fait usage pour brunir les métaux et qui porte aussi le nom de *ferret*. (BRARD.)

PIERRE DE SANG. (*Min.*) Le jaspe vert taché de points rouges et le fer oxidé rouge terreux, nommé sanguine, ont reçu le nom de pierre de sang. Voyez Silex héliotrope et Fer oxidé terreux rouge. (Brard.)

PIERRE DE SARCOPHAGE ou PIERRE ASSIENNE. (*Min.*) On dit que les anciens se servoient de cette pierre pour dessécher les cadavres et les changer en espèces de momies. Maintenant quelle est cette pierre? C'est ce qui n'est pas facile à déterminer; cependant, si cette *pierre assienne* est analogue à notre pierre d'alun, on pourroit concevoir jusqu'à un certain point l'effet dont il s'agit. (Brard.)

PIERRE DE SARDE. (*Min.*) C'est le nom de notre Silex agathe sardoine. Voyez cet article. (Brard.)

PIERRE DE SASSENAGE. (*Min.*) Petits galets blancs et lenticulaires que l'on trouve dans les grottes calcaires de Sassenage près Grenoble, et dont on fait usage pour retirer de l'œil les corps étrangers qui s'y introduisent accidentellement. (Brard.)

PIERRE SAVONNEUSE. (*Min.*) Ce nom convient également aux argiles, aux talcs et aux stéatites, dont le toucher gras et savonneux contribue à les faire reconnoître. Voyez Talc, Stéatites, Argiles. (Brard.)

PIERRE A SCULPTURE. (*Min.*) Voyez Pierre de lard, Pierre a magots et Pagodite. (Brard.)

PIERRE DE SERPENT ou DE COBRA. (*Min.*) Préparation des moines et des charlatans de l'Inde, qu'ils font passer pour s'être formée dans la tête d'un serpent du pays et qui a, suivant eux, la propriété d'en guérir la morsure. Ce n'est qu'une argile analogue à celle de l'Archipel, et qui absorbe l'humidité sans miracle. (Brard.)

PIERRE DE SERPENTINE. (*Min.*) Voy. Serpentine. (Brard.)

PIERRE SMECTITE. (*Min.*) Voyez Stéatite. (Brard.)

PIERRE DU SOLEIL. (*Min.*) Belle variété du felspath avanturiné à pluie d'or, fort estimée dans le commerce. Voyez Felspath avanturiné. (Brard.)

PIERRE SONNANTE; *Klingstein*, Wern. (*Min.*) La propriété sonore qui se manifeste quand on vient à frapper sur certaines roches, leur a valu cette dénomination chez les François comme chez les Allemands. Elle se remarque surtout dans certaines roches pétrosiliceuses, les phonolites et même dans certains calcaires. Les Chinois font des instrumens de musique, des kings, avec le jade, qui produit aussi un son particulier quand il est réduit en plaques. Voyez JADE, PHONOLITE et PIERRE DE CLOCHE. (BRARD.)

PIERRE SONORE. (*Min.*) Voyez à l'article PIERRE SONNANTE. (BRARD.)

PIERRE SORCIÈRE. (*Min.*) Le mouvement imprimé aux petites camérines que l'on jette dans du vinaigre, lui ont valu ce nom. (BRARD.)

PIERRE DE SOUDE. (*Min.*) Voyez SOUDE. (BRARD.)

PIERRE SPÉCULAIRE. (*Min.*) Le mica et la chaux sulfatée laminaire ont reçu ce nom par suite de la propriété qu'ils ont de répéter les objets à la manière d'un miroir. Voyez FER OLIGISTE, MICA et CHAUX SULFATÉE. (BRARD.)

PIERRE DE STÉATITE. (*Min.*) Voyez l'article STÉATITE. (BRARD.)

PIERRE DE STOLPEN ou PIERRE EN COLONNE. (*Min.*) Nom par lequel les Suédois, les Polonois et les habitans de la Bohème désignent le basalte prismatique. (BRARD.)

PIERRE SURNAGEANTE. (*Min.*) Voyez SILEX NECTIQUE et PIERRE LÉGÈRE. (BRARD.)

PIERRE DE SYÈNE. (*Min.*) C'est la belle roche rose qui a été tant de fois mise en œuvre par les Égyptiens et qui forme les cataractes du Nil; c'est le granite rouge antique des marbriers, le *syénite* de Werner et de la plupart des minéralogistes modernes. Voyez SYÉNITE. (BRARD.)

PIERRE DE SYRIE. (*Min.*) Voyez PIERRE JUDAÏQUE. (BRARD.)

PIERRE DE TAILLE. (*Min.*) Voyez PIERRES D'APPAREIL. (BRARD.)

PIERRE A TAMIS. (*Foss.*) Un milleporite a reçu ce nom. (DESM.)

PIERRE THÉBAÏQUE. (*Min.*) C'est le syénite rouge d'Égypte. Voyez PIERRE DE SYÈNE et SYÉNITE. (BRARD.)

PIERRE DE THRACE. (*Min.*) C'est notre *jayet*. Voyez JAYET et LIGNITE. (BRARD.)

PIERRE DE THUM; *Thummerstein*, Wern. (*Min.*) C'est le nom de l'axinite chez les Allemands. Voyez AXINITE. (BRARD.)

PIERRE DE TIBLE. (*Min.*) Nom des loses ou ardoises grossières dont on se sert dans une partie du Limousin pour couvrir les maisons de la campagne. (BRARD.)

PIERRE DE TIBURON ou MANATI. (*Zool.*) Un os dur, qu'on regarde comme l'os de l'oreille (le rocher) de la baleine, étoit autrefois employé en pharmacie, comme les pierres d'écrevisse et la corne de cerf pour la guérison de certaines affections de l'estomac. (DESM.)

PIERRE EN TIGE ou EN BAGUETTE, ou SCAPOLITE. (*Min.*) Voyez WERNÉRITE. (BRARD.)

PIERRE DE LA TOLFA. (*Min.*) Voyez PIERRE D'ALUN. (BRARD.)

PIERRE TOMBÉE DU CIEL. (*Min.*) Voyez MÉTÉORITE. (BRARD.)

PIERRE DE TONNERRE. (*Min.*) On a donné ce nom au *fer sulfuré radié*, aux bélemnites et à des pierres taillées de main d'homme, en forme de hache ou de coins, ouvrages qui remontent à l'antiquité la plus reculée et qui semblent antérieurs à l'art de travailler le fer. (BRARD.)

PIERRE DE TOUCHE. ((*Min.*) On se sert de plusieurs sortes de pierres pour essayer approximativement le titre des bijoux d'or; il suffit, pour remplir le but que l'on se propose, qu'une pierre soit noire, assez dure pour que l'or laisse sa trace quand on vient à l'y frotter, et surtout que cette pierre ne soit point susceptible d'être attaquée par l'acide nitrique étendu, ou eau forte. Les cornéennes ou trapps noirs, certains schistes noirs endurcis et les jaspes noirs peuvent servir à cet usage. Les pierres de touche de Paris viennent de Saxe, de Bohème et de Silésie; elles entrent en France par Strasbourg. Voyez CORNÉENNE, PIERRE DE LIDYE, etc. (BRARD).

PIERRE DE TRASS. (*Min.*) C'est le nom de la pierre tuffeuse volcanique que l'on exploite à Andernach, que l'on pulvérise en Hollande, qui s'emploie dans les cimens, en place de pouzzolane. (BRARD.)

PIERRE TRAVERTINE DE TIBUR, DE TIVOLI ou TOPHUS des anciens. (*Min.*) C'est un calcaire caverneux blanc ou jaunàtre qui se forme à la manière des tufs, dont il existe de vastes carrières au sud de la montagne de Tivoli, au point où l'Anio entre dans la plaine qui s'étend jusqu'à Rome. Le travertin de Tivoli, qui a son parfait analogue aux bains de Vichy, est recherché par sa légèreté pour la construction des voûtes: aussi la coupole de Saint-Pierre a-t-elle été bâtie en travertin. Voyez Chaux carbonatée incrustante. (Brard.)

PIERRE DE TRIPPES. (*Min.*) Voyez Chaux sulfatée anhydre. (Brard.)

PIERRE DE TRUFFE, TARTUFFOLI des Italiens. (*Min.*) C'est un madrépore pétrifié qui répand cependant encore une forte odeur de truffe dès qu'on le frappe légèrement avec un morceau de fer: il se trouve, à Monteviale dans le Vicentin, mêlé à des déjections volcaniques, et l'on remarque que le terrain dans lequel on le trouve, répand aussi une odeur de truffe après les pluies. (Brard.)

PIERRE TUBERCULEUSE. (*Min.*) Le silex ménilite a reçu ce nom à cause de la forme arrondie et contournée qu'il présente souvent. Voyez Silex ménilite. (Brard.)

PIERRE TUBULAIRE. (*Min.*) Tuf calcaire qui s'est déposé sur des roseaux et qui semble composé de tubes. Voyez Chaux carbonatée incrustante. (Brard.)

PIERRE DE TUF. (*Min.*) Voyez Pierre travertine et Chaux carbonatée incrustante. (Brard.)

PIERRE DE TURQUIE. (*Min.*) Voyez Pierre du Levant. (Brard.)

PIERRE TYPOGRAPHIQUE. (*Min.*) Voyez Pierre graphique et Pegmatite. (Brard.)

PIERRE DE VACHE. (*Zool.*) Les vaches atteintes d'une maladie appelée pommelière, ont très-souvent la substance des poumons remplie de concrétions calcaires tendres, qui ont reçu le nom de pierres de vaches. (Desm.)

PIERRE DE VARIOLE ou DE LA PETITE VÉROLE. (*Min.*) Roche particulière, dont la pâte est pétro-siliceuse et qui renferme des noyaux arrondis, aussi de pétrosilex, mais d'une couleur plus ou moins différente de celle de la roche : la plus connue est celle que l'on trouve parmi les cailloux roulés de la Durance. Cette pierre faisoit partie des amulettes. Voyez Variolite. (Brard.)

PIERRE VÉGÉTALE. (*Foss.*) Ce nom a été quelquefois donné aux pierres qui renferment de nombreuses empreintes de plantes fossiles ou phytolithes. (Desm.)

PIERRE DE VÉRONE. (*Min.*) C'est le calcaire compacte et tabulaire qui renferme les plus belles empreintes de poissons connues, et que l'on trouve à Vestena-Nova près Vérone. Elle présente aussi des empreintes de plantes et des noyaux de succin. (Brard.)

PIERRE VERTE DES AMAZONES. (*Min.*) Le jade assien, dont on trouve des masses brutes ou travaillées dans les atterrissemens du fleuve des Amazones, a reçu le nom de pierre des Amazones. Mais on l'a également donné à une jolie variété de felspath vert céladon qui se trouve en Sibérie. Voyez Jade et Felspath vert. (Brard.)

PIERRE DE LA VESSIE. (*Chim.*) Voyez Calculs urinaires. (Ch.)

PIERRE A VIGNE. (*Min.*) Voyez Ampélite. (Brard.)

PIERRE DE VIOLETTE. (*Min.*) On ignore encore à quoi l'on doit attribuer cette odeur dans certaines roches ; mais il est certain qu'elle est très-sensible dans le gneiss de Mittelberg en Allemagne et même dans le granite rose des Vosges. M. Leman s'est assuré que cette odeur n'est point due à la présence d'aucun lichen ou autre plante cryptogame. (Brard.)

PIERRE VITRESCIBLE. (*Min.*) Le quarz ou le sable quarzeux formant avec un alkali la base des différentes sortes de verre. Voyez les *Usages du quarz*. (Brard.)

PIERRE VITRIOLIQUE. (*Min.*) C'est le schiste noir qui se décompose en raison des pyrites qu'il contient et qui se couvre d'efflorescences de vitriol ou sulfate de fer. Voyez Fer sulfaté, Ampélite. (Brard.)

PIERRE VOLANTE. (*Min.*) Les mineurs allemands donnent ce nom à une roche particulière siliceuse assez dure qu'ils rencontrent dans leurs travaux et qui s'échappe en éclats quand on la touche. Dans les mines de plomb d'Angleterre on rencontre une autre pierre volante, qui sert de salle-bande à certains filons, dont la surface est polie et qui fait explosion quand on la découvre. (Brard.)

PIERRE DE VOLCAN ou DE VULCAIN. (*Min.*) Nom général que l'on donnoit autrefois aux substances qui avoient été fondues ou simplement rejetées par les volcans. Ces expressions furent remplacées par le mot *lave*, également générique et vague, dont on ne fait presque plus usage que par abréviation. Voyez Lave. (Brard.)

PIERRE DE VOLVIC. (*Min.*) C'est la pierre d'appareil que l'on exploite à Volvic, près Clermont, et qui est un produit des volcans d'Auvergne. Voyez Lave. (Brard.)

PIERRE DE VULPINO. (*Min.*) Pierre particulière, dont on fait usage à Milan pour l'ameublement, qui prend un assez beau poli et qui n'est autre chose que de la chaux sulfatée mêlée à une forte dose de silice : elle se trouve à Vulpino, à quinze lieues au nord de Bergame. Voyez Chaux sulfatée anhydre quarzifère. (Brard.)

PIERRERIES. (*Min.*) Les gens du monde désignent les pierres fines, et les pierres précieuses en général, par cette expression; on l'emploie même dans le style relevé. (Brard.)

PIERRES A AIGUISER. (*Min.*) Toutes les substances minérales, qui sont susceptibles d'aviver le taillant des instrumens tranchans, se rangent parmi les pierres à aiguiser. C'est cependant plus particulièrement aux grès qu'appartient cette dénomination; tandis que celle des pierres à repasser est reservée pour les substances qui servent a aiguiser ou à afuter les instrumens plus délicats, tels que les lancettes, les bistouris, les canifs, les rasoirs, etc. Les principales pierres à aiguiser sont les grès de Langres, de Passavant près Vauviliers dans la Haute-Saône, de Celles en Champagne, de Fleury, département de la Manche. etc. (Brard.)

PIERRES D'APPAREIL ou PIERRES DE TAILLE. (*Min.*) Je nomme pierres d'appareil, celles qui sont susceptibles de servir à l'exécution des édifices particuliers et des monumens publics décorés.

Toutes les substances minérales en masse ou toutes les roches ne sont point, comme on pourroit le croire, susceptibles de se prêter à cet usage important, et il existe des provinces et même des contrées entières qui en sont totalement privées.

On nomme *appareil* en architecture les pierres que l'on destine à l'exécution des diverses parties d'un édifice quelconque. en les posant par assises régulières et successives, et l'on dit que ces pierres sont de haut ou de bas appareil, suivant qu'elles ont plus ou moins d'épaisseur. L'appareilleur en chef d'un monument est chargé non-seulement de faire exé-

cuter la taille suivant les règles de l'art du tracé ou de la
coupe, mais il veille aussi à ce que les pierres soient saines
et posées sur leur lit de carrière, et à ce sujet seulement nous
entrerons dans quelques détails qui se rattachent à la minéralogie, renvoyant pour le reste aux traités d'architecture et de
l'art de bâtir.

Les principales qualités des pierres d'appareil consistent à
ne point se détériorer par l'action de l'air, de l'humidité
et de la gelée; à soutenir la vive-arête sans s'égrainer par
l'action du ciseau, à se laisser tailler sans trop de difficulté,
et à fournir un appareil d'une hauteur telle que les assises ne
soient pas trop multipliées. Quelques auteurs demandent
même, comme dernière condition, que ces mêmes pierres
résistent à l'action du feu des incendies : mais c'est par trop
exiger ; car il n'est guère de roche qui, soumise à cette
épreuve, puisse y résister. Les magnifiques pierres qui forment le plafond des vomitoires de l'amphithéàtre de Nîmes
ont presque toutes éclaté lors de l'incendie allumé par les
Maures retranchés dans ce vaste édifice romain et assiégés
par Charles Martel.

Les roches calcaires sont les pierres d'appareil par excellence, et cela tient à leur abondance, à leur dureté moyenne
et à leur disposition dans les contrées dont elles forment la
masse solide ; disposition par couches parallèles assez uniformes et susceptibles de se détacher les unes d'avec les autres
au moyen des coins et des leviers.

Je dis leur abondance, parce qu'en effet ce sont elles qui
se trouvent le plus communément dans la nature ; et que ce
sont elles qui ont fourni la matière des principaux monumens
connus.

Je dis leur dureté moyenne, parce qu'elle varie depuis
celle qui permet de les débiter à la scie dentée, à la scie au
sable, jusqu'à celle qui s'exploite à la trace, à la poudre, et
qui ne peut s'ébaucher qu'à la pointe aciérée. Paris offre
dans la pierre que l'on extrait dans ses environs, ces trois
degrés de résistance : le premier, dans sa lambourde ; le
second, dans son liais ; le troisième, dans la pierre de Landon.

Les roches calcaires disposées en couches d'une moyenne
épaisseur, sont très-favorables à l'exécution d'un appareil uni-

forme, parce que tel banc que l'on exploite dans telle carrière, ne varie pas assez sensiblement d'épaisseur pour que l'on ne puisse pas toujours en extraire des blocs d'une hauteur donnée, que l'on a soin de placer en bâtissant comme ils l'étoient dans la carrière ; c'est ce qui s'exprime par *lit de carrière*, et ici je dois entrer dans quelques détails sur l'importance que l'on doit attacher à cette précaution.

Tout semble prouver que la plupart des pierres calcaires disposées en couches parallèles dans la nature, ont été déposées au milieu d'un liquide qui en tenoit les élémens en *suspension;* que ces élémens se sont juxtaposés lit par lit, à la manière du sable de nos plages, et qu'une force d'agrégation ou de pression excessive les a consolidés sur place. Cela étant, on conçoit combien il importe de replacer ces anciens dépôts dans la même situation où la nature les a consolidés, et combien il seroit dangereux de les poser en *délit* ou sur le tranchant des lits dont ils sont composés : c'est la différence de force entre un livre posé à plat ou sur sa tranche.

Cette précaution indispensable pour toutes les pierres calcaires grossières évidemment formées par dépôt, n'est point de rigueur pour celles dont les élémens ont été tenus en dissolution, et qui sont formées par cristallisation, et cette simple faculté de pouvoir placer une pierre en délit dans l'exécution d'un édifice, permet d'élever des monumens *monolithes*, des pieds droits, etc., d'une seule pièce.

Les pierres calcaires qui forment des couches excessivement épaisses de plusieurs mètres, par exemple, s'exploitent à la trace, c'est-à-dire, au moyen d'entailles profondes qui les isolent sur quatre ou cinq côtés, et que l'on parvient à détacher à l'aide des coins, de la masse et des leviers. Ce mode d'exploitation produit des blocs énormes en longueur et en épaisseur; cependant il en résulte une grande perte de matière, qui est souvent indifférente, mais qui peut entrer en considération dans certaine circonstance. Le marbre blanc statuaire s'extrait à la trace et à la poudre.

Les principaux monumens de Rome, de Paris et de Londres sont exécutés avec différentes variétés de pierres calcaires, et on pourroit en dire autant de la plupart des grandes villes d'Europe. Mais, si cette roche se prête si heureusement aux

grands travaux de l'architecture et à l'exécution des ornemens dont on les décore, il faut dire aussi que c'est parmi
ces mêmes pierres calcaires que l'on rencontre le plus grand
nombre de celles qui ont la funeste propriété de s'altérer à
l'air par suite de l'action successive et combinée de l'humidité, de la chaleur et de la gelée : effet qui est tel qu'en
peu d'années les édifices les plus soignés et les plus solides
d'ailleurs, se couvrent des marques de la vétusté, de la
dégradation la plus inquiétante et la plus désagréable à l'œil.
Ici la pierre calcaire se détériore par éclats. là elle s'égraine,
ailleurs elle se corrode, et souvent elle tombe au pied même
de l'édifice pour lequel on avoit l'espoir d'une longue durée.
(Voyez Pierres gélives et Pierres solaires.)

On ne doit point attacher trop d'importance à la couleur
des pierres d'appareil, et surtout aux veines et aux tàches
qui diversifient leur teinte générale ; cependant il faut avouer
qu'un édifice change d'aspect en changeant de teinte, et
sous ce raport je ne crois point qu'il soit tout-à-fait indiffé-
rent d'employer une pierre qui a la propriété de noircir,
et c'est pour cette raison que j'ai conseillé ailleurs de faire
usage d'un badigeon conservateur analogue à celui de Bachelier. et dont le choix de la teinte ne seroit pas sans importance. Nous voyons à Paris même, dans le palais du Louvre
et dans celui de l'Institut royal qui lui fait face, l'exemple
comparatif du défaut que je signale ici. Le Louvre, conser-
vant encore la teinte éclatante de la pierre nouvellement
grattée, contraste avec le gris sombre du palais des sciences
et des arts. Je voudrois une teinte moyenne sur laquelle les
ombres fussent moins crues qu'elles ne sont au Louvre, et plus
détachées qu'au palais de l'Institut. L'église de Saint-Sulpice,
son portail et ses tours, me semblent avoir la teinte convenable aux grands édifices.

On sait au reste aujourd'hui quelle est la cause acciden-
telle de ce changement de couleur dans les pierres calcaires :
il tient d'abord au travail d'une petite araignée qui se loge
dans les trous multipliés de la pierre, et qui file une toile de
quelques lignes de diamètre ; ce tissu se multiplie, couvre
incessamment la surface des plus grands monumens ; il arrête
la poussière que les vents y transportent, et le lichen commence

à végéter et à se multiplier avec d'autant plus de rapidité qu'il est exposé à l'action du vent dominant de telle ou telle contrée. On peut donc remédier à cet inconvénient en en détruisant la cause première, c'est-à-dire, en bouchant au moyen d'un badigeon la retraite du petit insecte qui produit de si grands effets : c'est à quoi le peintre Bachelier étoit parvenu, ainsi que l'on en a eu la preuve par une expérience de cinquante-cinq ans faite sur l'une des colonnes de la cour du Louvre, au-dessus du guichet de la rue du Coq.

Après les roches calcaires, je crois que les différentes espèces de grès sont celles qui fournissent le plus grand nombre de pierre d'appareil; mais comme les roches sont essentiellement du genre de celles qui ont été formées par des dépôts successifs de sable, qu'il n'y a point eu cristallisation, mais seulement transport, suspension et dépôt des élémens, on doit avoir le plus grand soin d'employer le grès suivant son lit de carrière, et jamais en délit. Les exceptions sont peu nombreuses; il y en a cependant : car nous connoissons des grès qui sont liés par une espèce de ciment plus ou moins apparent qui a été tenu en dissolution, qui a consolidé les grains du sable dont ces roches sont formées, et qui permet de les employer en délit. Tel est par exemple celui de la Haute-Égypte. La force qui a consolidé les grès, ne les met pas toujours à l'abri de l'action désagrégeante de l'air et de la gelée. Le même banc fournit souvent d'excellens appareils et des quartiers gélifs : les grès ne soutiennent pas toujours la vive-arête ; autre inconvénient, qui, joint à l'impossibilité de les débiter à la scie, les met hors de toute comparaison avec les différentes espèces de roches calcaires dont nous avons parlé ci-dessus. Nous connoissons cependant quelques grands monumens exécutés en grès. J'ai déjà cité la roche arénacée de la Haute-Égypte qui a fourni la matière de plusieurs monumens remarquables de cette contrée; j'ajouterai que les villes de Genève, de Lausanne et de Berne sont construites en grès, et que c'est encore avec une roche arénacée que l'on a exécuté les beaux travaux du Fresquel sur le canal des deux mers.

Les granites, très-répandus dans la nature, fournissent aussi des pierres d'appareil du plus grand prix, et nous devons avouer que ce sont eux qui résistent le plus complétement, et le plus généralement aux intempéries de l'air. Cette belle faculté de résister au temps et de porter dans l'avenir les traces du génie et de la civilisation, est payée, il est vrai, par la difficulté que l'on éprouve à vaincre l'excessive dureté de cette roche. Mais ce qui peut arrêter ou entraver les constructions particulières, ne doit point entrer en considération lorsqu'il s'agit d'un monument public et national : le granite est la pierre des monumens.

L'on a remarqué que les granites à grains fins sont plus durs et plus solides que ceux qui sont à gros grains, ou que ceux qui contiennent une trop forte proportion de mica ; on s'est également assuré que l'on éprouve moins de difficulté à piquer et à tailler le granite lorsqu'il est nouvellement sorti du sein de la terre, ou qu'il est fortement humecté par de fréquens arrosages.

Le granite et les roches congénères ont été formées par cristallisation. Ce ne sont plus des élémens grossiers, simplement agglutinés par cohésion ou par pression ; ce sont des élémens qui tous ont été dissous, et qui ont cristallisé de concert et confusément, de manière à former un tout excessivement solide : aussi peut-on employer le granite dans tous les sens, pourvu qu'il ne soit pas trop micacé ; aussi peut-on obtenir des blocs immenses de cette roche, et en exécuter des obélisques et des fûts d'un seul jet. Les monumens gigantesques et monolithes de l'Égypte et de la Syrie, l'immense appareil du Temple du soleil à Balbec sont là ; les siècles ont passé, et le travail de l'homme a conservé toute sa fraîcheur et toute son intégrité. Il faut l'avouer cependant, si le granite est la pierre des monumens, ce n'est point celle qui convient le mieux à la construction des édifices particuliers ; et qu'importe, en effet, que les angles d'une maison soient indestructibles, quand tout le reste du bâtiment est exécuté de manière à en limiter la durée ! Il existe cependant beaucoup de villes entièrement bâties avec du granite ; mais c'est par suite du manque absolu de la pierre calcaire : telles sont par exemple Limoges, Autun et plusieurs autres que je pourrois citer.

Les laves ou les pierres qui ont été rejetées par les éruptions des volcans éteints ou par ceux qui brûlent encore, fournissent d'excellentes pierres d'appareil, également propres aux monumens publics et aux maisons particulières : leur contexture, leur dureté et leurs couleurs sont excessivement variées par la cause même qui leur a donné naissance ; il en existe de tellement dures que les meilleurs outils s'émoussent à leur surface sans pouvoir les entamer , ce qui les fait rejeter comme impropres à la construction, ou du moins ne les considère-t-on que comme *moellons* ou *blocaille*. C'est parmi les laves finement poreuses, que l'on a trouvé les qualités les plus faciles à tailler et à sculpter. Ce sont elles qui sont exploitées de temps immémorial dans les carrières souterraines d'Andernach et dans celles de Volvic et d'Agde. Les laves du Rhin , de l'Auvergne et du Languedoc s'exploitent à la trace et à la poudre , et produisent des pièces et des blocs d'un très-grand volume , dont on fait des meules de moulin , des fûts de colonne, des bornes, etc., et ces produits des vieux volcans viennent jusqu'à Paris concourir à la décoration de cette belle et grande cité , et se mêler aux granites de la Manche et des Vosges, aux calcaires marins du sol même, et à celui qui semble s'être formé au milieu des eaux douces et marécageuses qui succédèrent à l'invasion générale des mers.

L'Italie, si riche en matériaux divers, a souvent mis en œuvre les produits des volcans qui la ravagèrent à une époque inconnue, et dont le Vésuve sembleroit être la dernière fumerolle. Les pépérinos de Rome, ceux de Naples, peuvent être considérés comme des grès volcaniques plus ou moins fins, qui partagent avec le grès ordinaire les imperfections que nous avons signalées en parlant de ces pierres arénacées non volcaniques. Ces catacombes célèbres, réduits cachés des premiers chrétiens, sont les carrières immenses d'où l'on a extrait le pépérino et la pouzzolane de Rome antique, et ce fait suffit pour donner l'idée de l'énorme consommation qui en a été faite.

Les schistes ou les ardoises grossières sont rarement employés comme pierres d'appareil proprement dites, la facilité avec laquelle ils s'éclatent dans le sens de leurs feuillets, en réduit l'emploi aux encoignures des bâtimens, et avec la condition expresse de ne jamais les placer en délit. Il est vrai de dire, cependant, que ces schistes se prêtent à un usage qui touche de près à l'architecture, en fournissant des loses ou tablettes minces et d'une grande surface, qui s'adaptent parfaitement aux balcons, aux bancs et à une foule d'autres usages qui contribuent à la commodité et à la propreté des maisons particulières. La ville de Gènes emploie les tables de schistes provenant des ardoisières des environs, à une foule d'usages, et pour terminer ce que j'avois à dire sur les pierres d'appareil en général, je ferai remarquer que leurs natures diverses influent jusque dans les usages domestiques ; je dirai, par exemple, que l'excessive propreté des Genevoises tient plus qu'on ne le pense à l'usage général de la molasse, dont on fait une foule d'objets commodes et d'un bas prix ; que la facilité avec laquelle on se procure des dalles minces propres à former des séparations, peut contribuer à la prospérité d'une contrée, en rendant à l'agriculture tout le terrain employé ailleurs par les haies, les fossés ou les murs de clôture. (BRARD).

PIERRES ÉTOILÉES. (*Foss.*) On a nommé ainsi autrefois les astrées et les portions de tiges d'encrinites à cinq pans. (D. F.)

PIERRES FAUSSES. (*Min.*) Compositions vitreuses et colorées, qui imitent, avec plus ou moins de vérité, toutes les pierres précieuses naturelles. (BRARD.)

PIERRES FIGURÉES. (*Min.*) Pierres qui imitent, par leur forme ou leur couleur, un objet familier quelconque. La plupart des pierres figurées sont des fossiles ou des pétrifications, dans lesquels on croit reconnoître des pêches, des poires, des figues, etc. (BRARD.)

PIERRES FINES. (*Min.*) Elles sont à la tête des pierres précieuses, mais on réserve cette dénomination pour celles qui, sous un très-petit volume, réunissent le plus brillant éclat, les plus vives couleurs, la transparence la plus parfaite et la dureté la plus grande : tels sont surtout le diamant, le saphir, l'émeraude, le rubis, la topaze, etc. Voyez PIERRES PRÉCIEUSES. (BRARD.)

PIERRES DE FLORENCE ou MARBRE DE FLORENCE. (*Min.*) C'est un calcaire compacte, d'un gris roussâtre, qui prend le poli et qui présente alors des taches anguleuses, imitant assez bien l'aspect des bâtimens ruinés et des murs dégradés. On le taille en petites plaques que l'on encadre, et qui ressemblent à des dessins faits au lavis. C'est la chaux carbonatée ruiniforme d'Haüy. Voyez CHAUX CARBONATÉE COMPACTE. (BRARD.)

PIERRES GELISSES. (*Min.*) Voyez PIERRES GELIVES. (BRARD.)

PIERRES GELIVES ou GELISSES. (*Min.*) Ce sont celles dont l'agrégation n'est point assez forte pour résister à l'action expansive de la gelée; il n'y a point de caractères extérieurs qui puissent les faire distinguer; mais il résulte de l'expérience souvent répétée sur une foule de pierres calcaires, de grès, de schistes et de granites, que le sulfate de soude produit sur ces pierres le même effet que la gelée. Il suffit pour cela de les faire bouillir, pendant une demi-heure, dans une dissolution de ce sel, saturée à froid, et de laisser effleurir ensuite; si la pierre est gelive, elle s'égraine. Voyez PIERRES D'APPAREIL. (BRARD.)

PIERRES GEMMES. (*Min.*) On désignoit, et l'on désigne même encore, sous ce nom, les pierres les plus précieuses qui font l'objet du commerce de la juaillerie : on les appelle indifféremment *gemmes*, *pierres gemmes* ou *pierres fines*. Ce nom est collectif et s'applique aux pierres de couleur les plus précieuses, ainsi qu'au diamant. Voyez PIERRES FINES. (BRARD.)

PIERRES PRÉCIEUSES. (*Min.*) L'on est convenu d'appeler *pierres précieuses*, celles qui, par leur couleur, leur limpidité, leur éclatant poli, la pureté de leur pâte et leur grande rareté, sont recherchées comme objets de parure et d'ornement. Ce sont elles qui font la partie principale des joyaux de la couronne des rois et des princes; ce sont elles qui réunissent le plus de valeur sous le plus petit volume : un diamant de la grosseur d'un gland peut être le signe représentatif de la valeur territoriale de toute une contrée, l'équivalent de cent fortunes acquises par le travail le plus pénible et les privations de tout genre.

Parmi ces pierres précieuses l'on est encore convenu de former une espèce de classe d'élite, à laquelle on a réservé le nom de *pierres gemmes* ou de *pierres fines*, tandis que celui de *pierres précieuses* est plus particulièrement donné aux substances qui se présentent sous un volume plus considérable que celui que ne dépassent jamais les *pierres fines*.

Les diamans, les saphirs, les émeraudes, les rubis, les topases, les hyacinthes, les cymophanes, sont des pierres fines ou des gemmes par excellence.

Le quarz cristal, l'améthyste, le lapis, la malachite, les jaspes, les agathes, etc., sont compris dans la classe infiniment plus nombreuse des *pierres précieuses*.

L'on conçoit bien qu'il ne s'agit point ici d'une méthode, mais d'une simple convention d'usage, qui n'a rien de rigoureux. Il est impossible de soumettre ces substances privilégiées à l'asservissement d'une méthode scientifique; il ne faut considérer que la valeur qu'on y attache, et se défendre simplement des méprises qui tendroient à faire confondre deux pierres de la même couleur, et qui ne seroient point également prisées.

Or, comme il arrive le plus ordinairement que les pierres fines ne nous sont présentées qu'après qu'elles ont été taillées et polies, ou même enchâssées dans des anneaux d'or, il en résulte que nous sommes privés des secours que l'on tire de la plupart des caractères minéralogiques, puisque la taille fait disparoître la forme cristalline ; qu'elles ne se prêtent pas toujours à l'observation de la double ou de la simple réfraction ; que l'essai du chalumeau devient également de toute impossibilité, et qu'il ne nous reste pour toute ressource que l'épreuve de l'électricité, qui est souvent négative et non concluante, que l'essai de la dureté qui demande une grande habitude pour que l'on puisse en tirer une indication certaine, et, enfin, fort heureusement l'essai de la pesanteur spécifique, qui est à mon avis l'un des moyens les plus certains de distinguer les pierres fines de couleur semblable. Cette épreuve exige, il est vrai, que la pierre soit libre et non montée ; mais cela se pratique presque toujours ainsi, lorsqu'il s'agit d'une pierre d'un grand prix.

Persuadé, comme je le suis, que la différence dans les pesanteurs spécifiques des pierres est un des meilleurs moyens de les reconnoître, j'ai tâché de mettre ce caractère à la portée de tout le monde, en le simplifiant et en donnant des tables où les pierres fines sont classées par ordre de couleurs, et où les différentes pertes en poids, qu'elles font dans l'eau, sont rapprochées de leurs poids réels, de manière à ce que l'on puisse, à l'aide de la couleur d'une pierre et de la différence de son poids dans l'air et de son poids dans l'eau, trouver immédiatement le nom de la gemme sur laquelle il se seroit élevé une contestation. J'en citerai un exemple.

On veut acheter une pierre qui est d'un beau rouge cramoisi, et dont le poids réel est de 100 grains : le vendeur assure que c'est un saphir, rubis oriental ; l'acheteur craint que ce ne soit qu'une tourmaline de Sibérie, et le témoin du marché pense que ce pourroit être un rubis spinelle.

On pèse la pierre dans l'eau, et elle se réduit à 69 grains, c'est-à-dire qu'elle a perdu 31 grains de son poids réel.

On cherche dans la table des pierres rouges, et l'on trouve :

1.° Qu'un saphir qui pèse 100 grains dans l'air, en pèse 76,6 dans l'eau ;

2.° Qu'un rubis spinelle de 100 grains en pèse 72,2 dans l'eau ;

3.° Enfin, que la tourmaline de Sibérie de 100 grains se réduit à 69 dans l'eau.

La question est donc jugée sans réplique et en faveur de l'acheteur. A l'appui de ces tables j'ai fait exécuter un petit trébuchet, analogue à ceux dont on se sert pour vérifier les monnoies, et l'épreuve des pierres fines n'exige qu'un simple verre d'eau ordinaire, et se trouve ainsi réduite à sa plus simple expression et placée à la portée de quiconque sait peser un louis. [1]

Je n'ajouterai point d'autres considérations particulières au sujet des pierres précieuses, elles se trouvent toutes décrites en détail dans le courant de ce Dictionnaire ; je ne pourrois répéter que ce qui est déjà dit ailleurs et plus complétement, ou me jeter dans des détails purement technologiques, au sujet de la taille, de la monture, du poli, ou de la valeur relative de ces belles substances, et tout ceci n'est point du ressort de cet ouvrage.

Les articles Électricité des minéraux, Cristallisation, ceux de la Double réfraction, de la Pesanteur spécifique, etc., com-

---

1 Les tables dont il s'agit, sont placées à la fin du troisième volume de ma Minéralogie appliquée aux arts, et la figure du trébuchet des joailliers se trouve planche 8 du même volume.

plétent ce qui resteroit à dire sur les pierres précieuses, et nous \ renvoyons les personnes que ce sujet peut intéresser, aussi bien qu'au Traité des caractéres physiques des pierres précieuses, publié par le célèbre Haüy. (BRARD.)

PIERRES RÉFRACTAIRES ou APYRE. (*Min.*) Toutes les substances qui résistent à une très-haute température, peuvent être nommées réfractaires; mais on désigne plus particulière-ment par cette dénomination les roches que l'on peut em-ployer à la construction des fourneaux de fusion, et surtout à l'établissement de leurs chemises, de leurs creusets et de toutes les parties qui sont exposées au feu le plus violent. Les grès quarzeux satisfont généralement assez bien à cette condition. (BRARD.)

PIERRES SOLAIRES. (*Min.*) Je propose de donner cette dénomination aux pierres calcaires d'appareil qui ont le défaut de s'égrainer pendant l'été, et surtout quand le soleil vient à les échauffer fortement. L'effet du soleil sur ces pierres est analogue à celui de la gelée, et il tient à la présence de quelques molécules de sel marin (hydrochlorate de soude), qui sont interposées dans l'intérieur de ces pierres, que la chaleur fait effleurir vers leur surface, et qui, en poussant du dedans au dehors, désunissent leurs grains et les forcent à se séparer de la masse. Ceci est évident pour toutes les pierres solaires dont on se sert à Bordeaux, à Libourne, dans tous les environs, et qui proviennent des carrières de Saint-Émillion ou de celles qui sont situées sur le bord de la Dordogne. Il suffit de porter la langue à la surface de celles qui s'émiettent et qui se corrodent, pour se convaincre de l'exactitude du fait que j'avance ici. Ce que le soleil produit, est tout-à-fait conforme à ce qui se passe dans l'essai des pierres gélives par le sulfate de soude. C'est également un sel qui tend à se porter vers l'extérieur de la pierre, qui occupe plus de place que quand il n'étoit point cristallisé, et pour aussi dire *latent* et engagé dans l'intérieur de cette même pierre. Toutes les parties mal agrégées cèdent : toutes celles qui le sont davantage résistent, et c'est pour cette raison qu'en étu-diant les pierres solaires et les pierres gélives, on en trouve qui se corrodent partiellement, qui conservent des espéces de cordons saillans droits ou contournés, qui ont pu donner l'idée de ces ornemens vermiformes et de si mauvais goût que l'on remarque dans plusieurs édifices qui datent de l'époque où les architectes avoient horreur de la ligne droite.

C'est particuliérement pour l'altération de nos pierres solaires que les bonnes gens de la campagne ont recours à l'influence de la lune; suivant eux, la lune mange les pierres; elle les ronge; elle les gruge, et tout cela se réduit comme on le voit à l'action mécanique de quelques molécules de sel qui est tout formé dans la pierre, ou pour lequel l'air extérieur n'est peut-être pas étranger, ainsi qu'il n'en faut plus douter pour la formation du nitre. J'ajoute cependant, que l'on ne reconnoît point au goût la présence du sel dans toutes les pierres solaires ; mais il suffit qu'elle soit bien constatée dans plusieurs de ces pierres, pour que l'on soit autorisé à la présumer dans les autres. Il conviendroit d'analyser quelques-unes de ces pierres solaires avant qu'elles ne soient attaquées, et au moment où elles tombent en efflorescence. Je suis certain que le sel marin n'y est pas seul; mais celui-ci se retire en abondance par la simple lessivation.

Voyez, pour les pierres d'appareil qui attirent l'humidité de l'air, l'article PIERRES HYGROMÉTRIQUES. (BRARD.)

PIERROT. (*Ornith.*) Ce nom vulgaire du moineau commun, *fringilla domestica*, est employé, par les matelots, pour désigner en général les pétrels, *procellaria*, Linn.

Le *grand pierrot* d'Edwards est le puffin du cap de Bonne-Espérance ; le *petit pierrot* du même est le pétrel oiseau de tempête ; le *pierrot tacheté*, encore du même ornithologiste, est le pétrel damier tacheté. (CH. D.)

PIERROT COUREUR. (*Mamm.*) Les Espagnols du Pérou donnent le nom de *Perico-ligero* au PARESSEUX ou BRADYPE AÏ. (DESM.)

PIERRURES. (*Mamm.*) Les veneurs donnent ce nom aux granulations osseuses, qui se forment à la base des bois des quadrupèdes du genre des cerfs, et qui par leur réunion, en forme de couronne, composent la meule de ces bois. (DESM.)

PIESCÉPHALE, *Piescephalus.* (*Ichthyol.*) M. Rafinesque a composé sous ce nom un genre de poissons, voisin de celui des lépadogastéres, ainsi caractérisé : Point d'opercules aux ouïes; une membrane branchiostége à trois rayons; corps conique, comprimé; tête aplatie; nageoires pectorales réunies sous la gorge sur une plaque transversale; nageoires ventrales attachées à une autre plaque demi-circulaire, dont la partie creuse est tournée du côté de la tête et parsemée de suçoirs; anus un peu plus rapproché de la queue que de la tête; une nageoire dorsale opposée à l'anale et une nageoire caudale.

La seule espèce de ce genre, que M. Rafinesque appelle piescéphale adhérent, est nommée en Sicile, *pesce campiscica*. Elle a le museau obtus; la mâchoire garnie de dents; la ligne latérale commençant un peu avant l'anus; les nageoires anale et dorsale, chacune à vingt rayons; la queue presque en cœur et échancrée.

Ce poisson se fixe sur les rochers comme le lepadogastère. (Desm.)

PIESEK-RIEMNY. (*Mamm.*) Le zemni est, dit-on, ainsi nommé en Pologne. (F. C.)

PIESMYCUS. (*Bot.*) Voyez Piemycus. (Lem.)

PIESTE, *Piestus*. (*Entom.*) Petit genre de coléoptères pentamérés, que M. Gravenhorst a séparé de celui des staphylins et qui renferme une seule espèce, originaire du Brésil. (Desm.)

PIETERMANN. (*Ichthyol.*) Voyez Niqui. (H. C.)

PIÉTIN, *Pedipes*. (*Malacoz.*) Genre de malacozoaires subcéphalo-monoïques de la famille des pulmobranches, établi très-convenablement depuis long-temps par Adanson (Sénég., page 11), pour un petit animal de la côte du Sénégal, qui a les plus grands rapports avec ceux dont on a fait depuis les genres Carychium, Auricule, etc., et que l'on pourra conserver, en n'y laissant que les espèces de ce dernier genre, qui ont le bord droit toujours tranchant, c'est-à-dire, les Tornatelles et les Conovules de M. de Lamarck. C'étoient des espèces de volutes pour Linné, et des bulimes pour Bruguière. Voici les caractères que nous avons assignés à ce genre : Corps ovalaire, subspiral; pied partagé en deux talons par un large sillon transversal; tête avec deux tentacules cylindriques, verticaux; yeux sessiles placés au côté interne de ces tentacules; bouche armée comme dans les planorbes; coquille épaisse, solide, ovoïde, subinvolvée; spire très-courte; le dernier tour beaucoup plus grand que les autres réunis; ouverture longue, ovale ou linéaire; les bords non réunis; l'externe mince, tranchant, denticulé intérieurement; un ou deux gros plis décurrens à la columelle, dont l'un sert à séparer les deux parties du pied.

Ce genre renferme déjà dix ou douze espèces vivantes, et qui paroissent appartenir aux contrées équinoxiales. Elles vivent sur les bords de la mer ou à peu de distance des rivages, et sont pour les eaux salées ce que les limnées et les planorbes sont pour les eaux douces.

Nous avons partagé les espèces de ce genre en trois sections, d'après la forme de la spire et le nombre des plis de la columelle.

Celles dont la spire est pointue, et qui n'ont qu'un pli à la columelle, constituent le genre TORNATELLE de M. de Lamarck. (Voyez ce mot.)

Celles dont la spire est tout-à-fait plate et qui ont la forme d'un cône, forment le genre Conovule du même conchyliologiste, qu'il a réuni aux tornatelles.

Celles qui ont la spire pointue avec deux plis à la columelle, dont un très-reculé, sont les véritables piétins. Nous ne connoissons encore dans cette section qu'une espèce :

La P. D'ADANSON : *P. Adansonii*, Ad ns., Sénég., page 11, t. 1, fig. 4; *Bulimus pedipes*, Brug. ; TORNATELLE PIÉTIN de Lamk., Anim. sans vert., tome 6, part. 2, page 221, n.° 6. Très-petite coquille (trois lignes et demi de long sur trois lignes de large) solide, ovale, renflée, ventrue, striée, suivant la décurrence de la spire, qui est courte et obtuse; ouverture grimaçante; un grand pli lamelliforme à la partie supérieure de la columelle et deux autres plus petits vers son milieu; deux plis correspondans au bord gauche. Couleur d'un blanc sale, quelquefois d'un fauve clair.

L'animal, qui habite cette coquille, est proportionnellement très-petit; ce qu'il offre de plus remarquable, c'est que son pied est partagé par un espace vide et creusé profondément en deux talons; ce qui lui donne un peu la forme d'un piébot, dit Adanson. C'est entre ces deux talons que se loge la grande dent du bord columellaire, lorsque l'animal rentre dans sa coquille. Son mode de locomotion est tel, qu'il marche beaucoup plus vîte que les autres mollusques gastéropodes, en ce qu'il fait des espèces de pas. «Lorsqu'il veut « marcher, dit Adanson, il s'affermit sur le talon postérieur « et porte l'antérieur en avant, et ainsi, lorsque la partie « creuse interposée, qui est susceptible d'un relàchement « considérable, peut le permettre, il rapproche ensuite le « talon postérieur, de manière qu'il touche l'antérieur, et « fait avancer tout son corps d'un espace égal à celui qui les « tenoit séparés. Ce premier pas fait, il en recommence un « second, en prenant pour point d'appui le talon postérieur, « pendant que l'antérieur avance, et faisant réciproquement « servir celui-ci de point d'appui au talon postérieur pour le « ramener à lui. De cette manière il y a peu de grands « coquillages, que celui-ci, tout petit qu'il est, ne devance « de beaucoup, quand il veut se donner la peine de mar- « cher. »

Le piétin est commun autour de l'île de Gorée, à l'embouchure du Sénégal; il se tient caché dans les cavités des rochers, et surtout dans ceux qui sont exposés aux grands coups de mer. (Dᴇ B.)

PIETTE. (*Ornith.*) Cette espèce de harle est le *mergus albellus*, Linn. (Cʜ. **D.**)

PIEUMART. (*Ornith.*) Voyez Pɪᴄᴍᴀʀ. (Cʜ. **D.**)

PIEUX DES ROCHERS. (*Ornith.*) L'oiseau qu'on appelle ainsi à Nantua, est le bruant fou, *emberiza cia*, Linn. (Cʜ. **D.**)

PIÉZATES, *Piezata*. (*Entom.*) Nom donné par Fabricius à l'ordre des insectes hyménoptères, qu'il considéroit comme une classe distincte, voulant indiquer par ce nom la forme comprimée de leurs màchoires, qui en effet, chez la plupart des hyménoptères parfaits ou dans leur état adulte, forment une sorte de gaine à la lèvre inférieure, laquelle s'alonge pour constituer une sorte de langue ou de canal flexible, propre à sucer le nectar des fleurs; du mot grec $\pi\iota\varepsilon\zeta\tilde{\varepsilon}\omega$ ou $\pi\iota\varepsilon\zeta o\mu\alpha\grave{\iota}$, *je comprime, j'aplatis.* C'est en effet sous ce titre que Fabricius a décrit les hyménoptères dans son *Systema piezatorum*, publié à Brunswic en 1804. (C. D.)

PIFEX. (*Ornith.*) Tout ce qu'on trouve sur cet oiseau dans

Aristote, liv. IX, chap. 1, c'est qu'il est ami de la harpaye et du milan. Les interprètes de cet auteur ne donnent aucune lumière à son sujet. (Cɦ. D.)

PIG. (*Mamm.*) Les Anglois donnent ce nom au cochon. (F. C.)

PIGACHE. (*Vénerie.*) Le sanglier a le pied pigache, quand un de ses ongles est plus long que l'autre ; ce que les chasseurs reconnoissent à la trace qu'il laisse en terre. (F. C.)

PIGAFETTA. (*Bot.*) Nom sous lequel Adanson désigne l'*eranthemum* de Linnæus. (J.)

PIGALE. (*Bot.*) Voyez PICHOULINE. (J.)

PIGAM. (*Bot.*) Nom hébreu de la rue, cité par Mentzel, d'où dérive probablement celui de *piganum*, donné par Dioscoride à la même plante. (J.)

PIGAMIER. (*Bot.*) Nom spécifique d'une espèce d'isopyre. (L. D.)

PIGAMON ; *Thalictrum*, Linn. (*Bot.*) Genre de plantes dicotylédones polypétales, de la famille des *renonculacées*, et de la *polyandrie polygynie* du Système sexuel, dont les principaux caractères sont les suivans : Calice nul ; corolle de quatre ou quelquefois de cinq pétales ; étamines nombreuses, à filamens comprimés, portant des anthères droites et oblongues ; ovaires supères, en nombre variable (de deux à douze), n'ayant point de styles ou n'en ayant que de très-courts, terminés par des stigmates épais ; capsules en nombre variable comme les ovaires, ovales ou oblongues, sillonnées ou anguleuses-ailées, monospermes et indéhiscentes, réunies le plus souvent en une petite tête.

Les pigamons sont des plantes herbacées, à feuilles alternes, rarement entières, le plus souvent plusieurs fois ailées, ayant leurs premières ramifications ternées ; leurs fleurs sont disposées en grappe, en panicule ou en corymbe. On connoit cinquante et quelques espèces, parmi lesquelles douze croissent naturellement en France. Ces plantes, par l'absence de calice, ont plus de rapports avec les clématites qu'avec aucun autre genre de la famille des *renonculacées*. La forme de leurs capsules les distingue d'ailleurs suffisamment.

PIGAMON TUBÉREUX ; *Thalictrum tuberosum*, Linn., *Sp.* 768. Sa racine est composée de plusieurs tubercules ovales-alongés, réunis en faisceau ; elle produit une tige cylindrique, striée, très-glabre, ainsi que toute la plante, droite, peu rameuse, haute d'un pied et demi ou environ. Les feuilles sont peu nombreuses ; les inférieures pétiolées, trois fois ailées, à folioles ovoïdes, un peu glauques, entières, ou incisées à leur sommet en deux ou trois lobes ; les supérieures ne sont que deux fois ailées ou même simplement ternées. Les fleurs, d'un blanc jaunâtre, sont rapprochées au nombre de deux à quatre au sommet de chaque rameau ; leur corolle, large de près d'un pouce et ressemblant à celle d'une renoncule, est composée de cinq pétales ovales arrondis ; les étamines sont droites, d'un tiers plus courtes que les pétales. Cette plante croît dans les pâturages stériles et pierreux des Pyrénées et des Alpes, en France et en Espagne.

Pigamon fétide ; *Thalictrum fœtidum*, Linn., *Sp.*, 768. Sa racine est fibreuse, vivace ; elle produit une tige cylindrique, grêle, striée, haute d'un pied ou environ, rameuse, revêtue, ainsi que toute la plante, d'un très-court duvet. Ses feuilles sont trois fois ailées, à folioles menues, arrondies ou ovales, divisées à leur sommet en deux ou trois lobes. Ses fleurs sont d'un blanc jaunâtre, penchées, portées sur des pédoncules grêles, dans la partie supérieure de chaque rameau, et formant dans leur ensemble une panicule étalée, mais peu garnie. La corolle est de quatre pétales, deux fois plus courts que les étamines, qui sont au nombre de vingt ou environ. Les capsules sont ovales, pubescentes, striées, réunies en tête au nombre de cinq à dix. Toute la plante a une odeur fétide ; elle croît dans les lieux pierreux et exposés au soleil, en Languedoc, en Provence, en Dauphiné, en Piémont et en Suisse.

Pigamon mineur : *Thalictrum minus*, Linn., *Sp.*, 769 ; *Fl. Dan.*, t. 732. Sa racine est fibreuse, à rejets rampans ; elle donne naissance à une tige redressée, rameuse, haute d'un pied ou un peu plus, peu feuillée, entièrement glabre. Ses feuilles sont deux ou trois fois ailées, composées de folioles, les unes presque arrondies en cœur à leur base, les autres ovales ou cunéiformes, ayant, presque toutes, leurs bords partagés en trois lobes. Ses fleurs sont jaunâtres, pédicellées, penchées ; elles forment une panicule très-lâche, et qui occupe souvent la moitié et plus de la tige ; elles ont quatre pétales rougeâtres extérieurement ; seize étamines à filamens, à peine plus longs que les anthères, et ordinairement trois ovaires. Cette plante croît dans les bois et les pâturages montueux de la France et de la plus grande partie de l'Europe.

PIGAMON GRAND : *Thalictrum majus*, Jacq., *Fl. Aust.*, t. 420. Sa tige est cylindrique, haute d'environ trois pieds, très-glabre. Ses feuilles sont trois fois ailées, d'un vert foncé en dessus, d'un vert beaucoup plus pâle et presque glauque en dessous. Ses fleurs sont d'un vert rougeâtre, penchées, composées de quatre pétales, de quinze à vingt étamines, et de trois à six ou même sept pistils. Ces fleurs sont portées en grand nombre sur des rameaux grêles, étalés, plusieurs fois divisés, et formant une large panicule. Cette espèce croît sur les collines et dans les lieux montagneux en Suisse, en Allemagne, en Angleterre, et dans quelques provinces de France.

PIGAMON JAUNATRE, vulgairement RUE DES PRÉS, FAUSSE RHUBARBE ; *Thalictrum flavum*, Linn., *Spec.*, 770. Sa racine est composée de fibres jaunâtres, dont le plus grand nombre est réuni en faisceau, et dont quelques-unes rampent horizontalement, et vont çà et là former de nouveaux pieds. Sa tige est droite, sillonnée, simple inférieurement, rameuse et paniculée dans sa partie supérieure, haute de trois à quatre pieds. Ses feuilles sont trois fois ailées, à folioles glabres, d'un vert luisant en dessus, entières ou à deux ou trois lobes, ovales-oblongues, ou lancéolées. Ses fleurs sont redressées, jaunâtres, formant une panicule bien garnie, droite, un peu resserrée, à ramifications opposées, et les supérieures comme verticillées ; les corolles ont quatre pétales, quinze à seize étamines, et quatre à six ovaires. Cette plante croît dans les prés humides en France et en Europe.

PIGAMON MOYEN ; *Thalictrum medium*, Jacq., *Hort. Vind.*, 3, t. 96. Cette espèce a beaucoup de rapport avec la précédente ; la différence essentielle qu'elle présente, est dans les folioles qui sont lancéolées, aiguës, peu nerveuses, et toutes d'une consistance mince. Elle croît dans les prés marécageux des montagnes, dans les Pyrénées, en Dauphiné, en Hongrie.

PIGAMON A FEUILLES ÉTROITES : *Thalictrum angustifolium* , Linn, *Spec.*, 769; Jacq., *Hort. Vind.*, 3, tab. 43. Cette plante se distingue facilement au premier aspect de toutes les espèces précédentes, par ses feuilles toutes divisées en folioles linéaires très-étroites. La hauteur de ses tiges varie depuis un pied jusqu'à trois. Les fleurs sont très-nombreuses, redressées, d'une couleur un peu plus foncée que dans les espèces précédentes, disposées en une panicule pyramidale, dont les rameaux et les pédoncules sont comme dans le pigamon jaunâtre. Le nombre des étamines varie de quatorze à dix-huit, et celui des pistils de quatre à six. Cette espèce croît dans les prés en France et en Allemagne.

PIGAMON A FEUILLES D'ANCOLIE, vulgairement COLOMBINE PLU-MACÉE : *Thalictrum aquilegifolium*, Linn., *Spec.*, 670; Jacq., *Fl. Austr.*, t. 318. Sa racine est composée de grosses fibres, formant une sorte de faisceau ; elle produit une tige droite, cylindrique, très-glabre, assez simple, haute de deux pieds ou un peu plus. Ses feuilles sont trois fois ailées, d'un vert gai en dessus, d'un vert plus pâle et presque glauque en dessous, munies de stipules membraneuses à la base de leurs ramifications principales ; leurs folioles sont larges, arron-dies, découpées à leur sommet en trois lobes. Ses fleurs sont blanches ou d'une légère teinte rougeâtre, disposées au sommet de la tige en un corymbe formé de la réunion de plusieurs petits bouquets ombelliformes. Leurs étamines sont plus nombreuses que dans aucune des espèces précédentes ; on en compte souvent soixante. Les ovaires, portées sur des pédicules particuliers, sont au nombre de huit à dix; ils se changent en autant de capsules à quatre angles saillans, en forme d'ailes, et qui deviennent pendantes à mesure que leur maturation avance. Cette espèce croît dans les bois et les prairies ombragées des Alpes, des Pyrénées, et en géné-ral des montagnes de l'Europe.

Thalictrum, Θάλικτρον, dans les ouvrages des botanistes anciens, est le nom d'une plante qu'on présume être une de celles de ce genre (*Thalictrum minus*). Quelques auteurs dérivent ce mot de Θαλλείν, *verdir*.

Les pigamons, dont la plupart des espèces appartiennent à l'Europe, sont remarquables par l'élégance de leur port et de leur feuillage. Ces avantages et le grand nombre de leurs fleurs jaunâtres en ont fait adopter quelques espèces pour l'ornement des jardins.

Aucune ne mérite mieux d'être cultivée que le pigamon à feuilles d'ancolie. La ressemblance de ses feuilles avec celle des ancolies ou colombines, et les panicules serrées de ses fleurs qui forment comme autant de panaches, lui ont fait donner le nom vulgaire de Colombine plumacée. C'est une plante rustique qui forme de belles touffes d'un vert glauque, et qui s'élève quelquefois à trois ou quatre pieds dans les jardins. Elle demande une terre substancielle, mais légère, et peu de soleil. On la multiplie aisément en divisant ses racines en automne.

Le pigamon jaunâtre ou rue des prés a eu autrefois quelque réputation médicale. Il ne paroit point avoir la dangereuse énergie des autres végétaux de la famille des renonculacées. Sa racine, remplie d'un suc jaune d'une saveur douce, mêlée cependant de quelque amertume, a été regardée comme possédant des propriétés assez analogues à celles de la rhubarbe, et comme pouvant même la remplacer. Murray dit, qu'autrefois en Allemagne on l'appeloit à cause de cela *rhubarbe des pauvres;* mais pour en obtenir les mêmes effets que de la vraie, il faut en donner une dose trois fois plus forte. Dodonæus avoit déjà écrit plus anciennement que ses feuilles, mêlées aux herbes potagères, lâchoient le ventre, et que la décoction des racines agissoit de la même manière, mais avec plus de force. On l'a encore regardée comme diurétique, apéritive, et on l'a recommandée contre l'ictère, la fièvre quarte, etc. Toutes ces vertus sont à peu près oubliées aujourd'hui.

La racine d'or des Chinois, à laquelle ils attribuent de grandes vertus, passe pour être celle d'une espèce de ce genre.

On s'est servi des racines du pigamon jaunâtre pour teindre les laines en jaune. Les feuilles donnent, dit-on, une couleur semblable.

Cette plante, qui abonde dans les prés humides et que les animaux rejettent ordinairement, altère la qualité du foin. Les cultivateurs soigneux doivent chercher à la détruire, de

même que les autres plantes nuisibles, en l'arrachant au printemps avec la houe. (L. **D.**)

PIGAMUM. (*Bot.*) Dodoëns et Daléchamps citent sous ce
nom latin le *thalictrum flavum*, qui, probablement, tire de
là son nom françois *pigamon*. (J.)

PIGARGUE. (*Ornith.*) Voyez PYGARGUE. (CH. **D.**)

PIGAU. (*Bot.*) Nom d'une variété d'olive, petite, ronde,
et panachée de rouge et de noir, mentionnée dans le Dictionnaire économique. (J.)

PIGAZA. (*Ornith.*) Nom espagnol de la pie, *corvus pica*,
Linn. (CH. **D.**)

PIGDA. (*Ornith.*) Nom des oiseaux-mouches, *trochilus*,
Linn., au Chili, suivant Molina, page 225 de la traduction
françoise. (CH. **D.**)

PIGEON, *Columba*. (*Ornith.*) Genre d'oiseaux, ainsi nommé
par tous les ornithologistes et qui fait le passage des gallinacés aux passereaux. Ce genre, très-nombreux en espèces,
dont une (celle du pigeon domestique) présente beaucoup
de variétés, n'a de liaisons bien marquées avec aucun autre :
il forme à lui seul un groupe distinct, auquel on a donné
tantôt le nom d'ordre, tantôt celui de famille ; et ce groupe
a été parfois réuni avec les gallinacés, et d'autres fois en a
été séparé. Belon le plaçoit parmi les oiseaux de son quin-
zième chapitre, ceux qui sont à la fois pulvérateurs et amis
des eaux. Jonston les classoit avec ses oiseaux phytivores pulvérateurs et qui se lavent. Willughby et Rai en composoient
leur douzième groupe, et Frisch le dixième ordre de sa méthode. Linné le réunissoit à son sixième ordre, celui des *pas-
seres* ou passereaux, et le rangeoit dans la section des passereaux simplicirostres. Gmelin imita Linné. Brisson formoit
son premier ordre du seul genre des pigeons. Scopoli le comprenoit parmi les gallinacés. Latham, en fit un ordre à part
dans la méthode de Linné, qu'il adopta d'ailleurs. Mauduyt
le plaça dans sa sixième classe, qui comprend les gallinacés
à quatre doigts. M. de Lacépède le fit entrer aussi, avec les
mêmes oiseaux, dans le vingt-unième ordre de sa classification ornithologique. Dans ces derniers temps, M. Duméril
rangea les pigeons dans une famille particulière de l'ordre
des gallinacés, celle des colombins ou péristères. MM. Meyer,

Wolf et Temminck les ont placés entre les chélidons ou hirondelles et les gallinacés. Illiger nomma *Columbini*, la famille de ces oiseaux qui fait partie de son ordre des *Rasores*. Enfin, M. G. Cuvier, dans son Règne animal, traite des pigeons comme par appendice à l'ordre des gallinacés, en faisant connoître les rapports qu'ils ont avec ceux-ci et avec les passereaux.

Les caractères génériques des pigeons sont les suivans.

Le bec est médiocrement alongé, droit, comprimé latéralement ; la mandibule supérieure est plus ou moins voûtée vers l'extrémité, et la pointe forme très-légèrement le crochet ; dans certaines espèces (les colombars) ce bec est un peu plus court et plus gros que dans les autres (les colombes), et dans plusieurs il est au contraire plus alongé et plus grêle (les colombi-gallines). La base en est pourvue d'une peau nue et souvent colorée en rouge, en rose ou en jaune, plus ou moins verruqueuse, qui forme comme une sorte de cire dans laquelle sont percées les narines, lesquelles sont recouvertes chacune par une écaille cartilagineuse ; dans un petit nombre d'espèces cette peau nue s'augmente ou de caroncules qui se portent sur les côtés du bec, ou d'une protubérance placée à la base supérieure de celui-ci : une seule a des espèces de fanons colorés très-prolongés sous le cou.

Les narines, couvertes, ainsi que nous venons de le dire, par un opercule cartilagineux, sont oblongues et placées un peu en avant.

Les yeux, assez grands et latéraux, ont la pupille ronde et l'iris ordinairement coloré en rouge, en orangé ou en jaune, et le plus souvent cette couleur est la même que celle des pieds. Dans beaucoup de pigeons le tour de l'œil est nu, et la peau en est colorée en rouge ou en bleuâtre.

La langue est demi-cartilagineuse, entière et pointue.

Les orifices des oreilles, qui sont de forme oblongue, sont constamment recouverts de plumes.

Les pieds, généralement assez robustes, ont toujours quatre doigts, trois devant et un derrière, munis d'ongles assez longs, forts et obtus : ces pieds ont plus ou moins de longueur, selon que les oiseaux sont plus ou moins disposés à vivre sur la terre, ou à se tenir perchés (les *colombars* les ont courts ; les *colombes*, moyens, et les *colombi-gallines* assez alongés) : la peau qui les recouvre, ordinairement rouge, quelquefois jaune ou bleuâtre, est réticulée par écailles polygones, comme celle des pieds de gallinacés. Les tarses sont tantôt nus, tantôt à moitié emplumés, et quelquefois couverts de plumes jusqu'à l'origine des doigts.[1] Ceux-ci n'ont d'autres membranes entre leurs bases, que celles qui résultent de la continuation de leurs rebords. Le pouce s'articule très-bas sur le tarse et au niveau des autres doigts.

Les ailes sont tantôt longues et effilées, la première penne étant à peu près de la grandeur de la seconde (les colombars); tantôt courtes et arrondies, la première penne étant de beaucoup plus courte que la seconde, et celle-ci moins longue que la troisième (les colombi-gallines); tantôt entre ces deux dimensions et formes (les colombes et tourterelles). Dans quelques espèces, les baguettes des grandes pennes de l'aile sont légèrement fléchies en *S*, et les barbes extérieures de la pointe sont échancrées de façon à rendre ces pennes pointues; dans la plupart elles sont droites et arrondies au bout.

La queue est composée de douze ou quatorze pennes, tantôt égales entre elles et assez courtes (les colombars et quelques colombes), tantôt un peu plus longues et très-foiblement étagées (d'autres colombes et les colombi-gallines); enfin, d'autres fois fort longues et très-étagées (plusieurs colombes). Dans le premier cas la queue est carrée; dans le second elle est arrondie, et dans le troisième elle est en cône. Une variété de pigeon domestique peut étaler sa queue en roue comme celle du dindon.

Les plumes de ces oiseaux ont les barbules fines et divisées. Dans quelques espèces celles du cou, ou sont très-alongées et minces, formant une touffe très-fournie, ou sont échancrées au bout, avec les barbules prolongées en pointe de chaque côté de la baguette, qui est comme tronquée, ce qui leur donne un aspect particulier. Un seul de ces oiseaux a la tête pourvue d'une crête longitudinale de longues plumes à barbes décomposées, non susceptibles de s'abaisser : un autre a une huppe plicatile comme celle du vanneau; enfin certaines

---

[1] Parmi les variétés domestiques, il y en a de *patues*, c'est-à-dire, qui ont des plumes sur les doigts.

variétés domestiques présentent des collerettes ou d'autres ornemens de plumes relevées sur la tête et le cou.

Les couleurs du plumage sont souvent fort brillantes et à reflets métalliques, ce qui a été remarqué et a fait donner le nom de *gorge-de-pigeon* aux couleurs changeantes de certaines étoffes de soie ; mais ces couleurs brillantes ne se voient le plus souvent que sur les parties supérieures du corps, sur la tête ou sur la poitrine de ces oiseaux : le fauve ou isabelle, le gris violet ou vineux, le brun-marron clair, se remarquent le plus souvent sur les parties inférieures. Dans beaucoup de pigeons le sommet de la tête est orné d'une calotte de couleur différente de celle des parties avoisinantes. Un assez grand nombre d'espéces ont des couleurs mates, c'est-à-dire sans reflets, mais très-vives et très-pures, notamment le vert-clair, le bleu d'azur, le gris-bleu et le blanc. On voit souvent des taches maillées de diverses teintes sur les côtés du bas du cou, ou des taches bleu d'azur, vertes ou violettes, métalliques, sur les couvertures supérieures des ailes : lorsque les plus grandes de celles-ci sont terminées d'une même couleur, il en résulte une bande transversale sur l'aile, qu'on remarque dans plusieurs colombes. La queue présente parfois une large bande transverse de couleur foncée dans son milieu, à l'exception des deux pennes intermédiaires, qui ordinairement conservent pure et uniforme la couleur du dos.

La taille de ces oiseaux varie entre celle du dindon (une seule espéce, le goura, atteint cette dimension) et celle d'une caille ; mais la longueur du corps la plus ordinaire, mesurée depuis le bout du bec jusqu'au bout de la queue, est entre quatorze ou quinze et neuf ou dix pouces.

Le sternum des pigeons est profondément et doublement échancré, comme celui des gallinacés, quoique dans une disposition différente ; leur jabot est extrêmement dilaté, et souvent ils le gonflent d'air ; leur gésier est musculeux ; leur larynx inférieur muni d'un seul muscle propre : ils n'ont point de vésicule du fiel, etc.

Leur chair est savoureuse et généralement estimée ; elle s'aromatise par l'usage que les pigeons font de certains fruits ; et c'est ce qu'on remarque surtout dans celle de la colombe

muscadivore, très-parfumée, lorsque cet oiseau mange la pulpe
du fruit du muscadier, et d'une amertume insupportable lorsqu'il se nourrit des baies de certains arbres.

Leur genre, formé de plus de cent espèces, habite toutes
les contrées chaudes et tempérées de la terre. Les espèces à
bec court et assez robuste (les colombars), se trouvent dans
toute l'étendue de l'Afrique, dans les îles de l'archipel Indien, à la Nouvelle-Hollande et dans les îles de la mer du
Sud ; aucune n'a été rencontrée en Europe, ni dans le nord
de l'Asie, ni dans les deux Amériques. Les pigeons à bec
moyen, ou colombes, sont les plus généralement répandus
dans les deux continens. Ceux à bec grêle et à longues
jambes sont propres aux climats du nouveau monde, de
l'Afrique et de l'Asie, et ne se trouvent point en Europe.
Cette partie de l'ancien continent n'a que quatre espèces de
la division des colombes, savoir : le ramier, le petit ramier,
le biset et la tourterelle ordinaire. De l'une d'elles (le biset)
sont descendues, à ce que l'on croit, les nombreuses races
qui peuplent nos colombiers et nos basses-cours, et dont on
trouvera ci-après l'énumération et la description.

Les pigeons sont des oiseaux diurnes et paisibles, vivant
uniquement de fruits pulpeux, de baies et de graines ; mais
rarement d'insectes et de limaçons. Ils sont éminemment monogames. Le mâle et la femelle concourent à la construction du nid, et le placent, selon les espèces, tantôt sur les
sommités des plus grands arbres, tantôt dans les buissons et
même à terre, d'autres fois dans des cavités de rochers. Ce
nid, assez grossièrement composé de petites branches et de
feuilles, est très-évasé et ne renferme ordinairement que
deux œufs, quelquefois quatre, six ou huit dans une espèce
seulement (le columbi-galline à barbillon), que la femelle
et le mâle couvent alternativement ou ensemble. Ils font
deux ou trois pontes dans l'année, et après la dernière ils
quittent les climats où ils nichent, pour se porter dans des
régions plus méridionales : du moins ce fait ne souffre presque
point d'exceptions. Les lisières des forêts et le voisinage des
eaux paroissent leur convenir principalement : ils ne vont
guères en troupes nombreuses, que dans leurs émigrations.
Leur vol est lourd et bruyant, mais peut être soutenu long-

temps. Comme ces oiseaux ne digèrent point les semences de certains fruits, ils propagent les espèces végétales dans leurs voyages, en répandant ces semences dans leurs excrémens; et c'est ainsi qu'on explique la multiplication actuelle du muscadier sur des îles où l'on n'en connoissoit pas de pieds à des époques assez peu éloignées.

Les pigeons sont très-portés au plaisir de l'amour et font connoître les désirs qu'ils éprouvent par les accens de leur voix, dont les modulations et le timbre particulier lui ont valu le nom de *roucoulement.*

Lorsque les petits sont nés, les parens les veillent avec la plus grande assiduité, et ils ont besoin de ces soins, car ils sont presque nus, aveugles et très-foibles, et non pas prêts à courir et chercher eux-mêmes leur nourriture comme les jeunes gallinacés ; aussi le père et la mère leur dégorgent-ils la nourriture qu'ils ont amassée et mise en réserve dans leur jabot. Une seule espèce fait encore exception : c'est celle du colombi-galline à barbillon, dont les six ou huit petits, revêtus de duvet, se mettent immédiatement à la recherche des insectes après leur naissance. Dans les pontes ordinaires des pigeons, qui consistent en deux œufs, il y a presque constamment un œuf qui produit un mâle et le second une femelle : les individus qui en naissent, élevés ensemble, ne se quittent jamais, et montrent l'un pour l'autre l'attachement le plus prononcé.

Levaillant a établi parmi les espèces de pigeons trois sections, qui ont été généralement admises par les ornithologistes, et qui sont fondées sur les différences de mœurs et sur quelques caractères extérieurs.

La première est celle des Colombi-gallines : elle comprend les pigeons qui ont le plus d'analogie avec les gallinacés proprement dits, par l'habitude de se tenir presque constamment à terre, d'y nicher, ou du moins sur de très-basses branches ; parce qu'ils font un plus grand nombre d'œufs que les autres, et parce qu'ils ont quelquefois des petits qui peuvent rechercher leur nourriture dès leur sortie de l'œuf. Ces espèces ont le bec grêle et flexible, et les pattes plus hautes que les autres.

La seconde est celle des Colombes ou pigeons proprement

dits, qui ont le bec moyennement grêle et flexible ; la queue tantôt droite ou arrondie au bout et tantôt très-étagée et en forme de cône. Ces oiseaux nichent sur des arbres élevés ou dans les cavités de rochers d'un difficile accès, font deux ou quatre œufs et soignent long-temps dans le nid leurs petits, qui naissent très-foibles et presque nus. Les tourterelles se rattachent à cette section.

La troisième, enfin, est celle des Colombars, qui se reconnoissent à leur bec plus gros, de substance solide et comprimé par les côtés ; à leurs tarses courts, à leurs pieds larges et bien bordés. Ils vivent tous de fruits et dans les grands bois ; leur naturel est très-farouche : ils nichent sur les sommités des arbres ; leur nid est composé de petites branches ; la femelle y dépose deux œufs, que le mâle couve concurremment avec elle.

Il existe plusieurs travaux importans sur les oiseaux du genre des pigeons ; les uns sous le rapport de l'économie domestique, et les autres sous celui de l'histoire naturelle. Sous ce dernier point de vue, qui doit seul nous occuper dans cet article, nous nous bornerons à citer le bel ouvrage que M. Temminck a publié en 1811, sous le titre d'*Histoire naturelle des pigeons*, accompagné de figures coloriées par Mad.ᵉ Knip ; ouvrage dans lequel il a décrit avec beaucoup d'exactitude soixante-treize espèces de ce genre.[1]

Notre article ne sera, nous devons le déclarer ici, qu'un simple extrait de ce beau travail, dans lequel nous intercalerons toutes les notions nouvelles que les quinze dernières années ont dû nécessairement faire recueillir sur ce beau genre d'oiseaux. On comprend que nous aurons le soin de relater les caractères des espèces décrites et figurées ré-

---

[1] Les figures magnifiquement peintes qui ornent cet ouvrage, ne sont malheureusement pas toujours en accord avec le texte ; et nous ne saurions expliquer ces différences autrement, qu'en rappelant que, la plupart des pigeons ayant des couleurs changeantes, il se pourroit que ces couleurs eussent été observées par le peintre sous un autre aspect que par le naturaliste.

Un abrégé in-8.º de l'Histoire des pigeons a paru en 1813, et fait partie de l'*Histoire naturelle générale des gallinacés* de M. Temminck. Il compose le tome premier de cet ouvrage.

cemment par MM. Temminck et Laugier dans leur *Recueil de planches coloriées*, destiné à compléter les planches enluminées de Buffon, ainsi que de celles qui ont été mentionnées par MM. Quoy et Gaimard dans leur *Zoologie* du Voyage de l'Uranie.

Enfin nous y ajouterons quelques espèces inédites, dont MM. Lesson et Garnot, naturalistes de l'expédition de la corvette la *Coquille*, ont bien voulu nous communiquer les individus conservés et les descriptions, avec une obligeance qui ne se retrouve que dans les véritables amis de la science.

1.re SECTION.

COLOMBI-GALLINES; *Columbi-gallinæ*, Levaill.

Tarses élevés et grêles; doigts entièrement divisés. Bec long et menu, à mandibule supérieure peu ou point renflée. Ailes courtes, généralement arrondies.

1. COLOMBI-GALLINE GOURA : *Columba coronata*, Linn., Lath.; le PIGEON COURONNÉ DES INDES, Buff., pl. enlum., n.º 118; le COLOMBI-HOCCO, Levaill., Ois. d'Afr.; le GOURA, Temm., *Col.-gall.*, pl. 1; *Lophyrus coronatus*, Vieill. Cet oiseau, à peu près de la taille du dindon, a deux pieds trois pouces, mesuré depuis le bout du bec jusqu'à l'extrémité de la queue; le bec a deux pouces, et le tarse trois pouces neuf lignes. Sa tête est surmontée par une vaste huppe verticale et comprimée, formée de plumes longues, effilées et non susceptibles de s'abaisser. Son plumage est généralement d'un gris-bleu d'ardoise, avec le tour de l'œil noir; les petites et les moyennes couvertures des ailes, ainsi que les plumes du haut du dos sont terminées par du beau brun marron, et une bande blanche transversale se voit sur le milieu des grandes couvertures alaires. Les pennes de la queue et des ailes sont d'une teinte plus foncée que le corps. Le bec est noir, l'iris rouge. Les écailles des pieds sont arrondies et la peau qui les sépare est blanchâtre.

Cette espèce se trouve à la Nouvelle-Guinée, aux iles des Papous, et aussi dans un grand nombre d'iles de l'archipel des Moluques. Elle est nommée *Mututu* à Tomogui, *Manipi* chez les Papous, et *Goura Kroonvogel*, par les colons hollandois de

Java, qui se la procurent à Banda, et qui l'élèvent parfaitement dans leurs basses-cours, en la nourrissant de grains, et particulièrement de maïs. Ces gouras ont une analogie avec le dindon, dans l'espèce de gloussement qu'ils font entendre.

C'est vainement qu'on a essayé de les faire propager en Europe.

2. COLOMBI-GALLINE A BARBILLON : *Columba carunculata*, Temm., *Col.-gall.*, pl. 11 ; le COLOMBI-GALLINE, Levaill., pl. 278. Si la première espèce se rapproche surtout des gallinacés par sa grande taille, celle-ci leur ressemble par l'existence, dans le mâle, d'appendices cutanés, semblables à ceux qu'on observe chez quelques oiseaux du genre des Faisans. C'est une plaque de peau nue et rouge, qui engage le front et le tour du bec, avec un mamelon charnu et de la même couleur, qui se dirige sur la gorge, et un autre sur les oreilles. Sa taille est à peu près celle d'une perdrix, sa longueur totale étant de dix pouces. La tête, le cou et la poitrine sont d'un gris ardoisé ; les scapulaires et les couvertures supérieures des ailes d'un gris argentin et terminées par un liséré blanc ; le ventre, le croupion et les couvertures supérieures et inférieures de la queue, d'un beau blanc. La queue, qui est légèrement étagée, est d'un brun roux en dessus, et noirâtre en dessous ; le bec est rouge à sa base et noir à sa pointe. Les pieds sont d'un rouge vineux ; l'iris des yeux a un double cercle, l'un jaune, l'autre rouge. La femelle, plus petite que le mâle, a des couleurs plus ternes ; elle est dépourvue de barbillons, et ses couvertures alaires supérieures ne sont point lisérées de blanc.

Cet oiseau a été trouvé par Levaillant en Afrique, au pied des monts Hérisies, dans le pays des Namaquois. Il pond à terre, dans un nid composé d'herbes sèches et de buchettes. Le mâle et la femelle couvent alternativement les œufs, qui sont au nombre de six à huit et de couleur blanc roussâtre. Les petits, couverts de duvet, courent aussitôt après leur naissance et se nourrissent d'insectes ; plus forts, ils y joignent des grains et des baies. Ils ne se séparent par couples qu'au temps des amours.

3. COLOMBI-GALLINE A CAMAIL : *Columba nicobarica*, Linn., Lath., Temm., *Col.-gall.*, pl. 2 ; PIGEON DE NICOBAR, Buff., pl.

enl., n.° 491. Ce bel oiseau est à peu près de la taille d'un fort ramier; sa longueur totale est de quatorze pouces et demi. Son caractère le plus saillant consiste dans le camail de longues plumes linéaires dont son cou est entouré, et qui ressemblent par leur composition à celles des coqs. Tout le plumage est d'un beau vert foncé, changeant en bleu purpurin et en rouge de cuivre de rosette : la queue seulement est d'un blanc pur. Le bec est noir, l'iris de couleur noisette, le tour de l'œil nu et d'un brun terne; le tarse couvert d'écailles hexagones et d'un bleu noirâtre, ainsi que les doigts. Le mâle, dont les couleurs sont plus vives que celles de la femelle, en diffère encore parce qu'il a sur la base de sa mandibule supérieure une petite membrane ou crête charnue arrondie, qui s'élève d'environ deux lignes, et dont elle est dépourvue. Cette espèce habite les iles Nicobar et l'île de Sumatra, ainsi que plusieurs des Moluques.

On ne sait rien sur ses habitudes dans l'état de nature. En domesticité cet oiseau paroît assez stupide, fait souvent entendre un roucoulement sourd, et ne se perche que la nuit seulement sur des juchoirs à peine élevés d'un ou deux pieds au-dessus du sol.

4. COLOMBI-GALLINE A CRAVATE NOIRE ; *Columba cyanocephala*, Linn., Lath., Temm., *Col.-gall.*, pl. 3 ; la TOURTERELLE DE LA JAMAÏQUE, Buff., pl. enlum., n.° 174. On ne trouve plus dans cette espèce et les suivantes ces ornemens de plumes ou ces crêtes charnues qui distinguent les premières. Le haut de la tête et les côtés de la gorge sont bleus; le devant du cou présente une espèce de cravate noire qui se prolonge jusque sur la poitrine, où elle est bordée par une ligne blanche en demi-cercle transversal; une ligne blanche assez étroite prend son origine au-dessous de la mandibule inférieure, passe sous les yeux et aboutit derrière la tête, où un espace noir, en forme de fer à cheval, occupe l'occiput. Toutes les parties supérieures du corps sont d'un bistre vineux, qui devient plus vif et plus brillant sur la poitrine; la base du bec est rougeâtre; les yeux sont d'un brun roux; les tarses ont des écailles rougeâtres très-petites et hexagones. La longueur totale est de dix pouces quatre lignes, et le bec a onze lignes.

Ce colombi - galline habite les îles de la Jamaïque et de
Cuba, ainsi que plusieurs contrées de l'Amérique méridionale. Il vit et trotte toujours à terre, comme les vraies perdrix, et construit son nid à peu près de la même manière
que les gallinacés.

5. COLOMBI-GALLINE MONTAGNARD : *Columba montana*, Linn.,
Lath., Temm., *Col.-gall.*, pl. 4 ; PERDRIX DE MONTAGNE, Edw.,
tab. 119. Plus petit que le précédent, cet oiseau n'est que de la
taille de la tourterelle, sa longueur totale étant de neuf pouces
et demi. Son bec, long d'un pouce et mince, est peu renflé
vers le bout ; et son tarse, long de treize lignes, est grêle,
ainsi que les doigts. Le sommet de la tête et le derrière du
cou sont d'un vert doré à reflets légèrement pourprés ; le
dos et les couvertures supérieures de la queue sont d'un beau
violet à reflets pourprés ; le dessus des ailes et l'origine de
toutes les grandes pennes sont d'un brun roux, et le bout
de ces dernières est noirâtre ; la queue est rousse ; la base
du bec, le tour des yeux et les pieds sont d'un beau rouge ;
l'iris est d'un brun clair ; la poitrine est d'un blanc vinacé
tendre, qui passe au blanc jaunâtre sur le ventre et sur
les autres parties inférieures. Le mâle se distingue par deux
bandes blanches, dont l'une passe sous l'œil et se rend sur
la région de l'oreille ; et l'autre, placée parallèlement au-
dessous de la première, se porte sur les côtés du cou.

Cet oiseau de la Jamaïque vit sur les montagnes élevées
et dans les bois, où il construit son nid sur les branches
basses : ce nid est composé de petites branches liées avec du
coton, et si petit, que les jeunes oiseaux le quittent de
très-bonne heure, et restent à terre, où ils sont nourris par
leurs parens.

6. COLOMBI-GALLINE ROUX-VIOLET : *Columba martinica*, Linn.,
Lath. ; Temm., *Col.-gall.*, pl. 5 et 6 ; le PIGEON VIOLET DE LA
MARTINIQUE, Buff., pl. enl., n.° 162, et le PIGEON ROUX DE
CAYENNE, *ejusd.*, pl. enl., n.° 141. Cet oiseau est long de huit
pouces dix lignes, et son bec a huit lignes et demie. Le mâle
a toutes les parties supérieures de la tête et du corps d'un roux
cannelle, présentant, sous certains aspects, des reflets violets
pourprés ; la gorge et les joues d'un roux clair blanchissant,
qui devient de plus en plus violacé en descendant sur la poi-

trine ; le ventre et les couvertures inférieures de la queue du
même roux clair que la gorge ; une tache roux-cannelle quadrangulaire, oblique, sur le bas de chaque joue ; le tour de
l'œil nu et d'un rouge vif ; une tache d'un roux-violâtre
foncé de chaque côté de la poitrine ; les grandes pennes alaires
d'un brun pourpré ; le bec d'un jaune rougeâtre. La femelle
diffère par ce qu'elle a des teintes plus brunâtres et moins
lustrées de violet. Il a été trouvé à Porto-Ricco par feu
Maugé. Il vit en petites troupes, fait son nid à terre, y pond
deux œufs et nourrit ses petits comme les autres pigeons. Il
ne se perche que la nuit, et pour cela il choisit les basses
branches. D'Azara a vu cet oiseau au Paraguay, et le décrit
sous le nom de *Pigeon rouge et jaune*.

7. COLOMBI-GALLINE A FACE BLANCHE; *Columba erythrothorax*,
Temm., *Col.-gall.*, pl. 7. Il a dix pouces et demi de longueur ;
son bec, long de neuf lignes, est un peu renflé vers la pointe.
Il a la face d'un blanc grisâtre ; le tour de l'œil nu, papilleux
et rouge ; le haut de la tête, le dessous du cou et la poitrine
d'une belle couleur vineuse ; une sorte de collerette d'un
violet à reflets dorés sur la nuque du mâle ; le ventre, le bas-
ventre et les cuisses d'une couleur de rouille foncée ; le dos,
les ailes, les couvertures de la queue et les deux pennes intermédiaires de cette dernière partie de couleur de suie ; les
grandes pennes des ailes noirâtres, bordées de gris ; les pennes
latérales de la queue en dessus, noires depuis leur origine
jusqu'aux trois quarts de leur longueur, le reste étant gris ;
en dessous toutes les pennes de la queue noires, avec
l'extrémité blanche ; les pieds rouges ; le bec noir. Sa patrie
est inconnue ; mais on le croit de Surinam.

8. COLOMBI-GALLINE POIGNARDÉE : *Columba cruentata*, Linn.,
Lath.; Temm., *Col.-gall.*, pl. 8 et 9. Cet oiseau est de la taille
du précédent. Il a le front et le haut de la tête d'un gris cendré ;
l'occiput et la partie postérieure du cou d'un violet foncé à
reflets verts ; le dos, les scapulaires, les petites couvertures
des ailes, ainsi que les parties latérales de la poitrine, d'un
gris d'ardoise, toutes les plumes de ces parties étant terminées par un liséré d'un vert brillant et métallique ; la gorge,
les côtés du cou et la poitrine d'un blanc pur, avec une
tache rouge semblable à celle qui résulteroit d'une plaie

fraîche, sur le milieu de cette dernière partie; le ventre en entier et les flancs, ainsi que les couvertures du dessous de la queue, couleur de chair; les moyennes couvertures supérieures des ailes marquées dans leur ensemble de trois bandes transversales cendrées, séparées par deux bandes d'un roux pourpré; les grandes pennes alaires d'un gris-brun cendré, finement liséré de roussâtre; les deux pennes intermédiaires de la queue d'un gris brun; toutes les latérales grises à leur origine, traversées d'une bande noire vers leur milieu et terminées de gris cendré; le bec, les yeux et les pieds rouges.

Une variété toute blanche, avec la tache rouge du milieu de la poitrine, a été décrite et figurée. Quoique blanche, on voit sur son plumage de très-foibles teintes qui sont correspondantes, par leurs limites, aux couleurs de l'espèce.

Cette espèce habite les Philippines. Sonnerat l'a trouvée à Manille : il la nomme *tourterelle grise ensanglantée* et sa variété *tourterelle blanche ensangluntée*.

9. COLOMBI-GALLINE A FRONT GRIS: *Columba jamaicensis*, Lath., Linn., Gmel.; *Columba frontalis*, Temm., *Col.-gall.*, pl. 10. Ce colombi-galline a dix pouces et demi de longueur. Son front et le dessus de sa tête sont d'un beau gris, se nuançant dans quelques individus en teintes plus ou moins bleues; son dos, ses ailes et les couvertures supérieures de sa queue sont de couleur olive foncée, à légers reflets pourprés; les pennes de ses ailes sont d'un gris noirâtre en dehors et rousses en dedans, depuis leur origine jusqu'aux trois quarts de leur longueur, la première étant la plus courte de toutes, et ayant ses barbes extérieures échancrées en pointe; la queue est d'un brun olivâtre, avec les trois pennes de chaque côté terminées de blanc; la gorge est d'un roux clair; la poitrine et le ventre sont de couleur vineuse; le bas-ventre et les couvertures inférieures de la queue sont blancs; le bec est noir et les pieds sont rouges. Le mâle a sur le dos une tache de couleur vineuse à reflets pourprés, qui manque à la femelle, dont les teintes sont en général plus ternes.

La figure qui accompagne la description de M. Temminck, présente du blanc sous le cou, et une large tache arrondie jaune-fauve au-dessous des yeux, dont il n'est pas fait mention dans cette description.

Cet oiseau habite la Jamaïque, la Guiane et le Paraguay. D'Azara l'a décrit sous le nom de *pigeon brun*.

10. COLOMBI-GALLINE TALPACOTI : *Columba talpacoti*, Temm., *Col.-gall.*, pl. 12 ; PIGEON ROUGEATRE, d'Azara. Cette petite espèce n'a que six pouces et demi de longueur ; son bec est très-mince et non renflé vers la pointe, avec l'extrémité de sa mandibule supérieure un peu recourbée. Elle a le haut de la tête et la nuque d'un gris bleu, qui s'éclaircit sur le front. Tout le corps est généralement d'un roux foncé, nuancé de légères teintes vineuses ; les moyennes et grandes couvertures des ailes ont quelques petites taches d'un beau noir sur leurs barbes extérieures, tandis que les intérieures sont d'un roux uniforme ; les rémiges et les pennes secondaires sont d'un brun noirâtre ; les couvertures inférieures alaires et les flancs sont noirs : les pennes moyennes de la queue d'un brun roussâtre, les latérales noires, et l'extérieure de chaque côté est rousse à sa pointe ; le bec est d'un brun rougeâtre, et les pieds sont d'un rouge orangé.

Il habite l'Amérique méridionale.

11. COLOMBI-GALLINE COCOTZIN : *Columba passerina*, Lath., Temm., *Col.-gall.*, pl. 13 et 14 ; la PETITE TOURTERELLE DE LA MARTINIQUE, Buff., pl. enl., n.° 243, fig. 2. La taille de cet oiseau ne dépasse pas de beaucoup celle de l'alouette huppée, sa longueur totale étant d'un peu plus de six pouces ; son bec a sept lignes. Les parties supérieures de la tête et du cou sont d'un beau cendré, plus bleu dans le mâle que dans la femelle ; les parties supérieures du corps sont d'un brun-cendré foncé ; le front, la gorge, le dessous du cou et la poitrine sont de couleur vineuse, avec quelques taches brunes au milieu de chaque plume ; les côtés et le ventre sont d'un vineux très-clair ; le dessous des ailes est roux ; leurs couvertures supérieures sont d'une couleur mélangée de cendré et de vineux, et l'on voit sur plusieurs de ces plumes des taches d'un bleu d'émail ; les deux pennes intermédiaires de la queue sont d'un brun-cendré très-foncé, et les latérales sont presque noires ; l'iris est orangé ; le bec d'un rouge pâle à sa base et noirâtre vers l'extrémité ; les pieds sont rouges. La femelle a ses couleurs plus ternes et les teintes de sa poitrine plus blanchâtres.

Le cocotzin habite Saint-Domingue, Porto-Ricco, la plupart des autres îles Caraïbes, et la partie du continent de l'Amérique la plus voisine. Il a les habitudes des perdrix, cherche sa nourriture à terre et ne s'élève que par vols très-courts. Les lieux qu'il préfère, sont les endroits rocailleux et où se trouvent des buissons, ce qui l'a fait nommer Pigeon des pierres par les Hollandois. A Porto-Ricco les colons françois le nomment Ortolan, et les Anglois, dans leurs îles, l'appellent Pigeon de terre. C'est un très-bon gibier.

12. Colombi-galline hottentot : *Columba hottentota*, Temm., *Col.-gall.*, pl. 15 ; le Colombi-caille, Levaill., Ois. d'Afriq. Dans cette charmante espèce, à peine de la taille de la caille, et que Levaillant a trouvée dans les montagnes du pays des grands Namaquois, où il ne la croit que de passage, le mâle a toutes les parties supérieures du cou et du corps d'un beau roux-cannelle, chaque plume de ces parties étant terminée de brun ; le front, le sommet de la tête et la gorge d'un beau blanc ; les côtés du cou et la poitrine couverts de plumes écailleuses généralement d'un gris-vineux clair, les supérieures étant noires et lisérées de blanc ; le ventre en entier et les cuisses d'un roux clair ; les pennes des ailes, dans leur partie visible, du roux-cannelle du dos, et noirâtres sur leurs barbes intérieures ; la queue très-courte, d'un roux cannelle en dessus et d'un gris noirâtre en dessous ; le bec brun-jaunâtre ; les yeux et les pieds roux. La femelle est plus petite que le mâle, et ses couleurs sont moins brillantes.

13. Colombi-galline pygmée : *Columba minuta*, Lath. ; Temm., *Col.-gall.*, pl. 16 ; le Pigeon nain, d'Azara ; Petite tourterelle de Saint-Domingue, Buff., pl. enlum., n.° 143, fig. 1. Cet oiseau n'a que cinq pouces et demi de longueur totale. Tout le dessus de sa tête et de son corps est d'un brun-cendré très-brillant ; les couvertures supérieures de ses ailes seulement ont un peu de roussâtre, et présentent sept ou huit taches d'un bleu d'émail ; le front et la gorge sont d'un blanc roussâtre ; les parties inférieures du cou et la poitrine sont d'un vineux clair ; le ventre et les flancs sont d'un blanc mêlé de roussâtre ; les deux pennes intermédiaires de la queue sont brunes, et toutes les latérales cendrées et terminées de noir, à l'exception de la première de chaque côté.

qui l'est de blanc; les pieds sont rouges; le bec est brun. La femelle ne diffère du mâle que par des teintes plus pâles.

On trouve cette espèce à la Guiane et au Paraguay.

14. COLOMBI-GALLINE PICUI : *Columba Picui*, Temm., *Pig.*, in-8.", pag. 435 ; le PICUI de d'Azara, Voy., t. 4, p. 136. Il a sept pouces trois lignes de longueur; le front et les côtés de la tête blanchâtres ; le dessus de la tête, du cou et du corps d'un brun pur; les couvertures supérieures des ailes de la même couleur, avec de petites taches d'un bleu d'émail; toutes les parties inférieures blanchâtres, avec une teinte vineuse sur la poitrine, et une légère nuance de brun sur le devant du cou et les côtés du corps; les couvertures inférieures des ailes noires ; les pennes d'un brun noirâtre, et l'extérieure de la queue de chaque côté blanche ; les deuxième, troisième et quatrième terminées de blanc; le tarse d'un rouge-violet obscur; un espace nu et bleuâtre autour de l'œil, qui est d'un bleu foncé. Cet oiseau du Paraguay vit par paires ou par bandes. Son nid, placé dans les buissons ou sur les basses branches des arbres, est formé de petites branches : il est très-évasé, et ne contient que deux œufs.

15. COLOMBI-GALLINE DE JAMIESON ; *Columba Jamiesonii*, Quoy et Gaimard, Zool. de l'expéd. de la corvette l'Uranie, p. 125 *note*. Cet oiseau, moins gros qu'une poule, en a le port et la marche rapide. La tête, les ailes, le dos et la queue sont d'un ardoisé clair; la poitrine et le ventre blancs, marqués de taches triangulaires ardoisées; deux lignes blanches vont du cou au ventre, et circonscrivent un plastron ardoisé.

Cet oiseau, que nous plaçons ici comme par appendice à la section des colombi-gallines, a été vu à Régent-ville, maison de campagne du docteur Jamieson, auprès du port Jackson.

2.e SECTION.

COLOMBES ou PIGEONS proprement dits.

Bec mince; tarses courts, lisses ou emplumés; ailes longues; queue carrée, étagée, ou en forme de coin.

* Queue carrée ou légèrement étalée.

16. COLOMBE GÉANTE: *Columba spadicea*, Lath.; Temm.. *Col.*, pl. 1. Cet oiseau a dix-neuf pouces de longueur totale, sur

quoi la queue prend sept pouces et demi. Cette queue a un caractère particulier, c'est que les pennes latérales sont de deux lignes plus longues que les internes, ce qui la rend un peu fourchue. L'occiput et le derrière du cou sont d'un vert rembruni ; le devant et les côtés de la tête et du cou, ainsi que le haut de la poitrine, sont d'un beau vert foncé, à reflets éclatans ; les scapulaires et le haut du dos sont mordorés à reflets métalliques; le ventre et toutes les parties inférieures du corps sont d'un blanc pur ; les pennes de la queue sont en dessus d'un brun bistre, à reflets verts et pourpres foncés, avec l'extrémité de couleur d'ocre, et en dessous d'un gris blanchâtre, changeant légèrement en vert métallique, avec une large bande d'un brun bistre vers l'extrémité ; les pennes des ailes, qui atteignent la moitié de la longueur de la queue, sont, dans leur partie extérieure, couleur gris de lin foncée, à reflets d'un vert éclatant ; les grandes couvertures et les pennes moyennes sont d'un gris plus clair et à reflets verdâtres; les moyennes couvertures sont vert-doré.

Ce beau pigeon habite l'archipel des îles des Amis et vraisemblablement d'autres îles de la mer du Sud.

Je n'ose considérer comme espèce distincte de celle-ci une colombe de la Nouvelle-Zélande, que MM. Lesson et Garnot m'ont communiquée sous le nom de *Koukoupa*, qui lui est donné par les habitans de cette île. Toute sa description s'accorde avec celle de la colombe géante ; si ce n'est qu'elle la représente comme moins longue de deux pouces et demi, et comme ayant les pennes de l'aile d'un vert métallique obscur, ainsi que les couvertures, avec la queue en dessous d'un gris passant au brun, sur les pennes intérieures et sur l'extrémité de toutes, sans bande transverse. Sa chair est excellente.

17. Colombe a lunettes; *Columba perspicillata*, Temm. et Laug., Ois. col., pl. 246. Elle est de la taille de la colombe géante, *Columba spadicea* (dix-huit pouces). Ses formes sont très-semblables à celles du ramier. Elle a la tête, les joues et la nuque d'un cendré très-foncé; le front ceint d'un bandeau blanc ; un cercle de petites plumes blanches autour de l'œil: le bas du derrière du cou, le dos et les ailes d'un vert mé-

tallique; les pennes des ailes d'un bleu métallique dans les vieux individus, et d'un bleu noirâtre dans les jeunes: les côtés du cou cendrés avec des reflets chatoyans; la poitrine, le ventre et les cuisses, le bas-ventre et les couvertures inférieures de la queue d'un cendré clair; le bec blanc; les pieds rouges.

Elle habite les Philippines et quelques-unes des Moluques.

18. COLOMBE A DOUBLE HUPPE; *Columba dilopha*, Temm., *Trans. soc. linn.*, tome 13, page 124; Temm. et Laug., Ois. col., pl. 162. Cette belle espèce a été trouvée à la Nouvelle-Hollande, dans l'intérieur des terres, près de Red-point. Sa longueur totale, qui est de quinze pouces, et ses formes générales le rapprochent particulièrement de la colombe géante et du ramier. Ce qui la caractérise à la première vue, c'est la double huppe verticale qui couronne sa tête: la première ou l'antérieure, et la plus basse, commence à la base du bec; elle est formée de plumes de couleur grise, comprimées et fortement recourbées en arrière sur les plumes qui composent la seconde: celles-ci, beaucoup plus alongées, sont couchées sur le sommet de la tête, et un peu relevées en avant dans leur bout; elles forment une ligne verticale qui se prolonge jusqu'à l'occiput; leur couleur est le roux foncé; leurs barbes sont déliées, étroites à leur origine, et un peu plus larges vers le bout, où elles présentent une double échancrure. La tête et presque tout le plumage sont d'un gris cendré, plus foncé aux parties supérieures qu'aux inférieures; les pennes alaires et caudales sont noirâtres; la queue, qui a toutes les siennes de longueur égale, présente vers son extrémité une large bande d'un blanc grisâtre (marquée roussâtre dans la figure); les tarses, à moitié emplumés, sont dans leur partie nue rougeâtres, ainsi que les doigts; le bec, fort, légèrement renflé près de son extrémité, est également rougeâtre; l'iris est rouge.

19. COLOMBE RAMIER: *Columba Palumbus*, Linn., Lath.; Tem., *Col.*, pl. 2: le PIGEON RAMIER, Buff., pl. enlum., n.° 316. Le ramier a dix-sept pouces et demi de longueur totale, et son envergure est de deux pieds cinq pouces. Sa tête et son cou sont d'un cendré bleuâtre, avec des reflets de vert et de pourpre, et il y a une tache blanche assez grande de chaque côté

du cou ; le manteau et les petites couvertures des ailes sont
d'un cendré bleuâtre ; les grandes pennes alaires noires, avec
un liséré blanc ; et les couvertures les plus rapprochées du
bord de l'aile forment ensemble une tache blanche fort étendue ; la poitrine est d'une couleur vineuse ; le ventre, les
flancs, les plumes des cuisses et les couvertures supérieures
de la queue sont d'un gris très-clair, presque blanc ; les
pennes de la queue sont d'un cendré foncé en dessus, qui
passe au noir vers l'extrémité, en dessous elles sont noires,
avec une bande transverse grise ; le genou est recouvert de
plumes ; le reste du tarse et les doigts sont d'un beau rouge ;
le bec est d'un blanc rougeâtre à sa base, et la peau molle
qui le garnit est comme saupoudrée de blanc ; l'iris est
d'un jaune clair. La femelle est plus petite que le mâle,
et les jeunes se font remarquer par une teinte gris-cendré
très-foncé et par l'absence des taches blanches du cou, qu'ils
ne prennent qu'après leur première mue.

Le ramier paroît habiter la plus grande partie de l'ancien
continent : c'est la plus forte espèce de celles qui sont propres à l'Europe. Il est voyageur et quitte nos contrées dans
le mois de Novembre, pour y revenir vers le commencement
de Mars ; mais quelques individus restent néanmoins pendant
l'hiver. Ce n'est qu'en Avril qu'il retourne dans les climats
les plus septentrionaux. Sa première ponte, composée de deux
œufs et rarement de trois, a lieu chez nous en Avril, dans
un nid placé à la sommité des plus hauts arbres et grossièrement composé de branches sèches entrelacées. La seconde se
fait en Août, et les petits ou ramereaux, qui mettent seize
à dix-huit jours[1] à éclore, prennent leur essor lorsqu'ils ont
six semaines d'àge.

Ces oiseaux, dans leur migration d'automne, se portent
des contrées du Nord dans celles du Sud, et notamment dans
la France méridionale, en Italie et en Espagne. Les vallées
des Pyrénées sont alors traversées par les troupes nombreuses
qu'ils forment, et ils y sont l'objet d'une chasse très-active.
En général, ils sont très-méfians et se laissent rarement approcher. Leur nourriture consiste en faines, glands et baies

---

1 M. Vieillot dit quatorze.

sauvages de diverses espèces, en fraises et, dit-on, dans les temps de disette, en bourgeons d'arbres. Les ramiers ont pour ennemis naturels les petits quadrupèdes carnassiers du genre des martes, qui dévorent leurs œufs et leur jeune famille, et surtout les oiseaux de proie, tels que le milan et l'épervier.

En captivité, même pris très-jeunes, les ramiers ne produisent jamais, ce qui semble repousser l'opinion que Buffon a émise, et selon laquelle cet oiseau seroit l'une des souches de nos races de pigeons domestiques : il est bien plus vraisemblable, ainsi que l'admettent les ornithologistes, que le vrai type primitif de ces races est l'espèce du biset.

20. Colombe Zoë; *Columba Zoeæ*, Lesson. (Espèce nouvelle.) Elle est de la taille de nos pigeons de volière; sa longueur étant de seize pouces, sur quoi la queue, qui est carrée, en a quatre. Le front, le sommet de la tête et les joues sont d'un gris-cendré un peu foncé; le dessous de la gorge est blanchâtre ou d'un cendré clair; le cou jusqu'au dos, et la poitrine, sont d'un gris-vineux de teinte égale; une bande étroite, noire, entoure le corps en dessous, et tranche au haut du ventre avec le gris cendré qui le recouvre; les plumes du bas-ventre, et celles du dessous de la queue, sont d'un roux vineux, et terminées, au milieu de leur extrémité, chacune par une tache blanche, ce qui leur donne un aspect maillé; le dos et la partie moyenne des ailes sont d'un rouge-brun foncé; les grandes pennes des ailes, le croupion et le dessus des pennes de la queue sont d'un vert éclatant et doré; les barbes internes de ces pennes sont brunes; le dessous de la queue est d'un fauve rougeâtre; le bec et le tour de l'œil, qui est nu, sont noirs; les pieds sont d'un rouge de sang; les tarses sont robustes et emplumés dans la moitié de leur longueur.

Cette belle espèce, que M. Lesson consacre à la mémoire d'une épouse chérie, a été découverte par lui aux environs du village de Dorery à la Nouvelle-Guinée. Elle se nourrit de fruit d'*eugenia*. Les Papous la nomment *Manangore*.

21. Colombe leucomèle : *Columba leucomela*, Temm., *Trans. soc. linn.*, t. 13, p. 126; Temm. et Laug., Ois. col., pl. 186. Ce pigeon, qui habite l'intérieur de la Nouvelle-Hollande,

au - delà des montagnes Bleues, est à peu près de la taille du
ramier d'Europe, et en présente généralement les proportions. Sa *tête*, son cou, sa poitrine, sont d'un blanc très-foiblement nuancé de teintes pourprées; le ventre et le bas-
ventre sont aussi blancs; mais cette couleur prend une légère
nuance cendrée, particulièrement sur les côtés du corps et
sur les plumes qui garnissent les jambes; le dos et le croupion ont leur ligne moyenne couverte d'une très-belle couleur pourpre foncée à reflets; les scapulaires et les plumes
des couvertures alaires les plus rapprochées du dos sont
noires et lisérées de pourpre; les autres plumes et les pennes
de l'aile, ainsi que celles de la queue, sont d'un brun noirâtre; le bec et les pieds sont jaunâtres.

22. COLOMBE MUSCADIVORE : *Columba ænea*, Linn., Lath.;
Temm., *Col.*, pl. 3 et 4; *Columba pacifica*, Gmel.; le PIGEON
RAMIER DES MOLUQUES, Buff., pl. enl., n.° 164; PIGEON CUIVRÉ
MANGEUR DE MUSCADES, Sonnerat, Voy., tab. 102; C. MUSCA-
DIVORE, Quoy et Gaimard, Zoolog. du Voyage de l'Uranie,
pl. 29. Cet oiseau, assez voisin de notre ramier par sa taille,
a la tête, le cou, la poitrine et le ventre en entier d'un
gris bleuâtre, avec de légers reflets de couleur vineuse; tout
le manteau et les couvertures supérieures des ailes et de la
queue d'un beau vert-foncé à reflets métalliques; les grandes
pennes des ailes d'un bleu verdoyant; la queue en dessus
d'un beau bleu-de-roi, changeant en vert-doré, et en dessous noirâtre; les couvertures inférieures de la queue d'un
roux ferrugineux; les pieds rouges; le bec noir et l'iris d'un
rouge orangé.

La femelle, plus petite que le mâle, a son cou et son
ventre d'une couleur vineuse, une grande tache d'un roussâtre foncé sur la nuque et le derrière du cou, et en général
les autres teintes semblables à celles du mâle, mais plus ternes.

Les jeunes sont d'un roux plus ou moins foncé, partout où
le mâle adulte a du gris; d'un brun bistre sur le dos, où
celui-ci a du vert; et d'un noir grisonnant sur les pennes des
ailes et de la queue, en remplacement du bleu.

MM. Quoy et Gaimard ont fait connoître un caractère du
mâle de cette espèce, qui n'avoit pas encore été remarqué,
et qui consiste dans une grosse excroissance charnue, lisse,

noire et sphérique, placée sur la base du bec, laquelle est remplie d'une graisse fluide jaune, et qu'on suppose avec raison devenir plus saillante au temps des amours.

Ces naturalistes ont également signalé quelques différences, qu'ils ont observées dans les individus qu'ils ont examinés; notamment le nombre des pennes de la queue, au nombre de quatorze au lieu de douze, et le bas-ventre teint de roux au lieu d'être gris comme les autres parties inférieures.

Cette espèce habite les Moluques, la Nouvelle-Guinée, l'île de Java, et M. Temminck dit qu'on lui a donné l'assurance qu'elle existoit aussi dans quelques îles de la mer du Sud. D'ailleurs elle paroit voyageuse, car on a observé qu'elle émigroit dans certaines saisons de l'année. Les Papous la nomment *Manroua*.

Sa nourriture aux Moluques et à la Nouvelle-Guinée consiste dans la pulpe et dans le macis ou enveloppe extérieure des muscades; mais comme elle avale ces muscades entières, et que celles-ci n'éprouvent point d'altération dans son corps, elle en rend les noix telles qu'elle les a avalées, et répand ainsi les muscadiers dans les diverses îles où elle se transporte, de même que les grives propagent le gui. A Java, selon M. Leschenault, elle mange les fruits du *ficus religiosa*.

25. Colombe océanique; *Columba oceanica*, Lesson et Garnot. Celle-ci pourroit être la colombe muscadivore, mentionnée par Forster comme se trouvant aux nouvelles Hébrides et aux îles des Amis. Cette variété, nommée *moulouesse* ou *mouleux* par les naturels d'Oualan, diffère par sa taille, qui est d'un tiers moindre, et par la distribution de ses couleurs : elle a le front, les joues et la gorge d'un blanchâtre mêlé de gris; le dessus de la tête et le derrière du cou d'un gris ardoisé assez foncé; le manteau, le croupion, les couvertures des ailes, leurs grandes pennes et celles de la queue, d'un vert métallique uniforme, passant au brun à l'intérieur des grandes plumes; la poitrine et le haut de l'abdomen d'un gris teint de rouille; le ventre, les plumes anales, les plumes des cuisses et les couvertures inférieures de la queue d'un roux ferrugineux foncé; le dessous de la queue d'un brun clair avec de légers reflets verdâtres. Le mâle a un tuber-

cule à la base du bec, comme celui de la colombe muscadivore.

Elle se trouve abondamment à l'île d'Oualan, l'une des
Carolines, et aux îles Pelew, où elle porte le nom de *cyeo*.
Elle ne mange point de muscades, mais elle se nourrit d'une
petite baie très-abondante dans ces parages.

24. COLOMBE MAGNIFIQUE : *Columba magnifica*, Temm., *Trans.
soc. linn.*, tome 13, page 125 ; Temm. et Laug., Ois. col.,
pl. 163. Sa longueur totale est de quinze à seize pouces ; les
formes de son corps sont exactement semblables à celles de
la colombe muscadivore, si ce n'est que son bec n'a pas de
tubercule charnu à sa base. La tête et le cou sont d'un blanc
cendré, qui sur le dos se change insensiblement en un vert
très-brillant ; ce vert se retrouve sur les côtés du bas du
cou, sur le haut des flancs, sur la queue et sur les ailes,
dont les couvertures supérieures sont marquées de taches
d'un beau jaune pur; une très-grande plaque d'un violet
pourpre, présentant à certains aspects des reflets bleus et
verts, occupe tout le ventre, et se prolonge en pointe sur
la poitrine et jusque sous la gorge, où elle finit ; les plumes
du bas-ventre, des jambes et des couvertures inférieures de
la queue sont d'un jaune foncé ; les pennes de l'aile et de la
queue sont d'un vert chatoyant en dessus ; ces dernières, en
dessous, sont d'un cendré uniforme ; les couvertures inférieures des ailes sont d'un jaune d'or; les pieds sont bleuâtres ;
le bec est noir, et a sa pointe un peu rougeâtre; l'iris et le
tour de l'œil, qui est nu, sont rouges. Ce pigeon, trouvé à
Red-point, sur la côte orientale de la Nouvelle-Hollande, a
une chair d'un très-bon goût. Sa nourriture consiste principalement en fruits du *cabbage-tree*.

MM. Lesson et Garnot nous ont montré un pigeon, dont
les couleurs sont exactement distribués comme dans celui-
ci, mais dont le violet du ventre n'offre point de reflets bleus
ni verts. Sa longueur n'est que de dix pouces.

25. COLOMBE MANTELÉE ; *Columba lacernulata*, Temm. et
Laug., Ois. col., pl. 164. Celle-ci provient de l'île de Java,
où elle a été découverte par M. Reinwardt. Sa taille (quinze
pouces) et ses formes sont celles du ramier d'Europe. Elle
a tout le dessus de la tête d'un cendré bleuâtre ; la gorge

d'une couleur rosée vineuse; la nuque et le haut du dos d'un vineux foncé; le bas du dos et les trois premiers quarts des pennes caudales d'un cendré noirâtre; la terminaison de celles-ci, couleur de plomb; le devant du cou et la poitrine d'un vineux cendré; le ventre de la même couleur, avec une légère teinte pourprée; les couvertures inférieures de la queue rousses; les ailes noirâtres, avec des reflets verdâtres et bronzés; le revers de la queue d'un gris uniforme, avec le bout des pennes blanchâtre; le bec noir; les pieds rouges.

26. Colombe capistrate ; *Columba capistrata*, Temm. et Laug., Ois. col., pl. 165. Celle-ci est très-voisine de la précédente, sous le triple rapport de la taille, des formes et de la distribution des couleurs; les ailes en sont cependant plus longues; le sommet de la tête est aussi d'un gris bleuâtre, qui s'étend moins que dans la colombe mantelée; la gorge est blanche; le derrière de la tête et la nuque sont d'un gris pourpré; toutes les autres parties inférieures du corps sont d'un cendré vineux, uniforme, les couvertures du dessous de la queue seulement étant d'un blanc jaunâtre; le haut du dos et les couvertures supérieures des ailes sont d'une couleur pourprée très-foncée, sans reflets; les pennes et les autres plumes de ces parties sont d'un noir légèrement cendré, avec de très-foibles reflets verdâtres; le bas du dos et les trois premiers quarts du dessus des pennes de la queue sont d'un cendré noirâtre, et le reste de ces dernières est couleur de plomb; en dessous elles sont généralement grises, avec leur bout blanchâtre; les pieds sont d'un beau rouge. Elle est des îles de l'Archipel indien. M. Temminck l'a reçue de Java; mais il ignore si elle vit dans cette île.

27. Colombe rameron : *Columba arquatrix*, Temm., *Col.* pl. 5; le Rameron, Levaill., Ois. d'Afr. Le rameron est plus petit que le ramier, puisqu'il n'a que quinze pouces de longueur totale. Il a le front, le haut du dos et toutes les parties inférieures d'un rouge vineux, seulement un peu plus clair sur le cou et la poitrine qu'ailleurs, chacune des plumes de ces dernières parties ayant du noir dans son milieu, ce qui leur donne l'aspect maillé ou écailleux; le haut de la tête et l'occiput d'un gris bleuâtre; les couvertures alaires, les plus rapprochées du corps, d'un roux vineux, et celles du

bord de l'aile grises, toutes étant parsemées de petites taches blanches de forme arrondie; le ventre marqué de semblables taches, mais triangulaires ; une partie du tarse couverte de plumes, et le reste d'un jaune clair, ainsi que les doigts; le bec jaune foncé, et la cire qui est à la base, de couleur orangée ; les yeux d'un brun orangé.

Levaillant a découvert cette espèce dans le pays d'Anteniquoi en Afrique, et il a observé que ses habitudes naturelles se rapprochent beaucoup de celles des ramiers. En volant, le rameron décrit une suite de paraboles irrégulières et fait entendre une voix fort agréable. Il est chassé avec activité par l'aigle blanchard.

28. COLOMBE GRIVELÉE; *Columba armillaris*, Temm., *Col.*, pl. 6. Cet oiseau, dont les formes sont semblables à celles du ramier, est plus petit, puisqu'il n'a que quinze pouces et demi de longueur totale; toutes les parties supérieures de son plumage et le devant de son cou sont d'une couleur gris-d'ardoise très-foncée; le front et la gorge sont d'un gris blanchâtre; un collier blanc descend de la région de l'oreille de chaque côté du cou, et entoure la couleur gris-foncé de cette partie, en décrivant un arc alongé; la poitrine est blanche; le ventre est aussi de cette couleur, mais les plumes qui le couvrent sont chacune marquée dans son milieu d'une tache noire oblongue ou en forme de fer de lance; les grandes pennes des ailes sont d'un brun terne et lisérées de brun-roux; les pennes de la queue sont de la même couleur, et les quatre premières de chaque côté ont leur bout blanc; la cire de la base du bec est de couleur rosée, et paroît saupoudrée de blanc.

La figure de cet oiseau, par Mad.ᵉ Knip, a des teintes beaucoup plus foncées que ne les indique la description de M. Temminck, et elle présente un entourage nu et rouge à l'œil, dont il n'est pas fait mention dans cette description.

Ce pigeon est de l'Asie australe. M. Temminck, en dernier lieu, lui a réuni, comme variété, la COLOMBE GOAD-GOANG de la Nouvelle-Hollande. (Voyez ci-après page 373.)

29. COLOMBE MARINE : *Columba littoralis*, Temm., *Col.*, pl. 7 ; *Columba alba*, Lath., Gmel.; PIGEON BLANC MANGEUR DE MUSCADES, Sonn., Voy., pl. 103. Cette espèce a été confondue à

tort avec la colombe muscadivore décrite ci-dessus. A Java elle porte le nom de *bouron dora-louv*, qui signifie pigeon de mer parce que c'est dans les cavités des rochers qui bordent la mer, qu'elle fait son nid. Elle vole par troupes et se nourrit principalement des fruits du palmier *poukio-ke-bau* des habitans de Java. Lorsque ses petits sont élevés, elle émigre, et vraisemblablement se porte vers la Nouvelle-Guinée, où elle se nourrit de muscades ou plutôt de maïs.

Cet oiseau a treize pouces de longueur totale; tout son plumage est blanc, à l'exception des grandes pennes alaires, qui sont entièrement noires; des pennes moyennes, qui ont seulement les trois derniers quarts de cette couleur, et des extrémités des pennes caudales; ses pieds et son bec sont d'un gris livide, ainsi que la peau nue du tour de l'œil, dont l'iris est jaune.

30. Colombe luctuose; *Columba luctuosa*, Reinw., Temm., et Laug., pl. 247. Elle ressemble beaucoup à la colombe marine, mais est un peu plus grande. Tout son plumage est blanc, à l'exception des grandes pennes des ailes, qui sont cendrées et bordées de noir, et du bout de celles de la queue, qui est noir, la plus latérale de ces pennes étant néanmoins toute blanche : un caractère qui lui est propre, consiste aussi dans le noir qu'on remarque sur la ligne moyenne du bas-ventre et sur les plumes des cuisses; le bec est blanc. La figure de cet oiseau montre une teinte jaune à la base de la face inférieure des pennes caudales, dont il n'est pas fait mention dans la description.

M. Reinwardt a trouvé cette colombe sur plusieurs îles de l'archipel des Indes; elle y est sédentaire et non de passage, comme la colombe marine. Elle se tient sur les rives couvertes de rochers. Sa nourriture consiste principalement en fruits d'*eugenia crassiformis*.

31. Colombe Pinon; *Columba Pinon*, Quoy et Gaimard, Zool. de l'expéd. de la corvette l'Uranie, pl. 28. Cette belle espèce a été trouvée dans l'île de Rawak, l'une de celles des Papous, par les naturalistes que nous venons de citer. Elle porte dans l'idiome des habitans de cette île le nom d'*amphaène*, et dans celui de l'île de Guebé, la dénomination de *bioutine*. Ses formes sont celles du ramier. Sa longueur totale

est de dix-sept pouces un quart; sur quoi la queue prend
environ cinq pouces et demi; les ailes, dans le repos, ont
dix pouces et demi; le bec a quatorze lignes; la tête, le cou,
la poitrine et la partie supérieure du dos sont d'un gris brun,
avec de légers reflets rougeâtres; le dessus et le dessous des
ailes et le dessus de la queue sont d'un gris ardoisé; une large
raie blanche traverse cette dernière plus près de son extrémité que de son origine; le ventre est d'un roux ferrugineux, de même que les couvertures inférieures de la queue
(la figure montre le ventre d'un brun pourpre); des plumes
d'un brun ferrugineux, garnissent les tarses et elles sont
mélangées de plumes blanchâtres, dont la pointe est rousse;
le bec, noir à sa base, est couleur de corne; sa mandibule
supérieure a deux sillons longitudinaux, que sépare une
arête assez saillante; l'œil est rougeâtre, entouré de quelques
plumes blanchâtres et courtes, que l'on retrouve aussi à la
base du bec.

32. Colombe lumachelle: *Columba chalcoptera*, Lath.; Tem.,
Col., pl. 8. Ce beau pigeon a quinze pouces et demi de longueur totale; les parties supérieures de son plumage sont d'un
cendré brun, et chaque plume du dos est bordée de jaune
terreux; le front est d'un blanc pur, qui se nuance de rose
sur le sommet de la tête; derrière chaque œil et sur la région
de l'oreille se voit une tache blanche, alongée et oblique; la
gorge est d'un gris rosacé clair; les couvertures supérieures
des ailes offrent, dans une partie de leur étendue visible,
tous les reflets les plus vifs de l'opale ou de la lumachelle
chatoyante; les grandes pennes des ailes sont d'un cendré
brun, et les secondaires présentent de grands miroirs d'un vert
pourpré. La queue, composée de dix-huit pennes, est cendrée, à l'exception des deux pennes intermédiaires, qui sont
de la couleur du corps, et son extrémité est traversée par une
barre noire; les parties inférieures du corps sont grises, avec
des teintes vineuses sur la poitrine; le dessous de l'aile est
roux de rouille, et le dessous de la queue, gris cendré, est
marqué d'une bande brune; le bec est noirâtre au bout et
rougeâtre à la base; les pieds sont rouges.

La femelle a tout le corps et la tête généralement d'un gris
cendré, avec le bord des plumes d'un blanc jaunâtre, et n'a

point de blanc sur le front; les taches de ses ailes sont moins grandes et moins brillantes que celles du mâle ; elles manquent surtout de reflets rouges de rubis. Les jeunes, d'un cendré noirâtre, ont toutes leurs plumes bordées de couleur terre-d'ombre; le front et la gorge blanchâtres, et les miroirs sombres avec de légers reflets verdâtres.

Cette espèce habite la Nouvelle-Galles du Sud, la terre de Van-Diémen, et on l'a aussi rencontrée dans l'île de Norfolk. Elle vit par paire et voyage, et ce n'est que depuis le mois de Septembre jusqu'au mois de Février qu'elle réside aux environs du port Jackson ; elle se tient à terre ou sur le basses branches dans les endroits arides et sablonneux. Elle fait son nid dans des trous d'arbres ou même sur la terre et y pond deux œufs blancs. Sa nourriture consiste principalement en petits drupes assez semblables à des cerises et dont elle avale les noyaux. Son roucoulement, très-sonore, s'entend de très-loin et ressemble au beuglement de la vache. Les naturels du pays lui donnent le nom de *goad-gang*, et les Anglois l'appellent Pigeon de terre.

53. COLOMBE LARGUP : *Columba cristata*, Temm., Col., pl. 9: *Columba pacifica*, Lath. Ce beau pigeon, des îles des Amis, est remarquable par une huppe large et fournie, composée de plumes occipitales et analogue à celle qu'on trouve dans beaucoup d'espèces de pics. Il a la tête (la huppe comprise), le cou, la poitrine et le ventre d'un gris légèrement nuancé de pourpre clair, avec des reflets métalliques sur le cou et la poitrine ; une large moustache jaune terne, qui se prolonge, en s'élargissant, au-dessous de l'œil, depuis la commissure du bec jusque sur la région de l'oreille ; une tache de la même couleur sous la gorge ; le manteau, les scapulaires et les petites couvertures des ailes d'un violet pourpré à reflets ; les grandes couvertures et les pennes secondaires de l'aile noirâtres ; le bas du dos et les pennes caudales d'un noir à reflets verdâtres ; les plumes des cuisses, le bas-ventre et les couvertures inférieures de la queue d'une belle couleur ferrugineuse ; les grandes pennes des ailes d'un roux vif ; les pieds rouges et le bec brun : celui-ci étant fortement courbé vers la pointe. Sa longueur totale est de treize pouces.

54. COLOMBE PICAZURO : *Columba pigazuro*, d'Azara; Temm..

Pig., in-8.º, p. 111. Long de treize pouces et demi, ce pigeon a la tête et la partie antérieure du cou d'un rouge vineux ; les plumes du haut et des côtés du cou noirâtres, et terminées de blanc ; le dos et le croupion d'un bleu plombé vif ; les ailes et la queue bruns, avec cette dernière terminée de noirâtre ; le dessous du corps bleuâtre ; le bec bleu ; les tarses rouges - violets ; l'iris et le tour de l'œil rouges.

Il est du Paraguay. Sa chair est très - amère.

55. Colombe a queue annelée ; *Columba caribœa*, Linn., Temm., *Col.*, pl. 10. Elle est très-voisine du colombin. Sa longueur totale est de quinze pouces et son bec a neuf lignes. Elle a la tête, le dessous du cou et la poitrine pourprés ; le ventre présentant des teintes de gris foncé à reflets pourprés ; la partie supérieure du cou d'un pourpre changeant en vert avec des reflets éclatans ; tout le dos et les couvertures supérieures de la queue d'un bleu cendré ; les ailes, les scapulaires et les grandes pennes alaires d'un gris rembruni ; les pennes de la queue d'un gris d'ardoise dans la première moitié de leur longueur, puis traversées d'une large bande d'un gris clair, et terminées de gris noirâtre ; la base du bec charnue, de couleur rougeâtre avec la pointe jaune ; les pieds et l'iris rouges.

C'est une des espèces représentées par Mad.ᵉ Knip, dont la figure contraste le plus avec la description. Dans cette figure la couleur pourprée de la tête et du dessous du cou est remplacée par du gris, et la teinte grise foncée du ventre l'est par du roux.

La colombe à queue annelée se trouve à la Jamaïque, où elle a été observée par P. Browne, et à Porto - Ricco, où elle a été vue par Maugé. Elle forme des troupes composées d'une centaine d'individus, qui se tiennent dans les lieux bas et cultivés : elle se nourrit de graines et recherche surtout les baies de café. Il ne paroit pas qu'elle émigre.

56. Colombe colombin ou Petit ramier ; *Columba œnas*, Linn., Lath. ; Temm., *Col.*, pl. 11. Cet oiseau de notre pays est intermédiaire pour la taille entre le ramier et le biset. Sa longueur totale est de quatorze pouces, et son vol est de deux pieds deux pouces : son bec a onze lignes. Sa tête est d'un cendré bleuâtre ; le dessus et les côtés du cou sont d'un

beau vert changeant en violet et en rouge cuivreux ; le haut
du dos et les couvertures des ailes sont d'un cendré obscur ;
le bas du dos, le croupion, le ventre et les couvertures
supérieures et inférieures de la queue d'un gris clair ; le
dessous du cou, dans sa première moitié, est cendré ; le bas
du cou et la poitrine sont de couleur lie-de-vin ; les grandes
pennes de l'aile sont noires, avec le bord extérieur blanc,
et les suivantes, cendrées à leur origine, sont noires vers le
bout ; chaque aile est marquée de deux taches noires, l'une
sur les couvertures et l'autre sur les moyennes pennes ; la
queue en dessus est cendrée jusque vers les deux tiers de sa
longueur, et le reste est noir ; en dessous une bande gris-
clair se voit à un pouce avant l'extrémité ; la moitié des barbes
de la penne la plus extérieure est blanche ; le bec est d'un
rouge pâle ; les pieds sont rouges et les ongles noirs.

Les différences les plus remarquables entre le ramier et
cet oiseau, c'est que le premier a du blanc au croupion,
sur les côtés du cou et sur les ailes, tandis que le second
n'a de blanc que ce qui se voit sur les barbes des pennes
les plus latérales de sa queue.

Les habitudes naturelles de cette espèce sont en général
très-semblables à celles des ramiers. Elle vit dans les bois
sur les sommités des plus grands arbres et par paires. Plus
rare que celle du ramier, elle est encore plus défiante ;
aussi est-il très-difficile de l'approcher.

37. COLOMBE BISET : *Columba livia*, Linn., Lath. ; Temm. ,
Col., pl. 12 ; le BISET, Buff., pl. enlum., n.° 510. Cet oiseau,
considéré comme le type de toutes nos races de pigeons domestiques, est un peu plus petit que le colombin, puisqu'il
n'a que treize pouces de longueur totale, et que son envergure est seulement de vingt-six pouces. Il a la tête, la partie supérieure du dos, les couvertures des ailes, la poitrine
et le ventre d'un cendré bleuâtre ; la partie inférieure du
dos blanche ; le cou d'un beau vert à reflets ; les grandes
pennes des ailes noirâtres ; les secondaires et les grandes couvertures supérieures d'un cendré bleuâtre et terminées de
noir ; cette dernière couleur, formant sur chaque aile deux
bandes transversales parallèles, dont l'inférieure est la plus
large ; toutes les pennes alaires terminées de noir, et la plus

latérale des primaires à barbes extérieures blanches; le bec
d'un rouge pâle; les pieds rouges et les ongles noirs.

Le biset sauvage habite tout l'ancien continent. Il vit en
troupe, et niche dans les trous d'arbres et de rochers, ce qui
lui a fait donner le nom de *Pigeon de roche* et de *Rocherais*.
Dans la domesticité, il a conservé une variété qui présente
toutes les couleurs que nous venons de décrire, mais plus
brillantes, et cette variété est d'une plus forte taille. Les
bisets de colombiers reprennent quelquefois leur liberté,
lorsqu'ils se trouvent à portée des bisets sauvages, et ce sont
de pareils individus que nous voyons nicher au milieu des
villes, dans les cavités des vieilles murailles et des arches de
ponts. Le contraire arrive aussi, et l'on voit assez souvent
des bisets sauvages quitter leur état d'indépendance, pour
venir se mêler aux troupes de pigeons de colombiers, et
continuer à vivre avec ceux-ci.

Les variétés domestiques du biset, qui sont très-nombreuses,
seront décrites ci-après dans un article particulier.

38. Colombe jaseuse : *Columba locutrix*, Prince Maxim. de
Neuw.; Temm. et Laug., Ois. color., pl. 166. Cette espèce
du Brésil a douze pouces et demi de longueur; et les formes
semblables à celles de nos pigeons sauvages. Ses couleurs sont
peu brillantes; ses teintes générales cendrées et vineuses;
la gorge et le tour du bec d'un vineux jaunâtre; la tête et
le cou ont des nuances pourprées; le ventre est gris; les
ailes et la queue sont d'un brun cendré, légèrement vineux;
la nuque du mâle est couverte de plumes échancrées, dont
les barbes de chaque côté de la tige sont terminées par une
petite tache ovale d'un vineux pourpre; ce qui fait que
toutes ces taches sont disposées par rangées régulières : la
nuque de la femelle a de semblables taches, mais moins marquées; elles n'existent point dans les jeunes mâles : le tour
de l'œil est nu et d'un rouge violet; les pieds sont rouges et
le bec est noir; les pennes de l'aile et de la queue sont brunes,
avec des reflets violâtres.

Cette espèce, qui habite les forêts du Brésil, fait entendre,
au rapport du Prince de Neuwied, un roucoulement doux et
sonore, modulé sur quatre tons; sa chair est très-amère;
ce qui l'a fait nommer par les Portugais, *pomba margosa*.

39. COLOMBE A CALOTTE BLANCHE : *Columba leucocephala*, Linn.. Lath.; Temm., *Col.*, pl. 15 ; le PIGEON DE ROCHE DE LA JAMAÏQUE, Buff. Cet oiseau a treize pouces de longueur. Tout le dessus de sa tête, lorsqu'il est adulte, est d'un blanc très-pur, et son occiput est entouré d'une ligne pourprée ; le dessus de son cou est couvert de plumes maillées d'un beau vert changeant et bordées de noir ; tout le reste du corps est d'un bleu ardoisé (Mad." Knip figure, sous le cou et sur la poitrine, des reflets pourpres dont M. Temminck ne parle pas); les pennes des ailes et de la queue sont brunes ; les yeux sont entourés d'une peau blanchâtre ; leur iris est jaune ; le bec est rose à sa base et blanc à sa pointe ; les pieds sont rouges.

On le trouve à Saint-Domingue , à la Jamaïque, aux îles Bahama et à Porto-Ricco. Il habite et niche dans des trous de rochers. Il vit de baies ; et, selon les saisons où les fruits qu'il mange sont doux ou amers, sa chair est bonne ou désagréable à manger.

40. COLOMBE RAMIRET: *Columba speciosa*, Linn., Lath. : Temm., *Col.*, pl. 14 ; le RAMIRET ou le PIGEON RAMIER DE CAYENNE, Buff., pl. enlum. , n.° 213. Ce pigeon, long de treize pouces, a la tête d'une couleur brune violacée : le cou et la poitrine couverts de plumes maillées, dont le centre est plus ou moins blanc et entouré d'un demi-cercle d'un beau pourpre changeant en violet et en vert à reflets violacés ; le dos et les couvertures supérieures des ailes d'un beau roux pourpre ; les pennes alaires d'un cendré brun ; la queue d'un noir brunissant ; le ventre et les flancs blanchâtres, à plumes maillées, bordées de violet ; les pieds rouges ; le bec rougeâtre à sa base et blanc-jaunâtre vers le bout. La femelle a des teintes moins brillantes, le dos d'un gris terreux, et les pennes alaires d'un brun grisonnant : la poitrine sans reflets, et le ventre d'un blanc sale nuancé de violâtre. Cette espèce est de la Guiane.

41. COLOMBE A NUQUE ÉCAILLÉE ; *Columba corensis*, Lath. , Gmel. ; *Columba portoricensis*, Temm., *Col.*, pl. 15. Le pigeon qui porte ce nom est d'un gris-bleu foncé sur toutes les parties supérieures du corps et sur les couvertures des ailes ; d'un pourpre vineux sur le devant du cou, sur la poitrine et sur la tête ; de couleur mordorée sur l'occiput ; sa nuque, ainsi que la région de ses épaules, offre une large tache com-

posée de plumes maillées, à reflets violets, pourpres et verts,
avec une bordure mordorée; la queue, composée de douze
pennes, est carrée et de couleur d'ardoise, ainsi que les
pennes alaires. Un espace nu assez considérable entoure l'œil
et est parsemé de petites papilles; l'iris et les pieds sont
rouges et les ongles jaunes. On le trouve à Porto-Ricco, d'où
il a été rapporté par Maugé.

42. Colombe roussard : *Columba guinea*, Linn., Lath.; Tem.,
Col., pl. 16; le Pigeon de Guinée, Buff., Ornith., tome 2,
pag. 538; Ramier roussard, Levaill., Afr. La longueur du
corps de cet oiseau est de douze pouces et demi. Sa tête, sa
gorge, son ventre en entier, son croupion et les couvertures
supérieures et inférieures de sa queue sont d'un gris-bleu
très-clair; un espace nu et dont la peau est d'un beau rouge,
entoure l'œil; le haut du dos, les scapulaires et toutes les
couvertures supérieures des ailes sont d'un roux cannelle
pourpré, et une tache blanche triangulaire est vers le bout de
chacune de ces dernières plumes, d'où il résulte une sorte
de grivelure sur cette partie; les pennes alaires sont d'un brun
cendré, et les caudales grises et terminées de noir; les plumes
de la gorge et de la poitrine sont échancrées au bout, ce qui
est dû à l'interruption subite de leur baguette et au manque
de barbes terminales; les pieds sont d'un rouge pâle; le bec
est noirâtre et l'iris orangé. La femelle a des couleurs moins
vives que celles du mâle, les taches blanches de l'aile plus
petites et moins pures.

Le roussard se trouve dans la partie la plus méridionale
de l'Afrique, ainsi que sur les côtes de Guinée et d'Angole.
Il niche indifféremment sur la sommité des arbres ou dans
des trous de rochers. Il vit de graines et se porte souvent en
troupes innombrables dans les champs cultivés. Au Cap il est
connu sous le nom de *Pigeon de bois.*

43. Colombe founingo : *Columba madagascariensis*, Linn.,
Lath.; Temm., *Col.*, pl. 17; le Founingo, Buff., Ois., tom. 2,
pag. 539; Ramier bleu de Madagascar, pl. enlum., n.° 11.
Cet oiseau a la majeure partie du plumage d'un très-beau
bleu foncé, nuancé de violet; une peau nue et d'un beau
rouge entoure ses yeux; les parties inférieures sont comme
saupoudrées d'une poussière grisâtre; les pennes de la queue

et leurs couvertures inférieures sont d'un pourpre éclatant; les pieds sont rouges et les tarses sont emplumés dans une grande partie de leur longueur; le bec est rouge, avec la pointe noirâtre; les plumes de la poitrine sont longues et effilées. Sa longueur est de dix pouces et demi. Il est de Madagascar et des côtes orientales du Midi de l'Afrique et paroît se rendre alternativement de l'une aux autres. C'est à Madagascar qu'il niche.

44. Colombe jounud : *Columba gymnophthalmos*, Temm., pl. 18; *Columba leucoptera*, Lath. La tête et le corps de cette colombe sont généralement d'une couleur vineuse claire, avec la nuque et les côtés du cou nuancés de bleu clair et de pourpre tendre, les plumes de ces parties étant maillées ou bordées de deux lisérés, l'un blanc et l'autre bleuâtre; une tache noire peu apparente se trouve au-dessous de l'oreille; le haut du dos, les scapulaires et les couvertures du dessus de l'aile sont d'un gris-brun clair; le bord extérieur des ailes est marqué d'une grande tache blanche; les grandes et moyennes pennes alaires sont noires et bordées de gris extérieurement; le croupion et le bas du dos sont d'un gris-bleu clair; la queue est grise en dessus et blanchâtre en dessous; les couvertures inférieures sont d'un blanc pur; le bec et l'iris sont rougeâtres; les pieds et les doigts sont d'un rouge rembruni.

Dans le mâle, dont la longueur est de treize pouces, on observe un espace considérable nu et de couleur bleue foncée foiblement violacée autour des yeux, et cet espace est couvert de papilles charnues. La femelle, dont la taille est moindre, a cette partie dénudée beaucoup moins grande et ses couleurs sont plus ternes.

Les mœurs et les habitudes naturelles de cet oiseau des Indes orientales sont tout-à-fait inconnues.

45. Colombe hérissée; *Columba Franciæ*, Linn., Lath.; Tem., pl. 19. Cet oiseau singulier, qui habite l'Isle-de-France, Madagascar et l'Afrique méridionale, est remarquable par les longues plumes étroites, lustrées, d'un blanc argentin et hérissées, qui garnissent sa tête et son cou; ces plumes sont terminées par une petite palette cornée, analogue à celle des plumes alaires du jaseur de Bohème; celles du bas du cou

ont seules un peu de noir dans leur milieu ; le tour de l'œil, jusqu'à la commissure du bec, est nu et lisse, et d'une couleur rouge très-vive, ainsi que la base et la pointe de ce bec, dont le milieu est noir ; le reste du corps, les ailes et le dessous de la queue sont d'un beau bleu-violet (que Mad.ᵉ Knip a rendu par du vert foncé) ; les grandes pennes alaires sont noirâtres et bordées de bleu-violet ; la queue est d'un cramoisi vif en dessus, avec les baguettes des pennes intermédiaires d'un bleu foncé ; les pieds sont emplumés jusque près de l'origine des doigts et d'un noir bleuâtre. La taille est de douze à treize pouces.

On ne sait rien sur les habitudes naturelles de la colombe hérissée.

46. Colombe rouge-cap ; *Columba rubricapilla*, Linn., Lath.; Temm., pl. 20. Sa longueur totale est de dix pouces. Il a le tour de l'œil nu et rouge, ainsi que des caroncules qui sont à la base du bec (celui-ci est noirâtre) ; le sommet de la tête recouvert de plumes fines à barbes déliées, d'un très-beau rouge ; les plumes du cou et de la poitrine longues de quinze lignes, à baguettes courtes, mais à barbes très-longues, tréslâches, désunies et soyeuses, de couleur grise et formant comme une sorte de perruque, surtout lorsque l'oiseau les relève ; les plumes du corps d'un beau noir bleuâtre à nuances violettes (Mad.ᵉ Knip représente le corps vert) ; les pennes alaires et caudales de la même couleur, mais comme saupoudrées de grisâtre ; les tarses, emplumés jusqu'à moitié de leur longueur, et d'un gris cendré ; l'iris entouré de deux cercles, l'un gris clair, et l'autre d'un beau rouge ; le bec noirâtre à sa base et jaunâtre à sa pointe.

Cette espèce se trouve aux îles Panay, et Sonnerat l'a retrouvée à Antigue.

47. Colombe oricou ; *Columba auricularis*, Temm., *Col.*, pl. 21. Ce bel oiseau a douze pouces de longueur environ ; son plumage est d'un blanc uniforme, avec la queue grise à la base et noire au bout, les grandes et moyennes pennes des ailes d'un gris blanc à leur origine et noires vers l'extrémité, la première ou la plus extérieure étant même en entier de cette couleur ; ses pieds sont d'un beau rouge ; ses tarses sont

nus et son bec est noir ; mais ce qui le caractérise principalement, c'est l'existence de prolongemens charnus, adhé-
rens à la peau nue qui recouvre largement le devant du cou,
et qui y forment trois barbillons à peu près semblables à celui
que porte le dindon, l'un d'eux prenant son origine à la base
de la mandibule inférieure et formant plusieurs plis sur le
devant du cou, les deux autres commençant au-dessous des
yeux. (La figure représente la peau du cou nue, d'une belle
couleur bleue claire, les barbillons rouges avec la bordure
bleue ; le tour de l'œil rouge.) Enfin une carnosité arrondie,
de la grosseur d'une cerise, d'un rouge vif, et couverte de
tubercules, est placée à la base de la mandibule supérieure.

Dans une variété il n'y a de noir que sur la queue ; dans
d'autres le plumage est tacheté de gris et de noir, mais ce
sont peut-être des attributs du jeune âge.

Cet oiseau provient des îles de la mer du Sud.

48. Colombe Labrador ; *Columba elegans*, Temm., *Col.*, pl. 22.
Le nom françois de cette espèce ne lui a pas été donné, ainsi
qu'on pourroit le croire, parce qu'elle se trouve dans le pays
de Labrador ; mais bien parce que son plumage reflète des
couleurs brillantes comme celles de la pierre dite *Felspath de
Labrador*. Son aspect est un peu semblable à celui de la tourterelle, parce que sa queue alongée dépasse de beaucoup
les ailes ; son front est roussâtre ; son occiput marqué d'une
tache ovale gris-clair ; ses yeux sont placés au milieu d'une
ligne brune qui se porte de la commissure du bec à l'occiput, et au-dessous de cette ligne, sur la région des oreilles,
il en existe une autre, qui est blanche et qui la borde ; une
tache assez large sur la gorge, la nuque et les scapulaires
sont de couleur brune ; les côtés du cou, la poitrine et tout
le dessous du ventre sont d'un beau gris foncé ; le dos, le
croupion et les petites couvertures des ailes sont d'un brun
olivâtre ; les couvertures moyennes ont deux bandes parallèles qui offrent les reflets métalliques les plus éclatans,
rouges, bleus et verts ; les pennes alaires sont brunes dans
leur partie visible, et rousses sur leurs barbes intérieures ; le
dessous de l'aile est en entier de cette dernière couleur. Les
pennes de la queue sont généralement grises, avec une bande
noire transversale vers les trois quarts de leur longueur, et

elles sont terminées de brun; cette couleur couvre en entier les barbes des deux pennes intermédiaires et le bord des barbes extérieures; les pieds sont rouges et le bec est noir.

Cette espèce habite sur la côte méridionale de la terre de Diémen.

49. COLOMBE A CEINTURON NOIR; *Columba cincta*, Temm., *Col.*, pl. 23. Ce pigeon, qui a treize pouces de longueur, a la tête blanche; le cou en entier et le haut de la poitrine d'un jaune clair; le dos, les scapulaires, les couvertures des ailes et le dessus de la queue d'un noir velouté plus ou moins teinté de vert, cette couleur passant sur les flancs et formant un large ceinturon sur le bas de la poitrine et le haut du ventre; celui-ci d'un beau jaune; les plumes des couvertures inférieures de la queue grises et bordées de jaune; les pennes alaires d'un vert foncé presque noir; la queue, formée de quatorze pennes, grise en dessous et terminée par une zone d'une teinte plus claire; le croupion verdàtre; les plumes qui garnissent le tarse, jusqu'à l'origine des doigts, d'un gris cendré; les pieds jaunes; l'iris orangé; le bec blanchàtre.

Ses formes sont celles de la tourterelle. Il habite l'Asie australe.

50. COLOMBE ROUSSETTE; *Columba rufina*, Temm., *Col.*, pl. 24. Celle-ci est de la Guiane françoise et des Antilles. Sa longueur totale est de près de douze pouces; ses formes générales sont celles du biset. Le haut du dos, le dessous du cou et les petites couvertures des ailes sont d'un roux foncé, légèrement nuancé de violet; cette dernière teinte domine sur le ventre, et passe au gris vineux sur les cuisses; les couvertures inférieures de la queue sont grises; les pennes primaires et secondaires des ailes, ainsi que les pennes de la queue, sont d'un gris cendré, et les premières sont liserées de gris plus clair; le dos, le croupion et les couvertures inférieures des ailes sont d'un gris bleuàtre; la gorge est blanche. Dans les mâles, l'occiput présente une large tache verte à reflets dorés; cette tache est d'un roux violet dans les femelles. Les pieds sont rouges, les tarses nus, et le bec est de couleur livide.

51. COLOMBE A OREILLON BLEU: *Columba aurita*, Temm., *Col.*, pl. 25 et 25 *bis*; *Columba martinica* et *indica*, Briss. Elle n'a

que dix pouces de longueur totale. Sa tête, son cou et sa poitrine sont d'une couleur marron tirant sur le pourpre; les plumes du bas du cou sont d'un violet doré très-éclatant; de chaque côté, au-dessous du trou auditif est une petite tache de forme alongée, formée de huit ou dix plumes d'un bleu violacé à reflets d'or; le dos, le croupion et les couvertures des ailes et de la queue sont d'un brun roux avec quelques taches noires sur les grandes couvertures alaires; le ventre en entier est d'un fauve clair et vineux; les grandes pennes des ailes sont noirâtres avec leur bord extérieur blanchâtre; les moyennes, de la même couleur, sont terminées de blanchâtre; les deux pennes intermédiaires caudales sont de la couleur du dos; les latérales sont, jusqu'aux deux tiers de leur longueur, d'un brun roux du côté extérieur et d'un cendré foncé à l'intérieur, puis elles sont marquées d'une bande transversale noire et leur bout est gris-blanc; les pieds sont rouges, le bec est noir.

Les figures de Mad.*e* Knip offrent quelques différences, lorsqu'on les compare à la description de M. Temminck, que nous venons d'extraire.

La planche 25 *bis* qui représente un jeune individu, n'a pas les oreillons bleus des côtés du cou, ni les plumes brillantes du bas de cette partie, et elle a un espace nu et bleu autour de l'œil.

Cet oiseau est de la Martinique.

52. COLOMBE TURVERT : *Columba javanica*, Lath.; Temm., *Col.*, pl. 26; *Columba cyanocephala*, Gmel.; *Columba cæruleocephala*, *C. albicapilla*, et *Columba indica*, Lath.; le TURVERT, Buff., *Ois.*, tome 2, pag. 556; la TOURTERELLE DE JAVA, *ejusd.*, pl. enlum., n.° 177. Sa longueur totale est de dix pouces. Le devant de sa tête est blanc, et cette couleur s'étend en un trait qui passe de chaque côté au-dessus de l'œil; le sommet de la tête est le plus souvent d'un bleuâtre foncé; les joues, le cou et la poitrine sont rougeâtres; le dos et toutes les couvertures des ailes sont d'un beau vert-doré, changeant en couleur de cuivre de rosette; les petites couvertures de l'aile sont toutes blanches ou ont du blanc; le bas du dos et les couvertures supérieures de la queue sont cendrés; le ventre, les cuisses et les couvertures inférieures de la queue

sont bruns, avec une légère nuance de rouge; les couvertures du dessous de l'aile sont rousses; les pennes alaires d'un brun foncé extérieurement et rousses en dedans; les pennes de la queue noires, excepté les deux plus latérales, qui sont cendrées et terminées de noir; le bec est rougeâtre et la membrane de sa base bleuâtre; les pieds sont rouges.

Dans quelques individus le blanc du front manque, et tel est celui que Mad.ᵉ Knip a figuré; d'autres, qui en sont également dépourvus, ont leur tête toute noirâtre. Cette espèce paroît répandue sur toutes les îles de l'Asie australe et de l'Océan indien; elle est très-commune à Ceilan, à Java et à Sumatra. Son nom chinois est *yaupuan*, et celui qu'elle reçoit des Javans, *bouron glimouhane.*

53. Colombe jamboo; *Columba jambos*, Linn., Lath.; Tem.. *Col.*, pl. 27 et 28. Cette jolie espèce a des caractères fort tranchés. Dans le mâle, la tête en dessus et latéralement est d'un rouge violet; le dessous de la gorge noir; le dessous du cou et le ventre sont d'un blanc pur, et la poitrine, qui est aussi de cette couleur, est marquée d'une large tache rose clair ou lilas; les couvertures inférieures de la queue sont brunes; tout le dessus du corps, depuis et y compris l'occiput, les ailes et la queue sont d'un beau vert; les pennes caudales en dessous sont noirâtres dans la plus grande partie de leur étendue et terminées de blanc; des plumes grises se voient sur la première moitié des tarses; les pieds et le bec sont d'un rouge pâle. La longueur est de neuf pouces et demi.

La femelle a le dessus et les côtés de la tête d'un brun verdâtre; la gorge brune; le ventre en entier blanchâtre; le dessus et le dessous du cou, la poitrine, le dos, les ailes et la queue en dessus, d'une belle couleur verte.

Cet oiseau se trouve à Java et à Sumatra.

54. Colombe marquetée : *Columba scripta*, Temm. et Laug., Ois. col., pl. 187. Celle-ci, dont les formes sont les mêmes que celles de la colombe jamboo, a été trouvée à Schoalwaterbay, vers le vingt-deuxième degré latitude sud, sur la côte orientale de la Nouvelle-Hollande. Le dessus de la tête et du cou, le dos, la plus grande partie de la face supérieure des ailes et les deux pennes intermédiaires de la queue, sont d'un brun cendré; la gorge est blanche, et cette couleur s'étend

sur chaque joue, de façon à comprendre l'œil et l'oreille; sur cette surface, qui est entourée inférieurement d'une ligne noire, sont plusieurs taches noires, de forme alongée et irrégulière, qui convergent autour de l'œil; la poitrine et le milieu du ventre sont d'un cendré bleuâtre, très-clair; les flancs, le bas-ventre et le dessous de l'aile sont blancs; on voit sur quelques-unes des grandes couvertures du dessus de l'aile des taches vertes à reflets métalliques pourpres et violets; les pennes caudales, toutes d'égale longueur, sont (les deux intermédiaires exceptées) d'un brun terreux dans la plus grande partie de leur étendue, avec leur extrémité noire; les pennes alaires sont d'un brun terreux, comme le dos: les pieds sont bruns et le bec est noir.

Les jeunes individus et les femelles ont les taches de couleurs changeantes de l'aile moins grandes que celles des mâles. Il y a lieu de croire, comme le remarque M. Temminck, que dans le premier plumage elles n'existent point.

55. Colombe a nuque violette; *Columba violacea*, Temm., *Col.*, pl. 29. Cette espèce a, dans la distribution des couleurs de son plumage, de la ressemblance avec le colombi-galline roux violet; mais ses formes sont celles des vraies colombes. Sa taille est svelte; sa queue alongée et étagée; ses ailes sont longues et ses tarses courts. Sa longueur totale est de neuf pouces; toutes ses parties supérieures, y compris les ailes et la queue, sont d'un beau roux-pourpre foncé; les grandes pennes alaires sont rousses; la nuque a des plumes brillantes, qui y forment comme une espèce de collier d'un beau violet à reflets dorés: le front, la gorge et le ventre sont d'un blanc pur; la poitrine a une teinte claire, nuancée de violet pourpré à reflets bronzés; les yeux sont entourés d'un espace nu et de couleur rouge; le bec et les pieds sont rougeâtres.

La patrie de ce pigeon est inconnue; mais il est probable qu'il habite l'Amérique.

56. Colombe turgris; *Columba melanocephala*, Linn., Lath.; Temm., *Col.*, pl. 50; Turvert, Buff., Hist. des Ois., tom. 2, pag. 555; Tourterelle de Batavia, *Ejusd.*, pl. enlum., n.° 214. Ce joli pigeon a le front et les côtés de la tête et du cou d'un gris-cendré clair; le sommet de la tête et l'occiput noirs; le dessous de la gorge jaune; toutes les plumes du

corps, des ailes et de la queue en dessus d'un beau vert, à reflets dorés; les plumes du croupion jaunes et les couvertures inférieures de la queue d'un rouge de sang; toute la face inférieure de la queue d'un gris cendré uniforme, avec l'extrémité bordée d'une ligne assez étroite d'une teinte plus claire; les pattes d'un jaune rougeâtre; le bec couleur de corne, et les yeux, qui sont placés dans un petit espace de peau nue et rouge, avec l'iris d'un brun rougeâtre. La longueur totale est de huit pouces.

Cet oiseau se trouve à Java, où il habite les grands bois.

57. COLOMBE A MASQUE BLANC : *Columba larvata*, Temm.. *Col.*, pl. 31; TOURTERELLE A MASQUE BLANC, Levaill., Afriq., pl. 269. Elle a le front, les joues et la gorge blancs; le cou, la poitrine, le dos et le croupion, d'un brun roux, montrant, sous différens aspects, des reflets pourprés, verts ou bleus; le dessous du corps, ainsi que les couvertures inférieures de la queue, d'un roux uniforme; les pennes des ailes noirâtres et bordées extérieurement de gris bleuâtre, ainsi que celles de la queue; le bec bleuâtre; les pieds d'un rouge vineux et les yeux orangés.

La femelle ne diffère du mâle que par des couleurs moins nettes et moins brillantes.

Levaillant a trouvé ce pigeon dans les grandes forêts de l'Afrique méridionale, et ce naturaliste a remarqué que ses habitudes naturelles le rapprochent des colombi-gallines, surtout en ce qu'il se tient ordinairement à terre et qu'il fait son nid dans les buissons; néanmoins ses caractères extérieurs doivent le faire placer dans la division des colombes proprement dites.

58. COLOMBE VLOUVLOU; *Columba holosericea*, Temm., *Col.*. pl. 32. Ce pigeon a la tête, le cou, les scapulaires, le dessus de la queue et les flancs d'une jolie couleur verte comme veloutée; la gorge marquée d'une bande longitudinale d'un blanc pur; le ventre d'un jaune verdâtre, séparé du vert de la poitrine par deux lignes étroites, transverses, l'une blanche et l'autre noire; les plumes du bas-ventre et les couvertures inférieures de la queue jaunes; le dessous de la queue gris; les grandes pennes des ailes grises extérieurement, sur une partie de leur longueur, et noirâtres dans le reste;

.une large bande grise sur les couvertures des ailes; les jambes
et les tarses couverts de plumes blanchâtres jusqu'à la naissance des doigts; les doigts gris et le bec noir. Sa longueur
totale est de dix pouces quatre lignes.

Ce qu'il offre de très-singulier, c'est que les couvertures,
tant supérieures qu'inférieures de ses ailes, s'étendent jusqu'à
l'extrémité des pennes, et que celles-ci sont courbées en
forme de sabre dans les trois quarts de leur longueur, la
convexité en dehors, avec leur dernier quart décrivant une
courbe en sens inverse, qui fait revenir la pointe en dehors;
le bout de ces pennes est profondément échancré.

La colombe vlouvlou est des îles Sandwich. Ses habitudes
naturelles sont inconnues.

59. Colombe porphyre ; *Columba porphyrea*, Reinwardt,
Temm. et Laug., Ois. col., pl. 106. Dans cette espèce les
individus des deux sexes présentent les mêmes caractères.
Ils ont la tête, le cou et la poitrine d'un pourpre, plus
pâle sur la tête, et au contraire plus foncé et de couleur de
laque sur le cou; la poitrine ceinte d'un collier blanc, au-
dessous duquel on voit du noir plus ou moins mêlé de vert;
le bas du cou marqué par derrière d'un autre demi-collier
blanc, souvent mêlé de rose, séparant le pourpre de la nuque
du vert du dos; le milieu du ventre et les flancs cendrés ou
nuancés de vert et de jaunâtre ; le bas-ventre en partie
jaune; les couvertures inférieures de la queue vertes et bordées de jaune; le dos, les ailes et les deux pennes moyennes
de la queue d'un vert foncé; les pennes latérales de celle-
ci en dessus d'un vert bouteille et terminées de gris verdâtre,
et grises en dessous; le bec jaunâtre; les doigts rouges. Leur
longueur totale est de dix à onze pouces.

Les jeunes ont la tête, le cou, la poitrine et toutes les parties supérieures d'un vert foncé, et les plumes du dos terminées par un croissant jaune; le bas-ventre d'un vert jaunâtre
clair. Ils n'ont point de collier blanc, ni de demi-collier rose.
Les individus qui passent d'un plumage à l'autre, sont ta-
pirés de plumes pourprées et de plumes vertes.

Cette espèce est des îles de la Sonde et des Moluques.

60. Colombe érythroptère ; *Columba erythroptera*, Lath.;
Temm., *Col.*, pl. 55. Dans cette espèce, le front, la gorge, le

devant du cou et la poitrine sont d'un beau blanc; un prolongement de cette couleur se remarque derrière l'œil, et
se porte jusque sur la région de l'oreille; le derrière de
la tête et du cou, le dos et les couvertures des ailes sont
d'un violet-pourpré changeant, très-brillant; le ventre est
noir à reflets pourprés; les grandes couvertures des ailes
et les rémiges sont noires; la queue, dont toutes les plumes
sont d'égale longueur, est d'un gris foncé à son origine, et
terminée par une bande noire; les pieds sont orangés, et le
bec est noir. La longueur totale est de neuf pouces et demi.

Quelques individus n'ont point de blanc sous la gorge ni
sur la poitrine.

On a trouvé cette espèce aux Nouvelles-Hébrides et aux
îles de la Société.

61. COLOMBE A MOUSTACHES BLANCHES; *Col. mystacea*, Temm.,
Col., pl. 56. Cet oiseau, dont la longueur totale est de onze
pouces et demi, a le sommet de la tête, les couvertures
alaires, le dos, le croupion et les deux pennes moyennes de
la queue d'un brun foncé à reflets métalliques: le haut du
dos et les côtés du cou d'un vert-doré qui passe insensiblement au violet-pourpre très-éclatant; sous la poitrine, cette
couleur s'affoiblit considérablement, et prend une teinte vineuse; le ventre est d'un vineux terne qui passe insensiblement au blanchâtre sous le bas-ventre et les couvertures
inférieures de la queue; les pennes alaires, le fouet de l'aile
et toutes les pennes latérales de la queue, qui est carrée,
sont d'un roux très-vif; l'œil est entouré d'un petit espace
nu et rouge; les pieds sont rouges; la base du bec est aussi
de cette couleur, et son extrémité a du jaune.

Ce qui caractérise principalement cette espèce, c'est une
moustache d'un beau blanc qui prend à la commissure des
mandibules du bec, se porte sous l'œil, et se prolonge jusque
sur la région de l'oreille, où elle finit en pointe.

Cette colombe est américaine.

62. COLOMBE POUKIOBOU; *Columba superba*, Temm., *Col.*, pl.
33. Cette jolie petite espèce n'a pas plus de neuf pouces et
demi de longueur totale. Le sommet de sa tête est d'une belle
couleur violette fleur de pêcher; les joues et l'occiput sont
d'un vert clair; la nuque et tout le derrière du cou sont

d'une belle couleur brune roussâtre ; la gorge et le dessous
du cou sont couverts de plumes blanches, avec un peu de violet dans le milieu de chacune ; le dos est vert, ainsi que le
dessus des pennes de la queue, mais celles-ci sont terminées
de vert beaucoup plus clair ; les trois pennes latérales de chaque côté sont noires. Les petites couvertures supérieures vers
le pli de l'aile forment une belle tache d'un bleu violacé ; les
autres plumes des couvertures sont vertes dans leur contour,
bleues à leur centre, et quelques-unes des plus grandes ont
une zone roussâtre entre ces deux teintes ; la poitrine est marquée d'une large bande transverse d'un bleu foncé ; les flancs
sont couverts de plumes vertes, finement bordées de blanc ; le
ventre en entier est blanc ; les plumes qui couvrent la première
moitié des tarses, sont verdâtres, et la partie nue de ceux-ci
et les doigts sont de couleur rougeâtre ; les grandes pennes
des ailes sont noirâtres et bordées de blanchâtre ; la queue
est alongée et arrondie au bout ; le bec est couleur de corne.

On croit que le nom de poukiobou est donné à cette espèce
par les habitans de l'île Otaïti, où elle se trouve.

63. Colombe oreillon-blanc ; *Columba leucotis*, Temm. et
Laug., Ois. col., pl. 189. Cette espèce, qui se rapproche
des colombi-gallines par ses formes, a les ailes et la queue
courtes, et cette dernière arrondie. Du cendré, qu'on voit
sur le front, se change successivement en olivâtre vers l'occiput, en passant sur le sommet de la tête ; une ligne noire
et étroite part de la commissure des mandibules du bec,
passe sous l'œil, sur la région de l'oreille, et se rabat sur le
côté du cou ; en dessous et au-delà de l'œil est une tache
blanche triangulaire ; la nuque et les côtés du cou sont couverts de plumes à reflets métalliques verts, bleus et pourpres très-brillans ; la gorge est rousse ; la poitrine et le ventre
sont d'un roux olivâtre à reflets, et cette couleur s'éclaircit
sous le bas-ventre ; les couvertures inférieures de la queue
sont cendrées ; le dos et les ailes sont olivâtres, et présentent
quelques légers reflets verts ; les pennes de la queue, brunâtres et à reflets pourprés, ont une bande noire transverse
assez près de leur extrémité, qui est cendrée.

Ce pigeon, dont la longueur totale est de neuf pouces et
demi, a été trouvé aux environs de Manille dans l'île de Luçon.

64. Colombe kurukuru : *Columba purpurata*, Linn., Lath.;
Temm., *Col.*, pl. 34. Cette espéce n'a guère plus de huit
pouces de longueur, et quoiqu'elle ressemble à la précédente
par la disposition générale de ses couleurs, elle en diffère par
une queue plus courte, et parce qu'au lieu d'avoir seize
pennes à cette queue, elle n'en a que quatorze. Dans les ku-
rukurus adultes, les plus communs dans les cabinets (ceux
d'Otaïti), le sommet de la tête est d'une belle couleur
rose violette, entourée d'un liséré jaune ; l'occiput, le cou
et la poitrine sont d'un gris cendré, nuancé de teintes verdâtres ; tout le dessus du corps est d'un beau vert lustré,
marqué de taches vertes plus foncées sur les couvertures des
ailes les plus proches du corps ; les couvertures moyennes
sont frangées de jaune ; les pennes alaires sont noires intérieurement et bordées de vert sur leurs barbes extérieures,
et la dernière, qui est noire, a ses barbes tronquées, ce qui
la rend pointue ; la queue a toutes ses pennes vertes extérieurement et noires intérieurement, et leur extrémité est
d'un vert très-clair ; le ventre est nuancé de jaune et d'o-
rangé ; les flancs sont verts ; les couvertures inférieures de la
queue sont jaunes ; les tarses sont à moitié couverts de plumes
vertes et jaunes ; les doigts noirs ; les yeux d'un jaune pâle ;
le bec, noirâtre, est terminé de blanc.

M. Quoy s'est assuré que la femelle ne diffère en rien du
mâle, du moins dans le kurukuru des îles Marianes ; ainsi
l'oiseau que M. Temminck a figuré comme femelle, pl. 254
des Ois. col., doit sans doute être considéré comme appartenant à une espèce ou tout au moins à une variété distincte.
Il ressemble presque sous tous les rapports aux individus
d'Otaïti ; mais il en diffère seulement parce que le chaperon
du sommet de sa tête est cendré, au lieu d'être d'une belle
teinte couleur de rose : ce chaperon est aussi entouré d'une
bande jaune étroite ; la gorge est jaune ; le dos vert ; le cou
blanchâtre avec des taches nombreuses d'un jaune clair ; le
bas de la poitrine et le ventre sont d'un beau jaune, ainsi
que les couvertures inférieures de la queue. Il a été trouvé
dans l'île des Célèbes par M. Reinwardt.

Dans le jeune âge, le kurukuru a le front d'un gris lilas
entouré de jaune olivacé ; le derrière de la tête, le cou et la

poitrine d'un gris-jaunâtre terne; les ailes, le dos et la queue
d'un vert foncé, peu brillant; les couvertures frangées de
couleur d'ocre; les pennes de la queue marquées d'une légère bande de gris foncé; le ventre et les couvertures inférieures de la queue nuancés de couleur olive et de gris verdâtre; le bec gris et les pieds bruns.

Un caractère propre à toutes les variétés de cette espèce
consiste à avoir les plumes du cou échancrées à leur extrémité.

Une variété est d'un vert plus pâle, et assez uniforme sur
toutes les parties supérieures; dans une autre le ventre est
moins bigarré de jaune et d'orange, que dans le kurukuru
d'Otaïti.

Le nom de *kurukuru* est, dit-on, celui que cette espèce
porte dans l'île de Tongataboo, la principale de l'archipel
des Amis. A Otaïti elle est appelée *oopa* ou *oopara*.

On ne sait rien sur les habitudes naturelles de cette espèce.
Latham dit qu'elle vit des fruits du bananier.

65. COLOMBE DE FORSTER ; *Columba Forsteri*, Nob. (Oiseau
dont on a trouvé la figure parmi les dessins originaux du
naturaliste Forster, sous le nom de *Columba porphyracea*.) Il
avoit d'abord été donné par M. Temminck, *Col.*, page 78,
pl. 55, comme une simple variété du kurukuru; mais cet ornithologiste, après avoir d'abord reconnu dans son *Mémoire
sur des nouvelles espèces d'oiseaux*, inséré au tome 13 des Transactions de la société linéenne de Londres, qu'il devoit en
être distingué spécifiquement, l'y a néanmoins réuni de
nouveau comme simple variété dans ses Oiseaux coloriés.
Nous la considérerons néanmoins comme appartenant à une
espèce distincte, et nous lui aurions conservé le nom de *C.
porphyracea*, que lui a donné Forster, si ce nom ne se trouvoit en double emploi avec celui de notre colombe n.° 59.

La colombe dont il s'agit se trouve à Timor et aux îles des
Amis. Elle a, selon M. Temminck, le front et le sinciput d'un
violet-pourpré très-foncé, sans être entouré d'une bande jaune
(bande qui existe cependant dans la figure de Mad.^e Knip,
jointe à cette description). Le vert de toutes les parties supérieures est plus foncé et plus bleuâtre que dans le kurukuru
proprement dit; les couvertures ne sont pas frangées de jaune,

le ventre, ainsi que l'abdomen, est vert ; les pieds sont d'un brun rougeâtre ; le bec est noir.

66. Colombe tambourette ; *Columba tympanistria*, Temm., *Col.*, pl. 36. Cette espèce africaine, et du pays des Cafres, a neuf pouces un quart de longueur totale. Son nom lui a été imposé par Levaillant, à cause de la singularité de son roucoulement, qui ressemble beaucoup au bruit d'un tambourin qu'on entend dans le lointain. Elle est vive dans ses mouvemens, et place son nid dans les grands bois, sur les sommités des plus hauts arbres.

Elle a le haut de la tête, le derrière du cou et tout le manteau, d'un brun terreux ; les couvertures des ailes les plus rapprochées du corps, marquées de quelques taches noirâtres à reflets verts foncés ; les pennes des ailes de couleur rousse sur leurs barbes intérieures et brunes sur les extérieures, la première étant la plus courte de toutes et tronquée sur l'extrémité de ses barbes intérieures ; le croupion d'un gris brun, traversé de deux bandes plus foncées ; les six pennes du milieu de la queue d'un brun roux, et les trois latérales de chaque côté grises à la base, marquées de noir vers leur extrémité, avec l'extrême pointe grise ; le front et un sourcil qui s'y joint et passe sur l'œil de chaque côté, sont de couleur blanche, ainsi que toutes les parties inférieures du corps ; les pieds sont jaunes ; le bec et l'iris bruns.

La femelle ne diffère du mâle qu'en ce que les parties inférieures de son corps sont d'un blanc sale, au lieu d'être d'un blanc pur.

67. Colombe azurée ; *Columba cærulea*, Temm., *Col.*, pl. 37. Cette charmante espèce a le front, tout le sommet de la tête, le derrière du cou, le manteau, le croupion et la face supérieure de la queue d'un bleu d'azur ; l'œil entouré d'une peau nue et rouge, ainsi que la partie charnue de la base du bec, dont la corne est d'un blanc jaunâtre ; une moustache blanche, partant de la commissure du bec et se portant en dessous et un peu au-delà de l'œil ; la poitrine d'un brun clair mêlé de couleur vineuse ; le ventre et les couvertures inférieures de la queue blanchâtres ; les tarses nus et de couleur rouge ; l'iris jaune.

La figure de Mad.ᵉ Knip représente la gorge de la même

couleur brunâtre vineuse que la poitrine, et M. Temminck dit que cette gorge est blanche.

Cet oiseau très-rare, et dont M. Temminck ne connoissoit qu'un individu du cabinet de M. Holthuysen à Amsterdam, habite, dit-on, le Bengale.

68. Colombe émeraudine: *Columba afra*, Linn., Lath.; Temm., pl. 38 et 39; la Tourterelle du Sénégal, Buff., pl. enl., n.° 160. Ce pigeon a huit pouces de longueur totale; le sommet de sa tête est d'un joli gris-clair qui y forme comme une petite calotte; sa gorge est blanche (ce que ne fait pas voir la figure de Mad.ᵉ Knip); le dessous de son cou et sa poitrine sont d'une très-légère couleur vineuse, qui blanchit encore davantage sur le bas-ventre et les couvertures inférieures de la queue; le derrière du cou, le manteau et les couvertures des ailes sont d'un gris brun, et quelques-unes de ces dernières ont des taches d'un vert d'émeraude éclatant; les pennes secondaires de l'aile sont rousses; les primaires sont d'un gris brun; le croupion est d'un gris cendré et traversé de deux bandes noirâtres, dont on trouve deux pareilles sur les couvertures supérieures de la queue; les pennes caudales sont noires en dessous, excepté la plus latérale, qui a ses barbes extérieures blanches dans les deux premiers tiers de sa longueur; en dessus, les deux du milieu sont brunes, et les latérales, d'un gris brun à leur origine, sont noirâtres vers le bout; cette queue est très-courte et arrondie; le bec est noir-brun; les yeux sont rougeâtres et les pieds d'un rouge vineux.

La femelle, plus petite que le mâle, a les taches vertes des couvertures de ses ailes moins grandes que celles de ce dernier.

Dans la variété décrite et figurée pl. 39 dans l'ouvrage de M. Temminck, le plumage est d'une teinte plus claire, et a plus de couleur vineuse; les taches des couvertures des ailes sont très-grandes et ont des reflets pourprés; enfin, les couvertures inférieures de la queue sont noires.

Cette espèce se trouve dans la partie la plus méridionale de l'Afrique, jusqu'au pays des Cafres, et se rencontre aussi au Sénégal. Elle se tient le long des rivières, niche dans les buissons et dans les ramifications du gaulis. Elle pond deux œufs blancs.

Buffon a réuni à tort à cette espèce sa tourterelle à collier du Sénégal (notre colombe blonde), et aussi la tourterelle à gorge tachetée du Sénégal de Brisson, qui est notre colombe maillée.

69. COLOMBE BLEU-VERDIN; *Columba cyanovirens*, Lesson et Garnot (espèce inédite). Cette petite espèce, dont la description nous a été communiquée par MM. Garnot et Lesson, a huit pouces six lignes de longueur totale; la tête, le dessus du corps, le croupion, les ailes et la queue en dessus d'un vert-pré agréable; l'occiput couvert d'une sorte de calotte d'un beau bleu indigo; la gorge d'un gris cendré; la poitrine d'un vert grisâtre; le haut du ventre et les flancs d'un vert mêlé de quelques petites bordures jaunes; le bas-ventre d'un blanc jaunâtre, qui s'étend de chaque côté de manière à figurer une ceinture; les plumes de l'anus blanches et jaune-pâle; les couvertures du dessous de la queue jaunes, mélangées de vert; des taches bleues, alongées sur le centre des couvertures supérieures de l'aile, qui sont bordées d'un liséré jaune; les rémiges entièrement brunes et bordées extérieurement par une étroite ligne d'un jaune serin; la queue, carrée, a quatorze pennes, vertes comme le dos à leur origine, noires dans leur milieu, et ayant chacune près de son extrémité et en dedans une tache blanche; les deux plus latérales brunes, et bordées de jaune du côté externe, ainsi que les trois suivantes; toutes brunes en dessous avec l'extrémité blanche; le bec mince et noir; l'iris d'un brun rouge; les tarses courts et presque entièrement emplumés; les doigts d'un jaune-orangé vif.

Un individu plus petit que celui qui vient d'être décrit, et qui étoit peut-être la femelle ou le jeune mâle de cette espèce, avoit le plumage entier d'un vert-pré mêlé de quelques nuances bleues sur les ailes, sans tache bleue à l'occiput; le front cendré comme la gorge; une tache d'un rouge ferrugineux au milieu de la poitrine; quelques plumes d'un gris blanc sur les grandes couvertures des ailes; l'abdomen d'un vert uniforme, mêlé de jaunâtre; le bec jaunâtre et les doigts orangés. Du reste la disposition des teintes générales du corps et des ailes, de la queue et de ses couvertures inférieures, ainsi que des plumes anales, étoit parfaitement analogue à ce qui existe dans l'individu mâle.

Cette tourterelle habite les forêts de la Nouvelle-Guinée. Elle a été observée aux environs du hàvre Dorery.

70. COLOMBE HYOGASTRE : *Columba hyogastra*, Reinw.; Temm. et Laug., Ois. color., pl. 252. Elle n'a que huit pouces de longueur. Son front, ses joues et son menton sont d'un gris cendré; le derrière de la tête, le cou, la poitrine, le dos en entier, les flancs, les plumes des cuisses et la face supérieure de la queue et des ailes sont d'un beau vert; quelques pennes alaires sont lisérées de jaune; le milieu du ventre est marqué d'une large tache pourpre; le bas-ventre et les couvertures inférieures de la queue sont jaunes; les pieds sont rouges.

Elle provient de l'ile des Célèbes.

71. COLOMBE MOINE : *Columba monacha*, Reinw.; Temm. et Laug., Ois. color., pl. 255. Cette jolie petite colombe, dont la longueur est de sept pouces, a tout le sommet de la tête et une tache oblique sur la partie des joues qui avoisine le bec, d'un bleu-d'azur très-brillant; un sourcil jaune ou une bandelette passant sur l'œil et entourant l'occiput; une tache jaune alongée sous la gorge; les joues, le cou en entier, le dos et la poitrine, d'un beau vert, qui passe insensiblement au jaune sur les flancs et le bas-ventre; une tache bleue de moyenne étendue sur la poitrine; les pennes de l'aile vertes et finement lisérées de jaune du côté extérieur; les pennes caudales cendrées sur les barbes intérieures et ayant une tache d'un vert-bleuâtre foncé vers le bout des plus latérales, non visible lorsque la queue est fermée; les pieds rouges.

Elle habite l'île des Célèbes.

72. COLOMBE A DOUBLE COLLIER : *Columba bitorquata*, Temm., Col., pl. 40. Elle a le front et le sommet de la tête d'un gris cendré; les joues, la gorge, le cou, la poitrine, le haut du dos et toute la partie antérieure du ventre d'une couleur vineuse claire; un double collier formé d'une ligne blanche et d'une ligne noire sur la nuque; le bas-ventre et les couvertures inférieures de la queue de couleur blanche; les couvertures supérieures cendrées près du bord de l'aile; les rémiges secondaires et primaires, le bas du dos et les flancs d'un gris foncé;

le croupion et les couvertures supérieures de la queue d'un gris terreux, ainsi que les pennes intermédiaires caudales; les trois plus extérieures de celles-ci noires en dedans, et d'un gris blanchâtre en dehors; la seconde d'un gris foncé; les tarses nus; les pieds rouges; le bec noir, à mandibule supérieure très-crochue; le tour de l'œil dénudé et rouge. La longueur totale de cet oiseau est de onze pouces. Il est de l'Inde.

73. COLOMBE VINEUSE; *Columba vinacea*, Temm., pl. 41. Cette espèce, qu'il ne faut pas confondre avec le *Columba vinacea* de Gmelin, a dix pouces de longueur totale; son bec a huit lignes; sa queue est étagée comme celle de nos tourterelles ordinaires, mais ses ailes sont plus courtes à proportion. La tête, le cou, ainsi que toutes les parties inférieures du corps, sont d'une belle couleur lie-de-vin ou pourpre foncé; les ailes, le dos et la queue sont d'un brun de bistre uniforme; le bec est noir; les pieds sont d'un rouge brun.

Elle habite la Guiane françoise.

74. COLOMBE PAMPUSAN : *Columba Pampusan*, Quoy et Gaim., Zool. du Voy. de la corvette l'Uranie, page 121, pl. 30; COLOMBE ROUSSEAU ; *Columba xanthonura*, Temm. et Laug., Ois. col., pl. 190. Cette colombe, dont la longueur totale est d'environ dix pouces, a la tête petite, d'un roux-foncé tirant sur le rougeâtre ; le cou, la poitrine et le ventre simplement roux ; les plumes du dos roussâtres, à reflets métalliques verdâtres ; les scapulaires et les couvertures supérieures et inférieures des ailes et de la queue, bordées de roux vif ; l'extrémité des grandes pennes de l'aile d'un brun clair ; la queue, assez longue, à peu près carrée, formée de douze pennes, dont les deux latérales sont un peu plus courtes que les autres, d'un roux-doré très-vif, avec une large ligne noirâtre vers l'extrémité ; les deux pennes du milieu étant d'un roux olivâtre, sans barre noire ; le bec, long de neuf lignes, noir, mince, effilé, un peu courbé à la pointe, qui a une couleur de corne ; les jambes longues et rousses.

Elle a été rapportée de l'île de Guam, l'une des Marianes, par les naturalistes de l'expédition aux ordres du capitaine Freycinet.

75. COLOMBE TOURTERELLE : *Columba Turtur*, Linn., Lath.,

Temm., pl. 42; la TOURTERELLE, Buff., pl. enl., n.° 594. La longueur totale du corps de cet oiseau est de onze pouces; les ailes s'étendent jusqu'aux trois quarts de la longueur de la queue, et celle-ci, qui est assez grande, est foiblement étagée. La tourterelle a le dessus de la tête et le derrière du cou d'un gris cendré; les côtés du cou marqués d'une tache composée de petites plumes noires, terminées de blanc; le dos, le croupion et le dessus de la queue bruns; les plumes des couvertures supérieures des ailes d'un brun noirâtre et largement bordées de roux-clair; les petites couvertures du poignet de l'aile grises; les pennes des ailes d'un brun noirâtre, avec une étroite bordure blanchâtre; la gorge, le dessous du cou et la poitrine d'une belle couleur vineuse; les flancs gris; le ventre en entier et les couvertures inférieures de la queue d'un beau blanc; les pennes de la queue d'un gris brun en dessus, et noirâtres en dessous, toutes étant (moins les deux intermédiaires) terminées de blanc; la première de chaque côté blanche aussi sur ses barbes extérieures; le tour des yeux nu et rouge; l'iris d'un rouge jaunâtre; le bec brun-bleuâtre; les pieds rouges.

Une variété de cette espèce, qui a été vue à la Chine et au cap de Bonne-Espérance, a les taches maillées de noir et de blanc des côtés du cou beaucoup plus larges que celles de la tourterelle de notre pays. Dans une autre (la tourterelle de Portugal, Buff.) tout le corps est d'un brun foncé; le cou a des taches composées de quelques plumes noires, terminées de blanc; les petites couvertures alaires sont noires, bordées de blanc, et toutes les autres sont brunes, bordées de jaune; les pennes des ailes sont noirâtres, lisérées de blanchâtre; les deux moyennes de la queue sont cendrées et terminées de blanc, et les latérales ont du blanc sur leur côté extérieur; l'iris est jaune, le bec noir, et les pieds sont rouges.

L'espèce de la tourterelle appartient à toutes les contrées méridionales et tempérées de l'ancien continent, de l'ouest à l'est, depuis la France jusqu'à la Chine, et du nord au sud, depuis l'Angleterre jusqu'en Afrique, où elle passe l'hiver. Elle arrive dans notre pays vers le commencement de Mai, et ne se rend que vers la fin du même mois dans les climats plus septentrionaux. Après avoir niché et élevé sa nouvelle famille, elle nous quitte à la fin de l'été, pour se rendre dans le Midi.

Cet oiseau va par petites troupes et vit en monogamie. Il est d'une complexion très-amoureuse et fait retentir les bois de ses roucoulemens plaintifs. Il place ordinairement son nid sur les sommités des plus hauts arbres dans la partie des bois la plus fraîche et la plus sombre ; mais quelquefois néanmoins il l'établit dans les taillis. Ce nid, composé de petites bûchettes, est fort plat et renferme deux œufs blancs, rarement trois. Le nombre des couvées est de deux ou de trois ; le mâle et la femelle partagent alternativement les soins de l'incubation.

La tourterelle d'Europe s'unit à la tourterelle à collier, mais les petits qui résultent de cette union sont inféconds.

76. COLOMBE A NUQUE PERLÉE : *Columba. tigrina*, Temm., *Col.*, pl. 43; *Columba suratensis*, Linn., Lath.; *Col. risoria*, Varr., Lath.; la TOURTERELLE GRISE DE LA CHINE, Sonnerat, Voyag. aux Ind., tab. 102, et la TOURTERELLE DE SURATE, *ejusd.*, Voyag. aux Ind., p. 179. Cette colombe, qui a beaucoup d'analogie avec notre tourterelle, a dix pouces et demi de longueur. Le haut de sa tête est d'un gris vineux ; sa gorge, blanchâtre, prend une teinte vineuse sur le devant du cou ; la poitrine est d'un vineux clair ; la nuque est couverte de plumes échancrées dans leur bout, dont l'ensemble forme un large demi-collier noir et parsemé de taches quadrangulaires blanches dans le haut, et de taches pareilles mais de couleur terreuse dans le bas, chacune de ces plumes étant noire et portant une de ces taches ; le haut du dos est couvert de plumes d'un gris brun et terminées de jaune-d'ocre ; les grandes couvertures rapprochées du corps sont d'un gris brun, et les petites du poignet d'un gris de cendre, la plupart ayant du noirâtre le long de leur baguette, et du jaune-d'ocre sur leurs bords ; les grandes pennes alaires sont noirâtres, légèrement frangées de grisâtre ; les pennes moyennes, le croupion, les couvertures supérieures de la queue et les quatre pennes moyennes de celle-ci sont d'un gris brun ; les autres sont grises à leur base, ensuite marquées d'une bande noirâtre transversale dans leur milieu, et les trois latérales de chaque côté sont terminées de blanc ; en dessous la queue est noire dans les

trois quarts de sa longueur, et le reste est blanc. (Mad.ᵉ Knip représente l'extrémité de la penne la plus extérieure blanchâtre, et celle des trois suivantes de chaque côté de couleur roussàtre.) Le ventre, les cuisses et les couvertures inférieures de la queue sont blancs; les flancs ont une teinte de gris et de vineux; le bec est noir, les yeux sont rouges et les pieds jaunes.

La colombe à nuque perlée se trouve non-seulement à la Chine, mais encore dans l'ile de Timor et dans celle de Java. Dans cette dernière elle porte le nom de *l'recoucou*: elle y est commune dans les forêts, et en habite de préférence la lisière. On l'apprivoise aisément.

77. Colombe a collier roux : *Columba humeralis*, Temm., *Trans. soc. linn.*, tome 13, page 128; Temm. et Laug., Ois. col., pl. 191. Cette nouvelle espèce, trouvée à Broad-Sound, sur la côte orientale de la Nouvelle-Hollande, par M. Robert Brown, a dix pouces environ de longueur; elle a de la ressemblance avec la colombe à nuque perlée, et surtout avec la colombe peinte, par la forme de ses ailes et de sa queue. Sa tête, sa gorge et sa poitrine sont d'un cendré bleu; le large demi-collier qui orne sa nuque, est composé de plumes d'un roux orangé et terminées chacune par une petite bande noire; le ventre est blanchâtre, à reflets vineux surtout apparens sur les flancs; le bas-ventre est d'un blanc pur, ainsi que les couvertures inférieures de la queue; le dos, le croupion, les couvertures supérieures des ailes sont d'un brun cendré, et toutes les plumes de ces parties sont bordées de noir; la queue, large à sa base, est longue et étagée; toutes ses pennes latérales sont en dessus brunes et terminées de blanc, et les deux intermédiaires seulement sont d'un brun cendré uniforme dans toute leur longueur; les pennes alaires sont brunes extérieurement, et rousses intérieurement; le tour des yeux est nu et rougeâtre; les pieds sont jaunes, et le bec est d'un jaune bleuâtre.

La femelle ne diffère pas sensiblement du mâle.

78. Colombe Dussumier ; *Columba Dussumieri*, Temm. et Laug., Ois. col., pl. 188. Les formes générales rapprochent cette colombe de la tourterelle d'Europe; mais elle en diffère en ce que sa taille est un peu plus forte, et que les

plumes qui forment le demi-collier de sa nuque, sont comme
gaufrées et un peu à reflets métalliques, ce qui ne se voit
jamais dans les plumes qui composent de pareils colliers. La
tête est d'un cendré vineux, et la couleur vineuse devient
plus pure sur le cou, et particulièrement sur la poitrine;
le ventre présente la même teinte, mais très-affoiblie et
passant au blanchâtre; enfin, le bas-ventre et les couvertures inférieures de la queue sont presque blancs. Le demi-
collier qui orne le bas du cou en arrière ou la nuque, est
formé de plumes d'un cendré noirâtre et terminées chacune
par une petite bordure d'un vert métallique; le dos, les
scapulaires et les couvertures alaires supérieures, les plus
rapprochées du corps, sont d'un gris-brun terreux; les pennes
caudales ont cette même couleur, à l'exception de la plus latérale de chaque côté, qui est blanche sur ses barbes extérieures, et noirâtre sur les intérieures.

Cette espèce nouvelle se trouve auprès de Manille, dans
l'île de Luçon.

79. COLOMBE BLONDE OU TOURTERELLE A COLLIER : *Columba risoria*, Linn., Lath.; Temm., *Col.*, pl. 44; la TOURTERELLE A COL-
LIER, Buff., pl. enl., n.° 244; la TOURTERELLE A COLLIER DU SÉ-
NÉGAL, *ejusd.*, pl. enl., n.° 161; la TOURTERELLE BLONDE, Levaill.,
Afriq., pl. 268. Cet oiseau, qu'on nourrit fréquemment en
domesticité, est originaire d'Afrique et de l'Inde. En Égypte
on l'élève en liberté comme nous élevons les pigeons de
colombier. On le trouve communément sauvage au Sénégal,
et ce n'est que sur les confins du pays des grands Namaquois
que Levaillant en a rencontré l'espèce dans le Midi de l'A-
frique. Ses mœurs sont absolument semblables à celles de
notre tourterelle d'Europe.

Cette tourterelle a dix pouces et demi de longueur. Son
corps est d'un très-léger gris rosé, passant au blanc presque
pur sur les régions inférieures du corps, et prenant un ton
fauve-isabelle sur le dos et les ailes; les grandes pennes de
celles-ci sont noirâtres et bordées de fauve; les pennes de
la queue sont cendrées sur leur face supérieure, et toutes,
à l'exception des deux du milieu, terminées de blanc, la plus
latérale ayant ses barbes extérieures aussi blanches; la partie
postérieure du cou a un demi-collier noir de deux lignes

de largeur; le bec est noirâtre ; l'iris et les pieds sont rouges.

Dans la femelle, le collier est plus étroit que dans le mâle, et la poitrine est plus pâle.

Une variété blanche est distinguée de la colombe blanche (voyez l'espèce n.° 82) par M. Temminck, parce que ses plumes conservent toujours une très-légère teinte isabelle, et que les plumes de la place du collier, quoique blanches, en laissent néanmoins distinguer la trace.

M. Vieillot considère cette tourterelle blanche comme étant de l'espèce de la blonde, malgré les différences que signale M. Temminck, et il se fonde principalement sur ce que ces deux oiseaux produisent ensemble, et que les petits qui résultent de leur union sont féconds, ce qui n'a pas lieu pour les métis de la tourterelle d'Europe et de la tourterelle blonde.

Le nom de *risoria*, donné à la tourterelle blonde, lui vient de ce que le roucoulement du mâle a quelque ressemblance avec un éclat de rire.

80. Colombe terrestre; *Columba humilis*, Temm. et Laug., pl. 258 et 259. Cette espèce, un peu plus grande que la colombe blonde, en diffère par sa queue, qui est plus courte, et par les couleurs du plumage, qui ne sont pas les mêmes dans les deux sexes.

Le mâle, dont la longueur est de neuf pouces, a le dessus de la tête, les joues et la nuque d'un cendré bleuâtre pur; un demi-collier noir assez large, sans indice de taches blanches, sur le bas du cou; le haut du dos, les scapulaires et toutes les couvertures supérieures des ailes, d'une couleur lie-de-vin ou pourpre rougeâtre; le devant du cou, la poitrine et le ventre de la même couleur, mais plus claire; les flancs, le bas du dos et le croupion d'un cendré bleuâtre; le bas-ventre d'un cendré blanchâtre; la queue grise en dessus, noire en dessous dans ses deux premiers tiers, et blanchâtre dans le reste, la penne extérieure de chaque côté étant blanche en dehors, et toutes les latérales terminées de blanchâtre.

La femelle a un collier comme le mâle; mais tout son plumage est d'un brun cendré ou couleur de terre; le front et les grandes couvertures des ailes sont d'un cendré plus pur; le bas-ventre et les couvertures inférieures de la queue blanchâtres; les rémiges noirâtres; le bec est noir.

On trouve cette espèce au Bengale et dans l'île de Luçon. Elle vit habituellement à terre, où elle cherche sa
nourriture.

81. Colombe maillée : *Columba cambayensis*, Linn., Lath.;
Temm., *Col.*, pl. 45; la Tourterelle a gorge tachetée du Sénégal, Buff. La Tourterelle maillée de Levaillant (Afr., pl.
270) est répandue dans une grande partie de l'Afrique, depuis le pays des grands Namaquois jusqu'au Sénégal, et se
trouve aussi dans l'Inde; car on ne sauroit la méconnoître
dans la tourterelle grise de Surate de Sonnerat (Voy. aux
Indes, pag. 180). Elle a dix pouces de longueur. Sa tête et
le haut de son cou sont d'une belle couleur vineuse; sa poitrine, garnie de plumes échancrées au bout, est roussâtre et
variée de nombreuses petites lignes noires; le haut du dos
est d'un brun mêlé de roux, chaque plume y étant de la
première couleur à sa base, et terminée par la seconde; les
couvertures alaires les plus rapprochées du corps présentent
les mêmes teintes, et celles qui sont vers le poignet sont
grises; les grandes pennes de l'aile sont noirâtres et les
moyennes cendrées; le ventre a une légère teinte vineuse,
qui blanchit sous le bas-ventre et les couvertures inférieures
de la queue; les pennes de celle-ci sont noires en dessous,
depuis leur origine jusque vers la moitié de leur longueur, et
le reste est blanchâtre; en dessus les six pennes intermédiaires sont d'un brun cendré, et les trois latérales de chaque
côté sont plus foncées à leur origine, avec le bout blanc; le
bec est d'un noir brun, jaunissant vers la pointe; les yeux
sont orangés et les pieds d'un rouge clair.

La femelle, plus petite que le mâle, a ses couleurs moins
vives.

Cette colombe niche sur les arbres, roucoule comme la
tourterelle et pond deux œufs blancs.

82. Colombe blanche; *Columba alba*, Temm., *Col.*, pl. 46.
Cette espèce est plus petite que la colombe blonde, avec la
variété blanche de laquelle M. Vieillot la confond; sa queue
est plus courte et ses ailes sont plus longues à proportion;
tout son plumage est blanc de lait, sans teinte vineuse ou
isabelle, ni collier noir; les pieds sont d'un rouge rosé; l'iris
est rouge et le bec d'un rouge noirâtre.

Elle paroît être originaire de la Chine. En domesticité elle redoute beaucoup le froid de nos climats.

83. Colombe longup; *Columba lophotes*, Temm. et Laug., Ois. color., pl. 142. Elle a été trouvée récemment dans l'intérieur de la Nouvelle-Hollande, au-delà des montagnes Bleues qui ceignent le comté de Cumberland. Ses caractères généraux la rapprochent du groupe des tourterelles. Sa longueur totale est de douze pouces environ; ses formes sont sveltes.

Elle est surtout remarquable par une longue huppe horizontale de plumes effilées, qui garnit son occiput et qui est tout-à-fait semblable, par sa forme et la direction de ses plumes, à la huppe du vanneau d'Europe. Sa tête, le devant de son cou, sa poitrine et son ventre, sont d'un gris cendré; sa huppe est d'un gris noirâtre; le derrière du cou ou la nuque est d'un cendré vineux; son dos et les petites couvertures de ses ailes sont d'un brun cendré; sur les couvertures, chaque plume a une petite barre noire, transverse dans son milieu, et le bout est d'un cendré roussâtre, d'où il résulte un grivelé très-agréable de gris, de noir et de roussâtre; chacune des grandes couvertures alaires est terminée par une plaque d'un vert métallique très-brillant et lisérée de blanc; les pennes sont d'un gris-cendré très-foncé, et chacune des secondaires porte une tache d'un pourpre brillant, à reflets métalliques sur ses barbes extérieures, qui sont, comme les grandes couvertures, lisérées de blanc; les pennes caudales sont d'un noir à reflets verts et violets, avec leur extrémité blanche; les pieds sont rouges; le bec est noir, petit et mince.

84. Colombe peinte : *Columba picturata*, Temm. et Laug., Ois. col., pl. 242; Temminck, Pig., in-8.", page 115; *Columba picturata* et *Col. Dufresnii*, Shaw. Cette espèce, dont la longueur est de onze à douze pouces, a la queue longue, foiblement arrondie; la tête, la gorge et la nuque d'un gris cendré; le bas du cou, la poitrine et le haut du ventre d'une couleur vineuse claire : les côtés du cou couverts de plumes échancrées, noires à leur base, et terminées de couleur vineuse; le manteau et les petites couvertures des ailes d'un vineux assez foncé; le dos, le croupion et les flancs

gris ; le bas-ventre et les couvertures inférieures de la queue
blanchâtres ; les pennes des ailes et les deux intermédiaires
de la queue d'un brun cendré, et les latérales d'un gris noirâtre à la base, noires vers les trois quarts de leur longueur
et terminées de cendré ; toutes les pennes caudales noires en
dessous et terminées de blanc grisâtre ; le bec et les pieds
d'un bleu cendré ou couleur de plomb.

Elle est de passage à l'Isle-de-France. M. Temminck pense
qu'elle doit aussi se trouver à Madagascar.

85. COLOMBE A LARGE QUEUE : *Columba malaccensis* et *Columba bantamensis*, Lath. ; *Columba striata*, Mus. Carlson.,
tab. 67 ; la PETITE TOURTERELLE DE QUEDA, Sonnerat, Voyage
aux Indes, tome 2, page 177 ; TOURTERELLE RAYÉE DES INDES,
Buff. Elle a huit pouces de longueur, sur quoi sa queue
en prend la moitié ; ses ailes, courtes, dépassent à peine
l'origine des pennes caudales ; sa queue est composée de quatorze pennes, dont les deux latérales sont très-étagées et
les dix du milieu presque égales ; l'oiseau l'étale très-souvent en forme d'éventail ; le front et la gorge sont d'un gris
bleuâtre clair ; le dessus de la tête jusqu'à l'occiput est brunâtre ; la nuque et les côtés du cou sont couverts de plumes
écailleuses ou maillées roussâtres et terminées par un petit
liséré noir ; le dos, les couvertures des ailes et le croupion
sont d'un gris terreux, toutes les plumes de ces parties étant
bordées de noir dans leur extrémité ; les grandes et moyennes
pennes alaires sont d'un brun noir en dessus ; le milieu
de la poitrine est de couleur vineuse ; le ventre et le bas-
ventre sont blancs (et maillés de brun dans la figure de
Mad.ᶜ Knip, ce que n'indique pas la description) ; les pennes
de la queue sont généralement d'un noir brun et terminées
de blanc ; les deux intermédiaires sont en entier d'un brun
terreux ; le bec est noir et lavé de jaune à sa base et à sa
pointe ; l'iris et les pieds sont de couleur d'orpiment. Dans
la femelle les couleurs sont plus ternes et les raies transversales noires des extrémités des plumes moins tranchées que
dans le mâle.

Cette espèce se trouve dans la presqu'île de l'Inde, au-delà
du Gange, aux Moluques et dans les îles de la Sonde. Elle
a été transportée à l'Isle-de-France, où elle a pullulé. A Java,

selon les observations de feu M. Leschenault, elle fréquente les lisières des grands bois et établit son nid sur les arbres élevés. Les Javans la considèrent comme de bon augure et se la procurent à prix d'argent pour l'élever en domesticité, persuadés que le roucoulement de cet oiseau empêche les maléfices dont ils peuvent être l'objet. Ils lui donnent le nom de *bouron-percoutoute*. A la Chine elle est appelée *fowat*.

Les pennes latérales de la queue, étagées dans cette espèce, tandis que celles du milieu ne le sont pas, montrent en elle un passage à la seconde division de la section des colombes proprement dites. Les deux espèces, *Columba malaccensis* et *bantamensis* de Latham, placées par cet ornithologiste, la première parmi les colombes a queue non étagée, et la seconde parmi les colombes a queue très-étagée, doivent être réunies pour constituer l'espèce que nous décrivons.

86. COLOMBE GEOFFROY; *Columba Geoffroyi*, Temm., *Col.*. pl. 57. Cette jolie colombe est originaire du Brésil. Sa longueur totale est d'environ huit pouces. Elle a le dessus de la tête et le devant du cou d'un gris blanc, qui se change en gris-de-perle mat sur tout le reste du corps; sa queue. dont les pennes sont foiblement étagées, est d'un blanc-bleuâtre très-clair; ses épaules présentent cinq ou six taches d'un noir-violet changeant en bleu ou en vert; d'autres taches pareilles sont sur les grandes couvertures alaires, et il y en a aussi de rousses, couleur de tabac d'Espagne; chacune de celles-ci est terminée postérieurement par une ligne noire; le bec est noir; les pieds sont rouges.

87. COLOMBE SOURIS; *Columba cinerea*, Temm., pl. 58. Cette autre petite espèce du Brésil n'a que sept pouces de longueur; sa queue est un peu plus étagée que celle de la précédente, quoique fort peu. Le mâle a le front, la gorge, le dessous du cou, la poitrine et le ventre en entier d'un blanc légèrement teint de gris-bleu; le dessus de la tête, le derrière et les côtés du cou, ainsi que le haut du dos. d'un gris-bleu plus foncé; le manteau, les couvertures des ailes, le croupion et les deux pennes intermédiaires de la queue, ainsi que l'origine des latérales, d'un gris de souris; les grandes pennes alaires d'un gris brun; les pennes latérales de la queue

noires extérieurement dans les trois quarts de leur longueur; le bec jaune et les pieds rouges.

La figure de Mad.ᵉ Knip présente de petites taches bleues sur les couvertures supérieures de l'aile, dont la description ne fait aucune mention.

La colombe souris femelle diffère beaucoup du mâle. M. Temminck l'a figurée pl. 260 des Oiseaux coloriés. Sa gorge, son ventre, son bas-ventre et ses flancs sont d'un blanc légèrement teint de cendré; la poitrine et les côtés du cou sont d'un brun cendré; toutes les parties supérieures d'un brun foncé; les taches des ailes d'un brun pourpre; les deux pennes intermédiaires de la queue d'un brun roussâtre, les autres noires, avec un peu de roussâtre à la base et, sur les barbes extérieures et la plus latérale de chaque côté, bordées de roux-clair.

88. Colombe écaillée; *Columba squamosa*, Temm., *Col.*, pl. 59. Cette colombe est des environs de Bahia au Brésil. Sa longueur totale ne dépasse guère huit pouces, sur quoi sa queue en prend trois; cette queue, composée de quatorze pennes, a les dix intermédiaires d'égale grandeur, et les deux latérales de chaque côté beaucoup plus courtes et étagées entre elles. Tout le plumage est écailleux ou maillé, chacune des plumes étant entourée d'une bordure noire ou noirâtre qui en dessine le contour; le fond de celles de la tête et du derrière du cou est d'un gris vineux; celui des plumes du devant du cou et de la poitrine d'un vineux très-clair; celui des plumes du ventre blanchâtre, etc. La couleur des plumes du dos, du croupion, des grandes couvertures alaires et des pennes moyennes de la queue est le gris terreux; celle des pennes moyennes et d'une partie des petites couvertures est le blanc; les grandes pennes de l'aile sont noires, ainsi que le commencement de celles de la queue, dont les quatre latérales de chaque côté sont terminées par un grand espace blanc; le bec est noir et les pieds sont rouges.

** Colombes à queue fortement étagée dans la forme d'un cône.

89. Colombe voyageuse : *Columba migratoria*, Linn.; Gmel.; Temm., *Col.*, pl. 48 mâle) et 49 (fem.); *olumba canadensis*, Linn., Lath. (fem.); Tourterelle de Canada; Buff., pl. enl.

n.° 176 (fem.); PIGEON DE PASSAGE, *ejusd.* Cet oiseau a été mal connu par les ornithologistes, qui la plupart ont décrit le mâle et la femelle comme appartenant à deux espèces distinctes.

Le mâle a seize pouces de longueur totale. Sa tête, le derrière de son cou, son croupion et les moyennes couvertures de ses ailes, sont d'un gris-cendré bleuâtre; le bas du cou de chaque côté présente plusieurs plumes violacées, à reflets dorés; le dos et les grandes couvertures des ailes sont d'un gris terreux, et les dernières ont quelques taches noires, disposées irrégulièrement sur leurs barbes extérieures; les grandes pennes de l'aile sont noirâtres et bordées de blanc-roussâtre; la poitrine, le devant du cou et le ventre sont d'un roux vineux, passant au blanchâtre et au blanc sous le bas-ventre et les couvertures inférieures de la queue; celle-ci est étagée et les ailes arrivent à peu près au milieu de sa longueur; les deux pennes intermédiaires sont noirâtres, et toutes les autres d'un gris blanchâtre en dessus, tandis qu'en dessous elles présentent une grande tache rousse, suivie d'une tache noirâtre sur leurs barbes intérieures et près de leur origine: le tour de l'œil est nu et rouge; l'iris d'un rouge orangé; le bec noir et les pieds sont rouges.

La femelle est d'un pouce plus petite que le mâle. Sa tête, son cou, sa poitrine et son dos sont d'un gris brun; le bas des côtés du cou a des plumes violettes, mais sans reflets dorés comme dans le mâle; les grandes couvertures des ailes sont grises et marquées irrégulièrement de taches noires; le croupion est d'un gris cendré, avec les couvertures supérieures et les deux pennes intermédiaires de la queue d'un brun terreux, toutes les autres étant d'un gris blanc; en dessous ces pennes ont à leur base les taches rousses et noires qu'on voit sur celles des mâles; le ventre en entier est d'un blanc grisâtre.

Une variété, regardée par Brisson comme la femelle de la tourterelle du Canada, a toutes les plumes de la tête, du cou, de la poitrine et du haut du dos terminées par une bande d'un blanc grisâtre.

Cette espèce, qui voyage en Amérique, entre les 20.° et 60.° degrés de latitude septentrionale, c'est-à-dire entre la Louisiane et le Canada, se porte du sud au nord et du nord au sud, de manière à éviter les trop grands froids et les trop fortes chaleurs : ses troupes sont quelquefois si nombreuses, qu'elles obscurcissent l'air. Elle fait son nid sur les grands arbres et y pond deux œufs blancs.

Comme sa chair est très-bonne à manger, on lui donne la chasse à l'époque de ses migrations. On en tue beaucoup alors, parce qu'il n'est pas difficile de l'approcher. M. Temminck rapporte qu'à la Louisiane, lorsque des chasseurs se sont assurés qu'une troupe de ces pigeons a pris possession d'un arbre, pour s'y reposer, ils l'entourent d'herbes odoriférantes et y mettent le feu; les colombes, suffoquées par la fumée, ajoutet-il, tombent de l'arbre et deviennent pour eux une proie facile.

90. COLOMBE PHASIANELLE : *Columba phasianella*, Temm. , *Trans. soc. linn.*, t. 13, p. 129; Temm. et Laug., Ois. col. , pl. 100; la TOURTERELLE D'AMBOINE, Buff. , Ois., tome 2 , page 557; *Columba amboinensis*, Lath., *Index ornith.*, vol. 2, *sp.* 74. La taille (quatorze à quinze pouces) et les formes de cette colombe sont semblables à celles de la colombe voyageuse; sa queue, plus longue à proportion, est étagée comme celle des faisans; la tête, le devant du cou et toutes les parties inférieures du corps, ainsi que la face inférieure de la queue, sont d'un rougeâtre-bai très-vif; la gorge est blanchâtre ou jaunâtre; le derrière du cou ou la nuque est d'un violet pourpré, à reflets dorés; le dos, les ailes, le croupion, la face supérieure de la queue sont d'un brun rougeâtre; il y a du noirâtre vers le bout des pennes latérales de cette queue; les pieds et le bec sont d'un brun rougeâtre; le tour de l'œil est rouge. Dans les jeunes de l'année, les parties supérieures du corps, d'un brun rougeâtre, sont rayés transversalement de noir; les inférieures le sont aussi sur un fond roux jaunâtre. Plus tard les bandes du dos sont plus larges et moins nombreuses; il y a du vert à reflets métalliques pourprés sur le bas du cou; le dessous, excepté la poitrine, est de couleur vineuse et rayé de nombreuses bandes noires en zigzag.

Cette espèce habite les îles de la Sonde, les Moluques, les Philippines et quelques points de la Nouvelle-Hollande. Elle se nourrit du fruit du pimentier.

91. Colombe Reinwardt ; *Columba Reinwardtii* , Temm. et
Laug., Ois. col., pl. 248. Elle est plus grande que la colombe
phasianelle. Sa queue est plus longue et pl s étagée. Son bec
est remarquable en ce que les deux mandibules sont renflées
un peu avant le bout. La tête et la nuque sont d'un cendré
clair ; la face et le devant du cou blancs ; la poitrine et le
ventre d'un blanc légèrement teinté de gris ; les cuisses et
les couvertures inférieures de la queue d'un blanc gris de
plomb ; le dos, les scapulaires, les couvertures des ailes, les
quatre pennes moyennes de la queue (beaucoup plus grandes
que les autres), de couleur cannelle ; les petites et les
moyennes couvertures de l'aile, près du poignet, et les rémiges, d'un noir plein ; les quatre pennes latérales de la queue,
de chaque côté et en dessus, noires à leur base, cendrées dans
leur milieu, et terminées de noir ou de roux ; l'extérieure
est bordée de blanc. La figure montre en dessous toutes ces
pennes de couleur cannelle, moins les deux latérales de
chaque côté, qui sont grises sur leurs barbes internes et traversées d'une bande noire vers le bout, le bord de la première étant blanc, et une petite tache de cette couleur se
trouvant vers la pointe externe de la seconde et en dehors.
Le tour de l'œil et un espace qui se porte jusqu'à la base
du bec, sont dépourvus de plumes, et rouges ; les pieds sont
de cette même couleur. La longueur totale de l'oiseau est
de dix-huit à dix-neuf pouces.

Cette espèce vit dans l'île des Célébes.

92. Colombe tourte : *Columba carolinensis*, Linn., Lath. ;
Temm., Col., pl. 50 ; *Columba marginata*, Lath. ; la Tourte ou
Tourterelle de la Caroline, Buff., pl. enlum., n.° 175 (fem.) ;
la Tourterelle d'Amérique, *ejusd.*, Ois., tom. 2, pag. 552 ; la
Tourterelle a longue queue, Edwards, *Birds*, tab. 15 (mâle).
Le mâle et la femelle de cette espèce ont encore été décrits
comme appartenant à deux espèces différentes. Le premier
est long de onze pouces, sur quoi sa queue en prend cinq,
et ses ailes, ployées, n'atteignent qu'au quart de celle-ci.
Il a la partie antérieure de la tête et la gorge d'un brun
roussâtre ; l'occiput d'un cendré bleu ; le manteau d'un gris-
brun foncé, avec des taches noires ovales sur les scapulaires et sur les grandes couvertures alaires les plus rappro-

chées du corps; le bas du dos, le croupion et les couvertures supérieures de la queue d'un brun cendré; le devant du cou et la poitrine d'un rouge vineux, qui s'éclaircit sous le ventre et sur les flancs. Le bas du cou offre quelques reflets dorés et violets; une ligne blanche étroite va de la commissure du bec à l'œil, et au-dessous de l'orifice de l'oreille est une petite tache composée de plumes noires, lustrées de violet; les pennes de l'aile sont brunes, avec leur bord extérieur roussâtre; la penne de la queue qui vient après l'intermédiaire, est d'un brun cendré; les deux qui suivent sont cendrées, avec du noir dans leur milieu; les trois latérales sont cendrées depuis leur origine jusqu'au milieu, ensuite elles ont du noir, et toutes sont terminées de blanc; le tour des yeux est nu et de couleur terne; l'iris est brun; le bec couleur de corne; les pieds sont rougeâtres.

La femelle, un peu plus petite, n'a pas de tache violacée au-dessous de l'oreille, ni de reflets dorés au bas du cou; tout le dessous de son corps est d'un cendré brun.

Cet oiseau se trouve à la Caroline, dans les îles du golfe du Mexique et au Brésil.

93. COLOMBE A MOUSTACHES NOIRES : *Columba dominicensis*, Linn., Lath.; Temm., *Col. pl.* 51 ; la TOURTERELLE DE SAINT-DOMINGUE, Buff., pl. enl., n.º 487. Cette jolie colombe a onze pouces de longueur totale. Son front, sa gorge, ses joues et le derrière de sa tête sont blancs; une moustache, de couleur noirâtre, prend à l'angle du bec, se porte sous l'œil et se prolonge un peu en arrière; le sommet de la tête, et d'un œil à l'autre, est traversé par une bande noire ; un collier noir entoure le cou; la poitrine est d'une couleur vineuse pourprée et à reflets métalliques; le ventre d'un brun cendré; toutes les parties supérieures sont d'un brun terreux; les scapulaires et les couvertures des ailes d'un gris brun, avec une tache alongée, pointue et noire, le long de la baguette de chacune; les pennes alaires noirâtres, et extérieurement bordées de gris-blanc; les neuf pennes intermédiaires de la queue grises, et toutes, à l'exception de celles du milieu, sont terminées de blanc; les pieds, dont le tarse est nu, sont rougeâtres; le bec est noir.

La figure de Mad.ᵉ Knip diffère de cette description, en

..e que du vineux se remarque derrière la bande noire transverse du dessus de la tête; en ce que la poitrine est rouge, le ventre jaune, et que les huit pennes intermédiaires de la queue sont entièrement grises, avec les trois latérales de chaque côté toutes blanches.

Cette espèce américaine paroît habiter les îles du golfe du Mexique et la terre ferme circonvoisine.

94. COLOMBE MAUGÉ; *Columba Maugei*, Temm., *Col.*, pl. 52. Ce pigeon a surtout de l'analogie avec la colombe large-queue; mais il est plus grand et en diffère à plusieurs égards, ainsi qu'on pourra en juger par la description suivante. Sa taille est de dix pouces, et sa queue, composée de douze pennes, est fortement étagée; le front et la gorge sont d'un gris de plomb; le devant du cou, la poitrine, les flancs et le ventre sont rayés de bandes étroites, transverses et alternatives, de noir et de blanc; le dos est gris terreux, avec des taches irrégulières plus foncées; les deux pennes intermédiaires de la queue sont d'un gris terreux dans toute leur longueur, et les latérales noires avec le bout blanc; le bec et les pieds sont noirs.

La figure de Mad.ᵉ Knip nous paroît défectueuse, en ce qu'elle montre précisément le caractère que M. Temminck indique comme propre à la colombe à large queue : c'est-à-dire d'avoir les pennes caudales égales, excepté les deux latérales de chaque côté, qui sont plus courtes et étagées; une queue *fortement étagée*, telle que M. Temminck l'indique pour la colombe Maugé, devroit avoir toutes ses pennes latérales de grandeur progressivement décroissante, depuis la plus intérieure jusqu'à la plus extérieure.

Cette espèce a été trouvée par feu Maugé dans une des îles de l'Australasie.

95. COLOMBE TOURTELETTE : *Columba capensis*, Linn., Gmel.; Temm., *Col.*, pl. 53 et 54; la TOURTELETTE, Buff., Ois., vol. 2, p. 554; la TOURTERELLE A CRAVATE NOIRE, Buff., pl. enlum., n.° 140, mâle. Cette espèce, à peine de la taille du moineau, a une taille svelte et une longueur assez considérable, puisqu'elle est de neuf pouces et demi; mais cette longueur est due à celle de la queue, qui n'a pas moins de cinq pouces un quart, et qui est très-étagée : les ailes n'atteignent que son premier tiers.

Le mâle a la face, le devant du cou et le milieu de la poitrine d'un beau noir, que Mad.ᵉ Knip a changé en pourpre dans sa figure; le sommet et le derrière de la tête, la partie postérieure du cou et le manteau, les couvertures supérieures des ailes et de la queue, d'un cendré terreux; quelques taches d'un noir violacé à reflets dorés sur les couvertures alaires; les rémiges rousses sur leurs barbes intérieures, et noirâtres sur les extérieures et vers le bout. (La figure montre du rouge vif sur la base extérieure de ces pennes, quoiqu'il n'en soit pas fait mention dans la description.) Les pennes caudales sont grises à leur origine; les six intermédiaires terminées de noirâtre (ces six pennes sont brunes dans la figure), et les latérales ont une bande noire vers leur extrémité, dont la pointe est grise; la plus extérieure de chaque côté a ses barbes extérieures blanches; en dessous cette queue est entièrement noire; le ventre et le bas-ventre sont d'un blanc pur; le bec est jaunâtre et les pieds sont rouges.

La femelle a la tête, le cou, la poitrine, le dos en entier, les grandes couvertures des ailes, et le dessus des deux pennes intermédiaires de la queue d'un gris terreux; les petites couvertures alaires d'un gris cendré; le croupion traversé, comme dans le mâle, par trois petites bandes noires; le ventre et le bas-ventre blancs.

Un jeune individu, figuré par MM. Temminck et Laugier, Ois. color., pl. 541, a le dessus de la tête d'un gris roussâtre, avec de petites ondes brunes transversales; le front et la gorge grisâtres; la poitrine et le dessous du cou blanchâtres, avec des taches transversales brunes, placées à l'extrémité des plumes de ces parties; le ventre blanc; les plumes des couvertures des ailes grises, puis terminées par une petite barre transverse noire, suivie d'une barre rousse et d'une tache blanche; les grandes pennes rousses, avec une bordure noire dans leur extrémité, au-delà de laquelle est un liséré fauve; le dos et le croupion gris terreux; les longues pennes du milieu de la queue de la même couleur, et les latérales grises, avec du noir et du blanc au bout.

Cette espèce habite le Sénégal et les parties plus méridionales de l'Afrique.

96. **Colombe tourteline**; *Columba turturina*, Nob.; Temm. et Laug., Ois. color., pl. 341. Celle-ci, qui ne nous est connue que par la seule figure qu'en ont donnée MM. Temminck et Laugier, paroît être est la plus petite de toutes les colombes. Son front est d'un gris d'ardoise; son dos d'un gris-brun de fauvette; sa poitrine d'un vineux très-clair; sa gorge roussâtre; son bas-ventre blanchâtre; ses ailes sont de la couleur du corps, avec les grandes couvertures alaires terminées par des taches blanches, précédées de taches noires, qui donnent lieu à deux doubles lignes de ces couleurs en travers de l'aile; les six pennes intermédiaires de la queue (qui est très-longue) sont du gris-brun du dos; toutes les latérales noires du côté interne et bordées de blanc, qui va en s'élargissant depuis leur base jusqu'à leur pointe. Sa patrie ne nous est pas connue.

97. **Colombe Macquarie**; *Columba Macquarie*, Quoy et Gaimard, Zool. de l'expédition de la corvette l'Uranie, pl. 31. Cette espèce, de la Nouvelle-Hollande, est décrite d'après un dessin remis à MM. Quoy et Gaimard par M. Macquarie, ancien gouverneur de la Nouvelle-Galles du sud. Sa longueur totale est d'un peu plus de sept pouces, sur quoi la queue en prend trois et demi. La tête, le cou et la poitrine, sont d'un cendré bleuâtre; le ventre est d'un blanc sale; le dos et le croupion sont d'un brun clair; les petites couvertures des ailes brunâtres et irrégulièrement parsemées de nombreuses taches oculaires, blanches, bordées de noir dans la moitié de leur contour; les grandes couvertures sont cendrées, avec des taches comme ci-dessus à leur extrémité. Quelques lunules brunes se font remarquer sur plusieurs des pennes alaires, qui sont d'un brun rougeâtre; la queue est *étagée* et pointue; les couvertures supérieures et les premières pennes sont d'un cendré bleuâtre, comme la gorge; les pieds sont rougeâtres, assez longs; le bec est noir; l'œil entouré d'un cercle aurore, au milieu duquel se dessine le rebord noir et piqueté des paupières; l'iris rougeâtre.

3.ᵉ Section.

COLOMBARS, Levaill.; *Vinago*, Cuv.

Bec épais, un peu gros, comprimé par les côtés et sensiblement renflé vers la pointe; tarses courts; doigts réunis à leur base.

98. Colombar commandeur : *Columba militaris*, Temm., *Col.*, pl. 1; *Columba Sancti Thomæ*, Lath., Gmel.; Pigeon de l'île Saint-Thomas, Buff.. Ois., tome 2. Cette grande espèce a douze pouces et demi de longueur totale; son bec n'a que onze lignes et est très-robuste. Le mâle a la tête d'un gris-bleu clair; le cou jaune en devant et un peu en arrière, où cette couleur est séparée de celle du dos par une bande transverse d'un gris-bleu cendré; le dos d'un vert-pomme sale, qui se change en gris sur le croupion; une tache d'un brun pourpré sur les petites couvertures du poignet de l'aile; les pennes alaires noires, les plus grandes étant frangées sur leur côté extérieur de jaune blanchâtre, et les dernières de jaune olivacé; le ventre d'un gris bleuâtre; les plumes des cuisses d'un jaune de paille; les couvertures inférieures de la queue rousses et terminées de bleu; le dessus des deux pennes intermédiaires de la queue vert comme le dos; la base de toutes les latérales de la même couleur, avec l'extrémité grise; le dessous de ces pennes noir, avec l'extrémité d'un gris blanchâtre; les tarses nus et rouges.

Dans la femelle, le plastron jaune du mâle est remplacé par du vert-jaunâtre sale; la nuque est d'un olive foncé, la bande transverse du haut du dos d'un gris clair; les épaulettes sont d'un pourpre passant au lilas; les scapulaires d'un vert grisâtre; le ventre est verdâtre; les pennes latérales de la queue sont grises dans toute leur longueur, et les deux moyennes vertes; les plumes du bas-ventre jaunes à leur pointe. Les jeunes sont plus ou moins grisâtres en dessus et olivacés en dessous.

Ce colombar est des Indes.

99. Colombar maitsou : *Columba australis*, Lath., Linn., Temm., *Col.*, pl. 3; le Pigeon ramier vert de madagascar, Buff., pl. enl., n.° 111. Il est de la taille du précédent. Sa tête, son cou, sa poitrine et son ventre sont d'un vert-oli-

vâtre clair; son dos, son croupion, les couvertures du dessus de l'aile et du dessous de la queue sont d'un vert foncé; l'épaulette porte une petite tache d'un brun pourpre; une bande transverse jaune se voit sur l'aile, et est formée par les extrémités des grandes couvertures, qui sont de cette couleur; les grandes pennes alaires sont noires et bordées d'une ligne jaune; la face supérieure de la queue est d'un gris foncé dans ses trois premiers quarts, et d'un gris clair dans le reste; en dessous elle est noire à sa base et terminée de blanchâtre; les plumes des tarses sont vertes et prolongées jusqu'à l'origine des doigts; le bas-ventre est de cette couleur, avec des taches blanches; les couvertures inférieures de la queue sont rousses, avec l'extrémité blanche; la peau nue de la base du bec est rougeâtre, la corne en est grise; les doigts sont rouges.

Cet oiseau est de Madagascar, où les naturels le nomment *Fourningo-maitsou*. Il diffère spécifiquement du Fourningo-menarabou (*Columba madagascariensis*, Lath.), espèce n.°43, avec lequel Buffon l'a confondu.

100. COLOMBAR CAPELLE; *Columba Capellei*, Temm. et Laug., Ois. color., pl. 143. Cette espèce a été découverte récemment, dans l'intérieur de l'île de Java et de la presqu'île de Sumatra, par M. Reinwardt. Elle est de la taille des plus grandes espèces de colombars; c'est-à-dire, que sa longueur totale est de treize pouces environ. Son bec présente les caractères bien marqués des oiseaux de cette division; il est plus fort et plus comprimé que celui d'aucun d'entre eux. Le mâle a le front cendré verdâtre; le restant de la tête, la gorge, le croupion et toutes les parties inférieures du corps, la poitrine exceptée, d'un vert clair, et comme saupoudré de gris cendré; la poitrine est d'un jaune mordoré; la nuque, le dos et les ailes sont d'un vert foncé; les grandes pennes alaires d'un noir profond; les secondaires et quelques couvertures, du même noir, et bordées extérieurement de jaune pur; les pennes latérales de la queue, en dessus, grises à leur base, puis marquées d'une large bande transversale noire et terminées de gris clair, noires et à pointes blanchâtres en dessous; les couvertures inférieures de la queue d'un roux marron; les pieds rouges.

La femelle a plus de cendré que le mâle mélangé au vert de son plumage ; la tache jaune-mordoré de la poitrine remplacée par une teinte verte jaunâtre ; un peu de verdâtre dans les couleurs de la queue, qui sont d'ailleurs les mêmes que celles de la queue du mâle ; les couvertures inférieures de cette partie blanchâtres et tachetées de vert ; quelques plumes blanchâtres au bas-ventre, etc.

101. COLOMBAR A QUEUE POINTUE: *Columba oxyura*, Reinw. ; Laug. et Temm., pl. col., n.° 240. Cette espèce de pigeon diffère de toutes les autres, en ce que les deux pennes intermédiaires de la queue sont pointues et plus longues d'un pouce que les latérales, qui sont assez foiblement, mais très-également étagées. Sa longueur totale est de treize pouces. La tête, le dos, le cou et le ventre sont d'un vert un peu cendré sur les parties supérieures, et plus pur et plus clair sur les inférieures ; le bas-ventre est jaune ; les plumes des couvertures inférieures sont vertes sur leur côté interne et jaunes sur l'extérieur. Les plumes des jambes et des tarses sont vertes ; les pennes de la queue sont grises en dessus dans leur première moitié, puis traversées par une bande noire, et terminées de gris clair ; les deux intermédiaires seulement sont d'un gris brun, qui s'éclaircit insensiblement depuis leur base jusqu'à leur pointe ; en dessous toutes sont noires et terminées de cendré clair ; les pennes alaires sont noires, et les secondaires sont lisérées de cendré ; le bas du tarse et les doigts sont rouges, ainsi que le tour de l'œil ; le bec est d'un bleu foncé à la base, et d'une teinte plombée à l'extrémité.

La figure de cet oiseau diffère de sa description ; en ce que la poitrine est traversée par une bande orangée, que le bout du bec est jaune, et que la peau nue du tour de l'œil est violette.

Dans la femelle ce vert du corps est plus terne et le bas-ventre est vert-jaunâtre au lieu d'être d'un jaune pur.

On trouve ce colombar à Java.

102. COLOMBAR UNICOLORE ; *Columba psittacea*, Temm., *Col.*, pl. 4. Il a dix pouces et demi de longueur ; tout le corps d'un beau vert clair ; les pennes de l'aile noires, et les moyennes frangées de jaune ; les deux pennes intermédiaires de la

queue vertes en entier; les deux suivantes aussi vertes sur
leurs barbes extérieures, et toutes les autres grises à leur
origine, noires au milieu et blanches dans le reste de leur
étendue; les couvertures inférieures de la queue vertes, avec
leur extrémité blanche; le bec couleur de corne avec la partie charnue de sa base rougeâtre; les pieds d'un bleu noirâtre.

La figure de Mad.ᵉ Knip montre les tarses emplumés et
les couvertures supérieures des ailes noires et bordées de
jaune, caractères dont la description ne fait pas mention.

Dans les individus qu'on peut regarder comme des jeunes,
à cause de la petitesse de leur taille, le corps est parsemé
de plumes d'un gris cendré; le bout du fouet de l'aile et
quelques-unes des grandes couvertures alaires sont d'un gris
noirâtre.

Cet oiseau se trouve à Java et à Timor.

105. COLOMBAR AROMATIQUE: *Columba aromatica*, Lath., Linn.,
Temm., *Col.*, pl. 5 et 6; le PIGEON VERT D'AMBOINE, Buff., pl.
enl., n.° 136. Cet oiseau, que Buffon a voulu considérer comme
une variété du biset, en diffère non-seulement par ses couleurs, mais encore par toutes les formes qui distinguent les
colombars des colombes proprement dites. Sa longueur est
de neuf pouces environ; le dessus de sa tête est d'un gris
cendré; la nuque d'un verdâtre cendré; le cou, la poitrine,
le ventre en entier et les plumes des jambes sont d'un vert
sale, et les dernières terminées de blanc; le milieu du
dos, les scapulaires et les petites couvertures des ailes d'un
brun pourpre; les autres couvertures, c'est-à-dire les grandes
et les moyennes, brunes et bordées de jaune extérieurement;
les grandes pennes noires; le croupion, les deux pennes
moyennes de la queue en entier, et les barbes extérieures
des deux pennes les plus voisines, d'un vert-olive; toutes
les autres, c'est-à-dire les cinq latérales de chaque côté,
d'un gris foncé uniforme; en dessous, toutes les pennes caudales, noires dans leurs trois premiers quarts, sont d'un gris
clair dans le dernier; l'iris est rouge; le bec verdâtre, avec
sa base charnue rougeâtre; les tarses et les doigts sont de
cette dernière couleur.

Une variété, décrite par M. Temminck et figurée pl. 6 de

son ouvrage, a la tête, le cou et la poitrine d'un roux cannelle; le haut du dos, les scapulaires et les petites couvertures des ailes d'un brun pourpre, comme dans l'espèce proprement dite; le ventre et le croupion d'un gris bleu; les plumes des jambes et le bord des couvertures des ailes de couleur jaune; les pennes moyennes de la queue vertes en dessus; les latérales à peu près de cette couleur : toutes ces pennes noires et terminées de blanc sale en dessous.

Le *pigeon Pompadour* de Latham et de Sonnini (*Columba Pompadora*, Lath., Gmel.) n'est, selon M. Temminck, qu'une variété du pigeon aromatique, caractérisée principalement par les petites plumes de couleur de paille qui entourent la base du bec, et qui se trouvent placées entre cette partie et les yeux. Il faut remarquer que la figure de cet oiseau donnée par M. Brown, ne peut pas inspirer plus de confiance que la plupart de celles que ce naturaliste a publiées, et dont les défauts sont bien reconnus : cette figure représente les ailes beaucoup trop courtes. L'*yellow faced pigeon* doit au contraire être rapporté comme variété à l'espèce du **colombar** aromatique.

Une seconde variété est le pigeon à bec courbé, de Sonnini, *hook-billed pigeon* (*Col. culvirostra*, Lath., Gmel.), qui ne diffère de notre espèce que par sa taille plus petite de deux pouces, par une bande noire traversant les pennes latérales de la queue vers leur extrémité, et par la couleur jaune du bec; ce dernier caractère pouvant d'ailleurs provenir de l'état de conservation de l'individu décrit.

Le *purple-shouldered pigeon* de Latham, regardé par cet auteur comme une variété de son pigeon pompadour, ce qui le rapporteroit à l'espèce du colombar aromatique, n'est au sentiment de M. Temminck, qu'une variété du colombar commandeur.

Le colombar aromatique porte à Java le nom de *bouronjouane*. Il se nourrit des fruits du figuier des pagodes, *Ficus religiosa*, Linn., et se tient sur les lisières des grands bois.

104. Colombar a front nu; *Columba calva*, Temm., *Col.*, pl. 7. Cet oiseau a onze pouces de longueur totale, et son bec n'a que dix lignes. Sa tête, son cou et toutes les parties intérieures sont d'un beau vert clair; le haut de son dos est

d'un gris cendré, et le bas d'un vert foncé; son poignet est marqué d'une tache violette; les pennes de ses ailes sont noires et bordées d'un liséré blanc jaunâtre, à l'exception des primaires; les deux pennes moyennes de la queue sont vertes, et les autres, d'un gris clair dans la plus grande partie de leur longueur, ensuite d'un gris foncé, sont terminées de gris clair; en dessous, toutes ces pennes sont noires et terminées de gris; les couvertures inférieures de la queue sont d'un roux cannelle, avec du blanc à leur pointe; les plumes qui couvrent la moitié supérieure du tarse sont jaunes, et la partie nue de celui-ci est orangée.

Ce qui caractérise principalement cette espèce et lui a fait donner le nom qu'elle porte, c'est que son bec, dont le bout corné est d'un gris argentin, a la peau jaune orangée de sa base très-prolongée sur le front et y formant une plaque dénudée très-analogue à celle qu'on voit sur le front des foulques ou morelles.

Cette espèce habite les côtes de Loango et d'Angole, en Afrique.

105. Colombar Waalia : *Columba abyssinica*, Lath., Temm., *Col.*, pl. 8 et 9; le Colombar, Levaill., Afr., pl. 276 et 277; *Waalia pigeon*, Bruce. Le mâle de cette espèce a onze pouces et demi de longueur totale; son bec est très-épais. Il a la tête, le cou et la poitrine d'un gris nuancé de vert clair; toutes les autres parties supérieures du corps d'un vert jaunâtre; les petites couvertures du poignet d'un violet tendre; les grandes couvertures, les pennes primaires et secondaires noires et bordées de jaune; le ventre d'un beau jaune; le bas-ventre et les plumes de la base du tarse d'un blanc pur; les couvertures inférieures de la queue d'un roux marron et bordées de roux très-clair; les quatorze pennes caudales d'un gris bleuâtre en dessus, et noires, terminées de gris clair, en dessous; la partie nue du tarse et les doigts rouges; les yeux orangés. La femelle est d'un vert olivâtre assez clair, uniforme, sans jaune sous le ventre, ni blanc sur le bas-ventre; du reste ses ailes et sa queue sont semblables à celles du mâle, mais les couleurs en sont moins vives. Sa taille est aussi plus petite.

Le voyageur Bruce a trouvé ce pigeon dans les parties basses dé l'Abyssiiie, qu'il quitte en grandes troupes dans la saison pluvieuse, pour se rendre dans les contrées plus méridionales, où il niche. Il se tient perché sur les grands arbres et dans le plus profond silence durant la chaleur du jour. Levaillant l'a retrouvé dans le Sud de l'Afrique, et ce naturaliste a observé qu'il vit par paire et qu'il établit dans les creux d'arbres son nid, où il pond quatre œufs d'un blanc fauve ou isabelle.

106. COLOMBAR JOJOO : *Columba vernans*, Lath., Linn.; Temm., *Col.*, pl. 10 et 11; le PIGEON VERT DES PHILLIPINES, Buff., pl. enl. 138. Le nom de *Jojoo* est celui que les habitans de l'île de Java donnent à cette belle espéce de colombar. Il a dix pouces de longueur totale; son bec est court et beaucoup moins épais que celui des autres oiseaux de la même division, ce qui le rapproche surtout des colombes proprement dites. Le mâle a la tête, la gorge et toutes les parties postérieures du cou d'un gris bleuâtre (la planche de Mad.ᵉ Knip ne donne cette couleur qu'au derrière du cou seulement, et la tête, ainsi que le devant du cou, sont d'un vert clair); la poitrine présente deux larges bandes transverses, placées l'une au-dessus de l'autre, et dont la supérieure est lilas clair, tandis que celle de dessous est d'un jaune orangé; le dos, les scapulaires et les couvertures des ailes sont d'un vert-olive foncé; une bande jaune transverse est formée par toutes les taches de cette couleur qui terminent les grandes couvertures; toutes les pennes alaires noires, et les secondaires seulement lisérées de jaunâtre; le ventre est gris cendré; le bas-ventre jaune; les couvertures inférieures de la queue sont rousses; les douze pennes latérales de cette partie en dessus d'un gris foncé à leur origine, puis marquées d'une large bande noire et terminées de gris assez clair, et les deux pennes intermédiaires d'un gris uniforme; les pieds d'un beau rouge; l'iris a un cercle extérieur rouge, et un autre, en dedans de celui-ci, de couleur bleue. La femelle est dépourvue des deux bandes lilas et jaune-orangé qu'on voit sur la poitrine du mâle; tout son corps est d'un vert-jaunâtre clair; sa tête et la partie postérieure de son cou sont d'un gris bleu.

Cette espéce se trouve aux îles de Luçon et d'Antigue, ainsi qu'à Java, dans une seule saison de l'année.

107. Colombar odorifère ; *Columba olax*, Temm. et Laug., Ois. color., pl. 241. C'est le plus petit des colombars. Sa longueur totale est de sept pouces et demi. Le mâle, que l'on connoît seulement, est d'un cendré clair sur la tête, le cou, la nuque, et les côtés du corps recouverts par l'aile. Sur la poitrine est un large plastron de couleur rousse ; le ventre est vert, et le bas-ventre, ainsi que les couvertures inférieures de la queue, sont d'un brun marron ; le dos est de cette couleur, ainsi que les scapulaires et une partie des couvertures de l'aile ; les pennes alaires sont noires, et les secondaires seules sont lisérées de jaune clair ; le croupion et la plus grande partie du dessus des pennes caudales sont d'un noir ardoisé, et les dernières seulement ont le bout cendré ; en dessous ces pennes sont d'un noir plein avec l'extrémité blanchâtre ; les pieds et le tour de l'œil sont rouges ; la base du bec est bleue et sa pointe verdâtre.

Cette espèce, dont les formes sont très-semblables à celles du colombar aromatique, habite l'île de Sumatra.

Espèces peu connues ou douteuses.[1]

108. Colombe aux ailes tachetées : *Columba poiciloptera*, Vieill.; *Columba maculosa*, Temm. D'Azara, qui fait connoître cet oiseau du Paraguay sous le nom de *paloma cobijas manchadas*, lui donne douze pouces de longueur, un plumage généralement gris de plomb, avec les couvertures supérieures des ailes brunes et marquées de petites taches blanches vers leur extrémité, les petites ayant de plus une petite bordure extérieure blanche ; les plumes du cou sans reflet ; les pieds d'un violet foncé ; l'iris blanc ; le tour de l'œil rouge ; les pennes alaires bleues et terminées de noirâtre : les sexes ne diffèrent pas sensiblement l'un de l'autre.

109. Colombe bartavelle ; *Columba tetraoides*, Lath., Linn. Scopoli ne dit rien autre chose de ce pigeon, si ce n'est qu'il ressemble à la perdrix bartavelle par sa tête et son cou noir entouré de blanc sur la gorge. Il n'en indique point la patrie.

---

1 La dénomination de *Colombes*, que nous donnons à ces oiseaux, est prise dans l'acception générique du nom de *Columba*, telle que l'a employée Linné.

110. COLOMBE BLANC-VERDATRE; *Columba pallida*, Lath., Vieill. Elle est de la Nouvelle-Hollande. Son plumage, totalement d'un blanc verdâtre, passe au cendré sur la tête et le cou; ses rémiges sont bordées de brun sombre, et les autres pennes de ses ailes sont irrégulièrement tachetées de noirâtre; les deux pennes moyennes de sa queue sont seules noirâtres; son bec et ses pieds sont bruns.

111. COLOMBE BLEUE DU MEXIQUE : *Columba cærulea*, Lath., Linn., Vieill.; PIGEON BLEU DU MEXIQUE, Buff., Hist. des ois., p. 525. Il a la tête, le cou, le dessus du corps et les plumes du tarse bleus; le front marqué de rouge; la poitrine, le ventre, les flancs, les couvertures supérieures des ailes et inférieures de la queue de couleur rouge; les rémiges et les rectrices bleues; le bec, l'iris et les pieds rouges; sa taille est celle du pigeon domestique. Cet oiseau n'a aucun rapport avec notre COLOMBE AZURÉE, *Columba cærulea*, Temm. (Voyez n.° 67.)

112. COLOMBE BRUNE DE CARTHAGÈNE; *Columba fusca*, Vieill. Selon Jacquin, cet oiseau, de la taille de la tourterelle, a le plumage brun; le cou et la poitrine ondulés de noir et de blanc; les yeux noirs.

113. COLOMBE BRUNE DE LA NOUVELLE-HOLLANDE; *Columba meridionalis*, Lath., Vieill. La longueur de ce pigeon est de neuf pouces et demi. Il est d'un brun rougeâtre, plus pâle en dessous qu'en dessus, et blanchâtre en arrière; les pennes de ses ailes sont d'un brun foncé, et leurs petites couvertures marquées de trois ou quatre taches d'un pourpre noirâtre; sa queue est courte, arrondie, brune, avec toutes ses pennes pointues et terminées par une lunule blanche, excepté les deux intermédiaires, qui le sont par une bande noire; les yeux sont bruns, entourés d'une peau nue et d'un blanc bleuâtre; son bec est noir; ses pieds sont rouges.

114. COLOMBE BRUN-ROUGEATRE : *Columba rubescens*, Vieill.; Krusenst., Voy., pl. 17. Sa tête et son cou sont cendrés; l'occiput est noirâtre; tout le reste du corps est d'un brun rougeâtre; les pennes intérieures de l'aile et la base des extérieures sont blanches. Ce pigeon, dont la taille est de huit pouces, a été trouvé, par les naturalistes de l'expédition de Krusenstern, sur les montagnes de l'île Moukakiwa.

115. Colombe bruvert : *Columba brunnea*, Lath.; Temm., *Col.*, pag. 121 ; Pigeon brun et vert, Vieill. Elle a le dessus de la tête , le derrière du cou , le dos et les couvertures alaires d'un rouge brun; le devant du cou , la poitrine et le croupion d'un beau vert; le bec et les pieds d'un rouge de sang. On l'a trouvée à la Nouvelle-Zélande.

Si l'on ajoutoit à cette description que le ventre est blanc, on ne sauroit méconnoître dans cette espèce la Colombe Géante.

116. Colombe a collier blanc : *Columba asiatica*, Lath.; Temm., *Col.*, in-8.°, page 467 ; Tourterelle a collier blanc, Vieill. Ce pigeon de l'Inde n'a que onze pouces de longueur. Il a la tête, le devant du corps et la queue cendrés; le cou d'un vert jaunâtre, avec un collier blanc vers le bas; le milieu et le dessous de l'aile blancs; les pennes alaires noires et bordées de blanchâtre; les pieds bleuâtres ou jaunes; le bec bleuâtre à sa base et blanchâtre à la pointe.

117. Colombe égyptienne: *Columba ægyptiaca*, Lath.; Temm., *Col.*, pag. 119, et in-8.°, page 370. Celle-ci a la tête violette; le devant du cou couvert de longues plumes échancrées au bout, noires à leur base et de couleur de rouille sur les barbes de leur extrémité; le dos gris; la poitrine violacée; le ventre blanchâtre; les ailes généralement brunes; les deux pennes intermédiaires de la queue brunes; celle d'à-côté brune, avec le milieu noirâtre; la troisième et la quatrième d'un gris brun à leur base, noires ensuite, avec un peu de blanc au bout; les plus latérales avec les mêmes couleurs, mais plus de blanc; les pieds couleur de chair; le bec noir; le tour de l'œil nu et bleuâtre.

Cette espèce vit en Égypte, au voisinage des lieux habités.

118. Colombe Fermin: *Columba surinamensis*, Lath.; Temm., *Col.*, page 121 ; Tourterelle de Surinam, Fermin, *Surin.*, 2, page 165. Cette colombe, dont la longueur totale est de dix pouces, a la tête et le dos cendrés; le cou varié de vert et de noir; les grandes pennes des ailes brunes; les secondaires grises; la poitrine et le ventre blanchâtres; les pieds rouges.

Au rapport de Fermin, elle est très-commune à Surinam,

niche sur les sommités des plus grands arbres, et fait deux pontes par année. Sa chair est très-estimée.

119. COLOMBE DU MEXIQUE : *Columba mexicana*, Linn., Gmel., Lath.; *Columba fusca*, Briss.; le PIGEON DU MEXIQUE, Buff., Hist. nat. des ois., page 525. Cet oiseau, auquel Fernandez rapporte le nom de *cehoilotl*, a le plumage brun, la poitrine et la pointe des ailes blanches; le tour des yeux et les pieds d'un rouge vif; l'iris noir.

120. COLOMBE DE MONTAGNE DU MEXIQUE : *Columba hoilotl*, Lath., Linn., Gmel.; Buff., Ois., 2, page 525. De la taille de notre pigeon romain, cette espèce a le corps d'un roux pourpré, avec les petites couvertures des ailes blanches, le bec et les pieds rouges. Une variété est d'un fauve pâle, au lieu d'être rousse, et a le bec et les pieds rougeâtres.

121. COLOMBE HAGARRERO : *Columba zelandica*, Temm., Col., pag. 120; *Columba Novæ Zeelandiæ*, Linn., Gmel. Longue de dix-sept pouces deux lignes, cette colombe a toutes les parties supérieures d'un rouge brun, qui se change sur le devant du cou en teintes vertes; le croupion bleu; les pennes alaires noirâtres; le ventre blanc; la queue noire; les couvertures inférieures de celle-ci bleuâtres; le bec rouge, ainsi que les orbites.

Elle habite la Baie obscure (Dusky-Bay), à la Nouvelle-Zélande. Elle y porte, dans le langage des habitans, le nom de *hagarrero*; nous lui trouvons beaucoup d'analogie avec la Colombe Géante.

122. COLOMBE GOAD-GOANG : *Columba armillaris*, Temm., Col., pag. 118; COLOMBE NOIRE ET BLANCHE, Vieill.; *Columba melanoleuca*, Lath. Cet oiseau, qui, ainsi que le croit M. Temminck, paroît n'être qu'une variété de la COLOMBE GRIVELÉE, n.° 28, a treize pouces de longueur. Il a le devant de la face blanc; une tache noire triangulaire entre le bec et l'œil; une tache rouge derrière celui-ci; le sommet de la tête et l'occiput d'un gris clair; le cou d'un gris brun; toutes les parties supérieures du corps d'un brun verdâtre; la poitrine et le ventre en entier blancs; les plumes du poignet d'un brun verdâtre; des taches noires irrégulièrement distribuées sur les flancs; le bec et les pieds rouges.

On l'a trouvé à la Nouvelle-Hollande.

123. Colombe mordorée : *Columba miniata* , Lath., Temm., *Col.*, p. 119; Grande tourterelle de la Chine, Sonn.; Tourterelle a tête grise, Vieill. A peu près de la taille du ramier, celle-ci a la tête grise; le devant du cou, le ventre et le bas-ventre d'un gris-vineux clair; la partie postérieure du cou et le dos d'un violet-pourpré foncé; les plumes latérales du cou, très-échancrées vers leur extrémité, noires et terminées de gris vineux; les plumes de l'épaulette d'un mordoré foncé; les couvertures alaires d'un brun terreux; le croupion d'un gris lilas; les deux pennes intermédiaires de la queue d'un noir terreux; les latérales d'un gris noir à leur base avec leur dernière moitié blanche; le bec jaunâtre; l'iris rouge; les pieds bruns. Elle est de la Chine.

124. Colombe plombée; *Columba plumbea*, Vieill., Nouv. Dict. Cette espèce, rapportée du Brésil par feu Delalande, a le plumage entièrement d'un brun plombé, moins foncé en dessous qu'en dessus, avec quelques reflets verts sur les côtés du cou, et des taches d'un vineux clair sur le dessus de cette partie; les premières pennes des ailes lisérées de gris à l'extérieur; le menton blanchâtre; la queue arrondie; le bec noirâtre; les tarses rouges. Sa longueur totale est de douze à treize pouces.

125. Colombe pourprée de Java : *Columba purpurea*, Lath., *Syn.*, 2, page 628; Gmel.; *Purple pigeon*, Brown, *Ill. zool.*, tab. 18. Elle a le front vert; la tête et le cou d'un beau pourpre; la poitrine orangée; le dos, les scapulaires et le ventre verts; le bas-ventre rouge et les pennes noirâtres. Sa taille est celle du biset. On la nomme *Jooan* à Java et aux Célèbes. M. Temminck, *Col.*, in-8.º, page 443, rapporte cet oiseau à l'espèce du Colombar Jojo, *Columbo vernans*, n.º 106, malgré les différences que présente son plumage.

126. Colombe a collier pourpre : *Columba eimeensis*, Lath., Linn.; Temm., *Col.*, pag. 120; Pigeon ramier a collier pourpre, Vieill. Elle a quatorze pouces de longueur, le sommet de la tête et la nuque bruns; le front, la gorge et le devant du cou d'un roux pâle ou couleur lie-de-vin; les côtés du cou d'un rouge brun (et cette couleur, en se changeant en pourpre, forme une bande transversale sur la poitrine, laquelle est bordée postérieurement par une bande blanche); les cou-

vertures supérieures des ailes pourpres; les pennes noirâtres;
le ventre gris noirâtre; les pieds rouges; le bec noir.

Elle a été trouvée dans l'île d'Eimeo, dans la mer du Sud.
Nous lui trouvons quelque ressemblance avec la Colombe Zoë,
dont MM. Garnot et Lesson nous ont communiqué la description; mais elle en diffère suffisamment pour en être distinguée
spécifiquement.

127. COLOMBE SAUVAGE DU MEXIQUE : *Columba nævia*, Lath.,
Linn., Gmel.; le PIGEON SAUVAGE DU MEXIQUE, Buff., Hist.
nat. des ois., p. 525. Cette espèce, qui a été aussi désignée
par Fernandez sous le nom de *hoilotl*, est en dessus d'un brun
tacheté de noir; sa poitrine et son ventre sont d'un fauve
clair; les couvertures inférieures de ses ailes et de sa queue
sont cendrées; ses pennes alaires sont d'un brun uniforme,
ses pieds rouges, et son bec est noir. (Voyez ci-avant Co-
LOMBE DU MEXIQUE, n.° 119, dont celle-ci pourroit n'être
qu'une variété, ainsi que le soupçonne Buffon.)

128. COLOMBE SAUVAGE DU PARAGUAY : *Columba melanoptera*,
Molina, Linn., Gmel., Temm.; le PIGEON AUX AILES NOIRES,
Col. sylvestris, Vieill. Le devant de sa tête, le cou, la gorge,
les petites couvertures supérieures de l'aile, sont d'un rouge
violet; le derrière de la tête est d'un roux foncé, à reflets
d'or, verts et cramoisis; les ailes et la queue sont noirâtres, et
celle-ci est terminée de blanc; le reste du plumage est d'un
bleu roussâtre plus clair sous le ventre qu'ailleurs; le bec est
noir, l'iris cendré, et les pieds sont rouges. Sa longueur
totale est de douze pouces. D'Azara, qui a fait connoître cet
oiseau sous le nom de *paloma montes*, dit qu'il se tient dans
les grands bois, qu'il est sauvage et qu'il ne forme que de
petites troupes. Sonnini et M. Temminck pensent qu'on pourroit le rapporter à l'espèce de la Colombe aux ailes noires
de Molina, mais ce rapprochement n'est pas adopté par M.
Vieillot.

129. COLOMBE VERTE TACHETÉE : *Columba maculata*, Lath.,
Linn., Gmel.; Temm., *Col.*, in-8.°, pag. 465. Cette espèce,
dont la patrie est inconnue, est d'un vert brillant, avec le
ventre et le bas-ventre noirs; les plumes du col étroites et
alongées; les plumes scapulaires et celles des ailes marquées
de taches blanchâtres vers leur extrémité; les rémiges et les

pennes caudales noires et bordées de blanchâtre ; les dernières terminées de cette couleur; le bec noir, avec le bout
jaune ; les ongles noirs; les pieds bruns, avec le tarse à demi
emplumé. Sa longueur est de douze pouces.

130. COLOMBE A TÊTE ET COU BLANCS DE NORFOLK ; *Columba nor-
folcensis*, Lath., Vieill. La tête, le cou et la poitrine sont
blancs; le dessous du corps et les pennes alaires noirs; le dos
et les couvertures supérieures des ailes pourprés et marqués
de taches d'un pourpre encore plus foncé; la queue est d'un
pourpre terne et bordée de noir. Sa longueur totale est de
treize pouces.

Une variété a la tête, le cou et la poitrine ferrugineux; les
ailes et le dos verts; les pennes alaires noirâtres; le reste
du dessous du corps d'un brun pourpre; les deux pennes
moyennes de la queue ferrugineuses, et les autres de la couleur du croupion.

Cette espèce a été trouvée dans l'île de Norfolk.

131. COLOMBE A TÊTE ET COU GRIS; *Columba cuneata*, Lath.
Elle n'a que sept à huit pouces et se trouve à la Nouvelle-
Hollande. Sa tête, son cou et sa poitrine sont d'un gris pâle;
son ventre, ses jambes et les couvertures inférieures de la
queue sont blancs; son dos et les couvertures supérieures de
ses ailes sont d'un brun-roux clair, les premières étant tachetées de blanc; les pennes sont d'un gris-brun foncé; la
queue est étagée, et toutes ses pennes sont terminées de
blanc, cette couleur s'étendant davantage sur celles du
milieu.

132. COLOMBE TOURTERELLE DE LA CÔTE DE MALABAR OU COLOMBE
BRAME: *Columba malabarica*, Lath.; Temm., *Col.*, page 122.
Sa taille est celle de la tourterelle à collier du Sénégal. Elle
a la tête, le dessus du dos et les ailes d'un gris-brun clair;
la poitrine et le devant du cou d'un gris vineux; des taches
ovales d'un beau blanc sur les moyennes couvertures des
ailes; les deux pennes caudales intermédiaires grises, les autres noires dans leurs deux premiers tiers, et blanches dans
le dernier; le ventre blanc; le bec, les pieds, et l'iris rouges.

Elle est de l'Inde.

133. COLOMBE TOURTERELLE A GORGE POURPRÉE, Buff.: le TUR-
VERT. *ejusd.*, Hist. des ois., t. 2. p. 555: *Columba viridis*, Lath.;

Temm., *Col.*, pag. 121. Elle a huit pouces de longueur; le front et la gorge gris-cendré; le derrière de la tête et du cou, le dos, le croupion, les ailes, les couvertures supérieures de la queue, la poitrine et le ventre, d'un beau vert foncé; la gorge et le devant du cou d'un beau violet pourpré; les pennes des ailes noires; celles de la queue en dessus d'un bleu verdâtre, bordées de vert et terminées de gris-brun, les deux du milieu étant entièrement vertes; en dessous, toutes les pennes noires et terminées de blanchâtre; les tarses rouges, à moitié emplumés; le bec rougeâtre. Elle est des Moluques.

154. COLOMBE A VENTRE ROUGE: *Columba sinica*, Lath., Linn., Gmel.; Temm., *Col.*, pag. 120: la TOURTERELLE RAYÉE DE LA CHINE, Buff. Celle-ci n'a que dix pouces et demi de longueur. Elle a le dessus de la tête d'un gris cendré; les joues et les côtés du cou jaunes, avec des taches rouges placées à l'extrémité des plumes de cette dernière partie; l'occiput, le derrière du cou, le dos, le croupion et les couvertures supérieures de la queue bruns et marqués de raies noires transversales très-nombreuses; tout le dessous du corps, depuis et y compris la poitrine, d'un rouge rosé; les petites couvertures alaires supérieures brunes, avec des raies transversales blanches et noires; les grandes pennes noires, bordées de blanc; les pennes de la queue d'un brun pâle; le bec couleur de corne et les pieds rouges. Elle est de la Chine.

135. COLOMBE TOUROCCO: *Columba macroura*, Lath., Linn., Gmel., Temm.; la TOURTERELLE TOURROCCO OU A LARGE QUEUE, Buff., pl. enlum., n.° 329. Cet oiseau, long de douze pouces, a les pieds et le bec rouges, et la membrane de la base de celui-ci blanche; sa tête, son cou, le dessus de son corps, ses ailes et sa queue d'un brun roux, tirant sur le vineux; son ventre et les plumes de ses jambes d'un blanc sale; sa queue, longue de six pouces, arrondie et terminée de blanc. Il habite l'île de Ceilan. (DESM.)

PIGEON DOMESTIQUE. (*Ornith.*) Sous cette dénomination j'entends parler et des pigeons de volière, et des pigeons de colombier, qui ne sont encore arrivés qu'à une demi-domesticité.

Je ne me restreindrai pas de mon plein gré aux seuls pigeons domestiques de l'Europe, qu'ils soient réellement originaires de cette contrée, ou qu'ils y soient seulement acclimatés. Si je laisse beaucoup trop à désirer sur les pigeons vivant en servitude volontaire près de l'homme dans les autres parties du monde, ce ne sera qu'à regret, et parce que je manquerai de renseignemens nécessaires pour satisfaire une louable curiosité.

Qu'il me soit permis à ce sujet de demander comment il se fait que ces voyageurs qui partent incessamment pour les pays lointains, dans le dessein d'y chercher des connoissances nouvelles en histoire naturelle, ne tournent pas aussi leur attention vers des objets dont l'intérêt repose sur leur utilité. Est-ce qu'ils pourroient dédaigner, dans leurs recherches, l'étude de ces animaux et de ces plantes dont l'homme civilisé est soigneux de s'entourer en quelque lieu qu'il habite? Au premier aperçu, un grand nombre de ces êtres ont un air de ressemblance avec ceux qui sont communs en Europe; cela est vrai. Mais, en les considérant plus attentivement, chaque plante, chaque animal, a perdu ou gagné en utilité depuis son changement de climat; et, d'où dépend alors, et en quoi consiste cette modification? Il faut l'étudier, et il arrivera fréquemment que les objets qu'on croyoit si semblables à d'autres bien connus, offrent des différences très-remarquables avec ces derniers.

Il est un fait; c'est qu'en plusieurs régions de la terre fort éloignées les unes des autres, on voit des pigeons domestiques; que ces pigeons, nous dit-on, ont beaucoup de rapports avec nos pigeons européens; et cependant on sait, à n'en pouvoir douter, que d'autres espèces animales, transportées dans d'autres climats, ont éprouvé des changemens très-singuliers. Ici, ils ont acquis une taille plus grande, des couleurs plus vives, des mœurs dont on ne les croyoit pas susceptibles; là, au contraire, leur taille est changée, des appendices cornés ou charnus disparoissent, les couleurs du pelage ou des plumes sont également altérées; enfin, d'autres mœurs se sont développées. Je serois assez porté à le croire, on n'a encore rien découvert de spécial dans les pigeons de l'Amérique et des Indes, parce qu'on ne connoissoit pas bien les variétés des pigeons d'Europe, sauvages ou domestiques.

Mais ces oiseaux méritent-ils donc une étude suivie? S'ils n'ont pas pour l'homme ce degré élevé d'intérêt qu'obtiennent à juste titre le bœuf, le cheval, le mouton, etc., ils ont des qualités qui doivent leur attirer toujours nos soins. Cette question est jugée d'ailleurs. Dans l'antique Égypte, en Grèce, chez les vieux Romains, et chez presque tous les peuples modernes, le pigeon se trouve avec le chien, le bœuf, le mouton, le cheval, les oiseaux gallinacés, un commensal de l'habitation de l'homme.

Il la rend plus agréable, plus animée. Il est utile, il fournit une chair nourrissante et un engrais souvent indispensable à la fécondité de quelques terrains.

Des auteurs graves en ont fait le sujet de leurs observations; ont consigné ces observations dans leurs ouvrages; et ces auteurs sont un Aristote, un Pline, un Varron, un Columelle, et les plus dignes successeurs de ces hommes célèbres.

§. I.er On a dans tous les temps, et avec raison, regardé comme la meilleure introduction à l'étude d'un objet, un exposé des travaux entrepris à son occasion. Dans cet article je crois préférable de remettre successivement sous les yeux, dans une note succincte, ce que l'on doit, pour la connoissance des pigeons domestiques, à divers auteurs; en ayant soin de le présenter, sans essayer pour le moment d'exprimer une opinion : *Suum cuique.* Cette marche a bien quelques inconvéniens; mais quelle marche que je pourrois adopter, qui n'en auroit pas? Elle paroîtra peut-être entraîner dans des longueurs surtout, et dans des répétitions quelquefois; mais ce désavantage sera, ce me semble, de beaucoup compensé par l'instruction qui pénétrera graduellement dans l'esprit, et le préparera à saisir la pensée particulière, à quiconque tentera de payer à son tour un tribut à la science.

Aristote, cet ancien et habile historien des animaux, a placé le pigeon domestique (περιστερά, ἡ) au quatrième et dernier rang de son genre Péristéroeïde, qui d'ailleurs ne se compose en outre que du pigeon sauvage (οἰνάς), du ramier (φάττα, ἡ), et de la tourterelle (τρυγών, ἡ). Il a fait connoître plusieurs faits concernant l'organisation anatomique de ces oiseaux; il parle des divisions principales du tube digestif, du jabot qui est plus large à sa partie moyenne qu'à ses deux orifices, et qui est renfermé dans un grand pli de la peau du col; du gésier, organe musculeux et robuste, revêtu à son intérieur d'une membrane épaisse, ferme, etc.; de la forme globuleuse, et de la petitesse du volume de la rate, etc. Ce qu'il dit de la durée de la vie du pigeon domestique, qui est de huit à neuf ans; des alimens qu'il recherche, et ce sont des graines végétales; de ses goûts, de ses passions, de ses mœurs, de la manière dont il se reproduit, dont il couve, dont il élève ses petits, dont il s'en sépare dans la suite, etc., a été confirmé, à peu de chose près, par l'assentiment des naturalistes de tous les temps. (*Hist. des anim.*, liv. 6).

On doit à Pline, dans son Histoire naturelle, un chapitre très-court dans lequel il a reproduit et resserré les connoissances acquises par Aristote sur les oiseaux columbacés. Il n'y ajoute rien à proprement parler; mais l'auteur grec n'avoit indiqué de différence parmi les pigeons que celle qui résultoit entre ceux de la Grèce et ceux de l'Égypte, de la plus grande fécondité des derniers, qui faisoient jusqu'à douze pontes par an; et le naturaliste italien donne lieu de penser, que les Romains avoient appris à distinguer quelques races différentes dans les pigeons domestiques. Il signale incidemment, mais à propos de leur intelligence, la variété de ces oiseaux dont Brutus et Hirtius se servirent, pendant le siége de Modène, pour correspondre ensemble. Il s'arrête aussi aux variétés à grande taille de la Campanie, parce que de son temps elles étoient devenues un objet de passion folle pour beaucoup de citoyens de Rome. « Columbarum amore « insaniunt multi; super tecta exædificant turres iis, nobi- « litatemque singularum et origines narrant veteres. Jam « exemplo L. Axius, eques romanus, ante bellum civile Pom- « peianum, denariis quadringentis singula paria venditavit, « ut M. Varro tradit; quin et patriam nobilitavere, campaniâ « grandissimæ provenire existimatæ » (*Hist. nat.*, l. X, c. 37.)

Il est une remarque qui ressort du travail d'Aristote et de celui de Pline, et que je ne puis omettre de noter ici. C'est que c'est surtout du pigeon de volière en général que les anciens ont décrit les mœurs et les habitudes.

Sur ce point, on n'est pas redevable à Aldrovande (*Orni-thologia*, lib. 15, *Bonnoniæ*, 1523) de quelque connoissance nouvelle. Il n'a pas non plus enrichi son ouvrage d'observations qui lui soient propres, sur la disposition anatomique des organes, ni sur la physiologie des pigeons. Cependant, comme il a recueilli avec un soin extrême tout ce qui avoit été écrit sur ce sujet; comme il traite successivement, à la vérité un peu en désordre et avec une prolixité effrayante, de l'anatomie, du sexe, des sens des pigeons, du colombier, du vol, de l'âge, de la voix, de la nature, des mœurs, de l'esprit, de l'accouplement, de la ponte, de l'incubation, des combats, des sympathies et antipathies, des maladies, de l'histoire, des noms et surnoms de ces mêmes oiseaux; des présages et des augures qu'on tiroit dans l'antiquité de leur vol et de l'inspection de leurs entrailles, etc.; des préjugés sacrés à leur égard; des hiéroglyphes dans lesquels ils entroient; de leur usage dans les sacrifices des Hébreux, dans les funérailles, etc.; des allusions morales, des allégories, emblêmes, énigmes, proverbes, apologues, auxquels ils ont donné lieu; de leur usage en médecine et dans les alimens, etc.; cependant, dis-je, comme Aldrovande a recueilli un si grand nombre de renseignemens variés sur l'Histoire générale des pigeons, il ne me semble pas mériter l'oubli assez profond dans lequel il est tombé. On ne doit pas taire aussi, pour être juste, qu'il a donné dans un second chapitre la description de quelques variétés du pigeon domestique. Dans le nombre il en avoit observé plusieurs par lui-même.

1. Le Pigeon domestique, *Columba domestica* (*Col. Tronfo vel Asturnellato*), dont les pieds sont nus, et les couleurs du plumage et la taille très-variables.

2. Le Pigeon domestique a pieds velus ou emplumés, *Columba domestica alia*, lequel varie également pour les couleurs et la taille.

3. Le Pigeon huppé, *Columba nostra cristata*. Il a les pieds nus ou emplumés, une taille et un plumage qui peuvent offrir de grandes différences.

4. Le Pigeon a plumes frisées, *Columba crispis pennis*.

5. Le Pigeon a capuchon, *Columba cypria cucullata*. Il peut avoir les pieds nus ou emplumés. Il présente plusieurs sous-

variétés. *a) Columba cypria alia* : noir à la tête et à la queue; manteau blanc. *b) Columba cypria alia (Tronfo)* : c'est une variété à large poitrine. *c) Columba cypria alia* : bec un peu long; forme du corps également alongée.

6. Le PIGEON INDIEN, *Columba vulgo indica*. Il est semblable à la variété précédente, moins la cuculle. Sa couleur est noire; le bec court; le tour des yeux rouge.

7. *Columba vulgo cretensis*. Cet oiseau a le bec court et le plumage entièrement d'une couleur bleu - cendré; il paroît congénère des deux variétés précédentes, 5 et 6.

8. Le PIGEON GROSSE-GORGE, *Columba perperam gutturosa dicta*. Peut-être est-ce le pigeon de Crète, ou plutôt le véritable *cypria*.

9. Le PIGEON PERSAN ET TURC, *Columba persica et turcica*.

10. *Columba indica rostro anatis*. Il a les pieds et la taille du pigeon commun; les rémiges et la queue remarquables par leur brièveté; le bec rougeâtre autour des narines, avec une teinte bleue, etc.

11. *Columba saxatilis*, M. Varro.

Un siècle et demi environ après Aldrovande, un ornithologiste, Willughby, s'occupa des pigeons, rappela avec concision les principaux traits de leur histoire, qu'il avoit recueillis dans ses lectures, et apprit à distinguer un bien plus grand nombre de variétés, qu'on ne l'avoit fait jusqu'à lui, dans les pigeons domestiques (*cap.* 15, *De columbis in specie*).

Il a décrit ou donné des renseignemens sur dix - sept variétés parmi ces derniers : 1.º sur les GRANDS PIGEONS DOMESTIQUES, *Columbæ domesticæ majores* : ce sont les pigeons de Campanie, de Pline, et les pigeons romains de ce temps- ci. On les appeloit aussi quelquefois pigeons russes; on en ignore le motif. 2.º Sur les PIGEONS GROSSES-GORGES, *Columbæ gutturosæ; Croppers*, des Anglois. 3.º Sur les PIGEONS TREMBLEURS A LARGE QUEUE, *Columbæ tremulæ laticaudæ*; ils ont vingt-six pennes à la queue; leur nom usuel actuel est pigeon-paon. 4.º Sur les PIGEONS TREMBLEURS A QUEUE ÉTROITE, *Columbæ angusticaudæ seu acuticaudæ*. Viennent ensuite

5.º Les PIGEONS MESSAGERS, *Columbæ tabellariæ;* en anglois *Carriers*. Willughby pense que ce pourroit bien être le pigeon turc ou de Perse, signalé par Aldrovande.

6.° Les Pigeons a capuchon ou Jacobins, *Columbæ cucullatæ sive Jacobinæ;* en anglois, *Jacobines; Columbæ cypriæ,* Aldr.

7.° Les Pigeons cravates, *Columbæ turbitæ;* en anglois, *Turbits.*

8.° Les Pigeons de Barbarie ou de Numidie, *Columbæ Barbaricæ seu Numidicæ;* semblables aux précédens par le bec, et probablement les mêmes que les pigeons Crétois d'Aldrovande.

9.° Les Pigeons claquarts, *Columbæ percussores; Smiters,* des Anglois.

10.° Les Pigeons tournans, *Columbæ gyratrices seu Vertagi;* en anglois *Tumblers.* On en connoît de couleur et de grosseur différentes.

11.° Les Pigeons casqués ou armés, *Columbæ galeatæ;* en anglois, *Helmets.*

12.° Les Pigeons cavaliers, *Columbæ equites; Lighthorsemen* des Anglois. Genre faux, dit Willughby; car il provient du pigeon messager et du grosse-gorge.

13.° Les pigeons appelés *Bastards-Bills* par les Anglois. Leur nom est tiré de leur bec ni court ni long; ils sont plus grands que les pigeons de Numidie, ont le bec court, les yeux rouges, le plumage de couleurs différentes.

14.° Les pigeons appelés en anglois *Turners.* Willughby leur donne pour caractère : *Cirro à vertice retro dependente, et bifariàm jubæ equinæ in modum diviso insignes.*

15.° Les pigeons nommés *Finikins,* qui ressemblent aux précédens, mais seulement sont plus petits.

16.° Les Pigeons mahométans, *Columbæ mahometanæ;* en anglois *Mawmets.* Ils doivent peut-être leur nom à la Turquie, dont ils ont été rapportés. Leurs yeux sont grands, noirs, et semblables aux yeux des pigeons numides.

17.° Les pigeons que les Anglois appellent *Spots.* Ce sont les pigeons auxquels on donne en France actuellement le nom de *heurtés.* (*Ornithologiæ libri tres, etc.,* 1676.)

Les descriptions des diverses variétés, reconnues par l'auteur, laissent sans doute beaucoup à désirer. Mais il est remarquable que la plupart des variétés qu'il a signalées ainsi plus ou moins imparfaitement, n'en ont pas moins été adoptées par les ornithologistes plus modernes, et sans que ceux-ci rappellent le plus souvent le travail de leur prédécesseur.

Brisson est un des naturalistes qui a perfectionné plusieurs de ces descriptions. Il commence l'exposition de son genre Pigeon par les cinq espèces suivantes : 1.º le PIGEON DOMESTIQUE OU DE COLOMBIER ; 2.º le PIGEON ROMAIN, sous l'espèce duquel il comprend seize variétés; 3.º le PIGEON BISET ; 4.º le PIGEON DE ROCHE, avec une variété; et 5.º le PIGEON SAUVAGE (Ornithologie). Sa dixième espèce est le PIGEON DU MEXIQUE, *Columba fusca* (*Cehoilotl* de Fernandez), race domestique d'ailleurs.

Quant aux seize variétés qui sont réunies à la suite du pigeon romain, en voici les noms : *a*) le pigeon patu; *b*) le pigeon huppé; *c*) le pigeon de Norwége; *d*) le pigeon de Barbarie; *e*) le pigeon nonnain; *f*) le pigeon à gorge frisée; *g*) le pigeon frisé; *h*) le pigeon turc; *i*) le pigeon messager; *k*) le pigeon grand-gosier; *l*) le pigeon cavalier; *m*) le pigeon batteur; *n*) le pigeon culbutant; *o*) le pigeon cuirassé; *p*) le pigeon paon; *q*) le pigeon trembleur. En lisant cette nomenclature, on aperçoit aisément ce que Brisson a choisi dans celle de Willughby et d'Aldrovande.

Il n'est personne qui puisse s'étonner que Buffon ait éclairé et avancé l'histoire des pigeons domestiques; tout ce qu'il a traité, à peu d'exceptions près, a été étendu et perfectionné par lui. Il a fait ressortir par un heureux rapprochement les difficultés plus grandes que l'homme a dû vaincre, lorsqu'il a voulu soumettre à son empire des oiseaux capables d'un vol rapide. En faisant remarquer que le pigeon domestique et le pigeon romain sont certainement de la même espèce, puisqu'ils produisent ensemble des individus féconds, et en ajoutant encore diverses autres considérations, il se croit fondé à réduire les cinq espèces de pigeons admises par quelques-uns de ses devanciers, à deux, le biset et le pigeon domestique qui, l'un et l'autre, selon lui, ne font qu'une seule et unique espèce. Ce seroit difficilement qu'on ne se laisseroit pas séduire par la manière dont il montre que le biset sauvage peut devenir esclave de l'homme et pour toujours; et bientôt après, on le suit, sans trop hésiter, lorsqu'il entre dans le détail des races de pigeons asservis. Le pigeon des colombiers n'est qu'à demi domestique.

Les pigeons tout-à-fait domestiques peuvent être divisés en douze races ou variétés principales.

1.° Les pigeons *grosses-gorges*, qui tirent leur nom de la faculté qu'ils ont d'enfler prodigieusement leur jabot en aspirant et retenant l'air, et qui se sous-divisent en treize variétés de couleur au moins.

2.° Les pigeons mondains, recommandables par leur fécondité, et qui peuvent être sous-divisés en sept variétés de couleur et de formes.

3.° Les pigeons-paons, qui ont la faculté d'élever et d'étaler leur queue large.

4.° Les pigeons polonois, plus gros que les pigeons paons, et pourvus d'un bec gros et court, etc.

5.° Le pigeon-cravate ou à gorge frisée.

6.° Le pigeon-coquille hollandois.

7.° Le pigeon-hirondelle.

8.° Le pigeon-carme, remarquable par ses jambes très-courtes.

9.° Le pigeon heurté.

10.° Les pigeons suisses.

11.° Le pigeon culbutant.

12.° Le pigeon tournant ou batteur.

Buffon n'a pas cru, quelques nombreuses que fussent déjà les races qu'il signale, devoir passer sous silence cinq autres races, qui peut-être ne sont que secondaires. Ce sont : 1.° le pigeon de Norwége, blanc comme la neige, patu, huppé et assez gros; 2.° le pigeon de Crète, qui a le bec très-court, les yeux entourés d'une large bande de peau nue, le plumage bleuâtre, etc.; 3.° le pigeon frisé, et qui est tout blanc; 4.° le pigeon messager, assez semblable au pigeon turc; et 5.° le pigeon cavalier, qui provient du pigeon grosse-gorge et du pigeon messager.

Ainsi l'illustre naturaliste françois adopte, avec peu de modification, la moitié des races de Willughby, et rappelle encore cinq autres, mais en émettant des doutes à leur égard; enfin il en propose trois nouvelles.

Un des ornithologistes anglois auquel la science doit le

plus, ne semble pas avoir avancé les connoissances acquises sur les pigeons domestiques. Latham les range dans la section de ses colombes à queue égale, immédiatement après la première espèce, le pigeon sauvage, *columba œnas*. Il donne les deux premières places dans ses vingts variétés de l'espèce du pigeon domestique, au biset, *columba livia*, et au pigeon de roche, *columba rupicola*. Les autres variétés sont celles, à peu de chose près, admises par Brisson et Willughby. Il rapproche aussi, dans la même variété, le pigeon paon et le trembleur à queue étroite; et quoiqu'il fasse deux variétés du pigeon turc et du messager, il lui semble que celui-ci ne diffère pas beaucoup du précédent. (*Systema ornithologiæ.*)

M. Temminck (Histoire naturelle générale des pigeons et des gallinacés, Amsterdam, 1813) établit trois divisions dans la famille d'oiseaux désignés par les noms de colombes et de pigeons. Il range dans la première les colombars, parmi lesquels on ne connoit encore aucune espèce domestique.

Toutes les colombes vraies entrent dans la seconde division. Elles ont les caractères essentiels suivans: Bec mince et dont la pointe est plus ou moins renflée; narines recouvertes d'une peau molle; tarse court, lisse, ou emplumé; ailes longues; queue carrée, étagée ou en forme de cône. Cette division est elle-même partagée en deux sections, d'après la forme de la queue. Dans la première section sont réunies les colombes à queue carrée ou légèrement étagée, et par conséquent nos pigeons d'Europe, sauvages ou domestiques.

M. Temminck pense avec Buffon que c'est de la Colombe, Biset sauvage (*Columba livia*, Lath.), une des espèces qu'il admet, que descendent les pigeons de colombier et les races de volière, le pigeon domestique des naturalistes, la prétendue espèce de pigeon romain, et le pigeon de roche ou rocherais.

Il distingue parmi tous ces oiseaux, dont l'origine commune paroît être surtout le biset sauvage, plusieurs races. *A.* D'abord le Pigeon domestique, *Columba domestica*, Lath. on doit le croire le premier descendant du biset. Cet oiseau, qui offre beaucoup de variétés, sous le rapport de la couleur de son plumage, a la partie inférieure du dos blanche.

le bec brun, la membrane de la base du bec rougeâtre et comme saupoudrée de blanc; les pieds rouges, etc.

Viennent ensuite : *B.* le PIGEON ROMAIN, *Columba hispanica*, Lath., dont quelques individus sont ou patus ou huppés; *C.* le PIGEON GROSSE-GORGE; *D.* le PIGEON TURC OU BAGADAIS; *E.* le PIGEON NONNAIN. M. Temminck veut que les PIGEONS-COQUILLES HOLLANDOIS obtiennent place dans cette race, dont ils paroissent, selon lui, être originaires. *F.* Le PIGEON-CRAVATE, *Columba turbita*, Lath., lui semble constituer une race distincte, et d'après les caractéres de laquelle il ne peut soupçonner qu'elle provienne du biset sauvage; car les pigeons à cravates ont le bec extrêmement court, gros, dur; et en outre, ils ne propagent que difficilement avec les autres pigeons domestiques. *G.* Il en est de même du PIGEON-PAON. L'honorable naturaliste hollandois, en comptant les plumes de la queue de cet oiseau qui sont au nombre de trente, voit dans ce caractère de la race un trait qui l'éloigne beaucoup du pigeon biset dont la queue a seulement quatorze pennes. Les pigeons trembleurs sont d'ailleurs de la race des pigeons-paons. *H.* Enfin, une dernière race comprend et le PIGEON CULBUTANT, et le PIGEON TOURNANT.

La troisième des divisions en lesquelles M. Temminck partage la grande famille des oiseaux colombacés, est celle qu'il intitule COLUMBI-GALLINES. Il lui donne, comme essentiels, les caractéres suivans : Bec long et menu; mandibule supérieure peu ou point renflée à son extrémité; tarses longs et grêles; doigts entièrement séparés; ailes courtes, généralement arrondies.

Un oiseau domestique est renfermé dans cette division, et c'est le motif qui me fait y arrêter un moment. Pigeon remarquable par sa grande taille, la couleur de son plumage, l'aigrette qu'il porte sur la tête, le COLOMBI-GALLINE GOURA, *Columba coronata*, Lath., est apporté de l'île de Banda par les Hollandois à Java, où il est très-commun, et de là en beaucoup d'autres lieux.

M. Vieillot, dans un article du *Nouveau Dictionnaire d'histoire naturelle*, a placé les pigeons domestiques à la suite du pigeon biset ou de colombier (*columba livia*, Var.) dans la première section du genre Pigeon, section caractérisée par un bec droit, grêle, flexible et renflé vers le bout; par des tarses courts; des ailes longues et pointues. Il a imité en cela Buffon, et il l'imite encore en adoptant ses douzes races pures. Mais il fait à la plupart quelques additions, ou il expose sur plusieurs d'entre elles quelques remarques.

Ainsi il pense que l'on doit ranger dans la race des *pigeons grosses-gorges :* 1.º le pigeon lillois; 2.º le pigeon plongeur, et 3.º le pigeon claquart.

A la race des *mondains*, M. Vieillot ajoute, 1.º la nouvelle variété de pigeon, dite *bâtarde*, ou mieux *batave*, parce que les premiers individus ont été apportés de Batavia; 2.º une variété, apportée de Berlin vers 1808, dont le plumage étoit d'un beau noir, avec un rang de poils blancs sur les ailes; variété qui ne paroît pas avoir pu multiplier en France; 3.º le pigeon volant, qui tient beaucoup du biset, mais dont les yeux offrent un iris d'un blanc de perle; 4.º le pigeon maurin, qui est tout noir, avec la tête et le bout des ailes blancs, etc.

Une variété curieuse, appelée pigeon paon de soie, est réunie à la troisième race pure de Buffon. Les barbes des plumes de cet oiseau sont sans adhérences et retombent comme de la soie, ou plutôt comme des fils de coton.

Enfin, une jolie variété, qui paroît avoir été produite en Angleterre, est venue augmenter la onzième race de Buffon. Son nom anglois est *Tumbler*.

M. Vieillot a fait des essais pour mélanger ces diverses races ou variétés. Il croit que deux caractères dominent dans ces mélanges, celui de la race et celui du mâle. On lui doit aussi quelques considérations sur les mœurs des pigeons dans lesquelles sont exposés plus d'un motif pour ne pas adopter sans restriction le portrait séduisant que fait Buffon de leur amour vif et constant.

§. II. Les pigeons domestiques n'offrent pas moins que les pigeons sauvages les signes caractéristiques de la tribu d'oiseaux qu'ils composent en commun.

Ils ont le bec voûté et comprimé latéralement; les narines percées dans un large espace membraneux et couvertes d'une écaille cartilagineuse qui forme un renflement à la base de la mandibule supérieure; le sternum osseux, profondément et doublement échancré; quatre doigts articulés sur le tarse à peu près à la même hauteur, et parfaitement séparés ; la queue composée de douze pennes, etc. Mais il ne faut pas oublier surtout qu'on leur attribue généralement un bec grêle, flexible, et dont la mandibule supérieure est plus ou moins renflée vers le bout.

Je dois sur ce point faire faire une remarque. Le bec du pigeon de volière est grêle, si on le compare au bec de certains oiseaux carnassiers ou frugivores. Il cessera de paroître tel, lorsqu'on fera attention d'une part à sa longueur, à son volume dans quelques variétés, par exemple le pigeon bâtard ou de Batavia ; et d'autre part à son usage, car il n'est destiné qu'à ramasser et saisir des graines. Il ne seroit pas non plus très-exact d'admettre avec quelques ornithologistes que ce bec est droit, car assurément deux variétés au moins des pigeons de volière présentent une véritable courbure à leur bec. Cet organe est aussi fort court dans plusieurs variétés, et en même temps fort gros et presque conoïde au moins dans une race, le pigeon polonois.

Quelques détails anatomiques trouveront leur place ici, et d'une manière utile. Ils rendront souvent compte, par leur simple rapprochement, de la manière dont s'exécutent la plupart des fonctions des pigeons domestiques, de leurs mœurs, et nullement de leur intelligence.

La peau du pigeon domestique n'a pas la même épaisseur dans toute son étendue : là, où des plumes nombreuses y sont insérées, elle est moins mince que dans les portions qui ne donnent pas naissance à des plumes, ou au moins qui ne donnent naissance qu'à un petit nombre.

Une disposition symétrique des plumes sur plusieurs parties du corps, mérite également d'être remarquée. Implantées comme sans ordre à la tête, à la partie supérieure du cou, au croupion, etc., on les voit ensuite affecter de former sur le corps des bandes plus ou moins larges, et, qui ici, s'éloignent les unes des autres, et là, se rapprochent et se confondent. Dans l'intervalle des deux bandes pectorales, la peau est lisse et privée de plumes.

C'est principalement aux régions du corps où la peau porte des plumes en grand nombre, que s'accumule le plus de graisse dans le tissu cellulaire sous-cutané. Il n'y a d'excep-

tion que pour la tête et les extrémités des membres. Lorsque l'embonpoint commence à se développer au corps d'un
oiseau, il se montre d'abord dans le tissu cellulaire situé
sous les bandes de peau emplumées, et à leurs points de
jonction. A la vérité, l'humeur graisseuse ne se dépose jamais
ou que très-rarement sous la peau des extrémités des ailes,
et aux jambes; mais là on trouve la peau épaisse, et les
tissus sous-jacens sont pour l'ordinaire imprégnés d'une séro-
sité assez abondante et rosée. La graisse y est donc remplacée
à quelques égards par un autre liquide et une certaine disposition organique. Ces diverses remarques ne pourroient-
elles pas suggérer la question suivante. L'accumulation de la
graisse dans le tissu cellulaire qui correspond aux portions
très-emplumées de la peau, auroit-elle une relation quelconque avec la production des plumes? Je n'ose croire qu'il
fût raisonnable de ne voir dans les faits qui sont l'occasion
de cette demande, qu'une simple coïncidence entre deux
conditions de l'organisme.

Peut-être les considérations qui suivent, paroîtront forti-
fier ce doute. Lorsque dans la captivité, un oiseau, par
exemple, une fauvette à tête noire, un tarin, etc., prennent
un embonpoint considérable, leurs plumes deviennent tellement fines, douces au toucher, soyeuses, que le vol est impossible, quand les grandes pennes des ailes ont elles-mêmes
subi la même altération. Un tel phénomène tient-il à la graisse
sous-cutanée? Toujours il est certain que les mammifères et
les oiseaux sauvages, lorsqu'ils jouissent de la santé la plus
robuste, mais sans que beaucoup d'humeur grasse soit dépo-
sée dans leur tissu cellulaire, ont le pelage et les plumes
dans un état qui a quelque chose de rude et de sec; des
plumes et des poils soyeux ne peuvent donc pas dépendre
seulement d'une bonne santé pour leur production, il faut
une exubérance de graisse; mais lorsqu'elle a lieu, mammifères et oiseaux ne sont pas seulement pourvus de cet embonpoint si bien célébré par Boileau, chez les chanoines, la
nature les enveloppe encore de la plus moëlleuse hermine.

Puisque j'ai été amené à parler des plumes, et des plumes
soyeuses, j'ajouterai quelques mots sur ce sujet. Les plumes
soyeuses, luisantes, molles, sont l'effet, selon toute appa-

rence, d'une santé florissante avec accumulation de graisse dans le tissu cellulaire. On rencontre aussi des oiseaux qui ont des plumes molles, impropres au vol, comme cotonneuses, sans aucun lustre; ces oiseaux là, sont dans un état qui rappelle la condition organique des albinos.

Si on examine sur un oiseau sain, le pigeon par exemple, la manière dont les plumes sont fixées chacune dans la cavité oblongue de la peau qui les reçoit; 1.° on observe que les unes sont arrêtées simplement par le collet de cette cavité, qui presse plus ou moins le tuyau de la plume; et dans ce cas, que ce même tuyau resserré vers son extrémité, est fermé par une cloison membraneuse, alors la plume est devenue véritablement un corps étranger à l'animal. 2.° D'autres plumes sont retenues par l'adhésion d'une membrane mince qui recouvre le tuyau, avec les parois de la cavité du derme, et déjà le cylindre creux de ces plumes, diminué de calibre à son extrémité, y est clos encore par une cloison membraneuse. 3.° Toutes les autres plumes sont attachées par le pourtour du cylindre de leur tuyau à une portion de la surface de la cavité du derme, disposition comparable à l'union d'un placenta avec un ombilic. C'est alors que l'on rencontre les parois du cylindre plumacé plus ou moins flexible, et l'intérieur de ce même cylindre renfermant une pulpe molle, des liquides et des vaisseaux sanguins. Lorsqu'un jour je décrirai les phénomènes de la mue des pigeons, j'essaierai de donner une idée de la production des plumes.

Sous la peau, à la région pectorale, sur le sternum, d'ailleurs profondément et doublement échancré, sont étendus de chaque côté de la crête de ce même os, deux couches épaisses de chair musculaire, ou deux muscles puissans, agens principaux du mouvement en général de chacune des ailes. L'un et l'autre muscle s'attachent par un tendon à l'humérus, mais d'une manière différente; et ils sont composés de faisceaux musculaires assez distincts, même par la couleur. Il y a une disproportion très-grande de volume, entre les muscles qui servent aux mouvemens des ailes, et ceux qui sont destinés à mouvoir l'appareil osseux des membres pelviens. Aussi, les pigeons sont-ils peu aptes à marcher, à courir avec une certaine vitesse; et ce n'est qu'avec le secours de leurs ailes qu'ils peuvent accélérer ce genre de progression. Chez ceux d'entre ces oiseaux qui sont privés de la faculté de voler par l'une ou l'autre altération des plumes dont j'ai parlé précédemment, on ne voit pas que les muscles des cuisses et des jambes aient sensiblement un volume augmenté; cependant ces pigeons courent très-bien, mais il m'a paru que les muscles pectoraux pouvoient avoir une épaisseur moindre. Le colombi-galline goura, oiseau marcheur et à tarses longs, a l'appareil musculaire des membres pelviens probablement dans un état de développement plus parfait.

L'appareil osseux du pigeon ne présente les attributs d'une certaine force que dans les parties qui concourent au vol, surtout le sternum, les humérus, le sacrum. Les pigeons, couverts de plumes impuissantes pour le vol, ont les os de la cuisse et des jambes à peine plus forts que les individus doués de la faculté de voler. Le goura, toutes choses égales d'ailleurs, a sans doute les mêmes os plus volumineux; il les a, proportion gardée, certainement plus longs.

Les os qui composent la cavité de la poitrine, ont de si étroites relations d'organisation avec les poumons, que je rappellerai maintenant la situation fixe de ces derniers sur la colonne vertébrale et sur les deux rangées des côtes. Ces viscères sont d'ailleurs peu épais, mais larges, longs, et fort étendus; ils ne sont pas enveloppés d'une membrane séreuse.

C'est à l'appareil osseux du crâne qu'il faut attribuer seulement la tête assez grosse, ronde, et présentant assez distinctement trois bosses, des pigeons à bec court et gros, du polonois, du nonnain et du cravate. Les deux cavités orbiculaires, très-grandes, et ayant leur partie supérieure relevée et arrondie, forment deux de ces bosses; la troisième est due aux os de la partie postérieure du crâne, surtout à l'occipital, qui ont une épaisseur remarquable. On ne peut pas dire que ces oiseaux à tête grosse et ronde, aient un encéphale plus volumineux que les autres pigeons, proportion gardée, pour le taille des individus. Néanmoins, les grandes variétés du pigeon domestique, telles que le pigeon romain, le batave, etc., n'ont pas, selon toute apparence, un encéphale aussi développé que les petites variétés, en ayant égard aux tailles respectives de ces divers oiseaux.

De tous les organes des sens, ceux qui sont chargés de la vue, offrent dans leur organisation les proportions d'étendue les plus considérables et probablement les plus en rapport avec la plus grande puissance possible d'action. Les cavités nasales viennent ensuite, puis celle des oreilles. La portion cornée du bec, et les plumes, transmettent peut-être des sensations par un tact beaucoup plus susceptible qu'on ne l'imagine. La langue est entière, pointue, molle, médiocrement charnue, et néanmoins reçoit des vaisseaux sanguins et des cordons nerveux d'un certain calibre.

Avant de passer aux organes de l'appareil digestif, je dirai que le larynx inférieur est muni d'un seul muscle propre.

L'œsophage est long, fort dilatable; sa portion musculaire a peu d'épaisseur, et sa membrane muqueuse, mince et molle, est parsemée çà et là de cryptes muqueux et blanchâtres. Il se continue avec le jabot, et à proprement parler ne feroit qu'un avec lui, si ce dernier ne présentoit quelques différences. En effet, le jabot a des parois un peu plus épaisses, et sa membrane muqueuse un aspect pulpeux et blanchâtre; elle renferme des cryptes muqueux en grand nombre, et d'autant plus apparens qu'ils sont situés plus près de l'estomac; la cavité du jabot offre aussi plusieurs sinus. L'estomac ou le gésier, composé principalement d'un muscle puissant, tapissé d'une membrane robuste, blanchâtre, s'unit dans deux points très-rapprochés avec le jabot, qui se resserre en ce lieu et avec la première portion de l'intestin; celui-ci a une longueur et une capacité médiocre; à la fin de l'iléon et sur un de ses cotés, est situé le premier appendice du cœcum; l'autre se rencontre un peu plus loin et sur un autre côté. Ces appendices paroissent d'ailleurs varier d'étendue : en général, très-courts, ils n'excèdent pas en longueur le quart du doigt. Galien est le premier qui ait annoncé que la vésicule du fiel manque chez les pigeons. La rate toujours très-petite, et de forme ronde, a son siége entre l'estomac et le foie. (Aristote.)

Quant aux organes de la reproduction, je rappellerai seulement que les testicules, toujours assez petits, sont attachés à la colonne vertébrale, de chaque côté, à l'endroit où finissent les poumons. Il en est de même pour les ovaires dans les femelles.

Peu de mots suffiront également pour exposer ce qu'il est utile d'avoir présent à la mémoire, touchant les vésicules aériennes, ordinairement au nombre de trois : la première existe sous l'os sternum, reçoit l'air des poumons par des ouvertures, et s'étend jusqu'à l'estomac; en ce lieu, la seconde commence et c'est la plus petite; puis vient la troisième qui est la plus grande de toutes, et située à la partie antérieure du ventre; c'est également des poumons, mais par un canal membraneux, qu'elle tient l'air qu'elle renferme.

§. III. Les pigeons et les tourterelles sont granivores (ARISTOTE). Ils mangent nos diverses graines céréales, le sarrazin, le maïs, les pois, les lentilles, les féveroles, les graines des baies de raisin, le chenevis, l'alpiste, le millet, etc.; mais en domesticité, dans les volières, surtout la vesce. Cette dernière est à la fois leur nourriture la plus économique et la plus saine. Ils la digèrent très-bien; si elle les incommode quelquefois, c'est seulement dans certaines dispositions maladives. Au contraire, on a remarqué, 1.° que le blé, lorsque ces oiseaux sont enfermés dans une volière, les relâche beaucoup, peut leur donner un dévoiement dangereux, retarder la ponte des femelles, et rendre inféconds les œufs; 2.° que les grains de raisin, dont ils sont friands, relèvent leurs forces et leur sont très-utiles en hiver; 3.° que les semences de l'alpiste et le chenevis sont un stimulant énergique pour eux; et même un échauffement maladif, ou une irritation inflammatoire du tube digestif peuvent naître de l'usage un peu prolongé d'une pareille nourriture.

D'après les effets différens de chaque espèce de graines sur l'organisme des pigeons, on sera à même de juger quand on devra préférer celle-ci à celle-là, et corriger les inconvéniens des unes par l'action opposée des autres. Il n'est pas superflu d'ajouter ici, que la vesce la meilleure est pesante, dure, d'un noir luisant et foncé, et qu'elle doit avoir au moins un an, et mieux deux ans. Lorsqu'elle est très-nouvelle et qu'elle est récoltée depuis moins d'un an, elle peut troubler la santé des pigeons, et surtout des jeunes pigeons, et amener un

dévoiement dangereux, mortel même, si l'on n'y apporte un
remède prompt et presque sûr, le sel marin.

Mais les goûts, les appétits divers que montrent pour
chaque espèce de substance alimentaire, les pigeons que l'on
retient enfermés dans les volières, doivent engager à varier
de temps en temps leur nourriture. La seule précaution à
prendre est de leur laisser habituellement celle qui, d'après
l'expérience, leur est le plus ordinairement salutaire ; on
peut aussi les accoutumer, et cela est facile, à manger de la
mie de pain, de la pâtée préparée avec le pain, le son, et
diverses matières végétales.

Plusieurs espèces de pigeons sauvages, soit par un goût
naturel, soit par nécessité, mangent des insectes, divers
petits coquillages. On ne voit pas le pigeon domestique les
imiter dans l'usage de pareils alimens, s'il n'y est poussé par
le besoin; mais on a pu en accoutumer à prendre habituellement de la viande hachée. Leur tube digestif ne paroît pas
au reste diposé pour agir sur une semblable matière alimentaire; tout dans ce tube et dans ses annexes annonce qu'il
doit spécialement agir sur des substances végétales, sur des
graines le plus ordinairement.

La laitue cultivée et très-tendre, et l'oseille sont assez recherchées par les pigeons; surtout les feuilles d'oseille paroissent leur être très-agréables. Ce sont pour eux moins un aliment qu'une sorte d'assaisonnement. Il en est de même du sel
marin.

Cette dernière substance ne sauroit être nutritive, mais
elle est salutaire aux pigeons. Elle facilite leurs digestions,
et devient souvent un véritable remède pour plusieurs de
leurs maladies. Aussi a-t-elle pour eux un puissant attrait.
Ces oiseaux entreprennent de véritables voyages pour satisfaire leur goût le plus vif. On les voit prendre leur vol pour
aller, quelquefois jusqu'à six lieues de leur demeure, gagner
les bords de la mer; là, ils cherchent du sel dans les falaises,
et pendant des heures entières ils sont uniquement occupés à
becqueter les détritus des matières nombreuses et variées
qui peuvent en offrir des efflorescences. Les fontaines d'eau
salée qui existent dans plusieurs pays, sont également visi-
tées, comme les rivages de la mer, par les pigeons des contrées

environnantes. Cette observation et l'expérience ont engagé
depuis un temps immémorial, à donner du sel marin aux
pigeons de colombier et de volière. Mais l'on a appris aussi
que, s'il leur est très-avantageux lorsqu'ils en prennent une
quantité modérée, il peut leur devenir fréquemment nuisible, s'ils en usent trop souvent et en quantité trop grande
à la fois. Alors ont été imaginées plusieurs manières de leur
présenter le sel, presque toutes plus ou moins bizarres, dé-
goûtantes, ou mal entendues, ou nuisibles. Parler des premières seroit tout-à-fait superflu. On doit regarder comme
nuisibles, celles qui consistent à confectionner une pâte avec
un mélange de semences, telles que vesce, cumin, ou autres
graines farineuses, de terre un peu grasse et de sel, dans
certaines proportions. Les substances nutritives et l'espèce de
terre employées dans ces préparations sont alors amenées à
un état contraire à la santé des pigeons; les premières sont
devenues difficiles à digérer, l'autre ne peut plus aider l'estomac dans son action compressive sur les graines; aussi les
oiseaux, à la conservation desquels les pâtes dont je parle
étoient destinées, trouvent souvent dans leur usage, des
causes de maladies quelquefois mortelles.

La manière qui paroît la meilleure, de leur présenter le
sel, est de leur donner à becqueter un morceau de poisson
desséché et fortement salé, comme seroit une queue de morue
ou un maquereau, etc., destinés à être conservés long-temps.
Une queue de morue suffit pour cinquante pigeons. Lorsque
les localités ne permettent pas de recourir à de pareilles
substances, soit à cause de leur prix, soit à cause de leur
odeur forte et désagréable, on doit placer dans les colombiers
et dans les volières, des vases qui contiennent une bonne
terre de potager, et à laquelle on mêle de temps en temps
à la surface, une quantité de sel ou d'eau salée, en proportion du nombre des oiseaux. et en rapport avec l'espèce de
graines dont ils mangent habituellement. On doit penser en
effet, que si on est forcé de donner pour principale nourriture une graine qui soit très-rafraichissante ou indigeste, etc.,
une plus grande quantité de sel devient nécessaire; au contraire, il sera convenable d'en diminuer la quantité, si des
semences échauffantes sont surtout employées comme alimens.

La situation du lieu où est élevé le colombier et placé la volière, exige encore quelque attention relativement à la quantité de la matière saline qui doit être employée. Si une température basse y règne habituellement, il faut donner davantage de sel. L'observation a appris que c'étoit en hiver, que les pigeons montrent le plus d'avidité pour lui; on en a la preuve, lorsqu'on les voit dans cette saison, attaquer de leur bec, des pâtes préparées et desséchées qui leur ont répugné en tout autre temps, mais qui alors leur présentent seules la matière saline dont ils éprouvent un pressant besoin.

L'espèce de nourriture sèche dont habituellement le pigeon domestique fait usage, et son goût décidé pour les choses qui ont une saveur salée, contribuent sans doute à lui rendre nécessaire une boisson abondante. Par les mêmes raisons, l'eau qu'il boit, lui devient d'autant plus salutaire, qu'elle est plus douce, plus aérée, plus pure. L'eau de rivière doit lui être donnée de préférence à toute autre; à son défaut, que ce soit celle que l'homme emploie pour lui-même. Enfin, si l'on n'a que de l'eau de puits, toujours plus ou moins chargée de sels terreux, les pigeons consentiront à la boire, mais on doit s'attendre pour l'ordinaire qu'ils en seront incommodés. Cependant il semble que l'habitude rende, pour eux, moins fréquens les inconvéniens d'une mauvaise eau.

La température à laquelle le pigeon peut prendre sa boisson, varie beaucoup. En hiver, il boit l'eau que l'on vient de débarrasser de la couche de glace dont elle étoit couverte; mais il en boit moins très-certainement, et il ne paroît pas se plaire à y enfoncer le bec, ou bien il faut qu'il soit sollicité par une soif vive. En été, une eau fraîche est fort recherchée par lui, et il en prend beaucoup à la fois. Alors celle qui a été chauffée par le soleil lui répugne, et cependant j'ai vu des pigeons de volière que j'avois accoutumés à boire de l'eau très-chaude, continuer à prendre avec avidité de cette dernière.

Au reste, le goût marqué des pigeons sauvages, de colombier et de volière pour l'eau chaude, à un degré assez élevé, a été observé dans tous les temps. Les fontaines naturelles d'eau chaude ont toujours été en possession d'attirer les ramiers et les fuyards, et les hôtes des colombiers. Il est amusant d'habituer, dans les volières, les pigeons à boire de l'eau chaude et de s'y baigner. Cela ne se fait que par degrés. Les oiseaux, qui d'abord montrent de la crainte pour la vapeur qui s'élève du liquide, finissent par la braver, et viennent, après quelques essais, plonger leur bec dans une eau presque brûlante, et ils en boivent avec le plus grand plaisir au milieu de cette même vapeur très-abondante qu'ils avoient tant redouté précédemment. Il n'est pas douteux que, dans plusieurs de leurs maladies, la boisson et les bains d'eau chaude n'aient des avantages pour eux.

J'ai accoutumé des pigeons de volière à boire des eaux minérales, naturelles et factices. Ils en éprouvent des effets analogues à ceux que chacune de ces eaux exerce communément sur l'homme; remarque singulière, si on considère les différences d'organisation, et moins étonnante si on fait attention à l'espèce de composé que présente chaque eau minérale. J'ai vu l'eau de Seltz naturelle exciter d'une manière très-marquée l'appétit des oiseaux auxquels j'en ai fait prendre, etc. Il n'est pas douteux que les eaux minérales ne puissent entrer utilement dans la médecine et l'hygiène des pigeons domestiques.

On peut et on doit laisser constamment de la boisson aux pigeons de volière et même de colombier, parce que l'observation a appris qu'ils en ont besoin à des époques différentes de la journée, selon que la digestion s'opère chez eux. On pourroit également leur laisser toujours des alimens, mais cela a souvent des inconvéniens sous le rapport de l'économie et sous celui de leur santé. Alors il faut se régler encore sur l'observation pour les heures auxquelles on leur jettera de la graine. Or, elle fait découvrir que c'est particulièrement à leur réveil le matin, et une heure avant que la clarté du jour ne commence à baisser, que ces oiseaux montrent un besoin plus grand de prendre de la nourriture. On doit alors leur en donner des quantités plus considérables; une demi-poignée de vesce, par exemple, est suffisante par chaque individu. Cependant il faut faire encore une distribution de graines dans le milieu du jour, vers les deux heures après midi. Elle est destinée aux femelles qui couvent. Elles quittent assez régulièrement leurs œufs tous les jours de dix à onze heures du matin jusqu'à trois heures du soir; mais, comme à midi elles ont l'habitude de sommeiller, il est plus convenable de reculer de deux heures environ leur repas.

Il n'est personne qui n'ait vu les pigeons saisir et avaler la graine dont ils se nourrissent. Peut-être n'est-il pas cependant tout-à-fait superflu de dire par quel moyen ils la font passer du bec dans la gorge; c'est en retirant la tête en arrière, et en lâchant en même temps la graine, qu'ils la poussent aussi en arrière et dans leur pharynx. Quand ils ne sont pas mus par un appétit trop grand, un besoin trop pressant, ils reconnoissent, parmi les graines qu'on leur offre, celles qui leur sont bonnes, à l'aide du sens de la vue, de celui des saveurs, et même souvent par le simple toucher qu'exercent alors les extrémités des deux mandibules en saisissant l'aliment. La manière dont les pigeons boivent, a fourni aux naturalistes un assez bon caractère pour distinguer cette nombreuse famille d'une autre famille très-voisine, celle des passereaux. Lorsque ces derniers veulent étancher leur soif, ils prennent de l'eau dans la mandibule inférieure de leur bec, et la font couler dans la gorge en élevant avec promptitude la tête presque verticalement. Les pigeons, au contraire, plongent le bec dans l'eau, et aspirent pour l'ordinaire d'un seul trait toute la quantité de boisson dont ils ont besoin.

Lorsqu'ils ont fait ainsi passer dans leur jabot et des graines et de l'eau, la digestion commence. Les matières solides se laissent pénétrer, gonfler, amollir par les liquides. Une sorte de macération, puis de première division, ont lieu, non tout à la fois, mais successivement, et par petites portions de la masse alimentaire. Au bout d'une à deux heures, de foibles quantités de cette même masse alimentaire sont dirigées vers l'estomac. Là, elles éprouvent une trituration véritable, une extrême division par les contractions puissantes des couches musculaires et épaisses qui forment les parois de la cavité stomacale. L'action de l'estomac devient d'autant plus efficace et complète, que l'oiseau aura été à même d'ingérer dans la cavité de ce viscère, des petits fragmens de pierre, des grains de sable. C'est pour cela qu'il est d'une véritable importance pour la santé des pigeons de volière de leur donner

des vases remplis de terre végétable. Le sel marin agit alors
aussi, mais comme substance stimulante et du jabot et de
l'estomac. Après l'action de l'estomac, la pâte alimentaire
éprouve celle des diverses portions de l'intestin; elle est con-
vertie en chyme, puis une partie en chyle, et l'autre partie,
toujours plus considérable, parcourt tout le tube digestif, et
est à la fin rejetée au dehors à l'état de fiente, ou de matière fécale et d'urine.

C'est de cette manière que tous les alimens, qui avoient
été introduits dans le jabot, sont ensuite soumis, par portions, aux diverses régions du tube digestif, et que la digestion s'en opère successivement. Il faut pour l'ordinaire plusieurs heures pour qu'elle soit complète; quoiqu'elle s'exécute néanmoins assez promptement, eu égard à la nature des
matières à digérer. Le pigeon a l'estomac chaud, est un pro-
verbe vrai, et qui exprime l'espèce de célérité avec laquelle
les divers temps de la digestion s'accomplissent chez lui.

Pendant la première période de l'acte digestif, lorsque
les graines sont encore toutes dans le jabot, l'oiseau sent
évidemment ses forces remontées, et ses actions le témoignent
souvent. Mais si la quantité de graines ingérée est un peu
considérable, ou si rien ne stimule, n'inquiète, ne tour-
mente l'animal, il paroît alors assez disposé au repos, même
au sommeil. Plus tard, lorsque la digestion tire à sa fin, que
l'appétit commence à se réveiller, alors surtout il commence
à exercer d'une manière spéciale ses organes des sens, à
manifester des phénomènes d'intelligence et de sentiment,
et à exécuter diverses actions locomotrices.

Le mobile principal de toutes les exertions organiques qui
ont lieu en lui, est de satisfaire ses besoins, et un certain
penchant à vivre dans la société de ses semblables, penchant
qui dérive et du degré d'intelligence, et de l'étendue des
affections dont il est susceptible.

Pour lui, le premier des sens est, sans aucune contestation possible, le sens de la vue. Obligés, par leurs besoins,
de parcourir les airs, de descendre à terre pour y chercher
leur nourriture, de se rendre au bord des eaux pour se
désaltérer et se baigner, le pigeon de colombier, ainsi que
le pigeon sauvage, dépourvus d'armes réelles, soit pour atta-

quer, soit pour se défendre, resteroient exposés aux dangers
trop assurés de la poursuite des oiseaux de proie, s'ils ne
possédoient, dans l'étendue, la vivacité, la perfection de
leur vue, un moyen de conservation. Leurs yeux jouissent
en outre d'une mobilité très-grande dans les cavités orbitaires, et se dirigent, à la volonté de l'animal, dans toutes
les directions. Mais la vue trouveroit encore des obstacles à
s'exercer vers tel ou tel point, obstacles qui proviennent
surtout de la situation des yeux sur les côtés de la tête, si
l'oiseau ne savoit prendre certaines attitudes, et s'il n'étoit
le maître de faire mouvoir les deux paupières de chaque
œil ; ce qui lui fournit de nouveaux moyens d'écarter les
rayons lumineux qui troubleroient la vision, et en même
temps de recevoir seulement ceux qui lui apportent l'image
des objets qui peuvent être dans certaines directions. Ainsi,
pour reconnoître si au-dessus de sa tête, mais en arrière,
dans les airs, il ne plane pas quelque ennemi, le pigeon
alonge et abaisse un peu le cou, relève en même temps la
tête sur le cou, et dirigeant alors ses yeux en haut et derrière lui, peut ainsi découvrir de quel danger il est menacé.

Après le sens de la vue, celui de l'ouïe prend rang pour
l'importance. Il paroît cependant peu développé, pourroit-
on dire. On ne feroit pas attention alors qu'il faut distinguer
entre l'étendue et la délicatesse d'action d'un appareil d'organes. Des yeux, des oreilles, une langue, etc., peuvent
être capables, les premiers, d'une vue longue, perçante ;
les seconds, d'une ouïe qui perçoivent les sons les plus
éloignés, les plus foibles, etc., et cependant avoir une structure très-simple ; mais, s'ils devoient avoir en outre une
action assez délicate pour percevoir une foule de modifications dont la lumière, dont les vibrations de l'air sont susceptibles, dès-lors l'organisation des sens devient plus com-
plexe. L'ouïe du pigeon peut donc lui rendre de grands
services, quelle que soit l'unité, qu'on me permette cette expression, de son organisation ; puisque c'est pour ainsi dire
de bruit seul dont il s'agit pour lui. Ce n'est que, dans un
âge déjà avancé, que cet oiseau apprend qu'il ne doit pas
s'émouvoir pour le sifflement du vent, pour le choc des
branches d'arbres, mais réserver ses craintes et ses moyens

de salut quand le claquement des ailes, le cri aigre, ou le sifflement de ses ennemis parvient à son oreille. On ne cite que quelques exemples de pigeons adultes, qui se soient montrés sensibles à la musique ; probablement à cause de la simplicité de l'appareil auditif. La musique ne paroît faire sur le plus grand nombre que l'effet d'un bruit confus. Qu'arrive-t-il donc lorsqu'un de ces oiseaux devient sensible aux sons d'un instrument, comme ce pigeon qui ne manquoit jamais d'être attiré sur la fenêtre de l'appartement où une jeune fille jouoit sur un piano un air de Handel. Chaque fois qu'il l'entendoit, il quittoit tout, même son nid ; et c'étoit bien uniquement pour la musique, car nulle autre chose n'avoit le droit de le faire venir, ou de le retenir. Le chant *spere si* agissoit sur l'organe de l'oiseau, à la manière d'un son unique, mais agréable et séduisant.

Je n'ai pas été à même de faire d'observations sur l'odorat des pigeons, sinon que je n'ai jamais pu reconnoitre par aucun signe quand ils recevoient quelque sensation par les fosses nasales.

Mais ils perçoivent assurément de nombreuses impressions par le contact avec les objets environnans, et par l'organe des saveurs, la langue. Ils n'en tirent pas un parti moins important pour leur conservation, quoique ces deux sens n'agissent que sur des objets très-rapprochés. Ainsi on les voit se comporter différemment, selon que pèse sur eux une atmosphère sèche ou humide, calme ou orageuse, chaude ou froide, etc. Ils montrent toujours beaucoup de défiance, lorsqu'on leur présente une espèce de graines qu'ils ne connoissent pas. Mais si le besoin ou la curiosité, éveillée par la gourmandise, les presse un peu, on les voit saisir, lâcher, resaisir à différentes fois cette graine, et ne l'avaler enfin qu'après de longs tâtonnemens, beaucoup d'hésitation, une sorte d'essai par une application répétée à l'organe du goût.

On ne les habitue à boire des eaux minérales qu'en les privant tout-à-fait d'eau commune. Ils montrent une répugnance extrême pour les substances vireuses ou amères. J'ai choisi plusieurs fois des pigeons pour sujets d'expérience de différentes matières dont les moindres qualités étoient une amertume désagréable. Ils témoignoient par leurs mouvemens

généraux, par leur soin d'essuyer sans relâche leur bec, par
des efforts pour repousser cette matière, par le rejet ou
même le vomissement du corps si péniblement savoureux,
combien l'organe du goût étoit affecté vivement. Il y a plus,
lorsque je faisois prendre un extrait amer à un biset adulte,
mâle, robuste, fort intelligent, mais extrêmement ardent,
plein de feu, et je l'ai possédé long-temps, il entroit dans
une fureur si grande, que je ne la peindrai pas en disant
qu'il se jetoit avec transport sur tous les objets renfermés
dans la volière, et sur mes mains, et de préférence sur ses
compagnons d'esclavage, les frappoit à coups redoublés de
son bec, faisoit voler en grand nombre les plumes, et cher-
choit à les déchirer de ses morsures, jusqu'à ce qu'enfin, par
le fait de toutes ses violences, le bec ne conservât plus aucune trace de la matière amère, et qu'il fût parfaitement
essuyé.

Le même oiseau a été un de ceux qui m'ont fourni le plus
de faits, ou si l'on veut le plus d'indices sur le degré d'intelligence dont est douée sa race. Comment juger que les
animaux ont de l'intelligence? Par analogie, et l'analogie est
quelquefois si forte, qu'on ne sauroit en repousser les conséquences. D'abord les pigeons ont un cerveau, d'une organisation à la vérité bien moins compliquée que celui de
l'homme; mais, enfin, ils ont un cerveau, cet organe qui
ne pense pas, comme on l'a dit, chez l'homme, mais qui est
un intermédiaire si nécessaire à la manifestation de la pensée,
que cette manifestation cesse d'avoir lieu, du moment que
l'action du viscère est troublée par une lésion organique de
quelque intensité. Ensuite les pigeons exécutent des mouvemens, prennent des attitudes, font entendre des sons de
voix sous l'influence de certaines causes, qui tous rappellent,
qui tous sont une image sensible, et des gestes, et des inflexions
de la voix que l'homme offre d'ordinaire lorsqu'il doit communiquer ses idées, ses émotions. Il faut l'avouer, voilà nos
seuls moyens de reconnoître, d'apprécier, de juger l'intelligence, l'entendement de ces oiseaux. Jusqu'à quel point ces
moyens pourroient-ils nous faire tomber dans l'erreur, lorsqu'ils nous démontrent les limites de l'intelligence des pigeons, assez resserrées, mais d'ailleurs proportionnées aux

besoins de leur organisme, aux soins de leur conservation, et à ces germes premiers de sociabilité qu'ils laissent apercevoir.

Ils se souviennent, ils ont de la mémoire ; ils en ont tous, certaines races plus que d'autres, et quelques-unes transmettent cette faculté de leur intelligence même à leur progéniture adultérine. Ainsi, le pigeon cavalier conserve encore à un haut degré le souvenir des lieux qu'il a habités, et montre un penchant à y retourner qui est difficile à vaincre. Il ne s'agit pas seulement de la mémoire des lieux, mais de celle des actions des êtres avec lesquels ils ont quelque contact. Par exemple, adopte-t-on pour les prendre dans la volière tel ou tel procédé, ils le gravent dans leur mémoire, et sitôt que quelque geste annonce le commencement de la mise en pratique de l'un de ces procédés, ils le reconnoissent si bien qu'ils prennent leurs mesures pour en éviter l'effet. Toutefois, il faut le dire, s'ils se rappellent ce qui peut leur être désagréable ou dangereux, et pendant long-temps, ils ne paroissent pas se souvenir aussi long-temps de la main qui les a nourri, qui leur a donné des soins. Après une courte absence, on peut se présenter à eux, ils ne témoignent en aucune façon qu'ils reconnoissent la personne qui les rendoit heureux. Peut-être la nature n'a-t-elle voulu les douer que de la modification de la mémoire qui a trait directement à éviter un danger, à conserver l'individu exempt de toute atteinte funeste, parce que cela suffisoit au rôle qu'elle a départi à ces oiseaux.

Si l'on admet que les rêves soient un phénomène qui dérive de l'imagination, il sera difficile de refuser, au moins jusqu'à un certain point, cette faculté aux pigeons. Ils rêvent ; la nuit, les yeux fermés, ils font entendre des sons de voix, ils font des mouvemens qui rappellent quelques-unes de leurs passions, surtout la tristesse, la colère ou l'amour. Ils sont si bien plongés dans le sommeil, qu'on s'en saisit sans peine.

Sont-ils le résultat d'un jugement ou de l'instinct seul, ces mouvemens combinés, et presque toujours variés selon le besoin, qu'on voit exécuter aux pigeons lorsqu'ils veulent une chose, accomplir un désir, reconnoître les lieux où ils

se trouvent, choisir la direction dans laquelle ils doivent
prendre leur vol, ralentir et modifier leurs mouvemens à
l'approche du point sur lequel ils vont se reposer, ou d'a-
près les différences qui existent entre les objets qui les
effraient, etc. Est-ce l'instinct seul qui leur apprend à feindre
des intentions, à distinguer l'espèce de danger pour y op-
poser le moyen de salut le plus sûr. Mais, est-ce que l'instinct est susceptible de se perfectionner? Le jeune pigeon,
sous la sauve-garde unique de l'instinct, tombe, toutes choses
égales d'ailleurs, bien plus souvent dans le piége qui lui est
tendu, que ses vieux compagnons. Ceux-ci, instruits par
leurs souvenirs, reconnoissent les objets et le concours des
circonstances qui ont été déjà pour eux l'occasion d'une
crainte, la cause d'un danger, l'instrument d'une douleur.
Sans doute ils ne se rendent pas un compte fort exact des
objets qui les ont effrayés, mais il s'établit chez eux une
relation entre la vue de certaines choses, et une crainte
fondée pour leur liberté ou leur vie.

Si les vieux pigeons, mieux que les jeunes, savent éviter
les embûches, les poursuites de l'homme et des animaux,
s'ils devinent, pour ainsi dire, les projets de leurs ennemis,
s'ils en préviennent les effets, en opposant ruse contre ruse,
leur intelligence a donc éprouvé avec le temps un perfectionnement; elle en est donc susceptible. On a entendu faire
à ce sujet une objection. Si l'intelligence de ces oiseaux étoit
ainsi capable d'une sorte de perfectionnement, comment ne
s'appliqueroient-ils pas à dresser mieux le nid qui doit recevoir leur progéniture? Et d'abord les jeunes ne se montrent
pas à cet égard aussi adroits, aussi prévoyans de tous les
dangers que les pigeons qui ont fait déjà plusieurs couvées.
Ensuite lorsqu'on trouve si simple la construction de pareils
nids, lorsqu'on dédaigne cet assemblage de petites buchettes,
lâchement entre-croisées, lorsqu'on lui préféreroit un nid
plus dense, plus chaud, plus mollet et couvert, on désire
un perfectionnement dont ne pourroit s'accommoder la constitution, le mode d'existence du pigeonneau. L'expérience
l'a démontré. L'homme a essayé de construire des nids semblables, et les jeunes oiseaux en ont toujours été les victimes;
ils y deviennent malades. Pour des êtres dont le corps a beau-

coup de chaleur, dont les perspirations cutanées et les évacuations alvines ont toujours une odeur très-forte, des nids
qui se prêtent à une continuelle ventilation ne devoient-ils
pas être les plus convenables?

Quoi qu'il en soit, la curiosité, toujours si active, que manifestent les pigeons, ne permet guère de supposer que leur
intelligence reste stationnaire. S'ils recherchent de nouveaux
lieux, s'ils viennent reconnoître de nouveaux objets, ils en
gardent le souvenir; ils le témoignent très-bien par les tentatives adroites qu'ils font pour les revoir. C'est dans cette
même curiosité qu'ont sans doute leur origine une foule
variée de phénomènes légers, fugaces, qui peignent le développement de leur intelligence, lorsqu'on la cultive avec
soin.

Plus on s'occupe des pigeons domestiques, plus ils paroissent susceptibles d'idées et de sentimens; plus leur entendement et leurs affections semblent capables de répondre aux
causes par lesquelles on essaie de les mettre en jeu. Il est
cependant des bornes qui, à cet égard, ne sauroient être
franchies, et elles résultent de l'organisme de ces oiseaux,
de leur rang dans l'échelle des animaux. Le sentiment de la
conservation domine en eux tous les autres; il se manifeste
par des phénomènes différens, selon les idées dont il est accompagné, lorsqu'il est excité. Tantôt il sera tel que le pigeon
courra la chance du combat avec son ennemi, de quelque
espèce qu'il soit. Alors il montrera un courage opiniâtre,
une colère vive, quelquefois si aveugle qu'elle lui devient
funeste; quelquefois dirigée avec une intelligence évidente.
Vainqueur, il célèbre sa victoire avec orgueil, par des roucoulemens, et par des saluts vis-à-vis de sa femelle.

Tantôt le sentiment de conservation, dirigé par des idées
différentes, inspire à l'oiseau de se préserver de son ennemi
par la retraite ou la fuite complète. Les actions courageuses
sont alors mises plus ou moins de côté; la colère, qui provoque à attaquer, est remplacée par la crainte, par l'attention extrême de se dérober aux coups. Si la frayeur est très-
grande, est aveugle, le pigeon semble ne voir, ni entendre;
il se perd souvent lui-même. La crainte laisse-t-elle quelque liberté à son intelligence, il parvient pour l'ordinaire

à se sauver, soit par un vol rapide et bien dirigé, soit en
se précipitant dans les branches des arbres, ou par quelque
ruse en général. Le sentiment de la crainte agit d'ailleurs.
comme dans quelques autres espèces animales, sur le tube
digestif; mais l'évacuation alvine qui se répète plusieurs fois
est toujours très-peu abondante.

L'oiseau est-il marié, sa compagne suit des yeux les évé-
nemens. Lorsque le combat doit, selon l'apparence, se terminer heureusement et promptement, elle se montre tran-
quille, et seulement gonfle un peu la gorge, signe de colère,
d'amour et de plaisir. Elle approchera du combattant aimé,
ou témoignera une grande tristesse, ou s'enfuira avec ter-
reur, si la longueur de la lutte, si des signes d'infériorité
en force présagent la défaite et la mort.

La faim, la soif, la gourmandise, le désir de se baigner,
d'occuper une certaine place dans le colombier ou dans la
volière, sont des occasions sans cesse renaissantes de rixes,
de colère, puis d'animosités, d'antipathies. L'instant de la
ponte, la durée de l'incubation, l'éducation des petits, sont
des époques où les goûts belliqueux et le courage sont le
plus exaltés. La femelle les partage alors presqu'à l'égal du
mâle.

La colère d'abord, puis l'ennui, la tristesse, sont les affections qui se développent, quand on prive ces oiseaux de la
liberté à laquelle on les a habitués.

Ceux pour qui la volière est la demeure la plus convenable paroissent éprouver le besoin de la société de leurs
semblables et celle de l'homme. Un pigeon seul, un couple
isolé ressentent l'ennui, mangent peu, font entendre assez
rarement leur voix. L'homme vient-il les visiter, leur vie
est aussitôt remarquablement plus animée; ils jouent autour
de lui, ils l'attaquent, ils attirent son attention par leurs
provocations. C'est alors qu'ils se montrent le plus susceptibles d'éducation, de contracter des habitudes particulières,
de donner des signes d'intelligence, de rechercher des caresses.

Je dois maintenant parler d'une passion, la plus forte chez
les pigeons avec le sentiment de conservation; car l'amour
de la famille n'a pas toujours assez d'énergie pour contre-

balancer les deux autres affections, et il a d'ailleurs de longues intermittences. L'attachement, ou l'amour du mâle et
de la femelle, a très-rarement cette douceur, cette fidélité,
cette chasteté, dont on les a voulu parer; mais alors qu'il se
fait sentir, il s'annonce par une propreté plus grande, par
un soin de soi-même, qui suppose l'envie de plaire; par un
certain art de se donner des grâces qui le suppose encore
plus; par les accens de la voix, qui, d'abord modérée, gé-
missante, devient ensuite pleine et forte; par des caresses
tendres, des mouvemens doux et des baisers timides, qui
ne deviennent intimes et pressans qu'au moment de jouir.
Ce moment même est ramené quelques instans après par de
nouveaux désirs, de nouvelles approches également nuan-
cées, également senties.

Une passion qui s'annonce avec de pareilles démonstra-
tions d'affection, devroit, sans doute, mériter toujours les
éloges que l'on accorde à la constance, à la fidélité. Elle
les obtient cependant bien moins souvent que quelques
auteurs ne l'ont avancé. Alors, quoique des querelles légères
viennent troubler de temps en temps une liaison étroite,
une harmonie heureuse, toute la vie n'en est pas moins employée au service de l'amour et au soin de ses fruits. Alors
toutes les fonctions pénibles sont également réparties, et le
mâle, aimant assez pour les partager, et pour se charger des
soins maternels, couve régulièrement à son tour, et les œufs
et les petits.

Mais, dans l'état de domesticité, un amour, qui avoit pris
naissance avec toutes les apparences de la durée, s'affoiblit
assez ordinairement par les torts réciproques des deux époux,
et une coquetterie évidente, en blessant la constance, amène
à sa suite l'infidélité. Quelquefois ce n'est pas assez pour le
mâle de porter à une autre femelle ses plus intimes caresses,
il oblige sa première épouse à vivre avec celle-ci : étrange
exemple de ce que peut l'asservissement domestique sur les
mœurs; des oiseaux monogames offrent des exemples de biga-
mie! Quelquefois la rupture est entière et l'infidélité conduit
à une séparation complète. Un mâle devient-il vieux ou in-
firme, rarement sa femelle continue à vivre avec lui, et il
reste sans compagne. dénué qu'il est désormais et des grâces

et surtout de la vigueur de la jeunesse. Un autre genre de désordre peut avoir lieu. Il n'est pas abandonné de sa femelle; mais celle-ci se livrant à un amant, introduit dans le ménage des petits adultérins, auxquels le mari prodigue, dans son erreur, tous les soins de la tendresse paternelle. Enfin on a vu des individus du même sexe, mâles ou femelles, se livrer entre eux à des caresses, dont un plaisir lascif étoit l'unique objet. Quelle image repoussante d'une autre société, qui de l'abrutissement où elle consent à descendre, peut au moins se relever par des vertus d'un ordre supérieur.

L'amour ne se développe que rarement sans une autre passion, la jalousie. Les pigeons, et surtout les mâles, y sont fréquemment livrés, en aveugles, et d'une manière effrénée. Ils accourent alors près de leurs femelles, si elle est pressée par un autre pigeon, combattent celui-ci et contraignent celle-là à retourner à son nid, en la poussant, en la frappant légèrement du bec. Mais, s'ils ont été les témoins d'une infidélité complète, les coups ne sont plus ménagés; ils sont tout ce que la fureur peut leur donner de force et de cruel. Il est vrai que la femelle ajoute, pour l'ordinaire, à l'adultère une révolte ouverte, et qu'elle livre à son mâle un combat acharné. Mais de ce combat, terminé par la défaite de la coupable, renaît une nouvelle ardeur entre les époux; la paix se fait et l'amour recommence pour eux une nouvelle ère, comme il avoit commencé la première fois, j'ai oublié de le dire, par des coups de bec, par de petits combats pendant plusieurs jours de suite.

Est-ce aussi la jalousie qui pousse les pigeons à troubler les caresses d'un couple étranger, chaque fois que l'occasion s'en présente ?

Mais, à coup sûr, c'est un fort vilain sentiment que celui qui porte beaucoup de pigeons, surtout les mâles, à saisir l'instant où un couple s'est écarté de son nid, pour y entrer et y casser les œufs, ou pour y battre les petits, les déchirer et les tuer à coups de bec. Voici qui est bien plus mal. Il arrive aussi, à la vérité très-rarement, que de jeunes pigeons sont abandonnés par leurs parens. Lorsqu'ils ont ce malheur et qu'ils sont inhabiles encore au vol, ils peuvent mourir de faim, et s'ils cherchent, pour éviter ce danger, à descendre au milieu de la volière, ils peuvent être tués par les autres pigeons, à moins, et les exemples sont loin d'en être fréquens, que quelque pigeon n'ait pitié d'eux, ne les protége et ne les nourrisse comme ses propres petits.

J'aurois voulu m'arrêter ici dans l'exposition des différentes dispositions affectives des colombes domestiques. Un trait honorable de leur caractère eût un peu relevé leur espèce; mais je ne puis taire des actions de leur part, dans lesquelles on ne peut reconnoître qu'un mélange odieux de cruauté et de lasciveté. Quand un pigeon, tombé malade, est arrivé à un degré extrême de foiblesse; et si, pour surcroît de misère, il se trouve lancé au milieu de la volière, sans moyen de faire retraite vers un coin où il puisse se tenir blotti, il est bientôt assailli par les autres pigeons, même par l'oiseau auquel il étoit marié. Celui-ci le frappe d'abord doucement pour le faire regagner le nid; mais, lorsqu'il voit ses compagnons de volière tour à tour lui porter des rudes coups de bec et lui faire éprouver les assauts d'un amour brutal; alors lui-même s'irrite; la colère et la jalousie lui font méconnoître le triste état de celui qui est pour lui ou un époux, ou une femme, et il se joint aux autres bourreaux, assouvissant tantôt sa fureur, tantôt sa lasciveté atroce. Ces excès continuent même sur le corps privé de vie.

Les besoins, les idées, les sentimens qui animent les pigeons, se manifestent par la voix, par des actions en général, par des mouvemens de locomotion.

Éprouvent-ils la faim, la soif, ils se montrent inquiets, allant, venant, jusqu'à ce qu'ils rencontrent l'objet de tant de démarches. S'ils ne réussissent pas, et que la faim devienne plus pressante, plus insupportable, ils volent sur la personne qui entre dans le colombier, et lui témoignent leur tourment par les gestes les plus expressifs. Ils cherchent avec leur bec quelque aliment dans les mains, entre les doigts, dans la bouche, pourvu qu'on ne les effraie pas et que l'on se prête à leurs perquisitions. On peut faire servir cette observation à rendre ces oiseaux très-privés et privés au dernier point.

Lorsqu'ils souffrent du froid, ils le font connoître d'abord en ce qu'ils sont plus silencieux et en ce qu'ils se réfugient dans leurs nids ou dans les endroits de la volière, le plus à l'abri du vent, renonçant ainsi à ce besoin de mouvement, qu'ils satisfont presque sans cesse en tout autre temps. Mais, quand le froid enfin les gagne dans le repos, ils se mettent à battre des ailes avec force ; ils se soulèvent un peu de dessus le sol par bonds alternatifs, et continuent quelques momens ce manège.

Mais, parfois, ces mouvemens ne suffisent pas, et les pigeons désirent de la chaleur, en éprouvent le besoin. Alors, si le soleil vient à luire, ou si on les laisse approcher de quelque chose de chaud, ils s'accroupissent, étendent leur queue, et se plaçant un peu sur un côté, ils lèvent et ouvrent l'aile, qui est libre.

La chaleur les incommode quand elle est très-forte ; dans ce cas, ils tiennent le bec ouvert, et leur gorge présente un mouvement singulier et alternatif de dilatation et de resserrement.

La chaleur, lorsqu'elle les fatigue, fait naître chez eux un besoin, qui reconnoît d'ailleurs encore plus d'une cause, le besoin de se baigner. Il se reproduit souvent, sans doute par l'utilité dont est le bain pour des oiseaux incommodés par la température de leur corps, par deux espèces d'insectes, etc. Il est tel ce besoin, que le pigeon se plonge dans l'eau, non-seulement en été et dans les saisons douces, mais encore l'hiver, quand on vient de casser la glace qui la couvroit. Toutefois l'eau chaude en bain lui plaît beaucoup. J'en ai accoutumé à entrer dans ce liquide, chaud à 28 ou 29 degrés. J'ajouterai que, si l'on imaginoit que leur épais plumage met obstacle à l'absorption cutanée, on se tromperoit. Je crois m'être assuré par des expériences, que leur peau a une force absorbante, assez libre et assez active pour que, toutes choses égales d'ailleurs, de jeunes pigeons, plongés jusqu'au cou ou tout-à-fait dans une eau saturée de gaz acide carbonique, périssent par asphixie en moins de temps qu'ils ne le feroient s'ils étoient simplement immergés jusqu'au cou, ou submergés dans une eau de rivière. Il ne me paroît pas non plus possible de douter que de l'eau sulfureuse n'agisse, si elle est appliquée suffisamment de temps à la peau, sur l'économie des mêmes oiseaux.

En général, les divers besoins que j'ai plutôt indiqués que décrits tout à l'heure, ne s'annoncent jamais par l'action des organes de la voix, et lorsqu'ils viennent d'être satisfaits, les pigeons gardent encore le silence pour l'ordinaire. Ceci est remarquable, surtout en ce que ces animaux font dans tous les autres instans de leur vie un emploi très-fréquent, presque continuel des organes vocaux. Très-mobiles, irritables, querelleurs, amoureux, jaloux, inquiets, ils expriment toutes les affections auxquels ils s'abandonnent sans frein et tour à tour, soit par des sons brefs ou prolongés, aigus ou pleins, soit par un roucoulement, qui varie beaucoup aussi par la vivacité ou la lenteur, la foiblesse ou la force, et ses nombreuses inflexions en général.

En même temps que la voix se fait entendre, on remarque un gonflement plus ou moins considérable de la peau du cou. La voix, sous le rapport de sa force, paroît proportionnée à la dilatation de la gorge ; ainsi, elle est d'autant plus sonore et retentissante que le volume de cette dernière est plus grand.

Des mouvemens de locomotion accompagnent la plupart des inflexions que le pigeon donne à sa voix, et concourent ainsi à exprimer les affections, dont il est ému. Par exemple est-il prêt à combattre. mais avec une sorte d'hésitation dans l'idée qu'il se forme de ses forces comparées à celles de son adversaire, il se place de côté, serre ses plumes sur le corps, de manière à diminuer son volume, élève l'aile opposée au côté le plus rapproché de l'ennemi. gonfle légèrement la gorge, et menace du bec et de l'aile, qui est fermée.

On pourroit certainement trouver des caractères très-distinctifs des races, au moins pour plusieurs d'entre elles dans la manière de combattre, qui leur est la plus familière. Les pigeons à bec puissant marchent droit à l'ennemi, l'attaque de front et presque uniquement du bec. Les pigeons à bec court combattent du bec aussi, mais davantage avec l'aile, dont ils frappent des coups redoublés. Les pigeons grosse-gorge, trop vulnérables du côté de leur jabot, toujours enflé, attaquent ou se défendent de préférence à coups d'aile ; mais leurs adversaires essaient toujours de s'approcher d'eux et de les saisir près du bec, ou même dans le bec. Il est des petits pigeons patus, qui rarement emploient le bec et l'aile dans le combat ; ils se contentent de se précipiter sous le corps de leur ennemi, de le soulever , de lui faire perdre pied et de le jeter ainsi de côté. Assez souvent, au moment où ils passent la tête sous le corps de leur adversaire, ils lui mordent la peau dans la partie où elle est dénuée de plumes. Une autre variété se rue sur son ennemi, et le chasse par le seul choc de son corps. Au contraire, le pigeon tournant nuit surtout aux autres oiseaux colombaeés en venant se cramponner sur leur dos.

Les mouvemens locomoteurs qu'exécutent les pigeons lorsqu'ils s'abandonnent à l'amour, présentent aussi des différences. En général, dans cet instant, ils gonflent leur gorge , relèvent les plumes du croupion et étalent en éventail les grandes pennes de la queue. Mais, en faisant ce mouvement, plusieurs variétés abaissent en même temps la queue et la trainent à terre; une ou deux variétés la tiennent presque droite. Les pigeons-paons la relèvent assez pour la renverser un peu sur le dos.

Il seroit superflu de dire que les pigeons font un grand nombre de mouvemens, d'actions, hors le temps où ils éprouvent quelque passion. Ils doivent aller chercher leur nourriture, les matériaux dont ils composent leurs nids, poursuivre de leur bec les insectes qui se cachent dans leur plumage, nettoyer ce dernier, lisser leurs plumes, etc. Mais il est une remarque à faire ici à ce sujet. L'humeur, sécrétée par les deux glandes du coccix, diffère, à ce qu'il paroit, selon les variétés, pour l'odeur et la saveur. Peut-être est-ce cette humeur qui communique en partie au pigeon l'odeur qu'exhale son corps. Certainement la perspiration cutanée est pour beaucoup aussi dans ce phénomène. Au reste, l'odeur du corps des pigeons varie certainement, et elle n'est pas la même chez certaines races que chez d'autres. Si on pouvoit caractériser chaque nuance d'odeur, elle deviendroit un bon caractère pour distinguer plusieures races d'entre les autres. L'odeur du biset de colombier est très-douce. Celle qu'exhale le pigeon romain, une des plus grosses variétés, est quelquefois fétide et alors approche beaucoup de l'odeur de la matière fécale, jaune et bilieuse, de la poule et du chat.

§. IV. Ce n'est pas un des phénomènes les moins intéressans que présentent les pigeons, que cette disposition à vivre en société qui les anime tous, quoique à un degré plus ou moins grand. La structure anatomique du corps ne sauroit, par quelque particularité remarquable, rendre compte de la sociabilité de ces animaux. Certaines circonstances de l'éducation des petits exerceroient peut-être là quelque intervention; mais, en y réfléchissant bien, on trouveroit probablement que ces mêmes circonstances sont plutôt un effet qu'une des causes de la vie en société. La cause d'un tel genre de vie est primitive; on doit le présumer. Il faut qu'elle soit forte, permanente, puisque le sentiment de la jalousie et le caractère querelleur, si dominant chez les pigeons, n'en détruit pas l'action. Les avantages seuls de la servitude volontaire près de l'homme ont pu l'affoiblir, mais non l'anéantir. A cette cause primitive de sociabilité, il s'en joint d'autres, secondaires sans doute, mais évidentes, mais réelles. Les pigeons n'ont que leur vol rapide pour moyen de se préserver de leurs ennemis; et ce moyen ne leur sert qu'à fuir, parce que, avec un appareil puissant pour le vol, ces oiseaux ne possèdent aucune arme réelle d'attaque ou de défense. Leurs coups de bec, leurs coups d'aile ont une certaine force sans doute, plus grande peut-être qu'on ne devroit s'y attendre, et cependant pourroit-on avec raison les comparer à ce bec, à ces serres, dont le plus foible oiseau de proie est pourvu.

Si les colombes se réunissent en troupe, ce n'est pas non plus pour résister de front, pour combattre des adversaires si bien armés et pleins de ce courage que donne la confiance dans ses moyens d'agression. C'est pour multiplier pour chacun des membres de la troupe, les yeux, les oreilles, tous les organes des sens qui peuvent l'avertir à temps d'un danger, de l'approche d'un ennemi.

Mais si les pigeons vivent en société, afin d'être plus sûrement à l'abri des atteintes des animaux carnassiers, ils doivent aussi, en marchant en troupe, chercher leur nourriture. Tout dans leur réunion ne sera donc pas calculé pour la défense, mais aussi pour les perquisitions, dont le but est de trouver des alimens, et sur un espace de terre d'une grandeur modérée.

En observant ces oiseaux lorsqu'ils agissent en troupe, on reconnoît qu'il est certains d'entre eux qui ont les fonctions de sentinelles, de vedettes; d'autres mangent moins qu'ils ne sont occupés à chercher des alimens, et le reste de la compagnie est presque uniquement livré à satisfaire ses besoins, la faim et la soif. Ces derniers reçoivent, quant à leur marche, l'impulsion des oiseaux qui cherchent; et les uns et les autres se reposent sur les sentinelles pour être avertis du danger, s'il en paroît un. Mais les surveillans ne sauroient remplir leurs fonctions, qu'en prenant des positions qui leur rendent possibles les services sur lesquels se repose la société : ils se tiennent donc sur des arbres et de petites éminences du sol, ou planent presque immobiles dans les airs.

Eux-mêmes ne prennent de la nourriture que lorsque rien ne leur paroît inquiétant; et encore ils ne le font qu'à la hâte. Ils ne pourront remplir bien leurs fonctions que s'ils ont déjà quelque expérience, toujours acquise par l'âge. Leur rang dans la société vient de ces sources, âge et expérience. Ils ont encore une autre prépondérance, celle de la force, au moins par rapport aux très-jeunes pigeons. Ces derniers ne sont que des étourdis, des imprudens, que la société protège, que les adultes battent quelquefois, mais qui sont presque déchargés de toute surveillance, et dont la vie entière est employée à satisfaire les besoins de leur organisation.

Mais parmi les autres membres de la communauté il en est encore auxquels des soins de conservation sont confiés. Lorsque les vedettes donnent le signal de l'imminence d'un danger, lorsqu'ils poussent un cri fort, prolongé, dur, lorsqu'en volant ils font claquer leurs ailes; ces différentes actions sont répétées par les membres de la troupe, dont je parle; et comme ils sont au milieu même de la compagnie, il n'est pas d'oiseau qui ne soit averti.

Mais existe-il dans ce cri, dans ces mouvemens bruyans des ailes, deux ou plusieurs nuances, que l'oreille de l'homme ne sait pas distinguer, mais que le pigeon est apte à percevoir? Quelque doute que l'on puisse avoir à cet égard, il est certain toujours que l'alarme étant donnée, on voit la société, tantôt fuir à tir d'ailes, soit dans les airs, soit vers des broussailles, selon la manière de chasser de l'ennemi ; et tantôt serrer les rangs, pour ainsi dire, et se diriger vers une autre troupe d'oiseaux. Ce sont des pigeons. Et pourquoi ?

Les deux compagnies se mêlent. Quelquefois il est évident que rien d'hostile n'a lieu entre elles. Quelquefois, au contraire, on combat, des plumes tombent, des mouvemens brusques, des chocs se remarquent entre les individus. Alors cette mêlée, selon ce qui s'y est passé, se termine de l'une ou l'autre de ces manières. Ou l'une des troupes est devenue plus nombreuse, ou l'une d'elles fuit en désordre, en prolongeant ou non le combat.

Lorsqu'une des troupes est plus nombreuse, c'est qu'elle s'est recrutée des membres de l'autre ; c'est que son noyau primitif étoit formé de pigeons que nul autre besoin que celui de se distraire mettoit en mouvement.

« En Perse, dit Chardin, c'est un plaisir du peuple de « prendre des pigeons à la campagne par le moyen de pi- « geons apprivoisés et élevés à cet usage. On les fait voler « le long du jour après les pigeons sauvages ; ils les mettent « dans leur troupe et les amènent ainsi au colombier. » Mais ce stratagème ne réussit guère que sur les individus jeunes et non mariés ; eux seuls presque sont entraînés.

Lorsqu'une des troupes fuit et qu'elle exécute sa retraite franchement, sans continuer le combat, on peut être assuré qu'elle n'habite pas ordinairement la contrée. Elle y avoit fait une invasion, soit pressée par la faim, soit poussée par cet esprit de recherche, de curiosité, dont j'ai parlé précédemment. Mais si, dans sa retraite, la troupe continue à se défendre, si ce n'est pas le courage, ni l'opiniâtreté, mais réellement la force qui manque aux vaincus, ceux-là étoient les usufruitiers depuis long-temps du canton où ils ont été attaqués, d'où ils sont contraints de se retirer, qu'ils n'abandonneront qu'après des combats dans lesquels ils mettront la persévérance du désespoir : c'est que les pigeons, comme la plupart des autres animaux, semblent fonder un droit viager de propriété, par l'usage, sur les lieux qui leur servent ordinairement de retraite et dans l'étendue desquels ils vont à la recherche de leur nourriture depuis un certain temps.

Telle est la société colombine ; tels sont ses liens, son régime intérieur, son but, ses prétentions. Tout y est calculé pour sa durée, sa conservation , et assez bien pour qu'on ne puisse supposer que ses besoins ont seuls déterminé ses membres à se rapprocher des habitations de l'homme et à se soumettre à une sorte de servitude. Si la société colombine ne renfermoit pas dans la manière dont elle est constituée des moyens suffisans de préservation, on ne verroit pas les pigeons, ces oiseaux qui montrent des sentimens si tendres pour leurs petits, aussi long-temps que ces derniers ne peuvent voler, passer en moins de cinq à six jours à des dispositions très-différentes. Non-seulement ils ne veulent plus les nourrir, mais encore, après avoir excité leur progéniture à essayer ses ailes, ils finissent par la chasser du nid. Les jeunes pigeons suivent alors la troupe : c'est à elle que désormais ils appartiennent. Ils ont les leçons de l'exemple, et l'obéissance du foible. Pourroit-on penser que la nature, si prévoyante quand il s'agit de conserver les espèces, eût mis le terme si court de trois semaines à un mois à la tendresse des parens pour leurs petits parmi les pigeons, si elle n'eût préparé un asile assez sûr pour assurer leur vie à ces mêmes petits, foibles, inhabiles, sans prévoyance ?

Il est donc probable, ce semble, que la famille des colombes renferme des espèces, des races, qui non-seulement aiment à vivre en société, mais encore qui éprouvent de l'entraînement vers l'homme, qui le recherchent, qui se plaisent avec lui, qui sont susceptibles de sentir le désir d'attirer son attention, de se concilier sa bienveillance. Sans doute les avantages que l'homme leur offre, le logement, la nourriture, l'éloignement de beaucoup d'inquiétudes qu'il assure à ces oiseaux, ont pour eux un puissant attrait. Mais cet attrait n'a pas été seul décisif. Que les hommes ne se targuent pas trop de l'influence qu'ils exercent sur diverses classes d'animaux ; une main plus puissante, plus habile a préparé leurs succès en ce genre, si même elle ne les a produits seule. Autrement, si l'espèce humaine devoit à elle-même de pareilles conquêtes, pourquoi donc n'a-t-elle pas augmenté ses richesses en ce genre. Et pour ne parler ici que des pigeons, pourquoi ne s'est-elle adressée qu'à des races médiocres par la taille et la beauté; pourquoi ne s'est-elle pas soumis ces belles et grandes espèces qui habitent, à l'état sauvage, si près d'elle, autour de ses habitations champêtres? Elle l'a tenté plusieurs fois; elle n'a pas réussi.

Les animaux, et en particulier, les pigeons devenus domestiques, sont passés à cet état en vertu d'une disposition spéciale, première, et par les soins de l'homme. Quel changement a amené la servitude dans la sociabilité des pigeons! Ici on découvre encore les bornes étroites que ne peut dépasser l'influence des soins de l'homme sur ces oiseaux. Il leur donne un logement qui les abrite contre les intempéries des saisons et les attaques de leurs ennemis. Ils n'ont donc plus de motif de crainte sous ce rapport. Une nourriture en quantité nécessaire pour satisfaire leurs besoins, est mise à leur portée. Il leur devient donc inutile de marcher en troupe et avec beaucoup de précautions, pour aller au loin chercher des alimens. Enfin, l'homme écarte de son habitation tous les animaux ennemis; dès-lors le pigeon apprend par expérience qu'il peut s'aventurer dans la plaine sans les secours d'une surveillance auxiliaire de la part des autres pigeons.

Le but de la sociabilité des pigeons n'existe donc plus, en grande partie, lorsqu'ils se sont soumis à être domestiques. Voilà l'effet des soins de l'homme, c'en est aussi les limites. Car les pigeons apprivoisés, libres ou renfermés dans une volière, continuent à offrir à l'observateur ces phénomènes de leur intelligence et de leurs affections, qui, dans la vie sauvage ou demi-domestique, concourent à la formation et au maintien des sociétés. Ainsi, on en remarque qui sont constamment des avertisseurs, par un cri prolongé et fort, pour leurs camarades, et d'autres qui ne prennent jamais cet emploi. On s'aperçoit aussi qu'il y a des individus qui font toujours claquer leurs ailes en volant; tandis qu'il en est dont on n'entendra jamais un pareil bruit. Enfin il existe, sans aucun doute, entre certains de ces oiseaux une grande différence sous le rapport de leur esprit d'enquête, de leur curiosité, de leur industrie.

§. V. Tout semble donc avoir été prévu par la nature, afin que les êtres qu'elle a créés, puissent subsister, se conserver, et se perpétuer au milieu des conditions variées où ils peuvent être placés par une foule de causes accidentelles. Ce ne sera pas pour produire d'autres preuves de cette vérité que je vais m'arrêter encore à quelques considérations de ce genre; mais parce qu'elles me conduiront à proposer une division nouvelle des pigeons domestiques en variétés et sous-variétés.

Il est aisé de reconnoître que ces oiseaux offrent des signes communs à tous, et des traits particuliers qui proviennent de l'âge, du sexe, ou de la constitution, ou de modifications des mêmes parties sous le rapport de l'organisation, de la forme, des proportions; et de la manière différente dont s'exécutent certaines fonctions, et dont la santé et la maladie se manifestent le plus souvent, etc.

Dans tous ces phénomènes ne se rencontre pas celui qui pourroit, d'après l'opinion adoptée des naturalistes, faire admettre, entre tous les pigeons apprivoisés, plusieurs espèces; car tous ces oiseaux, accouplés diversement, donnent naissance à des individus féconds. Si tel est véritablement le seul, l'unique caractère de l'espèce, il ne reste plus qu'à se rendre compte comment des causes secondaires ont pu amener dans certains pigeons ces différences si remarquables d'un bec extrêmement court et gros, ou long et crochu; d'un appareil fibreux qui est capable de redresser et renverser sur le dos les pennes caudales; du nombre doublé et plus de ces mêmes plumes. On ne connoît pas encore une seule cause qui ait la puissance de produire de tels phénomènes. Il seroit donc très-possible que l'on fût dans le cas un jour de se former une idée différente de l'espèce; et lorsqu'on voudra méditer ce sujet, on lira avec fruit plus d'un passage de l'ouvrage de M. Chevreul, sur l'analyse chimique des corps organisés.

Mais si l'opinion régnante ne permet pas de voir plusieurs espèces dans le groupe domestique de la tribu des colombes, on possède assez de faits pour y distinguer des variétés nombreuses. Comme signes des unes, on prendra d'abord les phénomènes dont il n'est pas sûr qu'on ne pût se servir pour marquer des espèces; les autres seront déterminées d'après quelques traits de moindre valeur; mais jusqu'ici on n'a pas marqué les limites que l'on devoit s'imposer à cet égard. Eh bien! pour les pigeons du moins, il faudra, outre quelque signe particulier et assez remarquable, que ces oiseaux présentent des formes générales, une allure, des mœurs, quelque chose de spécial dans tout leur être; et que ce tout soit constamment transmissible par la génération à leurs petits, sans quelque altération notable.

Voilà la rapide exposition de ce que j'entendrai dans cet article par variété et par espèce. Je dois maintenant répondre à une autre question. Parmi les pigeons domestiques, les tourterelles et le goura exceptés, on ne reconnoît pas d'espèce; mais alors à quel oiseau faut-il rattacher toutes leurs variétés? Buffon l'a dit, et avec son admirable talent. Seulement que l'on me permette de représenter, avant de citer ses propres paroles, et pour prévenir l'impression qu'elles ont toujours la puissance de produire, que peut-être on ne peut rapporter au seul biset toutes les variétés à bec court et gros, à bec crochu et fort, à queue de paon, etc.

« Supposant une fois nos colombiers établis et peuplés, ce
« qui étoit le premier point et le plus difficile à remplir
« pour obtenir quelque empire sur une espèce aussi fugitive,
« aussi volage, on se sera bientôt aperçu que, dans le grand
« nombre de jeunes pigeons que ces établissemens nous pro-
« duisent à chaque saison, il s'en trouve quelques-uns qui
« varient par la grandeur, la forme et les couleurs. On
« aura donc choisi les plus gros, les plus singuliers, les plus
« beaux; on les aura séparés de la troupe commune, pour les
« élever à part avec des soins plus assidus et dans une cap-
« tivité plus étroite : les descendans de ces esclaves choisis
« auront encore présenté de nouvelles variétés, qu'on aura
« distinguées, séparées des autres, unissant constamment et
« mettant ensemble ceux qui ont paru les plus beaux ou les
« plus utiles. Le produit en grand nombre est la première
« source des variétés dans les espèces; mais le maintien de
« ces variétés, et même leur multiplication, dépend de la
« main de l'homme...... et par ces attentions suivies on

« peut, avec le temps, créer à nos yeux, c'est-à-dire, ame-
« ner à la lumière une infinité d'êtres nouveaux, que la
« nature seule n'auroit jamais produits. Les semences de
« toute matière vivante lui appartiennent, elle en compose
« tous les germes des êtres organisés; mais la combinaison,
« la succession, l'assortissement, la réunion ou la séparation
« de chacun de ces êtres, dépendent souvent de la volonté
« de l'homme : dès lors il est le maître de forcer la nature
« par ses combinaisons, et de la fixer par son industrie; de
« deux individus singuliers qu'elle aura produits comme par
« hazard, il en fera une race constante et perpétuelle, et
« de laquelle il tirera plusieurs autres races, qui, sans ses
« soins, n'auroient jamais vu le jour. »

Il est certain que tout observateur attentif peut suivre
avec assez de facilité dans beaucoup de variétés du pigeon
domestique ces altérations diverses des caractères auxquels
on reconnoît le biset. Celui-ci peut donc être considéré
comme le type originaire de beaucoup de nos pigeons de
volière.

Rester dans le doute à cet égard, sera sage pour les variétés connues sous les noms de pigeons polonois, à cravate,
batave, etc.

Mais ne seroit-ce pas à des pigeons sauvages et étrangers,
d'Asie ou d'Afrique, par exemple, qu'elles devroient leur
origine? Il en est, le pigeon de Barbarie ou de Crète, qui
ont le bec court et les yeux entourés d'une bande de peau
nue; d'autres, le pigeon de Guinée, de Brisson, ou le roussard, ont la taille à peu près d'un pigeon ramier, avec une
peau nue et rouge autour des yeux, le bec noir, et cependant
la membrane des narines est cendrée; certains sont patus;
quelques-uns patus et huppés; plusieurs espèces agitent leur
queue comme la bergeronnette, tels sont certains pigeons
des iles Philippines, et notre ramier, etc. Voilà une large
porte ouverte à des conjectures. Quel moyen de détruire
tant d'incertitudes ! D'abord faire venir en France autant
d'espèces de pigeons sauvages et étrangers que l'on pourra
s'en procurer de vivans, les étudier et chercher à les faire
produire pendant long-temps, et sans se hâter d'en faire
naître des races adultérines. Les naturalistes voyageurs ont dû

commencer par recueillir et nous transmettre les dépouilles
des êtres naturels; mais ce n'est plus assez maintenant : le dé-
nombrement des espèces animales est presque fait; l'instruction que donnent leurs dépouilles mortes, sans être encore épui-
sées, ne peut être complétée que par l'observation et l'étude
des êtres vivans. Eh pourquoi n'a-t-on pas encore apporté de la
Barbarie, de la Guinée, du cap de Bonne-Espérance, de la Norwége, de l'Asie, des Indes occidentales, du Mexique, etc,
cette foule d'espèces de colombes, les unes demi-sauvages, les
autres remarquables par quelque phénomène bien tranché ?
Le temps en est cependant venu. Puissent des hommes zélés
et industrieux entendre cet appel!

En attendant cette époque d'une instruction fort désirable,
il ne sera pas inutile de noter ici quelques idées sur les causes
qui ont pu amener dans les pigeons les altérations des formes,
des signes, des mœurs propres à certaines races, que ces
races soient primitives ou secondaires.

Les climats, qui changent tout, à peu d'exceptions près,
seroient-ils sans puissance sur la constitution d'oiseaux sensibles au froid, à la chaleur, à la sécheresse, à l'humidité,
etc.? Quoi, les pays dont les températures et les conditions
climatériques sont isotermes, n'auroient pas de l'influence et
une influence analogue sur les animaux mammifères ou oiseaux, etc.! Ainsi, lorsque les contrées très-froides et plus ou
moins humides sont habitées par plusieurs espèces animales,
dont le pelage et les plumes sont blancs, au moins une certaine partie de l'année; dont les extrémités des membres
sont abondamment pourvues de poils ou de plumes, etc.,
pourroit-on taxer d'une grande erreur, l'idée qui attri-
bueroit à une cause analogue les pigeons blancs et patus,
tel que le pigeon de Norwége, etc. Si en Afrique ou dans
quelques autres parties du monde, voisines de l'équateur,
on rencontre des pigeons dont les pieds soient emplumés,
cela ne proviendroit-il pas de ce que ces oiseaux se retirent
à certains temps de l'année ou de la période nyctémérique
dans des lieux élevés et froids. Tel seroit le cas du pigeon
roussard. D'un autre côté, les régions très-chaudes présentent
une population animale remarquable par la beauté, surtout
des oiseaux à plumage brillant de couleurs vives et variées.

Que l'on examine les plumes du pigeon roussard ou à taches
d'Edwards, et celles de nos beaux pigeons maillés; n'aper-
cevra-t-on aucun rapport entre elles? Les espèces d'oiseaux
à taille gigantesque ont pour patrie, le plus grand nombre,
des contrées très-chaudes, quelques-unes les sommités glacées
des montagnes; qu'est-ce qu'il y auroit d'étrange à penser
que des conditions pareilles de température ont développé
les grandes races de pigeons. On ne sauroit oublier les pigeons de la Campanie, de Rome, de l'Espagne, de la Perse
etc., ni le pigeon de Norwége. Selon les lieux qu'ils sont destinés à habiter, ou qu'ils habitent depuis un temps très-long,
les animaux n'ont-ils pas une conformation et des mœurs
particulières? Chez les oiseaux qui doivent surtout fréquenter
les plaines, tout est disposé pour une locomotion rapide, et
exécutée plus ordinairement par les membres pectoraux que
par les membres pelviens. Ainsi l'on voit des races de pigeons
douées au plus haut degré de la faculté de voler; d'autres, peu
aptes au vol, courent avec rapidité, tels que le goura, certains bagadais, etc.; plusieurs se montrent plus habiles à fuir
à travers des branches d'arbres nombreuses, qu'à soutenir un
vol long et élevé dans l'espace libre des airs. De là des différences de longueur, de formes et de force dans les ailes et
les jambes des oiseaux colombacés.

Si l'on poursuivoit ainsi la recherche des causes qui ont
pu produire ou concourir à produire des modifications importantes et durables dans la tribu des pigeons, on verroit
que l'espèce de nourriture, la facilité ou la difficulté de la
saisir, son abondance ou sa rareté, etc., ont dû influer sur la
taille des pigeons, sur la longueur et la force de leur bec, etc.;
on reconnoitroit que l'air, les eaux, les lieux, les alimens, ont
dû exercer également une véritable influence sur leur constitution. Mais qui voudroit nier encore que ces mêmes causes,
en amenant des maladies, deviennent avec ces dernières une
autre source d'altérations de formes et de force, qui peuvent
durer toute la vie des individus et être transmises par eux, à
la vérité d'une manière peu marquée, à leurs petits. Ainsi,
c'est certainement un vice de conformation, presque maladif,
mais surtout contraire à la conservation de quelques variétés
de pigeons, que le bec si excessivement court dont sont doués

ces mêmes variétés. En effet, elles ont le bec court à ce
point que les oiseaux peuvent très-rarement élever eux-
mêmes leurs petits. Conviendroit-il encore de rapporter à
tout autre cause qu'à un état maladif, le plumage soyeux ou
cotonneux et impropre au vol que l'on observe chez plusieurs variétés secondaires de pigeons, etc. ?

Il faut l'avouer, l'action de ces diverses causes est lente
sur les animaux et en particulier sur les colombes; mais, pour
être lente, elle n'en est pas moins réelle, efficace; et à sa
lenteur se joint la permanence: elle est donc toujours instante,
elle continue donc à modifier sans cesse et ce qu'elle a produit, et ce que les besoins, les goûts, les caprices de l'homme
ont su créer à leur tour de variétés. De là est arrivé, ou a
dû arriver, que des variétés, ou pour le moins des variétés
secondaires ou tertiaires, se sont perdues, et que d'autres ont
été développées. Au nombre des variétés perdues, on doit
compter, entre autres, presque toutes celles que Buffon a
signalées parmi les pigeons grosses-gorges, etc. Il ne seroit pas
facile de dire qu'elles sont au contraire celles qui ont été formées, mais il est plus curieux de savoir comment on a obtenu
la plupart d'entre elles. Or, de tous les moyens mis à la disposition de l'homme, ceux qui exigent une longue suite d'années, tels que seroient les changemens de climat, de nourriture, dans le genre de vie, ont été négligés, quoique les
plus instructifs, et probablement les plus féconds en résultats
dignes de remarque. On a eu presque uniquement recours
au mélange des races déjà connues, moyen à la portée de
l'ignorance et favorable à la paresse de l'homme éclairé;
moyen qui ne pouvoit que jeter une pâle lumière sur la
physiologie des animaux ; moyen, enfin, qui ne pouvoit
procurer l'existence qu'à des êtres doués de qualités mixtes,
presque toujours prévues, et ne sortant jamais du cercle de ce
que l'on connoissoit déjà.

Le principal avantage du mélange des races est d'avoir des
métis qui, toutes choses égales d'ailleurs, font beaucoup plus
de petits que leurs parens.

Par ce moyen aussi on multiplie les nuances de couleur
qui peuvent décorer le plumage des pigeons ; on ajoute ou
on retire à des variétés une huppe; les plumes du tarse; telle

ou telle coloration de l'iris; la peau nue, rougeâtre, caronculée du pourtour des yeux et du bec; ou certaines proportions dans le bec, dans les tarses, dans les ailes, dans la taille et la forme du corps, sous le rapport de la longueur, de l'épaisseur, de la largeur, de l'agrément.

Dans le développement de pareils changemens, y a-t-il quelques conditions qui exercent une influence assurée ? Il le paroîtroit. On a remarqué que deux caractères dominoient dans chaque mélange, celui de la race et celui du mâle. Ainsi de l'union de deux oiseaux différens de race, naissent des petits qui, pour l'ordinaire, offrent les traits du mâle et des pigeons de sa race.

Par exemple, la queue du pigeon-paon mâle ou femelle est transmise aux petits métis, à la vérité moins belle, moins érectile. De même le capuchon du nonain, la coquille de certains mondains, les tarses emplumés des pigeons patus, passent, en partie au moins, à leurs métis. Quelquefois le mâle ne donne que la forme générale du corps et les couleurs du plumage.

Mais il est une condition commune de l'organisation qui joue également un grand rôle dans la production des effets du mélange de race : c'est la constitution forte ou foible de chacun des oiseaux qu'on a apparié. Si le mâle est plus robuste que sa femelle, il imprimera bien plus certainement les traits qui le distinguent à ses petits. Si, au contraire, c'est la femelle dont la constitution est la meilleure, la plus forte, elle communiquera à sa jeune famille, en grande partie, les signes de sa race, les formes de son corps et ses mœurs; le mâle n'aura donné que la couleur de son plumage et quelque chose de sa taille.

Il faut ajouter encore que, dans ces unions mixtes, la race la plus anciennement existante, celle qu'on ne sauroit actuellement créer de toutes pièces, pour ainsi dire, l'emportera ordinairement sur la race qui déjà est uniquement le produit d'un mélange de race antérieur et d'une date peu ancienne. Ainsi la race du biset a plus de force pour se reproduire, malgré les causes qui peuvent l'altérer, que celle du nonain, ou du cravate, ou du polonois, et cette dernière plus de force que celle du pigeon miroité, du cavalier, etc.

En réfléchissant à ces considérations sur l'influence de la race, du sexe, et de la constitution dans les résultats des croisemens de races, en accordant encore une certaine puissance à l'âge et aux conditions actuelles dans lesquelles on place les oiseaux qu'on apparie, on sentira aisément comment il se fait qu'on ne peut jamais être sûr absolument d'obtenir tel ou tel effet d'un mélange de race; l'état dans lequel se trouve chacun des deux oiseaux qu'on a unis, décide des caractères que les petits offriront.

§. VI. D'après ce qui précède, et par suite de l'examen attentif des individus qui forment la nombreuse tribu des pigeons domestiques, *columbæ domesticæ*, j'ai classé ces oiseaux en quatre sections, qui ne renferment que quatre espèces, et beaucoup de variétés et de sous-variétés.

En attachant un numéro à chaque espèce et à chaque variété, je n'ai en vue que de rappeler ainsi commodément le nombre des unes et des autres. Mais il est arrivé par la nature des choses que la série des variétés ne commence qu'après la troisième espèce; que, dans deux sections, on ne compte pas d'espèces, et que l'on continue à n'y rencontrer que la suite et la fin des variétés. Il faut excuser cette dérogation aux usages reçus touchant les classifications. Elle repose sur les considérations générales qui précèdent, et qui font douter de la réalité des rapports étroits que l'on avoit cru apercevoir d'abord entre les pigeons à bec grêle eux-mêmes, puis entre eux et les pigeons soit à bec court, soit à bec robuste; en sorte que l'on a pu supposer ici, que l'on ne possédoit plus que des variétés de certaines espèces ignorées.

1.re SECTION.

Bec droit, grêle, flexible et foiblement renflé vers le bout; tarses courts; ailes longues et pointues, forme alongée du corps et de toutes ses parties.

1.re ESPÈCE.

La TOURTERELLE A COLLIER, *Columba risoria*, Lath., est un peu plus grosse que la tourterelle des bois, *columba turtur*. Elle a la tête oblongue; l'iris rouge orangé; le bec gris blanc, et noirâtre à la pointe; un collier noir, assez étroit, sur le dessus du cou; les parties supérieures du corps d'un blanc rougeâtre; le devant du cou, la gorge et la poitrine de la même couleur, mais avec une légère teinte de vineux; le reste du dessous du corps blanc; les pennes des ailes d'un gris brun et bordées de blanchâtre; les rémiges cendrées et terminées de blanc, à l'exception des deux intermédiaires. Les pieds sont rouges.

Le mâle et la femelle sont parés des mêmes couleurs. Leurs petits offrent des teintes plus claires, et le collier ne se voit chez eux qu'à la première mue. Ces oiseaux sont très-communs en Egypte, où l'on en prend un soin particulier: ils sont surtout en grand nombre à Alexandrie et dans les villes; ils y vivent en pleine liberté, et sont aussi apprivoisés que nos pigeons de volière. On en a fait l'essai en France, et il a réussi pour deux ou trois couples à un honorable naturaliste.

Leur roucoulement est ennuyeux et fatigant à entendre; c'est certainement une des causes qui fait renoncer à élever en plus grand nombre les tourterelles à collier. Elles font une ponte à peu près tous les mois; leurs petits, très-faciles à engraisser, ont alors une chair assez délicate.

Cette espèce de colombe se trouve probablement à l'état sauvage en Afrique et aux Indes; telle est la tourterelle à collier du Sénégal.

Elle présente une variété toute blanche, la TOURTERELLE BLANCHE, *Columba risoria alba*. Elle est entièrement blanche, et douée des mêmes mœurs, du même instinct que la précédente, fait entendre le même roucoulement, etc. Ces deux oiseaux produisent ensemble, et les petits qui naissent de leur union, se montrent par la suite aussi féconds que leurs parens, et leurs générations successives conservent la même puissance de multiplier. On a donc eu tort de vouloir reconnoître dans la tourterelle blanche une espèce distincte; il ne faut voir en elle qu'une race particulière.

Cette tourterelle et une tourterelle à collier étant appariées ensemble, donnent la vie à des tourtereaux, ou totalement de la couleur de l'une, ou tout-à-fait de la couleur de l'autre. Celui qui est tout blanc n'atteint jamais, et ni plus ni moins que les oiseaux de sa race, une grosseur égale à celle de la tourterelle à collier; il n'a point aussi de collier noir, mais le collier blanc, qui lui est naturel, est remarquable par une teinte blanche particulière d'un blanc plus décidé que celui du reste du corps. Enfin, comme ceux de leur race, ces tourtereaux blancs ont une constitution plus délicate que la tourterelle à collier, et témoignent plus de sensibilité qu'elle pour le froid.

Si on apparie les deux variétés de tourterelles dont il vient d'être question, avec la tourterelle grise des bois, et cela n'est pas difficile, on obtient des mulets absolument inféconds. Ils se comportent cependant en tout comme leurs parens, s'accouplent, pondent et couvent; mais jamais les œufs n'ont le germe indispensable pour le développement d'un petit. D'ailleurs ces mulets ont toujours le plumage d'une teinte uniforme plus ou moins foncée; vineuse à la tête, au cou et à la poitrine; cendrée rougeâtre au dos; brune sale au ventre, sur les ailes, à l'extrémité de la queue; brune aux pennes. Ils ont aussi les pieds rouges.

Je suis persuadé que l'on peut parvenir aussi à apparier les deux variétés de tourterelles à collier à de petits pigeons mondains; il est présumable que les petits qui naîtroient de cette union, resteroient tout-à-fait incapables de se reproduire.

On ne sauroit nier d'ailleurs que les tourterelles grises de nos bois, et les deux variétés de tourterelles blanches à collier, ont avec les pigeons la plus grande analogie. Il y a cependant entre eux une véritable différence : c'est que les petits qui naissent de l'alliance des tourterelles entre elles, ont toujours un plumage uniforme, tandis que les pigeonneaux, dès que l'on croise les races des pigeons entre elles, présentent des livrées variées qui rappellent les teintes du plumage de leurs père et mère. Le chant ou roucoulement des tourterelles n'est pas le même non plus des pigeons proprement dits.

2.e Espèce.

Le Pigeon roussard (*Columba guinea*, Lath.; *Pigeon à taches*, d'Edw.; *Colombe roussard*, Temm.), est de la taille du ramier d'Europe ou plutôt de notre biset. Il a les yeux entourés d'une peau rouge; l'iris d'un beau jaune; le bec noirâtre; la tête, la gorge, le ventre, le croupion et les couvertures du dessus et du dessous de la queue d'un gris-bleu clair; le haut du dos, les scapulaires et les couvertures des ailes d'un roux cannelle et pourpré. Une tache blanche, de forme triangulaire, termine le centre de chacune de ces plumes de recouvrement, de manière que l'oiseau paroît marqué de taches triangulaires sur les ailes, disposition de couleur que rappellent jusqu'à un certain point nos *pigeons maillés*. Mais toutes les plumes du cou et de la poitrine sont échancrées vers le bout en forme de fer de lance. Les tarses sont à demi garnis de plumes.

Le roussard paroît susceptible d'être élevé comme nos pigeons de colombier, et se montre en Afrique ce que sont en Europe nos bisets, c'est-à-dire à demi domestique; au moins il le semble d'après les foibles renseignemens que l'on possède sur ce pigeon, digne cependant d'être étudié, et bien étudié à beaucoup d'égards. Mais c'est surtout des individus vivans qu'il seroit à désirer qu'on apportât en Europe.

3.e Espèce.

1.re *Variété*. Le Pigeon biset de colombier, *Columba livia*, Var.. a treize pouces de longueur totale; le bec rougeâtre; l'iris d'un rouge brun; la tête, le haut du dos, les couvertures des ailes, la poitrine, le ventre, les flancs et toutes les couvertures de la queue d'un cendré tirant sur le bleu; la partie inférieure du dos blanche, ou d'un bleu cendré plus pâle que sur le reste du corps. J'ai examiné un grand nombre de bisets de colombier, et j'ai rencontré ces deux manières d'être du dos sous le rapport de la couleur. Ils ont le cou d'un vert doré à reflets; les pennes primaires des ailes d'un cendré noirâtre; les autres d'un cendré bleu et terminées de noir; deux bandes transversales de cette couleur sur l'aile; les pennes de la queue d'un cendré plus foncé que le corps et terminées de noir; les plus extérieures de chaque côté blanches; les pieds rouges et les ongles noirs.

Il est quelques naturalistes qui admettent comme espèce distincte du biset sauvage, Οἰνάς, Arist., *Columba œnas*, Lath., ce même biset de colombier redevenu sauvage. Mais il ne font pas attention que le biset sauvage, le biset de colombier à l'état de liberté, et le biset de colombier que je viens de décrire, ne sont que le même oiseau, différant par les mœurs et quelques nuances de couleur dans le plumage et aux tarses. Ainsi le biset sauvage a presque constamment la partie inférieure du dos blanche, tandis que celui de colombier a cette même partie plus rarement blanche, et plus ordinairement d'un cendré bleu pâle, etc. De plus, ce dernier a éprouvé dans ses mœurs primitives un notable changement, il a renoncé à une liberté entière, qui a ses dangers, pour une liberté limitée, mais volontaire, et qui a moins d'embarras apparens. Il a un toit, une retraite assurée, et dans les mauvais temps une nourriture suffisante à raison de sa sobriété native.

Son nom de biset lui paroît venir de sa couleur plus bise que celle des pigeons tout-à-fait domestiques; mais, si son plumage est moins éclatant, il a conservé, en se maintenant dans une demi-domesticité, plusieurs avantages précieux. Il est plus robuste et plus courageux; il sauroit, en cas de nécessité, satisfaire à ses besoins, ou supporter une nourriture peu abondante, presque sans souffrir. Comme il a conservé beaucoup de ses habitudes premières, il retrouveroit promptement toutes celles qui lui seroient nécessaires pour faire partie des troupes de bisets sauvages.

Les premiers effets de la vie demi-domestique sont d'amener des variétés de plumage; les ailes se couvrent de quelques taches noires, ou le plumage devient plus pâle, blanc même par place ou en entier, selon l'espèce d'altération qui a pu s'opérer par des mœurs moins dures dans la constitution de l'oiseau. On doit se rappeler à ce sujet que beaucoup de mammifères et d'oiseaux sauvages ou demi-sauvages perdent leurs couleurs normales et que leur manteau offre une couleur blanche. Les autres variétés de couleur ne surviennent que plus tard.

On peut s'en faire une idée sous le rapport du nombre et des nuances, en examinant les variétés de couleur que présente le plumage des pigeons bisets fuyards, des pigeons de roche, etc. Ces derniers oiseaux ne sont en réalité que des bisets de colombier, qui portent à perpétuité les stigmates d'une demi-domesticité très-ancienne. Leurs mœurs offrent l'image de coupables qui ont rompu leur banc. Ils étoient domestiques à demi, ils n'ont pas su recomposer une troupe, ni osé se réunir à des pigeons de tout temps sauvages; ils n'ont pas repris l'habitude de se percher, ni de construire leurs nids sur des arbres. Ils font un plus grand nombre de pontes que le biset de colombier, lorsqu'ils trouvent aisément de la nourriture, etc.

Si on observe ce dernier, le biset de colombier, on ne peut méconnoître qu'il aime toujours à vivre en société; mais cette société n'est plus réunie par des liens que la nécessité, la sûreté de chaque oiseau réclament. Chacun de ses membres en est plus indépendant, parce qu'il possède un abri assez sûr contre ses ennemis, contre les intempéries de l'air, contre la faim. La protection de l'homme s'étend loin de l'habitation; il y a une sorte de sécurité pour la troupe, lorsqu'elle s'est élancée dans les plaines : dès-lors, pourquoi reconnoître des chefs qui tiennent leur autorité de la force ou de l'âge? Dans une commune servitude, il ne peut y avoir de prééminence. Dès-lors, pourquoi s'assujettir les uns à faire sentinelle, puisqu'il y a peu de danger; les autres à chercher les lieux où il y a le plus de nourriture, une eau pour se désaltérer, puisque ni la faim ni la soif ne sont pressans.

Les bisets produisent souvent trois fois l'année, pondent à deux jours de distance, presque toujours deux œufs, rarement trois, et n'élèvent presque jamais que deux petits, dont ordinairement l'un se trouve mâle et l'autre femelle. Il y en a même plusieurs, et ce sont les plus jeunes, qui ne pondent qu'une fois. Le produit du printemps est toujours plus nombreux, c'est-à-dire la quantité des pigeonneaux dans le même colombier plus abondante qu'en automne, du moins dans nos climats.

Ils aiment les lieux paisibles, la belle vue, l'exposition du levant, la situation élevée où ils puissent jouir des premiers rayons du soleil. C'est surtout au printemps et en automne qu'ils semblent rechercher les influences du soleil, la pureté de l'air et les lieux élevés.

Il suit de leurs mœurs que les meilleurs colombiers, ceux où ils se plaisent et multiplient le plus, ne doivent pas être trop près des habitations, qu'ils seront placés avec avantage sur un monticule, et à l'exposition du levant en été et en hiver.

Une remarque mérite d'être consignée ici, et vient à l'appui de l'opinion que le biset de colombier est la souche de beaucoup de pigeons domestiques. C'est que ces derniers recherchent toujours avec empressement et une préférence marquée, lorsqu'ils sont amoureux, les pigeons bisets pour s'accoupler avec eux.

Je décrirai ici, comme une sous-variété du biset colombier, mais sans une grande conviction, le PIGEON BRUN DU MEXIQUE, *Columba fusca* (*Cehoilotl* de Fernandez). Il est brun partout, excepté la poitrine et les extrémités des ailes, qui sont blanches. Il a le tour des yeux d'un rouge vif, ce qui le rapproche du pigeon mondain ; l'iris noir ; les pieds rouges.

Il vit en domesticité au Mexique. On le trouve aussi à l'état sauvage, ou du moins on trouve un oiseau qui a avec lui assez de ressemblance.

Pourquoi les pigeons domestiques du Mexique ne sont-il pas mieux connus? Pourquoi n'en avoir pas apporté en Europe de vivans? Combien d'années s'écouleront-elles encore avant qu'on cesse de se contenter d'à peu près, de notions incomplètes, sur une foule de points de l'histoire naturelle des oiseaux domestiques?

2.e *Variété.* Le PIGEON MONDAIN, *Columba mansuefacta.* C'est le biset de colombier, mais modifié heureusement dans les couleurs du plumage, dans sa taille, dans ses formes; par certaines causes auxquelles il a été soumis.

Pourquoi faut-il que l'on ne connoisse rien de particulier sur ces causes? Si l'on n'étoit pas dans une ignorance presque complète à leur égard, que de points de l'histoire naturelle des colombes seroient éclairés! On ne peut que décrire leurs effets d'une manière générale, sans même signaler les rapports, qui, sans doute, les lient les uns aux autres.

Les mondains ont une forme élégante, une taille alongée, et toutes les parties du corps bien proportionnées; leur plumage rappelle pour sa couleur tantôt le bleu cendré du biset de colombier, tantôt et plus souvent les altérations de ce

bleu cendré en rougeâtre, en fauve, en jaune, en gris, etc.
Mais la couleur la plus commune est le blanc.

Le volume de leur corps ne surpasse pas toujours celui du
biset; quelquefois il égale en grosseur un poulet commun
de trois mois; mais il peut atteindre aussi le volume d'une
petite poule; tel est:

A. Le Pigeon gros mondain (*White rumped pigeon*, Lath.).
Il a, comme la plupart des mondains, un filet rouge autour
des yeux. Son plumage est blanc, ou bleu cendré, ou rougeâtre, etc.; le tarse nu. Cet oiseau produit très-peu, parce
qu'il casse souvent ses œufs, ou qu'il étouffe ses petits.

B. Le Pigeon mondain de Berlin est de petite taille, et il
a un filet rouge autour des yeux. Son plumage est d'un beau
noir, avec un rang de pois blancs sur les ailes, et quelques
autres taches de même couleur sur les ailes.

On connoît des pigeons sauvages qui sont patus. Comment
arrive-t-il que des mondains aient également des plumes
implantées le long du tarse, et même sur les doigts? quel
seroit le moyen de produire ce phénomène sans recourir à
des unions adultérines?

On doit se faire la même demande pour la huppe et la
cape de certains mondains.

C. Le Pigeon mondain patu ordinaire, *Columba mansuefacta
plumipes.* Sa taille est un peu plus forte que celle du biset domestique. Sa forme en général rappelle celle des mondains
à tarses nus; il produit beaucoup.

Le pigeon patu limousin diffère du précédent par un corps
très-gros, très-long et porté sur de hautes jambes. Il produit
beaucoup.

Le Pigeon mondain patu et huppé, *Columba mansuefacta plumipes et cristata* (*Columba menstrua seu cristata,* Frisch; vulgairement Pigeon de mois). Il produit presque tous les mois,
et ressemble beaucoup au précédent.

D. Le Pigeon mondain patu plongeur, ou mieux Planeur.
Il a à peu près la taille du biset domestique, les tarses garnis de plumes, et une sorte de gaine, formée de plumes,
qui reçoit le talon. Dans son vol il plane assez long-temps
dans les airs sans battre des ailes, à la manière des oiseaux
de proie. Ce pigeon conserve ainsi, à ce qu'il paroît, une de

ces facultés, mais isolément, qui, dans l'état sauvage ou demi-sauvage, est exercée pour l'avantage de tous dans les troupes de pigeons par plusieurs d'entre eux, par ceux qui ont la fonction de surveiller.

E. Le Pigeon mondain frisé, *Columba crispis pennis*, Aldrovande ; *Columba crispa* ; *Columba hispida*, Vieillot. Blanc ; très-patu, ses plumes ayant les barbes séparées et frisées. Quelle est la cause de ce phénomène ? est-ce un état maladif ?

Il est des mondains qui ont une cape ou coquille à la région occipitale de la tête, laquelle est formée par des plumes sorties à rebours. Je puis citer d'abord un exemple de cette sous-variété.

F. Pigeon mondain capé du Mans, *Columba mansuefacta galeata cenomanensis*. Taille à peu près du pigeon romain ; une cape large et très-fournie de plumes ; poitrine large ; corps court, trapu. Le plumage varie pour les couleurs ; et la mode, qui intervient en tout, a fait donner tour à tour la préférence aux amateurs, à un fond noir, mêlé de peu de blanc, et à un fond couleur de rouille, également mêlé d'un peu de blanc. Cette variété, productive d'ailleurs, fournit de très-bons pigeonneaux ; mais elle est difficile à conserver dans sa beauté.

On me reprochera de placer ici, au nombre des sous-variétés du mondain, le pigeon hollandois ; mais il a beaucoup des attributs de cette variété, qu'on n'auroit pas eu tort de méconnoître, si on l'avoit établie ainsi que je l'ai fait.

G. Pigeon mondain coquille hollandois, *Columba mansuefacta galeata batava*. Un peu plus gros que le biset, il a le corps alongé, dégagé, élégant et gracieux des plus jolis mondains de petite taille. Un léger filet nu est autour des yeux ; l'iris de couleur perlée. Mais la tête, le bout des ailes et la queue, ont toujours la même couleur, bleue, jaune ou noire, tandis que le reste du corps est blanc. Ses tarses sont nus.

Autres pigeons coquilles : l'un, plus gros que le précédent, est noir, avec un peu de gris à la gorge et deux barres grises sur chaque aile ; l'iris d'ailleurs est jaune, et le tarse velu. Un autre a toujours la partie supérieure de la tête blanche : dans le reste du corps la distribution des couleurs est à peu

près la même que dans le coquille hollandois; l'œil est noir
et sans filet. Un pigeon coquille, assez semblable à celui de
Hollande, est constamment blanc sur tout le corps, mais la
tête est noire; il a l'iris jaune; le tarse nu. Il y en a aussi
à tête rouge, à tête bleue, à tête jaune; tous ayant le corps
blanc, et le vol et la queue de la couleur de la tête.

On ignore par quelle cause les plumes occipitales et de la
partie supérieure et postérieure du cou sortent à rebours de
la peau. On n'ignore pas moins d'où provient un phénomène
remarquable de couleur dans l'iris. Cette partie de l'œil est
noire ou d'un jaune orangé, ou bien jaune et tachetée de
noir, quelquefois d'un blanc semblable à celui de la perle.
Un tel phénomène ne sauroit servir seul à caractériser une
race; mais c'est quelquefois un bon signe distinctif de sous-
variétés.

H. La première à laquelle je m'arrêterai, est celle des *pigeons volans.* Ces mondains ont beaucoup de ressemblance
avec le biset; cependant ils ont une taille plus svelte, plus
alongée, une tête plus élevée, plus fine que ce dernier. Un
léger filet rouge est autour des yeux, et l'iris est d'un blanc
de nacre de perle. Cet oiseau se montre très-léger au vol,
et s'élève très-haut dans les airs. En outre il est doué de
la sagacité précieuse de reconnoître et de retrouver toujours
le colombier où il est né. Il se recommande encore par une
grande fécondité.

Le Pigeon mondain volant messager, *Columba mansuefacta
altivolans.* Blanc, gris, bleu, rouge, noir, jaune, mélangé
de noir et de blanc, etc., comme tous les mondains. Il est
probablement le pigeon dont on s'est servi jadis pour porter
des messages. Son vol rapide et élevé, et la faculté qu'il possède, de retrouver toujours sa demeure première, ont dû
le faire choisir à cet effet.

Une variété secondaire est toute blanche, mais avec une
espèce de collier de plumes rouges. Elle s'élève beaucoup
dans les airs. Les petits, presque rouges dans leur premier
âge, blanchissent en approchant de l'âge adulte. Une autre
variété secondaire, d'origine angloise, est noire, avec les ailes
blanches, et a les tarses très-emplumés. Une autre, venue
de Hollande, a le plumage blanc, teinté de rose au soleil et

la barre noire. Il est des volans noirs à barres blanches; de huppés; de noirs, et à queue blanche : ceux-ci proviennent d'un volant noir marié à un pigeon-paon, etc.

Le Pigeon volant soie, *Columba mansuefacta altivolans setacea*. Les plumes ont les barbes séparées pendantes et soyeuses, ce qui rend le vol impossible. Cette disposition des barbes est due probablement à un état maladif particulier, et analogue à celui des mammifères albinos. Cependant ces pigeons albinos sont très-productifs.

I. Si, par la forme du bec, par la taille, par le port et quelques autres signes, il a paru convenable de ramener les pigeons volans à la variété du mondain, c'est-à-dire, du biset de colombier, perfectionné par une domesticité entière ; il sera bien plus convenable encore de lui rapporter les Pigeons suisses. *Columba mansuefacta Helvetiæ*. Ceux-ci sont plus petits que les pigeons ordinaires et pas plus gros que les pigeons bisets; ils sont de même tout aussi légers de vol. Il y en a de plusieurs sortes. savoir : des panachés de rouge, de bleu, de aune, sur un fond blanc satiné, avec un collier qui vient former un plastron sur la poitrine, et qui est d'un rouge rembruni. Ils ont souvent deux rubans sur les ailes, de la même couleur que celle du plastron. D'autres pigeons suisses ne sont pas panachés, mais de couleur d'ardoise uniforme sur tout le corps, sans collier ni plastron. D'autres sont appe-lés colliers jaunes dorés ou jaspés, ou maillés, etc., parce qu'ils portent des colliers de cette couleur. Il ne me reste plus à citer que le pigeon suisse azuré; l'herminé, qui a le manteau blanc, avec des marques brunes; et le pigeon suisse barré-orangé, à cause de deux barres orangées et étendues sur les ailes, dont le fond est blanc.

Un honorable naturaliste a dit que le *pigeon suisse à collier doré*, pouvoit être obtenu de l'union du culbutant anglois avec de petits mondains riches des plus belles couleurs. Cette assertion mérite d'être vérifiée.

K. Mais combien peu est éloigné de ces mondains suisses un autre groupe de pigeons, les Pigeons maillés. *Columba man-suefacta maculata?* Ces derniers, en effet, ont tous les traits des précédens, mais la taille un peu plus forte, et les plumes du manteau et du dessus des ailes marquées de trois couleurs, dont une barre noire, et deux autres barres bleue et blanche, bleue et rouge, bleue et fauve ou de couleur de bois de noyer, etc. On en distingue autant de variétés que les couleurs peuvent être associées différemment. D'ailleurs tous ces oiseaux sont très-beaux, très-productifs, et peu sujets à être malades. Ils ont le tarse nu et plus court que les pigeons grosse-gorges.

Les dix sous-variétés du mondain que je viens de décrire, se perpétuent par la génération. Cependant il faut des soins pour les conserver pures; autrement, même sans aucun mélange adultérin, elles s'altéreroient peu à peu et finiroient par se rapprocher beaucoup du mondain ordinaire, de ce mondain qui n'est que le biset tout-à-fait apprivoisé. Ainsi le pigeon maillé ne donne pas toujours naissance à des petits qui lui ressemblent par le plumage, mais à des petits dont les plumes ne présentent qu'une seule couleur, le gris-bleu avec deux barres noires sur les ailes. Il en est de même du pigeon suisse, etc.

Lorsque l'on a voulu ne voir dans les mondains que les bâtards de toutes les races, on a eu évidemment tort. Les vrais bâtards donnent la vie à des petits qui tantôt leur ressemblent, et qui tantôt rappellent, ainsi que leurs parens, des traits sensibles, des unions adultérines dont ils tirent leur origine. Ce ne sont que des bâtards, et non des bisets apprivoisés, tout-à-fait domestiques ou des mondains.

3.ᵉ *Variété.* Le PIGEON MIROITÉ, *Columba specularis*, est assez rare, quoiqu'il soit une de ces races que l'on crée par le croisement successif au moins de trois races distinctes. Il constitue une variété constante, puisqu'il ne peut se croiser avec aucune autre variété, sans perdre son signe caractéristique. Il a d'ailleurs tous les dehors des mondains, l'iris ordinairement jaune, une taille moyenne ou égale à celle du biset, le plumage d'une couleur uniforme, rouge ou jaune, ou grise, excepté à huit lignes du bout des grandes plumes des ailes et de la queue, où cette couleur est interrompue par une barre grise-blanche, et large d'un demi-pouce. Le bout de ces mêmes plumes est de la même couleur que tout le plumage, mais seulement pâle.

4.ᵉ *Variété.* Le PIGEON GROSSE-GORGE, *Columba gutturosa*, a pour caractère principal et très-évident, la faculté d'enfler son jabot en aspirant et retenant l'air dans cette cavité, qui se dilate beaucoup, quelquefois au point d'acquérir un volume presque égal à celui du reste du corps. Lorsqu'il enfle ainsi sa gorge, et c'est presque dans tous les instans du jour, il est obligé de se tenir droit perpendiculairement et semble prêt à tomber en arrière. Dans cet état il ne peut voir devant lui, ni se défendre ou se préserver des attaques de ses ennemis. Le vent même, quand il est un peu fort, peut le renverser et l'emporter avec violence.

Il est très-productif, mais d'une constitution délicate. La maladie dont il est atteint très-souvent, est la rupture du jabot, et elle devient presque toujours incurable.

Il y a des grosse-gorges à tarses nus ; d'autres à tarses un peu emplumés ; et plusieurs avec une seule rangée de petites plumes sur le bord externe du tarse et du doigt médian.

Les premiers offrent un plumage de couleur uniforme, noir, roux, bleu, etc.; ou blanc et gris, ou blanc et jaune, etc.; ou bien jacinthe maillé, etc.

Les seconds ont le plumage de couleur chamois et panaché, tout blanc, gris panaché, gris ardoisé, etc.

Les derniers, et ce sont les Pigeons grosse-gorges lillois, *Columba gutturosa insulana*, ont la tête petite, le bec mince, le corps svelte et porté sur des jambes longues, et dont le genou se dégage du plumage lorsque l'oiseau se tient droit. Ils sont très-productifs, ne souffrent jamais de la rupture du jabot, volent très-bien et souvent en planant. Leur plumage est bleu, avec des barres noires, blanc, blanc herminé, rouge vineux, etc., uniforme ou panaché.

Une sous-variété du pigeon grosse-gorge, le Claquart, *Columba percussor*, Willugb. (Pigeon batteur, Briss.), a un filet autour des yeux, les ailes longues et croisées, comme le précédent ; le plumage blanc ou chamois, ou bleu, avec les épaules blanches. Son nom lui vient de l'habitude qu'il a de faire beaucoup de bruit, en battant des ailes au commencement de son vol. Ce caractère indique qu'il tire son origine d'oiseaux avertisseurs dans les troupes sauvages ou demi-sauvages. Ses tarses garnis de plumes l'éloignent des pigeons lillois.

Le pigeon grosse-gorge et le gros mondain produisent le *cavalier*. Le pigeon lillois, croisé avec un patu, a donné naissance au patu plongeur et au claquart.

5.ᶜ *Variété*. Le Pigeon culbutant *Columba gyratrix*, a beaucoup de rapports avec les mondains volans; et c'est à regret que je les ai séparés dans la description. Il a l'œil, la taille, ou la forme générale et les couleurs de ces derniers; mais le corps doit être trapu. Son vol est très-rapide, très-élevé, mais très-inégal, comme saccadé. Enfin, cet oiseau, pendant qu'il vole, tourne sur lui-même de deux à cinq fois, la tête en arrière. On croiroit qu'il tombe; c'est, dit-on, un moyen pour lui d'éviter l'atteinte des oiseaux de proie : cependant à la campagne il perd une pareille habitude. Il est fort souvent employé pour attirer les pigeons des autres colombiers, parce qu'il vole au loin, le plus haut et le plus long-temps de tous les pigeons peut-être.

Entre autres sous-variétés, je citerai le Pigeon culbutant anglois (*Tumbler*). Son bec est très-petit; la tête ronde et assez grosse; le col mince; le corps trapu, mais plus petit que celui des pigeons volans. Son plumage offre presque toutes les couleurs, le blanc, le noir, le brun, le jaune, simple ou panaché. Les tumblers sont très-productifs; si on les apparie avec d'autres petites variétés, ils donnent de jolis métis; mais ces derniers ne font pas de petits semblables à eux-mêmes, ni à leurs parens.

6.ᵉ *Variété*. Le Pigeon tournant, *Columba gyrans*, a la taille plus forte que le culbutant; l'œil garni d'un filet léger; l'iris noir ou jaunâtre; les pieds chaussés; le plumage ordinairement gris, avec des taches noires sur les ailes, ou rouge, ou bleu, mais avec un fer à cheval blanc sur le dos. Son caractère distinctif est un vol bruyant, comme une claquette par le battement des ailes, et en décrivant des cercles à la manière des oiseaux de proie.

Le pigeon tournant trouble les volières par son caractère querelleur et jaloux. Voit-il un mâle caresser sa femelle, ou une femelle couver, il se précipite sur eux, se cramponne sur leur dos et les bat sans que ceux-ci puissent se défendre. De là beaucoup d'œufs non fécondés et cassés.

7.ᵉ *Variété*. Le Pigeon trembleur ou Paon, *Columba laticauda*, est remarquable par sa queue large, étalée et composée au moins de vingt-huit pennes, et par le tremblement convulsif dont il est habituellement agité, surtout lorsqu'il est en amour. D'ailleurs il a la taille du pigeon volant; il est peu propre au vol, s'apprivoise aisément, produit beaucoup, etc. Il redresse et renverse sa queue sur le dos par un effort particulier, annoncé par un tremblement pour l'ordinaire, et exécuté par un appareil fibreux, qu'il n'est pas toujours facile de découvrir à l'aide du scalpel. En même temps qu'il relève la queue, il porte la tête assez en arrière pour qu'elle touche presque les pennes caudales.

Lorsqu'on marie un mâle de pigeon glou-glou avec une femelle paon, on obtient le *pigeon tremblant à queue étroite*, qu'il ne peut en outre relever, c'est-à-dire qu'on n'obtient plus un pigeon-paon, mais uniquement tremblant, et tremblant à un plus haut point.

Le PIGEON TREMBLANT DE LA GUIANE. Cette variété, très-belle, prend son nom du pays d'où elle a été apportée. Elle est d'un blanc mat, avec les ailes d'un bleu nuancé, d'espèces d'yeux plus clairs et avec des barres noires.

Le pigeon-paon d'Europe est susceptible de devenir soyeux. Alors les barbes des plumes sont séparées et tombent comme un effilé de soie ou de coton. L'oiseau ne peut voler et s'apprivoise bien. Sa chair a un goût sauvage, analogue à celui de la chair des oiseaux de rivière.

8.ᵉ *Variété.* Le PIGEON HIRONDELLE, *Columba hirundinina*, a la taille et le corps alongé de la tourterelle. Il est fort remarquable par le contraste agréable de ses couleurs et très-élégant, quoiqu'il soit porté sur des jambes basses et des tarses emplumés. Son corps est blanc. Sur la tête existe une calotte oblongue, absolument pareille pour la forme à celle de la fauvette à tête noire, et composée de plumes colorées en noir, en gris ou bleu cendré, en rouge ou en jaune. Les ailes et les pattes sont de la même couleur que la calotte de la tête.

Cet oiseau, très-léger au vol, aime à planer au-dessus des arbres et des bâtimens, comme l'hirondelle, dont il imite la rapidité dans le vol. et un peu la manière de porter les ailes dans le repos.

Il éprouve quelque gêne dans sa marche par suite des plumes longues et nombreuses qui couvrent ses tarses et ses doigts ; mais il n'est alors ni lent ni pesant, comme on l'a dit et répété. On lui trouve aussi le défaut d'avoir quelquefois l'iris panaché : ceci est affaire de goût et de mode ; et les hommes qui lui adressent ce reproche, et qui le repoussent lorsqu'il présente ce prétendu défaut, le rechercheront peut-être un jour par le même motif.

Les variétés secondaires qu'il peut offrir, ont été établies par les couleurs du plumage. J'en marquerai encore deux, dont on a fait à tort deux races distinctes. La première est caractérisée par une huppe et des jambes très-courtes ; par la petitesse du corps ; par un bec moins long ; par la grande longueur des plumes qui garnissent les tarses. C'est le *pigeon carme*, dont les couleurs, distribuées comme dans le pigeon hirondelle, sont le gris de fer, le chamois, le soupe-en-vin, et le jaune.

L'autre variété secondaire que j'ai annoncée, est formée par le *pigeon heurté*, quoiqu'il ne soit pas patu. Il se reconnoit à une tache colorée en bleu, en jaune, en noir, ou en rouge, qui est située au-dessus du bec, sur le front et jusque sur le milieu de la tête, et à la queue, qui est de la même couleur que la tache frontale. Tout le corps est blanc ; l'iris noir ; la mandibule supérieure du bec colorée comme le front ; la mandibule inférieure blanche. Ce pigeon rappelle par la longueur, la coloration et la forme du bec et par son port. les pigeons hirondelles, et par quelques autres traits, par les tarses nus, le pigeon mondain.

9.ᵉ *Variété*. Le Pigeon tambour ou Glou-Glou, *Columba tympanotriba* (*Col. tympasnians*, Frisch), a le bec alongé et assez semblable pour la forme à celui du pigeon hirondelle, et la tête deux fois huppée, d'abord sur le front, ensuite à la région occipitale ; cette dernière étant une véritable cape ou coquille, tandis que l'autre est une touffe en couronne ; le corps, la taille, le port à peu près de l'hirondelle ; l'iris d'un blanc de perle ; les paupières rouges ; les tarses fort emplumés et courts. Enfin il se reconnoît surtout à sa voix, dont le roucoulement a quelque rapport avec le bruit du tambour entendu de loin, et il fait entendre souvent ces deux sons, glou-glou. Son plumage est blanc d'ailleurs, blanc entremêlé de noir, blanc et rouge, blanc et jaune, blanc et bleu, noir, noir avec la tête grise, blanc et bleu, avec des barres orangées.

Ce pigeon, très-fécond, fait huit a neuf pontes par an, est assez délicat et souvent malade à l'époque de la mue.

Des figures gravées et coloriées m'ont présenté le Pigeon patu de Norwége, *Columba norwegica plumipes*, comme très-semblable au pigeon tambour blanc. J'ignore s'il est doué de la voix de ce dernier; mais il a une taille beaucoup plus forte.

Le *pigeon patu crapaud-volant* est un métis obtenu d'un glou-glou et d'un volant. Sa tête est aplatie et carrée; la paupière sans filet coloré; l'iris noir; le tarse très-emplumé; le plumage gris. De la taille du glou-glou et d'une forme agréable, cet oiseau produit beaucoup, comme la plupart des métis.

Mais il a perdu le trait distinctif de la variété des pigeons tambours, la voix, de même que tous les métis qui proviennent de ces derniers. Une fois que cette voix singulière a disparu par un croisement, on ne peut plus la faire reparoître, quelques essais que l'on tente.

2.e SECTION.

Bec court, gros, quelquefois très-gros; peau nue et quelquefois colorée autour des yeux; tête arrondie et assez forte; corps court; poitrine ou plastron large; tarses peu élevés, quelquefois épais ainsi que les doigts.

10.e *Variété.* Le PIGEON NONNAIN, *Columba cucullata*, se reconnoît très-aisément à un capuchon épais, situé à la région occipitale de la tête et sur chaque côté du cou, descendant jusqu'à la hauteur des épaules, puis se rapprochant vers le milieu du plastron. Ce capuchon est plus relevé que celui des pigeons capés, et formé a l'occiput de plusieurs rangs, sur les côtés du cou de deux rangs, et au plastron d'un seul rang de plumes; ces dernières sont ordinairement teintes de couleurs changeantes, qui produisent un effet très-agréable. La tête du nonnain, la queue et les grandes pennes des ailes sont toujours blancs, ou au moins d'une couleur plus pâle que le reste du corps. Le plumage est noir, rouge, chamois, quelquefois panaché, quelquefois entièrement blanc ; l'iris est d'un blanc de perle ; la taille petite, mais élégante ; le tarse nu.

Le nonnain n'a pas le vol rapide ; on croit que c'est son capuchon qui met obstacle à ce genre de progression. Cet oiseau devient très-familier et paroît spirituel. Sa fécondité est remarquable.

Outre les différences de couleur qu'il présente, on doit noter encore des différences de taille. Les plus ordinaires surpassent un peu en grosseur le biset de colombier ; mais le PIGEON MAURIN, *Columba galerita*, Frisch, approche pour la taille des pigeons grosse-gorges ; comme eux, il a l'habitude d'enfler sa gorge. Il est tout noir, avec la tête, le vol et la queue blancs ; son bec est court ; l'aile petite ; la forme élégante : une fraise de plumes relevées décore la tête et le cou. Le pigeon maurin provient du nonnain et du grosse-gorge. Il est loin d'être aussi fécond que ces deux oiseaux.

Lorsqu'on unit un nonnain vrai avec un mondain, on obtient le *nonnain capé*. Celui-ci n'a qu'une simple coquille, qui ne s'étend pas au-dessous de la tête. On ne l'estime pas, quoiqu'il soit assez productif.

Les caractères de la variété des pigeons nonnains se perdent très-facilement et dès le premier croisement. Peuvent-ils se reproduire avec beaucoup de soins et de temps? On ne devroit pas l'assurer ni le nier, mais dire seulement que jusqu'ici, quelque mélange que l'on ait fait des races voisines avec celles des nonnains, quelques multipliées qu'aient été les générations, on n'a pas réussi. Ces essais conduisent à croire au moins que les nonnains forment une race assez distincte de toutes les autres.

On rencontre rarement une variété très-secondaire de pigeons qui tire son origine, d'un côté certainement, du pigeon nonnain, peut-être de l'autre côté d'un mondain jacinthe, et en troisième ligne d'un pigeon patu. Chez elle, il ne reste du nonnain que la tête, la queue et le vol blancs. Le plastron noir, les couvertures des ailes noires et grivelées de blanc, et deux barres blanches, sont les autres traits qui la distinguent. Il faut ajouter que les plumes du tarse sont blanches. Dans cet oiseau il n'y a nulle trace de capuchon, la tête est entièrement nue ; mais la taille et la forme générale du corps rappellent très-bien le nonnain. Lorsqu'on a créé cette variété très-secondaire, on a probablement rapproché des races qui s'éloignent d'une manière notable les unes des autres ; car on n'a donné naissance qu'à une tribu d'oiseaux peu nombreuse, parce qu'elle est réellement très-peu féconde.

11.e *Variété*. Le PIGEON A CRAVATE, *Columba turbita*, est un des plus petits pigeons ; il ne dépasse guère en grosseur la tourterelle. La tête est conformée de manière que l'on y remarque trois protubérances, deux qui correspondent aux cavités orbitaires, et une à l'occiput. Le tour des yeux est tantôt nu et tantôt emplumé : cette dernière disposition dépend d'une adultération dans l'individu qui la présente. Le bec est très-petit et très-court. Le caractère le plus tranché du pigeon cravate est offert par le cou et le plastron ; à leur partie médiane, depuis le dessous du bec jusqu'au bas du plastron, s'étendent deux ou trois rangées de plumes rebroussées. D'ailleurs le corps a une forme élégante et agréable ; les tarses sont nus ; et le plumage varie pour les couleurs. On connoît des pigeons à cravate tout-à-fait blancs, tout-à-fait noirs, ou gris bleuâtre ; mais alors avec deux barres noires sur les ailes (pigeon à cravate anglois), ou gris avec des taches noires. D'autres ont le corps, la queue, et les grandes pennes des ailes blancs, avec les couvertures des ailes noires, rouges, bleues cendrées ou chamois, avec ou sans panaches. Enfin il en est de huppés.

Ces oiseaux, accusés d'être lourds, soutiennent cependant leur vol très-long temps en ligne droite, peuvent franchir, par exemple, en quatorze heures, soixante et douze lieues, et finissent toujours par revenir à leur colombier, quelles que soient les distances qui les en séparent. Aussi ont-ils obtenu la faveur de servir de messagers.

Ils ne s'unissent pas volontiers avec les autres pigeons domestiques, ce qui annonce en eux une disposition originelle et particulière. Ils sont très-féconds, mais ils élèvent difficilement leurs petits, à cause de leur bec très court.

Buffon assure qu'on a vu ces pigeons se marier avec des tourterelles, et avoir des petits de cette union : mais ces petits étoient probablement incapables de se reproduire.

12.e *Variété*. Le PIGEON POLONOIS, *Columba brevirostrata*, égale

à peu près en grosseur le pigeon-paon, mais il est plus trapu.
Sa tête doit présenter quatre protubérances, une à l'occiput,
une au-dessus de chaque cavité orbitaire, la quatrième à la
racine du bec. Un large cercle d'une peau nue, mamelonnée,
et nuancée de rouge et de jaune, est étendu autour des yeux.
Les couvertures des narines et le dessous de la mandibule
inférieure ont également une peau mamelonnée et rougeàtre.
Quant au bec, il est très-gros et très-court, et d'une manière
fàcheuse, puisque cette disposition met un tel obstacle à ce
que ce pigeon nourrisse ses petits, que ceux-ci meurent fort
souvent de faim. Pour les conserver, il devient prudent de
les faire adopter et nourrir par des pigeons à bec long. Le
cou du pigeon polonois a une certaine gràce; les plumes y
offrent toujours des teintes brillantes. Noir, blanc, roux,
chamois, gris; tel est constamment le plumage. Enfin, les
jambes sont très-basses, et les tarses et les doigts sont épais
et parsemés de petites plumes.

Lorsqu'on apparie le pigeon polonois à quelque pigeon
huppé, on obtient des oiseaux as-ez semblables au pig--on
polonois, et dont l'occiput est garni d'une huppe.

Le PIGEON POLONOIS BENIN, *Colun ba brevirostrata lenis*, provient d'un màle polonois et d'ure femelle de pigeon à cravate. Il a le bec un peu plus long que son père, une taille
qui se rapproche de celle de sa mcre, et un air doux, qu'il
tient encore de cette dernière. Il est très-fécond et nourrit
bien ses petits.

Je rappellerai ici une variété de pigeon qui a été signalée
sous la dénomination de *columba vulgo cretensis* par Aldrovande; de *columba barbarica seu numidica* par Willughby.
Son bec est très-court; ses yeux sont entourés d'une large
bande de peau nue et recouverte de mamelons farineux, et
son plumage est bleuàtre, avec deux taches noires sur les
ailes.

La Crète, la Barbarie, la Numidie, existent-elles donc si
loin de la terre ferme européenne pour que l'on n'ait aucun
renseignement exact sur cet oiseau, et pour qu'il n'en ait
pas été apporté de vivans? Est-ce qu'il vit dans ces contrées
à l'état sauvage et domestique; est-ce qu'il seroit la souche
du polonois; est-ce qu'il donneroit, en l'unissant à nos va-

riétés domestiques, la naissance à une postérité féconde ?

Lorsqu'on élève des pigeons à bec court, on remarque que les uns ont cette partie moins brève, et les autres plus courte. Si on laisse parvenir à l'âge adulte les premiers, ils nourriront moins difficilement leurs petits que les seconds, et ils pourront communiquer à ces mêmes petits des proportions plus favorables dans la forme du bec. Quelles sont donc les causes qui agissent sur les pigeons de manière à modifier une partie aussi importante que le bec ? Il ne paroît pas qu'on s'en soit occupé. Cette question est-elle donc sans intérêt ? En la traitant, on la verroit se lier probablement à plusieurs points importans de l'histoire de l'organisation animale, et par là mériter un degré d'attention qu'on n'eût pas cru devoir lui accorder.

Dans cette section des pigeons à bec court, on eût pu faire entrer quelques autres variétés secondaires ou tertiaires du pigeon domestique. Je pourrois citer entre autres le pigeon culbutant anglois (le *tumbler*). En effet, il a le bec court, la tête assez ronde et un peu grosse, le corps court et trapu. Par ces caractères, ce joli oiseau pourroit servir d'intermédiaire entre les pigeons à bec grêle et long, et ceux à bec court.

De même le bec, à la fois court et gros, et la peau mamelonnée et tuberculeuse des narines et du pourtour des yeux, établit un passage des oiseaux de la seconde section à ceux de la troisième.

3.e **Section.**

Bec long, gros, robuste, droit ou crochu ; une peau nue, rouge, épaisse, mamelonnée, tuberculeuse autour des yeux ; narines également recouvertes par une peau épaisse, rouge ou blanchâtre, ridée, mamelonnée, caronculée ; tête ovoïde ; corps gros et long ; tarses robustes ; vol lourd.

13.e *Variété.* Le Pigeon romain, *Columba campana*, se distingue très-bien de tous les autres pigeons domestiques par un cercle de peau nue, rouge et ridée, situé autour des yeux ; par ses paupières rougeâtres, et par la membrane qui recouvre ses narines, laquelle est épaisse, ridée et de la forme de deux fèves. La tête est oblongue, l'iris blanchâtre, le cou médiocrement long, la voix sourde, le corps toujours gros, le vol lourd, la marche pénible et embarrassée. Quant au plumage, ses couleurs varient beaucoup ; il est brun, noir. rougeâtre, bleu, bleu avec des taches noires, etc.

Pigeon romain ordinaire, *Columba campana* (*Col. hispanica seu romana; — Col. domestica major*, Willughby). C'est un des plus grands pigeons de volière, dont les jambes sont basses et les pieds nus. Il vole mal, produit médiocrement, et nourrit avec peu de soin ses petits.

On indique comme plus productifs les romains à plumage gris piqueté, ceux à plumage argenté, ou minimes à taches blanches ou noires. L'observation ne m'a pas paru confirmer cette assertion. Le premier a le tarse un peu emplumé.

Le Pigeon romain café-au-lait est le plus petit de la race. Il a un filet autour des yeux, l'iris jaune, la membrane des narines peu épaisse, le tarse nu. D'une taille et d'une couleur agréables, cet oiseau se recommande encore par sa fécondité.

Peut-être faut-il rapporter à la variété campanienne le Pigeon messager de Willughby, *Columba tabellaria*. Toujours est-il qu'on lui attribue, entre autres caractères, une peau nue autour des yeux, une membrane épaisse étendue sur les narines, etc.; mais il a le corps très-long, et porté sur des jambes longues aussi.

On a apparié le romain avec des pigeons des autres variétés. La première que je citerai est le Pigeon romain coiffé, *Columba campana mista*. Il provient du romain ordinaire et du bagadais batave. Quelques caroncules autour du bec, l'iris de couleur nacrée, le cou mince et alongé, le corps assez élégant et leste. des jambes longues, sont les traits principaux qu'il offre. Avec des ailes d'une moindre envergure que le romain, il vole mieux. Il produit beaucoup.

Le Pigeon cavalier, *Columba eques*, tire probablement son origine du romain et du grosse-gorge. Il enfle plus ou moins sa gorge : un filet rouge cerne les yeux ; une membrane épaisse, fongueuse, avec un peu de morille, couvre les narines, etc. Le plus commun est blanc, haut sur ses jambes, et très-productif.

On a, dit-on, croisé aussi ce même cavalier avec un bagadais qui a l'œil du mondain, et on a obtenu le *Pigeon cavalier farraud*. Élégant, de couleur ordinairement blanche, cet oiseau enfle sa gorge de manière qu'elle forme une espèce de cylindre; il porte une coquille à la partie postérieure de la tête, a des jambes longues et vole très-bien. Il fait beaucoup de petits.

14.ᵉ *Variété*. Le PIGEON TURC, *Columba carunculata* (*Col. turcica* des auteurs), présente, autour des yeux, un large ruban caronculeux, qui va rejoindre la base du bec; ses narines sont surmontées d'une très-grosse morille; le rouge, le jaune, le bleuâtre, se montrent sur toutes ces excroissances. Il est d'une très-grande taille. Par ses jambes courtes, ses ailes alongées, son cou assez court, il se rapproche du campanien ou romain. Il a le vol lourd et son plumage est brun, minime, gris, chamois, etc.

Une variété secondaire a la tête nue, c'est le PIGEON TURC ORDINAIRE, *Columba carunculata vulgaris*. Il est d'une grande taille, d'une beauté réelle et assez fécond.

Une autre sous-variété est huppée, *Columba carunculata cristata* : c'est le pigeon turc des auteurs. On ne le trouve plus en France.

15.ᵉ *Variété*. Le PIGEON BAGADAIS, *Columba fortirostrata*, se reconnoit au premier coup d'œil, tant ses traits sont particuliers. Un large ruban caronculeux et rouge entoure les yeux et vient rejoindre les caroncules tuberculeuses ou mamelonnées en forme de morille qui couvrent les narines. Le bec est long, courbé, crochu, robuste. La longueur du cou n'est pas moins remarquable. La taille peut dépasser en grandeur celle de tous les autres pigeons domestiques à tarses courts. Il en est de même de la longueur des jambes. Le plumage offre communément la couleur noire, rouge, minime, noire avec du blanc, etc.

Oiseau farouche, difficile à apprivoiser, le pigeon bagadais est souvent inutilement fécond; car, lorsqu'on l'approche, ses mouvemens sont si brusques pour fuir, qu'il casse ses œufs ou écrase ses petits. Dans les volières, il se rend redoutable et y cause parfois du désordre.

Le PIGEON BAGADAIS BATAVE, *Columba fortirostrata maxima*, paroit, quoique adultéré, l'oiseau qui offre le mieux le type de la variété bagadaise. Ce n'est pas parce qu'il est le plus grand de taille et de volume, mais sa forme générale, son aspect très-particulier, ne rappellent aucun trait sensible des pigeons des autres variétés, et ressemblent plutôt à celles d'un *tétras*. La peau qui entoure les yeux et qui couvre les narines, est épaisse, caronculée et tuberculeuse, mais sans trop d'excès. Au contraire, le bec, très-alongé, atteint jusqu'à quinze à dix-huit lignes de longueur, et le cou aussi est fort remarquablement long ; l'iris est d'un blanc perlé. Un corps gros, court, très-élevé sur ses jambes ; une queue courte ; des pattes d'un rouge de sang, assez longues pour dépasser la queue d'un bon doigt, lorsqu'on les étend, sont de bons signes distinctifs. Il faut y ajouter encore que la démarche est pénible et lourde, ainsi que le vol, ce qui s'explique bien pour ce dernier, puisque les ailes ont peu de longueur et sont imparfaitement emplumées. La rareté des plumes laisse voir à nu l'articulation proéminente de l'épaule.

Cet oiseau, le plus grand des pigeons, est aussi un des moins féconds. Un médecin de Vienne, Hieronymus Patavinus, le fit connoître le premier en Europe par un dessin assez inexact, mais qui cependant rendoit à peu près, quoiqu'en charge, son aspect singulier. N'auroit-on pas pris, par une singulière méprise, le nom de ce médecin, défiguré par une mauvaise traduction ou une mauvaise prononciation, pour celui d'un pays d'où l'on auroit présumé dès-lors que le grand pigeon *batave* avoit été apporté ?

Un autre pigeon bagadais, surnommé ridiculement *tétard*, à cause de sa tête blanche, et qu'il valoit mieux appeler *bagadais à tête blanche*, offre assez bien encore les caractères de sa race. Il a le cou brun, et le reste du corps de couleur de tabac d'Espagne.

Le *bagadais à tête grise* présente assez bien aussi les traits de famille, le bec long, surmonté d'une morille ; le tour des yeux caronculé ; l'iris perlé ; la tête forte ; le cou alongé et mince ; le corps large, court, porté sur des jambes hautes, etc. ; un caractère farouche à l'excès ; mais l est d'une fécondité remarquable. D'ailleurs la tête est d'un blanc grisâtre, et le reste du plumage noir.

Le Pigeon bagadais petit batave, *Columba fortirostrata*

minima, ressemble par les formes aux précédens, mais il est plus petit et fécond.

Les variétés secondaires qui suivent ont perdu, ce semble, quelques signes purs de leur origine. Ainsi le *pigeon bagadais pierré*, a moins de morille, de peau nue et tuberculeuse que les précédens ; son bec est plus court, eu égard à sa taille, il ne dépasse pas quatorze lignes. Du reste, cet oiseau, ordinairement noir et blanc, est très-beau, produit beaucoup, et devroit être plus commun.

Le *Pigeon bagadais à grande morille* a les portions nues de la peau, autour des yeux et du nez, trop grandes, trop tuberculeuses, pour qu'il ne laisse pas soupçonner quelque mélange dans son origine avec le pigeon domestique à grandes caroncules par excellence, le pigeon turc. Il a aussi l'œil noir. Quant aux autres signes distinctifs de cet oiseau, ils se rapportent très-bien à sa race. Son sternum est constamment d'un rouge enflammé. Noir, rouge, noir et blanc, minime, etc., telles sont les couleurs de cette variété, qui est devenue très-rare, en grande partie par son peu de fécondité.

Deux autres bagadais, dont l'œil se rapproche de celui du mondain par la moindre étendue de la peau nue, et des tubercules qui y existent, et sur les narines, s'éloignent par ces signes du type de la race. L'un est blanc, ou blanc mêlé de noir ; l'autre, semblable par le même plumage, a toujours la queue noire. Tous les deux ont le sternum rouge.

On a croisé les pigeons bagadais de moyenne taille avec le biset de colombier, et on a obtenu une race de pigeons métis qui mérite d'être recherchée pour son utilité. Elle vole bien, est robuste, capable de pourvoir d'elle-même à sa nourriture, et d'une fécondité remarquable.

Enfin, on rencontre des pigeons bagadais à plumage soyeux. Les barbes de leurs plumes n'ayant aucune adhérence entre elles, ils sont privés de la faculté de voler.

Il faut le dire, si, par des croisemens de races on est parvenu à créer quelques variétés utiles, le bien qu'on a obtenu ne compense pas certainement le mal de n'avoir pas conservé intacte une seule des variétés premières ; quand il est cependant évident que chacune d'elles avoit des qualités qui pouvoient satisfaire à des goûts convenablement réglés, et à tous les genres d'intérêts à peu près que l'homme peut avoir à élever, à soigner, à multiplier les pigeons domestiques.

4.ᵉ Section.

Bec long et menu; mandibule supérieure peu ou point renflée à son extrémité; tarses longs et grêles; doigts entièrement divisés; ailes courtes, généralement arrondies.

4.ᵉ Espèce.

Le Pigeon couronné, *Columba coronata*, Latham (*Goura*, à Java; *Kroonvogel*, Oiseau couronné des Hollandois; Faisan couronné de Brisson; *Colombi-hocco* de Vaillant; *Lophyrus coronatus* de M. Vieillot), est bien réellement de la famille des pigeons, quoiqu'il soit presque aussi gros qu'un dindon. Il porte sur la tête une huppe composée de plumes à barbes désunies et un peu frisées, longues de cinq à six pouces et de la couleur du plumage. Lorsqu'il n'est agité d'aucune passion, il l'abaisse, l'aplatit sur les côtés, et elle prend alors la forme d'un croissant; mais l'oiseau fait-il mouvoir cette huppe, il peut l'étaler en aigrette demi-circulaire, aussi large que belle. Le bec est noir, long de deux pouces, droit, grêle, flexible, très-peu renflé vers le bout. La mandibule supérieure, sillonnée latéralement, s'incline vers la pointe. La mandibule inférieure est plus courte. Les narines, petites et orbiculaires, s'ouvrent dans une rainure. Dans un tel bec se meut une langue charnue et entière. Tout le plumage est d'un cendré bleu, rembruni sur les pennes des ailes et de la queue; les couvertures supérieures des ailes offrent un marron pourpré; une partie des grandes couvertures est bleue, seulement un trait d'un noir velouté part du bec et traverse l'œil. Le goura a les ailes courtes et arrondies: la première rémige plus courte que la cinquième; la troisième la plus longue de toutes; douze rectrices: les tarses alongés, garnis d'écailles rondes, isolées, etc. La longueur totale de cet oiseau va jusqu'à deux pieds et trois pouces.

L'île de Banda, la Nouvelle-Guinée, plusieurs îles de l'archipel des Moluques, l'île de Waigiou, Tomogui, la terre des Papous, enfin, Java, tels sont les lieux où il se rencontre le plus souvent. Dans l'état sauvage, il niche sur les arbres, et sa ponte est de deux œufs. Il se comporte de même dans les volières, place son nid sur les arbres, le compose de foin et de paille, et pond deux œufs aussi gros que ceux de la poule commune. Lorsque le mâle de ce grand pigeon veut témoigner sa tendresse à sa femelle, qu'il la provoque, qu'il l'invite à lui répondre, il incline la tête sur la poitrine, et fait entendre une voix grave et sourde, triste et plaintive.

On doit regretter beaucoup que le pigeon couronné, qui est élevé dans les basses-cours de Java et de l'Inde, n'ait point encore voulu se propager en France ni en Hollande. On devroit réitérer les tentatives jusqu'à ce qu'elles soient couronnées de succès. Il y a une telle ressemblance entre le mâle et la femelle, qu'on ne peut distinguer les sexes, lorsqu'ils ne sont émus d'aucune passion. (E. H. Desportes.)

Table synonymique des espèces du genre Pigeon.

Colombars : aromatique, espèce n.° 103; Capelle, 100; Commandeur, 98; à front nu, 104; Jojoo, 106; Maitsou, 99; odorifère, 107; Pompadour, 103; à queue pointue, 101; unicolore, 102; Waalia, 105.

Colombe : aux ailes tachetées, 108; azurée, 67; Bartavelle, 109; Biset, 37, et page 429; blanche, 82; blanc-verdâtre, 110; bleue du Mexique, 111; bleu-verdin, 69; blonde, 79, et page 426; brame, 132; brune de Carthagène, 112; brune de la Nouvelle-Hollande, 113; brune rougeâtre, 114; Bruvert, 115; à calotte blanche, 39; capistrate, 25; à ceinturon noir, 49; à collier blanc, 116; à collier pourpré, 126; à collier roux, 77; Colombin, 36; de la côte de Malabar, 132, à double collier, 72; à double huppe, 18; Dussumier, 78; écaillée, 88, égyptienne, 117; émeraudine, 68; erythroptère, 60; Fermin, 118; de Forster, 65; Founingo, 43; Géante, 16; Geoffroy, 86; Goad-goang, 122; à gorge pourprée d'Amboine, 133; grivelée, 28; Hagarrero, 121; hérissée, 45; hyogastre, 70; Jamboo, 53; Jaseuse, 38; Jounud, 44; Kurukuru, 64; Koupoupa, 16; Labrador, 48; à large queue, 85; Largup, 33; leucomèle, 21; Longup, 83; luctuose, 30; Lumachelle, 32; à lunette, 17; Macquari, 97; magnifique, 24; maillée, 81; mantelée, 25; marine, 29; marquetée, 54; à masque blanc, 57; Maugé, 94; Mélanoptère, 125; du Mexique, 119; Moine, 71; de montagne du Mexique, 120; mordorée, 125; à moustaches blanches, 61; à moustaches noires, 93; muscadivore, Temm., 22; muscadivore, Forst., 23; noire et blanche, 122; à nuque écaillée, 41; à nuque perlée, 76; à nuque violette, 55; océanique, 23; oreillon blanc, 63; oreillon bleu, 51; Oricou, 47; Pampusan, 74; peinte, 84; phasianelle, 90; Pinazuro, 34; Pinoc, 31; plombée, 124; Porphyre, 59; Poukiobou,

62 ; pourprée de Java, 124 ; à queue annelée, 35 ; Rameron, 27 ; Ramier, 19 ; Ramiret, 40 ; Reinwardt, 91 ; Rouge-cap, 46 ; Roussard, 42 (et page 428) ; Rousseau, 74 ; Roussette, 50 ; sauvage du Mexique, 127 ; sauvage du Paraguay, 128 ; Souris, 87 ; Tambourette, 66 ; terrestre, 80 ; à tête et cou blancs de Norfolk, 130 ; à tête et cou gris, 131 ; Tourocco, 135 ; Tourte, 92 ; Tourteline, 96 ; Tourtelette, 95 ; Tourterelle, 75 ; Turgris, 56 ; Turvert, 52 et 133 ; à ventre rouge, 134 ; verte tachetée, 129 ; vineuse, 73 ; Vlou-vlou, 58 ; voyageuse ; 89 ; Zoë, 20.

COLOMBI-GALLINES : proprement dit, Levaill., 2 ; à barbillon, 2 ; à camail, 3 ; Colombi-caille, 12 ; Cocotzin, 11 ; à cravate noire, 4 ; à face blanche, 7 ; à front gris, 9 ; Goura, 1 ; Hottentot, 12 ; de la Jamaïque, 9 ; de Jamieson, 15 ; montagnard, 5 ; Picui, 14 ; poignardé, 8 ; Pygmé, 13 ; roux-violet, 6 ; Talpacoti, 10.

PIGEONS : aux ailes bleues ; Vieill., 16 ; aux ailes bronzées, Vieill., 32 ; aux ailes noires, Vieill., 128 ; aux ailes rouges, Sonnin., 60 ; aux ailes variées, Vieill., 108 ; à l'aile verte, Edw., 52 ; azuré, Vieill., 67 ; barré, Edw., 85 ; Bartavelle, Vieill., 109 ; à bec recourbé, Sonnin., 103 ; bicolor, Vieill., 73 ; blanc, mangeur de muscades, Sonner., 29 ; blanc-verdâtre, Vieill., 110 ; bleu du Mexique, Buff., 111 ; brun de Carthagène, 112 ; brun à couvertures inférieures des ailes rouges, d'Azara, 9 ; brun de la Nouvelle-Espagne, Vieill., 127 ; brun de la Nouv. Ile-Hollande, 113 ; brun-rougeâtre, Vieill., 114 ; brun et vert, Vieill., 115 ; Bruvert, 115 ; à camail, 3 ; carabe, 35 ; à ceinturon noir, Vieill., 49 ; cendré ferrugineux, Sonnin., 33 ; Cocotzin, Buff., 11 ; à collier blanc, Vieill., 116 ; Colombar, Levaill., 105 ; Colombi-galline, Vieill., 2 ; à couronne blanche, Vieill., 39 ; couronné de Banda, 1 ; couronné des Indes, Buff., 1 ; à couronne pourpre, Vieill., 64 ; à cravate noire, 4 ; cuivré, mangeur de muscades, 21 ; à double collier, 72 ; égyptien, 117 ; à face blanche de Surinam, Vieill., 7 ; Founingo, 43 ; à front nu, Vieill., 104 ; Geoffroy, Vieill., 86 ; de Guinée, Vieill., 42, Hagarsero, 121 ; hollandois, Sonn., 45 ; Jamboo, Vieill., 53 ; à longue queue, 89 ; Maitsou, Vieill., 99 ; de la Martinique, 51 ; Maugé, Vieill., 94 ; du Mexique, Buff., 119 ; de montagne, Vieill., 5 ; de montagne du Mexique, 120 ; des mornes, Vieill., 41 ; à moustaches blanches, Vieill., 61 ; nain d'Az., 13 ; de Nicobar, Buff., 3 ; noir et blanc, Vieill., 28 ; de la Nouvelle-Guinée, 1 ; à nuque violette, Vieill., 55 ; Oricou, Vieill., 47 ; de passage, Buff., 89 ; peint, 84 ; Perroquet, 106 ; Picazuro, d'Azara, 34 ; Picui, d'Azara, 14 ; plombé, Vieill., 124 ; Poukiobou, Vieill., 62 ; Pompadour, Lath., Vieill., 103 ; pourpré de Java, Sonn., 125 ; à queue annelée, Vieill., 35 ; Rameron, Vieill., 27 ; Ramier, 19 ; Ramier d'Amboine, Briss., Vieill., 52 ; Ramier blanc muscadivore, Vieill., 29 ; Ramier bleu de Madagascar, 43 ; Ramier de Cayenne, Buff., 40, et Bonnat., 50 ; Ramier à collier pourpre, Sonn., 126 ; Ramier de la Guadeloupe, Bonnat., 41 ; Ramier des Moluques, Buff., 21 ; Ramier vert de Madagascar, Buff., 99 ;

Ramiret, Vieill., 40; de roche, 37; de roche de la Jamaïque, Buff., 39; Rocherais, 37; rougeâtre d'Azara, 10; rouge et jaune d'Azara, 6; Rousset, Vieill., 50; roux de Cayenne, Buff., 6; de Saint-Thomas, Buff., 98; sauvage, Vieill., 35; sauvage d'Amérique, 89; sauvage du Mexique, Buff., 127; sauvage du Paraguay d'Azara, 128; à taches triangulaires, Edw., 42; à tête bleue, Vieill., 4; à tête et cou blancs de Norfolk, 130; à tête et cou gris, Vieill., 131; à tête grise, Vieill., 123; à tête jaune olive, Vieill., 103; unicolore, Vieill., 102; à ventre blanc (petit), Browne, 9; vert d'Amboine, Buff., 103; vert de l'île de Luçon, Sonn., 106; vert de l'île Saint-Thomas, Vieill., 98; vert des Philippines, Vieill., 106; vert tacheté, Vieill., 129; vert à tête grise d'Antigue, Sonn., 52; violet de la Martinique, Buff., 6; violet à tête rouge d'Antigue, Sonner., 46; Vlou-vlou, Vieill., 58; voyageur, Vieill., 89; Waalia, Vieill., 105.

Tourterelles · proprement dite ou d'Europe, 75; aux ailes dorées, Sonnin., 32; d'Amboine, Buff., 99; d'Amérique, Buff., 92; d'Amérique (petite), 11; de Bantam, Vieill., 85; de Batavia, Buff., 56; blanche, Vieill., 82; blanche ensanglantée, 8; blonde, Levaill., 9 et p. 426; des bois, 75; brune d'Amérique (petite), 13; brune de la Chine, Sonner., 75; du Canada, 89; du cap de Bonne-Espérance, Sonner., 42; de la Caroline, Buff., pl. 92; de la Chine (grande), Sonner., 123; de la Chine, Sonner. (variété de la Tourterelle proprement dite), 75; Cocotzin, Vieill., 11; à collier, 79 et page 426; à collier blanc, Vieill., 116; à collier du Sénégal, 79 et p. 426; de la côte de Malabar, 132; à cravate noire, Buff., 95; écaillée, Vieill., 88; Émeraudine, Levaill., 68; ensanglantée, Vieill., 8; d'Europe, 75; à gorge pourprée, Vieill., 133; à gorge tachetée du Sénégal, Buff., 81; grise de la Chine, Sonn., 76; grise ensanglantée, 8; grise de l'île de Luçon, Sonn., 75; grise de Surate, 76; Hottentote, Vieill., 12; de la Jamaïque, Buff., 4; de Java, Buff., 52; à large queue du Sénégal, 135; à longue queue, Edw., 92; de Malacca, 85; maillée, Levaill., 81; du Malabar, 132; de la Martinique (petite), Buff., 11; à masque blanc, Levaill., 77; naine, Vieill., 13; à nuque perlée, Vieill., 76; Picui, Vieill., 14; de Portugal (var. de la tourterelle d'Europe), 75; de Queda (petite), Sonn., 85; rayée de la Chine, Buff., 134; rayée des Indes, Buff., 85; rougeâtre, Vieill., 10; de Saint-Domingue, Buff., 93; de Saint-Domingue (petite), Buff., 13; du Sénégal, Buff., 68; de Surate, Sonner., 76; de Surinam, Fermin, 118; Tambourette, Levaill., 66; à tête grise, Vieill., 123; Tourte, Buff., 92; Tourtelette, 95; Tourteline, Temm., 97; Tourocco, 135; verte d'Amboine, 133; Yaupan, 4.

Table synonymique des espèces et des variétés de pigeons domestiques.

Biset de colombier, page 429.

Pigeon couronné, 451; Pigeon domestique : Bagadais, 448; Bagadais batave, 448; Bagadais petit batave, 449; Bagadais pierré, 450; Baga-

dais à grande morille, 450; Bagadais tétard, 449; de Barbarie, 445;
batteur, 438; brun du Mexique, 432; Carme, 441; Cavalier, 447; Cavalier faraud, 448; Claquart, 438; Cravate, 444; de Crète, 445; Crapaud-
volant, 442; culbutant, 439; culbutant anglois, 439 et 446; gros Mondain,
433; grosse-gorge, 437; grosse-gorge lillois, 438; grosse-gorge Claquart,
438; Glou-glou, 441; heurté, 441; Hirondelle, 440; maillé, 436; Maurin,
443; de mois, 433; messager de Willughby, 447; miroité, 437; Mondain,
432; Mondain de Berlin, 433; Mondain capé du Mans, 434; Mondain coquille hollandois, 434; Mondain patu et huppé, 433; Mondain patu ordinaire, 433; Mondain patu plongeur, 433; Mondain volant, 435; Mondain
volant messager, 435; Mondain volant soie, 436; Nonnain, 442; Nonnain
capé, 443; de Numidie, 445; Paon, 439; planeur, 433; patu (Mondain),
433; patu Crapaud-volant, 442; patu de Norwége, 442; Polonois, 444;
Polonois benin, 445; Romain, 446; Romain café-au-lait, 447; Romain
coupé, 447; Tambour, 441; Suisse, 436; trembleur, 439; trembleur à
queue étroite, 440; trembleur de la Guiane, 440; tournant, 439; Tumbler, 439 et 446; Turc, 448.

PIGEON ROUSSARD, 428.

TOURTERELLE A COLLIER, 426.

PIGEON ou PIGEONNEAU BLANC. (*Conchyl.*) Les marchands donnent quelquefois ce nom au *strombus epidromis*,
Linn., strombe aile relevée de M. de Lamarck. (De B.)

PIGEON ou PIGEONNEAU BLANC PAPYRACÉ. (*Conch.*)
Variété du strombe aile relevée, *Strombus epidromis*, Linn.
(De B.)

PIGEON ou PIGEONNEAU FAUVE. (*Conchyl.*) C'est le
strombus gibberulus, Linn.; le strombe bossu de M. de Lamarck, et quelquefois le *strombus lichenarius*, Linn., le strombe
bouche de sang de M. de Lamarck. (De B.)

PIGEON COUVANT ou PIGEONNE COUVANTE (*Conch.*);
Voluta mercatoria, Linn. C'est le type du genre Colombelle
de M. de Lamarck. (De B.)

PIGEON DU GROËNLAND. (*Ornith.*) Nom donné impro-
prement au petit guillemot, *colymbus minor et gryle*. (Ch. D.)

PIGEON DE MER. (*Ornith.*) L'oiseau ainsi appelé par
les marins est le pétrel damier, *procellaria capensis*, Linn.,
qui est aussi nommé pigeon plongeur dans certains livres de
navigation. (Ch. D.)

PIGEONNEAU. (*Ornith.*) C'est le nom qu'on donne au
jeune pigeon. (Desm.)

PIGEONNEAU. (*Conchyl.*) Nom vulgaire de la colombelle,

Voluta mercatoria, appelée aussi pigeon couvant ou pigeonne couvante. (Desm.)

PIGEONNIERS. (*Bot.*) Petit groupe établi par Paulet dans le genre Agaric, qui comprend deux espèces, les Ailes de pigeon et le Blanc d'argent (voyez ces mots), qui se font remarquer par leur couleur d'un blanc d'argent, par leur stipe élevé, et surtout par l'irrégularité de leur chapeau, disposé à peu près en manière d'ailes de pigeon. (Lem.)

PIGEOUN. (*Ornith.*) Nom du pigeon en Provence, où le pigeon ramier est appelé *pigeoun favas*. (Ch. D.)

PIGLIAMOSCHE. (*Ornith.*) L'oiseau ainsi nommé dans les environs de Bologne est le traquet, *motacilla rubicola*, Linn. (Ch. D.)

PIGLO. (*Ichthyol.*) L'un des noms donnés à une espèce de cyprin, le Cyprin pigo. (Desm.)

PIGNAN-COIN. (*Ornith.*) Le toucan à gorge jaune, représenté par Levaillant, pl. 7 des promérops, etc., est désigné à Cayenne par ce nom, qui s'écrit aussi *pignen-coin* ou *pinien-coin*, et qui lui a été donné d'après son cri. (Ch. D.)

PIGNATOXERIS. (*Bot.*) Un des noms grecs de l'ellébore blanc, *veratrum*, selon Mentzel. (J.)

PIGNE. (*Bot.*) Nom du fruit des pins en Languedoc. Pignier est celui de ces arbres. (Lem.)

PIGNEUX. (*Ornith.*) Un des noms vulgaires que Salerne, page 294, dit avoir été donnés à l'ortolan de roseaux, *Emberiza Schœniclus*, Linn., à cause de son cri *pign*, *pign*. (Ch. D.)

PIGNON. (*Bot.*) C'est au Sénégal le nom qu'on donne au fruit du corossol à fruit hérissé. (Lem.)

PIGNON DOUX. (*Bot.*) C'est le fruit du pin cultivé. (L. D.)

PIGNONS. (*Bot.*) On donne ce nom à des graines de familles différentes et douées de propriétés très-opposées. La graine du pin cultivé, appartenant à la famille des conifères, et nommée *pignon doux*, est employée dans les émulsions rafraîchissantes. Celle que l'on connoît sous le nom de pignon d'Inde ou de Barbarie, produite par le *jatropha curcas* de la famille des euphorbiacées, est au contraire un purgatif assez actif, mais moins que celui qui est fourni par la graine du *croton tiglium* de la même famille, que l'on nomme graine de tilli et quelquefois aussi pignon d'Inde. (J.)

PIG-NUT. (*Bot.*) Nom donné dans le New-Jersey en Amérique, suivant M. Michaux fils, à un noyer, qu'il cite sous celui de *juglans minima*. Les Anglois donnent le même nom à la terre-noix, *bunium bulbocastanum*, plante ombellifère. (J.)

PIGO, *Cyprinus pigus*. (*Ichthyol.*) On donne ce nom à un poisson du genre Cyprin, qui habite plusieurs lacs d'Italie et spécialement le lac majeur et le lac de Côme. Sa chair est d'une saveur agréable et son poids monte quelquefois à six livres. Son dos est d'un bleu mêlé de noir; son ventre d'un rosé pâle. Au temps du frai, il pousse sur les écailles des individus mâles des piquans pyramidaux et d'une apparence cristalline. Voyez CYPRIN. (H. C.)

PIGOT. (*Ornith.*) Nom que, suivant Barrère, les Catalans donnent au grand pic varié, *picus major*, Linn. (CH. D.)

PIGOUIL. (*Bot.*) Le *festuca quadridentata* de M. Kunth est ainsi nommé dans les environs de Quito. (J.)

PIGOZO. (*Ornith.*) Un des noms italiens, suivant Aldrovande, du pic vert, *picus viridis*, Linn. (CH. D.)

PIGRA. (*Ornith.*) La mésange penduline, *parus pendulinus*, Linn., est ainsi nommée dans plusieurs endroits de la Crau. (CH. D.)

PIGRIÈCHE. (*Ornith.*) Voyez PIE-GRIÈCHE. (DESM.)

PIGRITIA. (*Mamm.*) L'aï ou paresseux à trois doigts est ainsi désigné en latin par quelques auteurs. (F. C.)

PIGROLIER. (*Ornith.*) C'est un des noms vulgaires du pic vert, *picus viridis*, Linn., dans le département des Deux-Sèvres, selon M. Guillemeau. (CH. D.)

PIGUS. (*Ichthyol.*) Voyez PIGO. (H. C.)

PIHÆMBURU. (*Bot.*) Nom de l'*acrostichum lanceolatum* dans l'île de Ceilan. (J.)

PI HAU HAU. (*Ornith.*) Ce nom, qui a beaucoup de rapport avec celui de *piauhau*, est donné, suivant le Nouveau Dictionnaire d'histoire naturelle, à une grive de Cayenne, d'après le cri qu'elle exprime d'un ton lent et plaintif. (CH. D.)

PIHE LERKE. (*Ornith.*) C'est en danois le nom de l'alouette pipi, *alauda trivialis*, Linn. (CH. D.)

PIHIGUAO. (*Bot.*) Voyez PIRIJAO. (J.)

PIKA ou PICA. (*Mamm.*) Les Tongous d'au-delà du lac

Baïkal donnent ce nom à une espèce de lièvre à oreilles courtes, qui est devenue le type d'un genre particulier. Ce genre a reçu le nom de Pika par Lacépède. MM. G. Cuvier et Geoffroy l'ont nommé Lagomys, et c'est sous ce nom que nous l'avons fait connoître, ainsi que les espèces qu'il contient à la suite du genre Lièvre. Voyez ce mot. (F. C.)

PIKC-HEADED-WHALE. (*Mamm.*) Nom anglois qui signifie baleine à tête pointue, et qu'on donne en Angleterre à la baléinoptère museau pointu des naturalistes. (F. C.)

PIKILIS. (*Ornith.*) Nom grec du chardonneret, *fringilla carduelis*, Linn. (Ch. **D.**)

PIKIS. (*Ornith.*) Nom du vanneau commun, *tringa vanellus*, Linn., au Kamtschatka. (Ch. **D.**)

PILÆGHAS. (*Bot.*) Dans l'île de Ceilan on donne ce nom, suivant Hermann et Linnæus, à trois plantes légumineuses ; savoir : un indigo, le *galega villosa* de Linnæus, et son *galega purpurea*. Ces deux dernières sont aussi nommées *pilæharel*. (**J.**)

PILAISÆA et PILAISIA. (*Bot.*) Voyez Pylaisæa. (Lem.)

PILART. (*Ornith.*) Le bouvreuil, *loxia pyrrhula*, Linn., est ainsi nommé dans le Brabant. (Ch. **D.**)

PILAT. (*Bot.*) C'est le nom d'une variété d'orge cultivée en Basse-Bretagne. (L. **D.**)

PILAU, TSJAKAMARAN. (*Bot.*) Noms malabares, selon Rhéede, du jaquier, *artocarpus jacca*, grand arbre de la famille des urticées, congénère de celui qui donne le fruit à pain. Ce jaquier est nommé *ponosson* par les Brames, *jaqueira* par les Portugais du Malabar. (J.)

PILAW. (*Bot.*) Préparation du riz, usitée chez les Turcs. Après l'avoir lavé dans plusieurs eaux, ils le font cuire dans du jus de viande et l'assaisonnent avec du sel et du safran : c'est un mets vanté parmi eux. (J.)

PILCHARD. (*Ichthyol.*) Nom spécifique d'un Clupanodon, que nous avons décrit dans ce Dictionnaire, tome IX, page 425. (H. C.)

PILEANTHUS. (*Bot.*) Genre de plantes dicotylédones, à fleurs complètes, polypétalées, de la famille des *myrtées*, de l'*icosandrie monogynie* de Linnæus, offrant pour caractère essentiel : Une coiffe qui renferme chaque fleur avant son épanouissement ; à cette époque elle s'ouvre vers son milieu en boîte à savonnette ; la partie inférieure, semblable à une petite cupule, persiste ; la supérieure se divise en deux valves entières et caduques. Le calice est entier, avec dix lobes orbiculaires à son limbe ; la corolle composée de cinq pétales, une fois plus longs que les lobes du calice, insérés à son orifice ; les étamines, au nombre d'une vingtaine, ont les filamens courts, attachés sous les pétales, à deux anthères uniloculaires, séparées par un connectif ; l'ovaire est inférieur ; le style court ; le stigmate obtus ; le fruit inconnu : il paroît devoir être une baie à plusieurs semences.

Le nom de ce genre est composé de deux mots grecs qui en expriment le caractère, πιλεον (bonnet), ανθος (fleur). Il est en effet très-remarquable par la coiffe qui enveloppe les fleurs avant leur épanouissement, par le filament qui se bifurque à son sommet, chaque partie soutenant une anthère uniloculaire. Malgré ces anomalies, M. de Labillardière, auteur de ce genre, n'a pas cru devoir l'écarter de la famille des myrtées, dont il offre d'ailleurs tous les autres caractères.

PILEANTHUS EN LIMAÇON : *Pileanthus limacis*, Labill., *Nov. Holl.*, 2, pag. 11, tab. 149 ; ZÉRAMI, Poir., Encycl. Arbrisseau dont la tige se divise en rameaux opposés en croix, courts, presque simples, un peu tuberculés, revêtus d'une écorce cendrée. Les feuilles sont épaisses, sessiles, opposées, presque en massue, glabres, un peu velues dans leur jeunesse, convexes sur le dos, creusées en dessous par un sillon longitudinal, dilatées presque en limaçon à leur base, chargées partout de points tuberculés et anguleux, longues d'environ cinq à six lignes. Les fleurs sont solitaires, axillaires vers l'extrémité des rameaux, portées par un pédoncule simple, court, cylindrique ; la coiffe est globuleuse, un peu ovale, avec les deux valves de la partie supérieure conniventes avant leur séparation ; les dix lobes du calice sont médiocrement crénelés ; les pétales sessiles, oblongs, tronqués à leur base ; les filamens plus courts que la corolle. L'ovaire est ovale, enveloppé par la partie entière du calice. Il renferme des ovules aplatis, en forme de rein. Cette plante a été découverte par M. De Labillardière à la terre de Van-Diémen. (POIR.)

PILENTE. (*Ornith.*) Nom donné, par les Misniens, suivant Gesner et Aldrovande, à la guignette. *tringa hypoleucos*, Linn., qui est aussi appelée, dans le même pays, *pilwenegen* ou *pilwegichen*. (Ch. D.)

PILÉOLE. (*Bot.*) Dans les graines monocotylédones la plumule de l'embryon est quelquefois cachée dans une cavité cotylédonaire, sorte d'étui que M. Mirbel nomme *coléoptile*. Lorsque la plumule n'a pas de coléoptile, les rudimens des feuilles qui forment sa gemmule sont recouverts par une foliole extérieure, parfaitement close, qui tient lieu de coléoptile. C'est cette foliole, conformée comme un éteignoir, que M. Mirbel nomme piléole. On a des exemples de plumule coléoptilée dans les alismacées, les liliacées, etc., et de gemmule piléolée dans le *scirpus*, le *zostera*, les graminées, etc. Parmi ces dernières, le riz offre l'exemple remarquable d'une plumule coléoptilée dont la gemmule est, en outre, pourvue d'une piléole. Il n'est pas aisé de distinguer la piléole de la coléoptile avant la germination, à moins que, dès l'origine, la tigelle qui porte la gemmule ne soit apparente, comme dans le *zostera* et quelques graminées. (Mass.)

PILÉOLE. (*Foss.*) Ce genre, qui ne se présente qu'à l'état fossile, porte les caractères suivans : Coquille patelliforme, régulière, elliptique, ou circulaire, conique ; sommet droit ou légèrement en spirale, incliné en arrière ; face inférieure concave, tranchante sur ses bords ; ouverture entière, petite, à peine du tiers de la face inférieure ; bord columellaire denté ou strié ; bord droit lisse. Sow., *Min. conch.*, tom. 5, pag. 41.

Piléole lisse: *Pileolus lœvis*, Sow., *loc. c.*, pl. 432, fig. 5—8; Desh.; Ann. d'hist. natur., tom. 1, pag. 191, pl. 13, fig. 1. Coquille conique, déprimée, lisse, suborbiculaire, à sommet subcentral concave en dessous, marginée ; ouverture très-petite, demi-ronde et à columelle lisse. Diamètre, deux lignes. Cette espèce, ainsi que la suivante, ont été trouvées par M. Miller dans l'oolite à Anclift en Angleterre, avec des cérites, des sabots, des toupies, et des térébratules.

La présence des coquilles de ce genre dans un terrain plus ancien que la craie, tel que l'oolite, est un fait très-remarquable et rare.

Piléole plissé : *Pileolus plicatus*, Sow., *loc. cit.*, même pl.. fig. 1 — 4; Desh., *loc. cit.*, même pl., fig. 2. Coquille conique, couverte de côtes rayonnantes, à sommet subcentral, convexe en dessous, marginée; à ouverture arrondie et portant des petites dents à la columelle. Diamètre, deux lignes.

Piléole néritoïde; *Pileolus neritoides*, Desh., *loc. cit.*, même pl., fig. 5. Coquille ovale . oblongue, conique, lisse, à sommet pointu et recourbé en arrière ; ouverture demi-ronde et portant de petites dents à la columelle. Diamètre, trois lignes et demie. On trouve cette espèce à Mouchy-le-Châtel, département de l'Oise, et près de Houdan.

Piléole de Hauteville : *Pileolus altavillensis*, De Gerv.; *Crepidula altavillensis*, Dict. des sc. nat., tom. XI, p. 397. En signalant cette espèce à l'article Crépidule, nous avions dit que nous pensions qu'il étoit douteux qu'elle appartint au genre Crépidule. Voyez cet article. (D. F.)

PILÉOPSIS [Cabochon]. (*Malacoz.*) M. de Lamarck a donné ce nom latin au genre Cabochon, que Denys de Montfort avoit également établi sous la dénomination de *Capulus*. Quoique nous en ayons déja donné la caractéristique sous ce dernier mot, en citant l'espèce la plus commune, nous allons indiquer ici les autres espèces . établies par M. de Lamarck, dans son Ouvrage sur les animaux sans vertebres, qui a paru depuis l'impression du 5.ᵉ volume de ce Dictionnaire. Nous ferons d'abord l'observation que nous ne conservons dans le genre des véritables cabochons, que les espèces qui n'ont pas de support ou de plaque testacée sous le pied ; celles qui en ont, constituant le genre Hipponyce de M. Defrance, dont il a parlé à cet article.

Il paroit qu'il existe des cabochons dans toutes les mers. Malheureusement, comme leurs coquilles sont peu remarquables, elles ont été généralement assez peu recueillies. Voici celles que j'ai observées :

Le C. bonnet chinois : *P. ungarica*, *Patella ungarica*, Linn., Gmel., page 3709, n.° 89; Martini, *Conchyl.*, 1, t. 12, fig. 107 et 108. Coquille assez mince, épidermée, conique, acuminée, striée verticalement, à sommet recourbé, un peu contourné; l'ouverture plus large transversalement, plus ou moins irrégulière. Couleur blanche ou d'un blanc roussâtre en dehors sous l'épiderme, blanche en dedans, quelquefois un peu rosée.

C'est cette espèce, commune dans la Méditerranée et dans l'océan Atlantique, et, par conséquent, dans les collections, dont on connoit l'animal. M. de Gerville en a trouvé un individu sur une huître dans la baie de Cherbourg.

Le C. FEUILLETÉ : *P. mitrula*, *P. mitrula*, Linn., Gmel., p. 3708, n.° 82 : Martini, *Conchyl.*, 1, t. 12, fig. 111 et 112. Coquille solide, ovale-arrondie, obliquement conique, à sommet crochu ; le bord évasé ; les stries d'accroissement en forme de lamelles transverses, lâchement imbriquées.

Cette petite espèce vient des côtes de la Barbade. Elle est fort irrégulière. J'en possède une variété, dont les lamelles sont rebordées et striées dans toute leur étendue. Ce pourroit bien être une espèce distincte.

Le C. TORTILLÉ ; *P. intorta*, de Lamarck, Pl. du Diction. Coquille ovale-arrondie, obliquement conique, avec des stries décurrentes du sommet à la circonférence ; sommet surbaissé, latéral et tortillé. Couleur toute blanche.

Cette coquille, dont on ignore la patrie, pourroit bien ne pas appartenir à ce genre, et devoir être rapprochée des sigarets et surtout du genre Velutine.

Le C. ROUSSATRE : *P. subrufa*, de Lamarck ; Martini, *Conch.*, 1, t. 12, fig. 113. Petite coquille ovale-arrondie, obliquement conique, à sommet saillant, infléchi, avec des sillons longitudinaux, coupant à angle droit des stries transverses.

Patrie inconnue.

Le C. RADIÉ, *P. radiata*. Petite coquille presque circulaire, voûtée, à sommet presque médian, surbaissé ; des côtes peu nombreuses, denticulant le bord. Couleur d'un gris verdâtre en dehors, châtaine en dedans, si ce n'est sur les bords, qui sont blancs.

Cette espèce, dont je possède un individu dans ma collection, sans en connoître la patrie, est presque symétrique, de manière a ressembler à une véritable patelle, dont le sommet seroit en arrière.

Le C. COULEUR DE CHAIR, *P. carnicolor*. Petite coquille épaisse, solide, irrégulière, conique, à sommet très-prononcé, surbaissé et dépassant fortement le bord ; ouverture un peu plus large que longue ; surface comme tricotée. Couleur générale : couleur de chair pâle en dehors, plus rouge en dedans.

Cette espèce, dont j'ignore la patrie et que je possède dans ma collection, me paroît distincte.

Le C. TRICARÉNÉ : *P. tricarinata*, *P. tricarinata*, Linn., Gmel., page 3710, n.° 92 ; Schröter, *Einl. in Conch.*, 2, page 417, tab. 5, fig. 2. Coquille subovale, inégalement striée, cannelée vers le sommet, qui est obtus et postérieur, tricarénée en avant. Couleur d'un vert sale en dehors, blanche en dedans.

Patrie inconnue.

Le C. LIRI ; *P. membranacea*, Adanson, Sénég., p. 32, pl. 2. Coquille très-petite, extrêmement mince, transparente, subcartilagineuse, couverte d'un périoste membraneux. Couleur de rouille ; sommet au tiers postérieur en crochet recourbé.

Adanson, qui a trouvé cette espèce sur les rochers du cap Vert, dit que l'animal diffère de celui des patelles ; que ses tentacules sont plus longs, ainsi que son pied, qui déborde le corps en arrière, et que la frange du manteau est formée par trente filets fourchus.

Le C. SORON : *P. nivea*, Linn., Gmel., page 3727, n.° 287 ; Adanson, Sénég., 1, page 32, t. 2, fig. 3. Coquille très-petite, fort épaisse, subconique, à base subcirculaire, creusée en dehors de sept à huit sillons circulaires ; sommet obtus, tout près du bord postérieur. Couleur d'un blanc de neige.

L'animal de cette espèce, qui est rare sur la côte du Sénégal, a sa tête fort courte, considérablement aplatie, plus large que longue, bordée par une membrane ; les tentacules la dépassent à peine ; les yeux sont placés sur leur partie postérieure ; le pied est exactement rond ; les bords du manteau sont extrêmement courts et garnis d'une rangée de petits points élevés. Sa couleur est d'un blanc sale.

Le C. GADIN : *P. afra*, Linn., Gmel., page 3715, n.° 122 ; Adanson, Sénég., 1, t. 2, fig. 4. Coquille fort épaisse, assez régulièrement conique ; sommet vertical, subcentral, d'où partent environ cent côtes peu élevées, arrondies et presque égales ; ouverture subcirculaire, à bords un peu irréguliers. Couleur extrêmement blanche.

Très-commune sur les rochers de l'île de Gorée et du cap Manul au Sénégal.

Il existe sans doute encore dans les collections plusieurs espèces de coquilles, que l'on pourra rapporter à ce genre, du moins provisoirement; car ce ne sera que, lorsqu'on en aura examiné l'animal que l'on pourra le faire d'une manière décisive. Il y a peut-être même plusieurs des espèces caractérisées plus haut, qui ne sont pas de véritables cabochons.

On trouve encore confondues sous ce nom, dans les collections, les coquilles qui constituent le genre Siphonaire, et qui ne peuvent guères être distinguées des cabochons que par la forme de l'impression musculaire. Voy. SIPHONAIRE. (DE B.)

PILESTE. (*Bot.*) Un des noms vulgaires de l'arum commun. (L. D.)

PILET. (*Ornith.*) Nom picard du canard à longue queue, *anas acuta*, Linn. On appelle, dans la même contrée, *pilet tanné*, le canard milouin, *anas ferina*, Linn. (CH. D.)

PILGA. (*Bot.*) Nom hébreu du raifort, suivant Mentzel. (J.)

PILI. (*Ornith.*) Ce nom et celui de *kégul* désignent, en sanscrit, le paon, *pavo cristatus*, Linn., suivant Paulin de Saint-Barthelémi, tome 1.er de son Voyage aux Indes orientales, pag. 421. (CH. D.)

PILIDION. (*Bot.*) Nom donné au conceptacle des lichens, lorsque, comme dans le *calycium*, par exemple, il est orbiculaire ou hémisphérique et que sa superficie se réduit en une poussière régénératrice. (MASS.)

PILIDIUM. (*Bot.*) Genre de la famille des champignons, établi par Kunze. Il est caractérisé par son périthécium simple, sessile, hémisphérique, d'abord fermé, puis se partageant par son centre en plusieurs fentes rayonnantes et contenant une masse formée par une multitude de sporidies fusiformes. Ce genre, ainsi que le *Leptothyrium* et l'*Actinothyrium*, également de Kunze, appartiennent à celui appelé *Phoma* par Fries, et tous, réunis à quelques autres genres, ont plus de rapports avec la famille des hypoxylées qu'avec celle des champignons, où la plupart des mycologues les placent.

Le *pilidium acerinum*, Kunze, *Mycol.*, 2, page 92, pl. 2,

fig. 5, est la seule espéce du genre. On la trouve en quantité sur les feuilles mortes d'érables: elle n'est pas plus grosse qu'un point. (Lem.)

PILIET. (*Bot.*) C'est une variété de l'orge cultivée. (L. D.)

PILIGNO. (*Min.*) On nomme ainsi dans le Siennois, dit le docteur Santi, un schiste noir très-bitumineux. Voyez Ampélite et Schiste. (B.)

PILILA. (*Bot.*) A Ceilan, suivant Hermann, on nomme ainsi le *loranthus loniceroides.* (J.)

PILINGRE. (*Bot.*) Dans l'Anjou, on donne ce nom à la rénouée persicaire. (L. D.)

PILITSCHEI. (*Ichthyol.*) Nom spécifique d'un Caranxomore, décrit dans ce Dictionnaire, tome VII, page 30. (H. C.)

PILLE. (*Ornith.*) Voyez Pillu. (Ch. D.)

PILLEO. (*Ornith.*) Nom péruvien du colibri piqueté ou zitzil, *trochilus punctulatus*, Lath. (Ch. D.)

PILLO. (*Ornith.*) Voyez Pillu. (Ch. D.)

PILLOLET. (*Bot.*) Nom vulgaire du serpolet. (L. D.)

PILLORILLA. (*Bot.*) Suivant Frézier, on nomme ainsi le ricin dans le Chili. (J.)

PILLU. (*Ornith.*) Cet oiseau du Chili est le *tantalus pillus,* Gmel. et Lath., dont le corps est de la grosseur de celui d'une oie, selon Molina, pag. 224, et au sujet duquel on devra consulter l'article Ibis, page 427 du tome XXII de ce Dictionnaire. Le nom de *pillu* est aussi donné, dans le département de la Somme, à la barge à queue noire, *scolopax limosa*, Linn., et *limosa melanura*, Leisler. (Ch. D.)

PILLURION. (*Ornith.*) M. Vieillot a formé sous ce nom françois et sous celui de *cissopis*, en latin tiré du grec, un genre particulier dans sa famille des collurions ou piegrièches (*lanius*, Linn.), lequel correspond aux *béthyles* de M. Cuvier, qui n'ont été qu'indiqués au Supplément du tome IV de ce Dictionnaire, pag. 82. Les seuls caractères génériques donnés par le célèbre Professeur, consistent dans un bec gros, court, bombé de toute part, légèrement comprimé vers le bout; M. Vieillot y ajoute les suivans : Mandibule supérieure échancrée et courbée à sa pointe ; l'inférieure plus courte, droite ; les narines rondes et ouvertes; la bouche ciliée sur les angles ; les doigts extérieurs réunis à leur base,

La seule espèce dont ce genre soit composé jusqu'à présent, le *pilurion bicolor* de M. Vieillot (*lanius picatus*, Lath., et *lanius leverianus*, Shaw), dont Illiger fait un *tangara*, est représentée dans les Oiseaux d'Afrique de Levaillant, pl. 60, sous le nom de *pie pie-grièche*. Ce savant ornithologiste, que la science vient de perdre, l'a décrite au tome 2, pag. 26, du premier de ses ouvrages, comme étant à peu près de la longueur de notre pie-grièche grise d'Europe, mais un peu plus épaisse de corps : son plumage n'est composé que de deux couleurs, le noir lustré et le blanc pur, distribués comme sur notre pie commune, que le béthyle représente en petit. Cette espèce, qui se trouve à la Guiane et au Brésil, y est fort rare. (Cн. D.)

PILOBOLUS. (*Bot.*) Genre de la famille des champignons, voisin des *thelebolus* et *sphærobolus*. Tous les trois établis par Tode et adoptés par les botanistes.

Les caractères du genre *Pilobolus* sont ceux-ci : Filamens simples, tubuleux, membraneux, évasé par le haut en forme de vessie, portant une vésicule ou corps charnu ou membraneux, qui finit par éclater et lancer au loin les sporidies ; celles-ci sont distinctes et globuleuses.

Les espèces sont peu nombreuses, très-fugaces ; on les rencontre en été ou en automne sur la fiente des animaux, sur les fumiers ; elles ressemblent à des moisissures : on peut les comparer, pour l'aspect, à des épingles très-petites et courtes. Link explique la cause qui produit l'éclatement de la vésicule, par une explosion due, selon lui, à la contraction qu'éprouve la partie supérieure du filament ou la vessie.

Le P. cristallin : *P. cristallinus*, Tode ; Pers., *Obs. myc.*, 1, page 76, tab. 4, fig. 9 — 11 ; *Flor. Dan.*, pl. 1080 ; Link, *Berl. Mag.*, 3, page 22, pl. 2, fig. 50 ; Nees, *Syst.*, fig. 80 ; *Hydrogora*, Wigg., *Hols.*, page 110 ; *Mucor urceolatus*, Bull., Ch., pl. 480, fig. 1. Le filament jaunâtre ou blanc, s'évasant en une vessie obovale pleine d'eau, qui porte elle-même une vésicule charnue, hémisphérique, noirâtre, d'abord droite, puis penchée, après que la vessie a éclaté. Dans cet état les filamens semblent être autant de petits champignons couronnés d'un chapeau. Le pédicelle et la vessie sont remplis d'une eau limpide et transparente, et couverts de gouttelettes brillantes, qui leur donnent une apparence cristalline. On trouve cette espèce en Europe et en Amérique, en automne et en été, sur la fiente des vaches, des chevaux, des bêtes fauves, etc. Elle est très-fugace; cependant la vessie, après sa chute, se durcit et se conserve quelque temps.

Le P. ARROSÉ: *P. roridus*, Pers., Fries; *Mucor roridus*, Relh., *Bolt.*, tab. 152, fig. 4. *Fungus*, Pluk., *Phyt.*, 1, pl. 116, fig. 7. La vessie est globuleuse, portée sur un filament alongé, filiforme et surmontée d'une vésicule noire, fauve en dessous, ponctiforme. Cette espèce se rencontre avec la précédente. Elle est plus petite, plus délicate, extrêmement fugace, pâle, brillante, transparente et semblable à une petite épingle.

Le genre *Didymocrater* de Martius est voisin du *Pilobolus;* mais, comme il s'en distingue par l'absence de la vésicule qui couronne la vessie, il ne peut lui être réuni. Voyez l'article MYCOLOGIE, tom. XXXIII, pag. 492. (LEM.)

PILOCARPE, *Pilocarpus*. (*Bot.*) Genre de plantes dicotylédones, à fleurs complètes, polypétalées, de la famille des *rutacées*, de la *pentandrie pentagynie* de Linnæus, offrant pour caractère essentiel : Un calice très-petit, à cinq dents ; cinq pétales; cinq étamines alternes avec les pétales ; cinq ovaires très-petits, enfoncés par leur base dans un disque, uniloculaires, monospermes ; autant de styles très-courts, connivens, attachés à un angle central au-dessus du sommet des ovaires; le stigmate à cinq lobes; cinq coques, souvent une ou deux, s'ouvrant en deux valves à l'angle central; une semence sans périsperme.

PILOCARPE EN ÉPI; *Pilocarpus spicata*, Aug. S. Hil., Mém. du Mus., 10, pag. 360. Arbrisseau très-glabre, haut d'environ deux pieds; sa tige est droite, garnie de feuilles alternes; les supérieures quelquefois opposées ou ternées, oblongues, elliptiques, rétrécies à leur base, longues de six ou sept pouces; les pétioles rougeâtres; un épi terminal, puis latéral, presque sessile, étroit, long de six à treize pouces; les fleurs un peu pédicellées, munies chacune d'une petite bractée, la corolle verte; le disque comprimé, à cinq angles; les coques ovales, obtuses, un peu comprimées, striées, d'un gris ferrugineux: une semence ovale et noirâtre. Cette plante croît au Brésil, dans les forêts, proche de Sébastianopolis.

PILOCARPE PAUCIFLORE; *Pilocarpus pauciflorus*, Aug. S. Hil., *loc. cit.*, pag. 361. Arbrisseau grêle, de trois pieds, médiocrement rameux; son écorce blanche; ses rameaux pubescens; les feuilles pétiolées, alternes, souvent les supérieures opposées, lancéolées, obtuses, aiguës à leur base, glabres, longues de trois ou quatre pouces; les fleurs pédicellées, disposées en grappes terminales, longues de quatre ou cinq pouces, munies à leur base d'une petite bractée pubescente. Cette plante croît dans les forêts, au Chili, dans la province de Sainte-Catherine. (POIR.)

PILOMYCI. (*Bot.*) M. Persoon, dans sa Mycologie européenne, désigne ainsi le troisième ordre de sa famille des champignons, parce que les plantes qui en font partie, offrent un chapeau distinct, le plus souvent porté sur un pied comme un parasol. Les genres les plus remarquables sont les *Merulius*, *Polyporus*, *Boletus*, *Hydnum*, *Agaricus*, etc. (LEM.)

PILON. (*Bot.*) Un des noms vulgaires de l'arum commun. (L. D.)

PILON. (*Chim.*) Voyez MORTIER, tome XXXIII, page 29. (CH.)

PILON ou FAUSSE ARAIGNÉE FEMELLE. (*Conchyl.*) Il paroît que les marchands désignoient autrefois ainsi le jeune âge du *strombus chiragra*, Linn., le ptérocère araignée de M. de Lamarck, et quelquefois le *pterocerus lambis*. (DE B.)

PILON DE LIMACE. (*Bot.*) Voyez LIMAX. (LEM.)

PILONS. (*Bot.*) Paulet nomme PETITS PILONS ou PETITES QUILLES, le *Clavaria cæspitosa*, Jacq., et GROS PILON le *Clavaria pistillaris*, Linn. (LEM.)

PILOPHORA. (*Bot.*) Jacquin désigne sous ce nom le palmier, *tourloury* de la Guiane, remarquable par sa spathe d'une seule pièce, en forme de cône alongé ou de chausse employée pour filtrer, et par son fruit composé de deux coques sphériques, accollées et tuberculeuses à leur surface. Ce genre a beaucoup de rapports avec le *manicaria* de Gærtner. (J.)

PILORI. (*Mamm.*) Espèce du genre Rat qui se trouve

dans les Antilles, et à laquelle les François donnent ce nom. (F. C.)

PILORIOT. (*Ornith.*) Ce nom est donné, dans quelques départemens, au loriot commun, *oriolus galbula*, Linn. (Cu. D.)

PILOSELLA. (*Bot.*) Ce nom a été donné chez les anciens à diverses plantes dont le feuillage étoit parsemé de poils: au gremillet, *myosotis scorpioides*, par Gérard; au *draba verna* et à l'*arabis thaliana*, par Thalius; au *thlaspi perfoliatum*, par Camerarius; au pied de-chat, *gnaphalium dioicum*, par Dodoëns; à divers *hieracium*, par Matthiole, Morison, C. Bauhin, et particulièrement à celui qui l'a conservé comme nom spécifique, *hieracium pilosella*, en françois la piloselle ou oreille-de-souris. (J.)

PILOSELLE A FLEURS BLEUES. (*Bot.*) Nom vulgaire de la myosotide annuelle. (L. D.)

PILOSELLE [Petite]. (*Bot.*) La drave printanière et le gnaphale dioïque portent vulgairement ce nom. (L. D.)

PILOSELLE SILICULEUSE. (*Bot.*) C'est le thlaspi ou tabouret perfolié. (L. D.)

PILOSELLE SILIQUEUSE. (*Bot.*) Nom vulgaire de l'arabette rameuse. (L. D.)

PILOTE. (*Ichthyol.*) Nom spécifique d'un Centronote. Voyez ce mot. (H. C.)

PILOTRICHUM, Cappe-poil. (*Bot.*) Genre de plantes de la famille des mousses, établi par Palisot-Beauvois, qui n'avoit pas d'abord été adopté par les botanistes, et que Bridel a établi et caractérisé ainsi : Péristome double: l'extérieur à seize dents droites et libres; l'intérieur à seize cils alternes, avec les dents du péristome externe: coiffe conique ou en forme de mitre et velue, ce que Beauvois a voulu exprimer par le nom de *pilotrichum*.

Les espèces de ce genre ont été rapportées par les botanistes d'abord à l'*hypnum*, puis au genre *Neckera*, et quelques-uns au *Cryphœa* (voyez Occultine) de Weber. Beauvois en indique une quinzaine; mais Bridel n'en compte que neuf, qu'il divise en deux sous-genres, le *Pilotrichum* et le *Lepidopilum* : dans l'un la coiffe est velue et dans le second elle est recouverte de petites écailles, caractère trop foible pour en faire un genre distinct, comme Bridel étoit porté à l'établir. Les espèces sont étrangères à l'Europe : elles rappellent les *neckera* par leur port et leurs habitudes : elles vivent principalement sur les écorces des arbres; leurs fleurs sont latérales; leurs feuilles offrent deux nervures, caractère qui ne se trouve point dans le *cryphœa*, avec lequel ces espèces ont beaucoup d'affinités. Dans le *cryphœa* les feuilles sont à demi nerveuses.

§. 1.ᵉʳ Coiffe velue. — *Pilotrichum.*

P. A DEUX CÔTES : *P. biductulosum*, Beauv., *Æth.*, page 82 : Brid., Musc., Suppl., t. 4, page 141 ; *Neckera*, Schwægr. Tige rameuse, droite; rameaux ailés irrégulièrement; feuilles ovales-lancéolées, très-acuminées, dentelées sur les bords, marquées de deux nervures, qui s'évanouissent vers la pointe; capsule ovale, penchée, par suite de ce que le pédicelle est arqué. On ne connoît point la patrie de cette espèce.

P. FOUGÈRE : *P. filicinum*, Beauv., *l. c.*; *Neckera filicina*, Hedw., *Musc. Frond.*, 3, tab. 18. Tige rampante, divisée, à divisions droites, rameuses et ailées; rameaux rapprochés, cylindriques et un peu comprimés; feuilles imbriquées, ovales, pointues, concaves, étalées; capsules ovales, recouvertes par les feuilles du périchèze, très-longues et pointues; opercule conique. Cette mousse se rencontre sur les troncs d'arbres, dans les hautes montagnes de la Jamaïque, près Colospring, de Saint-Domingue et de l'île de Bourbon.

§. 2. Coiffe couverte d'écailles. — *Lepidopilum.*

P. A PÉDICELLE CHAGRINÉ : *P. scabrisetum*, Brid., Musc., 4, page 141 ; *Neckera scabriseta*, Schwægrich., *Suppl.*, 1, part. 2, page 153, pl. 82. Tige rampante, à rameaux presque simples et droits; feuilles distiques, ovales-lancéolées, concaves, dentelées, à deux nervures; pédicelles très-rudes; capsule cylindrique un peu penchée. Cette espèce a été découverte à la Guiane sur les arbres par feu M. Richard.

M. Beauvois rapportoit à ce genre : 1.° le *fontinalis pennata*, Linn., ou *neckera pennata*, Hedw.: 2.° l'*hypnum Smithii*,

Hedw., ou *lasia Smithii*, Brid. : 3.° le *neckera pumila*, Brid., et le *sphagnum arboreum*. Mais toutes ces mousses, qui croissent en Europe, ne peuvent être considérées comme des *pilotrichum*, d'après les caractères génériques exposés plus haut : ainsi ce genre ne contient que des espèces étrangères. (LEM.)

PILULAIRE. (*Entom.*) Nom donné par Geoffroy à certaines espèces de scarabées, qui déposent leurs œufs dans des boules de bouse de vache ou de matières stercorales d'autres mammifères, qu'ils roulent et transportent à certaines distances, pour les enterrer dans des cavités naturelles de la terre ou dans de petites fosses qu'ils ont creusées d'avance dans le sable ou dans le terrain adjacent. Tels sont les géotrupes ou les bousiers, et surtout quelques espèces d'ateuches et d'onites. (C. D.)

PILULAIRE, *Pilularia*. (*Bot.*) Genre de plantes cryptogames, de la famille des rhizospermes, voisin du *marsilea*, Linn., et qui, comme lui, avoit été placé provisoirement avec les fougères par M. de Jussieu. Ce genre est caractérisé par la fructification, qui consiste en de petits involucres sphériques, de la grosseur d'un petit pois quadrivalve, divisés intérieurement en quatre loges ; les deux loges supérieures renfermant chacune douze à vingt corpuscules, considérés comme des ovaires par Adanson, et les deux loges inférieures contenant environ trente-deux autres corpuscules, qui sont des étamines pour Adanson. Linnæus considère ces involucres comme des fleurs femelles polyspermes. Les séminules sont tuniquées.

Linnæus admet que la poussière qu'on remarque à la surface des feuilles, remplit les fonctions de poussière fécondante ; mais les botanistes ne sont point de cet avis.

La PILULAIRE A GLOBULES : *Pil. globulifera*, Linn., *Flor. Dan.*, tab. 225 ; Lamk., *Ill.*, pl. 862 ; Bull., Herb., pl. 576 ; Schkuhr, *Crypt.*, pl. 173 ; Vaill., *Par.*, pl. 15, fig. 6 ; Dill., *Musc.*, pl. 79, fig. 1 ; Juss., Mém. de l'Acad. de Par., 1739, page 240, pl. 11 ; Pétiver, Herb., pl. 9, fig. 8 ; Pluk., *Alm.*, pl. 48, fig. 1 ; Moris., Hist., 3, sect. 15. pl. 7, fig. 49. Cette espèce, la seule du genre, est une herbe fine, que l'on prendroit pour un gazon naissant. Sa tige est grêle, rampante, de deux à trois pouces de longueur, fixée à la terre par des fibres et des radicules qui y tiennent fortement et qui forment des touffes de distance en distance, d'où partent des feuilles très-fines, cylindriques, longues de deux à quatre pouces, géminées ou trigéminées. Près de leur base et sur la tige naissent les involucres. Ceux-ci sont presque sessiles, coriaces, velus, d'un brun rougeâtre. Leur forme et leur couleur les a fait comparer à des grains de poivre par Pétiver, Rai, Morison, et à des petites pilules par Vaillant, Dillen, Jussieu, d'où le nom de *Pilularia* a été donné au genre.

La pilulaire à globules croit sur la terre dans les lieux marécageux et sujets à être inondés. Elle forme des gazons frais d'un vert gai. Elle se rencontre communément en Suède, en Danemarck, en Angleterre, dans diverses parties de l'Allemagne, en France. Elle n'existe point dans les parties les plus méridionales de l'Europe. (LEM.)

PILULARIÉES. (*Bot.*) Voyez RHIZOSPERMES. (LEM.)

PILULE. (*Entom.*) Nom spécifique d'une espèce de coléoptères pentamérés, de la famille des hélocères, du genre Birrhe de Linnæus, *Birrhus pilula*. C'est la cistèle satinée de Geoffroy, tome 1, page 116, pl. 1, fig. 8. (C. D.)

PILUMDUWA. (*Ornith.*) Lachesnaye-des-Bois dit, dans son Dictionnaire universel des animaux, que ce nom a été donné au *grand ispida* des Indes, parce qu'il prend les poissons, et il commet deux fautes dans ce seul article, où il renvoie au n.° 86 du *Fauna suecica* de Linné, 1.ʳᵉ édition, lequel est consacré aux guêpiers, *merops*, qui ne sont pas ichthyophages, et qui étoient alors désignés par ce naturaliste sous le nom d'*ispida*, devenu ensuite la dénomination spécifique de l'alcyon commun, *alcedo ispida*. (CH. D.)

PILUMNE, *Pilumnus*. (*Crust.*) M. Leach a créé sous ce nom un genre de crustacés décapodes macroures, qui renferme plusieurs espèces de *Cancer* de Linné et de Fabricius. Voyez à l'article MALACOSTRACÉS, tome XXVIII, page 233. (DESM.)

PILWENCKGEN. (*Ornith.*) Voyez PILENTE. (CH. D.)

PIMALOT. (*Ornith.*) Fernandez parle, au chap. 224, de cet oiseau, sous le nom de *pitzmalotl*, qui a été abrégé par Buffon : et, malgré la largeur de son bec, d'autres circons-

tances font penser qu'il appartient à la famille des étour-
neaux. (Cu. **D.**)

PIMART. (*Ornith.*) Ce nom est rapporté, par les uns
au loriot, en lui donnant l'épithète *jaune*, et par d'autres
au pic noir, comme dérivé de *picus martius*, ainsi que pic-
mart et pieumart. (Cʜ. **D.**)

PIMBERAH. (*Erpét.*) Séba a parlé sous ce nom d'un énorme
serpent de Ceilan, qui semble être une espèce de Boᴀ, et
qui dévore souvent des daims et des chevreuils. (H. C.)

PIMELA. (*Bot.*) Loureiro a fait sous ce nom un genre,
qui paroît devoir être réuni au *canarium* de Linnæus et qui
renferme plusieurs *canarium* de Rumph, ainsi que le *nana-
rium* du même. Il a les mêmes caractères et diffère seulement par un calice à cinq divisions au lieu de deux ou trois,
six étamines au lieu de cinq, et un stigmate divisé plus profondément. Ce genre peut aussi avoir de l'affinité avec le
bursera : ce qu'il faudroit vérifier sur les plantes vivantes.
Voyez Cᴀɴᴀʀɪ. (J.)

PIMELEA. (*Bot.*) *Uolin*, Encycl. Genre de plantes dicotylédones, à fleurs incomplètes, de la famille des *thymélées*,
de la *diandrie monogynie* de Linnæus, offrant pour caractère
essentiel : Un calice (une corolle) tubulé, persistant, à quatre divisions à son limbe; point de corolle; deux étamines
insérées à l'orifice du calice, opposées à ses divisions; un
ovaire enveloppé par le calice à sa partie inférieure; un style
latéral; un stigmate presque en tête; une noix à écorce mince,
coriace; une seule semence.

Ce genre est très-voisin des *passerina*; il n'en diffère essentiellement que par deux étamines au lieu de huit. Son fruit
consiste en une seule semence, revêtue d'une écorce mince,
coriace. Les modernes lui donnent le nom de *noix* : le calice
qui l'enveloppe en partie, semble converti en péricarpe, et
donner à ce fruit une forme capsulaire; quelques espèces de
passerina à deux étamines doivent être rapportées à ce genre,
qui d'ailleurs a acquis une nouvelle consistance par plusieurs
belles espèces nouvelles, rapportées de la Nouvelle-Hollande
par M. De Labillardière, et qu'il a fait connoître. Toutes ces
espèces, d'après l'observation de ce savant voyageur, ont
leur tige et leurs rameaux revêtus d'une écorce ténace, fila-

menteuse, propre à fabriquer des cordes, et employée souvent à cet usage par les habitans de plusieurs contrées de la Nouvelle-Hollande.

Pimelea a feuilles de lin : *Pimelea linifolia*, Smith, *Nov. Holl.*, 1, pag. 51, tab. 11; *Botan. Magaz.*, tab. 891. Arbrisseau dont les rameaux sont glabres, filiformes, chargés d'aspérités. garnis de feuilles sessiles, linéaires, lancéolées. glabres. entières. longues d'environ cinq à six lignes; les fleurs sont réunies en tête à l'extrémité des rameaux, portées sur un pédoncule commun, long de trois à quatre lignes, épaisses au sommet : l'involucre a quatre folioles ovales, oblongues; chaque fleur est sessile, soyeuse, plus longue que l'involucre. Cette plante croit à la Nouvelle-Hollande.

Pimelea a feuilles de troène; *Pimelea ligustrina*, Labill., *Nov. Holl.*, 1, pag. 9. tab. 3. Cet arbrisseau s'élève à la hauteur de cinq à six pieds sur une tige glabre, cylindrique, divisée en rameaux alternes, quelquefois dichotomes à leur sommet. Les feuilles sont sessiles, opposées, glabres, ovales-lancéolées, longues de deux pouces. Les fleurs sont réunies en un paquet globuleux, en tête. pédicellées; l'involucre a quatre folioles ovales, assez grandes, un peu pileuses en dedans; le calice est alongé, tubulé, renflé à sa base, velu en dehors : le limbe a quatre lobes ovales. oblongs : les deux étamines sont saillantes; l'ovaire est velu vers son sommet. Le fruit est une noix enveloppée par la base du calice, ovale, acuminée. à une seule loge et une seule semence. Cette plante croit dans la Nouvelle-Hollande. au cap Van-Diémen.

Pimelea a feuilles spatulées : *Pimelea spatulata*, Labill., *loc. cit.*, tab. 4; Poir., *Ill. gen.*, Suppl., tab. 902. fig. 1. Arbuste rapproché du précédent, dont il diffère par la forme de ses feuilles. par sa tête de fleurs moins serrée et point globuleuse. Sa tige est droite, haute de quatre à cinq pieds; les rameaux sont grêles. alternes, élancés : les supérieurs dichotomes : les feuilles opposées, sessiles, oblongues, presque en spatule. longues d'environ un pouce, larges de deux lignes, glabres. entières. Les fleurs sont terminales. réunies en une tête un peu étalée; l'involucre a quatre, quelquefois huit folioles ovales-oblongues ; les pédoncules sont très-courts. Souvent du milieu d'une bifurcation s'élève un pédoncule

long d'environ un pouce soutenant plusieurs fleurs. Cette
plante croît au cap Van - Diémen.

Pimelea rouillé; *Pimelea ferruginea*, Labill., *loc. cit.*, tab. 5.
Arbrisseau d'un port élégant, qui s'élève à la hauteur de cinq
à six pieds sur une tige glabre, cylindrique, munie de rameaux épars, très-droits, presque simples. Les feuilles sont
petites, sessiles, opposées, fermes, ovales, nombreuses, glabres, entières, vertes en dessus, d'un jaune de rouille en
dessous, obtuses au sommet, un peu rétrécies à leur base.
Les fleurs sont réunies en petites têtes à l'extrémité des rameaux, accompagnées d'un involucre à quatre ou huit folioles
ovales, presque orbiculaires, glabres, entourées de cils roides
et caduques. Cette plante croît à la Nouvelle-Hollande, au
cap Van-Diémen.

Pimelea a feuilles blanches; *Pimelea nivea*, Labill., *loc. cit.*,
tab. 6. Cette espèce diffère de la précédente par son port,
par le duvet blanc qui revêt la plupart de ses parties. Ses
tiges sont dures, ligneuses, hautes de six à sept pieds; les
rameaux droits, alternes; les supérieurs dichotomes, chargés
vers leur sommet d'un duvet blanc, tomenteux. Les feuilles
sont sessiles, nombreuses, opposées, roides, ovales, un peu
arrondies, un peu roulées à leurs bords, d'un vert foncé en
dessus, tomenteuses et d'un blanc de neige en dessous, obtuses à leurs deux extrémités; les fleurs sont réunies en une
petite tête terminale, munies d'un involucre à deux ou quatre
folioles semblables aux feuilles. Le calice est un tube long,
cylindrique; les quatre lobes du limbe sont ovales, oblongs,
un peu aigus; les étamines saillantes. Cette plante croît au
cap Van - Diémen.

Pimelea drupacé : *Pimelea drupacea*, Labill., *loc. cit.*, tab. 7;
Poir., *Ill. gen.*, Suppl., tab. 902, fig. 2. Arbrisseau dont les
tiges sont droites, hautes de sept à huit pieds; les rameaux
opposés, velus, alongés, très-simples; les feuilles sessiles, opposées, ovales, oblongues, entières, longues de deux pouces,
glabres, parsemées en dessous de quelques poils rares et couchés. Les fleurs sont velues, réunies en tête, les unes terminales, d'autres axillaires, quelquefois solitaires, munies
de deux ou quatre folioles; le tube du calice est renflé; les
lobes du limbe sont ovales, obtus; les étamines non saillantes.

Le fruit est un petit drupe en forme de baie, noirâtre, pulpeux, à une seule loge; il renferme une noix luisante, dans laquelle est contenue une semence d'un blanc pâle. Cette plante croit à la terre Van-Diémen.

PIMELEA GNIDIEN : *Pimelea gnidia*, Willd., *Spec.*; *Passerina gnidia*, Linn., *Suppl.*; *Bancksia gnidia*, Forst., *Gen.*, 8. Cet arbrisseau a des tiges droites, divisées en branches alternes et en rameaux très-glabres, garnis de feuilles oblongues, lancéolées, médiocrement pétiolées, roides, luisantes, rétrécies à leur base, glabres, entières, aiguës, sans nervures sensibles; celles qui accompagnent les fleurs sont elliptiques. Les fleurs sont sessiles, situées à l'extrémité des rameaux, de moitié plus courtes que les feuilles; le calice velu à l'extérieur. Cette plante croit dans les fentes des rochers, le long des rivages de la mer, et sur le sommet des montagnes, à la Nouvelle-Zélande.

PIMELEA A BAGUETTES; *Pimelea virgata*, Vahl, *Enum.*, 1, p. 306. Arbrisseau dont la tige se divise en rameaux grêles, souples, élancés, glabres à leur partie inférieure, hérissés d'aspérités et de cicatrices, chargés vers leur sommet de poils touffus, un peu roides. Les feuilles sont à peine pétiolées, nombreuses, très-rapprochées, principalement vers l'extrémité des rameaux, lancéolées, entières, aiguës, parsemées, surtout à leur face inférieure, de longs poils blanchâtres. Les fleurs sont réunies en tête à l'extrémité des rameaux, velues en dehors, plus courtes que les feuilles. Cette plante croit à la Nouvelle-Zélande.

PIMELEA VELU : *Pimelea pilosa*, Willd., *Spec.*, 1, pag. 50; *Passerina pilosa*, Linn., *Suppl.*, 226; *Bancksia tomentosa*, Forst., *Gen.*, pag. 8. Arbuste chargé de rameaux élancés, revêtus d'une écorce purpurine, couverts d'aspérités et de cicatrices, chargés de poils blanchâtres et touffus, glabres à leur partie inférieure. Les feuilles sont médiocrement pétiolées, étalées, longues d'environ six lignes, tendres, lancéolées, entières, glabres, parsemées en dessous de poils longs, rares et couchées. Les fleurs sont sessiles, solitaires, situées dans l'aisselle des feuilles, à l'extrémité des rameaux, rapprochées au nombre de quatre ou cinq; les lobes du calice obtus. Cette plante croit à la Nouvelle-Zélande.

Pimelea a fleurs arquées : *Pimelea curviflora*, Rob. Brown, *Nov. Holl.*, 361 ; Rudg., *Trans. soc. linn.*, 10, p. 285, tab. 13, fig. 1. Arbrisseau grêle, très-rameux et diffus ; les rameaux cylindriques, étalés, chargés de poils touffus. Les feuilles sont éparses, alternes, presque sessiles, ovales, très-entières, glabres en dessus, velues en dessous, longues de trois ou quatre lignes. Les fleurs sont réunies en petites têtes dans les aisselles de presque toutes les feuilles, médiocrement pédonculées, contenant six ou huit fleurs ; le tube du calice est velu, un peu courbé vers sa base, blanchâtre ; les lobes du limbe sont ovales, alongés, obtus ; les filamens non saillans ; les anthères en cœur ; l'ovaire est glabre, alongé ; le style courbé, plus court que le tube ; le stigmate en tête. Cette plante croît à la Nouvelle-Hollande. (Poir.)

PIMÉLEPTÈRE, *Pimelepterus*. (*Ichthyol.*) M. de Lacépède a créé sous ce nom un genre de poissons acanthoptérygiens, très-voisin de celui des Kyphoses, qui paroît appartenir, comme lui, à la famille des leptosomes de M. Duméril, et que M. Cuvier range dans la deuxième tribu des squami-pennes.

On reconnoit les poissons de ce genre à *leur corps ovale, comprimé ; à leurs dents tranchantes, obtuses, serrées, disposées sur un seul rang, dont la base fait une saillie du côté de la bouche, et que des lèvres membraneuses peuvent recouvrir ; à leurs nageoires verticales revêtues d'écailles dans leur partie molle ; à leur membrane branchiostège soutenue seulement de quatre rayons, et, de même que les nageoires pectorales, garnie également d'écailles ; à leurs catopes abdominaux.*

On ne connoît encore qu'une espèce de piméleptère ; c'est :

Le Piméleptère bosquien ; *Pimelepterus Bosquii*, Lacép. Nageoire caudale fourchue, et, comme la dorsale et l'anale, en grande partie adipeuse et écailleuse ; tête petite ; langue ovale ; écailles arrondies, larges, argentines, brunes sur les côtés ; un grand nombre de raies longitudinales brunes.

La taille ordinaire de ce poisson est d'environ sept pouces. Il habite l'Amérique septentrionale et nage à la suite des vaisseaux qui traversent l'Océan atlantique boréal, où il a été vu et dessiné par M. Bosc, qui l'avoit d'abord regardé comme un gastérostée, voisin du centronote pilote. Les Anglois le dédaignent; mais les François recherchent sa chair. (H. C.)

PIMÉLIAIRES. (*Entom.*) M. Latreille a formé sous ce nom une tribu d'insectes coléoptères hétéromérés, dont le genre Pimélie est le type, et qui correspond à la famille des Photophyges de M. Duméril. (Desm.)

PIMÉLIE, *Pimelia*. (*Entom.*) Genre d'insectes coléoptères à cinq articles aux tarses de devant, quatre à ceux de derrière; à élytres durs, soudés, embrassant l'abdomen; sans ailes membraneuses, et par conséquent de la famille des photophyges ou lucifuges, caractérisés en outre par leur corps ovale, bossu, étroit en devant; par leur corselet arrondi, rebordé, et par leurs pattes antérieures dentelées.

Ce genre, établi sous ce nom par Fabricius, semble avoir été emprunté de leur conformation, qui offre beaucoup plus d'étendue respectivement en largeur et en épaisseur, que sur le sens de la longueur, et surtout de leur démarche, qui est lente et comme rendue difficile à cause de la grosseur de leur corps; le mot πιμελης signifiant *gras, qui a trop d'embonpoint.*

Il est facile de distinguer les espèces de ce genre d'avec celles de la même famille, par la considération de la forme générale du corps, du corselet, des élytres et des pattes, ainsi qu'on peut le voir en consultant l'article des photophyges et le tableau synoptique que nous y avons inséré.

On ne connoît pas les mœurs de ces insectes, on n'a pas observé leurs larves. La plupart des espèces ont été recueillies dans les pays chauds ou dans les parties méridionales de l'Europe. Très-peu d'espèces ont été indiquées comme trouvées en France. Nous avons fait figurer la seule qu'ait décrite Geoffroy comme observée en Languedoc par l'abbé de Sauvages, c'est

1.° La Pimélie muriquée, *Pimelia muricata.*

Voyez dans l'atlas de ce Dictionnaire, planche 14, n.° 2.

C'est le ténébrion cannelé de Geoffroy, tome 1, pag. 352.

Car. Noire, élytres à trois côtes longitudinales et à cannelures parsemées de points élevés, comme chagrinés.

2.° Pimélie lissée, *Pimelia lævigata.*

Car. Noire, à élytres très-lisses, alongés, d'une même couleur.

Fabricius décrit cette espèce comme se trouvant en Hongrie ; toutes les autres espèces décrites par le même auteur,
au nombre de trente, sont étrangères à l'Europe. (C. D.)

PIMELITE. (*Min.*) Il est assez difficile de trouver des motifs
de quelque valeur, pour admettre comme espèce le minéral
auquel on a donné, avec trop d'empressement peut-être,
le nom de pimelite ; car doit-on regarder comme espèce un
minéral en masse, sans structure ni texture qui indique
une combinaison réelle des parties, même presque toujours
hétérogène, qui paroît être un mélange de serpentine avec
plus ou moins de silice, de talc et d'eau, et dans lequel
le nickel oxidé, en quantité peu abondante et variable, est
partie colorante ?

Telle est cependant le pimelite ; c'est Karsten qui, le premier, a introduit cette espèce, en la plaçant parmi les pierres
siliceuses aquifères, et dans le passage de ces espèces à celles
qui renferment en outre de l'alumine. Il en distingue même
deux variétés : l'une terreuse ou friable, et l'autre solide ou
endurcie.

Klaproth est le premier et le seul qui en ait donné l'analyse, et cette analyse, que nous allons rapporter plus bas,
indique une quantité de nickel assez considérable pour avoir
fait soupçonner à M. Berzelius, dans son premier système de
minéralogie, que le pimelite pouvoit bien être un silicate de
nickel avec de l'eau. Dans son ouvrage sur l'emploi du
chalumeau, il le considère comme un talc, c'est-à-dire
comme une pierre magnésienne renfermant du nickel. Il
confirme cette opinion dans son système de 1825, en plaçant
le pimelite parmi les talcs, mais sans le caractériser par
aucune composition définie.

M. Beudant, adoptant l'analyse de Klaproth et la composition définie qu'en avoit conclu M. Berzelius en 1821, regarde
le pimelite comme une espèce ; M. Philipps le considère de
même. Ainsi, parmi les minéralogistes, les uns placent le
pimelite parmi les silicates de nickel aquifères ; les autres
parmi les talcs et serpentines nickélifères. Il faudroit, non pas
seulement pour se décider, mais pour établir la discussion de

cette question sur des bases solides, avoir d'autres analyses que celles de Klaproth, et savoir si les substances qu'il a trouvées dans ce minéral d'apparence si hétérogène, s'y présenteront deux fois les mêmes dans les mêmes proportions.

Le pimelite, tel que l'a décrit Karsten, a l'aspect terne, la texture terreuse, plus ou moins compacte, une couleur vert-pomme ou vert-poireau, d'une intensité très-inégale; il est tendre, onctueux au toucher (de là son nom).

Exposé au feu dans le matras, il noircit et dégage une eau qui sent le pétrole. M. Berzelius attribue la couleur qu'il prend, à la présence d'un peu de charbon, et l'odeur empyreumatique ou bitumineuse, à celle de la magnésie. Il est infusible, mais il se scorifie dans les parties minces et devient gris sombre.

Il se dissout dans le borax en manifestant la présence du nickel. La soude y démontre également la présence de ce métal.

Composition.

Silice.	Nickel.	Eau.	Magnésie.	Alumine.	
55.	15,62.	57,91.	1,25.	5,10.	KLAPROTH.

Le pimelite se trouve en petits nids ou rognons, dans la serpentine qui renferme le silex chrysoprase à Kosemitz et à Baumgarten en Silésie; il est quelquefois traversé de veines noirâtres, formées de cristaux aciculaires d'amphibole? On le considère, et peut-être avec raison, comme une chrysoprase altérée, pénétrant la roche de serpentine qui enveloppe ce silex.

« Le docteur Macknight a observé dans le trapp secondaire « de Tento, en Lanarkshire, une terre qu'il croit analogue « au pimelite. » LEMAN, *Dict. d'hist. nat.* (B.)

PIMÉLODE, *Pimelodus.* (*Ichthyol.*) On donne aujourd'hui ce nom à un genre de poissons osseux holobranches, abdominaux, de la famille des oplophores, et reconnoissable aux caractères suivans :

Opercules des branchies mobiles; bouche au bout du museau et garnie de barbillons; dents en velours aux deux mâchoires; les intermaxillaires sur un seul rang; deux nageoires dorsales, la se-

conde adipeuse ; corps conique, sans cuirasse et couvert seulement d'une peau nue sur les flancs.

On isolera sans peine les PIMÉLODES des ASPRÈDES, qui ont les opercules immobiles ; des LORICAIRES et des HYPOSTOMES, qui ont la bouche sous le museau ; des SILURES, des SCHILBÉS, des MACROPTÉRONOTES et des MALAPTÉRURES, qui n'ont qu'une nageoire dorsale ; des CATAPHRACTES, des POGONATHES, des PLOTOSES, des TACHYSURES, des MACRORAMPHOSES, des CORYDORAS, des CENTRANODONS, dont la seconde nageoire dorsale n'est point adipeuse ; des DORAS et des HÉTÉROBRANCHES, qui ont le corps cuirassé ; des BAGRES, dont les dents intermaxillaires sont disposées sur deux rangs ; des SCHALS, qui ont celles de la mâchoire inférieure crochues et rassemblées en un paquet ; enfin, des AGÉNÉIOSES, dont la bouche est dépourvue de barbillons. (Voyez ces différens noms de genres et OPLOPHORES.)

Parmi les espèces de ce genre nous citerons :

Le PIMÉLODE NŒUD : *Pimelodus nodosus*, Lacép. ; *Silurus nodosus*, Bloch, 368, fig. 2. Une plaque sillonnée, distincte et bien marquée sur la nuque ; nageoire de la queue fourchue ; bouche à six barbillons ; un nœud ou une tubérosité à la racine du premier rayon de la première dorsale.

Ce poisson vit dans les eaux de Tranquebar ; sa ligne latérale est ondulée ; son dos et sa nageoire anale sont bleus ; ses autres nageoires brunes ; ses côtés et son ventre argentés.

Le PIMÉLODE CASQUÉ : *Pimelodus galeatus*, Lacép. ; *Silurus galeatus*, Bloch, 369, fig. 1. Nageoire caudale arrondie ; tête couverte d'une plaque osseuse. ciselée et découpée ; six barbillons ; dents petites et semblables à celles d'une lime ; palais rude ; langue lisse ; premier rayon de chaque nageoire pectorale dentelé sur les deux bords ; ligne latérale ondulée ; dos bleuâtre ; ventre gris ; nageoires d'un brun foncé.

De l'Amérique méridionale.

Le PIMÉLODE CHAT : *Pimelodus felis*, Lacép. ; *Silurus felis*, Linn. Six barbillons ; dos bleu ; ventre argenté ; base des nageoires rougeâtre.

Ce poisson vient des grandes rivières du Brésil et des eaux douces de la Guiane françoise. A Cayenne, en particulier.

on le nomme *machoiran blanc, passani ou petile gueule.* Sa chair est ordinairement d'une saveur peu agréable.

Le Pimélode scheilan : *Pimelodus clarias ; Silurus clarias.* Bloch. Six barbillons, dont les deux des commissures sont d'une étendue égale à peu près à la longueur totale de l'animal ; mâchoire supérieure plus avancée ; yeux grands et ovales ; une plaque distincte et bien marquée sur la nuque ; ligne latérale courbée vers le bas ; le premier rayon des catopes, de la première nageoire dorsale et des deux nageoires pectorales, osseux, très-fort et denticulé ; nageoire anale falciforme.

La teinte générale de ce pimélode, dont le ventre est blanchâtre, est le gris noir. On le pêche dans les eaux douces du Brésil, et, dit-on, aussi dans celles du Nil. Mais cette dernière indication de localité est le résultat d'une erreur commise par plusieurs ichthyologistes, qui ont confondu le poisson, dont nous parlons avec le *silurus clarias* d'Hasselquist, qui est le *silurus schal* de Schneider et de Sonnini, et le *pimélode scheilan* de M. Geoffroy Saint-Hilaire (Égypt., pl. 13, fig. 3 et 4). Ce dernier est un Schal ou Synodonte. (Voyez ces mots.)

Le Pimélode argenté : *Pimelodus argenteus,* Lacépède ; *Silurus Hertzbergii,* Bloch, 367. Six barbillons ; bouche petite ; mâchoires égales ; ligne latérale presque droite ; plaque de la nuque peu apparente.

Ce poisson, qui brille de l'éclat de l'argent, a seulement le dos brunâtre et les nageoires variées de jaune. Les eaux de Surinam le nourrissent.

Le Pimélode quatre-taches : *Pimelodus quadrimaculatus ; Silurus quadrimaculatus,* Bloch, 368, fig. 2. Plaque de la nuque peu marquée ; six barbillons ; nageoire adipeuse très-longue ; quatre taches grandes, arrondies, rangées longitudinalement de chaque côté du poisson, dont le dos est d'un brun nuancé de violet, le ventre gris, la première nageoire dorsale jaune à la base, bleuâtre à l'extrémité ; mâchoires égales ; un seul orifice à chaque narine.

Il vit en Amérique.

Le Pimélode matou : *Pimelodus catus,* Lacép. ; *Silurus catus,* Linnæus. Plaque de la nuque peu marquée ; huit barbillons ; dos d'une couleur obscure et noirâtre.

Ce poisson, qui parvient à la taille de vingt-deux à vingt-trois pouces, paroît habiter à la fois l'Amérique et l'Asie.

Le Pimélode moucheté : *Pimelodus guttatus*, Lacépède. Huit barbillons; nageoire anale courte et arrondie; adipeuse longue; première nageoire dorsale sans aiguillon dentelé; mâchoire supérieure plus avancée; premier rayon de chaque nageoire pectorale dentelé du côté intérieur.

M. de Lacépède a fait connoître ce poisson d'après une collection de peintures chinoises. Tout son corps est parsemé de petites taches noirâtres.

Le Pimélode rayé : *Pimelodus vittatus*; *Silurus vittatus*, Bloch, 561, fig. 2. Huit barbillons; plaque de la nuque peu prononcée; mâchoires d'égale longueur; deux orifices à chaque narine; ligne latérale très-droite; premier rayon de chaque nageoire pectorale et de la première nageoire du dos, dentelé.

Ce poisson, remarquable par le châtain de sa couleur générale et la teinte cendrée de son ventre, habite Tranquebar.

Le Pimélode Thunberg : *Pimelodus Thunberg*, Lacépède; *Silurus maculatus*, Thunb. (*Act. Stockh.*, 1792). Plaque de la nuque peu marquée; six barbillons; une tache noire sur la nageoire adipeuse, un aiguillon à chaque opercule.

De la mer des Indes orientales.

Le Pimélode érythroptère : *Pimelodus erythropterus*, Lacép.; *Silurus erythropterus*, Bloch, 569, fig. 2; *Silurus clarias*, Gronow, Linnæus. Huit barbillons; nageoire adipeuse longue; nageoire caudale à deux lobes très-alongés et rouge comme les autres; nageoire adipeuse très-longue; barbillons des coins de la bouche fort prolongés; langue courte, cartilagineuse et lisse; dos et côtés brunâtres; ventre gris.

De l'Amérique.

On doit encore ranger dans le genre Pimélode, le *Pimelodus cyclopum*, observé par M. le baron de Humboldt dans les eaux thermales des volcans en activité de la chaîne des Cordillères; le *Silurus hemioliopterus* de Schneider, et le *Pimelodus biscutatus* de M. Geoffroy, ainsi que le *Tachysure chinois* de M. de Lacépède. (H. C.)

PIMÉLODE BAGRE. (*Ichthyol.*) Voyez Bagre, dans le Supplément du tome III de ce Dictionnaire. (H. C.)

PIMÉLODE BAJAD ou BAYAD. (*Ichthyol.*) Voyez Bayad dans le Supplément du tome IV, page 52, de ce Dictionnaire. (H. C.)

PIMÉLODE BARBU. (*Ichthyol.*) Voyez Bagre dans le Supplément du tome III de ce Dictionnaire. (H. C.)

PIMÉLODE CHINOIS. (*Ichthyol.*) Voyez Tachysure. (H. C.)

PIMÉLODE DE COMMERSON. (*Ichthyol.*) Voyez Bagre au même endroit. (H. C.)

PIMÉLODE DOCMAC. (*Ichthyol.*) Voyez Bayad, au lieu précité. (H. C.)

PIMÉLODE MEMBRANEUX. (*Ichthyol.*) Voyez Shal. (H. C.)

PIMÉLODE SYNODONTE. (*Ichthyol.*) Voyez Shal. (H. C.)

PIMENT, *Capsicum*. (*Bot.*) Genre de plantes dicotylédones, à fleurs complètes, monopétalées, de la famille des *solanées*, de la *pentandrie monogynie*, offrant pour caractère essentiel : Un calice persistant, d'une seule pièce, à cinq découpures; une corolle en roue; le tube très-court; le limbe à cinq lobes; cinq étamines; les anthères oblongues, s'ouvrant dans leur longueur; un ovaire supérieur; un style; un stigmate obtus; une baie sèche, enflée, soutenue par le calice, à deux ou trois loges; les semences nombreuses.

Ce genre, intéressant par l'usage que l'on fait des fruits de la plupart de ses espèces, toutes originaires des Indes, est tellement naturel, que la réforme la plus subtile n'a pu encore le démembrer : il en résulte aussi que ces mêmes espèces sont tellement rapprochées, qu'il est, pour la plupart, difficile de les bien caractériser. La forme des feuilles, même celle des fruits, est souvent variable. Ces plantes sont herbacées, bien plus souvent ligneuses; les feuilles entières, éparses ou géminées; les pédoncules uniflores, hors de l'aisselle des feuilles, solitaires ou quelquefois fasciculés; les fruits vésiculeux, d'un beau rouge de corail, d'une saveur âcre et brûlante, d'où vient le nom de *capsicum*, mot tiré du grec χαπτω, *je mords.*

PIMENT ANNUEL : *Capsicum annuum*, Linn., Spec., Lamck., *Ill. gen.*, tab. 116, fig. 1; Lobel, *Icon.*, 316; Rhéed., *Malab.*, 2, tab. 35, vulgairement le Poivre long, Corail des jardins. Plante herbacée, annuelle, haute d'environ un pied. Sa tige est cylindrique, presque simple ; ses feuilles sont alternes, pétiolées, ovales, aiguës, très-entières, quelquefois réunies deux à deux ; les pétioles très-longs, un peu pubescens, ainsi que les tiges. Les fleurs sont solitaires, latérales ; les pédoncules fort longs, plus ou moins courbés ; le calice est très-ouvert ; la corolle blanchâtre, à cinq lobes aigus, ouverts en étoile ; les anthères sont bleuâtres par la dessication. Le fruit est une baie sèche, très-lisse, alongée, d'un rouge vif ou jaunâtre, vésiculeuse, renfermant, dans deux loges, beaucoup de semences aplaties : la forme de ce fruit est très-variable ; il est alongé, étroit, aigu ou court, très-renflé, obtus et même quelquefois échancré au sommet. Cette plante croît naturellement dans les Indes, d'où elle a été transportée en Amérique et en Europe.

Toutes les parties de cette plante ont une saveur extrêmement âcre et brûlante, particulièrement les fruits, qu'on ne peut essayer d'avaler sans éprouver à la gorge une saveur piquante et douloureuse. Ces fruits sont cependant la seule partie employée tant dans les alimens qu'en médecine, et malgré leur grande activité dans les organes salivaires, les Indiens les préfèrent au poivre ordinaire et les mangent crus. On les confit aussi au sucre, et l'on en porte sur mer pour servir dans les voyages de long cours : ils excitent l'appétit, dissipent les vents et fortifient l'estomac, à ce que l'on prétend, surtout dans les pays chauds ; mais la sobriété, comme je l'ai éprouvé moi-même, est le meilleur moyen de rendre les digestions faciles, et non ces substances brûlantes, qui ne peuvent être considérées que comme remèdes pour des estomacs trop surchargés de nourriture. On cueille aussi les pimens en vert, et lorsqu'ils ne font que nouer ; on les fait macérer quelques mois dans le vinaigre, et on s'en sert ensuite, en guise de câpres et de capucines, pour relever les sauces par leur saveur piquante.

La plupart des autres espèces de piment sont en usage chez les Indiens, qui en mêlent dans leurs ragoûts : elles sont encore plus âcres que celle dont nous venons de parler ; néanmoins ces peuples en font des espèces de bouillons ou de décoctions très-fortes, qu'ils boivent avec plaisir. Un Européen ne pourroit seulement en avaler une cuillerée sans se croire empoisonné. Les Portugais établis dans ces contrées appellent ces potions stomachiques *caldo di pimento*. En Europe les vinaigriers en mettent quelquefois dans leur vinaigre pour le rendre plus fort : on les mêle aussi aux cornichons que l'on confit dans le vinaigre.

Voici la manière dont les Indiens préparent ces fruits pour leur usage, et qu'ils nomment *beurre de cayan* ou *pots de poivre*. D'abord ils les font sécher à l'ombre, puis à un feu lent, avec de la farine, dans un vaisseau propre à cela; ensuite ils les coupent bien menus avec des ciseaux, et sur chaque once de fruits ainsi coupés, ils ajoutent une livre de la plus fine farine pour les pétrir avec du levain comme de la pâte. La masse étant bien levée, ils la mettent au four; quand elle est cuite, ils la coupent par tranches, puis ils la font cuire de nouveau comme du biscuit; enfin, ils la réduisent en une poudre fine, qu'ils passent par un tamis. Cette poudre est admirable, selon eux, pour assaisonner toutes sortes de viandes : elle excite l'appétit; elle fait trouver les viandes et le vin agréables au goût; elle facilite les digestions, et provoque les évacuations de l'urine, etc.

Les vapeurs que répandent les fruits mûrs des différentes espèces de *capsicum*, lorsqu'on les jette sur un brasier ardent, sont très-pernicieuses; elles occasionnent des éternuemens, une toux violente et même des vomissemens, à tous ceux qui y sont exposés. Quelques personnes se sont fait un jeu de mêler de la poudre de piment avec du tabac; mais cette plaisanterie est très-dangereuse; car, si la dose est trop forte, elle excite des éternuemens si violens, qu'ils occasionnent souvent la rupture de quelques vaisseaux.

PIMENT FRUTESCENT : *Capsicum frutescens*, Linn., *Sp.*, Lamck., *Ill. gen.*, tab. 116, fig. 2; Rumph., *Amb.*, 5, tab. 88, fig. 3; Clus., *Exot.*, 540, fig. 2. Cette espèce a des tiges ligneuses, un peu rudes au toucher, légèrement pubescentes, ainsi que toutes les autres parties de cette plante; les rameaux sont roides, nombreux, anguleux; les feuilles alternes ou géminées, ou opposées aux jeunes rameaux, ovales, lancéolées. aiguës; les supérieures plus étroites, un peu ciliées à leurs bords: les pétioles plus courts que les feuilles. Les fruits sont solitaires, latéraux; les pédoncules droits, renflés vers

leur sommet; les dents du calice très-courtes; la corolle est
petite, blanche ou jaunâtre; les lobes de son limbe lancéolés,
aigus; une baie oblongue, obtuse, de la grosseur d'une petite olive, d'un jaune roussâtre. Cette plante croît dans les
Indes et à l'île de Ceilan. On la cultive dans plusieurs jardins.

PIMENT CERISE : *Capsicum cerasiforme*, Poir., Encycl.; Willd.,
Enum.; Piper siliqua parva, J. Bauh., Hist., 2, pag. 944. Cette
espéce, qui n'est probablement qu'une variété de la précédente, s'en distingue par ses baies arrondies, globuleuses,
presque de la grosseur d'une cerise. Sa tige est médiocrement ligneuse, glabre, rameuse, un peu quadrangulaire;
les feuilles sont éparses, alternes, glabres, lancéolées, un
peu ovales, pétiolées, acuminées à leur sommet. Les fleurs
sont solitaires, latérales, supportées par des pédoncules
redressés, longs d'un pouce ; leur calice est court, campanulé, comme tronqué, à peine denté; la corolle d'un
blanc jaunâtre, à cinq découpures un peu aiguës; les fruits
rouges ou jaunâtres. Cette plante croît au Brésil. On la cultive au Jardin du Roi.

PIMENT A PETITES BAIES : *Capsicum baccatum*, Linn., *Spec.;*
Rumph., *Amboin.*, 5, tab. 88, fig. 2; Clus., *Cur. post.*, 55;
J. Bauh., 2, page 944; Sloan., *Jam. Hist.*, 1, tab. 146,
fig. 2, vulgairement POIVRE DE POULE, POIVRE D'OISEAU. Cette
plante a une tige rameuse, haute de plusieurs pieds, striée,
presque glabre; les rameaux divariqués, flexueux à leurs articulations. Les feuilles sont alternes, pétiolées, presque en
cœur, glabres, tendres, acuminées, solitaires ou géminées;
les fleurs sont, la plupart, deux à deux, un peu au-dessus
de l'aisselle des feuilles; les pédoncules droits, pubescens,
ainsi que les pétioles : le calice à cinq dents; la corolle est
d'un blanc jaunâtre, fort petite, à cinq lobes courts, obtus.
Le fruit est une baie globuleuse, un peu ovale, glabre, à
peine de la grosseur d'un pois, rouge ou un peu jaunâtre.
Cette plante croît dans les Indes : on la cultive au Jardin du
Roi.

PIMENT A GROS FRUITS : *Capsicum grossum*, Linn., *Spec.*; Besl.,
Hort. eyst. aut., 2, tab. 2, fig. 1, vulgairement le POIVRE DE
GUINÉE. Sa tige est un peu ligneuse, médiocrement pubes-

cente, anguleuse, comprimée à son sommet. Les feuilles sont molles, un peu pendantes sur leur pétiole, alternes, ovales, lancéolées, aiguës, à peine plus longues que leur pétiole; le calice est presque glabre, à cinq dents subulées; la corolle fort petite, d'un blanc jaunâtre, à cinq lobes; le fruit une baie globuleuse, mais variable dans sa forme et sa grosseur, d'un beau rouge vif, à peu près de la grosseur d'une orange; les pédoncules sont renflés vers leur sommet. Cette plante croît dans les Indes : on la cultive au Jardin du Roi.

PIMENT CONIQUE; *Capsicum conicum*, Poir., Encycl., n.° 7. Cette espèce a tant de rapports avec les autres de ce genre, qu'on ne peut guère la distinguer, peut-être comme variété, que par la forme de ses fruits, longs d'environ un demi-pouce, d'un rouge très-vif, très-gros et un peu ventrus à leur base, rétrécis à leur sommet en un cône obtus, très-souvent redressés sur leur pédoncule; les tiges sont ligneuses, un peu anguleuses; les feuilles plus petites que dans les autres espèces, lancéolées, aiguës; les fleurs solitaires; le calice est campanulé, divisé à son orifice en cinq dents courtes; la corolle d'une grandeur médiocre, d'un blanc jaunâtre, très-ouverte. Cette plante croît dans les Indes orientales : on la cultive dans plusieurs jardins. (POIR.)

PIMENT DES ABEILLES. (*Bot.*) C'est la mélisse officinale. (L. D.)

PIMENT DES ANGLOIS. (*Bot.*) Nom d'une espèce de myrte, *myrtus pimenta*. (L. D.)

PIMENT AQUATIQUE, PIMENT D'EAU. (*Bot.*) C'est la renouée poivre d'eau. (L. D.)

PIMENT DES MARAIS. (*Bot.*) Nom vulgaire du galé odorant. (L. D.)

PIMENT DES MOUCHES. (*Bot.*) C'est encore la mélisse officinale. (L. D.)

PIMENT ROYAL. (*Bot.*) C'est encore le galé odorant. (L. D.)

PIMENTA. (*Bot.*) Voyez QUIYA. (J.)

PIMENTO DE CHAPA. (*Bot.*) L'espèce de myrte, indiquée par Plukenet sous ce nom espagnol, avoit été rapportée par Linnæus à son *myrtus caryophyllata*. Swartz a re-

connu qu'elle étoit différente, et l'a nommée *myrtus acris*.
Une autre espèce voisine, nommée toutépice dans les colonies,
parce que toutes ses parties sont aromatiques, est le *myrtus
pimenta* de Linnæus. Plusieurs espèces de poivre, *piper*, sont
nommées *pimento* dans les colonies espagnoles. (J.)

PIMENTO A CHAPEAU CONCAVE. (*Bot.*) Pallas (vol. 1,
pages 59 et 90) donne ce nom aux *peziza cochleata*, *scutel-
lata* et *pedunculata*, communes dans les forêts de pins des environs de Mourum, en Russie. (Lem.)

PIMINA. (*Bot.*) Les Canadiens nomment ainsi une variété
de l'obier, *viburnum opulus*, qui, selon Duhamel, est précoce
et porte de grandes fleurs. (J.)

PIM-LAM. (*Bot.*) Nom chinois, cité par le père Boyne,
missionnaire jésuite, du palmier arec, *areca cathecu*, qui est
le *faufel* des Arabes; le *pinanga* des Malais, suivant Rumph.
(J.)

PIMOUCHE. (*Bot.*) Dans l'Anjou, on donne ce nom à
l'ivraie vivace. (L. D.)

PIMPANELO. (*Bot.*) La pivoine porte ce nom en Languedoc. (L. D.)

PIMPERNEAU. (*Ichthyol.*) Les pêcheurs de la Basse-
Seine donnent ce nom à une variété de l'anguille, dont la
teinte est brunâtre. Voyez ANGUILLE. (H. C.)

PIMPILIM. (*Bot.*) Voyez FULFUL. (J.)

PIMPINELLA. (*Bot.*) Sous ce nom C. Bauhin et d'autres
confondoient deux genres de familles très-différentes; savoir :
le *sanguisorba* de Fuchs et Cordus, qui est la pimprenelle,
pimpinella de Tournefort, *sanguisorba* de Linnæus, de la famille des rosacées, et le *tragoselinum* de Tabernæmontanus
et de Tournefort, qui est le boucage, auquel Linnæus a res-
titué ou conservé le nom de *pimpinella*. Un autre genre, voisin
du *sanguisorba*, est le *poterium*, auquel se rapportent, soit
la pimprenelle sauvage, *pimpinela* des Languedociens, soit
la pimprenelle épineuse, nommées l'une et l'autre *pimpinella*
par C. Bauhin, Morison et Tournefort. Voyez BOUCAGE. (J.)

PIMPINICHI. (*Bot.*) Voyez PINIPINICHI. (J.)

PIMPLA. (*Entom.*) Fabricius a formé un genre d'insectes
hyménoptères sous ce nom pour placer les espèces d'ichneu-
mon à abdomen sessile et cylindrique. (Desm.)

PIMPRENELLE ; *Poterium*, Linn. (*Bot.*) Genre de plantes dicotylédones de la famille des *rosacées*, Juss., et de la *monoécie polyandrie*, Linn., dont les fleurs sont monoïques, dioïques ou polygames, et présentent les caractères suivans : Dans les fleurs mâles : un calice monophylle, partagé jusqu'à moitié en quatre divisions ovales, concaves, persistantes, et muni extérieurement de trois écailles : point de corolle ; environ trente étamines à filamens plus longs que le calice. Dans les fleurs femelles : calice et corolle comme dans les mâles ; deux ovaires supères, surmontés de deux styles capillaires, terminés par des stigmates en pinceau. Ces ovaires deviennent deux graines, renfermées dans le calice, qui prend l'apparence d'une capsule ou d'une baie.

Les pimprenelles sont des plantes herbacées ou des arbustes, à feuilles ailées avec impair, et à fleurs rapprochées en tête terminale. On en connoit huit espèces, dont trois croissent naturellement en Europe.

Pimprenelle commune : *Poterium sanguisorba*, Linn., *Spec.*, 1411 ; Lamk., *Illustr.*, t. 777. Sa racine est alongée, rougeâtre, vivace, divisée en plusieurs fibres ; elle produit une tige droite, haute d'un pied ou un peu plus, légèrement anguleuse, un peu rameuse, garnie, surtout à sa base, de feuilles ailées, légèrement velues sur leur pétiole, composées de onze à vingt-une folioles presque égales, arrondies ou ovales, glabres, dentées assez profondément. Les fleurs sont verdâtres, disposées à l'extrémité de la tige ou des rameaux en épis courts, resserrés en tête ovale ou arrondie. Ces fleurs sont sessiles, les unes mâles, à trente ou quarante étamines beaucoup plus longues que les calices, les autres femelles à stigmates plumeux et rougeâtres. Cette espèce croit dans les prés secs, et dans les bois montueux en France et en Europe.

La pimprenelle a une saveur astringente et légèrement amère. Elle a passé pour apéritive, diurétique, vulnéraire, et on l'a conseillée dans la gravelle, les obstructions, l'hémoptysie, la dyssenterie, etc. ; mais elle n'a jamais été très-usitée en médecine et aujourd'hui surtout elle l'est encore moins.

Comme assaissonnement dans les salades, ses feuilles sont

d'un usage assez fréquent, et par leur qualité un peu toni-
que, elles relèvent agréablement le goût, et facilitent la digestion des autres herbes, ordinairement plus fades, auxquelles on les joint. On les met aussi quelquefois dans les
bouillons aux herbes.

On cultive la pimprenelle dans les jardins à cause de son
emploi comme assaisonnement, et le plus souvent on la
plante en bordures qu'on fait, soit de semis, soit en éclatant
en automne les racines des vieux pieds.

Les moutons, les bœufs et les vaches aiment beaucoup la
pimprenelle, et cela a engagé quelques agronomes à cultiver
cette plante comme fourrage. Elle a l'avantage de venir dans
les terrains les plus maigres, là où la luzerne et le sainfoin
ne peuvent réussir ; elle a aussi celui de résister aux grandes
sécheresses, et de conserver ses feuilles pendant que celles
des autres plantes sont desséchées et grillées par la chaleur du
soleil, et sous ce rapport elle pourroit être d'un grand secours pour les troupeaux pendant l'été, surtout dans les
pays du Midi.

Pimprenelle hybride, Linn., *Spec.*, 1412. Ses tiges sont rameuses, un peu velues, hautes de deux pieds ou environ.
Ses feuilles sont composées de cinq à onze folioles ovales,
pubescentes, dentées ; dans les feuilles radicales, les folioles,
toujours plus nombreuses que dans celles tiges, sont entremêlées de deux paires de folioles arrondies, beaucoup plus
petites que les autres. Les fleurs sont réunies au sommet des
tiges et des rameaux en petites têtes arrondies, et leurs étamines sont à peine plus longues que le calice. Cette plante
croît naturellement dans le Midi de la France et de l'Europe.

Pimprenelle épineuse ; *Poterium spinosum*, Linn., *Sp.*, 1412.
Sa tige est ligneuse, frutescente, haute de trois à quatre
pieds, divisée en rameaux tortueux, très-étalés, pubescens,
chargés d'épines rameuses, très-piquantes, et garnis de
feuilles ailées, composées de folioles plus ou moins nombreuses, ovales, crénelées, glabres en dessus, souvent très-
velues, et presque cotonneuses en dessous. Ses fleurs forment par leur rapprochement de petites têtes ovales, disposées au sommet des rameaux. Il leur succède de petites

baies charnues et arrondies. Cette plante croît naturellement dans l'île de Candie, dans plusieurs îles de l'Archipel, du Levant et en Italie. (L. D.)

PIMPRENELLE D'AFRIQUE. (*Bot.*) On cite sous ce nom le mélianthe. (J.)

PIMPRENELLE AQUATIQUE. (*Bot.*) Dans quelques cantons on donne ce nom au samole de Valerandus. (L. D.)

PIMPRENELLE BLANCHE. (*Bot.*) C'est le boucage saxifrage. (L. D.)

PIMPRENELLE COMMUNE ou PIMPRENELLE D'ITALIE. (*Bot.*) Nom vulgaire de la sanguisorbe officinale. (L. D.)

PIMPRENELLE DE LA NOUVELLE ZÉLANDE. (*Bot.*) Ce nom a été donné à l'ANCISTRE. (LEM.)

PIMPRENELLE SAXIFRAGE. (*Bot.*) C'est encore le boucage saxifrage. (L. D.)

FIN DU QUARANTIÈME VOLUME.

STRASBOURG, de l'imprimerie de F. G. LEVRAULT, impr. du Roi.